"十二五"普通高等教育本科国家级规划教材

自动控制原理习题解析

（第三版）

胡寿松　主编

科学出版社

北　京

内 容 简 介

本书为胡寿松教授主编的教材《自动控制原理》的学习指导性教学配套用书。本书系统地给出了《自动控制原理(第七版)》中全部260道习题的详解,这些习题包含了概念题、基本题、证明题、工程应用题、MATLAB题、设计题和难题等七类题型。

本书在习题解析过程中给出了解题思想的友情提示,指明解题过程的注意事项,其解题步骤科学、完善,且一题多解,以便相互校核;特别是在对绝大多数习题的解析过程中给出了相应的 MATLAB 验证程序,便于研究参数的不同选择对系统性能的影响,以选取最佳参数,从而丰富了解题内容,可进一步升华读者对控制理论的掌握和应用。

本书可作为自动控制、工业自动化、电气自动化、仪表及测试、机械及动力自动化等专业自动控制原理(含经典控制理论和现代控制理论)课程的教学配套教材,亦可供广大考研人员和从事自动控制类的工程技术人员参考。

图书在版编目(CIP)数据

自动控制原理习题解析/胡寿松主编. —3 版. —北京:科学出版社,2018.3
"十二五"普通高等教育本科国家级规划教材
ISBN 978-7-03-056355-2

I.①自… II.①胡… III.①自动控制理论-高等学校-题解 IV.①TP13-44

中国版本图书馆 CIP 数据核字(2018)第 013235 号

责任编辑:匡 敏 余 江 刘俊来 / 责任校对:郭瑞芝
责任印制:赵 博 / 封面设计:迷底书装

科学出版社 出版
北京东黄城根北街 16 号
邮政编码:100717
http://www.sciencep.com

保定市中画美凯印刷有限公司印刷
科学出版社发行 各地新华书店经销

*

2007 年 6 月第一版 开本:787×1092 1/16
2013 年 1 月第二版 印张:25
2018 年 3 月第三版 字数:640 000
2025 年12月第 34 次印刷
定价:69.80元
(如有印装质量问题,我社负责调换)

前　　言

本书是与胡寿松教授主编的教材《自动控制原理(第七版)》(科学出版社)配套的学习指导性教学用书。为了满足广大读者学习和掌握自动控制技术的需求,同时也是为了杜绝众多强行与胡寿松主编《自动控制原理》配套的错误百出的所谓"三导"习题解答对读者的错误导向,我们编撰了这一本习题解析,以正视听。

本书系统地给出了《自动控制原理(第七版)》一书中全部习题的详解,这些习题包含了概念题、基本题、证明题、工程应用题、MATLAB题、设计题和难题等七类题型。在习题解析过程中*,给出了解题指导思想的友情提示,且在科学、完善的解答后,给出求解的MATLAB文本,这不但便于核实运算结果的正确性,而且便于修改参数,完善控制系统设计性能。本书图文并茂,可使读者进一步升华对控制理论的掌握和应用。本次修订,进一步规范了全书图题,完善解题过程并突出新、精、准、美等特点。

本书强化了理论联系实际的举措,紧密结合工程应用,其中设计及应用习题涉及多个应用领域。在民用工业控制方面,有双摆系统建模、机器人关节指向控制、造纸系统张力控制、机械爪系统性能分析、打磨机器人参数选择、热轧机控制、自动化高速公路系统、汽车点火系统调节、机器人双手协调控制、运动场摄像机移动控制、磁悬浮系统分析、汽车悬架系统控制等;在航空航天方面,有宇航员机动控制、飞机横滚控制、垂直起飞飞机稳定性分析、火星漫游车导向控制、空间站方位控制、变质量民航机控制、航天飞机机械臂控制、空间机器人控制、卫星回收系统参数选择、空间站柔性臂控制、太阳黑子观测系统控制、空间机器人的内模控制等;在船舶工业方面,有船舶航向控制、游船消摆控制等;在生物医疗保健方面,有城市生态系统建模、医用激光操纵系统控制、医用麻醉系统参数选择、电动轮椅速度控制等。众多的工程应用,可使读者开阔眼界,扩大专业知识领域。

我们相信,通过学习和应用本书,读者一定会在定性分析能力、定量计算能力、综合运用能力、MATLAB编程能力以及数形结合能力等方面,得到进一步提高。

本书由胡寿松教授主编,张敏博士参编。在本书编著过程中,得到了陶洪峰、张军峰、孙新柱、何亚群、刘亚、王源、徐德友、杜贞斌、张正道、侯霞、蔡俊伟、许洁、袁侃、张绍杰、夏莹、黄红梅、胥霜霞、黄小波、丁勇、双维芳、王凤如、王从庆等的支持和协助,在此深致谢忱。

对于本书存在的疏漏和不妥之处,恳请广大读者不吝指正。

胡寿松
2016年9月

---

* 本书各章题目中的图号同于主教材《自动控制原理(第七版)》,而解题过程中出现的图,其图号以题排序。

目　录

前言
第一章　自动控制的一般概念 …………………………………………………… 1
第二章　控制系统的数学模型 …………………………………………………… 8
第三章　线性系统的时域分析法 ………………………………………………… 38
第四章　线性系统的根轨迹法 …………………………………………………… 83
第五章　线性系统的频域分析法 ………………………………………………… 134
第六章　线性系统的校正方法 …………………………………………………… 177
第七章　线性离散系统的分析与校正 …………………………………………… 219
第八章　非线性控制系统分析 …………………………………………………… 255
第九章　线性系统的状态空间分析与综合 ……………………………………… 298
第十章　动态系统的最优控制方法 ……………………………………………… 356
参考文献 …………………………………………………………………………… 391

第一章 自动控制的一般概念

1-1 图1-21是液位自动控制系统原理示意图。在任意情况下，希望液面高度 c 维持不变，试说明系统工作原理并画出系统方块图。

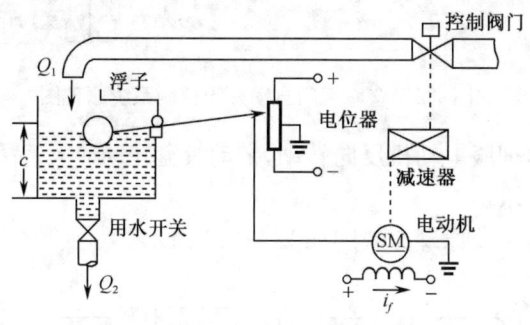

图 1-21 液位自动控制系统原理图

解 本题研究液位自动控制系统工作原理，并绘制相应的系统方块图。

当电位器电刷位于中点位置时，电动机不动，控制阀门有一定的开度，使水箱中流入水量与流出水量相等，从而液面保持在希望高度 c 上。一旦流入水量或流出水量发生变化，水箱液面高度 c 便相应变化。例如，当液面升高时，浮子位置亦相应升高，杠杆作用使电位器电刷从中点位置下移，从而给电动机提供一定的控制电压，驱动电动机通过减速器减小阀门开度，使进入水箱的流量减少。此时，水箱液面下降，浮子位置相应下降，直到电位器电刷回到中点位置，系统重新处于平衡状态，液面恢复给定高度。反之，若水箱液位下降，则系统会自动增大阀门开度，加大流入水量，使液位升到给定高度 c。

液位自动控制系统原理方块图如图 1-1-1 所示。

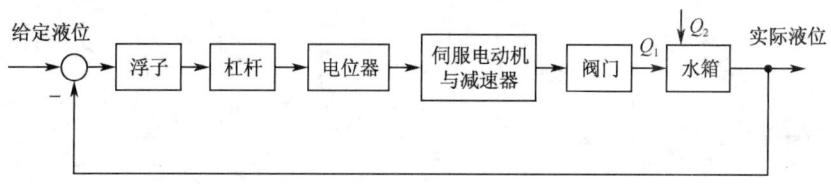

图 1-1-1 液位自动控制系统方块图

1-2 图 1-22 是仓库大门自动开闭控制系统原理图。试说明系统自动控制大门开闭的工作原理并画出系统方块图。

解 本题研究位置控制系统工作原理以及相应系统方块图的绘制。

当合上开门开关时，电位器桥式测量电路产生一个偏差电压信号。此偏差电压经放大器放大后，驱动伺服电动机带动绞盘转动，使大门向上提起。与此同时，与大门连在一起的电位器电刷上移，使桥式测量电路重新达到平衡，电动机停止转动，开门开关自动断开。反

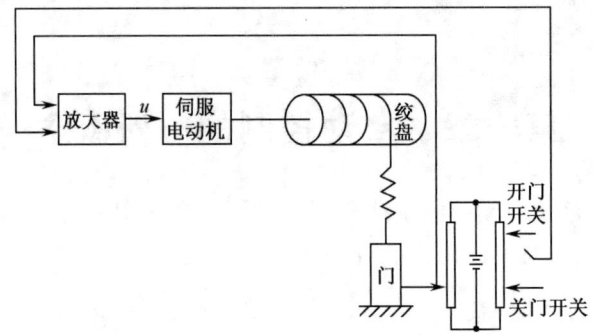

图 1-22　仓库大门自动开闭控制系统原理图

之,当合上关门开关时,伺服电动机反向转动,带动绞盘转动使大门关闭,从而实现了远距离自动控制大门开启的要求。

仓库大门自动控制系统原理方块图如图 1-2-1 所示。

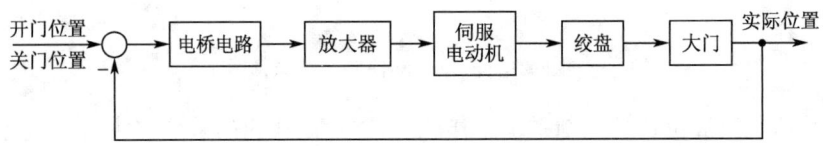

图 1-2-1　仓库大门自动开闭控制系统方块图

1-3　图 1-23(a)和(b)均为自动调压系统。设空载时,图(a)无差系统和图(b)有差系统的发电机端电压均为 110V。试问带上负载后,图(a)和图(b)中哪个系统能保持 110V 电压不变? 哪个系统的电压会稍低于 110V? 为什么?

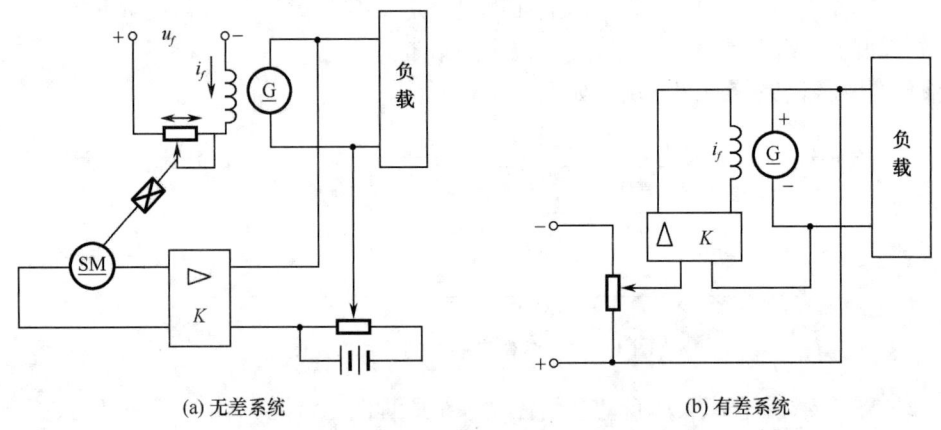

图 1-23　自动调压系统原理图

解　本题通过自动调压系统工作原理的分析,使学生学会区分有差系统和无差系统。

系统带上负载以后,图 1-23(a)和(b)两个系统的端电压均会下降。但是图 1-23(a)中的系统由于自身调压作用能够恢复到 110V,而图 1-23(b)中的系统不能够恢复到 110V,其端电压将稍低于110V。

对于图1-23(a)中的自动调压系统,当发电机两端电压低于给定电压时,其偏差电压经放大器放大使伺服电机SM转动,经减速器带动电刷,使发电机的激磁电流增大,提高发电机G的端电压,从而使偏差电压减小,直到偏差电压为零,致使伺服电机停止转动。因此,图1-23(a)中的自动调压系统能保持端电压110V不变。

对于图1-23(b)中的自动调压系统,当发电机两端电压低于给定电压时,其偏差电压直接经放大器使发电机的激磁电流增大,提高发电机的端电压,即发电机G的端电压回升,此时偏差电压减小,但偏差电压始终不能为零,因为当偏差电压为零时,激磁电流也为零,发电机不能工作。因此,图1-23(b)中的自动调压系统端电压会低于110V。

1-4 图1-24为水温控制系统原理示意图。冷水在热交换器中由通入的蒸汽加热,从而得到一定温度的热水。冷水流量变化用流量计测量。试绘制系统方块图,并说明为了保持热水温度为期望值,系统是如何工作的?系统的被控对象和控制装置各是什么?

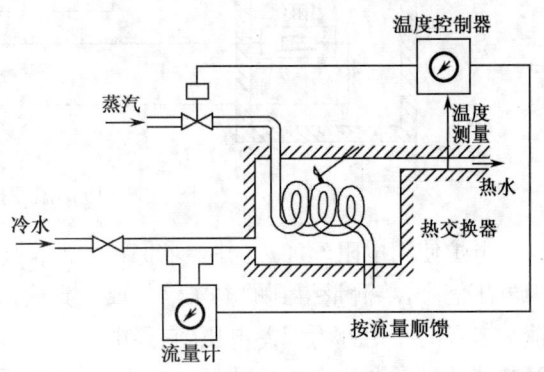

图1-24 水温控制系统原理图

解 本题通过温度控制系统工作原理的分析,使学生掌握系统方块图的绘制方法,并正确区分被控对象和控制器。

水温控制系统的方块图如图1-4-1所示。

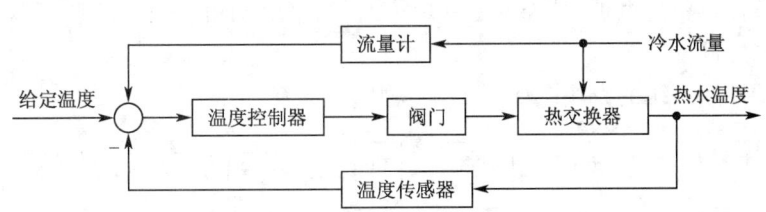

图1-4-1 水温控制系统方块图

水温控制系统是复合控制系统,它的控制方式是把按偏差的闭环控制与按扰动补偿的顺馈控制结合起来。

采用温度负反馈,由温度控制器对热水温度进行自动控制。若热水温度过高,控制器使阀门关小,减小蒸汽量,热水温度回到给定值。冷水流量是主要扰动量,用流量计测量扰动信号,将其送到控制器输入端,进行扰动顺馈补偿。当冷水流量减少时,补偿量减小,通过温度控制器使阀门关小,蒸汽量减少,以保持热水温度恒定。

系统的被控对象是热交换器,被控量是热水温度,控制装置是温度控制器。

1-5 图1-25是电炉温度控制系统原理示意图。试分析系统保持电炉温度恒定的工作过程,指出系统的被控对象、被控量以及各部件的作用,最后画出系统方块图。

解 本题以炉温控制系统为例,要求通过工作原理分析,绘制系统方块图,并明确系统组成。

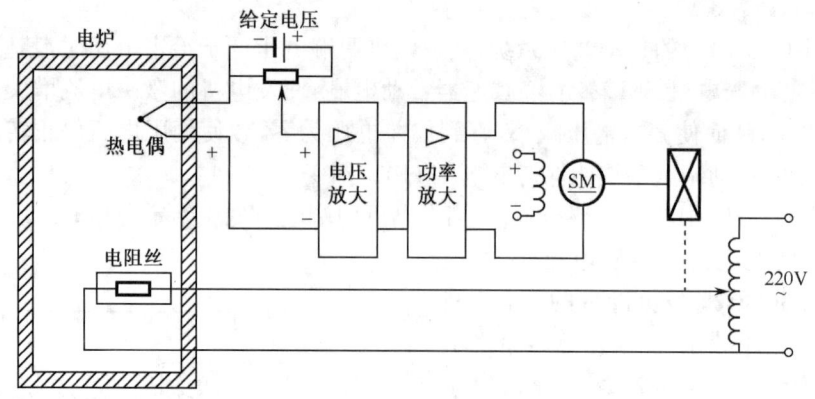

图 1-25 电炉温度控制系统原理图

电炉使用电阻丝加热,并要求保持炉温恒定。图中采用热电偶来测量炉温并将其转换为电压信号,将测量得到的电压信号反馈到输入端,与给定电压信号反极性连接,实现负反馈。二者的差值称为偏差电压,它经电压放大和功率放大后驱动直流伺服电动机。电动机经减速器带动调压变压器的可动触头,改变电阻丝的供电电压,从而调节炉温。

当炉温偏低时,测量电压 u 小于给定电压 u_0,二者比较的偏差电压为 $\Delta u = u_0 - u$。由于 Δu 为正,电动机"正"转,使调压器的可动触头上移,电阻丝的供电电压增加,电流加大,炉温上升,直至炉温升至给定值为止。此时,$u = u_0$,$\Delta u = 0$,电动机停止转动,炉温保持恒定。

当炉温偏高时,Δu 为负,经放大后使电动机"反"转,调压器的可动触头下移,使供电电压减小,直至炉温等于给定值为止。

系统的被控对象是电炉,被控量是电炉炉温,伺服电动机、减速器、调压器是执行机构,热电偶是检测元件。

电炉温度控制系统的方块图如图 1-5-1 所示。

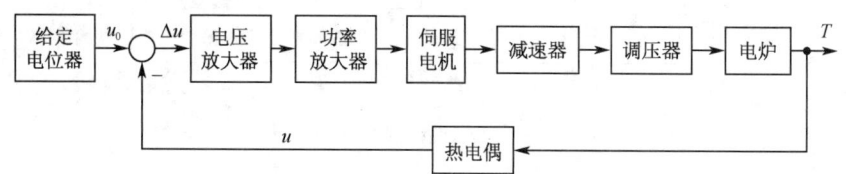

图 1-5-1 电炉温度控制系统方块图

1-6 图 1-26 是自整角机随动系统原理示意图。系统的功能是使接受自整角机 TR 的转子角位移 θ_l 与发送自整角机 TX 的转子角位移 θ_i 始终保持一致。试说明系统是如何工作的,并指出被控对象、被控量以及控制装置各部件的作用并画出系统方块图。

解 本题以角度随动系统为例,要求分析系统工作原理,绘出系统方块图,并明确系统组成。

发送自整角机的转子与给定轴(主动轴)相连;接收自整角机的转子与负载轴(从动轴)相连。TX 与 TR 组成角差测量电路。若发送自整角机的转子离开平衡位置转过一个角度 θ_i,则在接收自整角机转子的单相绕组上将感应出一个偏差电压 u_e,它是一个振幅为 u_{em}、频率与发送自整角机激磁频率相同的交流调幅电压,即

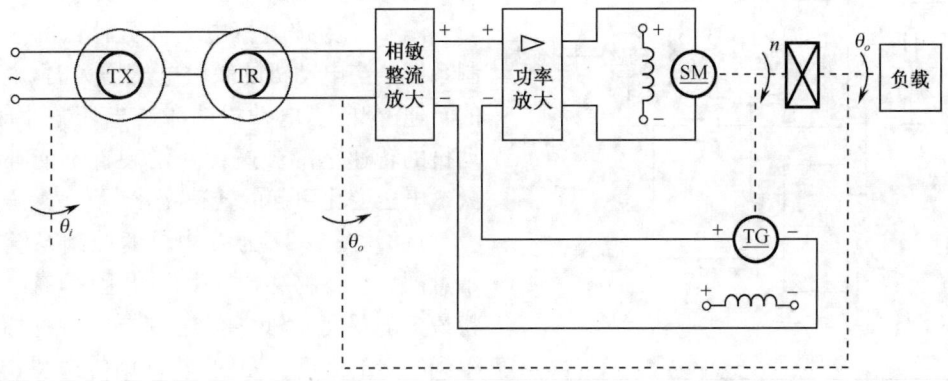

图 1-26 自整角机随动系统原理图

$$u_e = u_{em}\sin\omega t$$

在一定范围内，u_{em} 正比于 $\theta_i-\theta_o$，即 $u_{em}=k_e(\theta_i-\theta_o)$，其中 k_e 为自整角机传递系数，所以可得

$$u_e = k_e(\theta_i-\theta_o)\sin\omega t$$

上式为随动系统中接收自整角机所产生的偏差电压的表达式，它是一个振幅随角偏差 ($\theta_i-\theta_o$) 的改变而变化的交流电压。因此，u_e 先经过相敏整流放大器变为直流电压，再经过功率放大器放大，放大后的直流信号作用在伺服电动机电枢两端。电动机通过减速器带动负载和接收自整角机的转子，使其跟随发送自整角机的转子旋转，实现 $\theta_o=\theta_i$，以达到跟随的目的。为了使电动机转速恒定、平稳，引入了测速负反馈。

系统的被控对象是负载轴，被控量是负载轴转角 θ_o，电动机和减速器是执行机构，相敏整流放大器与功率放大器起着放大信号的作用，测速发电机是检测反馈元件，用以改善系统性能。

自整角机随动系统的方块图如图 1-6-1 所示。

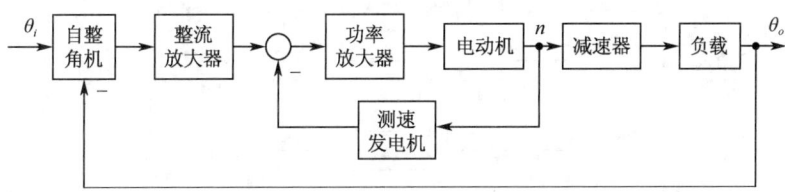

图 1-6-1 自整角机随动系统方块图

1-7 在按扰动控制的开环控制系统中，为什么说一种补偿装置只能补偿一种与之相应的扰动因素？对于图 1-6 按扰动控制的速度控制系统，当电动机的激磁电压变化时，转速如何变化？该补偿装置能否补偿这个转速的变化？

解 本题研究按扰动控制的开环控制系统的工作原理。

按扰动控制的开环控制系统，是利用可测量的扰动量产生一种补偿作用，以减小或抵消扰动对输出量的影响。显然，这种控制方式是直接从扰动取得信息，并以此改变被控量，所以它只适用于扰动是可测量的场合，而且一个补偿装置只能补偿一种扰动因素，对其余扰动

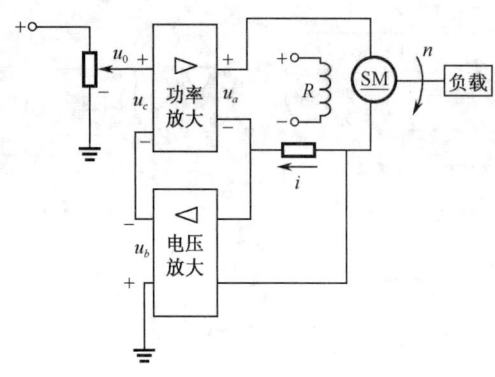

图 1-6 按扰动控制的速度控制系统原理图

均不起补偿作用。

图 1-6 为按电枢电流进行补偿的速度控制系统。当电动机的激磁电压增大时,电动机的转速上升;当电动机的激磁电压减小时,电动机的转速下降。这种补偿装置不能补偿由激磁电压变化引起的转速变化。

1-8 图 1-27 为谷物湿度控制系统原理示意图。在谷物磨粉的生产过程中,有一种出粉最多的湿度,因此磨粉之前要给谷物加水以得到给定的湿度。图中,谷物用传送装置按一定流量通过加水点,加水量由自动阀门控制。加水过程中,谷物流量、加水前谷物湿度以及水压都是对谷物湿度控制的扰动作用。为了提高控制精度,系统中采用了谷物湿度的顺馈控制,试画出系统方块图。

解 本题要求掌握自动控制系统方块图的绘制方法。

该谷物湿度控制系统是一个按扰动补偿的复合控制系统,如图 1-27 所示。被控对象是传送装置,被控量是输出谷物的湿度,输入量是希望的谷物湿度。谷物湿度控制系统的方块图如图 1-8-1 所示。

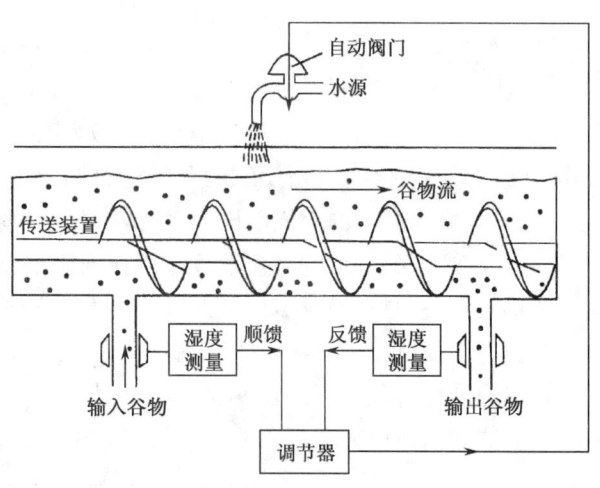

图 1-27 谷物湿度控制系统原理图

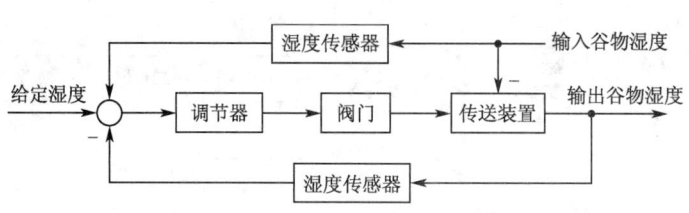

图 1-8-1 谷物湿度控制系统方块图

1-9 图 1-28 为数字计算机控制的机床刀具进给系统。要求将工件的加工任务编制成程序预先存入数字计算机。加工时,步进电动机按照计算机给出的信息动作,完成加工任务。试说明该系统的工作原理。

解 本题研究按给定量控制的开环控制系统的工作原理。

数字计算机控制的机床刀具进给系统是一开环控制系统,被控对象是刀具,被控量是刀具位置,给定量是程序设定的刀具位置。该系统的工作原理是,先由计算机将预先编好的加工过程控制程序转换为控制 X、Y、Z 三个方向运动的电脉冲信号,然后经过脉冲分配与功率放大,将放大后的信号输入到步进电动机,由步进电动机来控制刀具与工件的相对运动位

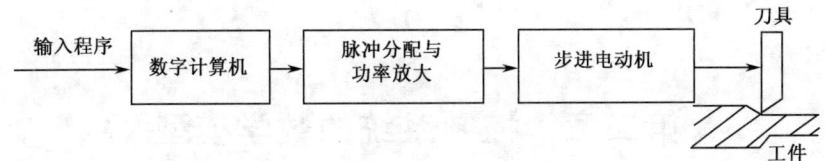

图 1-28 机床刀具进给系统方块图

置,保证刀尖的运动轨迹符合工件的轮廓形状,这样就可加工出所要求的零件。

1-10 下列各式是描述系统的微分方程,其中 $c(t)$ 为输出量, $r(t)$ 为输入量,试判断哪些是线性定常或时变系统,哪些是非线性系统。

(1) $c(t)=5+r^2(t)+t\dfrac{\mathrm{d}^2 r(t)}{\mathrm{d}t^2}$;

(2) $\dfrac{\mathrm{d}^3 c(t)}{\mathrm{d}t^3}+3\dfrac{\mathrm{d}^2 c(t)}{\mathrm{d}t^2}+6\dfrac{\mathrm{d}c(t)}{\mathrm{d}t}+8c(t)=r(t)$;

(3) $t\dfrac{\mathrm{d}c(t)}{\mathrm{d}t}+c(t)=r(t)+3\dfrac{\mathrm{d}r(t)}{\mathrm{d}t}$;

(4) $c(t)=r(t)\cos\omega t+5$;

(5) $c(t)=3r(t)+6\dfrac{\mathrm{d}r(t)}{\mathrm{d}t}+5\displaystyle\int_{-\infty}^{t}r(\tau)\mathrm{d}\tau$;

(6) $c(t)=r^2(t)$;

(7) $c(t)=\begin{cases}0, & t<6,\\ r(t), & t\geqslant 6。\end{cases}$

解 本题研究自动控制系统的分类。

可用线性微分方程或差分方程描述的系统,称为线性系统。如果微分方程或差分方程的系数全为常数,则称为线性定常系统;否则称为线性时变系统。

用非线性方程描述的系统称为非线性系统。非线性方程的特点是系数与变量有关,或者方程中含有变量及其导数的高次幂或乘积项。

基于以上定义,可得:

(1) 非线性时变系统;

(2) 线性定常系统;

(3) 线性时变系统;

(4) 非线性时变系统;

(5) 线性定常系统(将方程两边同时求导);

(6) 非线性定常系统;

(7) 线性延迟系统。

第二章 控制系统的数学模型

2-1 在图 1-21 的液位自动控制系统中,设容器横截面积为 F,希望液位为 c_0。若液体高度变化率与液体流量差 Q_1-Q_2 成正比,试列写以液位为输出量的微分方程式。

解 本题研究建立液位控制系统的微分方程数学模型。

当 $Q_1=Q_2$ 时,液位的高度为 c_0;当 $Q_1 \neq Q_2$ 时,液位的高度 c 将发生变化。

由于液体高度变化率与液体流量差 Q_1-Q_2 成正比,所以有

$$F\frac{\mathrm{d}c}{\mathrm{d}t}=Q_1-Q_2$$

则以液位为输出量的微分方程式为

$$\frac{\mathrm{d}c}{\mathrm{d}t}=\frac{1}{F}(Q_1-Q_2)$$

2-2 设机械系统如图 2-48 所示,其中 x_i 是输入位移,x_o 是输出位移。试分别写出各系统的微分方程。

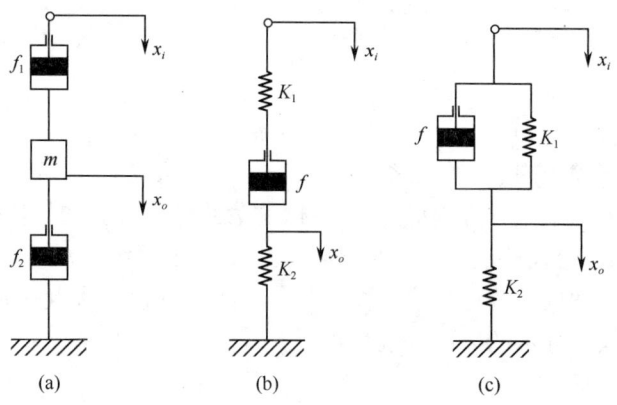

图 2-48 机械系统原理图

解 本题研究建立机械系统的微分方程数学模型。

(1) 对于图 2-48(a)所示系统,根据力平衡方程,在不计重力时,可得

$$f_1(\dot{x}_i-\dot{x}_o)-f_2\dot{x}_o=m\ddot{x}_o$$

则系统的微分方程式为

$$m\frac{\mathrm{d}^2 x_o}{\mathrm{d}t^2}+(f_1+f_2)\frac{\mathrm{d}x_o}{\mathrm{d}t}=f_1\frac{\mathrm{d}x_i}{\mathrm{d}t}$$

(2) 对于图 2-48(b)所示系统,在上部分弹簧与阻尼器之间取辅助点 A,并设 A 点位移为 x,方向向下。根据力平衡方程,在不计重力时,可得方程

$$K_1(x_i-x)=f(\dot{x}-\dot{x}_o)$$
$$K_2 x_o=f(\dot{x}-\dot{x}_o)$$

消去中间变量 x,由于

$$K_2 x_o = K_1(x_i - x), \qquad x = x_i - \frac{K_2}{K_1} x_o, \qquad \dot{x} = \dot{x}_i - \frac{K_2}{K_1} \dot{x}_o$$

故有
$$K_1 K_2 x_o = K_1 f \dot{x} - K_1 f \dot{x}_o = f K_1 \dot{x}_i - f K_1 \dot{x}_o - f K_2 \dot{x}_o$$

则系统的微分方程式为
$$f(K_1 + K_2) \frac{\mathrm{d} x_o}{\mathrm{d} t} + K_1 K_2 x_o = K_1 f \frac{\mathrm{d} x_i}{\mathrm{d} t}$$

(3) 对于图 2-48(c)所示系统,根据力平衡方程,在不计重力时,可得
$$K_1(x_i - x_o) + f(\dot{x}_i - \dot{x}_o) = K_2 x_o$$

则系统的微分方程式为
$$f \frac{\mathrm{d} x_o}{\mathrm{d} t} + (K_1 + K_2) x_o = f \frac{\mathrm{d} x_i}{\mathrm{d} t} + K_1 x_i$$

2-3 试证明图 2-49(a)的电网络与图 2-49(b)的机械系统有相同的数学模型。

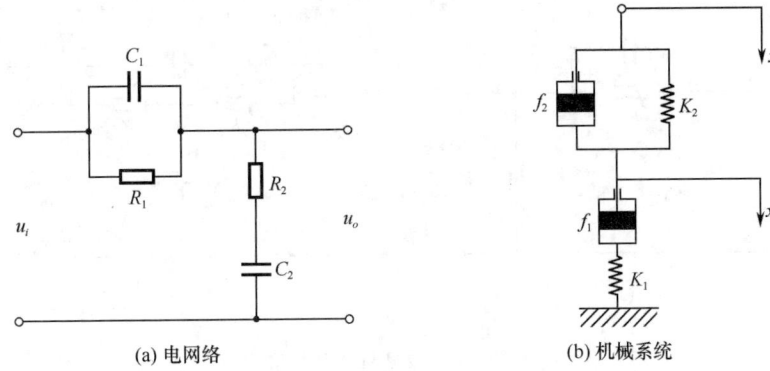

(a) 电网络　　　　　　　　(b) 机械系统

图 2-49　电网络与机械系统原理图

解 本题研究用拉氏变换法建立系统的传递函数数学模型。

(1) 对于图 2-49(a),根据复数阻抗的方法可得电网络的传递函数为
$$G_a(s) = \frac{U_o(s)}{U_i(s)} = \frac{R_2 + \dfrac{1}{C_2 s}}{\dfrac{R_1 \cdot \dfrac{1}{C_1 s}}{R_1 + \dfrac{1}{C_1 s}} + \left(R_2 + \dfrac{1}{C_2 s}\right)}$$

$$= \frac{R_1 R_2 C_1 C_2 s^2 + (R_1 C_1 + R_2 C_2) s + 1}{R_1 R_2 C_1 C_2 s^2 + (R_1 C_1 + R_2 C_2 + R_1 C_2) s + 1}$$

(2) 对于图 2-49(b),在弹簧 K_1 和阻尼器 f_1 之间引入辅助点,设其位移为 x,方向向下。根据力平衡方程,在不计重力时,可得
$$K_2(x_i - x_o) + f_2(\dot{x}_i - \dot{x}_o) = f_1(\dot{x}_o - \dot{x}), \qquad K_1 x = f_1(\dot{x}_o - \dot{x})$$

对上述两式进行拉氏变换,考虑初始条件为零,可得
$$K_2 X_i(s) - K_2 X_o(s) + f_2 \cdot s X_i(s) - f_2 \cdot s X_o(s) = f_1 \cdot s X_o(s) - f_1 \cdot s X(s)$$
$$K_1 X(s) = f_1 \cdot s X_o(s) - f_1 \cdot s X(s)$$

消去中间变量 $X(s) = \dfrac{f_1 s}{K_1 + f_1 s} X_o(s)$,有

$$(K_2 + f_2 s)X_i(s) = \left(K_2 + f_2 s + \frac{K_1 f_1 s}{K_1 + f_1 s}\right)X_o(s)$$

则机械系统的传递函数为

$$G_b(s) = \frac{X_o(s)}{X_i(s)} = \frac{f_1 f_2 s^2 + (K_1 f_2 + K_2 f_1)s + K_1 K_2}{f_1 f_2 s^2 + (K_1 f_2 + K_2 f_1 + K_1 f_1)s + K_1 K_2}$$

$$= \frac{\dfrac{f_1 f_2}{K_1 K_2}s^2 + \left(\dfrac{f_1}{K_1} + \dfrac{f_2}{K_2}\right)s + 1}{\dfrac{f_1 f_2}{K_1 K_2}s^2 + \left(\dfrac{f_1}{K_1} + \dfrac{f_2}{K_2} + \dfrac{f_1}{K_2}\right)s + 1}$$

通过比较 $G_a(s)$、$G_b(s)$ 可知：两传递函数的类型相同，即图 2-49(a)的电网络与图 2-49(b)的机械系统有相同的数学模型。

2-4 试分别列写图 2-50 中各无源网络的微分方程式。

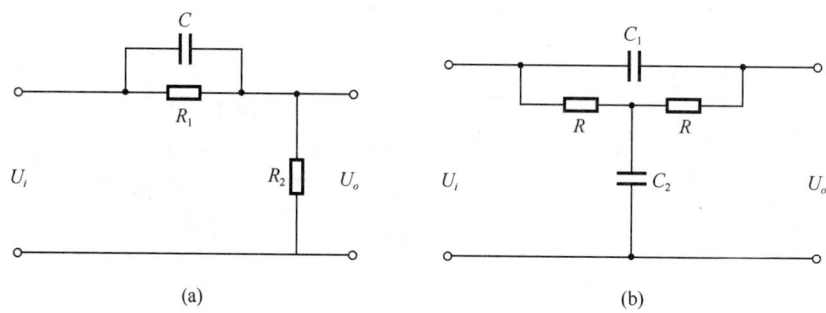

图 2-50 无源网络电路图

解 本题研究网络数学模型的建立方法。

（1）对于图 2-50(a)所示的无源网络，设通过电阻 R_1 的电流为 i_1（方向自左向右），通过电容 C 的电流为 i_2（方向自左向右），通过电阻 R_2 的电流为 i（方向自上向下），根据电压平衡可得

$$\begin{cases} R_1 i_1 = \dfrac{1}{C}\int i_2 \mathrm{d}t \\ u_o = R_2 i = R_2(i_1 + i_2) \\ u_i = R_1 i_1 + u_o \end{cases}$$

于是 $\quad i_1 = \dfrac{u_i - u_o}{R_1}, \quad i_2 = R_1 C \dfrac{\mathrm{d}i_1}{\mathrm{d}t} = R_1 C \cdot \dfrac{1}{R_1} \cdot \dfrac{\mathrm{d}(u_i - u_o)}{\mathrm{d}t}$

从而 $\quad u_o = R_2 i = R_2 \left[\dfrac{u_i - u_o}{R_1} + R_1 C \cdot \dfrac{1}{R_1} \cdot \dfrac{\mathrm{d}(u_i - u_o)}{\mathrm{d}t}\right]$

整理后可得图 2-50(a)所示的无源网络的微分方程为

$$R_1 R_2 C \frac{\mathrm{d}u_o}{\mathrm{d}t} + (R_1 + R_2) u_o = R_1 R_2 C \frac{\mathrm{d}u_i}{\mathrm{d}t} + R_2 u_i$$

（2）对于图 2-50(b)所示的无源网络，设通过左侧电阻 R 的电流为 i_1（方向自左向右），通过右侧电阻 R 的电流为 i_2（方向自右向左），通过电容 C_1 的电流为 i_2（方向自左向右），通过电容 C_2 的电流为 i（方向自上向下），根据电压平衡可得

$$\begin{cases} Ri_1 = Ri_2 + \frac{1}{C_1}\int i_2 \mathrm{d}t \\ u_i = \frac{1}{C_1}\int i_2 \mathrm{d}t + u_o \\ u_o = Ri_2 + \frac{1}{C_2}\int i \mathrm{d}t \end{cases}$$

于是 $\qquad i_1 = i_2 + \frac{1}{RC_1}\int i_2 \mathrm{d}t, \qquad i_2 = C_1 \frac{\mathrm{d}(u_i - u_o)}{\mathrm{d}t}$

从而 $\qquad \frac{\mathrm{d}u_o}{\mathrm{d}t} = R\frac{\mathrm{d}i_2}{\mathrm{d}t} + \frac{1}{C_2}i$

又因为 $i = i_1 + i_2$，则

$$\frac{\mathrm{d}u_o}{\mathrm{d}t} = R\frac{\mathrm{d}i_2}{\mathrm{d}t} + \frac{1}{C_2}\left[i_2 + \frac{1}{RC_1}\int i_2 \mathrm{d}t + C_1 \frac{\mathrm{d}(u_i - u_o)}{\mathrm{d}t}\right]$$

即 $\qquad \frac{\mathrm{d}u_o}{\mathrm{d}t} = RC_1 \frac{\mathrm{d}^2(u_i - u_o)}{\mathrm{d}t^2} + \frac{1}{C_2}\left[\frac{u_i - u_o}{R} + 2C_1 \frac{\mathrm{d}(u_i - u_o)}{\mathrm{d}t}\right]$

整理后可得图 2-50(b) 所示的无源网络的微分方程

$$R^2 C_1 C_2 \frac{\mathrm{d}^2 u_o}{\mathrm{d}t^2} + R(2C_1 + C_2)\frac{\mathrm{d}u_o}{\mathrm{d}t} + u_o = R^2 C_1 C_2 \frac{\mathrm{d}^2 u_i}{\mathrm{d}t^2} + 2RC_1 \frac{\mathrm{d}u_i}{\mathrm{d}t} + u_i$$

2-5 设初始条件为零，试用拉氏变换法求解下列系统微分方程式，并概略绘制 $x(t)$ 曲线，指出各方程式的模态。

(1) $2\dot{x}(t) + x(t) = t$;

(2) $\ddot{x}(t) + \dot{x}(t) + x(t) = \delta(t)$;

(3) $\ddot{x}(t) + 2\dot{x}(t) + x(t) = 1(t)$。

解 本题考查用拉氏变换法求解线性定常微分方程。

(1) $2\dot{x}(t) + x(t) = t$。由拉氏变换可得

$$X(s) = \frac{1}{s^2(2s+1)} = \frac{1}{s^2} - \frac{2}{s} + \frac{2}{s+0.5}$$

由拉氏反变换可得

$$x(t) = t - 2 + 2\mathrm{e}^{-0.5t}$$

由 $x(t)$ 的表达式易得系统的特征根为 $\lambda = -0.5$，故该方程的运动模态为 $\mathrm{e}^{-0.5t}$。因此，$x(t)$ 曲线如图 2-5-1 所示。

(2) $\ddot{x}(t) + \dot{x}(t) + x(t) = \delta(t)$。由拉氏变换可得

$$X(s) = \frac{1}{s^2 + s + 1} = \frac{1}{(s+1/2)^2 + (\sqrt{3}/2)^2}$$

由拉氏反变换可得

$$x(t) = \frac{2}{\sqrt{3}}\mathrm{e}^{-0.5t}\sin\frac{\sqrt{3}}{2}t = 1.155\mathrm{e}^{-0.5t}\sin(0.866t)$$

由 $x(t)$ 的表达式易得系统的特征根为

$$\lambda_{1,2} = -\frac{1}{2} \pm \mathrm{j}\frac{\sqrt{3}}{2}$$

故该方程的运动模态为 $e^{-0.5t}\sin\frac{\sqrt{3}}{2}t$。因此，$x(t)$ 曲线如图 2-5-2 所示。

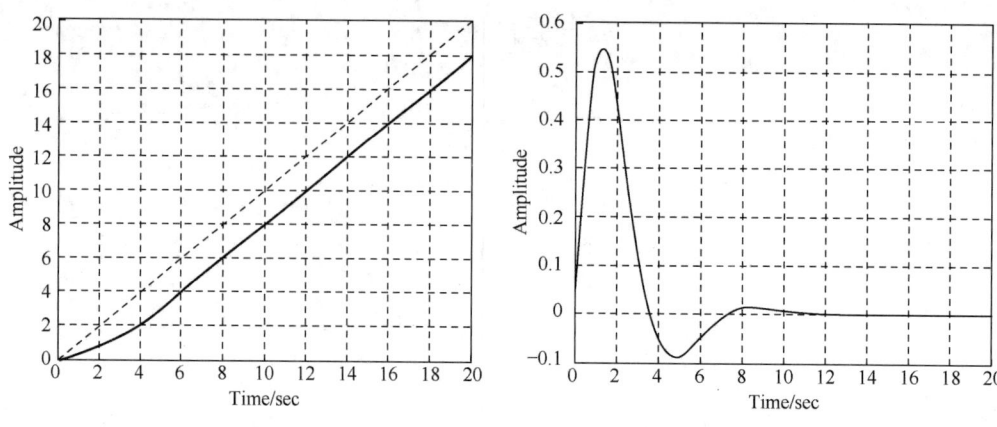

图 2-5-1　系统(1)单位斜坡响应曲线(MATLAB)　　图 2-5-2　系统(2)单位脉冲响应曲线(MATLAB)

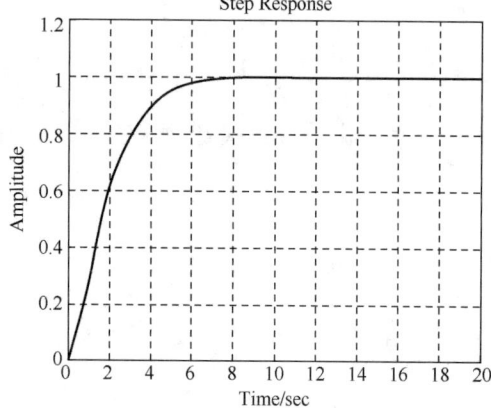

图 2-5-3　系统(3)单位阶跃响应曲线(MATLAB)

(3) $\ddot{x}(t)+2\dot{x}(t)+x(t)=1(t)$。由拉氏变换可得

$$X(s)=\frac{1}{s(s^2+2s+1)}$$
$$=\frac{1}{s}-\frac{1}{(s+1)^2}-\frac{1}{s+1}$$

则由拉氏反变换可得

$$x(t)=1-te^{-t}-e^{-t}$$

由 $x(t)$ 的表达式易得系统的特征根为

$$\lambda_{1,2}=-1$$

故该方程的运动模态为 te^{-t}，e^{-t}。因此，$x(t)$ 曲线如图 2-5-3 所示。

2-6 在液压系统管道中，设通过阀门的流量 Q 满足流量方程

$$Q=K\sqrt{P}$$

式中，K 为比例系数；P 为阀门前后的压差。若流量 Q 与压差 P 在其平衡点 (Q_0, P_0) 附近作微小变化，试导出线性化流量方程。

解　本题考查流量非线性微分方程的线性化，具体做法是，对非线性微分方程在其平衡点附近用泰勒级数展开并取前面的线性项，得到等效的线性化方程。

在平衡点 (Q_0, P_0) 处，对流量 Q 泰勒展开并取一次项近似可得

$$Q\approx Q_0+\dot{Q}\Big|_{\substack{Q=Q_0\\P=P_0}}(P-P_0)=Q_0+\frac{K}{2\sqrt{P_0}}(P-P_0)$$

则线性化流量方程为

$$\Delta Q=\frac{K}{2\sqrt{P_0}}\Delta P$$

省去符号"Δ",上式可以简写为

$$Q = K_1 P, \quad K_1 = \frac{K}{2\sqrt{P_0}}$$

2-7 设弹簧特性由下式描述:

$$F = 12.65 y^{1.1}$$

其中,F 是弹簧力;y 是变形位移。若弹簧在变形位移 0.25 附近作微小变化,试推导 ΔF 的线性化方程。

解 本题考查弹簧元件非线性微分方程的线性化,具体做法是对非线性微分方程在其平衡点附近用泰勒级数展开并取前面的线性项,得到等效的线性化方程。

在 $y=0.25$ 处对 F 进行泰勒展开,并取一次项近似可得

$$F \approx F_0 + \dot{F}|_{y=0.25}(y-0.25)$$

由上式可知,ΔF 的线性化方程为

$$\Delta F \approx F - 2.75 = \dot{F}|_{y=0.25}(y-0.25)$$
$$= 12.65 \times 1.1 \times (0.25)^{0.1} \times (y-0.25) = 12.11 \Delta y$$

上式亦可简化表示为 $F=12.11y$。

2-8 设晶闸管三相桥式全控整流电路的输入量为控制角 α,输出量为空载整流电压 e_d,它们之间的关系为

$$e_d = E_{d_0} \cos\alpha$$

式中 E_{d_0} 是整流电压的理想空载值,试推导其线性化方程式。

解 本题考查电路非线性微分方程的线性化,具体做法是,对非线性微分方程在其平衡点附近用泰勒级数展开并取前面的线性项,得到等效的线性化方程。

在 $\alpha=\alpha_0$ 处对 e_d 进行泰勒展开,然后取其一次项近似可得

$$e_d \approx e_d|_{\alpha=\alpha_0} + \dot{e}_d|_{\alpha=\alpha_0}(\alpha-\alpha_0) = e_d|_{\alpha=\alpha_0} - [E_{d_0}\sin\alpha_0](\alpha-\alpha_0)$$

由上式可得全控整流电路的线性化方程为

$$\Delta e_d = -[E_{d_0}\sin\alpha_0]\Delta\alpha$$

2-9 若系统在阶跃输入 $r(t)=1(t)$ 时,零初始条件下的输出响应 $c(t)=1-e^{-2t}+e^{-t}$,试求系统的传递函数和脉冲响应。

解 本题用拉氏变换法研究系统输出响应与传递函数之间的关系。

系统在阶跃输入 $r(t)=1(t)$,即 $R(s)=\frac{1}{s}$ 时,系统的输出响应为 $c(t)=1-e^{-2t}+e^{-t}$,即

$$C(s) = \frac{1}{s} - \frac{1}{s+2} + \frac{1}{s+1} = \frac{s^2+4s+2}{s(s+2)(s+1)}$$

则系统的传递函数为

$$\frac{C(s)}{R(s)} = \frac{s^2+4s+2}{s(s+2)(s+1)} \cdot s = \frac{s^2+4s+2}{(s+2)(s+1)}$$

于是,系统脉冲响应为

$$c(t) = \mathscr{L}^{-1}\left[\frac{s^2+4s+2}{(s+2)(s+1)}\right] = \mathscr{L}^{-1}\left(1 - \frac{1}{s+1} + \frac{2}{s+2}\right)$$

$$= \delta(t) - e^{-t} + 2e^{-2t} \quad (t \geqslant 0)$$

2-10 设系统的传递函数为

$$\frac{C(s)}{R(s)} = \frac{2}{s^2 + 3s + 2}$$

初始条件 $c(0) = -1, \dot{c}(0) = 0$。试求单位阶跃输入 $r(t) = 1(t)$ 时，系统的输出响应 $c(t)$。

解 本题用拉氏变换法研究系统传递函数与输出响应的相互关系。

已知系统的传递函数，则对应的微分方程为

$$\frac{d^2 c(t)}{dt^2} + 3\frac{dc(t)}{dt} + 2c(t) = 2r(t)$$

对上式两边同时进行拉氏变换，可得

$$[s^2 C(s) - sc(0) - \dot{c}(0)] + 3[sC(s) - c(0)] + 2C(s) = 2R(s)$$

输入为 $r(t) = 1(t)$，即 $R(s) = \frac{1}{s}$，代入初始条件 $c(0) = -1, \dot{c}(0) = 0$，可得

$$C(s) = \frac{2 - 3s - s^2}{s(s^2 + 3s + 2)} = \frac{1}{s} - \frac{4}{s+1} + \frac{2}{s+2}$$

对上式进行拉氏反变换，可得系统在阶跃输入 $r(t) = 1(t)$ 时输出响应 $c(t)$ 为

$$c(t) = 1 - 4e^{-t} + 2e^{-2t} \quad (t \geqslant 0)$$

2-11 在图 2-51 中，已知 $G(s)$ 和 $H(s)$ 两方框对应的微分方程分别是

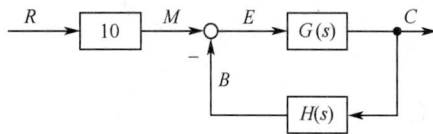

图 2-51 系统结构图

$$6\frac{dc(t)}{dt} + 10c(t) = 20e(t)$$

$$20\frac{db(t)}{dt} + 5b(t) = 10c(t)$$

且初始条件均为零，试求传递函数 $C(s)/R(s)$ 及 $E(s)/R(s)$。

解 本题研究系统微分方程与系统传递函数的转换方法。

对题设所给的微分方程两边同时进行拉氏变换，由于初始条件均为零，所以有

$$\begin{cases} 6sC(s) + 10C(s) = 20E(s) \\ 20sB(s) + 5B(s) = 10C(s) \end{cases}$$

由上式可得

$$G(s) = \frac{C(s)}{E(s)} = \frac{20}{6s+10} = \frac{10}{3s+5}, \quad H(s) = \frac{B(s)}{C(s)} = \frac{10}{20s+5} = \frac{2}{4s+1}$$

由图 2-51 可得

$$\Phi(s) = \frac{C(s)}{R(s)} = \frac{10G(s)}{1 + G(s)H(s)}$$

将 $G(s)$ 和 $H(s)$ 代入得

$$\Phi(s) = \frac{C(s)}{R(s)} = \frac{10 \cdot \frac{10}{3s+5}}{1 + \frac{10}{3s+5} \cdot \frac{2}{4s+1}} = \frac{100(4s+1)}{12s^2 + 23s + 25}$$

又 $\quad E(s) = M(s) - B(s) = 10R(s) - H(s)C(s) = [10 - H(s)\Phi(s)]R(s)$

则 $\quad \Phi_e(s) = \frac{E(s)}{R(s)} = 10 - H(s)\Phi(s) = 10 - \frac{2}{4s+1} \cdot \frac{100(4s+1)}{12s^2 + 23s + 25}$

$$= \frac{10(12s^2 + 23s + 5)}{12s^2 + 23s + 25}$$

所以传递函数 $C(s)/R(s)$ 和 $E(s)/R(s)$ 分别为

$$\Phi(s) = \frac{C(s)}{R(s)} = \frac{100(4s+1)}{12s^2 + 23s + 25}, \quad \Phi_e(s) = \frac{E(s)}{R(s)} = \frac{10(12s^2 + 23s + 5)}{12s^2 + 23s + 25}$$

2-12 求图 2-52 所示有源网络的传递函数 $U_o(s)/U_i(s)$。

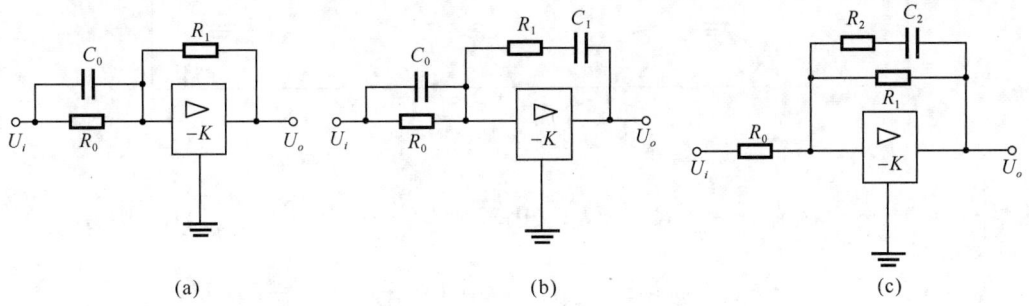

图 2-52 有源网络电路图

解 本题研究用等效复数阻抗方法推导有源网络的传递函数的方法。

(1) 对于图 2-52(a)所示的有源网络，可得

$$\frac{U_o(s)}{U_i(s)} = -\frac{R_1}{\dfrac{R_0 \cdot \dfrac{1}{C_0 s}}{R_0 + \dfrac{1}{C_0 s}}} = -\frac{R_1}{R_0}(R_0 C_0 s + 1)$$

(2) 对于图 2-52(b)所示的有源网络，可得

$$\frac{U_o(s)}{U_i(s)} = -\frac{R_1 + \dfrac{1}{C_1 s}}{\dfrac{R_0 \cdot \dfrac{1}{C_0 s}}{R_0 + \dfrac{1}{C_0 s}}} = -\frac{R_1 C_1 R_0 C_0 s^2 + (R_1 C_1 + R_0 C_0)s + 1}{R_0 C_1 s}$$

(3) 对于图 2-52(c)所示的有源网络，可得

$$\frac{U_o(s)}{U_i(s)} = -\frac{\dfrac{R_1 \cdot \left(R_2 + \dfrac{1}{C_2 s}\right)}{R_1 + \left(R_2 + \dfrac{1}{C_2 s}\right)}}{R_0} = -\frac{R_1}{R_0} \cdot \frac{R_2 C_2 s + 1}{(R_1 + R_2)C_2 s + 1}$$

2-13 由运算放大器组成的控制系统模拟电路如图 2-53 所示，试求闭环传递函数 $U_o(s)/U_i(s)$。

解 本题研究用等效复数阻抗方法推导网络模拟系统的传递函数。

在图 2-53 中，令第一级运算放大器输出为 U_1，第二级运算放大器输出为 U_2，则可得

$$U_1 = -\frac{R_1 \cdot \dfrac{1}{C_1 s}}{R_1 + \dfrac{1}{C_1 s}} \left(\frac{U_i}{R_0} + \frac{U_o}{R_0}\right)$$

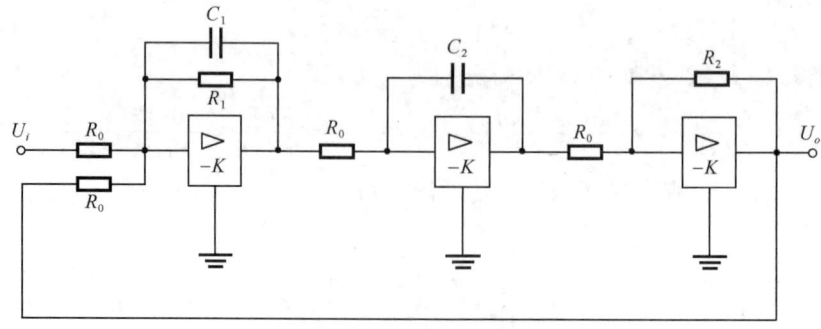

图 2-53 控制系统模拟电路图

因为 $\dfrac{U_2}{U_1}=-\dfrac{1}{R_0 C_2 s}$,故有 $U_1=-R_0 C_2 s U_2$;又因 $\dfrac{U_o}{U_2}=-\dfrac{R_2}{R_0}$,故有 $U_2=-\dfrac{R_0}{R_2}U_o$。则有

$$U_1=-R_0 C_2 s U_2=(-R_0 C_2 s)\cdot\left(-\dfrac{R_0}{R_2}U_o\right)=\dfrac{R_0^2}{R_2}C_2 s U_o$$

所以

$$U_1=-\dfrac{R_1\cdot\dfrac{1}{C_1 s}}{R_1+\dfrac{1}{C_1 s}}\left(\dfrac{U_i}{R_0}+\dfrac{U_o}{R_0}\right)=\dfrac{R_0^2}{R_2}C_2 s U_o$$

整理后可得闭环传递函数为

$$\dfrac{U_o}{U_i}=\dfrac{-R_1 R_2}{R_0^3(R_1 C_1 s+1)C_2 s+R_1 R_2}$$

2-14 试参照教材中例 2-2 给出的电枢控制直流电动机的三组微分方程式,画出直流电动机的结构图,并由结构图等效变换求出电动机的传递函数 $\Omega_m(s)/U_a(s)$ 和 $\Omega_m(s)/M_c(s)$。

解 本题研究将系统的微分方程通过拉氏变换得到系统的传递函数,并根据传递函数画出系统的结构图。

电枢控制直流电动机的三组微分方程式:

电枢回路电压平衡方程 $\quad u_a(t)=L_a\dfrac{di_a(t)}{dt}+R_a i_a(t)+C_e\omega_m(t)$

电磁转矩方程 $\quad M_m(t)=C_m i_a(t)$

电动机轴上的转矩平衡方程 $\quad J_m\dfrac{d\omega_m(t)}{dt}+f_m\omega_m(t)=M_m(t)-M_c(t)$

对上述三式分别进行拉氏变换并设初始条件为零,可得

$$U_a(s)-C_e\Omega_m(s)=(L_a s+R_a)I_a(s)$$
$$M_m(s)=C_m I_a(s)$$
$$(J_m s+f_m)\Omega_m(s)=M_m(s)-M_c(s)$$

根据此三式可以画出直流电动机的结构图如图 2-14-1。

电动机的传递函数如下:

$$\dfrac{\Omega_m(s)}{U_a(s)}=\dfrac{\dfrac{C_m}{(L_a s+R_a)(J_m s+f_m)}}{1+\dfrac{C_m C_e}{(L_a s+R_a)(J_m s+f_m)}}=\dfrac{C_m}{L_a J_m s^2+(L_a f_m+J_m R_a)s+(f_m R_a+C_m C_e)}$$

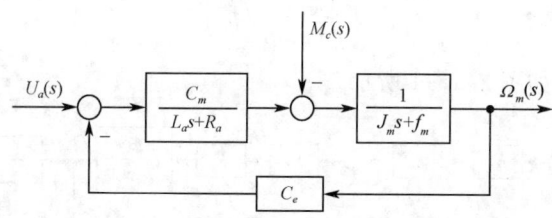

图 2-14-1　直流伺服电机结构图

$$\frac{\Omega_m(s)}{M_c(s)} = \frac{-\dfrac{1}{J_m s + f_m}}{1 + \dfrac{C_m C_e}{(L_a s + R_a)(J_m s + f_m)}} = -\frac{L_a s + R_a}{L_a J_m s^2 + (L_a f_m + J_m R_a)s + f_m R_a + C_m C_e}$$

2-15 某位置随动系统原理图如图 2-54 所示。已知电位器最大工作角度 $\theta_{\max} = 330°$，功率放大级功放系数为 K_3，要求：

(1) 分别求出电位器传递系数 K_0，第一级和第二级放大器的放大系数 K_1、K_2；

(2) 画出系统结构图；

(3) 简化结构图，求系统传递函数 $\Theta_o(s)/\Theta_i(s)$。

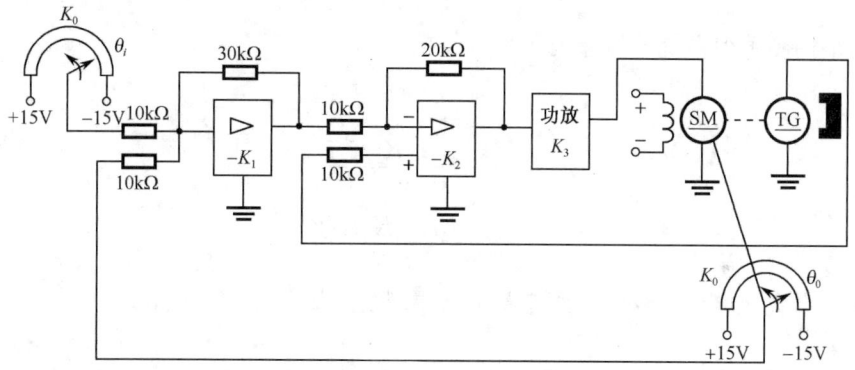

图 2-54　位置随动系统原理图

解　本题研究通过系统的原理图得出结构图，并简化结构图，求出系统闭环传递函数。

(1) 求 K_0、K_1 和 K_2。

$$K_0 = \frac{E}{\theta_m} = \frac{30}{330° \times \dfrac{\pi}{180°}} = \frac{180}{11\pi} = 5.21 \text{(V/rad)}$$

$$K_1 = \frac{30 \times 10^3}{10 \times 10^3} = 3, \quad K_2 = \frac{20 \times 10^3}{10 \times 10^3} = 2$$

(2) 系统结构图。假设电动机的时间常数为 T_m，可得直流电动机的传递函数为（忽略电枢电感的影响）

$$\frac{\Omega(s)}{U_a(s)} = \frac{K_m}{T_m s + 1}$$

其中 K_m 为直流电动机的传递系数。假设测速发电机的斜率为 K_t，则其传递函数为

$$\frac{U_t(s)}{\Omega(s)} = K_t$$

由此可见，系统的结构如图 2-15-1 所示。

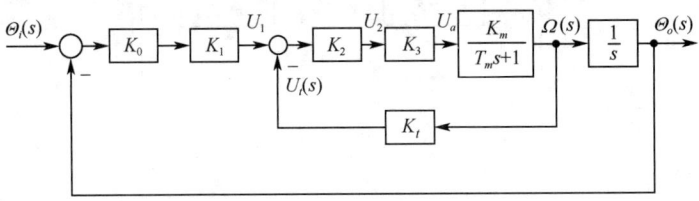

图 2-15-1　位置随动系统结构图

（3）系统传递函数。系统结构图的简化如图 2-15-2 所示。

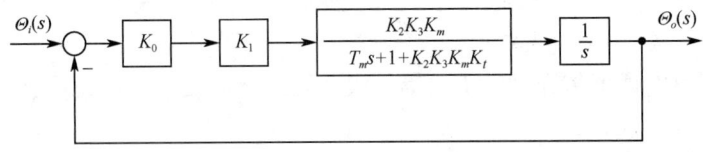

图 2-15-2　系统结构图简化

由简化的结构图可得系统的传递函数为

$$\frac{\Theta_o(s)}{\Theta_i(s)} = \frac{K_0 K_1 \cdot \dfrac{K_2 K_3 K_m}{T_m s + 1 + K_2 K_3 K_m K_t} \cdot \dfrac{1}{s}}{1 + K_0 K_1 \cdot \dfrac{K_2 K_3 K_m}{T_m s + 1 + K_2 K_3 K_m K_t} \cdot \dfrac{1}{s}}$$

$$= \frac{K_0 K_1 K_2 K_3 K_m}{T_m s^2 + (1 + K_2 K_3 K_m K_t)s + K_0 K_1 K_2 K_3 K_m}$$

2-16　设直流电动机双闭环调速系统的原理线路如图 2-55 所示。

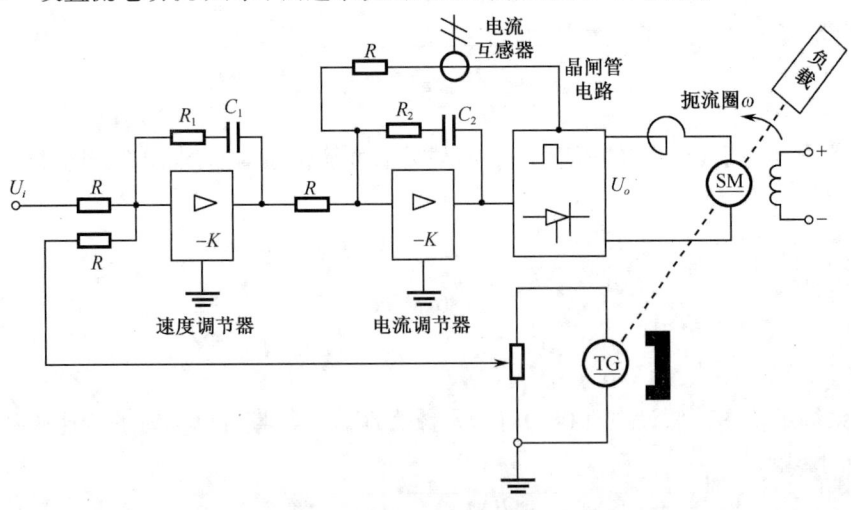

图 2-55　直流电动机调速系统原理图

（1）分别求速度调节器和电流调节器的传递函数；

(2) 画出系统结构图[设可控硅电路传递函数为 $K_3/(T_3s+1)$；电流互感器和测速发电机的传递系数分别为 K_4 和 K_5；直流电动机的结构图用题 2-14 的结果]；

(3) 简化结构图，求系统传递函数 $\Omega(s)/U_i(s)$。

解 本题研究通过调速系统的原理图得出结构图，并简化结构图求出闭环传递函数。

(1) 求调节器的传递函数。速度调节器和电流调节器的传递函数分别为

$$G_1(s) = -\dfrac{R_1 + \dfrac{1}{C_1 s}}{R} = -\left(\dfrac{R_1}{R} + \dfrac{1}{RC_1 s}\right)$$

$$G_2(s) = -\dfrac{R_2 + \dfrac{1}{C_2 s}}{R} = -\left(\dfrac{R_2}{R} + \dfrac{1}{RC_2 s}\right)$$

(2) 画系统结构图。由于直流电动机的结构图用题 2-14 的结果，同时由于引入了电流反馈，故在电动机的动态结构图中必须把电枢电流 I_a 显露出来，于是直流电动机调速系统的结构图如图 2-16-1 所示。

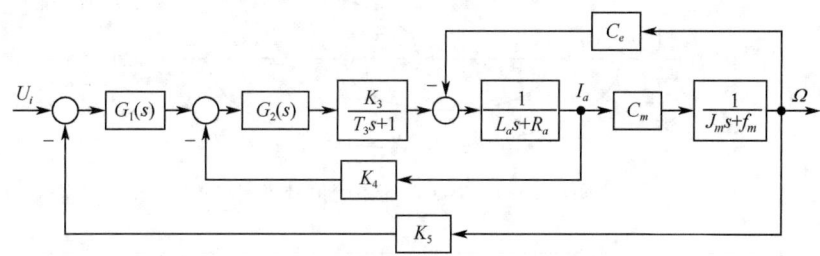

图 2-16-1 直流电动机调速系统结构图

(3) 求系统传递函数。为了推导方便，设

$$G_3(s) = \dfrac{K_3}{T_3 s + 1}, \quad G_4(s) = \dfrac{1}{L_a s + R_a}, \quad G_5(s) = \dfrac{1}{J_m s + f_m}$$

则简化结构图如图 2-16-2 所示。

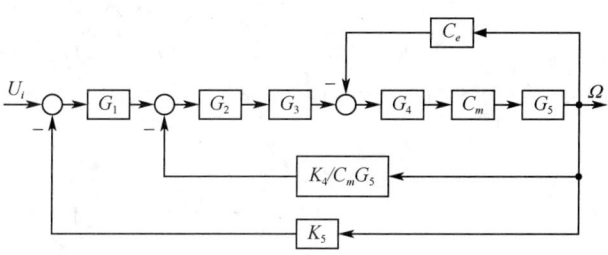

图 2-16-2 电机调速系统结构图简化

经过反馈连接等效，可得图 2-16-3 所示简化结构图。

由简化的结构图可得系统的传递函数

$$\dfrac{\Omega(s)}{U_i(s)} = \dfrac{C_m G_1 G_2 G_3 G_4 G_5}{1 + K_4 G_2 G_3 G_4 + C_e C_m G_4 G_5 + C_m K_5 G_1 G_2 G_3 G_4 G_5}$$

其中

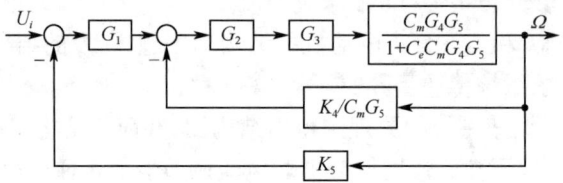

图 2-16-3 电机调速系统结构图简化

$$G_1(s) = -\left(\frac{R_1}{R} + \frac{1}{RC_1s}\right), \qquad G_2(s) = -\left(\frac{R_2}{R} + \frac{1}{RC_2s}\right),$$

$$G_3(s) = \frac{K_3}{T_3s+1}, \qquad G_4(s) = \frac{1}{L_as+R_a}, \qquad G_5(s) = \frac{1}{J_ms+f_m}$$

可用信号流图(图 2-16-4)及梅森增益进行验证。

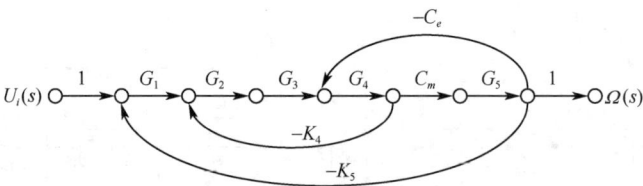

图 2-16-4 电机调速系统信号流图

由图 2-16-4 可知,本系统有一条前向通道,三个单独回路,无互不接触回路,即

$$L_1 = -K_4G_2G_3G_4, \qquad L_2 = -C_eC_mG_4G_5, \qquad L_3 = -C_mK_5G_1G_2G_3G_4G_5$$

$$\Delta = 1 - (L_1 + L_2 + L_3) = 1 + K_4G_2G_3G_4 + C_eC_mG_4G_5 + C_mK_5G_1G_2G_3G_4G_5$$

$$p_1 = C_mG_1G_2G_3G_4G_5, \qquad \Delta_1 = 1$$

由梅森增益公式可得系统的传递函数为

$$\frac{\Omega(s)}{U_i(s)} = \frac{\sum p_i\Delta_i}{\Delta} = \frac{C_mG_1G_2G_3G_4G_5}{1 + K_4G_2G_3G_4 + C_eC_mG_4G_5 + C_mK_5G_1G_2G_3G_4G_5}$$

2-17 已知控制系统结构图如图 2-56 所示,试通过结构图的等效变换求系统传递函数 $C(s)/R(s)$。

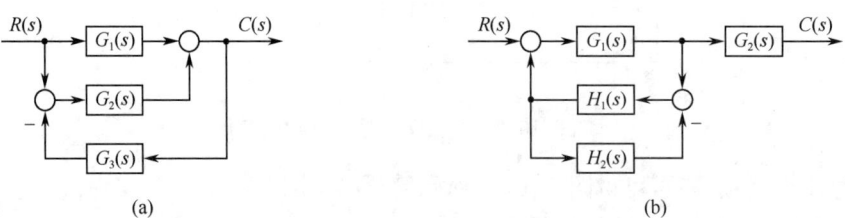

图 2-56 题 2-17 系统结构图

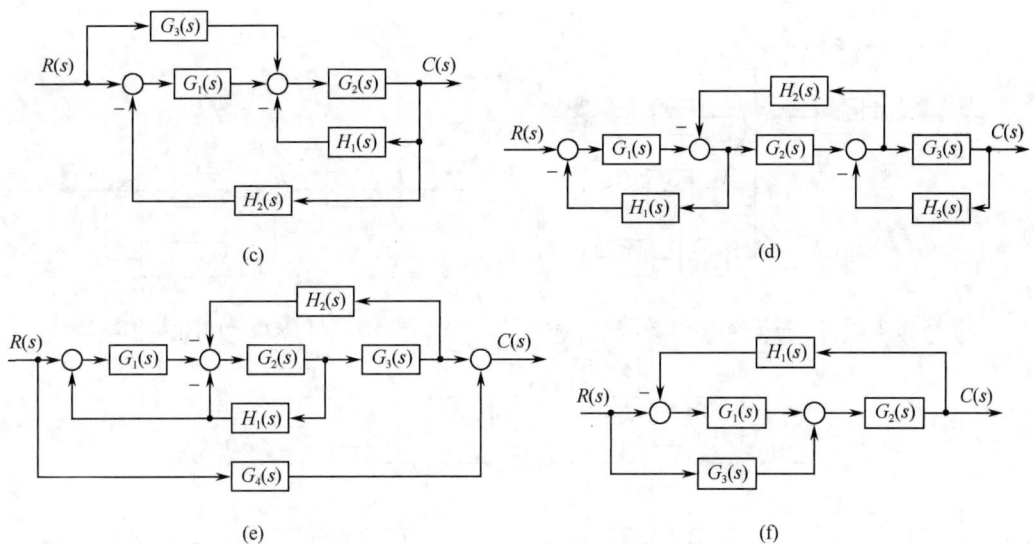

图 2-56 题 2-17 系统结构图(续)

解 本题研究结构图的等效变换。

(1) 图 2-56(a)系统。经过比较点后移,可得图 2-17-1,则系统传递函数为

$$\frac{C(s)}{R(s)} = \frac{G_1 + G_2}{1 + G_2 G_3}$$

(2) 图 2-56(b)系统。经过反馈连接等效,可得图 2-17-2,则系统传递函数为

$$\frac{C(s)}{R(s)} = \frac{G_1 G_2 (1 + H_1 H_2)}{1 + H_1 H_2 - G_1 H_1}$$

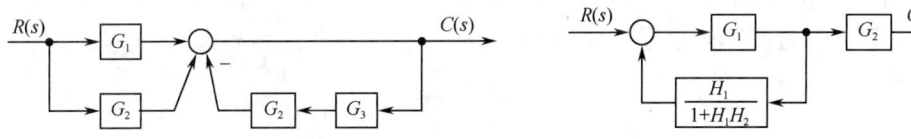

图 2-17-1 系统(a)简化结构图　　图 2-17-2 系统(b)简化结构图

(3) 图 2-56(c)系统。经过比较点后移,可得图 2-17-3,经过并联等效,可得图 2-17-4,则系统传递函数为

$$\frac{C(s)}{R(s)} = \frac{G_2 (G_1 + G_3)}{1 + G_2 (H_1 + G_1 H_2)}$$

(4) 图 2-56(d)系统。经过比较点前移和引出点后移,可得图 2-17-5;经过反馈连接等效,可得图 2-17-6,则系统传递函数为

$$\frac{C(s)}{R(s)} = \frac{\dfrac{G_1 G_2 G_3}{(1 + G_1 H_1)(1 + G_3 H_3)}}{1 + \dfrac{G_1 G_2 G_3}{(1 + G_1 H_1)(1 + G_3 H_3)} \cdot \dfrac{H_2}{G_1 G_3}}$$

$$= \frac{G_1 G_2 G_3}{1 + G_1 H_1 + G_2 H_2 + G_3 H_3 + G_1 H_1 G_3 H_3}$$

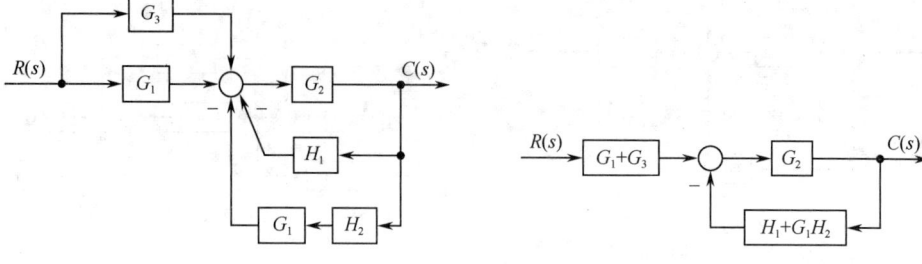

图 2-17-3 系统(c)结构图变换　　　　图 2-17-4 系统(c)简化结构图

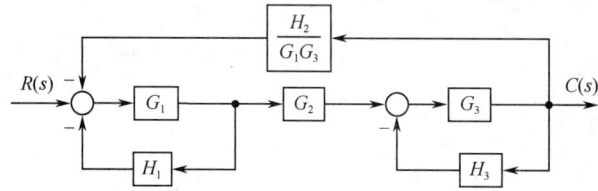

图 2-17-5 系统(d)结构图变换

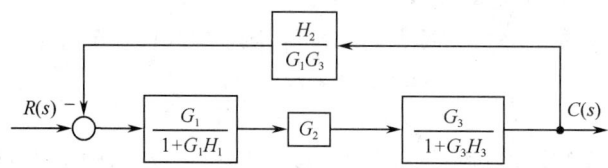

图 2-17-6 系统(d)简化结构图

(5) 图 2-56(e)系统。经过比较点后移和引出点前移,可得图 2-17-7;经过并联等效,可得图 2-17-8;经过反馈连接等效,可得图 2-17-9,则系统传递函数为

$$\frac{C(s)}{R(s)} = \frac{G_1 G_2 G_3}{1 + G_2(G_3 H_2 + H_1 - G_1 H_1)} + G_4$$

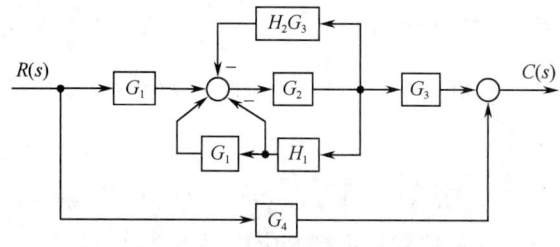

图 2-17-7 系统(e)结构图变换

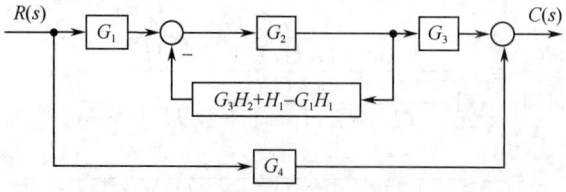

图 2-17-8 系统(e)结构图变换

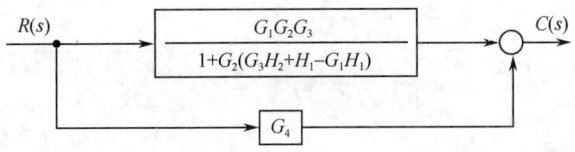

图 2-17-9　系统(e)简化结构图

(6) 图 2-56(f)系统。经过比较点后移,可得图 2-17-10;经过并联等效和反馈连接等效,可得图 2-17-11,则系统传递函数为

$$\frac{C(s)}{R(s)} = \frac{G_2(G_1 + G_3)}{1 + G_1 G_2 H_1}$$

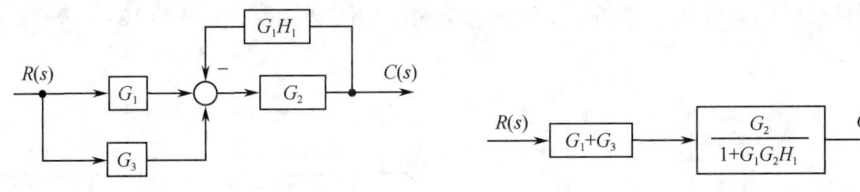

图 2-17-10　系统(f)结构图变换　　　图 2-17-11　系统(f)简化结构图

2-18　试简化图 2-57 中系统结构图,并求传递函数 $C(s)/R(s)$ 和 $C(s)/N(s)$。

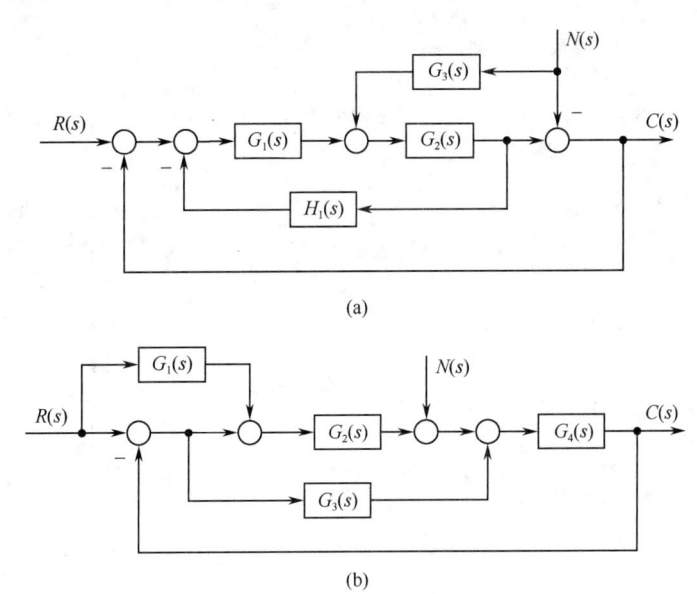

图 2-57　题 2-18 系统结构图

解　本题研究结构图的等效变换。

(1) 图 2-57(a) 系统。仅考虑输入 $R(s)$ 作用于系统时,系统的结构图如图 2-18-1 所示。

经过反馈连接等效,可得图 2-18-2,则系统传递函数为

$$\frac{C(s)}{R(s)} = \frac{\dfrac{G_1 G_2}{1+G_1 G_2 H_1}}{1+\dfrac{G_1 G_2}{1+G_1 G_2 H_1}} = \frac{G_1 G_2}{1+G_1 G_2 + G_1 G_2 H_1}$$

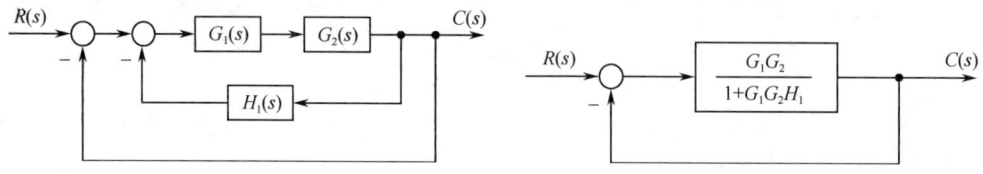

图 2-18-1　$N(s)=0$ 时系统(a)结构图　　　图 2-18-2　$N(s)=0$ 时系统(a)简化结构图

仅考虑扰动 $N(s)$ 作用于系统时，系统的结构图如图 2-18-3 和图 2-18-4 所示。

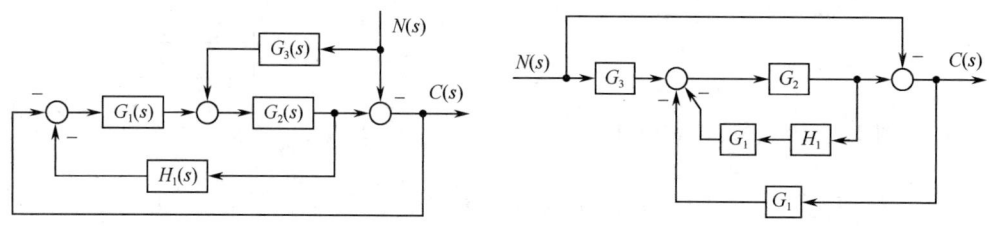

图 2-18-3　$R(s)=0$ 时系统(a)结构图　　　图 2-18-4　$R(s)=0$ 时等效系统(a)结构图

经过反馈连接等效，可得图 2-18-5；经过比较点的移动，可得图 2-18-6，则系统传递函数为

$$\frac{C(s)}{N(s)} = \left(\frac{G_2 G_3}{1+G_1 G_2 H_1} - 1\right) \cdot \frac{1}{1+\dfrac{G_1 G_2}{1+G_1 G_2 H_1}} = -\frac{1-G_2 G_3 + G_1 G_2 H_1}{1+G_1 G_2 + G_1 G_2 H_1}$$

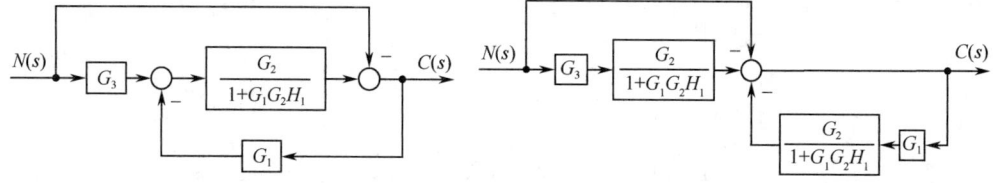

图 2-18-5　$R(s)=0$ 时系统(a)结构图变换　　　图 2-18-6　$R(s)=0$ 时系统(a)简化结构图

(2) 图 2-57(b)系统。仅考虑输入 $R(s)$ 作用于系统时，系统的结构图如图 2-18-7 所示。

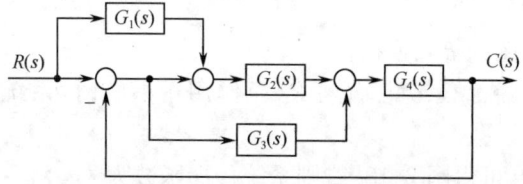

图 2-18-7　$N(s)=0$ 时系统(b)结构图

经过比较点后移,可得图 2-18-8;经过串联等效和并联等效,可得图 2-18-9;经过比较点后移,可得图 2-18-10,则系统传递函数为

$$\frac{C(s)}{R(s)} = (G_1G_2 + G_2 + G_3) \cdot \frac{G_4}{1+G_4(G_2+G_3)} = \frac{G_4(G_1G_2 + G_2 + G_3)}{1+G_2G_4+G_3G_4}$$

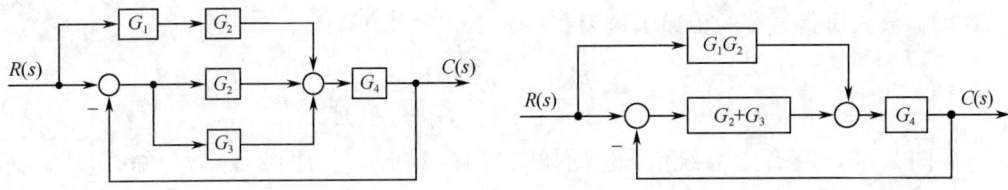

图 2-18-8　$N(s)=0$ 时系统(b)结构图变换　　　图 2-18-9　$N(s)=0$ 时系统(b)结构图变换

仅考虑扰动 $N(s)$ 作用于系统时,系统的结构图如图 2-18-11 所示,则系统传递函数为

$$\frac{C(s)}{N(s)} = \frac{G_4}{1+G_4(G_2+G_3)} = \frac{G_4}{1+G_2G_4+G_3G_4}$$

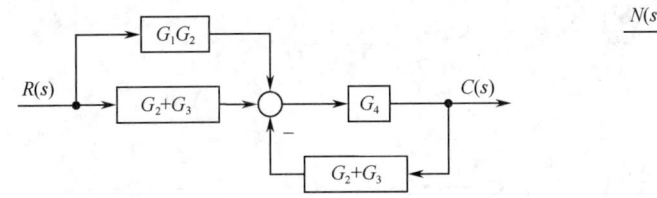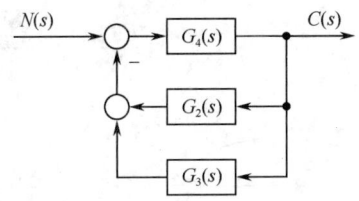

图 2-18-10　$N(s)=0$ 时系统(b)简化结构图　　　图 2-18-11　$R(s)=0$ 时系统(b)简化结构图

2-19　试绘制教材中图 2-56 各系统结构图对应的信号流图,并用梅森增益公式求各系统的传递函数 $C(s)/R(s)$。

解　本题研究系统的信号流图,以及运用梅森增益公式求传递函数。

(1) 图 2-56(a)系统。系统信号流图如图 2-19-1 所示。由图 2-19-1 可知,本系统有两条前向通道,一个单独回路,即

$$L_1 = -G_2G_3, \quad \Delta = 1 - L_1 = 1 + G_2G_3$$
$$p_1 = G_1, \quad \Delta_1 = 1$$
$$p_2 = G_2, \quad \Delta_2 = 1$$

由梅森增益公式可得系统的传递函数为

$$\frac{C(s)}{R(s)} = \frac{\sum p_i \Delta_i}{\Delta} = \frac{G_1 + G_2}{1+G_2G_3}$$

图 2-19-1　系统(a)信号流图　　　图 2-19-2　系统(b)信号流图

(2) 图2-56(b)系统。系统信号流图如图2-19-2所示。由图2-19-2可知,本系统有一条前向通道,两个单独回路,即

$$L_1 = G_1H_1, \quad L_2 = -H_1H_2, \quad \Delta = 1-(L_1+L_2) = 1-G_1H_1+H_1H_2$$
$$p_1 = G_1G_2, \quad \Delta_1 = 1+H_1H_2$$

由梅森增益公式可得系统的传递函数为

$$\frac{C(s)}{R(s)} = \frac{\sum p_i \Delta_i}{\Delta} = \frac{G_1G_2(1+H_1H_2)}{1-G_1H_1+H_1H_2}$$

(3) 图2-56(c)系统。系统信号流图如图2-19-3所示。由图2-19-3可知,本系统有两条前向通道,两个单独回路,即

$$L_1 = -G_2H_1, \quad L_2 = -G_1G_2H_2, \quad \Delta = 1-(L_1+L_2) = 1+G_2H_1+G_1G_2H_2$$
$$p_1 = G_1G_2, \quad \Delta_1 = 1$$
$$p_2 = G_2G_3, \quad \Delta_2 = 1$$

由梅森增益公式可得系统的传递函数为

$$\frac{C(s)}{R(s)} = \frac{\sum p_i \Delta_i}{\Delta} = \frac{G_1G_2+G_2G_3}{1+G_2H_1+G_1G_2H_2}$$

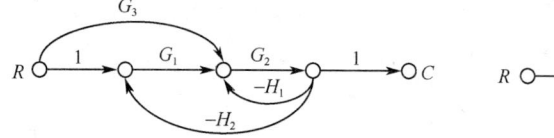

图 2-19-3　系统(c)信号流图　　　　图 2-19-4　系统(d)信号流图

(4) 图2-56(d)系统。系统信号流图如图2-19-4所示。由图2-19-4可知,本系统有一条前向通道,三个单独回路,其中一对回路互不接触:

$$L_1 = -G_1H_1, \quad L_2 = -G_2H_2, \quad L_3 = -G_3H_3; L_1 \text{ 与 } L_3 \text{ 不接触}, L_1L_3 = G_1H_1G_3H_3$$
$$\Delta = 1-(L_1+L_2+L_3)+L_1L_3 = 1+G_1H_1+G_2H_2+G_3H_3+G_1H_1G_3H_3$$
$$p_1 = G_1G_2G_3, \quad \Delta_1 = 1$$

由梅森增益公式可得系统的传递函数为

$$\frac{C(s)}{R(s)} = \frac{\sum p_i \Delta_i}{\Delta} = \frac{G_1G_2G_3}{1+G_1H_1+G_2H_2+G_3H_3+G_1H_1G_3H_3}$$

(5) 图2-56(e)系统。系统信号流图如图2-19-5所示。由图2-19-5可知,本系统有两条前向通道,三个回路,无不接触回路,即

$$L_1 = -G_2H_1, \quad L_2 = -G_2G_3H_2, \quad L_3 = G_1G_2H_1$$
$$\Delta = 1-(L_1+L_2+L_3) = 1+G_2H_1+G_2G_3H_2-G_1G_2H_1$$
$$p_1 = G_1G_2G_3, \quad \Delta_1 = 1$$
$$p_2 = G_4, \quad \Delta_2 = \Delta$$

由梅森增益公式可得系统的传递函数为

$$\frac{C(s)}{R(s)} = \frac{\sum p_i \Delta_i}{\Delta} = \frac{G_1 G_2 G_3}{1 + G_2 H_1 + G_2 G_3 H_2 - G_1 G_2 H_1} + G_4$$

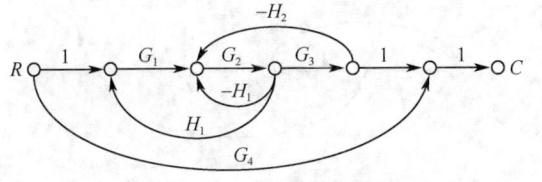
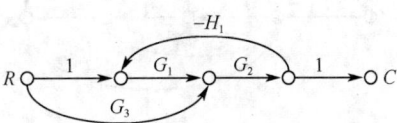

图 2-19-5　系统(e)信号流图　　　　　　图 2-19-6　系统(f)信号流图

(6) 图 2-56(f)系统。系统信号流图如图 2-19-6 所示。由图 2-19-6 可知，本系统有两条前向通道，一个单独回路，即

$$L_1 = -G_1 G_2 H_1, \quad \Delta = 1 - L_1 = 1 + G_1 G_2 H_1$$
$$p_1 = G_1 G_2, \quad \Delta_1 = 1$$
$$p_2 = G_2 G_3, \quad \Delta_2 = 1$$

由梅森增益公式可得系统的传递函数为

$$\frac{C(s)}{R(s)} = \frac{\sum p_i \Delta_i}{\Delta} = \frac{G_1 G_2 + G_2 G_3}{1 + G_1 G_2 H_1}$$

2-20　画出教材中图 2-57 各系统结构图对应的信号流图，并用梅森增益公式求各系统的传递函数 $C(s)/R(s)$ 和 $C(s)/N(s)$。

解　本题研究系统的信号流图，以及运用梅森增益公式求传递函数。

(1) 图 2-57(a)系统。系统信号流图如图 2-20-1 所示。

仅考虑输入 $R(s)$ 作用于系统时，本系统有一条前向通道，两个单独回路，即

$$L_1 = -G_1 G_2 H_1, \quad L_2 = -G_1 G_2, \quad \Delta = 1 - (L_1 + L_2) = 1 + G_1 G_2 H_1 + G_1 G_2$$
$$p_1 = G_1 G_2, \quad \Delta_1 = 1$$

由梅森增益公式，可得系统的传递函数

$$\frac{C(s)}{R(s)} = \frac{\sum p_i \Delta_i}{\Delta} = \frac{G_1 G_2}{1 + G_1 G_2 H_1 + G_1 G_2}$$

仅考虑扰动 $N(s)$ 作用于系统时，本系统有两条前向通道，两个单独回路，即

$$L_1 = -G_1 G_2 H_1, \quad L_2 = -G_1 G_2, \quad \Delta = 1 - (L_1 + L_2) = 1 + G_1 G_2 H_1 + G_1 G_2$$
$$p_1 = -1, \quad L_1 \text{ 与 } p_1 \text{ 不接触}, \quad \Delta_1 = 1 + G_1 G_2 H_1$$
$$p_2 = G_2 G_3, \quad \Delta_2 = 1$$

由梅森增益公式可得系统的传递函数为

$$\frac{C(s)}{N(s)} = \frac{\sum p_i \Delta_i}{\Delta} = \frac{G_2 G_3 - (1 + G_1 G_2 H_1)}{1 + G_1 G_2 H_1 + G_1 G_2} = -\frac{1 - G_2 G_3 + G_1 G_2 H_1}{1 + G_1 G_2 + G_1 G_2 H_1}$$

(2) 图 2-57(b)系统。系统信号流图如图 2-20-2 所示。

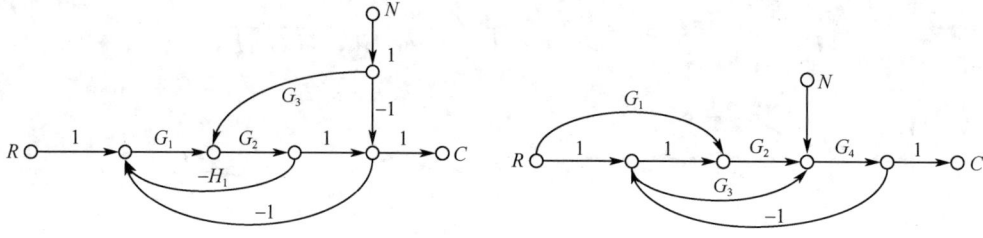

图 2-20-1 系统(a)信号流图　　　　　图 2-20-2 系统(b)信号流图

仅考虑输入 $R(s)$ 作用于系统时,本系统有三条前向通道,两个单独回路,即
$$L_1 = -G_2G_4, \quad L_2 = -G_3G_4, \quad \Delta = 1-(L_1+L_2) = 1+G_2G_4+G_3G_4$$
$$p_1 = G_2G_4, \quad \Delta_1 = 1$$
$$p_2 = G_1G_2G_4, \quad \Delta_2 = 1$$
$$p_3 = G_3G_4, \quad \Delta_3 = 1$$

由梅森增益公式可得系统的传递函数为
$$\frac{C(s)}{R(s)} = \frac{\sum p_i \Delta_i}{\Delta} = \frac{G_2G_4 + G_1G_2G_4 + G_3G_4}{1+G_2G_4+G_3G_4}$$

仅考虑扰动 $N(s)$ 作用于系统时,本系统有一条前向通道,两个单独回路,即
$$L_1 = -G_2G_4, \quad L_2 = -G_3G_4, \quad \Delta = 1-(L_1+L_2) = 1+G_2G_4+G_3G_4$$
$$p_1 = G_4, \quad \Delta_1 = 1$$

由梅森增益公式可得系统的传递函数为
$$\frac{C(s)}{N(s)} = \frac{\sum p_i \Delta_i}{\Delta} = \frac{G_4}{1+G_2G_4+G_3G_4}$$

2-21 试绘制图 2-58 中系统结构图对应的信号流图,并用梅森增益公式求传递函数 $C(s)/R(s)$ 和 $E(s)/R(s)$。

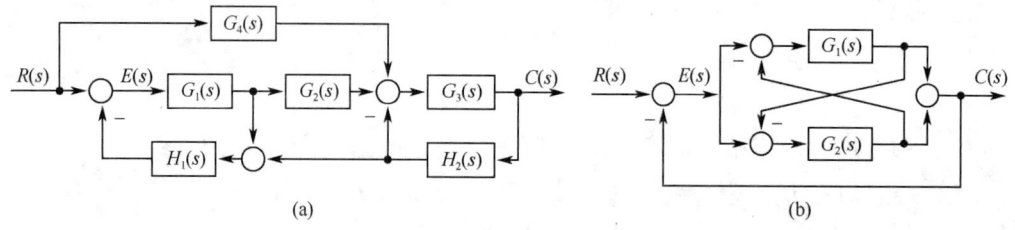

图 2-58 题 2-21 系统结构图

解 本题研究系统的信号流图,以及运用梅森增益公式求解系统传递函数。

(1) 图 2-58(a)系统。信号流图如图 2-21-1 所示。

用梅森增益公式求传递函数 $C(s)/R(s)$:观察系统信号流图可知,本系统有两条前向通道,三个单独回路,其中一对回路互不接触,即

$$L_1 = -G_1H_1, \quad L_2 = -G_3H_2, \quad L_3 = -G_1G_2G_3H_1H_2$$

$$L_1 \text{ 与 } L_2 \text{ 不接触}, \quad L_1L_2 = G_1G_3H_1H_2$$

$$\Delta = 1 - (L_1 + L_2 + L_3) + L_1L_2 = 1 + G_1H_1 + G_3H_2 + G_1G_2G_3H_1H_2 + G_1G_3H_1H_2$$

$$p_1 = G_1G_2G_3, \quad \Delta_1 = 1$$

$$p_2 = G_3G_4, \quad L_1 \text{ 与 } p_2 \text{ 不接触}, \quad \Delta_2 = 1 + G_1H_1$$

由梅森增益公式可得传递函数 $C(s)/R(s)$ 为

$$\frac{C(s)}{R(s)} = \frac{\sum p_i\Delta_i}{\Delta} = \frac{G_1G_2G_3 + G_3G_4(1+G_1H_1)}{1+G_1H_1+G_3H_2+G_1G_2G_3H_1H_2+G_1G_3H_1H_2}$$

用梅森增益公式求传递函数 $E(s)/R(s)$：观察系统信号流图可知，本系统有两条前向通道，三个单独回路，其中一对回路互不接触，即

$$L_1 = -G_1H_1, \quad L_2 = -G_3H_2, \quad L_3 = -G_1G_2G_3H_1H_2$$

$$L_1 \text{ 与 } L_2 \text{ 不接触}, \quad L_1L_2 = G_1G_3H_1H_2$$

$$\Delta = 1 - (L_1 + L_2 + L_3) + L_1L_2 = 1 + G_1H_1 + G_3H_2 + G_1G_2G_3H_1H_2 + G_1G_3H_1H_2$$

$$p_1 = 1, \quad L_2 \text{ 与 } p_1 \text{ 不接触}, \quad \Delta_1 = 1 + G_3H_2$$

$$p_2 = -G_3G_4H_1H_2, \quad \Delta_2 = 1$$

由梅森增益公式可得传递函数 $E(s)/R(s)$ 为

$$\frac{E(s)}{R(s)} = \frac{\sum p_i\Delta_i}{\Delta} = \frac{1+G_3H_2-G_3G_4H_1H_2}{1+G_1H_1+G_3H_2+G_1G_2G_3H_1H_2+G_1G_3H_1H_2}$$

(2) 图 2-58(b) 系统。信号流图如图 2-21-2 所示。

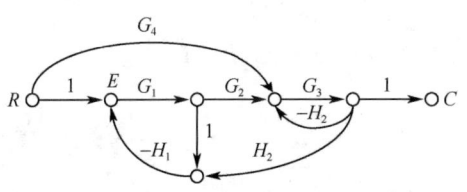
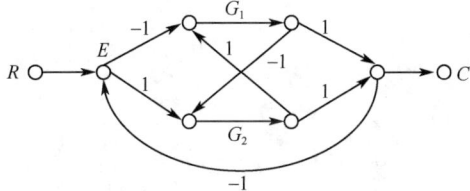

图 2-21-1 系统(a)信号流图　　　　图 2-21-2 系统(b)信号流图

用梅森增益公式求传递函数 $C(s)/R(s)$：观察系统信号流图可知，本系统有四条前向通道，五个单独回路，无不接触回路，即

$$L_1 = G_1, \quad L_2 = -G_2, \quad L_3 = -G_1G_2, \quad L_4 = -G_1G_2, \quad L_5 = -G_1G_2$$

$$\Delta = 1 - (L_1 + L_2 + L_3 + L_4 + L_5) = 1 - G_1 + G_2 + 3G_1G_2$$

$$p_1 = -G_1, \quad \Delta_1 = 1; \quad p_2 = G_2, \quad \Delta_2 = 1$$

$$p_3 = G_1G_2, \quad \Delta_3 = 1; \quad p_4 = G_1G_2, \quad \Delta_4 = 1$$

由梅森增益公式可得传递函数 $C(s)/R(s)$ 为

$$\frac{C(s)}{R(s)} = \frac{\sum p_i\Delta_i}{\Delta} = \frac{-G_1+G_2+2G_1G_2}{1-G_1+G_2+3G_1G_2}$$

用梅森增益公式求传递函数 $E(s)/R(s)$：观察系统信号流图可知，本系统有一条前向通道，五个单独回路，即

$$L_1 = G_1, \quad L_2 = -G_2, \quad L_3 = -G_1G_2, \quad L_4 = -G_1G_2, \quad L_5 = -G_1G_2$$

$$\Delta = 1-(L_1+L_2+L_3+L_4+L_5) = 1-G_1+G_2+3G_1G_2$$
$$p_1 = 1, \quad L_5 \text{ 与 } p_1 \text{ 不接触}, \quad \Delta_1 = 1+G_1G_2$$

由梅森增益公式可得传递函数 $E(s)/R(s)$ 为

$$\frac{E(s)}{R(s)} = \frac{\sum p_i \Delta_i}{\Delta} = \frac{1+G_1G_2}{1-G_1+G_2+3G_1G_2}$$

下面通过结构图等效变换法进行验证。

(3) 图 2-58(a)系统。结构图如图 2-21-3 所示。

图 2-21-3 系统(a)结构图

经过反馈连接等效,可得图 2-21-4 所示结构图变换;经过比较点后移,可得图 2-21-5 所示简化结构图,则系统传递函数为

$$\frac{C(s)}{R(s)} = \left(G_4 + \frac{G_1G_2}{1+G_1H_1}\right) \cdot \frac{\dfrac{G_3}{1+G_3H_2}}{1+\dfrac{G_1G_2G_3H_1H_2}{(1+G_1H_1)(1+G_3H_2)}}$$

$$= \frac{G_1G_2G_3+G_3G_4(1+G_1H_1)}{1+G_1H_1+G_3H_2+G_1G_2G_3H_1H_2+G_1G_3H_1H_2}$$

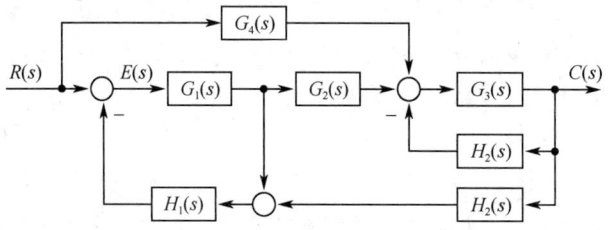

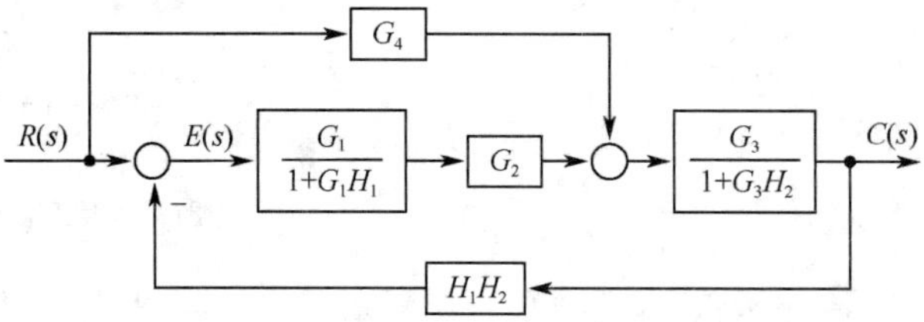

图 2-21-4 系统(a)结构图变换

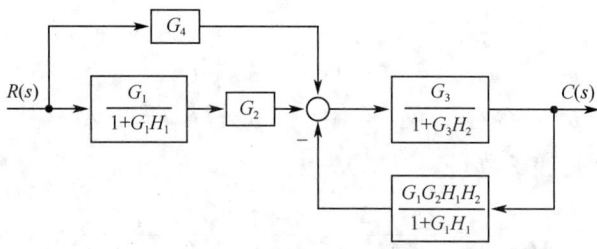

图 2-21-5 系统(a)简化结构图

又由系统结构图可知
$$E(s) = R(s) - (C(s)H_2(s) + E(s)G_1(s)) \cdot H_1(s)$$
即
$$(1+G_1H_1)\frac{E(s)}{R(s)} = 1 - H_1H_2\frac{C(s)}{R(s)}$$
代入 $\dfrac{C(s)}{R(s)} = \dfrac{G_1G_2G_3 + G_3G_4(1+G_1H_1)}{1+G_1H_1+G_3H_2+G_1G_2G_3H_1H_2+G_1G_3H_1H_2}$,可得
$$\frac{E(s)}{R(s)} = \frac{1+G_3H_2-G_3G_4H_1H_2}{1+G_1H_1+G_3H_2+G_1G_2G_3H_1H_2+G_1G_3H_1H_2}$$

(4) 图 2-58(b)系统。将 G_2 与左边的比较点移位,可得图 2-21-6 所示结构图。

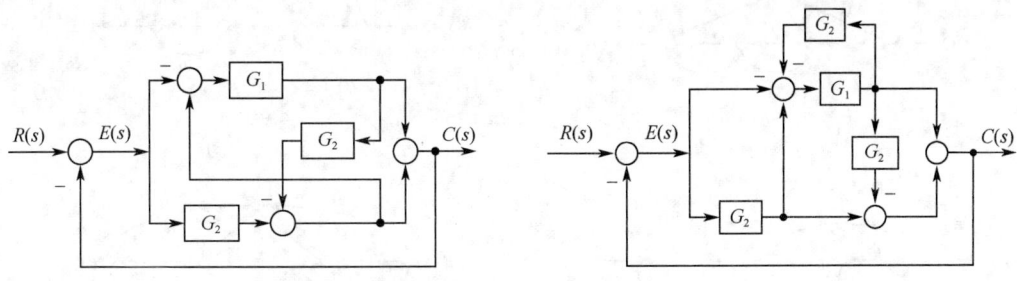

图 2-21-6　系统(b)结构图　　　　　图 2-21-7　系统(b)结构图变换

经过引出点与比较点的互相移位,可得图 2-21-7 所示简化结构图;经过比较点合并及并联等效,可得图 2-21-8 所示简化结构图;经过反馈等效和串联等效,可得图 2-21-9 所示简化结构图,则系统传递函数为
$$\frac{C(s)}{R(s)} = \frac{G_2 + \dfrac{G_1(G_2-1)(1-G_2)}{1+G_1G_2}}{1+G_2+\dfrac{G_1(G_2-1)(1-G_2)}{1+G_1G_2}} = \frac{-G_1+G_2+2G_1G_2}{1-G_1+G_2+3G_1G_2}$$

又由系统结构图可知
$$E(s) = R(s) - C(s)$$
即
$$\frac{E(s)}{R(s)} = 1 - \frac{C(s)}{R(s)}$$
代入 $\dfrac{C(s)}{R(s)} = \dfrac{-G_1+G_2+2G_1G_2}{1-G_1+G_2+3G_1G_2}$,可得
$$\frac{E(s)}{R(s)} = \frac{1+G_1G_2}{1-G_1+G_2+3G_1G_2}$$

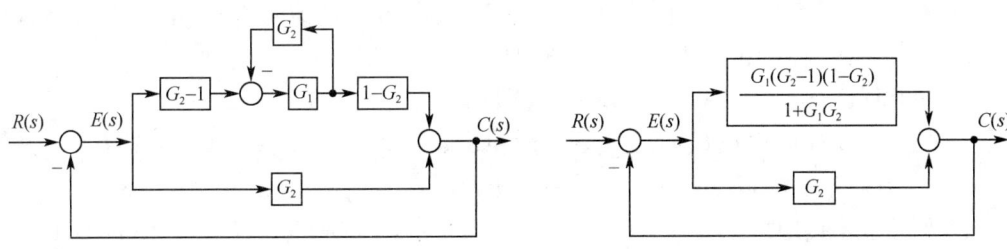

图 2-21-8　系统(b)结构图变换　　　　图 2-21-9　系统(b)简化结构图

2-22 试用梅森增益公式求图 2-59 中各系统信号流图的传递函数 $C(s)/R(s)$。

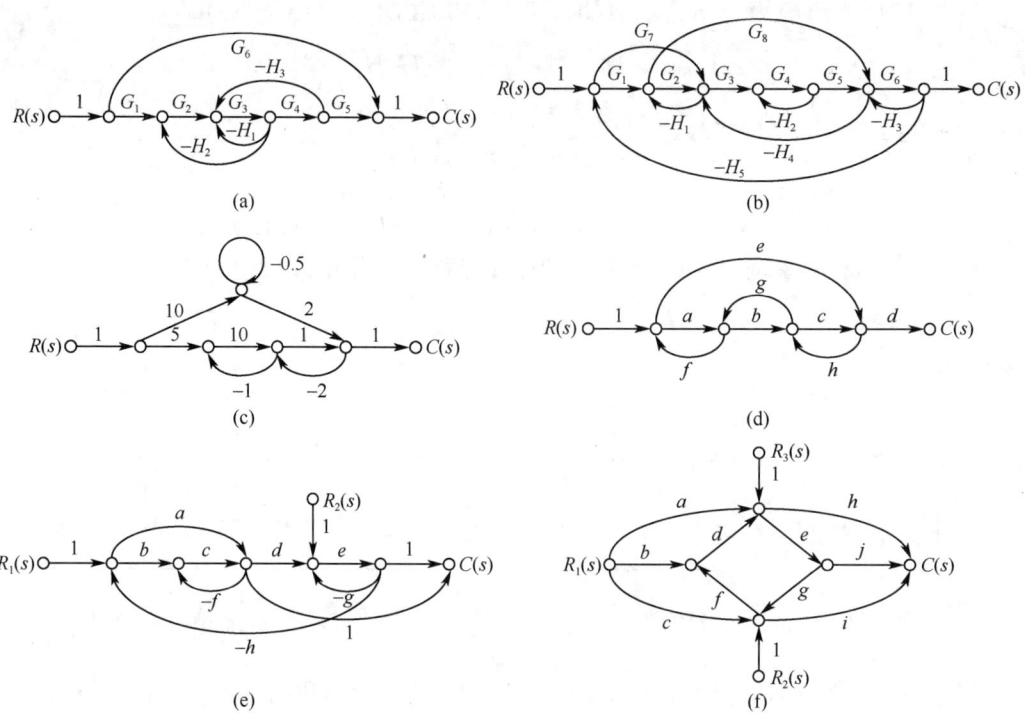

图 2-59 题 2-22 系统信号流图

解 本题研究运用梅森增益公式求传递函数。

(1) 图 2-59(a)系统。考查信号流图 2-59(a),其存在两条前向通道,三个单独回路,无不接触回路,即

$$L_1 = -G_3H_1, \quad L_2 = -G_2G_3H_2, \quad L_3 = -G_3G_4H_3$$
$$\Delta = 1 - (L_1 + L_2 + L_3) = 1 + G_3H_1 + G_2G_3H_2 + G_3G_4H_3$$
$$p_1 = G_1G_2G_3G_4G_5, \quad \Delta_1 = 1$$
$$p_2 = G_6, \quad L_1, L_2, L_3 \text{ 与 } p_2 \text{ 均不接触}, \quad \Delta_2 = \Delta$$

由梅森增益公式可得系统的传递函数为

$$\frac{C(s)}{R(s)} = \frac{\sum p_i \Delta_i}{\Delta} = \frac{G_1G_2G_3G_4G_5}{1 + G_3H_1 + G_2G_3H_2 + G_3G_4H_3} + G_6$$

(2) 图 2-59(b)系统。考查信号流图 2-59(b),其存在四条前向通道,九个单独回路,其中六对回路互不接触,一组三回路互不接触,即

九个单独回路:$L_1 = -G_2H_1, \quad L_2 = -G_4H_2, \quad L_3 = -G_6H_3, \quad L_4 = -G_3G_4G_5H_4$
$L_5 = -G_1G_2G_3G_4G_5G_6H_5, \quad L_6 = -G_3G_4G_5G_6G_7H_5, \quad L_7 = -G_1G_6G_8H_5$
$L_8 = G_6G_7G_8H_1H_5, \quad L_9 = G_8H_1H_4$

六对回路互不接触:$L_1L_2 = G_2H_1G_4H_2, \quad L_1L_3 = G_2H_1G_6H_3, \quad L_2L_3 = G_4H_2G_6H_3$
$L_2L_7 = G_4H_2G_1G_6G_8H_5, \quad L_2L_8 = -G_4H_2G_6G_7G_8H_1H_5, \quad L_2L_9 = -G_4H_2G_8H_1H_4$

一组三回路互不接触:$L_1L_2L_3 = -G_2H_1G_4H_2G_6H_3$

$$\Delta = 1 + G_2H_1 + G_4H_2 + G_6H_3 + G_3G_4G_5H_4 + G_1G_2G_3G_4G_5G_6H_5$$
$$+ G_3G_4G_5G_6G_7H_5 + G_1G_6G_8H_5 - G_6G_7G_8H_1H_5 - G_8H_1H_4 + G_2H_1G_6H_3$$
$$+ G_4H_2(G_2H_1 + G_6H_3 + G_1G_6G_8H_5 - G_6G_7G_8H_1H_5 - G_8H_1H_4 + G_2H_1G_6H_3)$$

$$p_1 = G_1G_2G_3G_4G_5G_6, \qquad \Delta_1 = 1$$
$$p_2 = G_3G_4G_5G_6G_7, \qquad \Delta_2 = 1$$
$$p_3 = G_1G_6G_8, \qquad \Delta_3 = 1 + G_4H_2$$
$$p_4 = -G_6G_7G_8H_1, \qquad \Delta_4 = 1 + G_4H_2$$

由梅森增益公式可得系统的传递函数为

$$\frac{C(s)}{R(s)} = \frac{\sum p_i \Delta_i}{\Delta} = \frac{G_3G_4G_5G_6(G_1G_2 + G_7) + G_6G_8(G_1 - G_7H_1)(1 + G_4H_2)}{\Delta}$$

(3) 图 2-59(c) 系统。考查信号流图 2-59(c), 其存在两条前向通道, 三个单独回路, 两对互不接触回路, 即

$$L_1 = -0.5, \quad L_2 = -1 \times 10, \quad L_3 = -1 \times 2$$
L_1 与 L_2 不接触, $L_1L_2 = 5$; $\quad L_1$ 与 L_3 不接触, $L_1L_3 = 1$
$$\Delta = 1 - (L_1 + L_2 + L_3) + L_1L_2 + L_1L_3 = 1 + 0.5 + 10 + 2 + 5 + 1 = 19.5$$
$$p_1 = 5 \times 10 = 50, \quad L_1 \text{ 与 } p_1 \text{ 不接触}, \quad \Delta_1 = 1 + 0.5 = 1.5$$
$$p_2 = 2 \times 10 = 20, \quad L_2 \text{ 与 } p_2 \text{ 不接触}, \quad \Delta_2 = 1 + 10 = 11$$

由梅森增益公式可得系统的传递函数为

$$\frac{C(s)}{R(s)} = \frac{\sum p_i \Delta_i}{\Delta} = \frac{50 \times 1.5 + 20 \times 11}{19.5} = 15.128$$

(4) 图 2-59(d) 系统。考查信号流图 2-59(d), 其存在两条前向通道, 四个单独回路, 一对互不接触回路, 即

$$L_1 = af, \quad L_2 = bg, \quad L_3 = ch, \quad L_4 = efgh; \quad L_1 \text{ 与 } L_3 \text{ 不接触}, \quad L_1L_3 = afch$$
$$\Delta = 1 - (L_1 + L_2 + L_3 + L_4) + L_1L_3 = 1 - af - bg - ch - efgh + acfh$$
$$p_1 = abcd, \qquad \Delta_1 = 1$$
$$p_2 = de, \quad L_2 \text{ 与 } p_2 \text{ 不接触}, \quad \Delta_2 = 1 - bg$$

由梅森增益公式可得系统的传递函数为

$$\frac{C(s)}{R(s)} = \frac{\sum p_i \Delta_i}{\Delta} = \frac{abcd + de(1 - bg)}{1 - af - bg - ch - efgh + acfh}$$

(5) 图 2-59(e) 系统。考查信号流图 2-59(e)。仅考虑输入 $R_1(s)$ 作用时, 系统存在四条前向通道, 四个单独回路, 一对互不接触回路, 即

$$L_1 = -cf, \quad L_2 = -eg, \quad L_3 = -adeh, \quad L_4 = -bcdeh; \quad L_1 \text{ 与 } L_2 \text{ 不接触}, \quad L_1L_2 = cfeg$$
$$\Delta = 1 - (L_1 + L_2 + L_3 + L_4) + L_1L_2 = 1 + cf + eg + adeh + bcdeh + cefg$$
$$p_1 = bcde, \qquad \Delta_1 = 1$$
$$p_2 = ade, \qquad \Delta_2 = 1$$
$$p_3 = bc, \quad L_2 \text{ 与 } p_3 \text{ 不接触}, \quad \Delta_3 = 1 + eg$$
$$p_4 = a, \quad L_2 \text{ 与 } p_4 \text{ 不接触}, \quad \Delta_4 = 1 + eg$$

由梅森增益公式可得此时系统的传递函数为

$$\frac{C(s)}{R_1(s)} = \frac{\sum p_i \Delta_i}{\Delta} = \frac{bcde + ade + (a+bc)(1+eg)}{1+cf+eg+adeh+bcdeh+cefg}$$

仅考虑输入 $R_2(s)$ 作用时,系统存在三条前向通道,四个单独回路,一对互不接触回路,即

$L_1 = -cf$, $L_2 = -eg$, $L_3 = -adeh$, $L_4 = -bcdeh$; L_1 与 L_2 不接触, $L_1 L_2 = cfeg$

$\Delta = 1 - (L_1 + L_2 + L_3 + L_4) + L_1 L_2 = 1 + cf + eg + adeh + bcdeh + cefg$

$p_1 = el$, L_1 与 p_1 不接触, $\Delta_1 = 1 + cf$

$p_2 = -aehl$, $\Delta_2 = 1$

$p_3 = -bcelh$, $\Delta_3 = 1$

由梅森增益公式可得此时系统的传递函数为

$$\frac{C(s)}{R_2(s)} = \frac{\sum p_i \Delta_i}{\Delta} = \frac{el(1+cf-ah-bch)}{1+cf+eg+adeh+bcdeh+cefg}$$

(6) 图 2-59(f) 系统。考查信号流图 2-59(f)。仅考虑输入 $R_1(s)$ 作用时,系统存在九条前向通道,一个单独回路,即

$L_1 = defg$, $\Delta = 1 - L_1 = 1 - defg$

$p_1 = ah$, $p_2 = aej$, $p_3 = aegi$, $p_4 = bdh$, $p_5 = bdej$

$p_6 = bdegi$, $p_7 = ci$, $p_8 = cdfh$, $p_9 = cdefj$

$\Delta_i = 1$ $(i = 1, \cdots, 9)$

由梅森增益公式可得此时系统的传递函数为

$$\frac{C(s)}{R_1(s)} = \frac{\sum p_i \Delta_i}{\Delta} = \frac{ah+aej+aegi+bdh+bdej+bdegi+ci+cdfh+cdefj}{1-defg}$$

仅考虑输入 $R_2(s)$ 作用时,系统存在三条前向通道,一个单独回路,即

$L_1 = defg$, $\Delta = 1 - L_1 = 1 - defg$

$p_1 = i$, $p_2 = dfh$, $p_3 = defj$

$\Delta_i = 1$ $(i = 1, 2, 3)$

由梅森增益公式可得此时系统的传递函数为

$$\frac{C(s)}{R_2(s)} = \frac{\sum p_i \Delta_i}{\Delta} = \frac{i + dfh + defj}{1 - defg}$$

仅考虑输入 $R_3(s)$ 作用时,系统存在三条前向通道,一个单独回路,即

$L_1 = defg$, $\Delta = 1 - L_1 = 1 - defg$

$p_1 = h$, $p_2 = ej$, $p_3 = egi$

$\Delta_i = 1$ $(i = 1, 2, 3)$

由梅森增益公式可得此时系统的传递函数为

$$\frac{C(s)}{R_3(s)} = \frac{\sum p_i \Delta_i}{\Delta} = \frac{h + ej + egi}{1 - defg}$$

2-23 图 2-60 所示为双摆系统,双摆悬挂在无摩擦的旋轴上,并且用弹簧把它们的中点连在一起。假定:摆的质量为 M;摆杆长度为 l,摆杆质量不计;弹簧置于摆杆的 $l/2$ 处,其弹性系数为 k;摆的角位移很小, $\sin\theta$、$\cos\theta$ 均可进行线性近似处理;当 $\theta_1 = \theta_2$ 时,位于杆中间

的弹簧无变形,且外力输入 $f(t)$ 只作用于左侧的杆。

若令 $a=g/l+k/4M, b=k/4M$ 要求:

(1) 列写双摆系统的运动方程;

(2) 确定传递函数 $\Theta_1(s)/F(s)$;

(3) 画出双摆系统的结构图和信号流图。

解 本题为系统数学模型建立的微分方程法、传递函数法、结构图法和信号流图法的综合运用,其结果可以相互转化与验证。

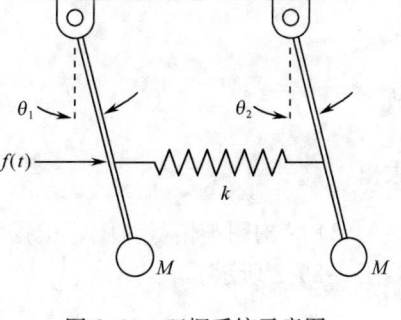

图 2-60 双摆系统示意图

(1) 运动方程。弹簧所受到的压力为

$$F = k\frac{l}{2}(\sin\theta_1 - \sin\theta_2)$$

左边摆杆的受力方程为

$$f(t)\frac{l}{2}\cos\theta_1 - F\frac{l}{2}\cos\theta_1 - Mgl\sin\theta_1 = Ml^2\frac{\mathrm{d}^2\theta_1}{\mathrm{d}t^2}$$

即

$$\frac{\mathrm{d}^2\theta_1}{\mathrm{d}t^2} = \frac{f(t)\cos\theta_1}{2Ml} - \frac{F\cos\theta_1}{2Ml} - \frac{g\sin\theta_1}{l}$$

右边摆杆的受力方程为

$$F\frac{l}{2}\cos\theta_2 - Mgl\sin\theta_2 = Ml^2\frac{\mathrm{d}^2\theta_2}{\mathrm{d}t^2}$$

即

$$\frac{\mathrm{d}^2\theta_2}{\mathrm{d}t^2} = \frac{F\cos\theta_2}{2Ml} - \frac{g\sin\theta_2}{l}$$

因 θ_1 与 θ_2 很小,故近似有

$$\sin\theta_1 = \theta_1, \qquad \cos\theta_1 = 1$$
$$\sin\theta_2 = \theta_2, \qquad \cos\theta_2 = 1$$

将 $F=k\frac{l}{2}(\sin\theta_1-\sin\theta_2)$ 代入左右摆杆的受力方程,并对受力方程作线性化处理,得到两个方程

$$\ddot{\theta}_1 = \frac{1}{2Ml}f(t) - \left(\frac{g}{l} + \frac{k}{4M}\right)\theta_1 + \frac{k}{4M}\theta_2$$

$$\ddot{\theta}_2 = \frac{k}{4M}\theta_1 - \left(\frac{g}{l} + \frac{k}{4M}\right)\theta_2$$

将 $a=g/l+k/4M, b=k/4M$ 代入以上两个方程,并令 $\omega_1=\dot{\theta}_1, \omega_2=\dot{\theta}_2$,得到双摆系统的运动方程

$$\frac{\mathrm{d}\omega_1}{\mathrm{d}t} = \ddot{\theta}_1 = -a\theta_1(t) + b\theta_2(t) + \frac{1}{2Ml}f(t)$$

$$\frac{\mathrm{d}\omega_2}{\mathrm{d}t} = \ddot{\theta}_2 = b\theta_1(t) - a\theta_2(t)$$

(2) 传递函数。设全部初始条件为零,对系统运动方程进行拉氏变换,有

$$s^2\Theta_1(s) = -a\Theta_1(s) + b\Theta_2(s) + \frac{1}{2Ml}F(s)$$

$$s^2\Theta_2(s)=b\Theta_1(s)-a\Theta_2(s)$$

显然
$$\Theta_2(s)=\frac{b}{s^2+a}\Theta_1(s)$$

故
$$\left(s^2+a-\frac{b}{s^2+a}\right)\Theta_1(s)=\frac{1}{2Ml}F(s)$$

求出
$$\frac{\Theta_1(s)}{F(s)}=\frac{1}{2Ml}\cdot\frac{s^2+a}{(s^2+a)^2-b^2}$$

(3) 结构图与信号流图。依据信号的传递关系,画出系统结构图和信号流图如图 2-23-1 及图 2-23-2 所示。

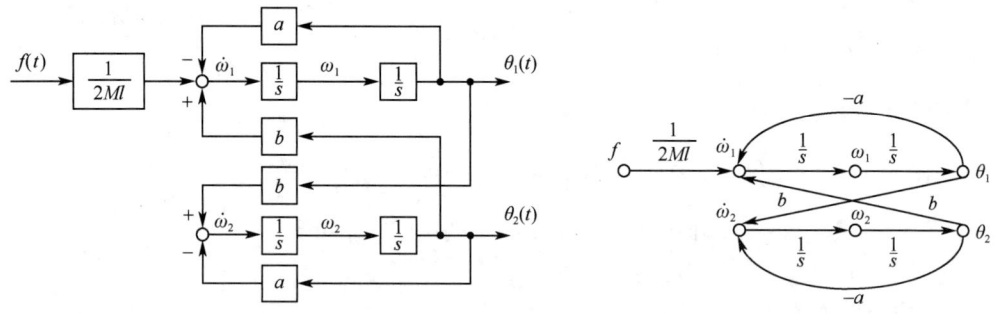

图 2-23-1 双摆系统结构图　　　　图 2-23-2 双摆系统信号流图

信号流图与传递函数:为了便于观察,将信号流图改画为图 2-23-3 所示。由图 2-23-3 有

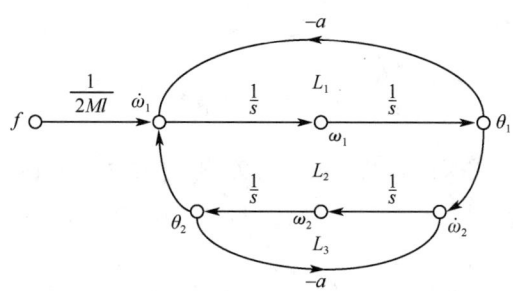

图 2-23-3 双摆系统信号流图

$$L_1=-\frac{a}{s^2},\qquad L_2=\frac{b^2}{s^4},\qquad L_3=-\frac{a}{s^2}$$

$$\Delta=1-(L_1+L_2+L_3)+L_1L_3,\qquad p_1=\frac{1}{2Mls^2},\qquad \Delta_1=1-L_3$$

应用梅森增益公式,即求得

$$\frac{\Theta_1(s)}{F(s)}=\frac{p_1\Delta_1}{\Delta}=\frac{p_1(1-L_3)}{1-(L_1+L_2+L_3)+L_1L_3}=\frac{1}{2Ml}\cdot\frac{s^2+a}{(s^2+a)^2-b^2}$$

2-24 城市生态系统的多回路模型可能包括下列变量:城市人口数量(变量节点 P)、现代化程度(变量节点 M)、流入城市人数(变量节点 C)、卫生设施(变量节点 S)、疾病数量(变量节点 D)、单位面积的细菌数(变量节点 B)、单位面积的垃圾数(变量节点 G)等。假定各

变量节点间遵循下列因果关系：

(1) $P \to G \to B \to D \to P$；

(2) $P \to M \to C \to P$；

(3) $P \to M \to S \to D \to P$；

(4) $P \to M \to S \to B \to D \to P$。

各变量节点间支路增益的符号待确定。例如，改变卫生设施后，将减少单位面积的细菌数，因此 S 到 B 传输的支路增益应该为负。试确定各支路增益的正负，用恰当的符号，如 a,b,c,d,e,f,g,h,k,m 等表示支路增益，画出这些因果关系的信号流图，并回答在所给出的四个回路中，哪个是正反馈回路，哪个是负反馈回路？

解 信号流图如图 2-24-1 所示。由图可见，在给出的四个回路中，第一个回路为负反馈回路，其余为正反馈回路。

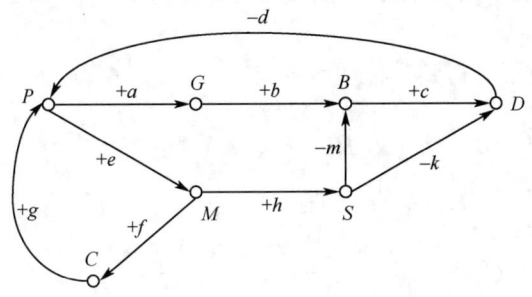

图 2-24-1 生态系统的信号流图

第三章 线性系统的时域分析法

3-1 设某高阶系统可用下列一阶微分方程近似描述：
$$T\dot{c}(t)+c(t)=\tau\dot{r}(t)+r(t) \qquad (1>(T-\tau)>0)$$
试证明系统的动态性能指标为
$$t_r=2.2T, \quad t_s=\left[3+\ln\left(\frac{T-\tau}{T}\right)\right]T \quad (\Delta=0.05)$$

证明 首先要明确动态性能指标的概念，然后根据概念来进行证明。

动态性能指标：描述稳定的系统在单位阶跃函数作用下，动态过程随时间 t 的变化状况的指标。

根据系统的微分方程可得到其传递函数
$$\frac{C(s)}{R(s)}=\frac{\tau s+1}{Ts+1}$$

在单位阶跃输入作用下，有 $R(s)=\frac{1}{s}$，于是
$$C(s)=\frac{\tau s+1}{Ts+1}\cdot\frac{1}{s}=\frac{1}{s}-\frac{T-\tau}{Ts+1}$$
$$=\frac{1}{s}-\frac{T-\tau}{T}\cdot\frac{1}{s+\frac{1}{T}}$$

则
$$c(t)=1-\frac{T-\tau}{T}\mathrm{e}^{-t/T}$$

t_r 表示上升时间，指响应曲线从终值 10% 上升到终值 90% 所需的时间。令
$$t_r=t_2-t_1$$
其中
$$c(t_1)=1-\frac{T-\tau}{T}\mathrm{e}^{-t_1/T}=0.1, \quad c(t_2)=1-\frac{T-\tau}{T}\mathrm{e}^{-t_2/T}=0.9$$
解得
$$t_1=\left[\ln\left(\frac{T-\tau}{T}\right)-\ln 0.9\right]T, \quad t_2=\left[\ln\left(\frac{T-\tau}{T}\right)-\ln 0.1\right]T$$
则
$$t_r=t_2-t_1=T\ln\frac{0.9}{0.1}=2.2T$$

t_s 表示调节时间，指响应到达并保持在终值 ±5% 或 ±2% 内所需的最短时间。当 $t=t_s(\Delta=0.05)$ 时，须有
$$c(t_s)=1-\frac{T-\tau}{T}\mathrm{e}^{-t_s/T}=0.95$$
解得
$$t_s=\left[\ln\left(\frac{T-\tau}{T}\right)-\ln 0.05\right]T=\left[3+\ln\left(\frac{T-\tau}{T}\right)\right]T$$

显然，当取 $\Delta=0.02$ 时，可得
$$t_s=\left[4+\ln\left(\frac{T-\tau}{T}\right)\right]T$$

3-2 设系统的微分方程式如下：

(1) $0.2\dot{c}(t)=2r(t)$；

(2) $0.04\ddot{c}(t)+0.24\dot{c}(t)+c(t)=r(t)$。

试求系统的单位脉冲响应 $c_1(t)$ 和单位阶跃响应 $c_2(t)$。已知全部初始条件为零。

解 此类问题的解决方法主要是先利用拉氏变换将微分方程转换为系统的传递函数，然后根据拉氏反变换求得系统的各类响应。

(1) $0.2\dot{c}(t)=2r(t)$ 系统。

由于初始条件为零，对微分方程两边进行拉氏变换可得

$$0.2sC(s)=2R(s)$$

则系统的传递函数为

$$\Phi(s)=\frac{C(s)}{R(s)}=\frac{2}{0.2s}=\frac{10}{s}$$

当输入为单位脉冲信号时，$R(s)=1$，系统的单位脉冲响应

$$c_1(t)=\mathscr{L}^{-1}[\Phi(s)]=\mathscr{L}^{-1}\left[\frac{10}{s}\right]=10 \quad (t\geqslant 0)$$

当输入为单位阶跃信号时，$R(s)=\frac{1}{s}$，系统的单位阶跃响应

$$c_2(t)=\mathscr{L}^{-1}\left[\Phi(s)\cdot\frac{1}{s}\right]=\mathscr{L}^{-1}\left[\frac{10}{s^2}\right]=10t \quad (t\geqslant 0)$$

(2) $0.04\ddot{c}(t)+0.24\dot{c}(t)+c(t)=r(t)$ 系统。

由于初始条件为零，对微分方程两边进行拉氏变换可得

$$0.04s^2C(s)+0.24sC(s)+C(s)=R(s)$$

则系统的传递函数为

$$\Phi(s)=\frac{C(s)}{R(s)}=\frac{1}{0.04s^2+0.24s+1}=\frac{25}{s^2+6s+25}$$

由 $\Phi(s)=\dfrac{\omega_n^2}{s^2+2\zeta\omega_n s+\omega_n^2}$ 的形式可以确定

$$\omega_n^2=25, \quad 2\zeta\omega_n=6$$

则 $\omega_n=5,\zeta=0.6,\omega_d=\omega_n\sqrt{1-\zeta^2}=4,\beta=\arctan\left(\dfrac{\sqrt{1-\zeta^2}}{\zeta}\right)=53.2°$。

当输入为单位脉冲信号时，$R(s)=1$，系统的单位脉冲响应

$$c_1(t)=\frac{\omega_n}{\sqrt{1-\zeta^2}}e^{-\zeta\omega_n t}\sin\omega_d t=6.25e^{-3t}\sin 4t \quad (t\geqslant 0)$$

当输入为单位阶跃信号时，$R(s)=\dfrac{1}{s}$，系统的单位阶跃响应

$$c_2(t)=1-\frac{1}{\sqrt{1-\zeta^2}}e^{-\zeta\omega_n t}\sin(\omega_d t+\beta)=1-1.25e^{-3t}\sin(4t+53.2°) \quad (t\geqslant 0)$$

应用 MATLAB 软件包，研究第二个系统的时间响应，MATLAB 程序（仿真曲线见图 3-2-1、图 3-2-2）如下：

MATLAB 程序：exe302.m

```
num = [25]; den = [1 6 25];          % 系统闭环传递函数
t = 0:0.02:4;
figure
    impulse(num, den, t);   grid     % 系统单位脉冲响应
figure
    step(num, den, t);      grid     % 系统单位阶跃响应
```

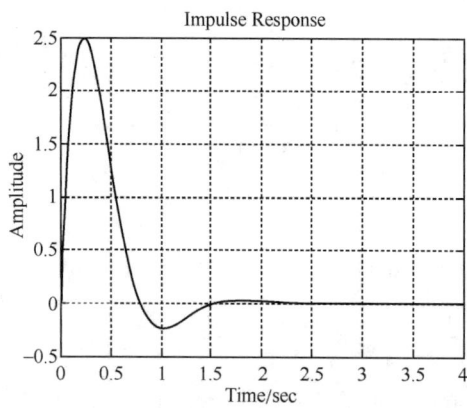
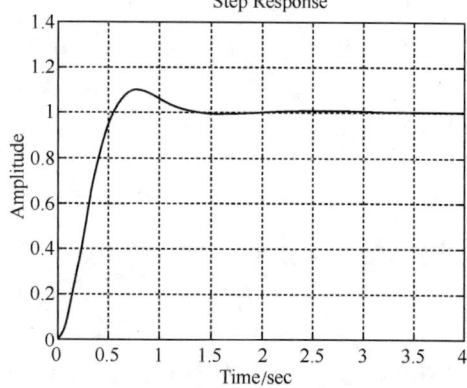

图 3-2-1　系统(2)的单位脉冲响应曲线(MATLAB)　　图 3-2-2　系统(2)的单位阶跃响应曲线(MATLAB)

3-3　已知各系统的脉冲响应,试求系统闭环传递函数 $\Phi(s)$:

(1) $c(t) = 0.0125 \mathrm{e}^{-1.25t}$;

(2) $c(t) = 5t + 10\sin(4t + 45°)$;

(3) $c(t) = 0.1(1 - \mathrm{e}^{-t/3})$。

解　由于输入是单位脉冲信号,即 $R(s)=1$,因此系统的脉冲响应的拉氏变换对应系统的闭环传递函数。

(1) $\Phi(s) = \mathscr{L}[c(t)] = \dfrac{0.0125}{s + 1.25} = \dfrac{0.01}{0.8s + 1}$

(2) $\Phi(s) = \mathscr{L}[c(t)] = \mathscr{L}[5t + 5\sqrt{2}(\sin 4t + \cos 4t)] = \dfrac{5}{s^2} + 5\sqrt{2}\left(\dfrac{4}{s^2 + 16} + \dfrac{s}{s^2 + 16}\right)$

$\qquad = \dfrac{5}{s^2} + \dfrac{20\sqrt{2} + 5\sqrt{2}s}{s^2 + 16} = \dfrac{7.07(s^3 + 4.71s^2 + 11.32)}{s^2(s^2 + 16)}$

(3) $\Phi(s) = \mathscr{L}[c(t)] = \mathscr{L}[0.1(1 - \mathrm{e}^{-t/3})] = 0.1\left[\dfrac{1}{s} - \dfrac{3}{3s + 1}\right] = \dfrac{0.1}{s(3s + 1)}$

3-4　已知二阶系统的单位阶跃响应为
$$c(t) = 10 - 12.5\mathrm{e}^{-1.2t}\sin(1.6t + 53.1°)$$
试求系统的超调量 $\sigma\%$、峰值时间 t_p 和调节时间 t_s。

解　此类问题的主要解决方法是将二阶系统的单位阶跃响应的表达式与标准的表达式相比较,解得系统的自然频率和阻尼比,然后运用这些参数计算动态性能指标。

本题二阶系统的单位阶跃响应为
$$c(t) = 10 - 12.5\mathrm{e}^{-1.2t}\sin(1.6t + 53.1°) = 10[1 - 1.25\mathrm{e}^{-1.2t}\sin(1.6t + 53.1°)]$$
由上式可知,该系统的放大系数是 10,但放大系数是不会影响系统的动态性能的。标

准的二阶系统的单位阶跃响应为

$$c(t) = 1 - \frac{1}{\sqrt{1-\zeta^2}} e^{-\zeta\omega_n t} \sin(\omega_n \sqrt{1-\zeta^2}\, t + \beta)$$

于是 $\zeta\omega_n = 1.2$，$\dfrac{1}{\sqrt{1-\zeta^2}} = 1.25$，$\omega_n\sqrt{1-\zeta^2} = 1.6$，$\beta = \arccos\zeta = 53.1°$

解得 $\zeta = 0.6$，$\omega_n = 2$

由于 $0 < \zeta < 1$，故该系统为欠阻尼二阶系统，其动态性能指标为

超调量 $\sigma\% = e^{-\pi\zeta/\sqrt{1-\zeta^2}} \times 100\% = e^{-0.6 \times 1.25\pi} \times 100\% = 9.5\%$

峰值时间 $t_p = \dfrac{\pi}{\omega_n\sqrt{1-\zeta^2}} = \dfrac{\pi}{2 \times 0.8} = 1.96\text{s}$

调节时间 $t_s = \dfrac{3.5}{\zeta\omega_n} = \dfrac{3.5}{1.2} = 2.92\text{s}$ （$\Delta = 5\%$）

MATLAB 验证结果如下：

MATLAB 程序：exe304.m

```
wn=[2];          kos=[0.6];
num=wn^2;        den=[1,2*kos*wn,wn^2];        % 系统闭环传递函数
figure
t=0:0.02:8;      step(num,den,t);grid          % 系统单位阶跃响应
```

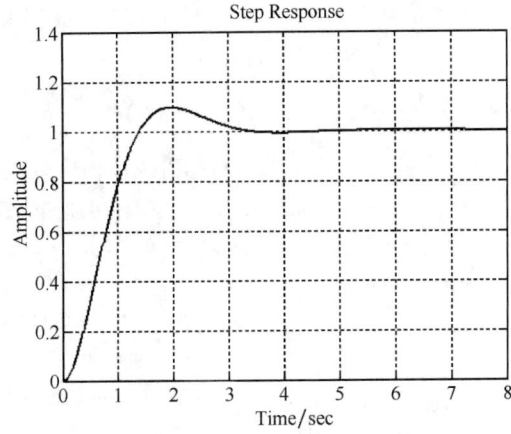

图 3-4-1 系统的单位阶跃响应曲线（MATLAB）

从图 3-4-1 可以看出：峰值时间 $t_p = 1.96\text{s}$，超调量 $\sigma\% = 9.48\%$，调节时间 $t_s = 2.97\text{s}$。

3-5 设单位反馈系统的开环传递函数为

$$G(s) = \frac{0.4s+1}{s(s+0.6)}$$

试求系统在单位阶跃输入下的动态性能。

解 由开环传递函数可得系统的闭环传递函数为

$$\Phi(s) = \frac{G(s)}{1+G(s)} = \frac{0.4s+1}{s^2+s+1} = \frac{0.4(s+2.5)}{s^2+s+1}$$

从 $\Phi(s)$ 的形式可以看出，该系统是比例-微分控制二阶系统，其标准形式为

$$\Phi(s) = \frac{\omega_n^2}{z} \cdot \frac{s+z}{s^2 + 2\zeta_d \omega_n s + \omega_n^2}$$

由

$$\frac{0.4s+1}{s^2+s+1} = \frac{\omega_n^2}{z} \cdot \frac{s+z}{s^2 + 2\zeta_d \omega_n s + \omega_n^2}$$

可得 $z=2.5, \omega_n=1, \zeta_d=0.5$。由于

$$r = \frac{\sqrt{z^2 - 2\zeta_d \omega_n z + \omega_n^2}}{z\sqrt{1-\zeta_d^2}} = 1.007$$

$$\psi = -\pi + \arctan\left[\frac{\omega_n \sqrt{1-\zeta_d^2}}{z - \zeta_d \omega_n}\right] + \arctan\left[\frac{\sqrt{1-\zeta_d^2}}{\zeta_d}\right]$$

$$= -\pi + \arctan\left(\frac{\sqrt{0.75}}{2.5-0.5}\right) + \arctan\left(\frac{\sqrt{0.75}}{0.5}\right) = -1.686$$

$$\beta_d = \arctan\left[\frac{\sqrt{1-\zeta_d^2}}{\zeta_d}\right] = \arctan\left(\frac{\sqrt{0.75}}{0.5}\right) = 1.047$$

算得该系统的动态性能指标为

峰值时间 $t_p = \dfrac{\beta_d - \psi}{\omega_n \sqrt{1-\zeta_d^2}} = 3.156\text{s}$

超调量 $\sigma\% = r\sqrt{1-\zeta_d^2}\, e^{-\zeta_d \omega_n t_p} \times 100\% = 18.0\%$

调节时间 $t_s = \dfrac{4 + \frac{1}{2}\ln(z^2 - 2\zeta_d \omega_n z + \omega_n^2) - \ln z - \frac{1}{2}\ln(1-\zeta_d^2)}{\zeta_d \omega_n}$

$= \dfrac{4 + \ln r}{\zeta_d \omega_n} = 8.01\text{s} \quad (\Delta = 0.02)$

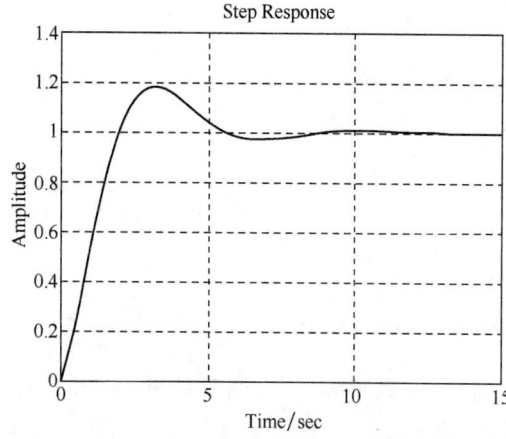

图 3-5-1 系统单位阶跃响应曲线（MATLAB）

MATLAB 程序：exe305.m

% 建立闭环传递函数模型
numg = [0.4 1];   deng = [1 0.6 0];
numh = [1];   denh = [1];
[num, den] = feedback(numg, deng, numh, denh)
sys = tf(num, den);
% 计算系统特征根判断系统稳定性
p = roots(den)
% 求取系统的单位阶跃响应
figure
t = 0:0.1:15;   step(sys,t);   grid

从图 3-5-1 中可以看出：峰值时间 $t_p = 3.2\text{s}$，超调量 $\sigma\% = 18.0\%$，调节时间 $t_s = 7.74\text{s}$。

3-6 已知控制系统的单位阶跃响应为

$$c(t) = 1 + 0.2e^{-60t} - 1.2e^{-10t}$$

试确定系统的阻尼比 ζ 和自然频率 ω_n。

解 欲确定系统的阻尼比和自然频率，可以通过系统的闭环传递函数获得；而系统的闭

环传递函数恰好是单位脉冲响应的拉氏变换,但已知条件是系统的单位阶跃响应,故可以将其微分得到单位脉冲响应,便可求得结果。

系统的单位脉冲响应为
$$c(t) = -12\mathrm{e}^{-60t} + 12\mathrm{e}^{-10t} = 12(\mathrm{e}^{-10t} - \mathrm{e}^{-60t})$$

此时系统的闭环传递函数为
$$\Phi(s) = \mathscr{L}[c(t)] = 12\left(\frac{1}{s+10} - \frac{1}{s+60}\right) = \frac{600}{s^2+70s+600} = \frac{\omega_n^2}{s^2+2\zeta\omega_n s+\omega_n^2}$$

则系统的自然频率和阻尼比为
$$\omega_n = \sqrt{600} = 24.5, \qquad \zeta = \frac{70}{2\times\sqrt{600}} = 1.43$$

3-7 设图 3-59 是简化的飞行控制系统结构图,试选择参数 K_1 和 K_t,使系统的 $\omega_n = 6, \zeta = 1$。

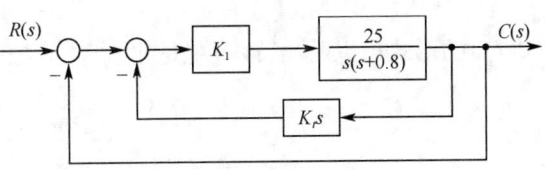

图 3-59 飞行控制系统结构图

解 求出图 3-59 所示系统的闭环传递函数,并将其与二阶系统的传递函数的标准形式相比较,便可得所求参数。

通过简化结构图,可得系统的开环和闭环传递函数为
$$G(s) = \frac{25K_1}{s(s+0.8+25K_1K_t)}$$
$$\Phi(s) = \frac{25K_1}{s^2+(0.8+25K_1K_t)s+25K_1}$$

二阶系统的传递函数的标准形式为
$$\Phi(s) = \frac{\omega_n^2}{s^2+2\zeta\omega_n s+\omega_n^2}$$

比较可得
$$25K_1 = \omega_n^2$$
$$0.8 + 25K_1K_t = 2\zeta\omega_n$$

解之得
$$K_1 = 1.44, \qquad K_t = 0.31$$

3-8 试分别求出图 3-60 各系统的自然频率和阻尼比,并列表比较其动态性能。

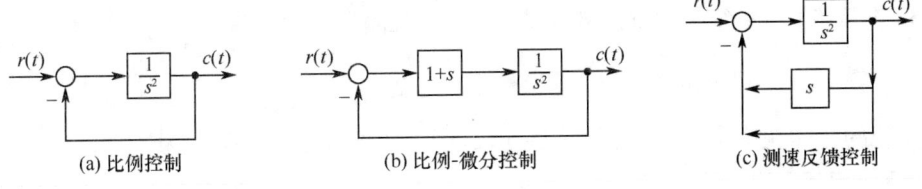

图 3-60 控制系统结构图

解 首先由结构图求出各个系统的闭环传递函数,可得要求的 ζ 与 ω_n,然后根据闭环传递函数推导出各个系统的动态性能。

(1) 图 3-60(a)系统。根据图 3-60(a)可得系统闭环传递函数为
$$\Phi_a(s) = \frac{1}{s^2+1}$$

此时,系统的自然频率 $\omega_n = 1$,阻尼比 $\zeta = 0$,系统为零阻尼系统,其单位阶跃响应

$$c(t) = 1 - \cos\omega_n t = 1 - \cos t$$

因
$$\left.\frac{dc(t)}{dt}\right|_{t=t_p} = \sin t_p = 0 \quad (t_p = 0, \pi, 2\pi, \cdots)$$

取
$$t_p = \pi = 3.142\text{s}$$

而
$$c(t_p) = 1 - \cos t_p = 2$$

故
$$\sigma\% = \frac{c(t_p) - c(\infty)}{c(\infty)} = 100\%$$

对于等幅振荡的无阻尼系统,t_s 不存在,也没有意义。

(2) 图 3-60(b) 系统。根据图 3-60(b) 可得系统闭环传递函数为

$$\Phi_b(s) = \frac{s+1}{s^2+s+1}$$

从 $\Phi_b(s)$ 的形式可以看出,该系统是比例-微分控制二阶系统,其标准形式为

$$\Phi(s) = \frac{\omega_n^2}{z} \cdot \frac{s+z}{s^2+2\zeta_d\omega_n s+\omega_n^2}$$

可得 $z=1, \omega_n=1, \zeta_d=0.5$。因为

$$r = \frac{\sqrt{z^2 - 2\zeta_d\omega_n z + \omega_n^2}}{z\sqrt{1-\zeta_d^2}} = 1.155$$

$$\psi = -\pi + \arctan\left(\frac{\omega_n\sqrt{1-\zeta_d^2}}{z-\zeta_d\omega_n}\right) + \arctan\left(\frac{\sqrt{1-\zeta_d^2}}{\zeta_d}\right) = -60°$$

$$\beta_d = \arctan\left(\frac{\sqrt{1-\zeta_d^2}}{\zeta_d}\right) = 60°$$

则系统的动态性能指标为

峰值时间 $\quad t_p = \dfrac{\beta_d - \psi}{\omega_n\sqrt{1-\zeta_d^2}} = 2.418\text{s}$

超调量 $\quad \sigma\% = r\sqrt{1-\zeta_d^2}\,e^{-\zeta_d\omega_n t_p} \times 100\% = 29.9\%$

调节时间 $\quad t_s = \dfrac{4+\ln r}{\zeta_d\omega_n} = 8.3\text{s} \quad (\Delta=2\%)$

(3) 图 3-60(c) 系统。根据图 3-60(c) 可得系统闭环传递函数为

$$\Phi_c(s) = \frac{1}{s^2+s+1}$$

此时,系统的自然频率 $\omega_n=1$,阻尼比 $\zeta=0.5$,则系统的动态性能指标为

超调量 $\quad \sigma\% = e^{-\pi\zeta/\sqrt{1-\zeta^2}} \times 100\% = 16.3\%$

峰值时间 $\quad t_p = \dfrac{\pi}{\omega_n\sqrt{1-\zeta^2}} = \dfrac{\pi}{1\times\sqrt{0.75}} = 3.628\text{s}$

调节时间 $\quad t_s = \dfrac{4.4}{\zeta\omega_n} = 8.8\text{s} \quad (\Delta=2\%)$

于是,图 3-60 中各系统的动态性能如左表所示。

性能/系统	(a)	(b)	(c)
ω_n	1	1	1
ζ	0	0.5	0.5
t_p/s	3.142	2.418	3.628
σ/%	100	29.9	16.3
t_s/s	—	8.3	8.8

MATLAB 程序:exe308.m
```
% 图(a)闭环传递函数模型
num1 = [1];        den1 = [1 0 1];      sys1 = tf(num1, den1);
% 图(b)闭环传递函数模型
num2 = [1 1];      den2 = [1 1 1];      sys2 = tf(num2, den2);
% 图(c)闭环传递函数模型
num3 = [1];        den3 = [1 1 1];      sys3 = tf(num3, den3);
% 求取各系统的单位阶跃响应
t = 0:0.1:20;
figure(1)
step(sys1, t);     grid
figure(2)
step(sys2, t);     grid
figure(3)
step(sys3, t);     grid
```

各系统单位阶跃响应曲线如图 3-8-1～图 3-8-3 所示。

图 3-8-1 表明峰值时间 $t_p=3.1$s,超调量 $\sigma\%=100\%$,调节时间不存在;图 3-8-2 表明峰值时间 $t_p=2.4$s,超调量 $\sigma\%=29.8\%$,调节时间 $t_s=7.51$s;图 3-8-3 表明峰值时间 $t_p=3.6$s,超调量 $\sigma\%=16.3\%$,调节时间 $t_s=8.08$s。

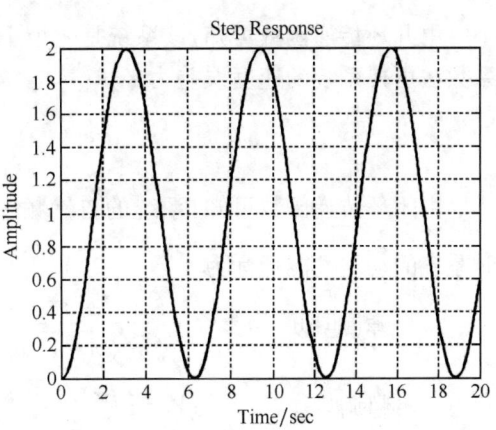

图 3-8-1 系统(a)时间响应 (MATLAB)

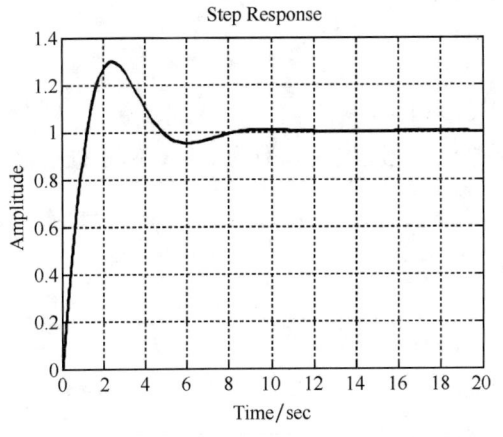

图 3-8-2 系统(b)时间响应 (MATLAB)

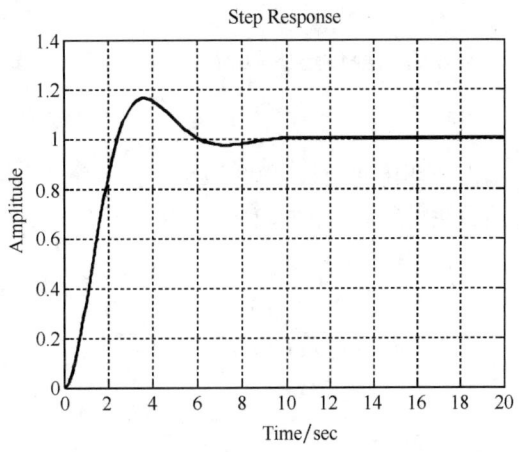

图 3-8-3 系统(c)时间响应 (MATLAB)

3-9 设控制系统如图 3-61 所示。要求：

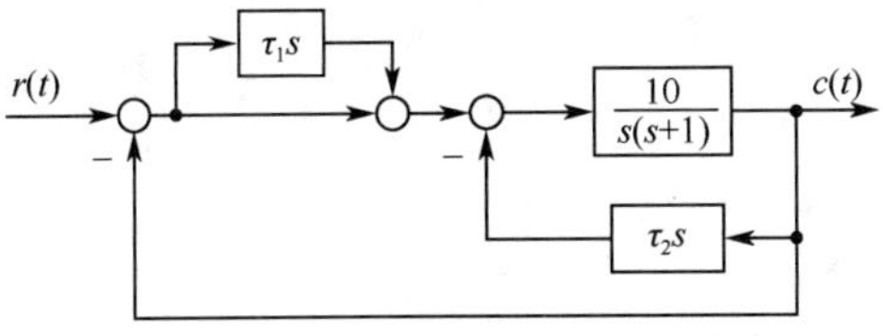

(1) 取 $\tau_1=0, \tau_2=0.1$,计算测速反馈校正系统的超调量、调节时间和速度误差;

(2) 取 $\tau_1=0.1, \tau_2=0$,计算比例-微分校正系统的超调量、调节时间和速度误差。

图 3-61 控制系统结构图

解 首先求出系统的开环传递函数和闭环传递函数,然后根据开环传递函数利用静态误差系数法求出速度误差,再根据闭环传递函数求出系统的动态性能指标。

(1) 取 $\tau_1=0,\tau_2=0.1$ 时。系统的开环传递函数为

$$G(s)=\frac{10}{s(s+2)}$$

系统的闭环传递函数为

$$\Phi(s)=\frac{10}{s^2+2s+10}$$

由开环传递函数可知,该系统是一个 I 型系统,其速度误差系数 $K_v=5$,根据静态误差系数法可得系统的速度误差为

$$e_{ss}(\infty)=\frac{1}{K_v}=0.2;$$

由闭环传递函数可知,系统的自然频率 $\omega_n=\sqrt{10}=3.162$,阻尼比 $\zeta=\frac{1}{3.16}=0.316$,此时系统的动态性能指标为

峰值时间 $\quad t_p=\dfrac{\pi}{\omega_n\sqrt{1-\zeta^2}}=1.05\mathrm{s}$

超调量 $\quad \sigma\%=\mathrm{e}^{-\pi\zeta/\sqrt{1-\zeta^2}}\times 100\%=35.1\%$

调节时间 $\quad t_s=\dfrac{3.5}{\zeta\omega_n}=3.5\mathrm{s}\;(\Delta=5\%),\quad t_s=\dfrac{4.4}{\zeta\omega_n}=4.4\mathrm{s}\;(\Delta=2\%)$

(2) 取 $\tau_1=0.1,\tau_2=0$ 时。系统的开环传递函数为

$$G(s)=\frac{10(0.1s+1)}{s(s+1)}$$

系统的闭环传递函数为

$$\Phi(s)=\frac{s+10}{s^2+2s+10}$$

由开环传递函数可知,该系统是一个 I 型系统,其速度误差系数为 $K_v=10$,根据静态误差系数法可得系统的速度误差为

$$e_{ss}(\infty)=\frac{1}{K_v}=0.1;$$

由闭环传递函数可知,$\omega_n=\sqrt{10}=3.162,\zeta_d=\dfrac{1}{3.16}=0.316,z=10$。因为

$$r=\frac{\sqrt{z^2-2\zeta_d\omega_n z+\omega_n^2}}{z\sqrt{1-\zeta_d^2}}=1$$

$$\psi=-\pi+\arctan\left(\frac{\omega_n\sqrt{1-\zeta_d^2}}{z-\zeta_d\omega_n}\right)+\arctan\left(\frac{\sqrt{1-\zeta_d^2}}{\zeta_d}\right)=-1.572\mathrm{rad}$$

$$\beta_d=\arctan\left(\frac{\sqrt{1-\zeta_d^2}}{\zeta_d}\right)=1.249\mathrm{rad}$$

则系统的动态性能指标为

峰值时间 $\quad t_p=\dfrac{\beta_d-\psi}{\omega_n\sqrt{1-\zeta_d^2}}=0.941\mathrm{s}$

超调量 $\sigma\% = r\sqrt{1-\zeta_d^2}\,\mathrm{e}^{-\zeta_d\omega_n t_p} \times 100\% = 37\%$

调节时间 $t_s = \dfrac{3+\ln r}{\zeta_d \omega_n} = 3\mathrm{s}\ (\Delta=5\%);\quad t_s = \dfrac{4+\ln r}{\zeta_d \omega_n} = 4\mathrm{s}\ (\Delta=2\%)$

MATLAB 程序：exe309.m

```
% 测速反馈校正系统闭环传递函数
num1 = [10];        den1 = [1 2 10];        sys1 = tf(num1, den1);
% 比例微分校正系统闭环传递函数
num2 = [1 10];      den2 = [1 2 10];        sys2 = tf(num2, den2);
% 求取各系统的单位阶跃响应
t = 0:0.01:10;
figure(1)
step(sys1, t);      grid
figure(2)
step(sys2, t);      grid
```

图 3-9-1 表明峰值时间 $t_p = 1.05\mathrm{s}$，超调量 $\sigma\% = 35.1\%$，调节时间 $t_s = 3.54\mathrm{s}(\Delta=2\%)$；图 3-9-2 表明峰值时间 $t_p = 0.94\mathrm{s}$，超调量 $\sigma\% = 37.1\%$，调节时间 $t_s = 3.44\mathrm{s}(\Delta=2\%)$。

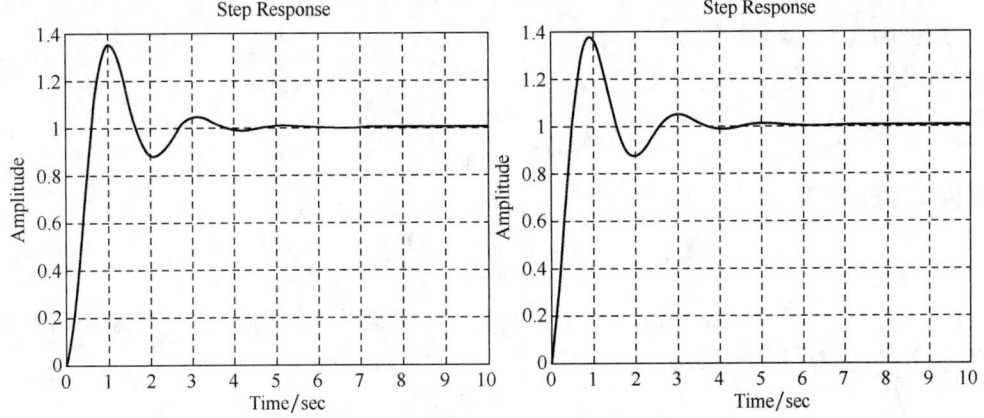

图 3-9-1 系统(1)时间响应（MATLAB）　　图 3-9-2 系统(2)时间响应（MATLAB）

3-10 图 3-62 所示控制系统有(a)和(b)两种不同的结构方案，其中 $T>0$ 不可变。要求：

(1) 在这两种方案中，应如何调整 K_1、K_2 和 K_3，才能使系统获得较好的动态性能？

(2) 比较说明两种结构方案的特点。

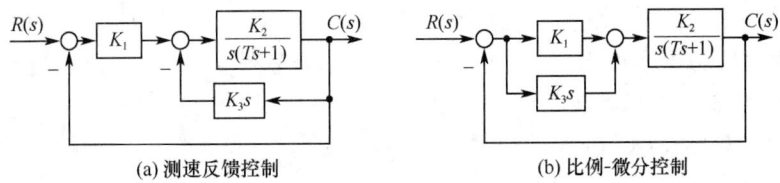

(a) 测速反馈控制　　(b) 比例-微分控制

图 3-62 控制系统结构图

解 本题说明如何分别利用测速反馈控制和比例-微分控制来改善二阶系统的动态

性能。

为方便讨论,假设 $T=1$。

原系统,即 $K_3=0$:

开环传递函数为

$$G_0(s) = \frac{K_1 K_2}{s^2 + s}$$

闭环传递函数为

$$\Phi_0(s) = \frac{K_1 K_2}{s^2 + s + K_1 K_2}$$

方案(a)测速反馈控制系统:

开环传递函数为

$$G_a(s) = \frac{K_1 K_2}{s^2 + (1 + K_2 K_3)s}$$

闭环传递函数为

$$\Phi_a(s) = \frac{K_1 K_2}{s^2 + (1 + K_2 K_3)s + K_1 K_2}$$

方案(b)比例-微分控制系统:

开环传递函数为

$$G_b(s) = \frac{K_2 K_3 s + K_1 K_2}{s^2 + s}$$

闭环传递函数为

$$\Phi_b(s) = \frac{K_2 K_3 s + K_1 K_2}{s^2 + (1 + K_2 K_3)s + K_1 K_2}$$

由三者的开环传递函数可知,原系统、测速反馈控制系统与比例-微分控制系统均为 I 型系统,其静态速度误差系数分别为

$$K_{v0} = K_1 K_2, \quad K_{va} = \frac{K_1 K_2}{1 + K_2 K_3}, \quad K_{vb} = K_1 K_2$$

(1) 参数调整措施。

方案(a) 测速反馈控制系统:在原系统中引入速度反馈,在不影响系统的自然频率的同时可以增大系统的阻尼比,达到改善系统动态性能的目的,如减小超调量、加快调节时间等。至于测速反馈系数 K_3 的选择,要使阻尼比在 $0.4 \sim 0.8$ 之间,从而满足给定的各项动态性能指标。但是,测速反馈会降低系统的开环增益,从而加大系统在斜坡输入时的稳态误差,因此必须考虑加大原系统的开环增益。然而,增加 K_1 又会导致阻尼比下降,从而使超调量加大,此时应考虑增加 K_2。下面利用 MATLAB 软件包,形象地说明当引入速度反馈时参数调整的措施。不同参数下,系统阶跃响应曲线如图 3-10-1~图 3-10-4 所示。

MATLAB 程序:exe310a.m

```
k1 = 1;    k2 = 5;    k3 = 0.2;    t = 0:0.01:15;
% 原系统
num0 = [k1 * k2];           den0 = [1 1 k1 * k2];
sys0 = tf(num0, den0);
```

```
% 测速反馈系统
num1 = [k1 * k2];           den1 = [1  1 + k2 * k3  k1 * k2];
sys1 = tf(num1, den1);
% 测速反馈系统  为了减小稳态误差  增大 k1
k1 = 2;    k2 = 5;    k3 = 0.2;
num2 = [k1 * k2];           den2 = [1  1 + k2 * k3  k1 * k2];
sys2 = tf(num2, den2);
% 测速反馈系统  为了减小稳态误差  增大 k2
k1 = 1;    k2 = 15;   k3 = 0.2;
num3 = [k1 * k2];           den3 = [1  1 + k2 * k3  k1 * k2];
sys3 = tf(num3, den3);
% 求取各系统的单位阶跃响应
figure(1)
step(sys0,t);               grid
figure(2)
step(sys1,t);               grid
figure(3)
step(sys2,t);               grid
figure(4)
step(sys3,t);               grid
```

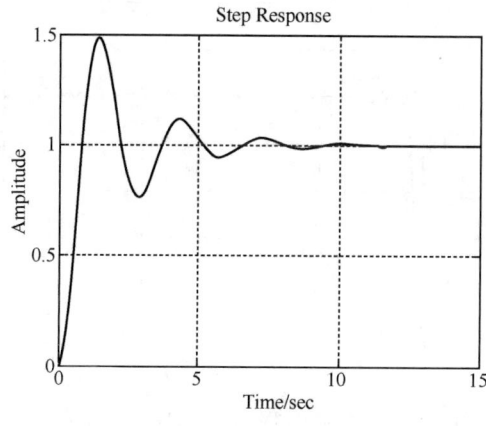

图 3-10-1　原系统单位阶跃响应曲线　　　图 3-10-2　测速反馈系统单位阶跃响应曲线
　　（$K_1=1, K_2=5, K_3=0$. MATLAB）　　　　　（$K_1=1, K_2=5, K_3=0.2$. MATLAB）

方案(b)　比例-微分控制系统：比例-微分控制可以增大系统的阻尼比，使超调量下降，调节时间缩短，且不影响系统的自然频率和常值稳态误差。由于采用微分控制后，允许选取较高的开环增益，因此在保证一定的动态性能条件下，可以减小稳态误差。然而，增加 K_1 又会导致阻尼比下降，从而超调量加大，此时应考虑增加 K_2。下面利用 MATLAB 软件包，形象地说明比例-微分控制系统参数调整的措施，如图 3-10-5～图 3-10-8 所示。

MATLAB 程序：exe310b.m

```
k1 = 1;    k2 = 5;    k3 = 0.2;    t = 0:0.01:15;
```

```
% 原系统
num0 = [k1 * k2];        den0 = [1 1 k1 * k2];        sys0 = tf(num0, den0);
% 比例-微分系统
num1 = [k2 * k3 k1 * k2]; den1 = [1 1 + k2 * k3 k1 * k2]; sys1 = tf(num1, den1);
% 比例-微分系统   为了减小稳态误差   增大 k1
k1 = 2;     k2 = 5;      k3 = 0.2;
num2 = [k2 * k3 k1 * k2]; den2 = [1 1 + k2 * k3 k1 * k2]; sys2 = tf(num2, den2);
% 比例-微分系统   为了减小稳态误差   增大 k2
k1 = 1;     k2 = 15;     k3 = 0.2;
num3 = [k2 * k3 k1 * k2]; den3 = [1 1 + k2 * k3 k1 * k2];
sys3 = tf(num3, den3);
% 求取各系统的单位阶跃响应
figure(1)
    step(sys0, t);      grid
figure(2)
    step(sys1, t);      grid
figure(3)
    step(sys2, t);      grid
figure(4)
    step(sys3, t);      grid
```

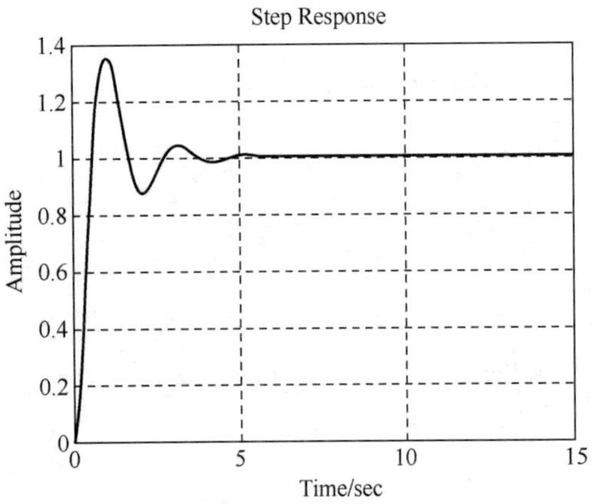

图 3-10-3　增加 K_1 时测速反馈系统单位阶跃响应曲线($K_1=2, K_2=5, K_3=0.2$. MATLAB)

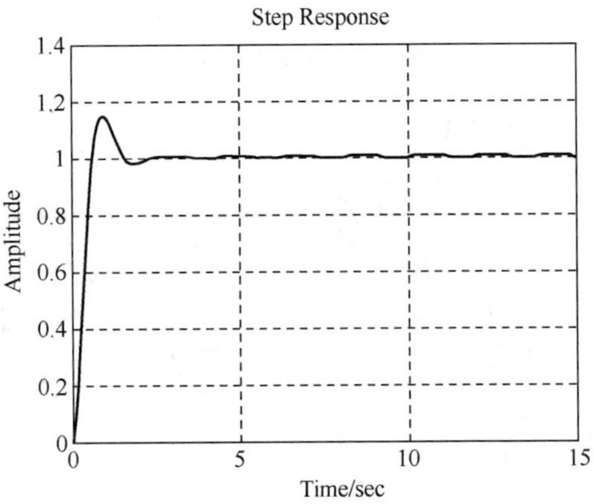

图 3-10-4　增加 K_2 时测速反馈系统单位阶跃响应曲线($K_1=1, K_2=15, K_3=0.2$. MATLAB)

(2) 方案特点。测速反馈控制与比例-微分控制都可以改善二阶系统的动态性能,但是它们各有特点。

比例-微分控制对系统的开环增益和自然频率均无影响,测速反馈控制虽不影响自然频率,但会降低开环增益。因此,对于确定的常值稳态误差,测速反馈控制要求有较大的开环增益。

比例-微分控制的阻尼作用产生于系统的输入端误差信号的速度,而测速反馈控制的阻尼作用来源于系统输出端的响应的速度,因此对于给定的开环增益和指令输入速度,后者对应较大的稳态误差值。

比例-微分控制对噪声有明显的放大作用。当系统输入端噪声严重时,一般不宜选用比例-微分控制。测速反馈控制对系统输入端噪声有滤波作用,因此使用场合比较广泛。

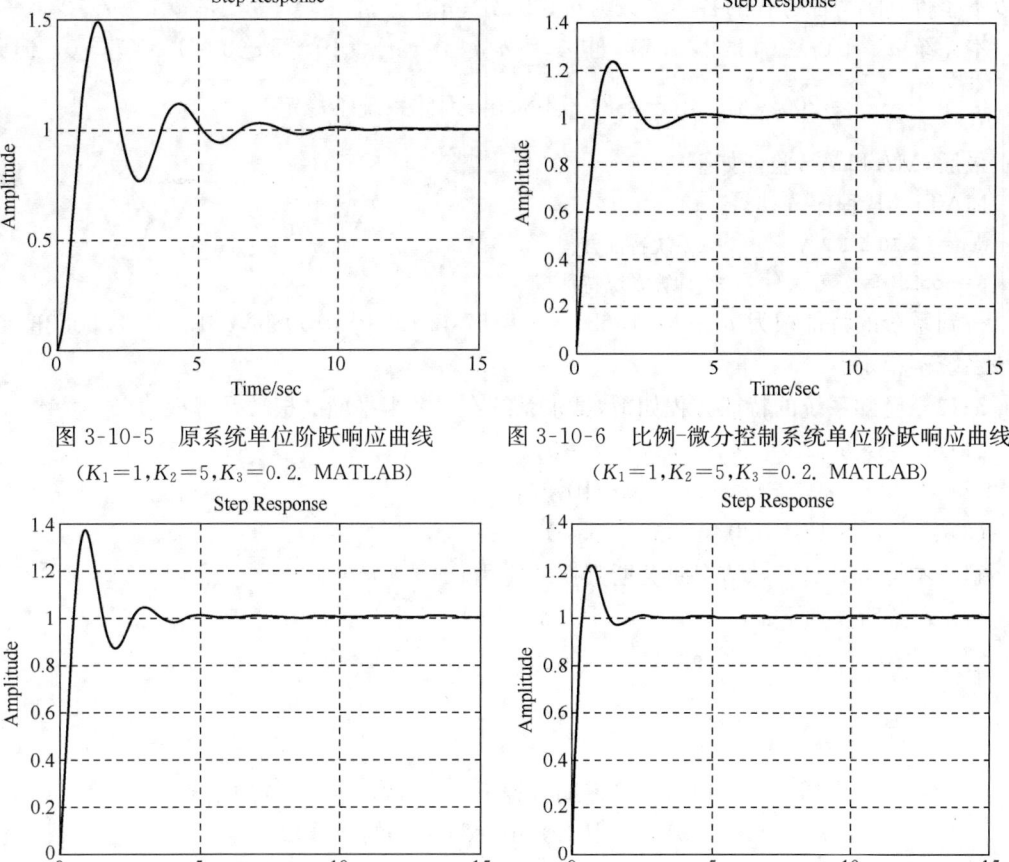

图 3-10-5　原系统单位阶跃响应曲线
　　　($K_1=1,K_2=5,K_3=0.2.$ MATLAB)

图 3-10-6　比例-微分控制系统单位阶跃响应曲线
　　　($K_1=1,K_2=5,K_3=0.2.$ MATLAB)

图3-10-7　增加 K_1 时比例-微分系统单位阶跃响应
曲线($K_1=2,K_2=5,K_3=0.2.$ MATLAB)

图 3-10-8　增加 K_2 时比例-微分系统单位阶跃响应
曲线($K_1=1,K_2=15,K_3=0.2.$ MATLAB)

3-11 已知系统的特征方程为
$$3s^4+10s^3+5s^2+s+2=0$$
试用劳斯稳定判据和赫尔维茨稳定判据确定系统的稳定性。

解　首先利用劳斯稳定判据来判定系统的稳定性,列出劳斯表如下所示:

s^4	3	5	2
s^3	10	1	
s^2	$\dfrac{47}{10}$	2	
s^1	$-\dfrac{153}{47}$		
s^0	2		

显然,由于表中第一列元素的符号有两次改变,所以该系统在 s 右半平面有两个闭环极点。因此,该系统不稳定。

然后,用赫尔维茨稳定判据来判定系统的稳定性。

由特征方程可知 $n=4$,且 $a_0=3, a_1=10, a_2=5, a_3=1, a_4=2$。若系统是稳定的,需要满足以下条件:① 特征方程的各项系数为正;② $\Delta_2 = a_1 a_2 - a_0 a_3 > 0$;③ $\Delta_2 > a_1^2 a_4 / a_3$。

本系统 $a_i > 0 (i=0,1,2,3,4)$,且 $\Delta_2 = a_1 a_2 - a_0 a_3 = 10 \times 5 - 3 \times 1 = 47 > 0$,但是 $a_1^2 a_4 / a_3 = \frac{10^2 \times 2}{1} = 200 > \Delta_2$。由于条件③不满足,因此系统不稳定。

最后,MATLAB 验证如下:
MATLAB 程序:exe311.m
den = [3 10 5 1 2];   % 系统特征方程
p = roots(den)   % 计算系统特征根

得到系统的特征根为 $p = -2.7362, -0.8767, 0.1398 + 0.5083\mathrm{j}, 0.1398 - 0.5083\mathrm{j}$。证实该系统不稳定。

3-12 已知系统的特征方程如下,试求系统在 s 右半平面的根数及虚根值。

(1) $s^5 + 3s^4 + 12s^3 + 24s^2 + 32s + 48 = 0$;
(2) $s^6 + 4s^5 - 4s^4 + 4s^3 - 7s^2 - 8s + 10 = 0$;
(3) $s^5 + 3s^4 + 12s^3 + 20s^2 + 35s + 25 = 0$。

解 本题考查有特殊情况时劳斯判据的应用。

(1) 列劳斯表如下:

s^5	1	12	32
s^4	3	24	48
s^3	4	16	
s^2	12	48	(辅助方程 $F(s) = 12s^2 + 48 = 0$ 的系数)
s^1	0(24)	0(0)	($\mathrm{d}F(s)/\mathrm{d}s = 24s = 0$ 的系数)
s^0	48		

由上表可见,劳斯表中的第一列元素全部大于零,所以系统在 s 右半平面无根。由于辅助方程 $12s^2 + 48 = 0$ 的解为 $s_{1,2} = \pm 2\mathrm{j}$,故系统有一对纯虚根为 $s_{1,2} = \pm 2\mathrm{j}$。

(2) 列劳斯表如下:

s^6	1	-4	-7	10
s^5	4	4	-8	
s^4	-5	-5	10	(辅助方程 $F(s) = -5s^4 - 5s^2 + 10 = 0$ 的系数)
s^3	0(-20)	0(-10)		($\mathrm{d}F(s)/\mathrm{d}s = -20s^3 - 10s = 0$ 的系数)
s^2	-2.5	10		
s^1	-90			
s^0	10			

由上表可见,劳斯表中的第一列元素符号改变两次,所以系统在 s 右半平面有两个特征根。由于辅助方程 $-5s^4 - 5s^2 + 10 = 0$ 的解为 $s_{1,2} = \pm\sqrt{2}\mathrm{j}, s_{3,4} = \pm 1$,故系统的一对虚根为 $s_{1,2} = \pm\sqrt{2}\mathrm{j}$。

(3) 列劳斯表如下:

$$
\begin{array}{c|ccc}
s^5 & 1 & 12 & 35 \\
s^4 & 3 & 20 & 25 \\
s^3 & \dfrac{16}{3} & \dfrac{80}{3} & \\
s^2 & 5 & 25 & (\text{辅助方程 } F(s)=5s^2+25=0 \text{ 的系数}) \\
s^1 & 0(10) & 0(0) & (\mathrm{d}F(s)/\mathrm{d}s=10s=0 \text{ 的系数}) \\
s^0 & 25 & &
\end{array}
$$

由上表可见，劳斯表中的第一列元素全部大于零，所以系统在 s 右半平面无根。由于辅助方程 $5(s^2+5)=0$ 的解为 $s_{1,2}=\pm\sqrt{5}\mathrm{j}$，故系统的一对虚根为 $s_{1,2}=\pm\sqrt{5}\mathrm{j}$。

MATLAB 程序：exe312.m

% 系统特征方程
den1 = [1 3 12 24 32 48];　　　den2 = [1 4 -4 4 -7 -8 10];　　　den3 = [1 3 12 20 35 25];
% 计算系统特征根
p1 = roots(den1)　　　p2 = roots(den2)　　　p3 = roots(den3)

系统的特征根

$$p_1 = -2, -0.5+2.3979\mathrm{j}, -0.5-2.3979\mathrm{j}, 2\mathrm{j}, -2\mathrm{j}$$
$$p_2 = -5, 1.4142\mathrm{j}, -1.4142\mathrm{j}, -1, 1, 1$$
$$p_3 = 2.2361\mathrm{j}, -2.2361\mathrm{j}, -1+2\mathrm{j}, -1-2\mathrm{j}, -1$$

3-13 已知单位负反馈系统的开环传递函数为

$$G(s) = \frac{K(0.5s+1)}{s(s+1)(0.5s^2+s+1)}$$

试确定系统稳定时的 K 值范围。

解　本题研究应用劳斯稳定判据确定参数取值范围，应注意采用闭环特征方程进行计算。

由题设条件，该系统为单位负反馈系统，根据开环传递函数可以列出闭环系统的特征方程

$$
\begin{aligned}
D(s) &= s(s+1)(0.5s^2+s+1) + K(0.5s+1) \\
&= s^4 + 3s^3 + 4s^2 + (2+K)s + 2K = 0
\end{aligned}
$$

列劳斯表如下：

$$
\begin{array}{c|ccc}
s^4 & 1 & 4 & 2K \\
s^3 & 3 & 2+K & \\
s^2 & \dfrac{10-K}{3} & 2K & \\
s^1 & \dfrac{20-10K-K^2}{(10-K)} & & \\
s^0 & 2K & &
\end{array}
$$

由劳斯稳定判据可得，若系统稳定，K 需满足如下方程组：

$$\begin{cases} 10-K>0 \\ 20-10K-K^2=-(K-1.708)(K+11.708)>0 \\ K>0 \end{cases}$$

解上述方程组可得

$$K<10, \quad -11.708<K<1.708, \quad K>0$$

故当 $0<K<1.708$ 时,闭环系统是稳定的。

下面给出 MATLAB 仿真文本,其中 K 可取任意值。当 $K=0.2, K=0.7, K=1.2$ 及 $K=1.7$ 时,系统的单位阶跃响应曲线如图 3-13-1～图 3-13-4 所示。

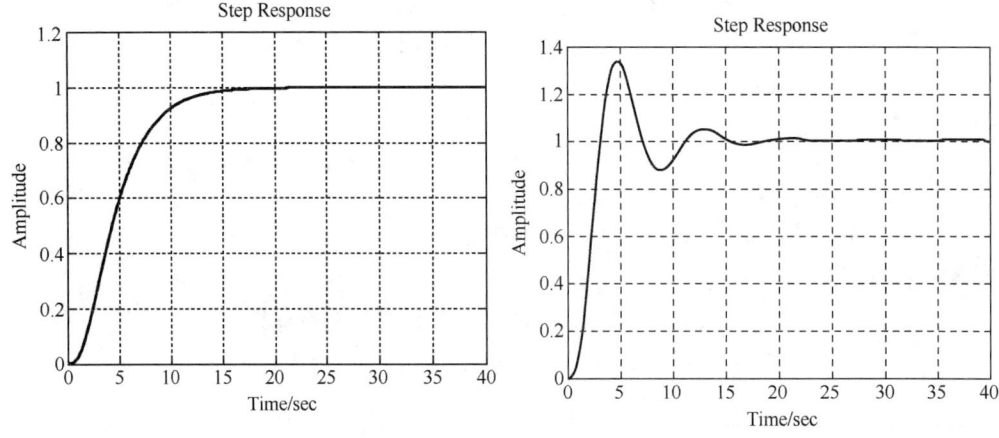

图 3-13-1 $K=0.2$ 时系统的单位阶跃响应 (MATLAB)

图 3-13-2 $K=0.7$ 时系统的单位阶跃响应 (MATLAB)

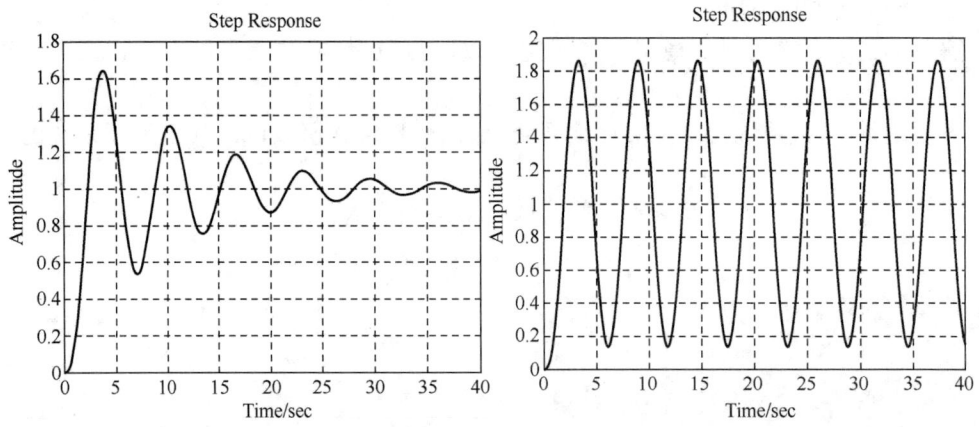

图 3-13-3 $K=1.2$ 时系统的单位阶跃响应 (MATLAB)

图 3-13-4 $K=1.7$ 时系统的单位阶跃响应 (MATLAB)

MATLAB 程序:exe313.m

```
% K 的取值
K=[0.2,0.7,1.2,1.7]
% 各系统的闭环传递函数及单位阶跃响应
```

```
t = 0:0.01:40;
for i = 1:4
    k = K(i);
    numg = [0.5 * k k];         deng = [0.5 1.5 2 1 0];
    numh = [1];                 denh = [1];
    [num, den] = feedback(numg, deng, numh, denh);      % 闭环传递函数
    sys = tf(num, den);
    figure(i)
    step(sys,t);  grid on;                              % 单位阶跃响应
end
```

3-14 已知系统结构如图 3-63 所示。试用劳斯稳定判据确定能使系统稳定的反馈参数 τ 的取值范围。

解 应用劳斯稳定判据可以解此题，但具体选值时，尚应兼顾系统的动态性能。

由图 3-63 可求得系统的闭环传递函数为

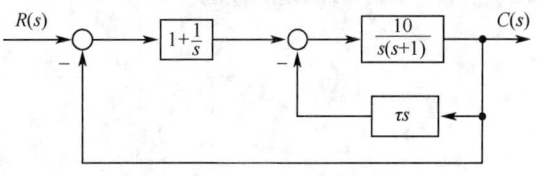

图 3-63 控制系统结构图

$$\Phi(s) = \frac{C(s)}{R(s)} = \frac{10(s+1)}{s^3 + (1+10\tau)s^2 + 10s + 10}$$

则闭环系统的特征方程为

$$D(s) = s^3 + (1+10\tau)s^2 + 10s + 10 = 0$$

列劳斯表如下所示：

s^3	1	10
s^2	$1+10\tau$	10
s^1	$\dfrac{100\tau}{1+10\tau}$	
s^0	10	

由劳斯判据可得，若要使系统稳定，必须满足以下条件：

$$\begin{cases} 1+10\tau > 0 \\ \dfrac{100\tau}{1+10\tau} > 0 \end{cases}$$

解上述不等式组可得 $\tau > 0$。所以，使系统稳定的反馈参数 τ 的取值范围为 $\tau > 0$。

当 τ 分别取 0，1，5 时，应用 MATLAB 程序，可得系统的单位阶跃响应如图 3-14-1～图 3-14-3 所示。

MATLAB 程序：exe314.m

```
tau = [0,1,5];         % tau 的取值
% 各系统单位阶跃响应
```

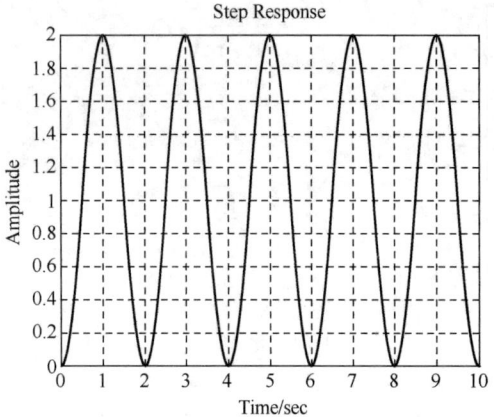 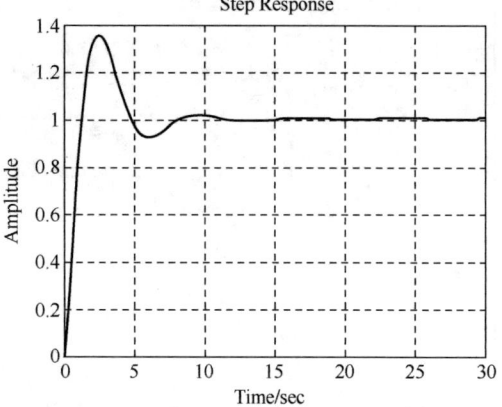

图 3-14-1　$\tau=0$ 时系统单位阶跃响应（MATLAB）　　图 3-14-2　$\tau=1$ 时系统单位阶跃响应（MATLAB）

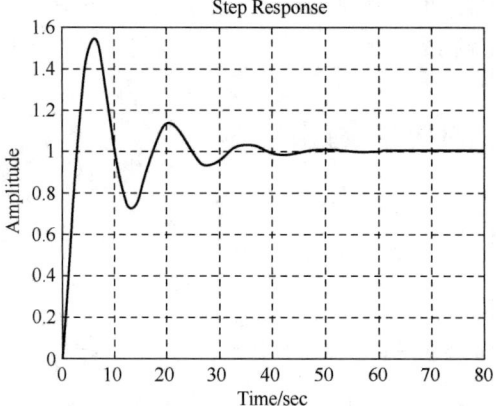

图 3-14-3　$\tau=5$ 时系统单位阶跃响应（MATLAB）

```
for i = 1:3
    k = tau(i);    num = [10 10];    den = [1 1+10*k 10 10];
    sys = tf(num,den);
    figure(i)
    if  i = = 1
        t = 0:0.02:10;      step(sys,t);     grid on;
    elseif  i = = 2
        t = 0:0.02:30;      step(sys,t);     grid on;
    else
        t = 0:0.02:80;      step(sys,t);     grid on;
    end
end
```

3-15　已知单位反馈系统的开环传递函数：

(1) $G(s) = \dfrac{100}{(0.1s+1)(s+5)}$；

(2) $G(s) = \dfrac{50}{s(0.1s+1)(s+5)}$；

(3) $G(s) = \dfrac{10(2s+1)}{s^2(s^2+6s+100)}$。

试求输入分别为 $r(t)=2t$ 和 $r(t)=2+2t+t^2$ 时，系统的稳态误差。

解 系统的稳态误差可以通过静态误差系数法或终值定理来求解，注意求解系统的稳态误差前必须考查系统是否稳定。

(1) 由于系统为单位负反馈系统，根据开环传递函数可以求得闭环系统的特征方程
$$D(s) = 0.1s^2 + 1.5s + 105 = 0$$
由赫尔维茨判据可知，$n=2$ 且各项系数为正，因此系统是稳定的。

由
$$G(s) = \dfrac{100}{(0.1s+1)(s+5)} = \dfrac{20}{(0.1s+1)(0.2s+1)}$$

可知，系统是 0 型系统，且 $K=20$。由于 0 型系统在 $1(t), t, \dfrac{1}{2}t^2$ 信号作用下的稳态误差分别为 $\dfrac{1}{1+K}, \infty, \infty$，故根据线性叠加原理有：

当系统输入为 $r(t)=2t$ 时，系统的稳态误差 $e_{ss1}(\infty)=\infty$；

当系统输入为 $r(t)=2+2t+t^2$ 时，系统的稳态误差 $e_{ss2}(\infty)=\dfrac{2}{1+K}+\infty+\infty=\infty$。

(2) 由于系统为单位负反馈系统，根据开环传递函数可以求得闭环系统的特征方程
$$D(s) = 0.1s^3 + 1.5s^2 + 5s + 50 = 0$$
由赫尔维茨判据可知，$n=3$，各项系数 $a_0=0.1, a_1=1.5, a_2=5, a_3=50$ 均为正，且 $a_1a_2 - a_0a_3 = 2.5 > 0$，因此系统是稳定的。

由
$$G(s) = \dfrac{50}{s(0.1s+1)(s+5)}$$

可知，系统是 Ⅰ 型系统，且 $K=10$。由于 Ⅰ 型系统在 $1(t), t, \dfrac{1}{2}t^2$ 信号作用下的稳态误差分别为 $0, \dfrac{1}{K}, \infty$，故根据线性叠加原理有：

当系统输入为 $r(t)=2t$ 时，系统的稳态误差 $e_{ss1}(\infty)=\dfrac{2}{K}=0.2$；

当系统输入为 $r(t)=2+2t+t^2$ 时，系统的稳态误差 $e_{ss2}(\infty)=0+\dfrac{2}{K}+\infty=\infty$。

(3) 由于系统为单位负反馈系统，根据开环传递函数可以求得闭环系统的特征方程
$$D(s) = s^2(s^2+6s+100) + 10(2s+1) = s^4 + 6s^3 + 100s^2 + 20s + 10 = 0$$
由赫尔维茨判据可知，$n=4$，各项系数 $a_0=1, a_1=6, a_2=100, a_3=20, a_4=10$ 均为正，且 $\Delta_2 = a_1a_2 - a_0a_3 = 580 > 0$，以及 $\Delta_2 > a_1^2 a_4/a_3 = 18$，因此系统是稳定的。

用终值定理来求解系统的稳态误差，有

$$e_{ss}(\infty)=\lim_{s\to 0}sE(s)=\lim_{s\to\infty}s\cdot\frac{1}{1+G(s)H(s)}\cdot R(s)$$

$$=\lim_{s\to 0}sR(s)\cdot\frac{s^2(s^2+6s+100)}{s^2(s^2+6s+100)+10(2s+1)}$$

当系统输入为 $r(t)=2t$ 时，$R(s)=\frac{2}{s^2}$，则

$$e_{ss1}(\infty)=\lim_{s\to 0}s\cdot\frac{2}{s^2}\cdot\frac{s^2(s^2+6s+100)}{s^2(s^2+6s+100)+10(2s+1)}=0$$

当系统输入为 $r(t)=2+2t+t^2$ 时，$R(s)=\frac{2}{s}+\frac{2}{s^2}+\frac{2}{s^3}=\frac{2(s^2+s+1)}{s^3}$，故

$$e_{ss2}(\infty)=\lim_{s\to 0}s\cdot\frac{2(s^2+s+1)}{s^3}\cdot\frac{s^2(s^2+6s+100)}{s^2(s^2+6s+100)+10(2s+1)}=20$$

3-16 已知单位反馈系统的开环传递函数：

(1) $G(s)=\dfrac{50}{(0.1s+1)(2s+1)}$；

(2) $G(s)=\dfrac{K}{s(s^2+4s+200)}$；

(3) $G(s)=\dfrac{10(2s+1)(4s+1)}{s^2(s^2+2s+10)}$。

试求位置误差系数 K_p、速度误差系数 K_v、加速度误差系数 K_a。

解 根据静态误差系数的定义式可以分别求得位置误差系数、速度误差系数和加速度误差系数。

(1) 根据静态误差系数的定义式可得

$$K_p=\lim_{s\to 0}G(s)H(s)=\lim_{s\to 0}\frac{50}{(0.1s+1)(2s+1)}=50$$

$$K_v=\lim_{s\to 0}sG(s)H(s)=\lim_{s\to 0}s\cdot\frac{50}{(0.1s+1)(2s+1)}=0$$

$$K_a=\lim_{s\to 0}s^2 G(s)H(s)=\lim_{s\to 0}s^2\cdot\frac{50}{(0.1s+1)(2s+1)}=0$$

(2) 根据静态误差系数的定义式可得

$$K_p=\lim_{s\to 0}G(s)H(s)=\lim_{s\to 0}\frac{K}{s(s^2+4s+200)}=\infty$$

$$K_v=\lim_{s\to 0}sG(s)H(s)=\lim_{s\to 0}s\cdot\frac{K}{s(s^2+4s+200)}=\frac{K}{200}$$

$$K_a=\lim_{s\to 0}s^2 G(s)H(s)=\lim_{s\to 0}s^2\cdot\frac{K}{s(s^2+4s+200)}=0$$

(3) 根据静态误差系数的定义式可得

$$K_p=\lim_{s\to 0}G(s)H(s)=\lim_{s\to 0}\frac{10(2s+1)(4s+1)}{s^2(s^2+2s+10)}=\infty$$

$$K_v=\lim_{s\to 0}sG(s)H(s)=\lim_{s\to 0}s\cdot\frac{10(2s+1)(4s+1)}{s^2(s^2+2s+10)}=\infty$$

$$K_a=\lim_{s\to 0}s^2 G(s)H(s)=\lim_{s\to 0}s^2\cdot\frac{10(2s+1)(4s+1)}{s^2(s^2+2s+10)}=1$$

3-17 设单位反馈系统的开环传递函数为 $G(s)=1/(Ts)$。试用动态误差系数法求出当输入信号分别为 $r(t)=t^2/2$ 和 $r(t)=\sin 2t$ 时，系统的稳态误差。

解 本题利用动态误差系数法来求系统的稳态误差。

由题设可知，该系统属于单位反馈系统，则系统的误差传递函数为

$$\Phi_e(s) = \frac{E(s)}{R(s)} = \frac{1}{1+G(s)} = \frac{Ts}{1+Ts} = Ts - (Ts)^2 + (Ts)^3 - (Ts)^4 + \cdots$$
$$= C_0 + C_1 s + C_2 s^2 + C_3 s^3 + \cdots$$

所以有

$$E(s) = \Phi_e(s)R(s) = TsR(s) - (Ts)^2 R(s) + (Ts)^3 R(s) - (Ts)^4 R(s) + \cdots$$
$$= (C_0 + C_1 s + C_2 s^2 + C_3 s^3 + \cdots)R(s)$$

故动态误差系数为

$$C_0 = 0, \quad C_1 = T, \quad C_2 = -T^2, \quad C_3 = T^3, \quad C_4 = -T^4, \quad \cdots$$

本系统为 I 型系统，有 $C_1 = \dfrac{1}{K_v}$，其中 K_v 为静态速度误差系数，故当 $r(t)=t^2/2$ 时，有

$$e_{ss}(\infty) = \infty$$

又解

对 $E(s)$ 在零初始条件下进行拉氏反变换，可得

$$e(t) = T\dot{r}(t) - T^2 \ddot{r}(t) + T^3 \dddot{r}(t) - T^4 r^{(4)}(t) + \cdots$$

当 $r(t)=t^2/2$ 时，显然有

$$\dot{r}(t) = t, \quad \ddot{r}(t) = 1, \quad \dddot{r}(t) = r^{(4)}(t) = \cdots = 0$$

将上述各式代入 $e(t)$ 的表达式，可得

$$e_{ss}(t) = Tt - T^2 = T(t-T)$$

故系统的稳态误差为

$$e_{ss}(\infty) = \lim_{t \to \infty} e_{ss}(t) = \lim_{t \to \infty} T(t-T) = \infty$$

当 $r(t)=\sin 2t$ 时，显然有

$$\dot{r}(t) = 2\cos 2t, \quad \ddot{r}(t) = -2^2 \sin 2t, \quad \dddot{r}(t) = -2^3 \cos 2t, \quad r^{(4)}(t) = 2^4 \sin 2t$$

将上述各式代入 $e(t)$ 的表达式，可得稳态误差

$$e_{ss}(t) = T(2\cos 2t) - T^2(-2^2 \sin 2t) + T^3(-2^3 \cos 2t) - T^4(2^4 \sin 2t) + \cdots$$
$$= \cos 2t [2T - (2T)^3 + (2T)^5 - \cdots] + \sin 2t [(2T)^2 - (2T)^4 + (2T)^6 - \cdots]$$
$$= \frac{2T}{1+4T^2} \cos 2t + \frac{4T^2}{1+4T^2} \sin 2t = \frac{2T}{\sqrt{1+4T^2}} \sin\left(2t + \arctan\frac{1}{2T}\right)$$

又解

$$e_{ss}(t) = (C_0 - C_2 \omega_0^2 + C_4 \omega_0^4 - \cdots)\sin\omega_0 t + (C_1 \omega_0 - C_3 \omega_0^3 + C_5 \omega_0^5 - \cdots)\cos\omega_0 t$$

代入 $C_i (i=0,1,2,\cdots)$ 及 $\omega_0 = 2$，得

$$e_{ss}(t) = [(2T)^2 - (2T)^4 + (2T)^6 - \cdots]\sin 2t + [2T - (2T)^3 + (2T)^5 - \cdots]\cos 2t$$
$$= \frac{4T^2}{1+4T^2}\sin 2t + \frac{2T}{1+4T^2}\cos 2t = \frac{2T}{\sqrt{1+4T^2}}\sin\left(2t + \arctan\frac{1}{2T}\right)$$

3-18 设控制系统如图 3-64 所示,其中

$$G(s) = K_p + \frac{K}{s}, \quad F(s) = \frac{1}{Js}$$

输入 $r(t)$ 以及扰动 $n_1(t)$ 和 $n_2(t)$ 均为单位阶跃函数。试求:

(1) 在 $r(t)$ 作用下系统的稳态误差;
(2) 在 $n_1(t)$ 作用下系统的稳态误差;
(3) 在 $n_1(t)$ 和 $n_2(t)$ 同时作用下系统的稳态误差。

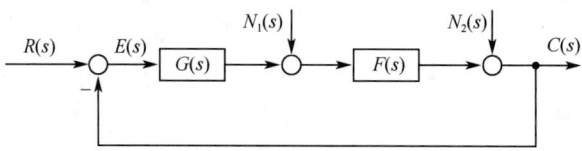

图 3-64 控制系统结构图

解 本题为系统在输入及扰动作用下稳态误差的计算。先求出系统在不同作用下的误差函数,再根据终值定理来求系统的稳态误差。

(1) $r(t)$ 作用下系统的稳态误差。误差传递函数为

$$\Phi_e(s) = \frac{E(s)}{R(s)} = \frac{1}{1+G(s)F(s)}$$

则

$$E(s) = \Phi_e(s)R(s) = \frac{R(s)}{1+G(s)F(s)}$$

根据终值定理,系统的稳态误差为

$$e_{ss}(\infty) = \lim_{s \to 0} sE(s) = \lim_{s \to 0} s \cdot \frac{R(s)}{1+G(s)F(s)}$$

由于 $R(s) = \frac{1}{s}, G(s) = K_p + \frac{K}{s}, F(s) = \frac{1}{Js}$,故有

$$e_{ss}(\infty) = \lim_{s \to 0} s \cdot \frac{1}{1+\left(K_p + \frac{K}{s}\right) \cdot \frac{1}{Js}} \cdot \frac{1}{s} = \lim_{s \to 0} \frac{Js^2}{Js^2 + K_p s + K} = 0$$

即在 $r(t) = 1(t)$ 作用下系统的稳态误差为 0。

(2) $n_1(t)$ 作用下系统的稳态误差。在 $N_1(s)$ 作用下系统的输出为

$$C_1(s) = \frac{F(s)}{1+G(s)F(s)} \cdot N_1(s)$$

故 $n_1(t)$ 引起的误差函数为

$$E_{n1}(s) = 0 - C_1(s) = -\frac{F(s)}{1+G(s)F(s)} \cdot N_1(s)$$

此时系统的稳态误差为

$$e_{ssn1}(\infty) = \lim_{s \to 0} sE_{n1}(s) = \lim_{s \to 0}\left[-\frac{F(s)}{1+G(s)F(s)} \cdot N_1(s)\right]$$

由于 $N_1(s) = \frac{1}{s}, G(s) = K_p + \frac{K}{s}, F(s) = \frac{1}{Js}$,故得

$$e_{ssn1}(\infty) = \lim_{s \to 0}\left[-\frac{s}{Js^2 + K_p s + K}\right] = 0$$

即在 $n_1(t) = 1(t)$ 作用下系统的稳态误差为 0。

(3) $n_1(t)$和$n_2(t)$同时作用下系统的稳态误差。$N_1(s)$和$N_2(s)$分别作用下系统的误差函数为

$$E_{n1}(s) = 0 - C_1(s) = -\frac{F(s)}{1+G(s)F(s)} \cdot N_1(s)$$

$$E_{n2}(s) = 0 - C_2(s) = -\frac{1}{1+G(s)F(s)} \cdot N_2(s)$$

故$n_1(t)$和$n_2(t)$同时作用引起的误差为

$$E_n(s) = E_{n1}(s) + E_{n2}(s) = -\frac{F(s)N_1(s) + N_2(s)}{1+G(s)F(s)}$$

此时系统的稳态误差为

$$e_{ssn}(\infty) = \lim_{s \to 0} sE_n(s) = \lim_{s \to 0} s\left[-\frac{F(s)N_1(s) + N_2(s)}{1+G(s)F(s)}\right]$$

$$= \lim_{s \to 0}\left[-\frac{Js^2 + s}{Js^2 + K_p s + K}\right] = 0$$

即在$n_1(t)=1(t)$和$n_2(t)=1(t)$同时作用下系统的稳态误差为0。

显然,从系统结构图 3-64 可以直接看出:系统对输入 $R(s)$ 为 Ⅱ 型系统,对 $N_1(s)$ 为 Ⅰ 型系统,对 $N_2(s)$ 为 Ⅱ 型系统,因此当 $R(s)$、$N_1(s)$ 和 $N_2(s)$ 均为单位阶跃函数时,系统的稳态误差必为零。

3-19 设闭环传递函数的一般形式为

$$\Phi(s) = \frac{G(s)}{1+G(s)H(s)} = \frac{b_m s^m + b_{m-1} s^{m-1} + \cdots + b_1 s + b_0}{s^n + a_{n-1} s^{n-1} + \cdots + a_1 s + a_0}$$

误差定义取 $e(t) = r(t) - c(t)$。试证:

(1) 系统在阶跃信号输入下,稳态误差为零的充分条件是:$b_0 = a_0, b_i = 0 (i = 1, 2, \cdots, m)$;

(2) 系统在斜坡信号输入下,稳态误差为零的充分条件是:$b_0 = a_0, b_1 = a_1, b_i = 0 (i = 2, 3, \cdots, m)$。

证明 本题主要运用终值定理求证。

系统的误差传递函数为

$$\Phi_e(s) = \frac{E(s)}{R(s)} = \frac{R(s) - C(s)}{R(s)} = 1 - \Phi(s)$$

$$= \frac{(a_0 - b_0) + (a_1 - b_1)s + \cdots + (a_m - b_m)s^m + a_{m+1}s^{m+1} + \cdots + a_{n-1}s^{n-1} + s^n}{s^n + a_{n-1}s^{n-1} + \cdots + a_1 s + a_0}$$

$$(m < n)$$

(1) 当 $b_0 = a_0, b_i = 0 (i=1,2,\cdots,m)$ 时,

$$\Phi_e(s) = \frac{a_1 s + a_2 s^2 + \cdots + a_{n-1} s^{n-1} + s^n}{s^n + a_{n-1}s^{n-1} + \cdots + a_1 s + a_0}, \qquad R(s) = \frac{1}{s}$$

由终值定理可得

$$e_{ss}(\infty) = \lim_{s \to 0} s\Phi_e(s)R(s) = \lim_{s \to 0} \frac{a_1 s + a_2 s^2 + \cdots + a_{n-1} s^{n-1} + s^n}{s^n + a_{n-1}s^{n-1} + \cdots + a_1 s + a_0} = 0$$

因而充分条件得证。

(2) 当 $b_0 = a_0, b_1 = a_1, b_i = 0 (i=2,3,\cdots,m)$ 时,

$$\Phi_e(s) = \frac{a_2 s^2 + \cdots + a_{n-1} s^{n-1} + s^n}{s^n + a_{n-1} s^{n-1} + \cdots + a_1 s + a_0}, \qquad R(s) = \frac{1}{s^2}$$

由终值定理可得

$$e_{ss}(\infty) = \lim_{s \to 0} s \Phi_e(s) R(s) = \lim_{s \to 0} \frac{a_2 s^1 + \cdots + a_{n-1} s^{n-2} + s^{n-1}}{s^n + a_{n-1} s^{n-1} + \cdots + a_1 s + a_0} = 0$$

因而充分条件得证。

3-20 设随动系统的微分方程为

$$T_1 \frac{d^2 c(t)}{dt^2} + \frac{dc(t)}{dt} = K_2 u(t)$$

$$u(t) = K_1 [r(t) - b(t)]$$

$$T_2 \frac{db(t)}{dt} + b(t) = c(t)$$

其中, T_1、T_2 和 K_2 为正常数。若要求 $r(t)=1+t$ 时, $c(t)$ 对 $r(t)$ 的稳态误差不大于正常数 ε_0, 试问 K_1 应满足什么条件？已知全部初始条件为零。

解 本题研究系统参数选择与系统稳态误差的关系。然而,不稳定系统是不存在稳态误差问题的,因而首先要考虑参数选择与系统稳定性的关系。由于题设给定的是微分方程,因此要应用拉氏变换得到系统的结构图,然后再解题。

(1) 系统的结构图。对题设给定的系统的微分方程进行拉氏变换, 有

$$(T_1 s^2 + s) C(s) = K_2 U(s)$$

$$U(s) = K_1 [R(s) - B(s)]$$

$$(T_2 s + 1) B(s) = C(s)$$

由上述方程式可以画出系统的结构图,如图 3-20-1 所示。

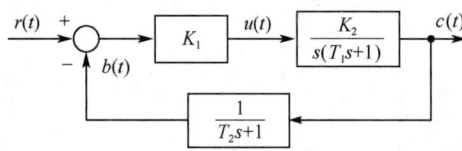

图 3-20-1 系统结构图

(2) 系统参数选择与系统稳定性的关系。由结构图可求出闭环系统传递函数

$$\Phi(s) = \frac{K_1 K_2 (T_2 s + 1)}{s(T_1 s + 1)(T_2 s + 1) + K_1 K_2}$$

闭环特征方程为

$$T_1 T_2 s^3 + (T_1 + T_2) s^2 + s + K_1 K_2 = 0$$

列劳斯表如下：

s^3	$T_1 T_2$	1
s^2	$T_1 + T_2$	$K_1 K_2$
s^1	$\dfrac{(T_1 + T_2) - T_1 T_2 K_1 K_2}{T_1 + T_2}$	
s^0	$K_1 K_2$	

显然, 在 T_1, T_2 和 K_2 为正常数条件下, 使闭环系统稳定的充要条件为

$$0 < K_1 < \frac{T_1+T_2}{K_2 T_1 T_2}$$

(3) 系统参数选择与系统稳态误差的关系。定义系统的误差为 $E(s)=R(s)-C(s)$，则

$$\Phi_e(s) = \frac{E(s)}{R(s)} = 1-\Phi(s) = 1 - \frac{K_1 K_2 T_2 s + K_1 K_2}{T_1 T_2 s^3 + (T_1+T_2)s^2 + s + K_1 K_2}$$

$$= \frac{s[T_1 T_2 s^2 + (T_1+T_2)s + (1-K_1 K_2 T_2)]}{T_1 T_2 s^3 + (T_1+T_2)s^2 + s + K_1 K_2}$$

由于 $r(t)=1+t$，故 $R(s)=\frac{1}{s}+\frac{1}{s^2}=\frac{s+1}{s^2}$，因此由终值定理可得

$$e_{ss}(\infty) = \lim_{s\to 0} s E(s) = \lim_{s\to 0} s \Phi_e(s) R(s)$$

$$= \lim_{s\to 0} s \cdot \left\{ \frac{s[T_1 T_2 s^2 + (T_1+T_2)s + (1-K_1 K_2 T_2)]}{T_1 T_2 s^3 + (T_1+T_2)s^2 + s + K_1 K_2} \right\} \cdot \frac{s+1}{s^2}$$

$$= \frac{1-K_1 K_2 T_2}{K_1 K_2}$$

令 $e_{ss}(\infty)=\frac{1-K_1 K_2 T_2}{K_1 K_2} \leqslant \varepsilon_0$，可得 $K_1 \geqslant \frac{1}{K_2(T_2+\varepsilon_0)}$。

考虑到使系统稳定的充要条件为 $0<K_1<\frac{T_1+T_2}{K_2 T_1 T_2}$，故满足题意要求的 K_1 值为

$$\frac{1}{K_2(T_2+\varepsilon_0)} \leqslant K_1 < \frac{T_1+T_2}{K_2 T_1 T_2}$$

3-21 机器人应用反馈原理来控制每个关节的方向。由于负载的改变以及机械臂伸展位置的变化，负载对机器人会产生不同的影响。例如，机械爪抓持负载后，就可能使机器人产生偏差。已知机器人关节指向控制系统如图 3-65 所示，其中负载扰动力矩为 $1/s$。要求：

(1) 当 $R(s)=0$ 时，确定 $N(s)=\frac{1}{s}$ 对 $C(s)$ 的影响，指出减少此种影响的方法；

(2) 当 $N(s)=0$，$R(s)=\frac{1}{s}$ 时，计算系统在输出端定义的稳态误差，指出减少此种稳态误差的方法。

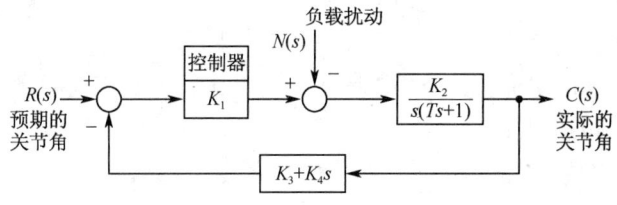

图 3-65 机器人关节指向控制系统结构图

解 本题研究系统参数选择与系统稳态误差的关系。由于只有在系统稳定的前提下，系统稳态误差的计算才有意义，因此首先需要进行稳定性分析，以确定系统参数选取的容许范围。

(1) 稳定性分析。令

$$G_1(s) = K_1, \quad G_2(s) = \frac{K_2}{s(Ts+1)}$$

$$H(s) = K_3 + K_4 s$$

则闭环传递函数

$$\Phi(s) = \frac{G_1(s)G_2(s)}{1+G_1(s)G_2(s)H(s)} = \frac{K_1 K_2}{Ts^2 + (1+K_1 K_2 K_4)s + K_1 K_2 K_3}$$

闭环特征方程

$$D(s) = Ts^2 + (1+K_1 K_2 K_4)s + K_1 K_2 K_3 = 0$$

显然,只要参数 K_1、K_2、K_3、K_4 以及 T 均为正数,闭环系统一定渐近稳定。

(2) 计算 $R(s)=0, N(s)=\frac{1}{s}$ 时,系统的稳态误差 $e_{ssn}(\infty)$。在 $N(s)=\frac{1}{s}$ 作用下,闭环系统的输出

$$C_n(s) = -\frac{G_2(s)}{1+G_1(s)G_2(s)H(s)} N(s) = -\frac{K_2}{s[s(Ts+1)+K_1 K_2(K_3+K_4 s)]}$$

在系统输出端的误差信号

$$E_n(s) = -C_n(s)$$

于是,扰动作用下的稳态误差

$$e_{ssn}(\infty) = \lim_{s \to 0} sE_n(s) = \lim_{s \to 0} \frac{K_2}{s(Ts+1)+K_1 K_2(K_3+K_4 s)} = \frac{1}{K_1 K_3}$$

显然,增大前置放大器增益 K_1 和关节角位移反馈系数 K_3,可以减小阶跃负载扰动对输出关节角位移的影响。

(3) 计算 $N(s)=0, R(s)=\frac{1}{s}$ 时,系统的稳态误差 $e_{ssr}(\infty)$。在预期关节角输入作用下,系统的实际关节角输出

$$C(s) = \frac{G_1(s)G_2(s)}{1+G_1(s)G_2(s)H(s)} R(s) = \frac{K_1 K_2}{s(Ts+1)+K_1 K_2(K_3+K_4 s)} R(s)$$

位于系统输入端的误差信号

$$E_r(s) = R(s) - H(s)C(s) = \left[1 - \frac{K_1 K_2(K_3+K_4 s)}{s(Ts+1)+K_1 K_2(K_3+K_4 s)}\right] R(s)$$

根据拉氏变换的终值定理

$$e_{ssr}(\infty) = \lim_{s \to 0} sE_r(s) = 0$$

表明在无负载扰动时,预期阶跃关节角输入不会在系统输入端产生稳态误差。

位于系统输出端的误差信号

$$E_r(s) = R(s) - \Phi(s)R(s) = [1-\Phi(s)]R(s)$$

当 $R(s) = \frac{1}{s}$ 时,稳态误差

$$e_{ssr}(\infty) = \lim_{s \to 0} sE_r(s) = 1 - \Phi(0) = 1 - \frac{1}{K_3}$$

计算表明,在无负载扰动情况下,预期阶跃关节角输入会在系统输出端产生稳态误差。若取反馈系数 $K_3=1$,则可使 $e_{ssr}(\infty)=0$。

3-22 在造纸厂的卷纸过程中,卷开轴和卷进轴之间的纸张张力采用图 3-66 所示的卷

纸张力控制系统进行控制,以保持张力 F 基本恒定。随着纸卷厚度的变化,纸上的张力 F 会发生变化,因此必须调整电机的转速 $\omega_0(t)$。如果不对卷进电机的转速 $\omega_0(t)$ 进行控制,则当纸张不断地从卷开轴向卷进轴运动时,线速度 $v_0(t)$ 就会下降,从而纸张承受的张力 F 会相应减小。

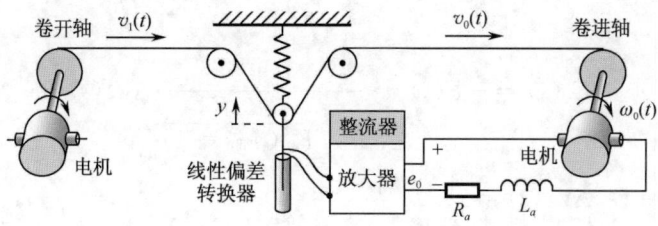

图 3-66 卷纸张力控制系统原理图

在张力控制系统中,采用三个滑轮和一个弹簧组成的张力测量器,用来测量纸上的张力。记弹簧力为 $K_1 y$,其中 y 是弹簧偏离平衡位置的距离,则张力可以表示为 $2F=K_1 y$,其中 F 为张力增量的垂直分量。此外,假设线性偏差转换器、整流器和放大器合在一起后,可以表示为 $e_0=-K_2 y$;电机的传递系数为 K_m,时间常数为 T_m,卷进轴的线速度在数值上是电机角速度的 2 倍,即 $v_0(t)=2\omega_0(t)$。于是,电机运动方程为

$$E_0(s) = \frac{1}{K_m}[T_m s \Omega_0(s) + \Omega_0(s)] + K_3 \Delta F(s)$$

式中,K_3 为张力扰动系数,ΔF 为张力扰动增量。要求在所给的条件下完成:

(1) 绘出张力控制系统结构图,其中应包含张力扰动 $\Delta F(s)$ 和卷开轴速度扰动 $\Delta V_1(s)$;

(2) 当输入为单位阶跃扰动 $\Delta V_1(s) = \dfrac{1}{s}$ 时,确定张力的稳态误差。

解 本题为复杂工程系统建模及扰动作用下稳态误差的计算问题。在计算稳态误差过程中,注意保持系统的稳定性及稳态误差存在性的判别。

(1) 绘制张力控制系统结构图。根据题意给定的条件,绘出系统结构图,如图 3-22-1 所示。

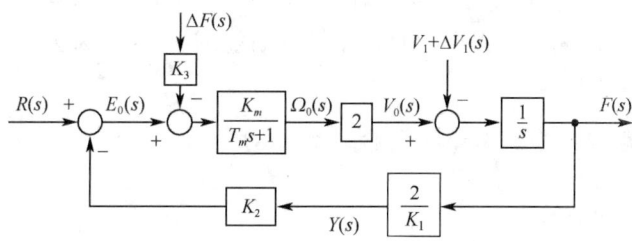

图 3-22-1 张力控制系统结构图

(2) 计算 ΔV_1 作用下的稳态误差。由系统结构图可见,系统为二阶系统,因此只要系统中的各参数为正值,张力控制系统始终是稳定的。

由系统结构图还可见,在扰动 ΔV_1 作用点之前的前向通路中,没有纯积分环节,且在反馈通路中没有纯微分环节,因此系统在 $\Delta V_1(s) = \dfrac{1}{s}$ 作用下,必然会产生张力的稳态误差。

令 $R(s)=0, \Delta F(s)=0$,则在 $\Delta V_1(s)$ 作用下,系统的输出为

$$F(s) = \frac{-\frac{1}{s}}{1+\frac{4K_mK_2}{K_1s(T_ms+1)}}\Delta V_1(s) = -\frac{1}{s+\frac{4K_mK_2}{K_1(T_ms+1)}}\Delta V_1(s)$$

因为误差信号

$$E_n(s) = -F(s) = \frac{1}{s+\frac{4K_mK_2}{K_1(T_ms+1)}}\Delta V_1(s)$$

$$\Delta V_1(s) = \frac{1}{s}$$

所以张力稳态误差

$$e_{ssn}(\infty) = \lim_{s\to 0}sE_n(s) = \frac{K_1}{4K_mK_2}$$

显然,减小 K_1 或增大 K_2,可以减小卷开轴速度扰动产生的张力稳态误差。

3-23 现代船舶航向控制系统如图 3-67 所示。$N(s)$ 表示持续不断的风力扰动,已知 $N(s)=\frac{1}{s}$,增益 $K_1=5$ 或 $K_1=30$。要求在下面所给的条件下,确定风力对船舶航向的稳态影响:

(1) 假定方向舵的输入 $R(s)=0$,系统没有任何其他扰动,或其他调整措施;
(2) 证明操纵方向舵能使航向偏离重新归零。

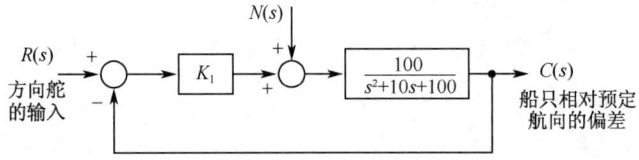

图 3-67 船舶航向控制系统结构图

解 本题为 0 型系统,也是二阶系统,因此增益 K_1 的大小对系统稳定性没有影响,但会影响扰动作用下航向偏差的大小。如果操纵方向舵 $R(s)$ 抵消风力扰动 $N(s)$ 的作用,航向偏差自然可以重新归零。

(1) 风力对船舶航向稳态偏差的影响。令 $R(s)=0, G_1(s)=\frac{100}{s^2+10s+100}$,在 $N(s)=\frac{1}{s}$ 作用下,闭环航向偏离输出

$$C_n(s) = \frac{G_1(s)}{1+K_1G_1(s)}N(s) = \frac{100}{s^2+10s+100(1+K_1)}N(s)$$

稳态输出

$$c_{ssn}(\infty) = \lim_{s\to 0}sC_n(s) = \lim_{s\to 0}\frac{100}{s^2+10s+100(1+K_1)} = \frac{1}{1+K_1}$$

当 $K_1=5$ 时,有

$$c_{ssn}(\infty) = \frac{1}{6}\text{rad} = 9.55°$$

当 $K_1=30$ 时,有 $c_{ssn}(\infty)=\dfrac{1}{31}\text{rad}=1.85°$

(2) 选择 $R(s)$ 使航向偏离归零。在方向舵输入 $R(s)$ 及风力扰动 $N(s)$ 同时作用下,系统航向偏离输出

$$C(s)=\frac{K_1G_1(s)R(s)+G_1(s)N(s)}{1+K_1G_1(s)}=\frac{[K_1R(s)+N(s)]G_1(s)}{1+K_1G_1(s)}$$

若选 $R(s)=-\dfrac{N(s)}{K_1}=-\dfrac{1}{K_1 s}$,可得航向偏离 $C(s)=0$。

3-24 设机器人常用的子爪如图 3-68(a)所示,它由直流电机驱动,以改变两个子爪间的夹角 θ。手爪控制系统模型如图 3-68(b)所示,相应的控制系统结构如图 3-68(c)所示。图中,$K_m=30, R_f=1\Omega, K_f=K_i=1, J=0.1, f=1$。要求:

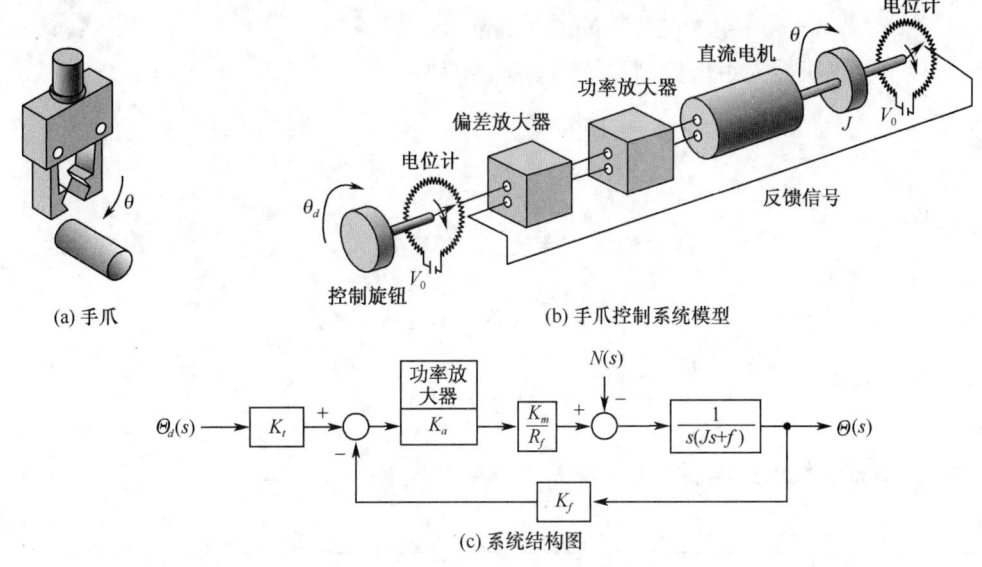

图 3-68 机器人手爪控制系统

(1) 当功率放大器增益 $K_a=20$,输入 $\theta_d(t)$ 为单位阶跃信号时,确定系统的单位阶跃响应 $\theta(t)$;

(2) 当 $\theta_d(t)=0, n(t)=1(t)$ 时,确定负载对系统的影响;

(3) 当 $n(t)=0, \theta_d(t)=t, t>0$ 时,确定系统的稳态误差 $e_{ss}(\infty)$。

解 本题属系统时域分析法的综合应用。确定系统的单位阶跃响应,需要确定系统的 ζ 和 ω_n,因此需要先求闭环系统传递函数,算出 ζ 和 ω_n 的具体数值;而确定负载对系统的影响,是指扰动负载在输出端是否会产生稳态误差,从结构图 3-68(c)可见,阶跃扰动对系统输出是有影响的。

(1) 单位阶跃响应 $\theta(t)$。闭环传递函数

$$\Phi(s)=\frac{\Theta(s)}{\Theta_d(s)}=K_i\frac{\dfrac{K_aK_m}{R_f}\cdot\dfrac{1}{s(Js+f)}}{1+\dfrac{K_aK_mK_f}{R_f}\cdot\dfrac{1}{s(Js+f)}}$$

$$= \frac{K_i K_a K_m / R_f}{s(Js+f) + K_a K_m K_f / R_f} = \frac{600}{0.1s^2 + s + 600}$$

将上式与 $\Phi(s)$ 的标准形式

$$\Phi(s) = \frac{\omega_n^2}{s^2 + 2\zeta\omega_n s + \omega_n^2}$$

相比较,可得

$$\omega_n = \sqrt{6000} = 77.46, \qquad \zeta = \frac{10}{2\omega_n} = 0.0645$$

由《自动控制原理(第七版)》教材中式(3-14),得系统单位阶跃响应

$$\theta(t) = 1 - \frac{1}{\sqrt{1-\zeta^2}} e^{-\zeta\omega_n t} \sin\left(\omega_n \sqrt{1-\zeta^2} t + \arctan\frac{\sqrt{1-\zeta^2}}{\zeta}\right)$$

$$= 1 - 1.0021 e^{-5t} \sin(77.3t + 86.3°)$$

于是,可以估算出机器人手爪控制系统的动态性能为

$$\sigma\% = 100 e^{-\pi\zeta/\sqrt{1-\zeta^2}}\% = 81.6\%$$

$$\beta = \arccos\zeta = 86.3° = 1.506 \text{rad}$$

$$t_r = \frac{\pi - \beta}{\omega_n \sqrt{1-\zeta^2}} = 0.02\text{s}$$

$$t_s = \begin{cases} \dfrac{3.5}{\zeta\omega_n} = 0.7\text{s} & (\Delta = 5\%) \\ \dfrac{4.4}{\zeta\omega_n} = 0.88\text{s} & (\Delta = 2\%) \end{cases}$$

(2) 负载对系统的影响。令 $\Theta_d(s)=0, N(s)=\dfrac{1}{s}$,则

$$\Theta(s) = -\frac{1}{0.1s^2 + s + 600} N(s)$$

$$E_n(s) = -\Theta(s) = \frac{1}{0.1s^2 + s + 600} N(s)$$

$$e_{ssn}(\infty) = \lim_{s \to 0} s E_n(s) = \frac{1}{600}$$

表明扰动输入幅值在输出端被削弱 600 倍。

(3) 单位斜坡输入时稳态误差。已知 $\Theta_d(s)=\dfrac{1}{s^2}$,故有

$$e_{ss}(\infty) = \lim_{s \to 0} sE(s) = \lim_{s \to 0} s[1-\Phi(s)]\Theta_d(s)$$

$$= \lim_{s \to 0} s\left(\frac{0.1s^2 + s}{0.1s^2 + s + 600}\right)\frac{1}{s^2} = \frac{1}{600}$$

MATLAB 验证与扩展:

应用 MATLAB 软件包,绘出机器人手爪控制系统的单位阶跃响应曲线,如图 3-24-1 所示;单位斜坡响应曲线,如图 3-24-2 所示;单位阶跃扰动响应曲线,如图 3-24-3 所示;验证系统的动态性能、稳态误差及负载影响;可改变功率放大器增益 K_a 的取值,以获得更加满意的系统性能。读者不妨一试。

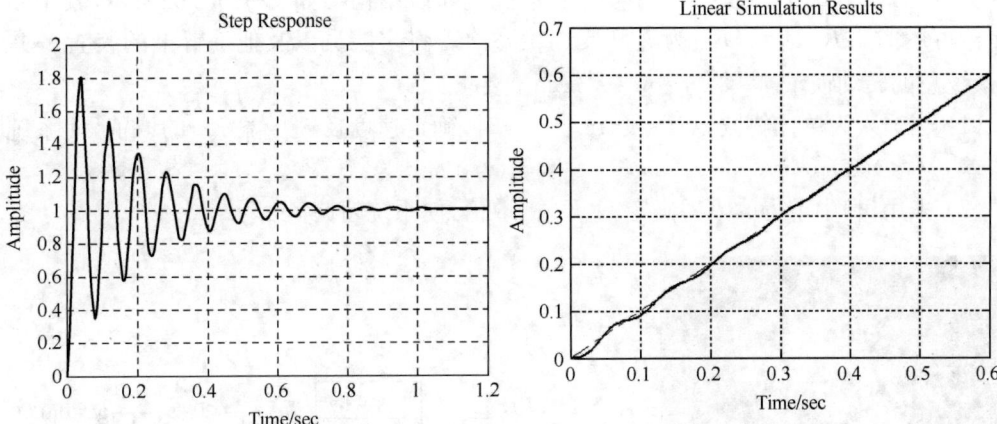

图 3-24-1 机器人控制系统单位阶跃响应曲线（MATLAB）　　图 3-24-2 机器人控制系统单位斜坡响应曲线（MATLAB）

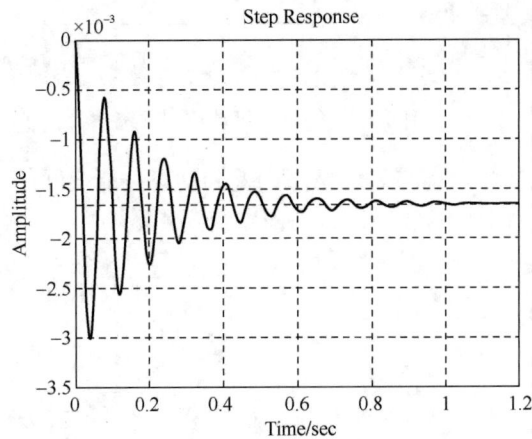

图 3-24-3 机器人控制系统单位阶跃扰动响应曲线（MATLAB）

MATLAB 程序：exe324.m

```
% 单位阶跃输入响应
num = [600];    den = [0.1 1 600];    t = 0:0.01:1.2;
figure
    step(num,den,t);    grid
% 单位斜坡输入响应
num = [600];    den = [0.1 1 600];    t = 0:0.005:0.6;    u = t;
figure
    lsim(num,den,u,t);    grid
% 单位阶跃扰动响应
num = [-1];    den = [0.1 1 600];    t = 0:0.01:1.2;
figure
    step(num,den,t);    grid
```

3-25 1984 年 2 月 7 日，美国宇航员利用手持喷气推进装置，完成了人类历史上的首次太空行走，如图 3-69(a)所示。宇航员机动控制系统结构图如图 3-69(b)所示，其中喷气控制器可用增益 K_2 表示，K_3 为速度反馈增益。若将宇航员以及他手臂上的装置一并考虑，系统总的转动惯量 $J=25\text{N}\cdot\text{m}\cdot\text{s}^2/\text{rad}$。要求：

(1) 当输入为单位斜坡 $r(t)=t$ $(\text{m}\cdot\text{s}^{-1})$ 时，确定速度反馈增益 K_3 的取值，使系统稳态误差 $e_{ss}(\infty)\leqslant 0.01\text{m}$。

(2) 采用(1)中求得的 K_3，确定 K_1K_2 的取值，使系统超调量 $\sigma\%\leqslant 10\%$。

(a) 宇航员太空行走

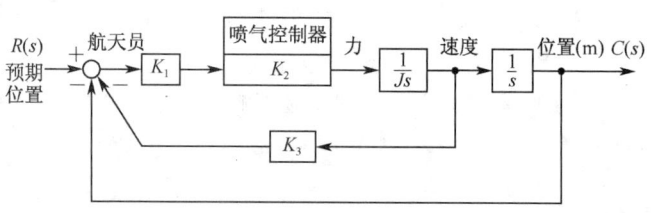

(b) 机动系统结构图

图 3-69　宇航员机动控制系统

解　本题研究系统参数选择与系统稳态误差和动态性能之间的关系。

(1) 确定 K_3 值。由图 3-69(b)可知，内回路传递函数

$$G_0(s)=\frac{K_1K_2/Js}{1+K_1K_2K_3/Js}=\frac{K_1K_2}{Js+K_1K_2K_3}$$

闭环传递函数

$$\Phi(s)=\frac{G_0(s)/s}{1+G_0(s)/s}=\frac{K_1K_2}{Js^2+K_1K_2K_3s+K_1K_2}$$

误差传递函数

$$\Phi_e(s)=1-\Phi(s)=\frac{s(Js+K_1K_2K_3)}{Js^2+K_1K_2K_3s+K_1K_2}$$

稳态误差

$$e_{ss}(\infty)=\lim_{s\to 0}sE(s)=\lim_{s\to 0}s\Phi_e(s)R(s)$$

因 $R(s)=\dfrac{1}{s^2}$，故

$$e_{ss}(\infty)=\lim_{s\to 0}\frac{s^2(Js+K_1K_2K_3)}{Js^2+K_1K_2K_3s+K_1K_2}\cdot\frac{1}{s^2}=K_3$$

由于要求 $e_{ss}(\infty)\leqslant 0.01$，所以应有 $K_3\leqslant 0.01$，取 $K_3=0.01$。

(2) 确定 K_1K_2 值。对于 $\sigma\%\leqslant 10\%$，应有 $\zeta\geqslant 0.6$。取 $\zeta=0.6$，$K_3=0.01$。令

$$\Phi(s)=\frac{\dfrac{K_1K_2}{J}}{s^2+\dfrac{K_1K_2K_3}{J}s+\dfrac{K_1K_2}{J}}=\frac{\omega_n^2}{s^2+2\zeta\omega_n s+\omega_n^2}$$

由

$$\omega_n^2=\frac{K_1K_2}{J},\quad 2\zeta\omega_n=\frac{K_1K_2K_3}{J}$$

代入 $J=25, \zeta=0.6, K_3=0.01$，可得
$$K_1K_2(K_1K_2 - 36 \times 10^4) = 0$$
显然 $K_1K_2 \neq 0$，必有
$$K_1K_2 = 36 \times 10^4, \omega_n = 120$$

系统时间响应的 MATLAB 仿真：

应用 MATLAB 软件包，可得系统单位阶跃响应如图 3-25-1 所示，而系统单位斜坡响应如图 3-25-2 所示。

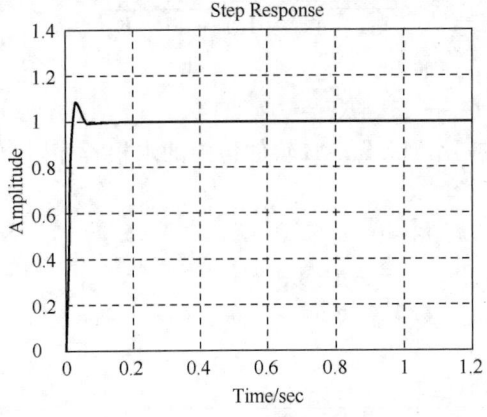

图 3-25-1 宇航员控制系统单位阶跃响应曲线（MATLAB）

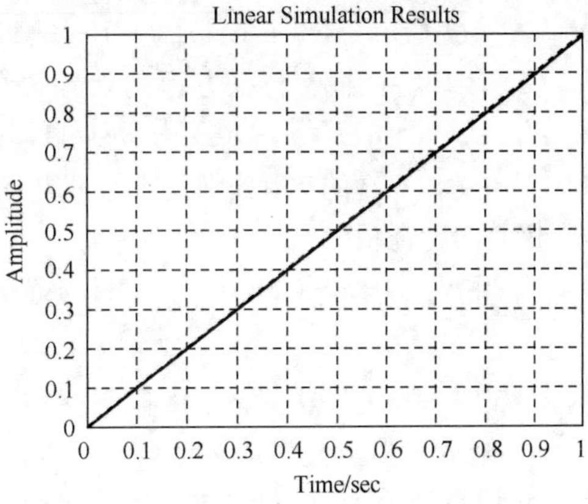

图 3-25-2 宇航员控制系统单位斜坡响应曲线（MATLAB）

MATLAB 程序：exe325.m

```
% 单位阶跃输入响应
num = [360000];   den = [25 3600 360000];   t = 0:0.01:1.2;
figure
step(num,den,u,t);    grid
% 单位斜坡输入响应
num = [360000];   den = [25 3600 360000];   t = 0:0.005:1;   u = t;
figure
lsim(num,den,u,t); grid
```

3-26 在喷气式战斗机的自动驾驶仪中，配置有横滚控制系统，其结构图如图 3-70 所示。要求：

(1) 确定闭环传递函数 $\Theta_c(s)/\Theta_d(s)$；

(2) 当 K_1 分别等于 0.7、3.0 和 6.0 时，确定闭环系统的特征根；

(3) 在(2)所给的条件下，应用主导极点概念，确定各二阶近似系统，估计原有系统的超调量和峰值时间；

(4) 绘出原有系统的实际单位阶跃响应曲线，并与(3)中的近似结果进行比较。

解 本题主要练习系统主导极点的确定与应用。

(1) 闭环传递函数。

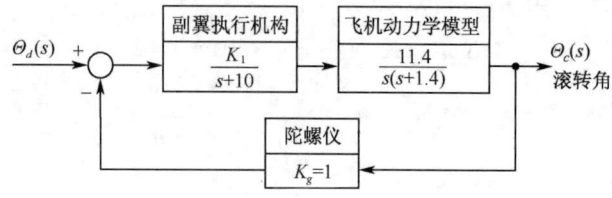

图 3-70 飞机滚转角控制系统结构图

$$\frac{\Theta_c(s)}{\Theta_d(s)} = \frac{11.4K_1}{s(s+1.4)(s+10)+11.4K_1} = \frac{11.4K_1}{s^3+11.4s^2+14s+11.4K_1}$$

(2) 闭环特征根。特征方程

$$D(s) = s^3 + 11.4s^2 + 14s + 11.4K_1 = 0$$

将 0.7、3.0 和 6.0 的 K_1 分别代入特征方程,并应用 MATLAB 软件包中的求根程序,可以得到相应的特征根。

① 当 $K_1=0.7$,有 $D(s)=s^3+11.4s^2+14s+7.98=0$,求得

$$s_{1,2} = -0.65 \pm j0.60, \quad s_3 = -10.09$$

② 当 $K_1=3.0$,有 $D(s)=s^3+11.4s^2+14s+34.2=0$,求得

$$s_{1,2} = -0.52 \pm j1.74, \quad s_3 = -10.36$$

③ 当 $K_1=6.0$,有 $D(s)=s^3+11.4s^2+14s+68.4=0$,求得

$$s_{1,2} = -0.36 \pm j2.50, \quad s_3 = -10.69$$

(3) 二阶近似系统及其动态性能。

① 当 $K=0.7$,有 $D(s)=(s+0.65)^2+0.6^2=s^2+1.3s+0.783=0$,令

$$D(s) = s^2 + 2\zeta\omega_n s + \omega_n^2 = 0$$

有

$$\omega_n = \sqrt{0.783} = 0.885, \quad \zeta = \frac{1.3}{2\omega_n} = 0.734$$

估算出

$$\sigma\% = 100e^{-\pi\zeta/\sqrt{1-\zeta^2}}\% = 3.4\%, \quad t_p = \frac{\pi}{\omega_n\sqrt{1-\zeta^2}} = 5.23\text{s}$$

② 当 $K_1=3.0$,有 $D(s)=(s+0.52)^2+1.74^2=s^2+1.04s+3.3=0$,可得

$$\omega_n = 1.817, \quad \zeta = 0.286$$

从而

$$\sigma\% = 39.2\%, \quad t_p = 1.80\text{s}$$

③ 当 $K_1=6.0$,有 $D(s)=s^2+0.72s+6.38=0$,可得

$$\omega_n = 2.526, \quad \zeta = 0.143, \quad \sigma\% = 63.5\%, \quad t_p = 1.26\text{s}$$

(4) 单位阶跃响应曲线。应用 MATLAB 软件包,可以方便地获取各阶跃响应曲线,如图 3-26-1~图 3-26-3 所示。图中,实线为实际系统响应,虚线为近似系统响应。由图可见,两者十分接近。

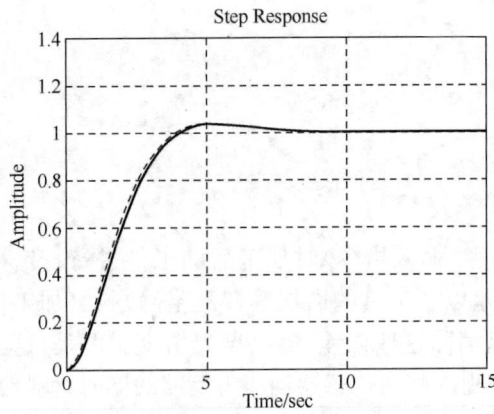

图 3-26-1 飞机横滚系统单位阶跃响应曲线
($K_1=0.7$,MATLAB)

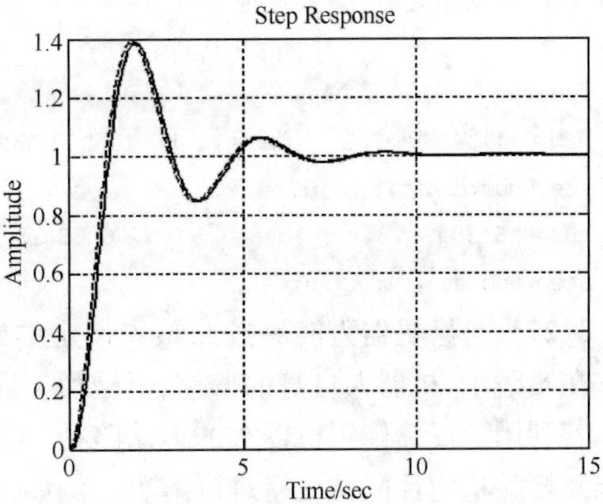

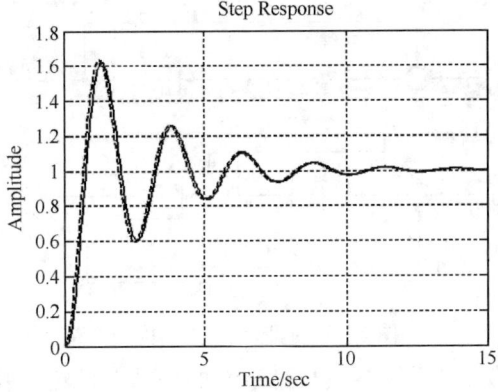

图 3-26-2 飞机横滚系统单位阶跃响应曲线
($K_1=3$,MATLAB)

图 3-26-3 飞机横滚系统单位阶跃响应曲线
($K_1=6$,MATLAB)

MATLAB 程序:exe326.m

```
% K = 0.7 时系统单位阶跃响应
k = 0.7;              t = 0:0.05:15;
figure
num = [11.4 * k];     den = [1 11.4 14 11.4 * k];     % 实际系统
step(num,den,t); hold on;
num = [0.783];        den = [1 1.3 0.783];            % 近似系统
step(num,den,t); grid
% K = 3.0 时系统单位阶跃响应
k = 3.0;              t = 0:0.05:15;
figure
num = [11.4 * k];     den = [1 11.4 14 11.4 * k];     % 实际系统
step(num,den,t); hold on;
num = [3.3];          den = [1 1.04 3.3];             % 近似系统
step(num,den,t); grid
```

```
% K = 6 时系统单位阶跃响应
k = 6;                    t = 0:0.05:15;
figure
num = [11.4 * k];         den = [1 11.4 14 11.4 * k];      % 实际系统
step(num,den,t);   hold on;
num = [6.38];             den = [1 0.72 6.38];             % 近似系统
step(num,den,t);   grid
```

3-27 打磨机器人能够按照预先设定的路径(输入指令)对加工后的工件进行打磨抛光。在实践中,机器人自身的偏差、机械加工误差以及工具的磨损等,都会导致打磨加工误差。若利用力反馈修正机器人的运动路径,可以消除这些误差,提高抛光精度。但是,这又可能使接触稳定性问题变得难以解决。例如,在引入腕力传感器构成力反馈的同时,就带来了新的稳定性问题。

打磨机器人的结构图如图 3-71 所示。若可调增益 K_1 及 K_2 均大于零,试确定能保证系统稳定性的 K_1 和 K_2 的取值范围。

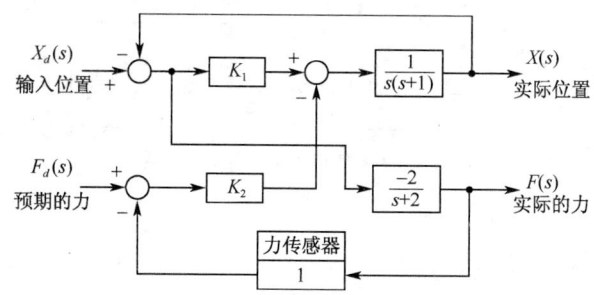

图 3-71 打磨机器人结构图

解 本题研究多回路交叉系统参数与稳定性的关系。显然,利用流图法确定系统的特征方程,将可以降低问题的研究难度。

令
$$G_1(s) = \frac{1}{s(s+1)}, \qquad G_2(s) = \frac{-2}{s+2}$$

根据流图特征式,闭环特征方程为

$$D(s) = 1 + K_1 G_1(s) + G_2(s) K_2 G_1(s) = 1 + \frac{K_1}{s(s+1)} - \frac{2K_2}{s(s+1)(s+2)} = 0$$

或者

$$s^3 + 3s^2 + (2+K_1)s + 2(K_1 - K_2) = 0$$

列出劳斯表如下:

$$
\begin{array}{c|cc}
s^3 & 1 & 2+K_1 \\
s^2 & 3 & 2(K_1-K_2) \\
s^1 & \dfrac{6+K_1+2K_2}{3} & \\
s^0 & 2(K_1-K_2) &
\end{array}
$$

由劳斯稳定判据知,使系统稳定的 K_1 和 K_2 取值范围为

$$0 < K_2 < K_1$$

3-28 一种新型电动轮椅装有一种非常实用的速度控制系统,使颈部以下有残障的人

士也能自行驾驶这种电动轮椅。该系统在头盔上以 90°间隔安装了四个速度传感器,用来指示前、后、左、右四个方向。头盔传感系统的综合输出与头部运动的幅度成正比。图 3-72 给出了该控制系统的结构图,其中时间常数 $T_1=0.5\text{s},T_3=1\text{s},T_4=0.25\text{s}$。要求：

(1) 确定使系统稳定的 K 的取值($K=K_1K_2K_3$);

(2) 确定增益 K 的取值,使系统单位阶跃响应的调节时间等于 $4\text{s}(\Delta=2\%)$,并计算此时系统的特征根。

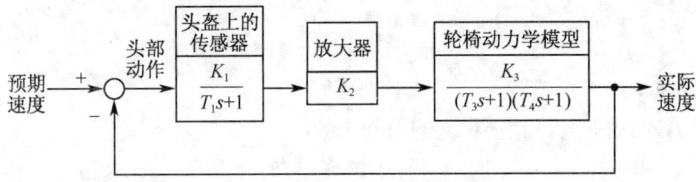

图 3-72 电动轮椅控制系统结构图

解 本题主要研究根据系统稳定性及动态品质要求,选择系统参数的方法。

(1) 使系统稳定的 K 值范围。由系统结构图可得,系统开环传递函数

$$G(s)=\frac{K_1K_2K_3}{(0.5s+1)(s+1)(0.25s+1)}=\frac{8K}{s^3+7s^2+14s+8}$$

闭环传递函数

$$\Phi(s)=\frac{8K}{s^3+7s^2+14s+8(1+K)}$$

闭环特征方程

$$D(s)=s^3+7s^2+14s+8(1+K)=0$$

列出劳斯表如下：

$$
\begin{array}{c|cc}
s^3 & 1 & 14 \\
s^2 & 7 & 8(1+K) \\
s^1 & \dfrac{90-8K}{7} & \\
s^0 & 8(1+K) &
\end{array}
$$

由劳斯判据知,使闭环系统稳定的 K 范围为

$$-1<K<11.25$$

(2) 确定使 $t_s=4\text{s}$ 时的 K 值及特征根。由于

$$t_s=\frac{4.4}{\zeta\omega_n}=4 \qquad (\Delta=2\%)$$

可得 $\zeta\omega_n=1.1$,故希望特征方程为

$$(s+b)(s^2+2\zeta\omega_ns+\omega_n^2)=(s+b)(s^2+2.2s+\omega_n^2)$$
$$=s^3+(2.2+b)s^2+(\omega_n^2+2.2b)s+b\omega_n^2=0$$

而实际闭环系统特征方程为

$$D(s)=s^3+7s^2+14s+8(1+K)=0$$

比较希望特征方程与实际特征方程可得

$$2.2+b=7$$

$$\omega_n^2 + 2.2b = 14$$
$$b\omega_n^2 = 8(1+K)$$

解得
$$b = 4.8, \quad \omega_n = 1.85, \quad K = 1.05$$

此时，闭环特征方程为
$$(s+4.8)(s^2 + 2.2s + 3.42) = 0$$

因而，系统的特征根为
$$s_{1,2} = -1.1 \pm j1.49, \quad s_3 = -4.8$$

MATLAB 验证：

应用 MATLAB 软件包，可得系统的特征根为
$$p_{1,2} = -1.1035 \pm j1.4846, \quad p_3 = -4.7929$$

绘出的单位阶跃响应曲线如图 3-28-1 所示，并可测得：超调量 $\sigma\% = 8.78\%$，调节时间 $t_s = 3.44\mathrm{s}(\Delta = 2\%)$。

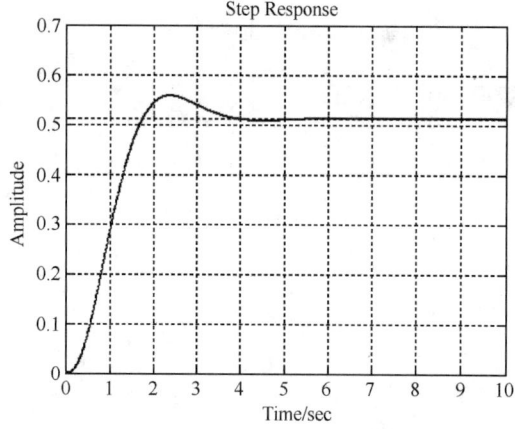

图 3-28-1 轮椅控制系统的单位阶跃响应曲线（MATLAB）

MATLAB 程序：exe328.m

```
% 系统参数
T1 = 0.5;  T3 = 1;  T4 = 0.25;  K = 1.05;
% 系统闭环传递函数
num1 = [K];       den1 = [T1 1];
num2 = [1];       den2 = [T3 * T4  T3 + T4  1];
[numc, denc] = series(num1, den1, num2, den2);
[num, den] = cloop(numc, denc);
% 系统的特征根
roots(den)
% 单位阶跃输入响应
t = 0:0.01:10;
figure
    step(num, den, t);     grid
```

3-29 设垂直起飞飞机如图 3-73(a)所示，起飞时飞机的四个发动机将同时工作。垂直起飞时飞机的高度控制系统如图 3-73(b)所示。要求：

(1) 当 $K_1 = 1$ 时，判断系统是否稳定；

(a) 垂直起飞飞机

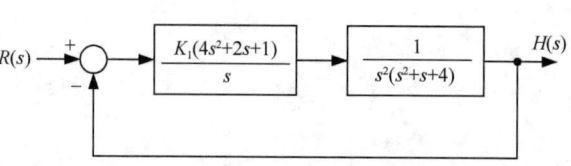

(b) 控制系统结构图

图 3-73 垂直起飞飞机高度控制系统

(2) 确定使系统稳定的 K_1 的取值范围。

解 本题主要研究系统参数与系统稳定性的关系。

系统开环传递函数

$$G(s) = \frac{K_1(4s^2 + 2s + 1)}{s^3(s^2 + s + 4)}$$

闭环特征方程

$$D(s) = s^5 + s^4 + 4s^3 + 4K_1 s^2 + 2K_1 s + K_1 = 0$$

列劳斯表如下：

s^5	1	4	$2K_1$
s^4	1	$4K_1$	K_1
s^3	$4(1-K_1)$	K_1	
s^2	$\dfrac{K_1(15-16K_1)}{4(1-K_1)}$	K_1	
s^1	$\dfrac{-32K_1^2 + 47K_1 - 16}{15 - 16K_1}$		
s^0	K_1		

由劳斯稳定判据，系统稳定的充要条件为

$$0 < K_1 < 1$$
$$K_1 < 0.9375$$
$$(K_1 - 0.9327)(K_1 - 0.5362) < 0$$

根据第三个不等式，有

$$\begin{cases} K_1 - 0.9327 > 0, & K_1 > 0.9327, \\ K_1 - 0.5362 < 0, & K_1 < 0.5362, \end{cases} \text{无解}$$

或者

$$\begin{cases} K_1 - 0.9327 < 0 \\ K_1 - 0.5362 > 0 \end{cases}$$

可得

$$0.5362 < K_1 < 0.9327$$

这一结果同样满足充要条件中的第一和第二两个不等式。最后，使系统稳定的 K_1 值范围为

$$0.5362 < K_1 < 0.9327$$

显然，当取 $K_1 = 1$ 时，闭环系统是不稳定的。

应用 MATLAB 软件包，可以给出 $K_1 = 0.7, K_1 = 0.5, K_1 = 1$ 时系统的单位阶跃响应，分别如图 3-29-1～图 3-29-3 所示。

MATLAB 程序：exe329.m

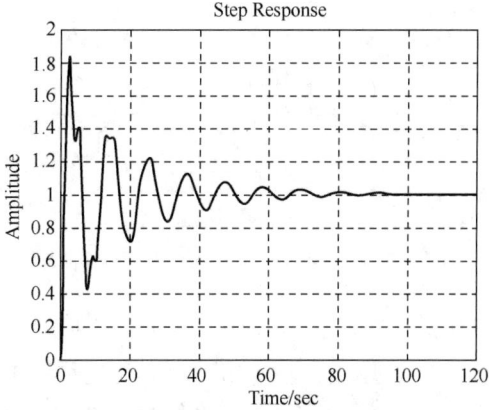

图 3-29-1 垂直起飞高度控制系统的单位阶跃响应（$K_1 = 0.7$，MATLAB）

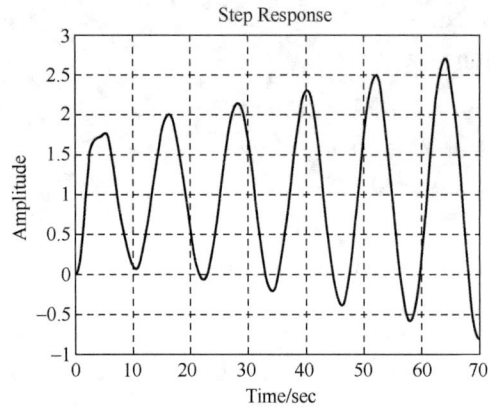

图 3-29-2　垂直起飞高度控制系统的单位阶跃
响应($K_1=0.5$,MATLAB)

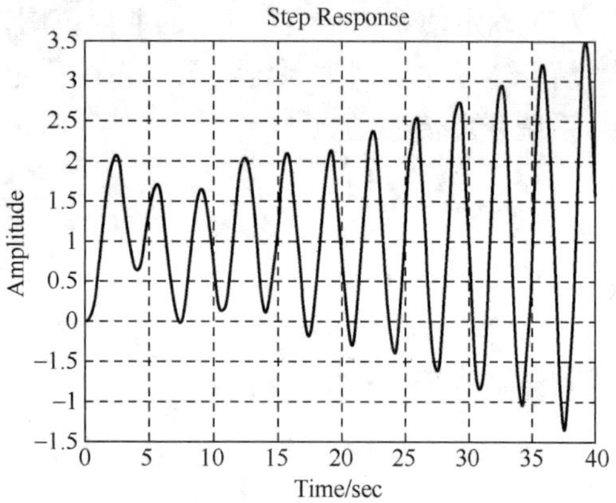

图 3-29-3　垂直起飞高度控制系统的单位阶跃
响应($K_1=1$,MATLAB)

```
% K = 0.7时系统单位阶跃响应
k = 0.7;                t = 0:0.2:120;
figure
num = [4 * k 2 * k k];  den = [1 1 4 4 * k 2 * k k];
step(num,den,t);        grid;
% K = 0.5时系统单位阶跃响应
k = 0.5;                t = 0:0.1:70;
figure(2)
num = [4 * k 2 * k k];  den = [1 1 4 4 * k 2 * k k];
step(num,den,t);        grid;
% K = 1时系统单位阶跃响应
k = 1;                  t = 0:0.1:40;
figure(3)
num = [4 * k 2 * k k];  den = [1 1 4 4 * k 2 * k k];
step(num,den,t);        grid;
```

3-30　火星自主漫游车的导向控制系统如图 3-74 所示。该系统在漫游车的前后部都装有一个导向轮,其反馈通道传递函数为

$$H(s) = 1 + K_t s$$

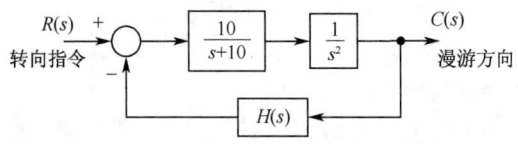

图 3-74　火星漫游车导向控制系统结构图

要求:

(1) 确定使系统稳定的 K_t 值范围;

(2) 当 $s_3=-5$ 为该系统的一个闭环特征根时,试计算 K_t 的取值,并计算另外两个闭环特征根;

(3) 应用上一步求出 K_t 值,确定系统的单位阶跃响应。

解　本题研究通过对系统稳定性和闭环特征根的要求,设计系统的速度反馈系数。一旦把握了闭环根的分布,也就规范了系统的动态性能。

(1) 使系统稳定的 K_t 值范围。令

$$G(s) = \frac{10}{s^2(s+10)}$$

则闭环传递函数

$$\Phi(s) = \frac{G(s)}{1+G(s)H(s)} = \frac{10}{s^3+10s^2+10K_t s+10}$$

闭环特征方程

$$D(s) = s^3 + 10s^2 + 10K_t s + 10 = 0$$

列劳斯表如下：

s^3	1	$10K_t$
s^2	10	10
s^1	$10K_t - 1$	
s^0	10	

由劳斯判据知，使系统稳定的 K_t 值范围

$$K_t > 0.1$$

(2) 当 $s_3 = -5$ 时 K_t 的取值。设希望特征方程为

$$(s+5)(s^2+as+b) = s^3 + (a+5)s^2 + (b+5a)s + 5b = 0$$

将上式与实际闭环特征方程相比，有

$$a + 5 = 10$$
$$b + 5a = 10K_t$$
$$5b = 10$$

解出

$$a = 5, \quad b = 2, \quad K_t = 2.7$$

令

$$s^2 + as + b = s^2 + 5s + 2 = 0$$

求得另外两个闭环特征根为

$$s_1 = -0.439, \quad s_2 = -4.562$$

(3) 确定系统的单位阶跃响应。当取 $K_t = 2.7$ 时，闭环极点全部为负实极点，同时系统没有闭环有限零点，因此系统的单位阶跃响应必然为非周期形态。

因为

$$\Phi(s) = \frac{10}{(s+0.439)(s+4.562)(s+5)}$$

所以

$$C(s) = \Phi(s)R(s) = \frac{10}{s(s+0.439)(s+4.562)(s+5)}$$

对上式进行因式分解，可得

$$C(s) = \frac{1}{s} - \frac{1.213}{s+0.439} + \frac{1.213}{s+4.562} - \frac{1}{s+5}$$

对上式取拉氏反变换，有单位阶跃响应

$$c(t) = 1 - 1.213e^{-0.439t} + 1.213e^{-4.562t} - e^{-5t}$$

应用 MATLAB 软件包，可绘出系统单位阶跃响应曲线，如图 3-30-1 所示。

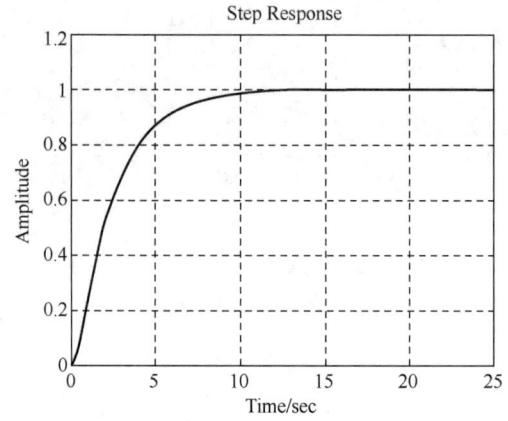

图 3-30-1 漫游车导向系统单位阶跃响应曲线（MATLAB）

MATLAB 程序：exe330.m

```
% 系统的单位阶跃响应
num = [10];    den = [1 10 27 10];    t = 0:0.05:25;
figure
step(num,den,t);    grid;
```

3-31 在小于 300km 的旅行线路上，乘坐磁悬浮列车快捷而方便。一种采用电磁力驱动的磁悬浮列车的构造如图 3-75(a) 所示，其运行速度可达 480km/h，载客量为 400 人。但是，磁悬浮列车的正常运行需要在车体与轨道之间保持 0.635cm 的气隙，这是一个困难的问题。间隙控制系统结构图如图 3-75(b) 所示。若控制器取为

$$G_c(s) = \frac{K_a(s+2)}{s+12}$$

其中 K_a 为控制器增益。要求：

(1) 确定使系统稳定的 K_a 值范围；

(2) 讨论可否确定 K_a 的合适取值，使系统对单位阶跃输入的稳态跟踪误差为零；

(3) 取控制器增益 $K_a = 2$，确定系统的单位阶跃响应。

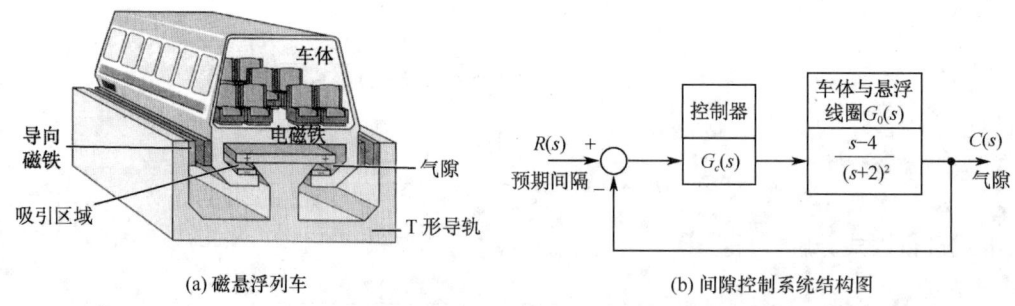

(a) 磁悬浮列车 (b) 间隙控制系统结构图

图 3-75 磁悬浮列车控制系统

解 本题研究的系统分析与设计问题，有三个明显的特点：一是系统具有非最小相位零点；二是在系统稳定的范围内，系统都是过阻尼系统；三是控制与输出具有反向关系。

(1) 确定使系统稳定的 K_a 值范围。系统开环传递函数

$$G_c(s)G_0(s) = \frac{K_a(s+2)(s-4)}{(s+12)(s+2)^2} = \frac{K_a(s-4)}{(s+12)(s+2)}$$

表明系统是 0 型系统，静态位置系数

$$K_p = -\frac{K_a}{6}$$

闭环系统特征方程

$$D(s) = (s+12)(s+2) + K_a(s-4)$$
$$= s^2 + (14+K_a)s + (24-4K_a) = 0$$

所以，使系统稳定的 K_a 值范围为

$$0 < K_a < 6$$

(2) 计算稳态误差。

$$e_{ss}(\infty) = \frac{1}{1+K_p} = \frac{6}{6-K_a}$$

显然，当 $0 < K_a < 6$ 时，$e_{ss}(\infty) \neq 0$。

(3) 确定系统单位阶跃响应。令闭环特征多项式

$$s^2 + (14+K_a)s + (24-4K_a) = s^2 + 2\zeta\omega_n s + \omega_n^2$$

可得

$$\omega_n = \sqrt{24-4K_a}, \quad \zeta = \frac{14+K_a}{2\sqrt{24-4K_a}}$$

在不同的 K_a 值下，有下表结果。表明系统始终为过阻尼二阶系统。

K_a	0.1	1	2	3	4	5	5.9
ω_n	4.858	4.472	4.0	3.464	2.828	2.0	0.632
ζ	1.451	1.667	2.0	2.454	3.182	4.75	15.744
$e_{ss}(\infty)$	1.017	1.2	1.5	2.0	3.0	6.0	60.0

当取 $K_a = 2$ 时，闭环传递函数

$$\Phi(s) = \frac{2(s-4)}{s^2+16s+16} = \frac{2s-8}{(s+1.072)(s+14.928)}$$

系统在单位阶跃作用下的输出

$$C(s) = \frac{2s-8}{s(s+1.072)(s+14.928)} = \frac{-0.5}{s} + \frac{0.683}{s+1.072} - \frac{0.183}{s+14.928}$$

故系统的单位阶跃响应为

$$c(t) = -0.5 + 0.683e^{-1.072t} - 0.183e^{-14.928t}$$

应用 MATLAB 软件包，可得磁悬浮系统的时间响应，如图 3-31-1 所示，由图测得：$\sigma\% = 0$，$t_s = 3.81s(\Delta = 2\%)$。仿真表明，在现有控制器作用下，不可能使系统输出渐近跟踪输入阶跃指令。若要求系统在阶跃输入作用下的 $e_{ss}(\infty) = 0$，应考虑改变控制器的结构，读

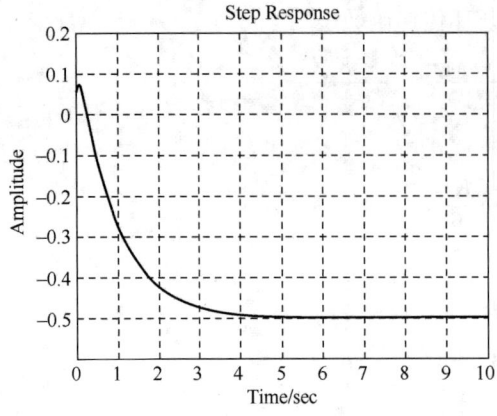

图 3-31-1 磁悬浮系统单位阶跃响应
($K_a = 2$, MATLAB)

者不妨一试。

MATLAB 程序：exe331.m

```
% 系统参数
Ka = 2;
% 系统闭环传递函数
num1 = [Ka  2*Ka];      den1 = [1 12];
num2 = [1 -4];          den2 = [1 4 4];
[numc, denc] = series(num1, den1, num2, den2);
[num, den] = cloop(numc, denc)
% 单位阶跃输入响应
t = 0:0.01:10;
figure
step(num,den,t); grid
```

第四章 线性系统的根轨迹法

4-1 设单位负反馈控制系统的开环传递函数为
$$G(s) = \frac{K(3s+1)}{s(2s+1)}$$
试用解析法绘出开环增益 K 从零变到无穷时的闭环根轨迹图。

解 由题意可知,该系统的闭环传递函数为
$$\Phi(s) = \frac{G(s)}{1+G(s)} = \frac{K(3s+1)}{s(2s+1)+K(3s+1)}$$
显然,系统的闭环特征方程为
$$D(s) = s(2s+1) + K(3s+1) = 2s^2 + (1+3K)s + K = 0$$
解上述闭环特征方程可得
$$s_1 = -\frac{1}{4}\left[3K+1+\sqrt{(3K+1)^2-8K}\right],\ s_2 = -\frac{1}{4}\left[3K+1-\sqrt{(3K+1)^2-8K}\right]$$
故系统的根轨迹有两条。

采用逐个描点的方法来绘制系统的闭环根轨迹图:

当 $K=0$ 时,$s_1=-\dfrac{1}{2}$;随着 K 的增大,s_1 单调减小;当 $K=\infty$ 时,$s_1=-\infty$。

当 $K=0$ 时,$s_2=0$;随着 K 的增大,s_2 也是单调减小;当 $K=\infty$ 时,
$$s_2 = -\frac{1}{4}\lim_{K\to\infty}\left[3K+1-\sqrt{(3K+1)^2-8K}\right]$$
$$= -\frac{1}{4}\lim_{K\to\infty}\frac{1-\dfrac{\sqrt{(3K+1)^2-8K}}{3K+1}}{\dfrac{1}{3K+1}}$$
$$= -\frac{1}{4}\lim_{K\to\infty}\frac{\left[1-\dfrac{\sqrt{(3K+1)^2-8K}}{3K+1}\right]\cdot\left[1+\dfrac{\sqrt{(3K+1)^2-8K}}{3K+1}\right]}{\dfrac{1}{3K+1}\cdot\left[1+\dfrac{\sqrt{(3K+1)^2-8K}}{3K+1}\right]}$$
$$= -\frac{1}{4}\lim_{K\to\infty}\frac{8K}{3K+1+\sqrt{(3K+1)^2-8K}}$$
$$= -\frac{1}{4}\lim_{K\to\infty}\frac{8}{3+\dfrac{1}{K}+\sqrt{9-\dfrac{2}{K}+\dfrac{1}{K^2}}} = -\frac{1}{4}\times\frac{8}{6} = -\frac{1}{3}$$

由此可得,系统的闭环根轨迹图如图 4-1-1、图 4-1-2 所示。

MATLAB 程序:exe401.m
```
G=tf([3 1],[2 1 0]);        %建立等效开环传递函数模型
figure
rlocus(G);                  %绘制根轨迹
```

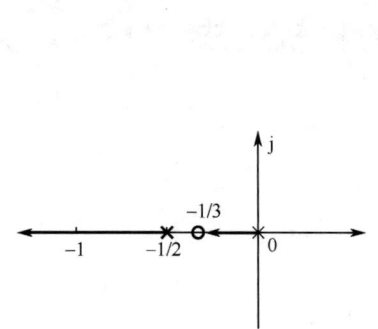
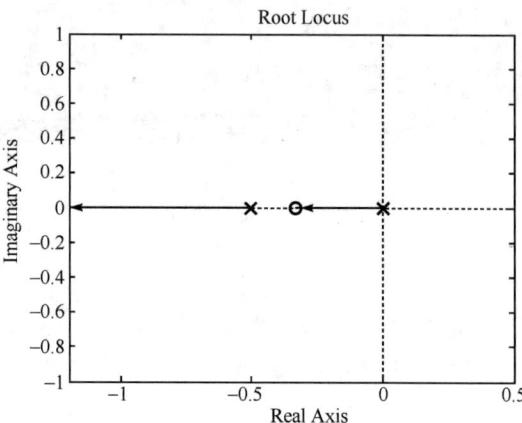

图 4-1-1 $1+\dfrac{K(3s+1)}{s(2s+1)}=0$ 根轨迹图 图 4-1-2 $1+\dfrac{K(3s+1)}{s(2s+1)}=0$ 根轨迹图 （MATLAB）

4-2 已知开环零、极点分布如图 4-38 所示，试概略绘出相应的闭环根轨迹图。

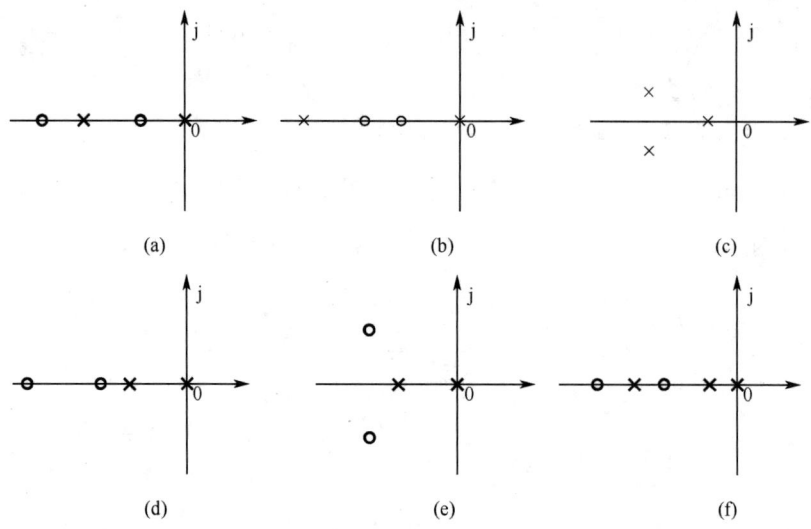

图 4-38 开环零、极点分布图

解 本题考查根据根轨迹绘制法则，结合开环零、极点的分布，绘制系统的概略根轨迹图的技巧。所有的闭环概略根轨迹如图 4-2-1 所示。

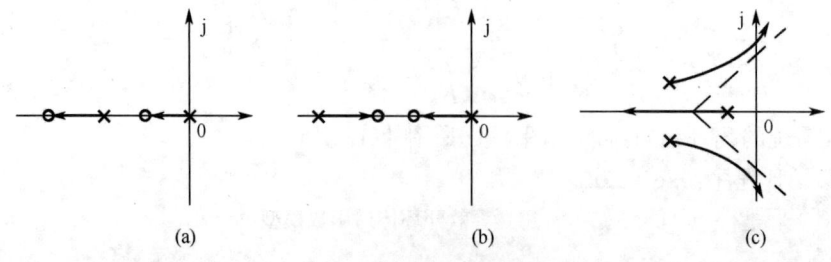

图 4-2-1 闭环概略根轨迹

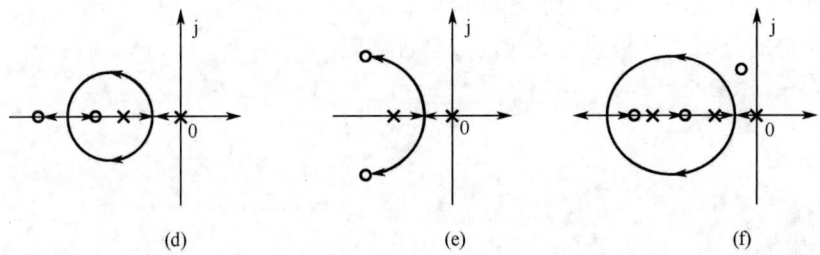

图 4-2-1 闭环概略根轨迹(续)

4-3 设单位负反馈系统开环传递函数如下,试概略绘出相应的闭环根轨迹图(要求确定分离点坐标 d):

(1) $G(s) = \dfrac{K}{s(0.2s+1)(0.5s+1)}$;

(2) $G(s) = \dfrac{K(s+1)}{s(2s+1)}$;

(3) $G(s) = \dfrac{K^*(s+5)}{s(s+2)(s+3)}$。

解 本题考查根据根轨迹绘制法则,绘制系统的概略根轨迹图的技巧。

(1) 系统的开环传递函数可变换为

$$G(s) = \frac{K}{s(0.2s+1)(0.5s+1)} = \frac{10K}{s(s+5)(s+2)}$$

令 $K^* = 10K$,即 K^* 为根轨迹增益。

① 根轨迹的分支和起点与终点。由于 $n=3, m=0, n-m=3$,故根轨迹有三条分支,其起点分别为 $p_1=0, p_2=-2, p_3=-5$,其终点都为无穷远处。

② 实轴上的根轨迹。实轴上的根轨迹分布区为 $[0,-2], [-5,-\infty)$。

③ 根轨迹的渐近线。

$$\sigma_a = \frac{0-2-5}{3} = -\frac{7}{3}, \qquad \varphi_a = \pm\frac{\pi}{3}, \pi$$

④ 根轨迹的分离点。根轨迹的分离点坐标满足

$$\frac{1}{d} + \frac{1}{d+2} + \frac{1}{d+5} = 0$$

解得

$$d_1 = -0.88, \qquad d_2 = -3.79(\text{舍去})$$

求得分离点的坐标为 $d = -0.88$。

根据以上几点,可以画出概略根轨迹如图 4-3-1 所示。

(2) 系统的开环传递函数可变换为

$$G(s) = \frac{K(s+1)}{s(2s+1)} = \frac{0.5K(s+1)}{s(s+0.5)}$$

令 $K^* = 0.5K$,即 K^* 为根轨迹增益。

① 根轨迹的分支和起点与终点。由于 $n=2, m=1, n-m=1$,故根轨迹有两条分支,其起点分别为 $p_1=0, p_2=-0.5$,其终点分别为 $z=-1$ 和无穷远处。

② 实轴上的根轨迹。实轴上的根轨迹分布区为$[0,-0.5]$,$[-1,-\infty)$。
③ 根轨迹的分离点。根轨迹的分离点坐标满足
$$\frac{1}{d}+\frac{1}{d+0.5}=\frac{1}{d+1}$$

解得
$$d_1=-0.293, \quad d_2=-1.707$$

故分离点的坐标为$d_1=-0.293,d_2=-1.707$。

根据以上几点,可以画出概略根轨迹如图4-3-2所示。

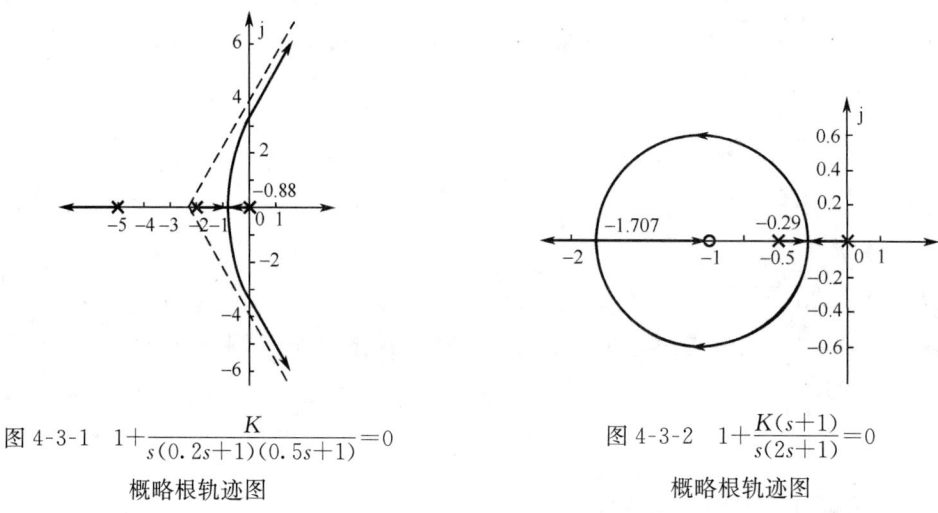

图 4-3-1 $1+\dfrac{K}{s(0.2s+1)(0.5s+1)}=0$
概略根轨迹图

图 4-3-2 $1+\dfrac{K(s+1)}{s(2s+1)}=0$
概略根轨迹图

(3) 系统的开环传递函数
$$G(s)=\frac{K^*(s+5)}{s(s+2)(s+3)}$$

① 根轨迹的分支和起点与终点。由于$n=3,m=1,n-m=2$,故根轨迹有三条分支,其起点分别为$p_1=0,p_2=-2,p_3=-3$,其终点分别为$z=-5$和无穷远处。

② 实轴上的根轨迹。实轴上的根轨迹分布区为$[0,-2]$,$[-3,-5]$。

③ 根轨迹的渐近线。
$$\sigma_a=\frac{-2-3+5}{3}=0, \quad \varphi_a=\pm\frac{\pi}{2}$$

④ 根轨迹的分离点。根轨迹的分离点坐标满足
$$\frac{1}{d}+\frac{1}{d+2}+\frac{1}{d+3}=\frac{1}{d+5}$$

通过试凑可得$d\approx-0.89$。

根据以上几点,可以画出概略根轨迹如图4-3-3所示,仿真图示于图4-3-4~图4-3-6。
MATLAB程序:exe403.m

```
G1 = zpk([],[0 -5 -2],1);        %建立系统(1)开环传递函数模型
G2 = zpk([-1],[0 -0.5],1);       %建立系统(2)开环传递函数模型
G3 = zpk([-5],[0 -2 -3],1);      %建立系统(3)开环传递函数模型
figure (1)
    rlocus(G1);                  %绘制根轨迹
```

```
figure(2)
    rlocus(G2);
figure(3)
    rlocus(G3);
```

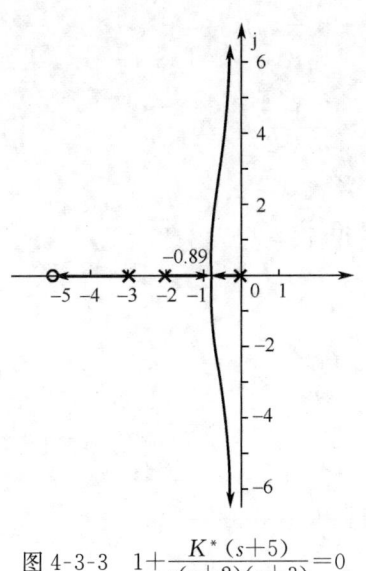

图 4-3-3 $1+\dfrac{K^*(s+5)}{s(s+2)(s+3)}=0$

概略根轨迹图

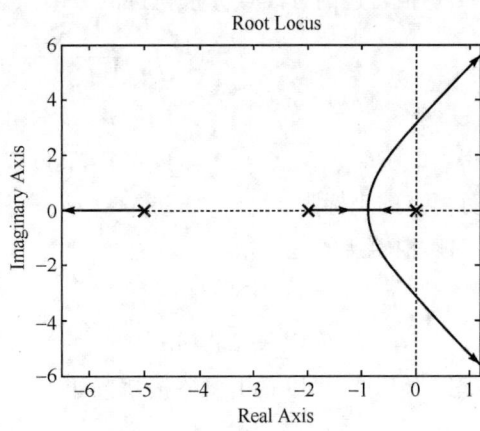

图 4-3-4 $1+\dfrac{K}{s(0.2s+1)(0.5s+1)}=0$

根轨迹图(MATLAB)

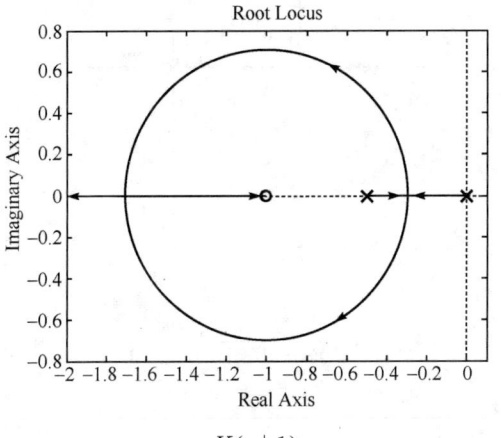

图 4-3-5 $1+\dfrac{K(s+1)}{s(2s+1)}=0$ 根轨迹图

(MATLAB)

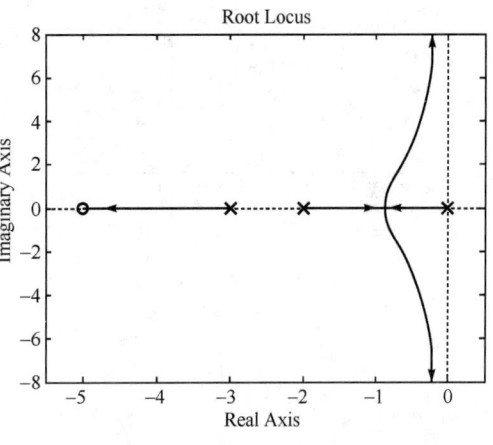

图 4-3-6 $1+\dfrac{K^*(s+5)}{s(s+2)(s+3)}=0$ 根轨迹图

(MATLAB)

4-4 已知单位负反馈控制系统开环传递函数如下,试概略画出相应的闭环根轨迹图(要求算出起始角 θ_{pi})。

(1) $G(s)=\dfrac{K^*(s+2)}{(s+1+j2)(s+1-j2)}$;

(2) $G(s)=\dfrac{K^*(s+20)}{s(s+10+j10)(s+10-j10)}$。

解 本题可根据根轨迹绘制法则求出起始角,并绘制系统的概略根轨迹图。

(1) $G(s)=\dfrac{K^*(s+2)}{(s+1+j2)(s+1-j2)}$

① 根轨迹的分支和起点与终点。由于 $n=2, m=1, n-m=1$，故根轨迹有两条分支，其起点分别为 $p_1=-1-j2, p_2=-1+j2$，其终点分别为 $z_1=-2$ 和无穷远处。

② 实轴上的根轨迹。实轴上的根轨迹分布区为 $[-2, -\infty)$。

③ 根轨迹的分离点。根轨迹的分离点坐标满足

$$\frac{1}{d+1+j2}+\frac{1}{d+1-j2}=\frac{1}{d+2}$$

即
$$d^2+4d-1=0$$

解得
$$d_1=-4.236, \quad d_2=0.236(\text{舍去})$$

故分离点的坐标为 $d=-4.236$。

④ 根轨迹的起始角。
$$\theta_{p_1}=180°+\varphi_{z_1 p_1}-\theta_{p_2 p_1}=180°+\arctan 2-90°=153.43°$$
$$\theta_{p_2}=-153.43°$$

根据以上几点，可以画出概略根轨迹如图 4-4-1 所示。

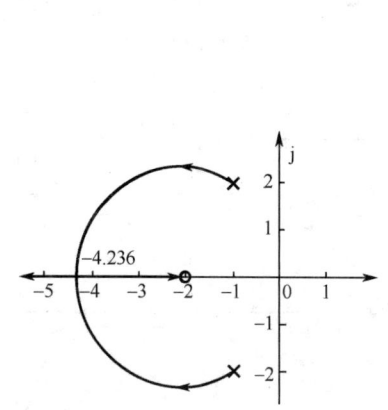

图 4-4-1 $1+\dfrac{K^*(s+2)}{(s+1+j2)(s+1-j2)}=0$
概略根轨迹图

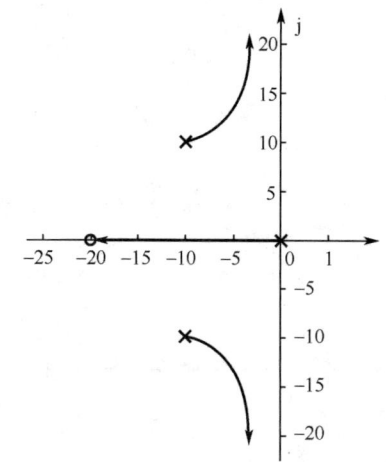

图 4-4-2 $1+\dfrac{K^*(s+20)}{s(s+10+j10)(s+10-j10)}=0$
概略根轨迹图

(2) $G(s)=\dfrac{K^*(s+20)}{s(s+10+j10)(s+10-j10)}$

① 根轨迹的分支和起点与终点。由于 $n=3, m=1, n-m=2$，故根轨迹有三条分支，其起点分别为 $p_1=-10-j10, p_2=-10+j10, p_3=0$，其终点分别为 $z_1=-20$ 和无穷远处。

② 实轴上的根轨迹。实轴上的根轨迹分布区为 $[0, -20]$。

③ 根轨迹的渐近线。
$$\sigma_a=\frac{-10-j10-10+j10+20}{3-1}=0, \quad \varphi_a=\pm\frac{\pi}{2}$$

④ 根轨迹的起始角。

$$\theta_{p_1} = 180° + \varphi_{z_1 p_1} - \theta_{p_2 p_1} - \theta_{p_3 p_1} = 180° - \arctan 1 + \arctan 1 = 180°$$

$$\theta_{p_2} = 180° + \varphi_{z_1 p_2} - \theta_{p_1 p_2} - \theta_{p_3 p_2} = 180° + 45° - 135° - 90° = 0°$$

根据以上几点,可以画出概略根轨迹如图 4-4-2 所示,仿真图示于图 4-4-3、图 4-4-4。

MATLAB 程序:exe404.m

```
G1 = zpk([-2],[-1-2i -1+2i],1);           %建立系统(1)开环传递函数模型
G2 = zpk([-20],[0 -10-10i -10+10i],1);    %建立系统(2)开环传递函数模型
figure(1)
    rlocus(G1);                           %绘制根轨迹
figure(2)
    rlocus(G2);
```

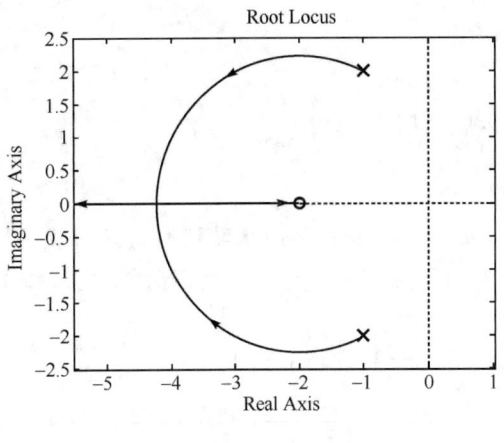

图 4-4-3 $1 + \dfrac{K^*(s+2)}{(s+1+j2)(s+1-j2)} = 0$

根轨迹图(MATLAB)

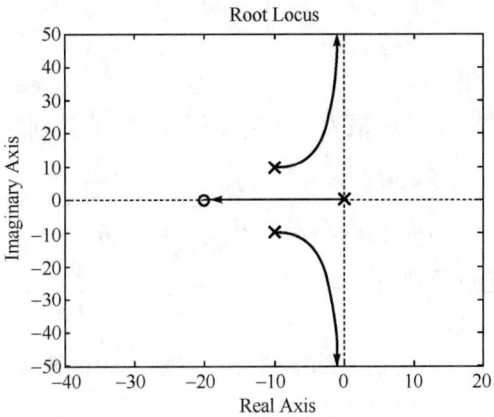

图 4-4-4 $1 + \dfrac{K^*(s+20)}{s(s+10+j10)(s+10-j10)} = 0$

根轨迹图(MATLAB)

4-5 设已知单位反馈控制系统的开环传递函数,要求:

(1) 确定 $G(s) = \dfrac{K^*}{s(s+1)(s+10)}$ 产生纯虚根的开环增益;

(2) 确定 $G(s) = \dfrac{K^*(s+z)}{s^2(s+10)(s+20)}$ 产生纯虚根为 $\pm j1$ 的 z 值和 K^* 值;

(3) 概略绘制 $G(s) = \dfrac{K^*}{s(s+1)(s+3.5)(s+3+j2)(s+3-j2)}$ 的闭环根轨迹图(要求确定根轨迹的分离点、起始角和与虚轴的交点)。

解 本题考查闭环根轨迹图的绘制,以及求解闭环根轨迹与虚轴的交点。

(1) $G(s) = \dfrac{K^*}{s(s+1)(s+10)}$

由系统的开环传递函数可知系统的闭环特征方程为

$$D(s) = s(s+1)(s+10) + K^* = s^3 + 11s^2 + 10s + K^* = 0$$

令 $s = j\omega$,将其代入上式得

$$(j\omega)^3 + 11(j\omega)^2 + 10(j\omega) + K^* = (-11\omega^2 + K^*) + j\omega(-\omega^2 + 10) = 0$$

即
$$\begin{cases} -11\omega^2 + K^* = 0 \\ -\omega^2 + 10 = 0 \end{cases}$$

解得
$$\omega = \pm\sqrt{10} = \pm 3.162, \quad K^* = 110$$

故产生纯虚根的开环增益 $K = \dfrac{K^*}{10} = 11$。

(2) $G(s) = \dfrac{K^*(s+z)}{s^2(s+10)(s+20)}$

由系统的开环传递函数可知系统的闭环特征方程为

$D(s) = s^2(s+10)(s+20) + K^*(s+z) = s^4 + 30s^3 + 200s^2 + K^*s + K^*z = 0$

将 $s = j1$ 代入上式,可得

$$(j1)^4 + 30(j1)^3 + 200(j1)^2 + K^*(j1) + K^*z = 0$$

即
$$\begin{cases} 1 - 200 + K^*z = 0 \\ -30 + K^* = 0 \end{cases}$$

解得
$$z = 6.63, \quad K^* = 30$$

故产生纯虚根为 $\pm j1$ 的 z 值和 K^* 值分别为 $z = 6.63$ 和 $K^* = 30$。

(3) $G(s) = \dfrac{K^*}{s(s+1)(s+3.5)(s+3+j2)(s+3-j2)}$

① 根轨迹的分支和起点与终点。由于 $n=5, m=0, n-m=5$,故根轨迹有五条分支,其起点分别为 $p_1 = 0, p_2 = -1, p_3 = -3.5, p_4 = -3-j2, p_5 = -3+j2$,其终点分别都是无穷远处。

② 实轴上的根轨迹。实轴上的根轨迹分布区为 $[0, -1], [-3.5, -\infty)$。

③ 根轨迹的渐近线。
$$\sigma_a = \frac{-1-3.5-3-j2-3+j2}{5-0} = -2.1, \quad \varphi_a = \pm\frac{\pi}{5}, \pm\frac{3\pi}{5}, \pi$$

④ 根轨迹的分离点。根轨迹的分离点坐标满足

$$\frac{1}{d} + \frac{1}{d+1} + \frac{1}{d+3.5} + \frac{1}{d+3+j2} + \frac{1}{d+3-j2} = 0$$

通过试凑法可得 $d \approx -0.4$。

⑤ 根轨迹与虚轴的交点。由系统的开环传递函数可知系统的闭环特征方程

$$D(s) = s(s+1)(s+3.5)(s+3+j2)(s+3-j2) + K^*$$
$$= s^5 + 10.5s^4 + 43.5s^3 + 79.5s^2 + 45.5s + K^* = 0$$

令 $s = j\omega$,将其代入上式,可得

$$(j\omega)^5 + 10.5(j\omega)^4 + 43.5(j\omega)^3 + 79.5(j\omega)^2 + 45.5(j\omega) + K^* = 0$$

即
$$\begin{cases} 10.5\omega^4 - 79.5\omega^2 + K^* = 0 \\ \omega^5 - 43.5\omega^3 + 45.5\omega = 0 \end{cases}$$

由于 $\omega \neq 0$,故可解得 $\omega = \pm 1.034$ 或 $\omega = \pm 6.51$。其中,$\omega = \pm 6.51$ 属于伪解,故舍去。

因此,$K^* = 73.04$。

⑥ 根轨迹的起始角。
$$\theta_{p_5} = 540° - \theta_{p_1 p_5} - \theta_{p_2 p_5} - \theta_{p_3 p_5} - \theta_{p_4 p_5}$$
$$= 540° - (90° + \arctan 1.5) - 135° - \arctan 4 - 90° = 92.73°$$

$$\theta_{p_4} = -92.73°$$

根据以上几点可以画出闭环根轨迹如图 4-5-1 所示。仿真图示于图 4-5-2。

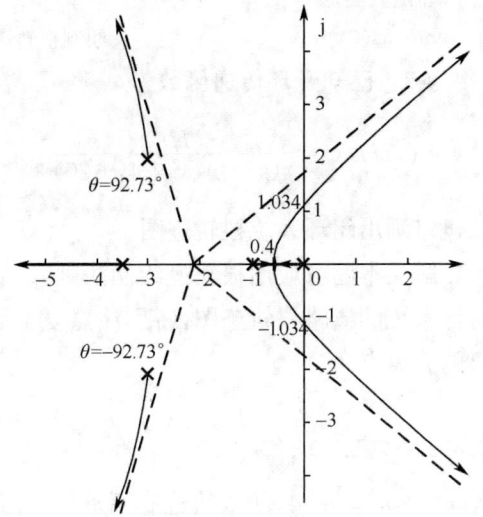
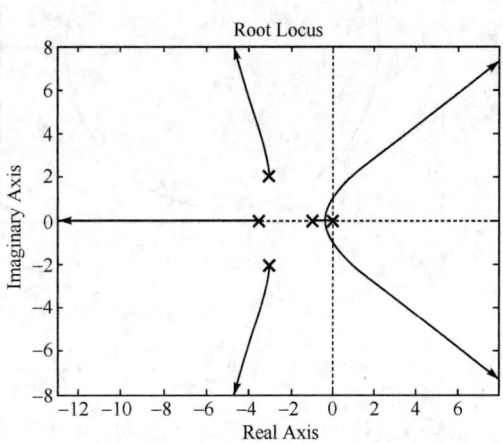

图 4-5-1　$1+\dfrac{K^*}{s(s+1)(s+3.5)(s+3+j2)(s+3-j2)}=0$　　图 4-5-2　$1+\dfrac{K^*}{s(s+1)(s+3.5)(s+3+j2)(s+3-j2)}=0$

概略根轨迹图　　　　　　　　　　　　　　　　　　　根轨迹图(MATLAB)

MATLAB 程序：exe405.m

```
G = zpk([],[0 -1 -3.5 -3-2i -3+2i],1);        %建立开环传递函数模型
rlocus(G);                                    %绘制根轨迹
```

4-6 设单位反馈系统的开环传递函数为

$$G(s) = \dfrac{K^*(s+2)}{s(s+1)}$$

试从数学上证明：复数根轨迹部分是以 $(-2,j0)$ 为圆心、以 $\sqrt{2}$ 为半径的一个圆。

证明　由系统的开环传递函数可知，该系统的闭环特征方程为

$$\begin{aligned}D(s) &= s(s+1) + K^*(s+2)\\ &= s^2 + (K^*+1)s + 2K^* = 0\end{aligned}$$

解得

$$s_{1,2} = -\dfrac{1}{2}(K^*+1) \pm \dfrac{j}{2}\sqrt{8K^* - (K^*+1)^2}$$

令

$$x = -\dfrac{1}{2}(K^*+1),\quad y = \dfrac{1}{2}\sqrt{8K^* - (K^*+1)^2}$$

则由 $x = -\dfrac{1}{2}(K^*+1)$ 可得 $K^* = -2x - 1$，将其代入 y 的表达式，有

$$(x+2)^2 + y^2 = 2$$

证得复数根轨迹部分是以 $(-2,j0)$ 为圆心、以 $\sqrt{2}$ 为半径的一个圆。其仿真图如图 4-6-1 所示。

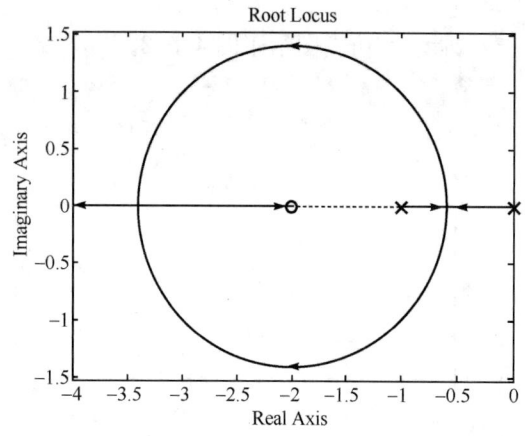

MATLAB 程序：exe406.m

G = zpk([-2],[0 -1],1);   % 建立开环传递函数模型

rlocus(G);   % 绘制根轨迹

4-7 已知开环传递函数为

$$G(s)H(s) = \frac{K^*}{s(s+4)(s^2+4s+20)}$$

试概略画出闭环系统根轨迹图。

解 本题可应用根轨迹绘制法则，绘制对称系统的概略根轨迹图，特别注意复平面上的分离点。

图 4-6-1 $1 + \dfrac{K^*(s+2)}{s(s+1)} = 0$ 根轨迹图（MATLAB）

$$G(s)H(s) = \frac{K^*}{s(s+4)(s^2+4s+20)} = \frac{K^*}{s(s+4)(s+2+j4)(s+2-j4)}$$

① 根轨迹的分支和起点与终点。由于 $n=4, m=0, n-m=4$，故根轨迹有四条分支，其起点分别为 $p_1=0, p_2=-4, p_3=-2+j4, p_4=-2-j4$，其终点都为无穷远处。

② 实轴上的根轨迹。实轴上的根轨迹分布区间 $[0,-4]$。

③ 根轨迹的渐近线。

$$\sigma_a = \frac{-4-2-j4-2+j4}{4-0} = -2, \quad \varphi_a = \pm\frac{\pi}{4}, \pm\frac{3\pi}{4}$$

④ 根轨迹的分离点。根轨迹的分离点坐标满足

$$\frac{1}{d} + \frac{1}{d+4} + \frac{1}{d+2-j4} + \frac{1}{d+2+j4} = 0$$

即

$$d^3 + 6d^2 + 18d + 20 = 0$$

解得

$$d_1 = -2, \quad d_{2,3} = -2 \pm j\sqrt{6} = -2 \pm j2.45$$

⑤ 根轨迹与虚轴的交点。系统的闭环特征方程式为

$$D(s) = s(s+4)(s^2+4s+20) + K^* = s^4 + 8s^3 + 36s^2 + 80s + K^* = 0$$

令 $s=j\omega$，并代入上式可得

$$(j\omega)^4 + 8(j\omega)^3 + 36(j\omega)^2 + 80(j\omega) + K^* = (\omega^4 - 36\omega^2 + K^*) + j\omega(80 - 8\omega^2) = 0$$

即

$$\begin{cases} \omega^4 - 36\omega^2 + K^* = 0 \\ 80 - 8\omega^2 = 0 \end{cases}$$

解得

$$\omega = \pm\sqrt{10} = \pm 3.16, \quad K^* = 260$$

故根轨迹与虚轴的交点坐标为 $\omega = \pm 3.16, K^* = 260$。

根据以上分析，画出系统的闭环根轨迹如图 4-7-1 所示。其仿真图如图 4-7-2 所示。

MATLAB 程序：exe407.m

G = zpk([],[0 -4 -2-4i -2+4i],1);   % 建立开环传递函数模型

rlocus(G);   % 绘制根轨迹

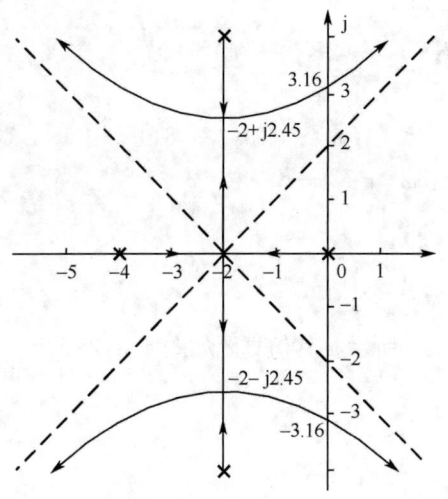
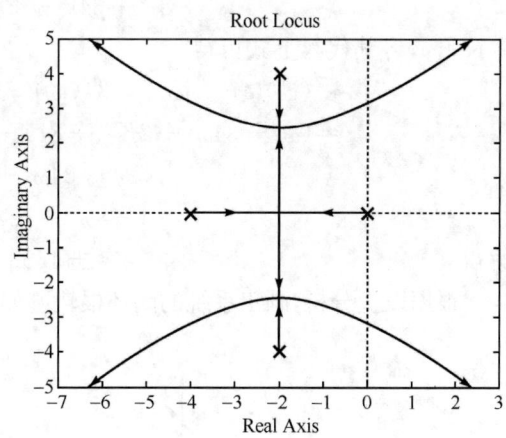

图 4-7-1 $1+\dfrac{K^*}{s(s+4)(s^2+4s+20)}=0$

概略根轨迹图

图 4-7-2 $1+\dfrac{K^*}{s(s+4)(s^2+4s+20)}=0$

根轨迹图(MATLAB)

4-8 已知开环传递函数为

$$G(s)=\dfrac{K^*(s+2)}{(s^2+4s+9)^2}$$

试概略绘制其闭环系统根轨迹图。

解 本题可应用根轨迹绘制法则,绘制开环系统具有复重极点时的闭环系统的概略根轨迹图。

$$G(s)=\dfrac{K^*(s+2)}{(s^2+4s+9)^2}=\dfrac{K^*(s+2)}{(s+2+\mathrm{j}\sqrt{5})^2(s+2-\mathrm{j}\sqrt{5})^2}$$

① 根轨迹的分支和起点与终点。由于 $n=4$,$m=1$,$n-m=3$,故根轨迹有四条分支,其起点分别为 $p_{1,2}=-2+\mathrm{j}\sqrt{5}$,$p_{3,4}=-2-\mathrm{j}\sqrt{5}$,其中一条根轨迹的终点为 $z_1=-2$,其余都为无穷远处。

② 实轴上的根轨迹。实轴上的根轨迹分布区为 $[-2,-\infty)$。

③ 根轨迹的渐近线。

$$\sigma_a=\dfrac{2\times(-2+\mathrm{j}\sqrt{5})+2\times(-2-\mathrm{j}\sqrt{5})+2}{4-1}=-2,\qquad \varphi_a=\pm\dfrac{\pi}{3},\pi$$

④ 根轨迹的分离点。根轨迹的分离点坐标满足

$$\dfrac{2}{d+2-\mathrm{j}\sqrt{5}}+\dfrac{2}{d+2+\mathrm{j}\sqrt{5}}=\dfrac{1}{d+2}$$

即

$$3d^2+12d+7=0$$

解得

$$d_1=-3.29,\qquad d_2=-0.71(舍去)$$

故分离点的坐标为 $d=-3.29$。

⑤ 根轨迹与虚轴的交点。系统的闭环特征方程式为
$$D(s) = (s^2+4s+9)^2 + K^*(s+2)$$
$$= s^4 + 8s^3 + 34s^2 + (72+K^*)s + (2K^*+81) = 0$$

令 $s=j\omega$，将其代入上式可得

$$(j\omega)^4 + 8(j\omega)^3 + 34(j\omega)^2 + (72+K^*)(j\omega) + (2K^*+81)$$
$$= (\omega^4 - 34\omega^2 + 2K^* + 81) + j\omega(-8\omega^2 + 72 + K^*) = 0$$

即
$$\begin{cases} \omega^4 - 34\omega^2 + 2K^* + 81 = 0 \\ -8\omega^2 + 72 + K^* = 0 \end{cases}$$

解得 $\omega = \pm 4.58, \quad K^* = 96$

根据以上分析，画出系统的闭环根轨迹如图 4-8-1 所示。其仿真图如图 4-8-2 所示。

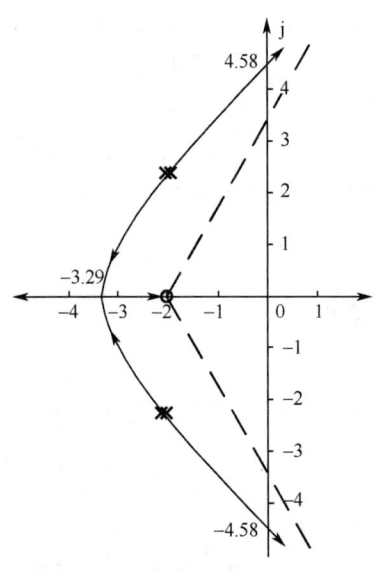
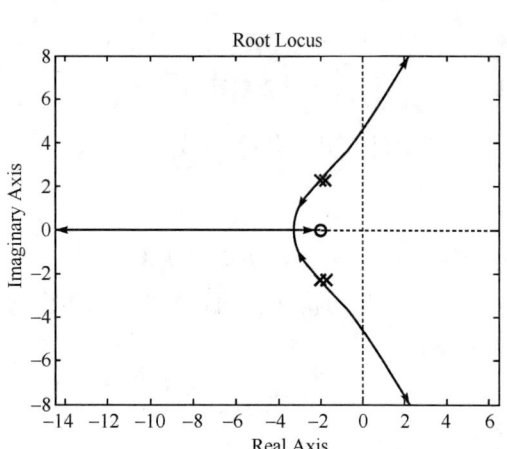

图 4-8-1　$1+\dfrac{K^*(s+2)}{(s^2+4s+9)^2}=0$ 概略根轨迹图　　图 4-8-2　$1+\dfrac{K^*(s+2)}{(s^2+4s+9)^2}=0$ 根轨迹图（MATLAB）

MATLAB 程序：exe408.m

```
G = zpk([-2],[-2-sqrt(5)*i -2-sqrt(5)*i -2+sqrt(5)*i -2+sqrt(5)*i], 1);
                    %建立开环传递函数模型
figure
rlocus(G);          %绘制根轨迹
```

4-9　一单位反馈系统，其开环传递函数为
$$G(s) = \dfrac{6.9(s^2+6s+25)}{s(s^2+8s+25)}$$

试用根轨迹法计算闭环系统根的位置。

解　本题开环系统具有复数零、极点。在系统概略根轨迹图上，利用根轨迹的模值条件极易确定实轴上的一个闭环极点值，再采用综合除法可方便获得另两个闭环极点值，从而完成本题要求的计算工作。为了检验计算精度，可用 MATLAB 仿真加以验证。

$$G(s) = \frac{K^*(s^2+6s+25)}{s(s^2+8s+25)} = \frac{K^*(s+3-j4)(s+3+j4)}{s(s+4-j3)(s+4+j3)} \quad (K^*=6.9)$$

① 根轨迹的分支和起点与终点。由于 $n=3, m=2, n-m=1$，故根轨迹有三条分支，其起点分别为 $p_1=0, p_2=-4+j3, p_3=-4-j3$，其终点分别是 $z_1=-3+j4, z_2=-3-j4$ 和无穷远处。

② 实轴上的根轨迹。实轴上的根轨迹分布区为 $[0,-\infty)$。

③ 根轨迹的起始角与终止角。

$$\theta_{p_2} = 180° + \varphi_{z_1 p_2} + \varphi_{z_2 p_2} - \theta_{p_1 p_2} - \theta_{p_3 p_2}$$
$$= 180° + (-90°-45°) + \left(90°+\arctan\frac{1}{7}\right) - \left(90°+\arctan\frac{4}{3}\right) - 90°$$
$$= -45° + \arctan\frac{1}{7} - \arctan\frac{4}{3} = -90°$$

$$\theta_{p_3} = 90°$$

$$\varphi_{z_1} = -180° - \varphi_{z_2 z_1} + \theta_{p_1 z_1} + \theta_{p_2 z_1} + \theta_{p_3 z_1}$$
$$= -135° + \arctan\frac{3}{4} + \arctan 7 = -16.26°$$

$$\varphi_{z_2} = 16.26°$$

可得闭环系统概略根轨迹如图 4-9-1 所示。其仿真图如图 4-9-2 所示。

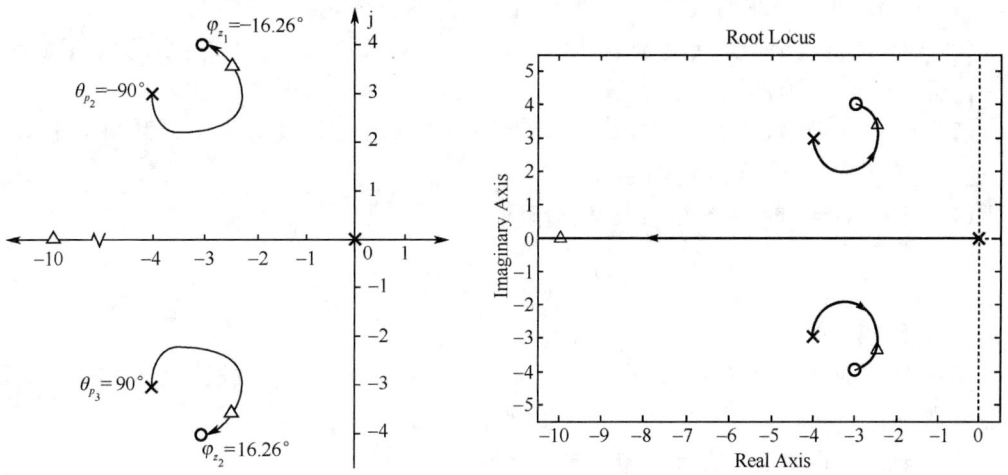

图 4-9-1 $1+\dfrac{K^*(s^2+6s+25)}{s(s^2+8s+25)}=0$ 概略根轨迹图　图 4-9-2 $1+\dfrac{K^*(s^2+6s+25)}{s(s^2+8s+25)}=0$ 根轨迹图（MATLAB）

在负实轴上任取 s_1，由模值条件

$$K^* = \frac{\prod\limits_{i=1}^{3}|s_1-p_i|}{\prod\limits_{j=1}^{2}|s_1-z_j|}$$

可得使 $K^*=6.9$ 的 $s_1=-10$。

系统的闭环特征方程为
$$D(s)=s(s^2+8s+25)+6.9(s^2+6s+25)$$
$$=s^3+14.9s^2+66.4s+172.5=0$$

因已求出 $s_1=-10$ 为特征方程式的一个根,故可得
$$D(s)\approx(s+10)(s^2+4.9s+17.4)=0$$

解得
$$s_{2,3}=-2.45\pm j3.38$$

MATLAB 程序:exe409.m

```
%系统参数
num=[1 6 25];          den=[1 8 25 0];        K=6.9;
%绘制根轨迹
rlocus(num,den);       hold on;
% 求 K=6.9 时系统的闭环特征根
rlocus(num,den,K);
```

由 MATLAB 程序的根轨迹图(图 4-9-2)可以看出,系统的闭环特征根(三角形)为
$$s_1=-9.98,\qquad s_{2,3}=-2.46\pm j3.35$$

4-10 设反馈控制系统中
$$G(s)=\frac{K^*}{s^2(s+2)(s+5)},H(s)=1$$

要求:

(1)概略绘出系统根轨迹图,并判断闭环系统的稳定性;

(2)如果改变反馈通道传递函数,使 $H(s)=1+2s$,试判断 $H(s)$ 改变后的系统稳定性,研究由于 $H(s)$ 改变所产生的效应。

解 本题应用根轨迹法研究改善结构不稳定系统的稳定性的方法。应用 MATLAB 软件,还可研究安置开环零点的最佳位置。

(1)当 $H(s)=1$ 时,系统的开环传递函数
$$G(s)=\frac{K^*}{s^2(s+2)(s+5)}$$

显然,本系统属结构不稳定系统。

① 根轨迹的分支和起点与终点。由于 $n=4,m=0,n-m=4$,故根轨迹有四条分支,其起点分别为 $p_{1,2}=0,p_3=-2,p_4=-5$,其终点都为无穷远处。

② 实轴上的根轨迹。实轴上的根轨迹分布区为 $[-2,-5]$。

③ 根轨迹的渐近线。
$$\sigma_a=\frac{-5-2}{4-0}=-1.75,\qquad \varphi_a=\pm\frac{\pi}{4},\pm\frac{3\pi}{4}$$

④ 根轨迹的分离点。根轨迹的分离点坐标满足
$$\frac{2}{d}+\frac{1}{d+2}+\frac{1}{d+5}=0$$

即
$$4d^2+21d+20=0$$

解得
$$d_1=-4,\qquad d_2=-1.25(舍去)$$

故分离点的坐标为 $d=-4$。

根据以上分析,画出系统的闭环概略根轨迹如图 4-10-1 所示。其仿真图如图 4-10-2 所示。

由系统的闭环根轨迹可知,当 K^* 从零变到无穷大时,系统始终有特征根在 s 右半平面,所以系统恒不稳定。

(2) 当 $H(s)=1+2s$ 时,系统的开环传递函数

$$G(s)H(s)=\frac{K_1^*(s+0.5)}{s^2(s+2)(s+5)}$$

其中 $K_1^*=2K^*$,为根轨迹增益。

① 根轨迹的分支和起点与终点。由于 $n=4, m=1, n-m=3$,故根轨迹有四条分支,起点分别为 $p_{1,2}=0, p_3=-2, p_4=-5$,其中一条根轨迹的终点 $z_1=-0.5$,其余为无穷远处。

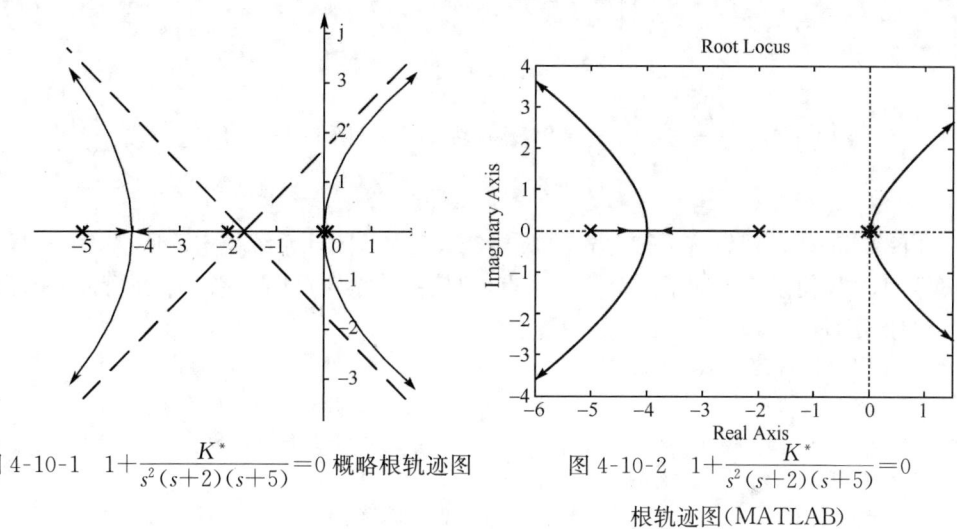

图 4-10-1 $1+\dfrac{K^*}{s^2(s+2)(s+5)}=0$ 概略根轨迹图   图 4-10-2 $1+\dfrac{K^*}{s^2(s+2)(s+5)}=0$

根轨迹图(MATLAB)

② 实轴上的根轨迹。实轴上的根轨迹分支有 $[-5,-\infty), [-0.5,-2]$。

③ 根轨迹的渐近线。

$$\sigma_a=\frac{0.5-5-2}{4-1}=-2.17, \qquad \varphi_a=\pm\frac{\pi}{3}, \pi$$

④ 根轨迹与虚轴的交点。系统的闭环特征方程式为

$$D(s)=s^2(s+2)(s+5)+K_1^*(s+0.5)$$
$$=s^4+7s^3+10s^2+K_1^*s+0.5K_1^*=0$$

即 $\qquad s^4+7s^3+10s^2+2K^*s+K^*=0$

令 $s=j\omega$,将其代入上式可得

$$(j\omega)^4+7(j\omega)^3+10(j\omega)^2+2K^*(j\omega)+K^*=0$$

即 $\qquad \begin{cases} \omega^4-10\omega^2+K^*=0 \\ -7\omega^3+2K^*\omega=0 \end{cases}$

因 $\omega\neq 0$,故可解得

$$K^*=22.75, \qquad \omega=\pm 2.55$$

根据以上分析,画出系统的闭环概略根轨迹如图 4-10-3 所示。其仿真图如图 4-10-4 所示。

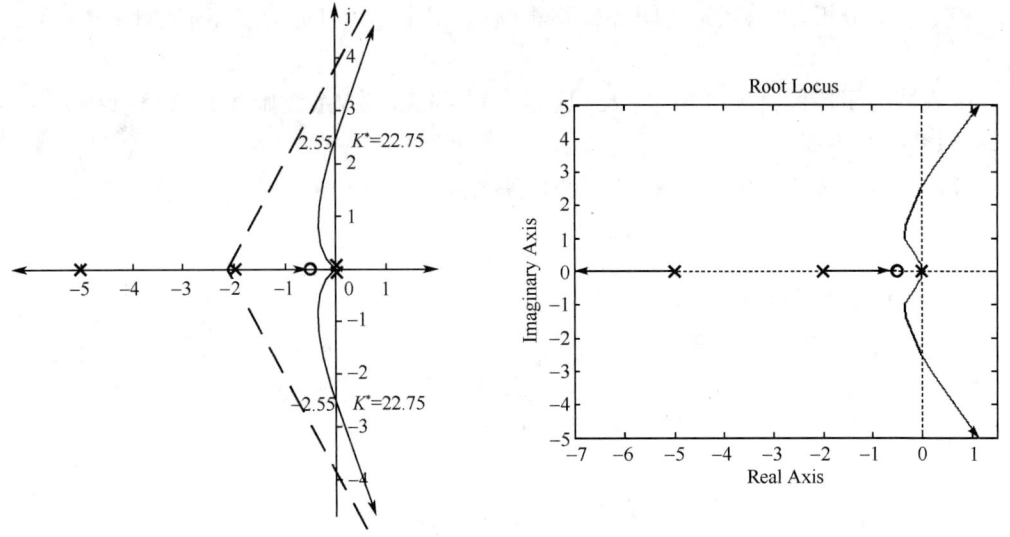

图 4-10-3 $1+\dfrac{2K^*(s+0.5)}{s^2(s+2)(s+5)}=0$ 概略根轨迹图   图 4-10-4 $1+\dfrac{2K^*(s+0.5)}{s^2(s+2)(s+5)}=0$
根轨迹图（MATLAB）

由系统的闭环根轨迹可知,当 $0<K^*<22.75$ 时,闭环系统稳定。所以,由于 $H(s)$ 从 1 改变为 $1+2s$ 使系统增加了一个负实零点,迫使系统根轨迹向 s 左半平面弯曲,从而改善了系统的稳定性。

MATLAB 程序：exe410.m

```
G1 = zpk([ ],[0 0 -2 -5],1);        %建立系统(1)开环传递函数模型
G2 = zpk([-0.5],[0 0 -2 -5],1);     %建立系统(2)开环传递函数模型
figure(1)
    rlocus(G1);                     %绘制根轨迹
figure(2)
    rlocus(G2);
```

4-11 试绘出下列多项式方程的根轨迹：

(1) $s^3+2s^2+3s+Ks+2K=0$；

(2) $s^3+3s^2+(K+2)s+10K=0$。

解 本题研究参数根轨迹的绘制方法。

(1) $s^3+2s^2+3s+Ks+2K=0$

由题可得

$$D(s)=s^3+2s^2+3s+K(s+2)=0$$

上式可等价表示为

$$1+G(s)=0$$

其中等效开环传递函数

$$G(s)=\dfrac{K(s+2)}{s^3+2s^2+3s}=\dfrac{K(s+2)}{s(s+1+\mathrm{j}\sqrt{2})(s+1-\mathrm{j}\sqrt{2})}$$

① 根轨迹的分支和起点与终点。由于 $n=3, m=1, n-m=2$,故根轨迹有三条分支,其起点分别为 $p_1=-1-\mathrm{j}\sqrt{2}, p_2=-1+\mathrm{j}\sqrt{2}, p_3=0$,其终点分别为 $z_1=-2$ 和无穷远处。

② 实轴上的根轨迹。实轴上的根轨迹分布区为$[0,-2]$。
③ 根轨迹的渐近线。
$$\sigma_a = \frac{-1-j\sqrt{2}-1+j\sqrt{2}+2}{3-1} = 0, \quad \varphi_a = \pm\frac{\pi}{2}$$

④ 根轨迹的起始角。
$$\theta_{p_1} = 180° + \varphi_{z_1 p_1} - \theta_{p_2 p_1} - \theta_{p_3 p_1}$$
$$= 180° + \arctan\sqrt{2} - 90° - (180° - \arctan\sqrt{2}) = 19.47°$$
$$\theta_{p_2} = -19.47°$$

根据以上几点，可以画出概略根轨迹如图 4-11-1 所示。其仿真图如图 4-11-2 所示。

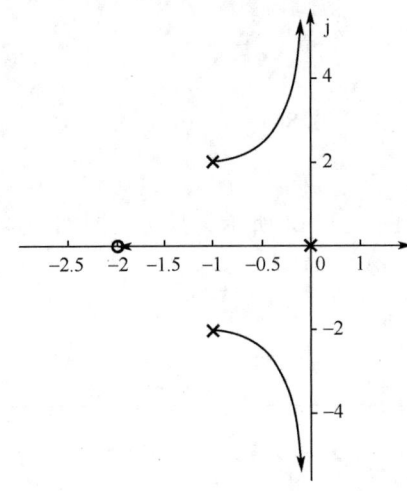
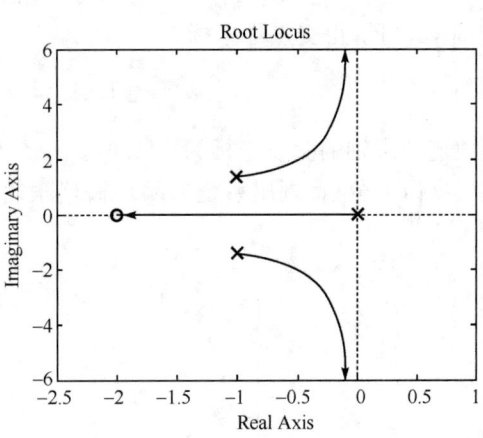

图 4-11-1 $s^3+2s^2+3s+Ks+2K=0$
概略根轨迹图

图 4-11-2 $s^3+2s^2+3s+Ks+2K=0$
根轨迹图（MATLAB）

(2) $s^3+3s^2+(K+2)s+10K=0$

由题可得
$$D(s) = s^3 + 3s^2 + 2s + K(s+10) = 0$$

上式可等价表示为
$$1 + G(s) = 0$$

其中等效开环传递函数
$$G(s) = \frac{K(s+10)}{s^3+3s^2+2s} = \frac{K(s+10)}{s(s+1)(s+2)}$$

① 根轨迹的分支和起点与终点。由于 $n=3, m=1, n-m=2$，故根轨迹有三条分支，其起点分别为 $p_1=0, p_2=-1, p_3=-2$，其终点分别为 $z_1=-10$ 和无穷远处。
② 实轴上的根轨迹。实轴上的根轨迹分布区为 $[0,-1]$，$[-2,-10]$。
③ 根轨迹的渐近线。
$$\sigma_a = \frac{-1-2+10}{3-1} = 3.5, \quad \varphi_a = \pm\frac{\pi}{2}$$

④ 根轨迹的分离点。根轨迹的分离点坐标满足
$$\frac{1}{d}+\frac{1}{d+1}+\frac{1}{d+2}=\frac{1}{d+10}$$
可得
$$d^3+16.5d^2+30d+10=0$$
由试凑法可得
$$d\approx -0.433$$

⑤ 根轨迹与虚轴的交点。系统的闭环特征方程式为
$$D(s)=s^3+3s^2+2s+K(s+10)=0$$
令 $s=j\omega$,并将其代入上式可得
$$(j\omega)^3+3(j\omega)^2+2(j\omega)+K[(j\omega)+10]=0$$
即
$$\begin{cases}-3\omega^2+10K=0\\-\omega^3+2\omega+K\omega=0\end{cases}$$
因 $\omega\neq 0$,故可解得交点处坐标
$$\omega=\pm 1.69,\quad K=\frac{6}{7}=0.86$$
则根轨迹与虚轴的交点坐标为 $\pm j1.69$。

根据以上分析,画出系统的闭环概略根轨迹如图 4-11-3 所示。其仿真图如图 4-11-4 所示。

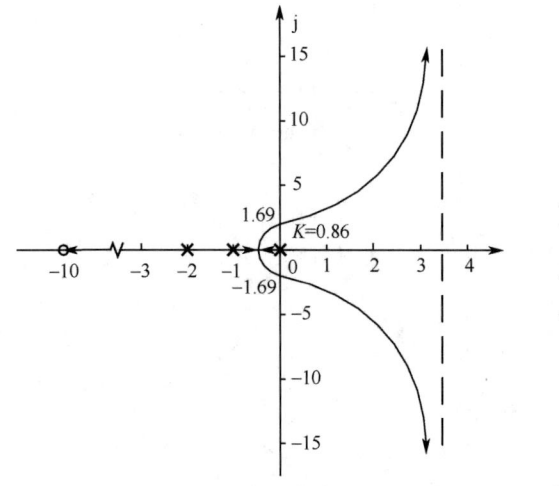

图 4-11-3 $s^3+3s^2+(K+2)s+10K=0$
概略根轨迹图

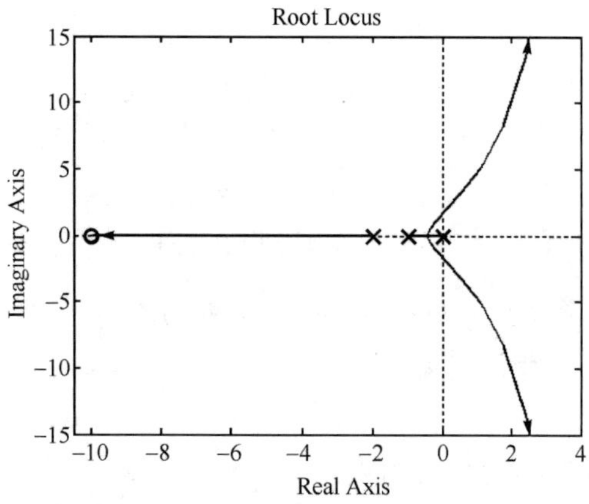

图 4-11-4 $s^3+3s^2+(K+2)s+10K=0$
根轨迹图(MATLAB)

MATLAB 程序:exe411.m

```
G1 = zpk([-2],[0 -1-sqrt(2)*i -1+sqrt(2)*i],1);    %建立方程(1)等效开环传递函数模型
G2 = zpk([-10],[0 -1 -2],1);                        %建立方程(2)等效开环传递函数模型
figure(1)
    rlocus(G1);                                     %绘制根轨迹
figure(2)
    rlocus(G2);
```

4-12 设系统开环传递函数如下，试画出 b 从零变到无穷时的根轨迹图。

(1) $G(s) = \dfrac{20}{(s+4)(s+b)}$；

(2) $G(s) = \dfrac{30(s+b)}{s(s+10)}$。

解 本题考查参数根轨迹的绘制。

(1) $G(s) = \dfrac{20}{(s+4)(s+b)}$

系统的闭环特征多项式为
$$D(s) = (s+4)(s+b) + 20 = s^2 + 4s + 20 + b(s+4) = 0$$

上式可等价表示为
$$1 + G_1(s) = 0$$

其中等效开环传递函数
$$G_1(s) = \dfrac{b(s+4)}{s^2+4s+20} = \dfrac{b(s+4)}{(s+2+\text{j}4)(s+2-\text{j}4)}$$

① 根轨迹的分支和起点与终点。由于 $n=2, m=1, n-m=1$，故根轨迹有两条分支，其起点分别为 $p_1 = -2-\text{j}4, p_2 = -2+\text{j}4$，其终点分别为 $z_1 = -4$ 和无穷远处。

② 实轴上的根轨迹。实轴上的根轨迹分布区为 $[-4, -\infty)$。

③ 根轨迹的分离点。根轨迹的分离点坐标满足
$$\dfrac{1}{d+2+\text{j}4} + \dfrac{1}{d+2-\text{j}4} = \dfrac{1}{d+4}$$

应有 $d^2 + 8d - 4 = 0$，解得
$$d_1 = -8.47, \qquad d_2 = 0.47(\text{舍去})$$

④ 根轨迹的起始角。
$$\theta_{p_1} = 180° + \varphi_{z_1 p_1} - \theta_{p_2 p_1} = 180° + \arctan 2 - 90° = 153.43°$$
$$\theta_{p_2} = -153.43°$$

根据以上几点，可以画出概略参数根轨迹如图 4-12-1 所示。其仿真图如图 4-12-2 所示。实际上，可以类似题 4-6 的证明，本题根轨迹是以 $(-4, \text{j}0)$ 为圆心、以 $\sqrt{2^2+4^2} = \sqrt{20} = 4.47$ 为半径的圆的一部分。而分离点 $d = -8.47$ 处的 b 值可由模值条件求出：
$$b = \dfrac{\prod\limits_{i=1}^{2}|d-p_i|}{|d-z|} = \dfrac{6.47^2+4^2}{4.47} = 12.94$$

(2) $G(s) = \dfrac{30(s+b)}{s(s+10)}$

由题可得
$$D(s) = s(s+10) + 30(s+b) = s^2 + 40s + 30b = 0$$

上式可等价表示为
$$1 + G_2(s) = 0$$

其中等效开环传递函数

$$G_2(s)=\frac{30b}{s^2+40s}=\frac{30b}{s(s+40)}$$

① 根轨迹的分支和起点与终点。由于 $n=2, m=0, n-m=2$, 故根轨迹有两条分支,其起点分别为 $p_1=0, p_2=-40$, 其终点都为无穷远处。

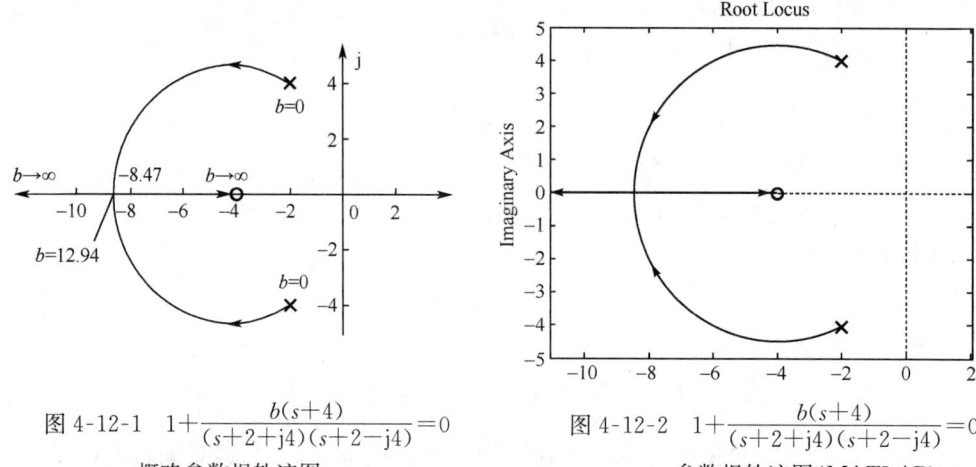

图 4-12-1　$1+\dfrac{b(s+4)}{(s+2+\mathrm{j}4)(s+2-\mathrm{j}4)}=0$

概略参数根轨迹图

图 4-12-2　$1+\dfrac{b(s+4)}{(s+2+\mathrm{j}4)(s+2-\mathrm{j}4)}=0$

参数根轨迹图(MATLAB)

② 实轴上的根轨迹。实轴上的根轨迹分布区为 $[0,-40]$。
③ 根轨迹的分离点。根轨迹的分离点坐标满足

$$\frac{1}{d}+\frac{1}{d+40}=0$$

即 $2d+40=0$, 解得

$$d=-20$$

根据以上分析,画出系统的闭环概略根轨迹如图 4-12-3 所示。其仿真图如图 4-12-4 所示。分离点 $d=-20$ 处的 b 值,可由模值条件求出为

$$30\,b=\prod_{i=1}^{2}|d-p_i|=400$$
$$b=13.33$$

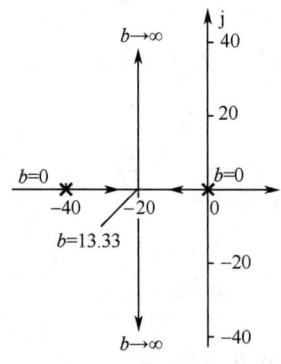

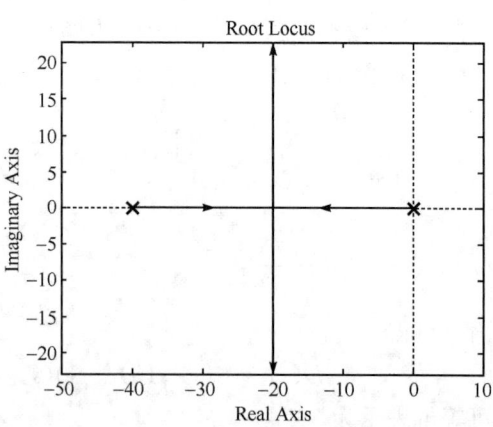

图 4-12-3　$1+\dfrac{30b}{s(s+40)}=0$

概略根轨迹图

图 4-12-4　$1+\dfrac{30b}{s(s+40)}=0$

参数根轨迹图(MATLAB)

MATLAB 程序：exe412.m
```
G1 = zpk([-4],[-2-4i -2+4*i],1);        %建立系统(1)等效开环传递函数模型
G2 = zpk([],[0 -40],1);                 %建立系统(2)等效开环传递函数模型
figure(1)
    rlocus(G1);                         %绘制根轨迹
figure(2)
    rlocus(G2);
```

4-13 设控制系统的结构图如图 4-39 所示，试概略绘制其根轨迹图。

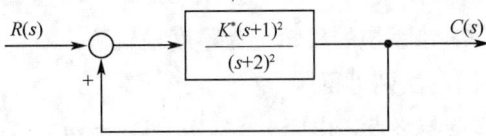

图 4-39 控制系统结构图

解 本题考查零度根轨迹的绘制。由图 4-39 可知，该系统是一个正反馈控制系统，其根轨迹为零度根轨迹。

该系统的开环传递函数为

$$G(s) = \frac{K^*(s+1)^2}{(s+2)^2}$$

根据绘制零度根轨迹图的法则可得：

① 根轨迹的分支和起点与终点。由于 $n=2, m=2, n-m=0$，故根轨迹有两条分支，其起点分别为 $p_1=-2, p_2=-2$，其终点分别为 $z_1=-1, z_2=-1$。

② 实轴上的根轨迹。实轴上的根轨迹分布区为全部实轴。

根据以上分析，可以绘制该系统的零度根轨迹如图 4-13-1 所示。其仿真图如图 4-13-2 所示。

MATLAB 程序：exe413.m
```
G = zpk([-1 -1],[-2 -2],-1);            %建立开环传递函数模型
figure
rlocus(G);                              %绘制根轨迹
```

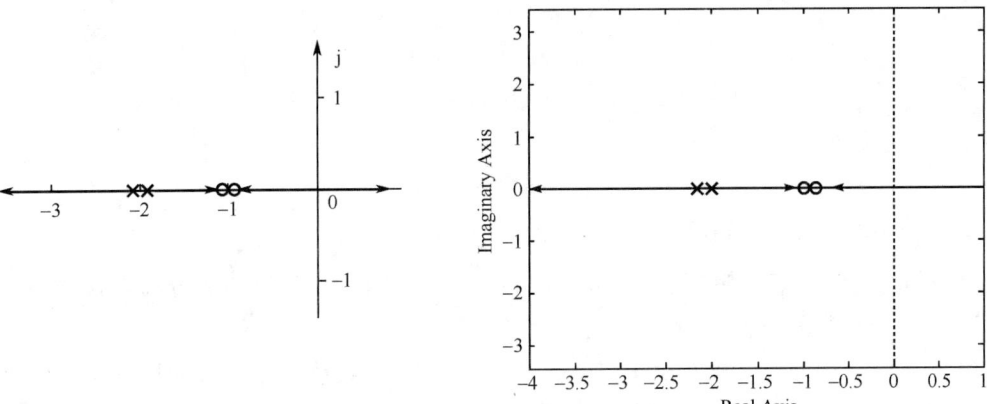

图 4-13-1 $1+\dfrac{K^*(s+1)^2}{(s+2)^2}=0$ 概略零度根轨迹图 图 4-13-2 $1+\dfrac{K^*(s+1)^2}{(s+2)^2}=0$ 零度根轨迹图(MATLAB)

4-14 设单位反馈控制系统的开环传递函数为

$$G(s) = \frac{K^*(1-s)}{s(s+2)}$$

试绘制其根轨迹图,并求出使系统产生重实根和纯虚根的 K^* 值。

解 本题考查零度根轨迹的绘制。

系统的开环传递函数为

$$G(s) = \frac{K^*(1-s)}{s(s+2)}$$

由系统的开环传递函数可知,该系统的根轨迹为零度根轨迹。

根据绘制零度根轨迹图的法则可得

① 根轨迹的分支和起点与终点。由于 $n=2, m=1, n-m=1$,故根轨迹有两条分支,其起点分别为 $p_1=0, p_2=-2$,其终点分别为 $z_1=1$ 和无穷远处。

② 实轴上的根轨迹。实轴上的根轨迹分布区为 $[-2,0], [1,\infty)$。

③ 根轨迹的分离点。根轨迹的分离点坐标满足

$$\frac{1}{d} + \frac{1}{d+2} = \frac{1}{d-1}$$

即 $d^2 - 2d - 2 = 0$,解得

$$d_1 = 1 - \sqrt{3} = -0.732, \qquad d_2 = 1 + \sqrt{3} = 2.732$$

根据幅值条件可得分离点处的根轨迹增益为

$$K_1^* = \left|\frac{d_1(d_1+2)}{1-d_1}\right| = \frac{0.732 \times (2-0.732)}{1.732} = 0.536$$

$$K_2^* = \left|\frac{d_2(d_2+2)}{1-d_2}\right| = \frac{2.732 \times (2+2.732)}{1.732} = 7.464$$

④ 根轨迹与虚轴的交点。系统的闭环特征方程式为

$$D(s) = s^2 + 2s - K^*s + K^* = 0$$

令 $s = j\omega$,代入上式可得

$$(j\omega)^2 + 2(j\omega) - K^*(j\omega) + K^* = 0$$

即

$$\begin{cases} -\omega^2 + K^* = 0 \\ 2\omega - K^*\omega = 0 \end{cases}$$

因 $\omega \neq 0$,故可解得

$$\omega = \pm\sqrt{2}, \qquad K^* = 2$$

根据以上分析,可以绘制该系统的零度根轨迹如图 4-14-1 所示。其仿真图如图 4-14-2 所示。实际上,系统根轨迹的复数部分是以零点 $z=1$ 为圆心、以零点到分离点 d_1 或 d_2 的距离 1.732 为半径的圆。

由于系统产生的重实根对应于根轨迹上的分离点,而系统产生的纯虚根对应于根轨迹与虚轴的交点。因此,使系统产生重实根的 K^* 值为 0.536 和 7.464,使系统产生纯虚根的 K^* 值为 2。

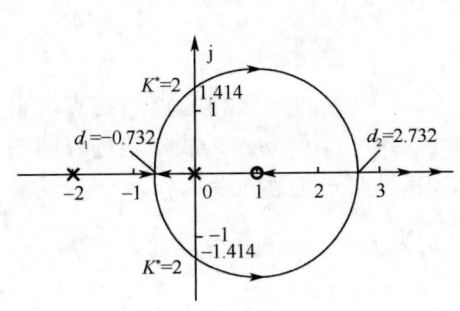
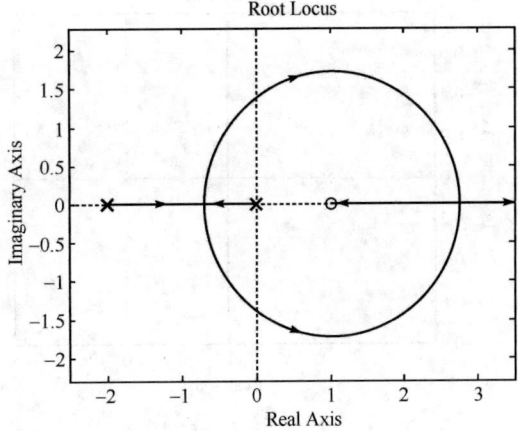

图 4-14-1 $1+\dfrac{K^*(1-s)}{s(s+2)}=0$ 零度根轨迹图   图 4-14-2 $1+\dfrac{K^*(1-s)}{s(s+2)}=0$ 零度根轨迹图（MATLAB）

MATLAB 程序：exe414.m

```
G=zpk([1],[-2 0],-1);           %建立开环传递函数模型
rlocus(G);    axis([-1.5 3.5 -2 2]);    %绘制根轨迹
```

4-15 设控制系统如图 4-40 所示，试概略绘出 $K_t=0$，$0<K_t<1$，$K_t>1$ 时的根轨迹。若取 $K_t=0.5$，试求出 $K=10$ 时的闭环零、极点，并估算系统的动态性能。

解 本题研究闭环根轨迹的绘制及综合应用。

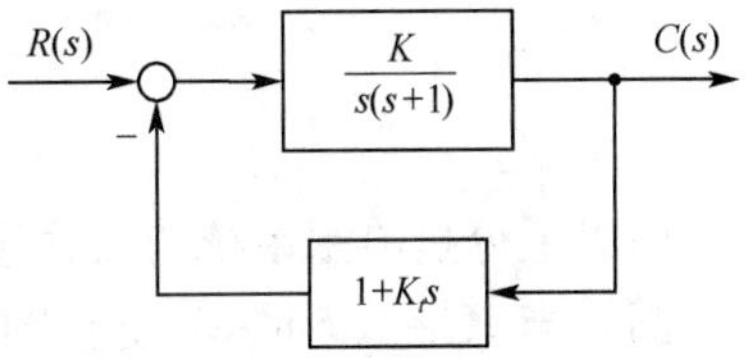

由图 4-40 所示的结构图可知，系统的开环传递函数为

$$G(s)H(s)=\dfrac{K(1+K_t s)}{s(s+1)}=\dfrac{KK_t\left(s+\dfrac{1}{K_t}\right)}{s(s+1)}$$

图 4-40 控制系统结构图

（1）当 $K_t=0$ 时系统的根轨迹。开环传递函数为

$$G(s)H(s)=\dfrac{K}{s(s+1)}$$

① 根轨迹的分支和起点与终点。由于 $n=2,m=0,n-m=2$，故根轨迹有两条分支，其起点分别为 $p_1=0,p_2=-1$，其终点都为无穷远处。

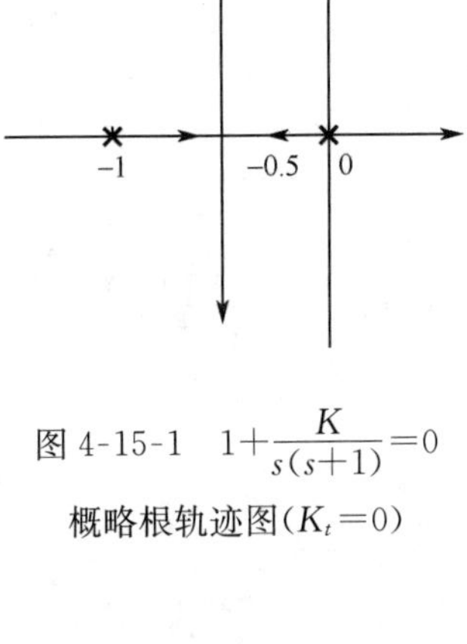

② 实轴上的根轨迹。实轴上的根轨迹分布区为 $[-1,0]$。

③ 根轨迹的分离点。根轨迹的分离点坐标满足

$$\dfrac{1}{d}+\dfrac{1}{d+1}=0$$

解得

$$d=-0.5$$

由以上分析绘制系统的概略根轨迹如图 4-15-1 所示。其仿真图如图 4-15-2 所示。

图 4-15-1 $1+\dfrac{K}{s(s+1)}=0$ 概略根轨迹图（$K_t=0$）

（2）当 $0<K_t<1$ 时系统的根轨迹。开环传递函数为

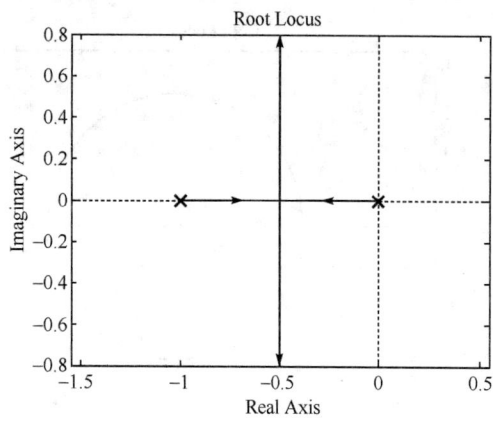

图 4-15-2 $K_t=0$ 时 $1+\dfrac{K(1+K_t s)}{s(s+1)}=0$

根轨迹图(MATLAB)

$$G(s)H(s)=\dfrac{K(1+K_t s)}{s(s+1)}=\dfrac{KK_t\left(s+\dfrac{1}{K_t}\right)}{s(s+1)}$$

$$(0<K_t<1)$$

① 根轨迹的分支和起点与终点。由于 $n=2,m=1,n-m=1$,故根轨迹有两条分支,其起点分别为 $p_1=0,p_2=-1$,其终点分别为 $z=-\dfrac{1}{K_t}$ 和无穷远处。

由于 $0<K_t<1$,故负实零点 $z=-\dfrac{1}{K_t}$ 必位于开环极点 0 和 -1 之左。

② 实轴上的根轨迹。实轴上的根轨迹分布区为 $\left(-\infty,-\dfrac{1}{K_t}\right]$ 和 $[-1,0]$。

③ 根轨迹的分离点。根轨迹的分离点坐标满足

$$\dfrac{1}{d}+\dfrac{1}{d+1}=\dfrac{1}{d+\dfrac{1}{K_t}}$$

故有 $d^2+\dfrac{2}{K_t}d+\dfrac{1}{K_t}=0$,解得

$$d_{1,2}=\dfrac{-1\pm\sqrt{1-K_t}}{K_t}$$

由以上分析绘制系统的根轨迹如图 4-15-3 所示。在 $0<K_t<1$ 时,根轨迹的复数部分为一圆。当 $K_t=0.5$ 时,其仿真图如图 4-15-4 所示。

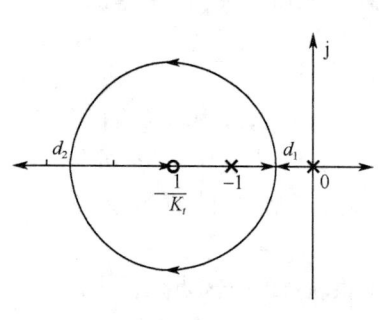

图 4-15-3 $1+\dfrac{K(1+K_t s)}{s(s+1)}=0$

概略根轨迹图($0<K_t<1$)

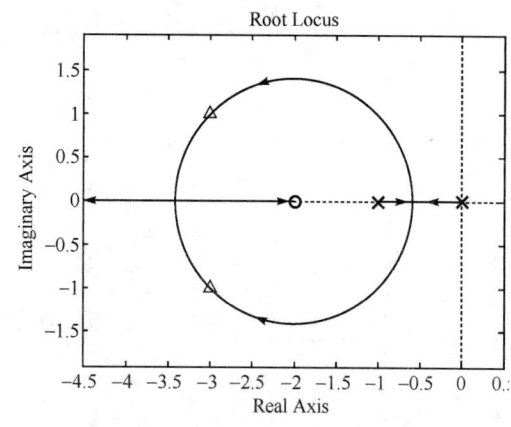

图 4-15-4 $K_t=0.5$ 时 $1+\dfrac{K(1+K_t s)}{s(s+1)}=0$

根轨迹图(MATLAB)

(3) 当 $K_t>1$ 时系统的开环传递函数为

$$G(s)H(s)=\frac{K(1+K_t s)}{s(s+1)}=\frac{KK_t\left(s+\frac{1}{K_t}\right)}{s(s+1)} \quad (K_t>1)$$

① 根轨迹的分支和起点与终点。由于 $n=2, m=1, n-m=1$，故根轨迹有两条分支，其起点分别为 $p_1=0, p_2=-1$，其终点分别为 $z=-\frac{1}{K_t}$ 和无穷远处。

由于 $K_t>1$，故负实零点 $z=-\frac{1}{K_t}$ 必位于开环极点 0 和 -1 之间。

② 实轴上的根轨迹。实轴上的根轨迹分布区为 $[-1,-\infty)$，$\left[0,-\frac{1}{K_t}\right]$。

由以上分析绘制系统的概略根轨迹如图 4-15-5 所示。当 $K_t=2$ 时，其仿真图如图 4-15-6 所示。

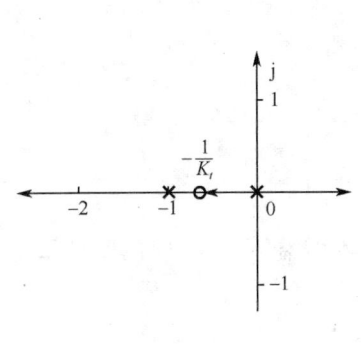
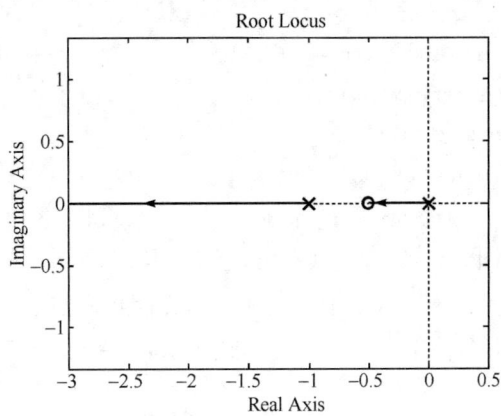

图 4-15-5　$1+\frac{K(1+K_t s)}{s(s+1)}=0$ 　　　　图 4-15-6　$K_t=2$ 时 $1+\frac{K(1+K_t s)}{s(s+1)}=0$

概略根轨迹图 $(K_t>1)$　　　　　　　　　　　阶跃响应曲线(MATLAB)

(4) $K_t=0.5, K=10$ 时闭环系统零、极点及动态性能。系统的开环传递函数

$$G(s)H(s)=\frac{10(1+0.5s)}{s(s+1)}=\frac{5(s+2)}{s(s+1)}$$

闭环传递函数

$$\Phi(s)=\frac{G(s)}{1+G(s)H(s)}=\frac{10}{s(s+1)+5(s+2)}$$

则系统的闭环特征方程为

$$D(s)=s(s+1)+5(s+2)=s^2+6s+10=0$$

此时，系统的闭环极点为 $\lambda_{1,2}=-3\pm j1$，无闭环零点。

由系统的闭环极点可知 $\zeta\omega_n=3, \omega_n\sqrt{1-\zeta^2}=1$，可得

$$\omega_n=\sqrt{10}=3.16, \quad \zeta=0.95, \quad \omega_d=1$$

所以，系统的动态性能指标如下：

调节时间 $t_s=\frac{3.5}{\zeta\omega_n}=\frac{3.5}{3}=1.17\text{s}(\Delta=0.05)$，$t_s=\frac{4.4}{\zeta\omega_n}=1.47\text{s}(\Delta=0.02)$

超调量 $\sigma\%=\mathrm{e}^{-\pi\zeta/\sqrt{1-\zeta^2}}\times100\%=0$

MATLAB 程序：exe415.m

```
G1 = zpk([],[0 -1],1);           % kt = 0 时,开环传递函数模型
G2 = zpk([-2],[0 -1],1);         % kt = 0.5 时,开环传递函数模型
G3 = zpk([-0.5],[0 -1],1);       % kt = 2 时,开环传递函数模型
figure(1)
    rlocus(G1);
figure(2)
    rlocus(G2);
    hold on
    rlocus(G2,5);                % kt = 10,即 k = 5 时,系统的闭环特征根
figure(3)
    rlocus(G3);
num = [10];   den = [1 6 10];    % 建立闭环传递函数模型
sys = tf(num, den);
t = 0: 0.01:10;
figure(4)
    step(sys,t);   grid          % 求取系统的单位阶跃响应
```

由图 4-15-4 可以看出，当 $K_t=0.5, K=10$，即根轨迹增益 $K^*=5$ 时的闭环系统极点为 $s_{1,2}=-3\pm j1$（图中三角所示），无闭环零点。

由图 4-15-7 可以看出，超调量 $\sigma\%=0$，调节时间 $t_s=1.66s (\Delta=2\%)$。

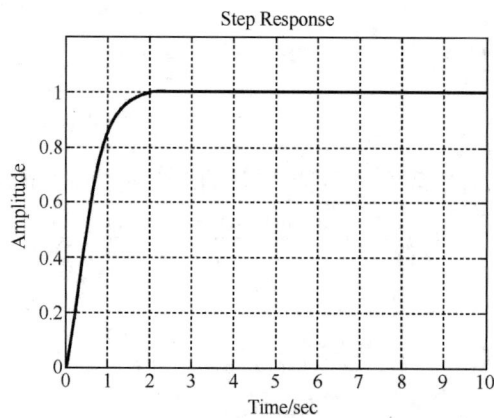

图 4-15-7　$\Phi(s)=\dfrac{10}{s^2+6s+10}$ 系统单位阶跃响应（MATLAB）

4-16 设控制系统开环传递函数为

$$G(s)=\frac{K^*(s+1)}{s^2(s+2)(s+4)}$$

试分别画出正反馈和负反馈系统的根轨迹图，并指出它们的稳定情况有何不同。

解 本题研究常规根轨迹和零度根轨迹的绘制与分析。

（1）负反馈系统的根轨迹。

① 根轨迹的分支和起点与终点。由于 $n=4, m=1, n-m=3$,故根轨迹有四条分支,其起点分别为 $p_{1,2}=0, p_3=-2, p_4=-4$,其终点分别为 $z_1=-1$ 和无穷远处。

② 实轴上的根轨迹。实轴上的根轨迹分布区为 $[-4, -\infty), [-2, -1]$。

③ 根轨迹的渐近线。
$$\sigma_a = \frac{-2-4+1}{4-1} = -1.67, \quad \varphi_a = \pm\frac{\pi}{3}, \pi$$

④ 根轨迹与虚轴的交点。系统的闭环特征方程式为
$$D(s) = s^2(s+2)(s+4) + K^*(s+1)$$
$$= s^4 + 6s^3 + 8s^2 + K^*s + K^* = 0$$

令 $s=j\omega$,代入上式可得
$$(j\omega)^4 + 6(j\omega)^3 + 8(j\omega)^2 + K^*(j\omega) + K^* = 0$$

即
$$\begin{cases} \omega^4 - 8\omega^2 + K^* = 0 \\ -6\omega^3 + K^*\omega = 0 \end{cases}$$

因 $\omega \neq 0$,故可解得
$$\omega = \pm\sqrt{2}, \quad K^* = 12$$

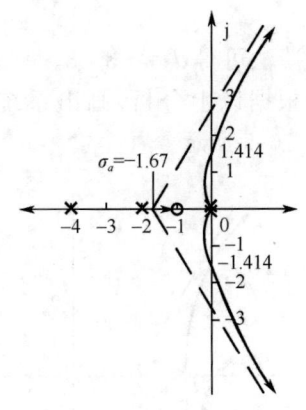

图 4-16-1　$1 + \dfrac{K^*(s+1)}{s^2(s+2)(s+4)} = 0$
概略根轨迹图

根据以上分析,画出系统的闭环根轨迹如图 4-16-1 所示。其仿真图如图 4-16-2 所示,局部如图 4-16-3 所示。

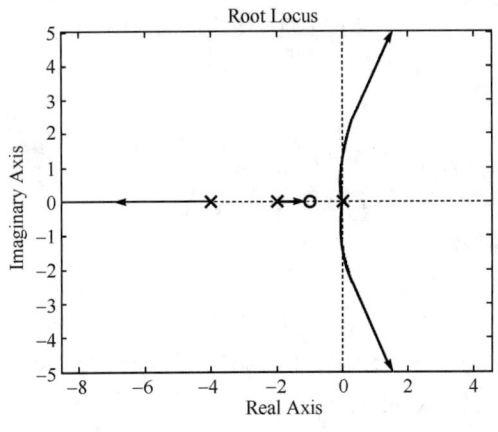

图 4-16-2　$1 + \dfrac{K^*(s+1)}{s^2(s+2)(s+4)} = 0$
常规根轨迹图(MATLAB)

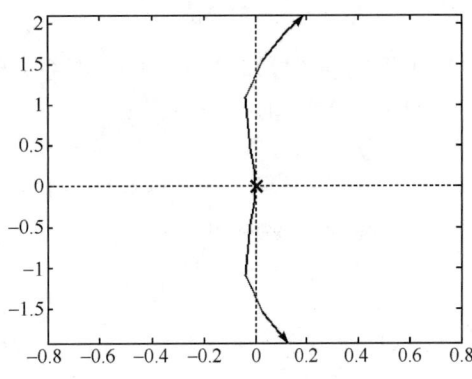

图 4-16-3　常规根轨迹中间的放大部分
(MATLAB)

由根轨迹图可知,当 $0 < K^* < 12$ 时,系统稳定。

(2) 正反馈系统的根轨迹。

① 根轨迹的分支和起点与终点。由于 $n=4, m=1, n-m=3$,故根轨迹有四条分支,其起点分别为 $p_{1,2}=0, p_3=-2, p_4=-4$,其终点分别为 $z_1=-1$ 和无穷远处。

② 实轴上的根轨迹。实轴上的根轨迹分布区为 $[-4, -2], [-1, \infty)$。

③ 根轨迹的渐近线。

$$\sigma_a = \frac{-2-4+1}{4-1} = -1.67, \qquad \varphi_a = \pm \frac{2\pi}{3}, 0$$

④ 根轨迹的分离点。根轨迹的分离点坐标满足

$$\frac{2}{d} + \frac{1}{d+2} + \frac{1}{d+4} = \frac{1}{d+1}$$

由试凑法可得 $d = -3.08$。

根据以上分析,画出系统的闭环概略零度根轨迹如图 4-16-4 所示。其仿真图如图 4-16-5 所示。

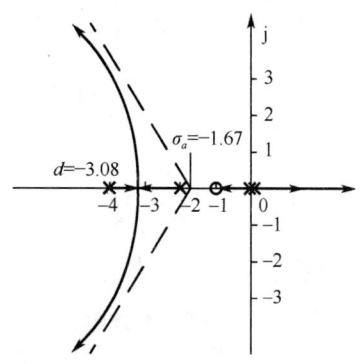
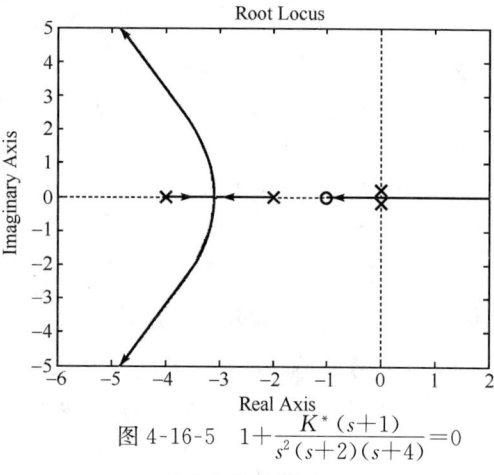

图 4-16-4　$1 + \dfrac{K^*(s+1)}{s^2(s+2)(s+4)} = 0$

概略零度根轨迹图

图 4-16-5　$1 + \dfrac{K^*(s+1)}{s^2(s+2)(s+4)} = 0$

零度根轨迹图(MATLAB)

由根轨迹图可知,当 $K^* > 0$ 时,系统恒不稳定。

MATLAB 程序:exe416.m

```
G1 = zpk([-1],[0 0 -2 -4],1);        %建立开环传递函数模型(负反馈)
G2 = zpk([-1],[0 0 -2 -4],-1);       %建立开环传递函数模型(正反馈)
figure;   rlocus(G1);                %绘制根轨迹
figure;   rlocus(G2);                %绘制根轨迹
```

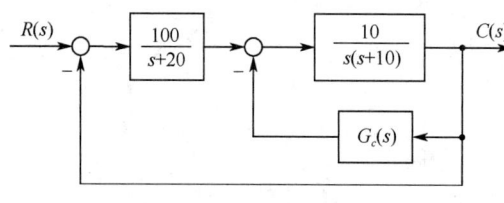

图 4-41　控制系统结构图

4-17 设控制系统如图 4-41 所示,其中 $G_c(s)$ 是为改善性能而加入的校正装置。若 $G_c(s)$ 可从 $K_t s$,$K_a s^2$ 和 $K_a s^2/(s+20)$ 三种传递函数中任选一种,你选择哪一种? 为什么?

解　本题考查参数根轨迹的绘制,并通过根轨迹研究系统性能。

由系统的结构图可知,系统的开环传递函数为

$$G(s) = \frac{100}{s+20} \cdot \frac{\dfrac{10}{s(s+10)}}{1 + \dfrac{10 G_c(s)}{s(s+10)}} = \frac{1000}{(s+20)[s^2+10s+10G_c(s)]}$$

则系统的闭环特征方程为

$$D(s) = (s+20)[s^2 + 10s + 10 G_c(s)] + 1000$$

$$= s^3 + 30s^2 + 200s + 1000 + 10G_c(s)(s+20) = 0$$

系统的等效开环传递函数为

$$G_1(s) = \frac{10G_c(s)(s+20)}{s^3 + 30s^2 + 200s + 1000} = 0$$

(1) 当 $G_c(s) = K_t s$ 时。

$$G_1(s) = \frac{10K_t s(s+20)}{(s+23.25)(s+3.375+j5.63)(s+3.375-j5.63)}$$

根据绘制常规根轨迹的法则,可得此时的概略参数根轨迹如图 4-17-1 所示。其中分离点方程

$$d^4 + 40d^3 + 400d^2 - 2000d - 20041.5 = 0$$

可用试探法求得

$$d = -6.3$$

在分离点处,根轨迹增益可用模值条件求出为

$$K_t = 0.79$$

在这种情况下,可以在 $0 < K_t < 0.79$ 范围内,通过改变 K_t 的值使系统的主导极点具有 $\zeta = 0.707$ 的最佳阻尼比,如图 4-17-2 所示。

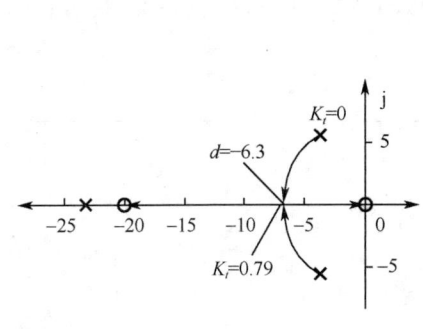

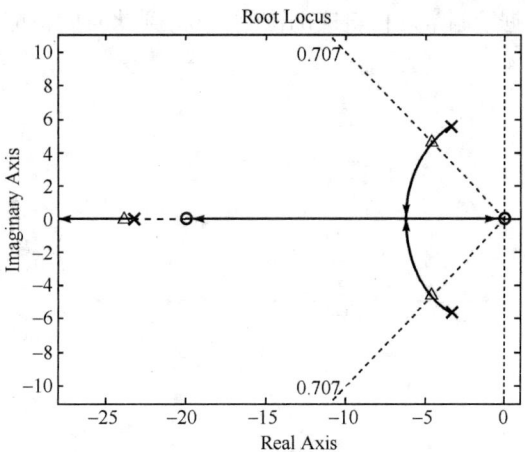

图 4-17-1 $1 + \dfrac{10K_t s(s+20)}{s^3 + 30s^2 + 200s + 1000} = 0$

概略参数根轨迹图

图 4-17-2 $1 + \dfrac{10K_t s(s+20)}{s^3 + 30s^2 + 200s + 1000} = 0$

参数根轨迹图(MATLAB)

(2) 当 $G_c(s) = K_a s^2$ 时。

$$G_1(s) = \frac{10K_a s^2 (s+20)}{(s+23.25)(s+3.375+j5.63)(s+3.375-j5.63)}$$

根据绘制常规根轨迹的法则,可得到此时的概略参数根轨迹如图 4-17-3 所示。其仿真图如图 4-17-4 所示。

这种情况下,由于 K_a 的值越大,系统闭环极点越靠近虚轴,从而使稳定性越差,所以不能通过改变 K_a 的值来使系统的性能达到最佳。

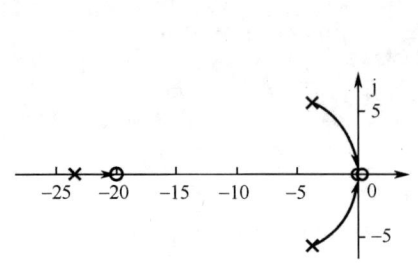 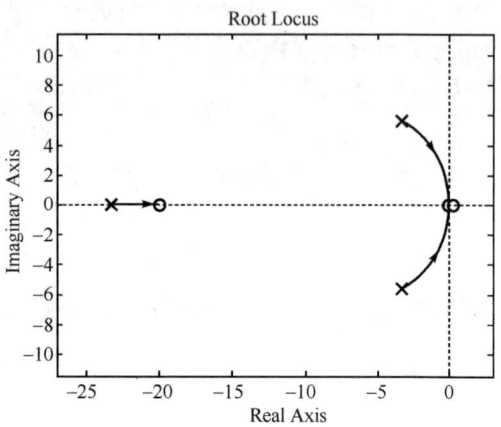

图 4-17-3 $1+\dfrac{10K_a s^2(s+20)}{s^3+30s^2+200s+1000}=0$ 概略参数根轨迹图

图 4-17-4 $1+\dfrac{10K_a s^2(s+20)}{s^3+30s^2+200s+1000}=0$ 参数根轨迹图(MATLAB)

(3) 当 $G_c(s)=\dfrac{K_a s^2}{s+20}$ 时。

$$G_1(s)=\dfrac{10K_a s^2}{(s+23.25)(s+3.375+\text{j}5.63)(s+3.375-\text{j}5.63)}$$

根据绘制常规根轨迹的法则,可得到此时的概略参数根轨迹如图 4-17-5 所示。其仿真图如图 4-17-6 所示。

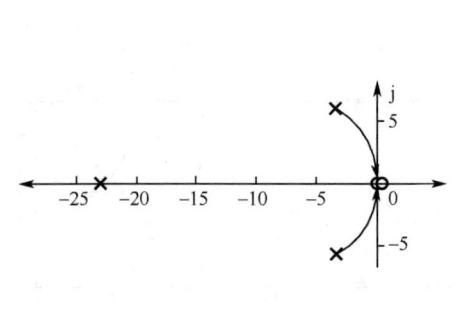 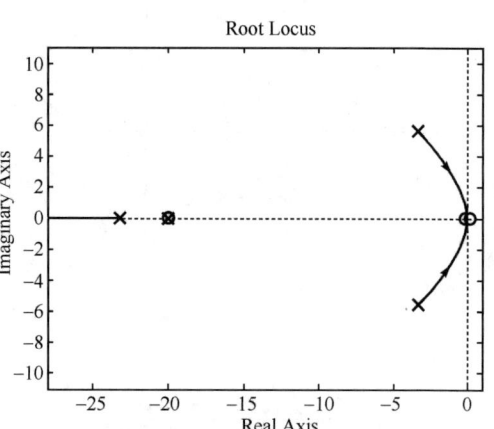

图 4-17-5 $1+\dfrac{10K_a s^2}{s^3+30s^2+200s+1000}=0$ 概略参数根轨迹图

图 4-17-6 $1+\dfrac{10K_a s^2}{s^3+30s^2+200s+1000}=0$ 参数根轨迹图(MATLAB)

这种情况下,也不能通过改变 K_a 的值来使系统的性能达到最佳。

通过以上分析,最终选择第一种情况,即 $G_c(s)=K_t s$。

MATLAB 程序:exe417.m

```
%建立等效开环传递函数模型
G1 = zpk([0 -20],    [-23.25 -3.375-5.625i -3.375+5.625i],1);
```

```
G2 = zpk([0 0 -20],    [-23.25 -3.375-5.625i -3.375+5.625i],1);
G3 = zpk([0 0],        [-23.25 -3.375-5.625i -3.375+5.625i],1);
z = 0.707;
% 绘制相应系统的根轨迹
figure(1)
    rlocus(G1);       sgrid(z,'new')    % 取阻尼比为 0.707
    K = 3.02;         Kt = K/10;         % 最佳阻尼比对应的根轨迹增益,Kt = K/10
    hold on;          rlocus(G1,K)       % 阻尼比为 0.707 时,系统的闭环特征根
figure(2)
    rlocus(G2);
figure(3)
    rlocus(G3);
% 采用方案 1 时,系统的时间响应
num1 = [100];         den1 = [1 20];
num2 = [10];          den2 = [1 10 0];
num3 = [Kt 0];        den3 = [0 0 1];
[numf, denf] = feedback(num2, den2, num3, den3)
[numc, denc] = series(num1, den1, numf, denf);
[num, den] = cloop(numc, denc);           % 系统闭环传递函数
sys = tf(num, den);   t = 0:0.001:5;
figure(4)
    step(sys,t);      grid on;
```

在采用 $G_c(s)=K_t s$ 的参数根轨迹图(图 4-17-2)上,可以得出分离点 $d=-6.29$,其相应的根轨迹增益 $K^*=7.89$,此时 $K_t=0.789$;然后作 $\zeta=0.707$ 阻尼比线,其与根轨迹的交点为主导极点 $s_{1,2}=-4.58\pm j4.58$(如图中△所示,另一个极点为 $s_3=-23.9$),相应的根轨迹增益 $K^*=3.02$,此时 $K_t=0.302$;最后应用 MATLAB 软件包,可得其单位阶跃响应如图 4-17-7 所示,其动态性能为

$$\sigma\% = 4.12\%, \quad t_p = 0.737\text{s}$$
$$t_s = 0.964\text{s} \quad (\Delta = 2\%)$$

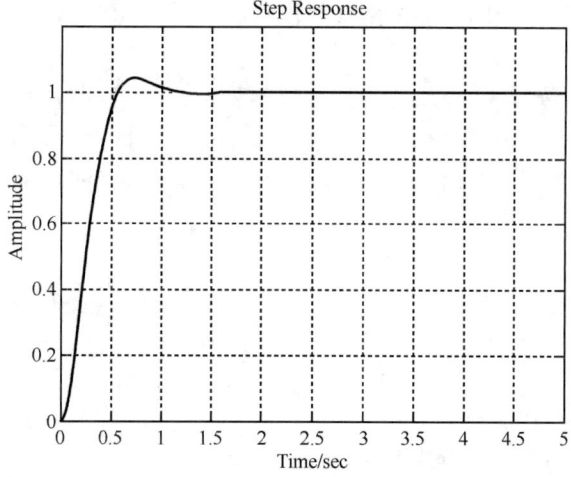

图 4-17-7　采用 $G_c(s)=K_t s$ 时系统的时间响应($K_t=0.302$,MATLAB)

应当指出:应用 MATLAB 软件包求单位阶跃响应时,闭环极点在参数根轨迹上确定,而闭环零点应采用原系统的闭环零点。本例无闭环零点。

4-18 设系统如图 4-42 所示。试作闭环系统根轨迹,并分析 K 值变化对系统在阶跃扰动作用下的响应 $c_n(t)$ 的影响。

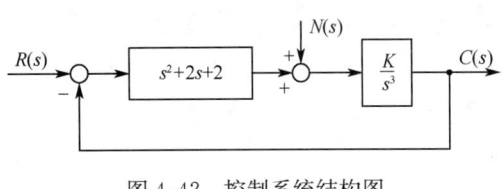

图 4-42 控制系统结构图

解 由题意可知

$$n(t) = 1(t), \quad N(s) = \frac{1}{s}$$

在扰动作用下,系统的闭环传递函数为

$$\Phi_n(s) = \frac{K}{s^3 + K(s^2 + 2s + 2)}$$

系统的闭环特征方程为

$$D(s) = s^3 + K(s^2 + 2s + 2) = 0$$

系统的等效开环传递函数为

$$G_1(s) = \frac{K(s^2 + 2s + 2)}{s^3} = \frac{K(s+1+j)(s+1-j)}{s^3}$$

根据绘制根轨迹的法则可得

① 根轨迹的分支和起点与终点。由于 $n=3, m=2, n-m=1$,故根轨迹有三条分支,其起点分别为 $p_{1,2,3}=0$,其终点分别为 $z_{1,2}=-1\pm j$ 和无穷远处。

② 实轴上的根轨迹。实轴上的根轨迹分布区为 $[0, -\infty)$。

③ 根轨迹与虚轴的交点。系统的闭环特征方程式为

$$D(s) = s^3 + K(s^2 + 2s + 2) = 0$$

令 $s = j\omega$,代入上式可得

$$(j\omega)^3 + K[(j\omega)^2 + 2(j\omega) + 2] = 0$$

即

$$\begin{cases} -\omega^3 + 2K\omega = 0 \\ -K\omega^2 + 2K = 0 \end{cases}$$

因 $\omega \neq 0$,故可解得交点坐标为

$$\omega = \pm\sqrt{2} = \pm 1.414, \quad K = 1$$

根据以上分析,画出系统的闭环概略参数根轨迹如图 4-18-1 所示。其仿真图如图 4-18-2 所示。

由系统的根轨迹可知:当 $0 < K < 1$ 时,系统不稳定,$c_n(t)$ 发散;而当 $K > 1$ 时,系统稳定,$c_n(t)$ 收敛;当 K 值在 $K > 1$ 基础上继续增大时,系统的稳定性变好,$c_n(t)$ 收敛加快;当 $K \to \infty$ 时,系统的阻尼比趋近于 0.707,响应 $c_n(t)$ 的振荡性减弱,系统的调节时间减小,快速性得到改善。

MATLAB 程序:exe418.m

```
% 绘制参数根轨迹
G = zpk([-1-i -1+i],[0 0 0],1);          % 建立等效开环传递函数模型
figure(1)
    rlocus(G);                            % 绘制根轨迹
% K = 2 时 系统的单位阶跃扰动响应
numg = [2];              deng = [1 0 0 0];
numf = [1 2 2];          denf = [0 0 1];
```

```
[num1, den1] = feedback(numg, deng, numf, denf)
sys1 = tf(num1, den1);    t = 0:0.01:20;
figure(2)
    step(sys1,t);     grid
% K = 20 时系统的单位阶跃扰动响应
numg = [20];              deng = [1 0 0 0];
numf = [1 2 2];           denf = [0 0 1];
[num2, den2] = feedback(numg, deng, numf, denf)
sys2 = tf(num2, den2);    t = 0:0.01:20;
figure(3)
    step(sys2,t);     grid
```

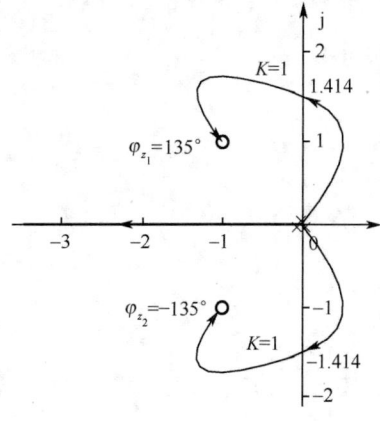

图 4-18-1　$1+\dfrac{K(s+1+\mathrm{j})(s+1-\mathrm{j})}{s^3}=0$

概略参数根轨迹图

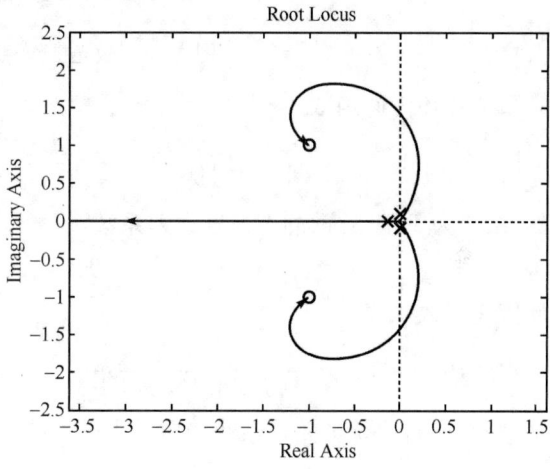

图 4-18-2　$1+\dfrac{K(s+1+\mathrm{j})(s+1-\mathrm{j})}{s^3}=0$

参数根轨迹图(MATLAB)

分别设 $K=2$ 和 $K=20$，应用 MATLAB 软件包可得系统单位阶跃扰动响应曲线如图 4-18-3、图 4-18-4 所示，其动态性能如下：

$K=2$ 时，　$\sigma\%=24.6\%$；　$t_p=2.49\mathrm{s}$；　$t_s=9.95\mathrm{s}$　$(\Delta=2\%)$

$K=20$ 时，　$\sigma\%=4.35\%$；　$t_p=3.03\mathrm{s}$；　$t_s=4.05\mathrm{s}$　$(\Delta=2\%)$

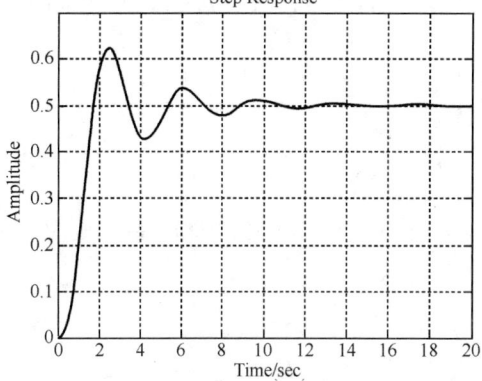

图 4-18-3　$K=2$ 时系统单位阶跃扰动响应
(MATLAB)

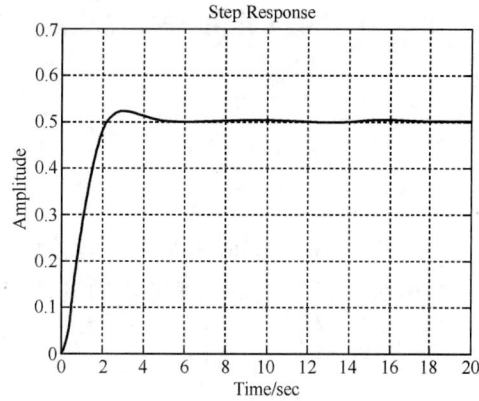

图 4-18-4　$K=20$ 时系统单位阶跃扰动响应
(MATLAB)

4-19 图 4-43 为激光操作控制系统,可用于外科手术时在人体内钻孔。手术要求激光操作系统必须有高度精确的位置和速度响应,因此直流电机的参数选为:激磁时间常数 $T_1=0.1\text{s}$,电机和载荷组合的机电时间常数 $T_2=0.2\text{s}$。要求调整放大器增益 K,使系统在斜坡输入 $r(t)=At(A=1\text{mm/s})$ 时,系统稳态误差 $e_{ss}(\infty)\leqslant 0.1\text{mm}$。

解 本题从兼顾稳定性、稳态误差和动态性能的综合要求出发,应用根轨迹法来设计合适的系统参数。

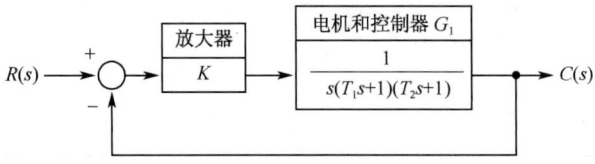

图 4-43 激光操作控制器结构图

系统开环传递函数

$$KG_1(s)=\frac{K}{s(T_1s+1)(T_2s+1)}$$

显然,系统为 I 型系统,静态速度误差系数

$$K_v=K$$

闭环传递函数

$$\Phi(s)=\frac{K}{s(T_1s+1)(T_2s+1)+K}=\frac{50K}{s^3+15s^2+50s+50K}$$

K 的选取,应首先保证闭环系统稳定。由劳斯表:

s^3	1	50
s^2	15	50K
s^1	$\dfrac{750-50K}{15}$	0
s^0	50K	

可知,为确保系统稳定,应有 $0<K<15$。

根据系统在斜坡作用下的稳态误差要求,当 $r(t)=At(A=1\text{mm/s})$, $R(s)=\dfrac{A}{s^2}$ 时,稳态误差

$$e_{ss}(\infty)=\frac{A}{K_v}=\frac{1}{K}\leqslant 0.1$$

故应取 $K\geqslant 10$。

现取 $K=10$,可同时满足系统稳定性及稳态误差要求。为了考查此时系统的动态性能,令 K 从 0 到 ∞,作系统概略根轨迹,如图 4-19-1 所示。

渐近线: $\sigma_a=\dfrac{-5-10}{3}=-5$, $\varphi_a=\pm 60°,-180°$

分离点: $\dfrac{1}{d}+\dfrac{1}{d+5}+\dfrac{1}{d+10}=0$, $d=-2.11$

为了分析 $K_a=10$ 时系统的动态性能,可利用模值条件确定相应的闭环极点。当 $K_a=10$ 时,系统的根轨迹增益

$$K^* = \frac{K_a}{T_1 T_2} = 500$$

根据模值条件,可以首先确定负实轴上 $[-10, -\infty)$ 区间内的闭环极点 s_3。因为

$$|s_3| \cdot |s_3 - 5| \cdot |s_3 - 10| = 500$$

求得 $s_3 = -13.98$;再用 $s+13.98$ 去除闭环特征多项式 $s^3+15s^2+50s+500$,得 $s^2+1.02s+35.74$;令商多项式为零,求得闭环主导极点

$$s_{1,2} = -0.51 \pm j5.96$$

很明显,激光操作系统的动态性能主要取决于主导极点。由主导极点的数值可知:

$$\sigma = \zeta\omega_n = 0.51, \quad \omega_d = \omega_n\sqrt{1-\zeta^2} = 5.96$$

因而

$$\beta = \arctan\frac{\omega_d}{\sigma} = 85.1°, \quad \zeta = \cos\beta = 0.085$$

于是,在单位阶跃输入指令下,激光操作系统的动态性能为

$$\sigma\% = 100e^{-\pi\zeta/\sqrt{1-\zeta^2}}\% = 76.4\%, \quad t_s = \frac{4.4}{\sigma} = 8.63s \quad (\Delta=2\%)$$

MATLAB 软件包生成的系统根轨迹图如图 4-19-2 所示,系统对阶跃和斜坡信号的响应分别如图 4-19-3、图 4-19-4 所示,由主导极点构成的近似系统对阶跃和斜坡信号的响应分别如图 4-19-5、图 4-19-6 所示。

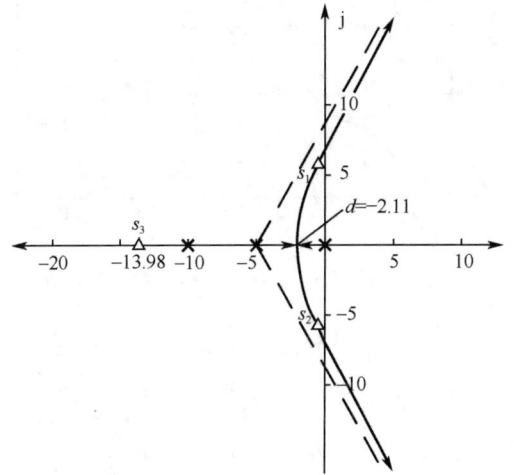

图 4-19-1 激光控制系统的概略根轨迹图   图 4-19-2 激光控制系统的根轨迹图(MATLAB)

MATLAB 程序:exe419.m

```
% 系统根轨迹
numc = [1];        denc = [0.02 0.3 1 0];
rlocus(numc,denc);
%% 原系统 %%
% 单位阶跃输入响应
num = [500];       den = [1 15 50 500];      t = 0:0.01:15;
```

```
figure;
    step(num,den,t);    grid
% 单位斜坡输入响应
num = [500];    den = [1 15 50 500];    t = 0:0.005:5;    u = t;
figure;
    lsim(num,den,u,t); grid
%% 近似系统 %%
% 单位阶跃输入响应
wn = 5.98;    kos = 0.085;
num = wn^2;    den = [1, 2*kos*wn, wn^2];    t = 0:0.01:15;
figure;
    step(num,den,t);    grid
% 单位斜坡输入响应
wn = 5.98;    kos = 0.085;
num = wn^2;    den = [1, 2*kos*wn, wn^2];    t = 0:0.005:5;    u = t;
figure;
    lsim(num,den,u,t); grid
```

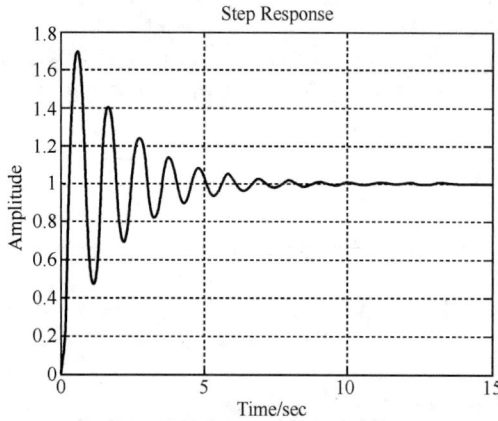

图 4-19-3 原系统的单位阶跃响应（MATLAB）

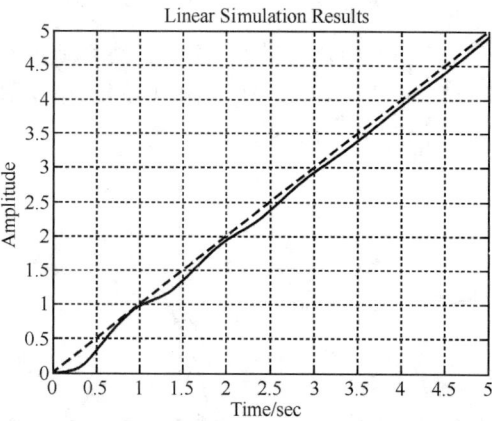

图 4-19-4 原系统的单位斜坡响应（MATLAB）

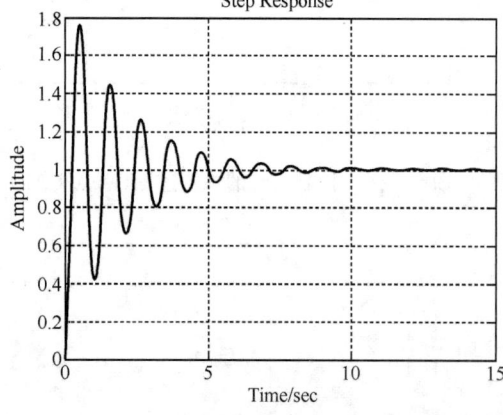

图 4-19-5 近似系统的单位阶跃响应（MATLAB）

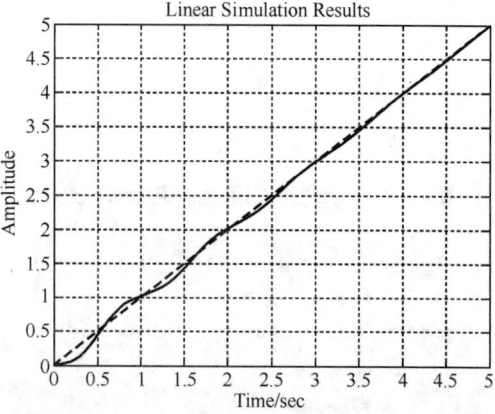

图 4-19-6 近似系统的单位斜坡响应（MATLAB）

利用MATLAB软件包,从图4-19-3与图4-19-5可以得

原系统(三阶)的动态性能 　　$\sigma\% = 70.0\%$, 　　$t_s = 7.48\text{s}$ ($\Delta = 2\%$)

近似系统(二阶)的动态性能 　　$\sigma\% = 76.5\%$, 　　$t_s = 7.51\text{s}$ ($\Delta = 2\%$)

可见,系统对阶跃输入响应是高度振荡的。因此,在外科手术中,不能采用阶跃信号作为手术指令信号,必须选用低速斜坡信号作为手术指令信号。

4-20 图4-44为空间站示意图。为了有利于产生能量和进行通信,必须保持空间站对太阳和地球的合适指向。空间站的方位控制系统可由带有执行机构和控制器的单位反馈控制系统来表征,其开环传递函数为

$$G(s) = \frac{K^*(s+20)}{s(s^2+24s+144)}$$

试画出K^*值增大时的系统概略根轨迹图,并求出使系统产生振荡的K^*的取值范围。

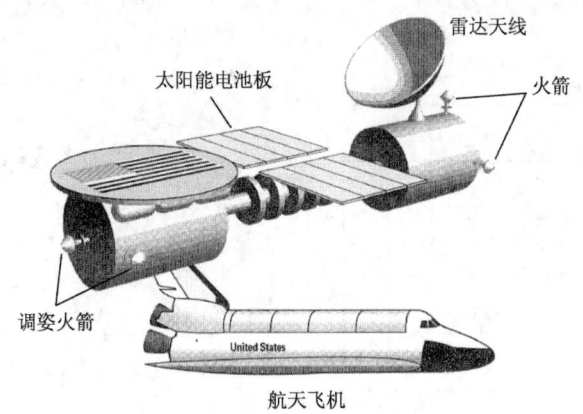

图4-44 空间站示意图

解 由开环传递函数

$$G(s) = \frac{K^*(s+20)}{s(s+12)^2}$$

令K^*从$0 \to \infty$,可画出系统概略根轨迹如图4-20-1所示。图中

渐近线: 　　　　　　　　$\sigma_a = -2$, 　　$\varphi_a = \pm 90°$

分离点: 　　　　　$\dfrac{1}{d} + \dfrac{2}{d+12} = \dfrac{1}{d+20}$, 　　$d = -4.75$

应用模值条件,可得分离点处的根轨迹增益

$$K_d^* = \frac{\prod_{i=1}^{3}|d-p_i|}{|d-z|} = \frac{4.75 \times 7.25^2}{15.25} = 16.37$$

因而,当$K^* > 16.37$时,系统输出将会产生振荡。

应用MATLAB软件包,可得系统的根轨迹如图4-20-2所示。若取$K^* = 10$,可得系统的单位阶跃响应,如图4-20-3所示。

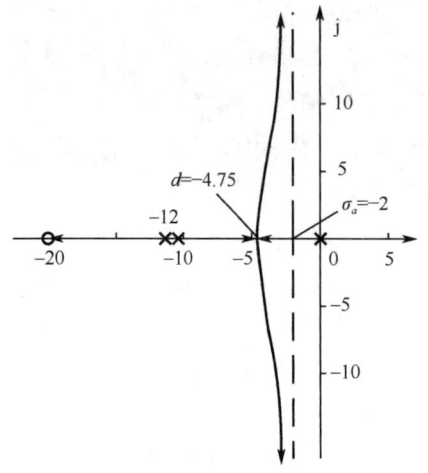

图4-20-1 空间站方位控制系统概略根轨迹图

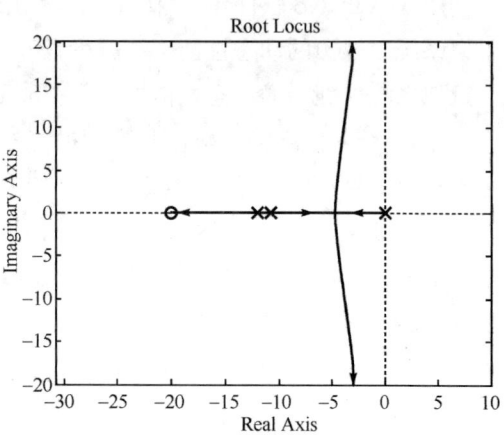

图4-20-2 空间站控制系统根轨迹图(MATLAB)

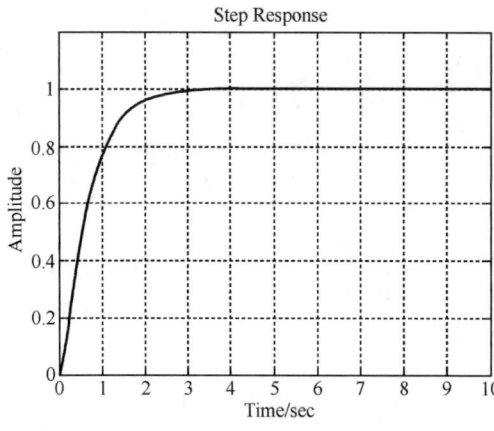

图4-20-3 $K^* = 10$ 时空间站系统单位阶跃响应(MATLAB)

MATLAB 程序:exe420.m

```
% 系统根轨迹
numc = [1 20];          denc = [1 24 144 0];
rlocus(numc,denc);
% 单位阶跃输入响应
K = 10;                 t = 0:0.01:10;
numc = [K 20 * K];      denc = [1 24 144 0];
[num, den] = cloop(numc,denc)
figure
step(num,den,t);        grid
```

4-21 一种由耐热性好、重量轻的材料制成的未来超音速客机如图 4-45(a)所示。该机可容纳 300 名乘客,并配备先进的计算机控制系统,以三倍音速在高空飞行。为该型飞机设计的一种自动飞行控制系统如图 4-45(b)所示,系统主导极点的理想阻尼比 $\zeta_0 = 0.707$。飞机的特征参数为 $\omega_n = 2.5, \zeta = 0.3, \tau = 0.1$。增益因子 K_1 的可调范围较大:当飞机飞行状态从中等重量巡航变为轻重量降落时,K_1 可以从 0.02 变至 0.2。要求:

(1) 画出增益 $K_1 K_2$ 变化时,系统的概略根轨迹图;

(2) 当飞机以中等重量巡航时,确定 K_2 的取值,使系统阻尼比 $\zeta_0 = 0.707$;

(3) 若 K_2 由(2)中给出,K_1 为轻重量降落时的增益,试确定系统的阻尼比 ζ_0。

解 本题综合运用根轨迹技术来设计控制器参数,同时引入了变质量系统的初步概念。

(1) 概略根轨迹图。开环传递函数

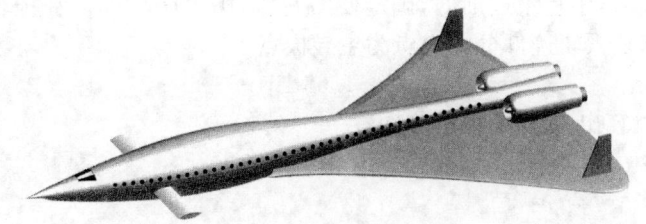

(a) 未来的超音速喷气式客机

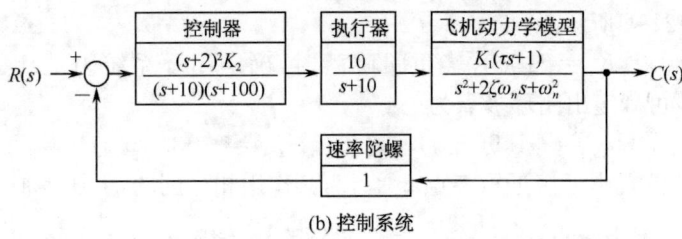

(b) 控制系统

图 4-45 飞机纵向控制系统结构图

$$G(s) = \frac{10K_1K_2(\tau s+1)(s+2)^2}{(s+10)^2(s+100)(s^2+2\zeta\omega_n s+\omega_n^2)}$$

代入 $\tau=0.1, \omega_n=2.5, \zeta=0.3$,有

$$G(s) = \frac{K_1K_2(s+2)^2}{(s+10)(s+100)(s+0.75\pm \text{j}2.38)}$$

令 $K^*=K_1K_2$ 从 $0\to\infty$,可以绘出系统概略根轨迹如图 4-21-1 所示。图中

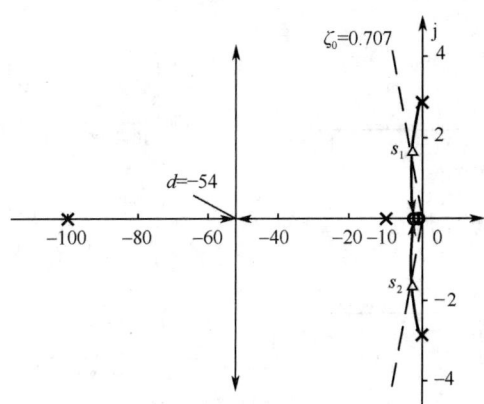

图 4-21-1 $1+\dfrac{K_1K_2(s+2)^2}{(s+10)(s+100)(s^2+1.5s+6.25)}=0$ 概略根轨迹图

渐近线: $\sigma_a=\dfrac{-1.5-10-100+4}{4-2}=-53.73, \quad \varphi_a=\pm 90°$

分离点:由

$$\frac{1}{d+0.75+\text{j}2.38}+\frac{1}{d+0.75-\text{j}2.38}+\frac{1}{d+10}+\frac{1}{d+100}=\frac{2}{d+2}$$

解出

$$d=-54$$

(2) 当 $K_1=0.02$,中重量巡航时,确定使 $\zeta_0=0.707$ 的 K_2 值。在根轨迹图上,作 $\zeta_0=0.707$ 阻尼比线,与复根轨迹部分的交点为主导极点
$$s_{1,2}=-1.63\pm j1.63$$
利用模值条件,可以算出 s_1 处的根轨迹增益
$$K^*=K_1K_2=1430$$
于是求得
$$K_2=\frac{K^*}{K_1}=71500$$

以上结果如图 4-21-2 所示。

(3) 当 $K_1=0.2$,$K_2=71500$,轻重量降落时,确定闭环系统阻尼比 ζ_0。因为 $K^*=K_1K_2=14300$,故可确定出闭环极点为
$$s_{1,2}=-1.96\pm j0.617,\quad s_{3,4}=-53.8\pm j110$$
由于复极点 $s_{1,2}$ 的位置十分接近重零点 $z=-2$,其作用相互削弱,形成近似偶极子,故 $s_{3,4}$ 变为系统主导极点。因为 $\beta=\arctan\frac{110}{53.8}=63.9°$,所以系统阻尼比 $\zeta_0=\cos\beta=0.439$。

以上结果可参见图 4-21-3。

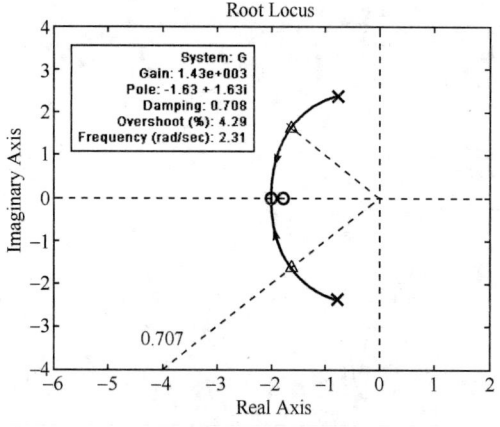

图 4-21-2　中重量巡航时,确定使 $\zeta_0=0.707$ 的增益值(MATLAB)

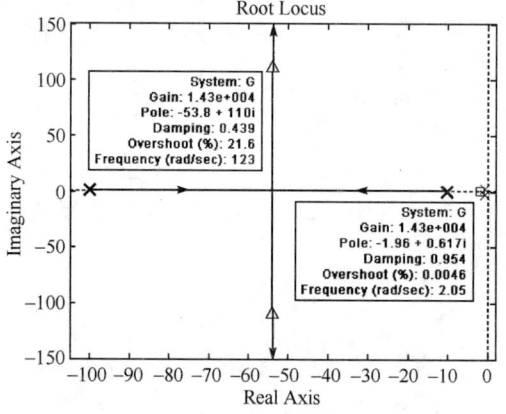

图 4-21-3　轻重量降落时,确定闭环系统阻尼比(MATLAB)

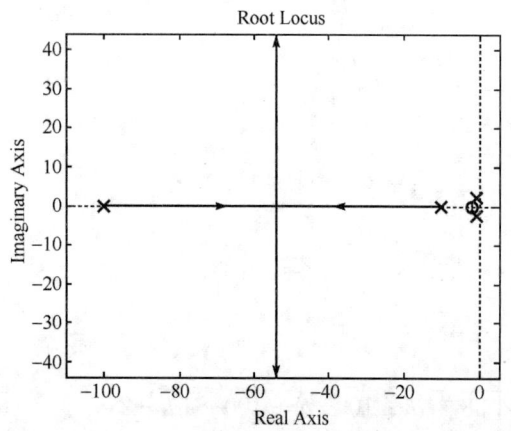

图 4-21-4　系统根轨迹图(MATLAB)

MATLAB 验证:

运行以下 MATLAB 程序,可以得到系统根轨迹图,如图 4-21-4 所示。当 $K_1=0.02$,中重量巡航时,确定使 $\zeta_0=0.707$ 的 K_2 值,可参见图 4-21-2;当 $K_1=0.2$,$K_2=71500$,轻重量降落时,确定闭环系统阻尼比 ζ_0,可参见图 4-21-3;还可以得到中重量巡航时的时间响应曲线,如图 4-21-5所示,以及轻重量降落时的时间响应曲线,如图 4-21-6 所示。

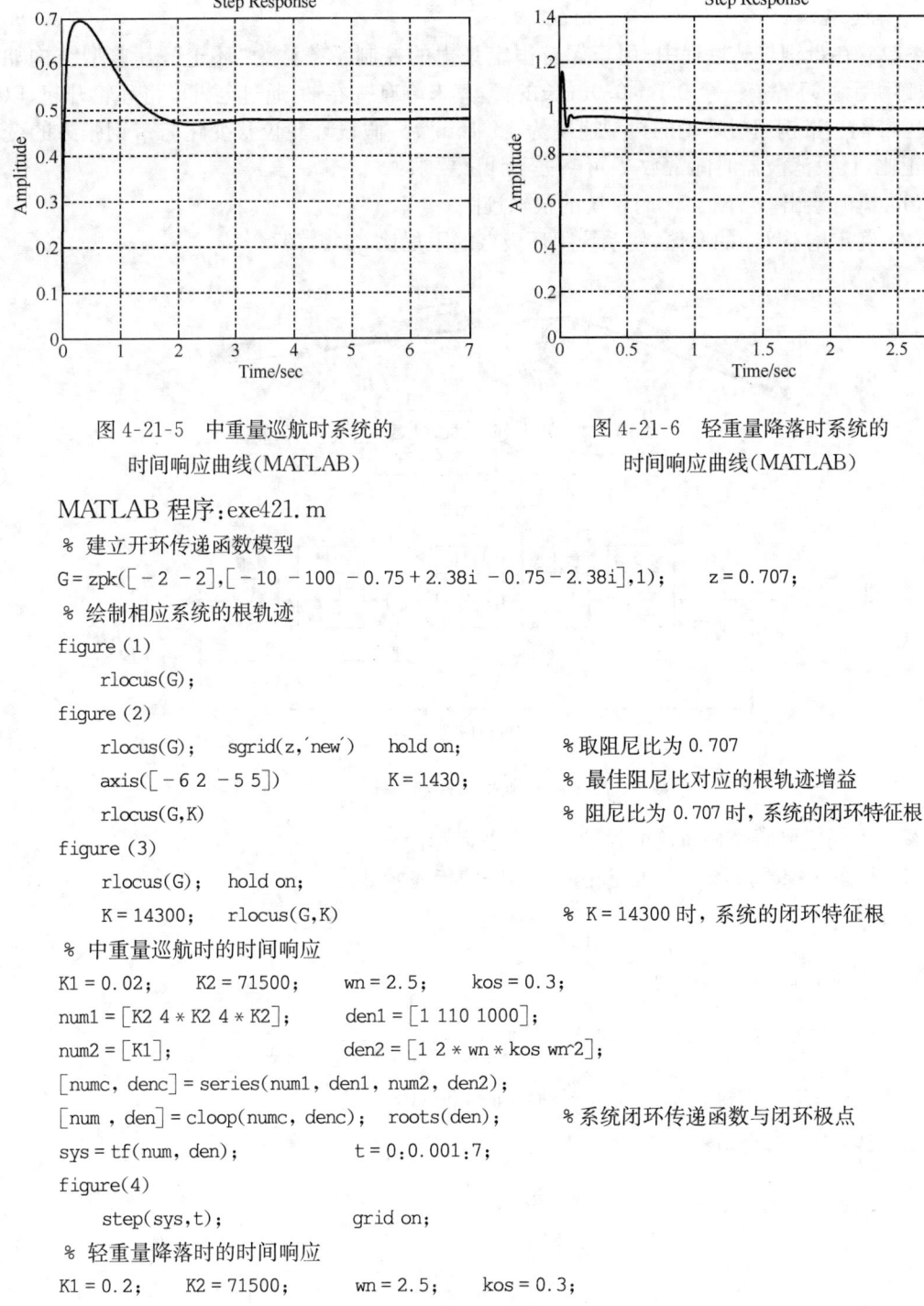

图 4-21-5 中重量巡航时系统的
时间响应曲线(MATLAB)

图 4-21-6 轻重量降落时系统的
时间响应曲线(MATLAB)

MATLAB 程序:exe421.m
% 建立开环传递函数模型
G = zpk([-2 -2],[-10 -100 -0.75+2.38i -0.75-2.38i],1);   z = 0.707;
% 绘制相应系统的根轨迹
figure(1)
    rlocus(G);
figure(2)
    rlocus(G);   sgrid(z,'new')   hold on;   % 取阻尼比为 0.707
    axis([-6 2 -5 5])   K = 1430;   % 最佳阻尼比对应的根轨迹增益
    rlocus(G,K)   % 阻尼比为 0.707 时,系统的闭环特征根
figure(3)
    rlocus(G);   hold on;
    K = 14300;   rlocus(G,K)   % K = 14300 时,系统的闭环特征根
% 中重量巡航时的时间响应
K1 = 0.02;   K2 = 71500;   wn = 2.5;   kos = 0.3;
num1 = [K2 4*K2 4*K2];   den1 = [1 110 1000];
num2 = [K1];   den2 = [1 2*wn*kos wn^2];
[numc, denc] = series(num1, den1, num2, den2);
[num, den] = cloop(numc, denc);   roots(den);   % 系统闭环传递函数与闭环极点
sys = tf(num, den);   t = 0:0.001:7;
figure(4)
    step(sys,t);   grid on;
% 轻重量降落时的时间响应
K1 = 0.2;   K2 = 71500;   wn = 2.5;   kos = 0.3;
num1 = [K2 4*K2 4*K2];   den1 = [1 110 1000];
num2 = [K1];   den2 = [1 2*wn*kos wn^2];
[numc, denc] = series(num1, den1, num2, den2);
[num, den] = cloop(numc, denc);   roots(den);   % 系统闭环传递函数与闭环极点
sys = tf(num, den);   t = 0:0.001:3;

figure(5)
  step(sys,t);   grid on;

4-22 在带钢热轧过程中,用于保持恒定张力的控制系统称为"环轮",其典型结构如图 4-46 所示。环轮有一个 0.6~0.9m 长的臂,其末端有一卷轴,通过电机可将环轮升起,以便挤压带钢。带钢通过环轮的典型速度为 10.16m/s。假设环轮位移变化与带钢张力的变化成正比,且设滤波器时间常数 T 可略去不计。要求:

(1) 概略绘出 $0 < K_a < \infty$ 时系统的根轨迹图;
(2) 确定增益 K_a 的取值,使系统闭环极点的阻尼比 $\zeta \geqslant 0.707$。

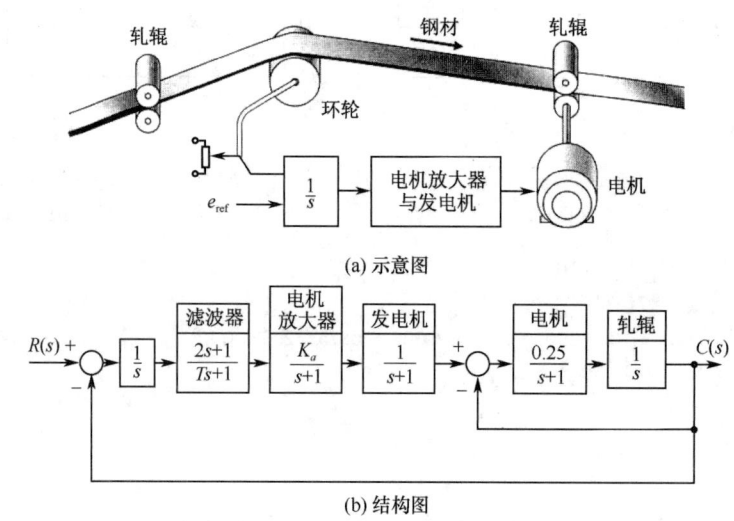

图 4-46 轧钢机控制系统

解 本题主要研究根轨迹的绘制及系统参数选择。

(1) 绘系统根轨迹图。电机与轧辊内回路的传递函数为

$$G_1(s) = \frac{0.25}{s(s+1)+0.25} = \frac{0.25}{(s+0.5)^2}$$

令 $T=0$,系统开环传递函数为

$$G(s) = \frac{0.5K_a(s+0.5)}{s(s+0.5)^2(s+1)^2} = \frac{K^*}{s(s+0.5)(s+1)^2}$$

式中,$K^* = 0.5K_a$。概略绘制根轨迹图的特征数据如下:

渐近线:交点与交角

$$\sigma_a = \frac{-2.5}{4} = -0.625, \qquad \varphi_a = \pm 45°, \pm 135°$$

分离点:由

$$\frac{1}{d} + \frac{1}{d+0.5} + \frac{2}{d+1} = 0$$

解出

$$d = -0.18$$

根轨迹与虚轴交点:闭环特征方程

$$s(s+0.5)(s+1)^2 + K^* = s^4 + 2.5s^3 + 2s^2 + 0.5s + K^* = 0$$

列劳斯表:

s^4	1	2	K^*
s^3	2.5	0.5	
s^2	1.8	K^*	
s^1	$\dfrac{0.9-2.5K^*}{1.8}$		
s^0	K^*		

令 $0.9-2.5K^*=0$，得 $K^*=0.36$。令
$$1.8s^2+K^*=0$$
代入 $s=\mathrm{j}\omega$ 及 $K^*=0.36$，解出 $\omega=0.447$。交点处 $K_a=2K^*=0.72$。

系统概略根轨迹图如图 4-22-1 所示。

(2) 确定使系统 $\zeta \geqslant 0.707$ 的 K_a。在根轨迹图上，作 $\zeta=0.707$ 阻尼比线，得系统主导极点

$$s_{1,2}=-0.155\pm\mathrm{j}0.155$$

利用模值条件，得 s_1 处的 $K^*=0.0612$；在分离点 d 处，$K^*=0.0387$。由于 $K_a=2K^*$，故取 $0.0774<K_a\leqslant 0.1224$，可使 $0.707\leqslant\zeta<1$；取 $K_a\leqslant 0.0774$，可使 $\zeta\geqslant 1$。

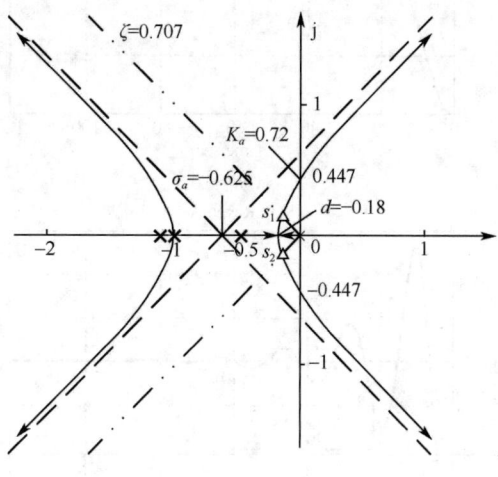

图 4-22-1　$1+\dfrac{0.5K_a}{s(s+1)^2(s+0.5)}=0$
概略根轨迹图

MATLAB 验证：

$\zeta=0.707$ 时，系统主导极点及增益和根轨迹分离点处系统增益如图 4-22-2 所示；系统根轨迹如图 4-22-3 所示。分别令 K_a 为 0.05, 0.11, 0.4 和 0.8，系统的单位阶跃响应如图 4-22-4 所示。

$K_a=0.11$ 时，系统动态性能　$\sigma\%=2.17\%$，　　$t_s=27.6\mathrm{s}$　$(\Delta=2\%)$
$K_a=0.4$ 时，系统动态性能　$\sigma\%=53.2\%$，　　$t_s=57.9\mathrm{s}$　$(\Delta=2\%)$

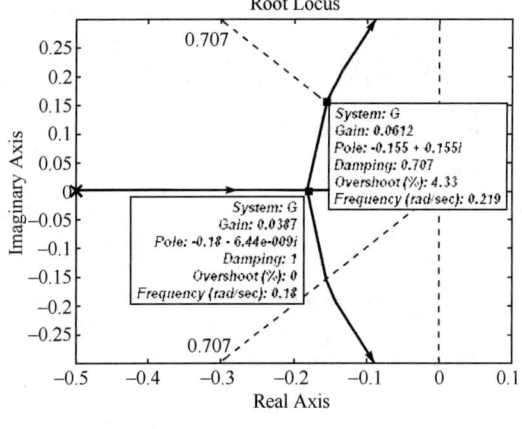

图 4-22-2　确定 $\zeta=0.707$ 以及分离点处的 K_a（MATLAB）

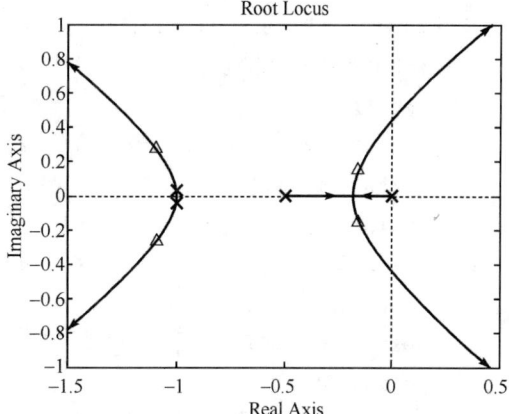

图 4-22-3　轧钢机系统根轨迹图（MATLAB）

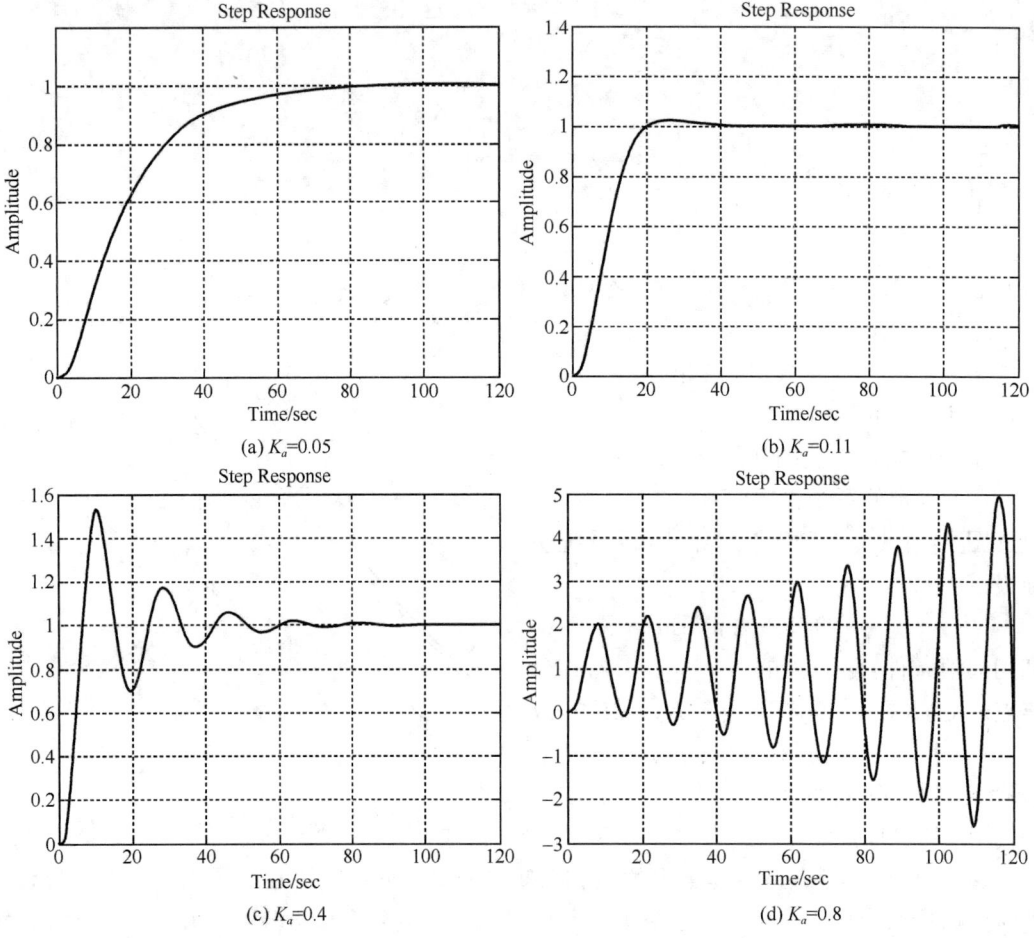

图 4-22-4　轧钢机系统时间响应（MATLAB）

MATLAB 程序：exe422.m

```
% 建立开环传递函数模型
G = zpk([],[-0 -0.5 -1 -1],1);      z = 0.707;
% 绘制相应系统的根轨迹
figure(1)
    rlocus(G);    sgrid(z,'new')    % 取阻尼比为 0.707
    axis([-0.5 0.1 -0.3 0.3])
figure(2)
    K = 0.0612;                     % 最佳阻尼比对应的根轨迹增益
    hold on;      rlocus(G,K)       % 阻尼比为 0.707 时，系统的闭环特征根
    axis([-1.5 0.5 -1 1])
    rlocus(G);
% Ka = 0.05,0.11,0.4,0.8 时的阶跃响应
Ka = 0.05;                          % Ka 可相应设置
numc = [0.5*Ka];   denc = [1 2.5 2 0.5 0];
```

```
[num, den] = cloop(numc, denc);        % 系统闭环传递函数
roots(den);                            % 系统闭环极点
sys = tf(num, den); t = 0:0.01:120;
figure(3)
    step(sys,t);    grid on;
```

4-23 图 4-47(a)是 V-22 鱼鹰型倾斜旋翼飞机示意图。V-22 既是一种普通飞机,又是一种直升机。当飞机起飞和着陆时,其发动机位置可以如图示那样,使 V-22 像直升机那样垂直起降;而在起飞后,它又可以将发动机旋转 90°,切换到水平位置,像普通飞机一样飞行。在直升机模式下,飞机的高度控制系统如图 4-47(b)所示。

(1) 概略绘出当控制器增益 K_1 变化时的系统根轨迹图,确定使系统稳定的 K_1 值范围;

(2) 当 $K_1=280$ 时,求系统对单位阶跃输入 $r(t)=1(t)$ 的实际输出 $h(t)$,并确定系统的超调量和调节时间($\Delta=2\%$);

(3) 当 $K_1=280$,$r(t)=0$ 时,求系统对单位阶跃扰动 $N(s)=1/s$ 的输出 $h_n(t)$;

(4) 若在 $R(s)$ 和第一个比较点之间增加一个前置滤波器

$$G_p(s) = \frac{0.5}{s^2+1.5s+0.5}$$

试重做问题(2)。

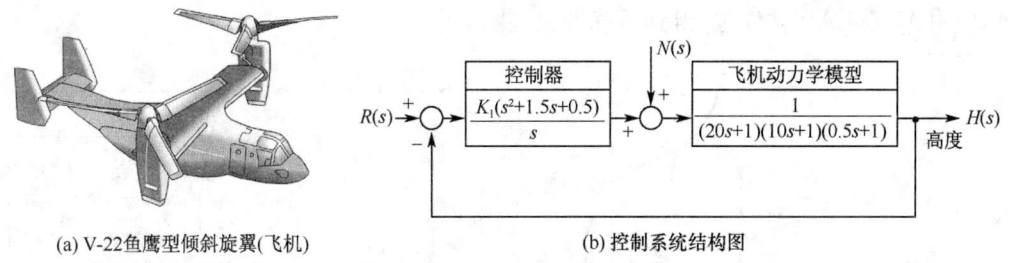

(a) V-22鱼鹰型倾斜旋翼(飞机)   (b) 控制系统结构图

图 4-47 V-22 旋翼机的高度控制系统

解 本题属于应用根轨迹法设计系统参数的综合性问题,其中包括引入前置滤波器,以抵消闭环零点的不利影响,改善系统性能。

(1) 绘制系统的根轨迹图。由图 4-47(b)知,系统开环传递函数

$$G(s) = \frac{K_1(s^2+1.5s+0.5)}{s(20s+1)(10s+1)(0.5s+1)} = \frac{K^*(s+0.5)(s+1)}{s(s+0.05)(s+0.1)(s+2)}$$

式中 $K^* = 0.01 K_1$

渐近线:交点与交角

$$\sigma_a = -0.325, \qquad \varphi_a = \pm 90°$$

分离点:

$$\frac{1}{d} + \frac{1}{d+0.05} + \frac{1}{d+0.1} + \frac{1}{d+2} = \frac{1}{d+0.5} + \frac{1}{d+1}$$
$$d = -0.022$$

根轨迹与虚轴交点:闭环特征方程为

$$s(s+0.05)(s+0.1)(s+2)+K^*(s+0.5)(s+1)=0$$

整理得
$$s^4+2.15s^3+(0.305+K^*)s^2+(0.01+1.5K^*)s+0.5K^*=0$$

列劳斯表：

s^4	1	$0.305+K^*$	$0.5K^*$
s^3	2.15	$0.01+1.5K^*$	
s^2	$0.3+0.302K^*$	$0.5K^*$	
s^1	$\dfrac{0.003-0.622K^*+0.453(K^*)^2}{0.3+0.302K^*}$		
s^0	$0.5K^*$		

令 $0.453(K^*)^2-0.622K^*+0.003=0$，解得
$$K_1^*=0.005, \quad K_2^*=1.368$$

令 $(0.3+0.302K^*)s^2+0.5K^*=0$，代入 $s=\mathrm{j}\omega$、K_1^* 及 K_2^*，解得
$$\omega_1=0.09, \quad \omega_2=0.977$$

绘出系统概略根轨迹图，如图 4-23-1 所示。

由于 $K_1=100K^*$，因此使系统稳定的 K_1 值范围为 $0<K_1<0.5$ 以及 $K_1>136.8$。

应用 MATLAB 软件包，得到系统根轨迹图如图 4-23-2 所示。

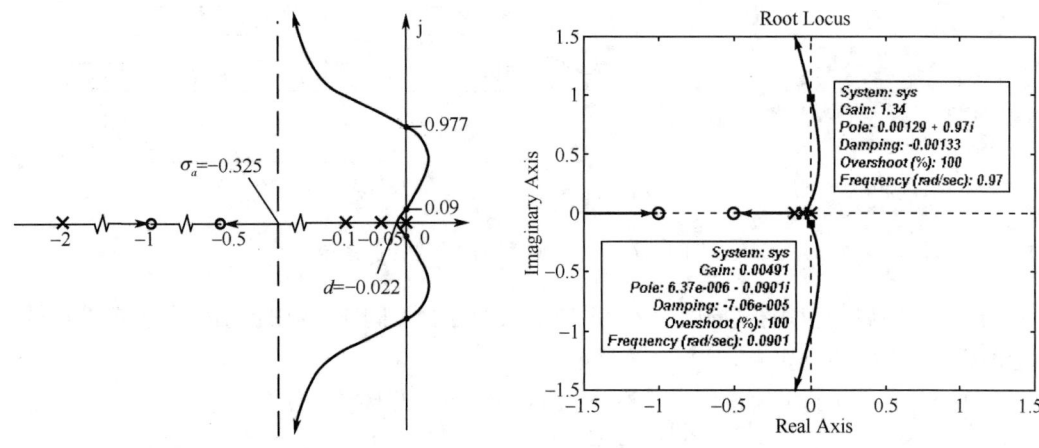

图4-23-1　$1+K_1\dfrac{s^2+1.5s+0.5}{s(20s+1)(10s+1)(0.5s+1)}=0$　图4-23-2　$1+K_1\dfrac{s^2+1.5s+0.5}{s(20s+1)(10s+1)(0.5s+1)}=0$

概略根轨迹图　　　　　　　　　　根轨迹图(MATLAB)

(2) 当 $K_1=280$ 时，确定系统单位阶跃输入响应。应用 MATLAB 软件包，得到单位阶跃输入时系统的输出响应曲线，如图 4-23-3 中(a)中虚线所示。由图可得
$$\sigma\%=92.1\%, \quad t_s=43.9\mathrm{s} \quad (\Delta=2\%)$$

显然，系统动态性能不佳。

(3) 当 $K_1=280$ 时，确定系统单位阶跃扰动响应。应用 MATLAB 软件包，得到单位阶跃扰动输入下系统的输出响应曲线，如图 4-23-3 中(b)所示。由图可见，扰动响应是振荡

的,但最大振幅约为 0.003,故可略去不计。

(4) 有前置滤波器时,系统的单位阶跃输入响应($K_1=280$)。无前置滤波器时,闭环传递函数

$$\Phi_1(s) = \frac{2.8(s+0.5)(s+1)}{s^4+2.15s^3+3.105s^2+4.21s+1.4}$$

有前置滤波器 $G_p(s)=\dfrac{0.5}{s^2+1.5s+0.5}$ 时,闭环传递函数

$$\Phi_2(s) = G_p(s) \cdot \Phi_1(s) = \frac{1.4}{s^4+2.15s^3+3.105s^2+4.21s+1.4}$$

可见,$\Phi_1(s)$ 与 $\Phi_2(s)$ 有相同的极点,但 $\Phi_1(s)$ 有 -0.5 和 -1 两个闭环零点,虽可加快响应速度,但却极大增加了振荡幅度,使超调量过大;而 $\Phi_2(s)$ 的闭环零点被前置滤波器完全对消,因而最终改善了系统动态性能。

应用 MATLAB 软件包,得有前置滤波器时系统的单位阶跃响应如图 4-23-3(a)中实线所示。

$$\sigma\% = 7.08\%, \quad t_s = 25.8\text{s} \quad (\Delta = 2\%)$$

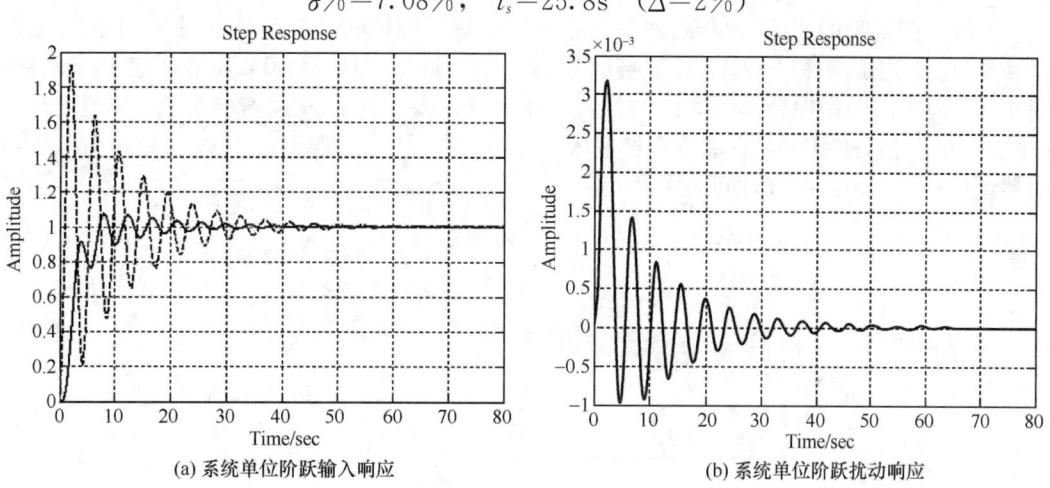

(a) 系统单位阶跃输入响应   (b) 系统单位阶跃扰动响应

图 4-23-3   V-22 旋翼机的高度时间响应(MATLAB)

MATLAB 程序:exe423.m

```
% 建立开环传递函数模型
G = zpk([-0.5 -1],[0 -0.05 -0.1 -2],1);
% 绘制相应系统的根轨迹
figure
    rlocus(G);    axis([-1.5,1.5,-1.5,1.5]);
% 系统输入时间响应
% 原系统
K = 280;
num1 = [K 1.5*K 0.5*K];
den1 = [0 0 1 0];
num2 = [1];  den2 = [100 215 30.5 1];
[numc, denc] = series(num1,den1,num2,den2);
[numr, denr] = cloop(numc,denc);
```

```
sysr = tf(numr, denr);    t = 0: 0.01:80;
figure
    step(sysr,t);       hold on;
% 添加前置滤波器
numf = [0.5];   denf = [1 1.5 0.5];
[num, den] = series(numr,denr,numf,denf);
sys = tf(num, den);
    step(sys,t);        grid
% 系统扰动时间响应
K = 280;
numh = [K 1.5 * K 0.5 * K]; denh = [0 0 1 0];
numg = [1];   deng = [100 215 30.5 1];
[numn,denn] = feedback(numg,deng,numh,denh);
sysn = tf(numn, denn)
figure
    step(sysn,t);       grid
```

4-24 在未来的智能汽车-高速公路系统中汇集了各种电子设备,可以提供事故、堵塞、路径规划、路边服务和交通控制等实时信息。图 4-48(a)所示为自动化高速公路系统,图 4-48(b)给出的是保持车辆间距的位置控制系统。要求选择放大器增益 K_a 和速度反馈系数 K_t 的取值,使系统响应单位斜坡输入 $R(s)=1/s^2$ 的稳态误差小于 0.5,单位阶跃响应的超调量小于 10%,调节时间小于 $2s(\Delta=5\%)$。

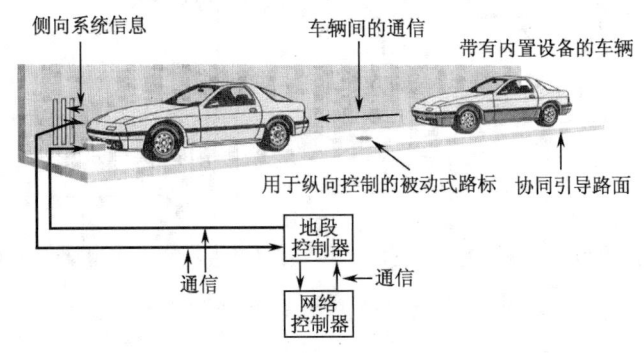

(a) 自动化高速公路系统

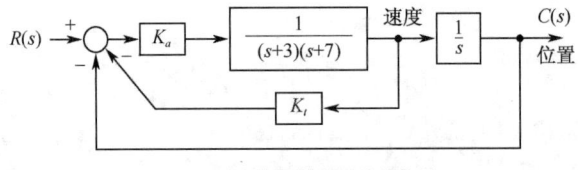

(b) 车辆间距控制系统结构图

图 4-48 智能汽车-高速公路系统

解 本题应用等效根轨迹技术及 MATLAB 设计软件包,确定多个系统参数的取值。设计过程中,需要综合运用劳斯稳定判据、稳态误差计算法、主导极点法以及动态性能估算法等知识。

(1) 稳定性要求。由图 4-48(b)知,速度反馈内回路传递函数

$$G_1(s) = \frac{K_a}{(s+3)(s+7)+K_tK_a}$$

开环传递函数

$$G(s) = \frac{K_a}{s(s^2+10s+21+K_tK_a)} = \frac{\dfrac{K_a}{21+K_tK_a}}{s\left(\dfrac{s^2}{21+K_tK_a}+\dfrac{10s}{21+K_tK_a}+1\right)}$$

式中，速度误差系数

$$K_v = \frac{K_a}{21+K_tK_a}$$

闭环传递函数

$$\Phi(s) = \frac{K_a}{s(s^2+10s+21+K_tK_a)+K_a} = \frac{K_a}{s^3+10s^2+(21+K_tK_a)s+K_a}$$

首先，K_t 和 K_a 的选取应保证闭环系统具有稳定性。列劳斯表如下：

s^3	1	$21+K_tK_a$
s^2	10	K_a
s^1	$\dfrac{10(21+K_tK_a)-K_a}{10}$	
s^0	K_a	

由劳斯稳定判据知：使闭环系统稳定的充分必要条件是

$$K_a > 0, \quad \frac{10(21+K_tK_a)-K_a}{10} > 0$$

也即

$$K_a > 0, \quad K_t > 0.1 - \frac{21}{K_a}$$

(2) 稳态误差要求。根据系统在单位斜坡输入下的稳态误差要求

$$e_{ss}(\infty) = \frac{1}{K_v} = \frac{21+K_tK_a}{K_a} < 0.5$$

导出

$$K_a(0.5-K_t) > 21$$

由于要求 $K_a > 0$，故应有 $(0.5-K_t) > 0$，因此要求

$$K_t < 0.5 - \frac{21}{K_a}$$

从系统稳态性能（稳定性与稳态误差）考虑，K_t 和 K_a 的选取应满足

$$K_a > 0, \quad 0.5 - \frac{21}{K_a} > K_t > 0.1 - \frac{21}{K_a}$$

由于 $K_t > 0$，故应有 $K_a > 42$。于是，K_t 和 K_a 选取时应满足的条件可进一步表示为

$$K_a > 42, \quad 0 < K_t < 0.5 - \frac{21}{K_a}$$

显然，取 $K_t = 0.25, K_a > \dfrac{21}{0.5-K_t} = 84$ 是一组允许值。K_a 的最终确定，可根据对系统动态性能要求去选取。

(3) 动态性能要求。对于二阶系统，若取阻尼比 $\zeta = 0.6$，则 $\sigma\% = 9.5\% < 10\%$，因为要求

$$t_s = \frac{3.5}{\sigma} < 2 \quad (\Delta = 5\%)$$

故应保证 $\sigma > 1.75$。

在 s 平面上,作了 $\zeta = 0.6$ 和 $\sigma > 1.75$ 扇形区,令 $K_t = 0.25$,K_a 从 $0 \to \infty$,作系统根轨迹。在根轨迹图上,K_a 的最终确定应使闭环极点位于扇形区域内。闭环特征方程

$$D(s) = (s^3 + 10s^2 + 21s) + 0.25K_a(s+4) = 0$$

等效根轨迹方程

$$1 + K^* \frac{s+4}{s(s+3)(s+7)} = 0$$

式中,$K^* = 0.25K_a$。根轨迹参数:

渐近线:
$$\sigma_a = -3, \quad \varphi_a = \pm 90°$$

分离点:由
$$\frac{1}{d} + \frac{1}{d+3} + \frac{1}{d+7} = \frac{1}{d+4}$$

解出
$$d = -1.78$$

系统概略根轨迹如图 4-24-1 所示。图中,复数根轨迹分支与 $\zeta = 0.6$ 阻尼比线的交点为
$$s_{1,2} = -2.5 \pm j3.33$$

s_1 点处的根轨迹增益 $K^* = 21.5$,相应的
$$K_a = \frac{K^*}{0.25} = 86, \quad K_v = \frac{K_a}{21 + K_t K_a} = 2.024$$

根据模值条件 $K^* = 21.5$,可以确定第三个闭环极点 $s_3 = -4.92$。此时系统的近似性能
$$\sigma\% = 9.5\% < 10\%$$
$$t_s = \frac{3.5}{2.5} = 1.4\text{s} < 2.0\text{s} \quad (\Delta = 5\%), \quad e_{ss}(\infty) = \frac{1}{K_v} = \frac{1}{2.024} = 0.494 < 0.5$$

满足全部设计指标要求。

基于 MATLAB 软件包,图 4-24-2 给出 $\zeta = 0.6$ 时的根轨迹增益,用以确定 K_a 值;车辆间距控制系统根轨迹图,如图 4-24-3 所示,图中 △ 表示 $\zeta = 0.6$ 时系统的闭环极点。

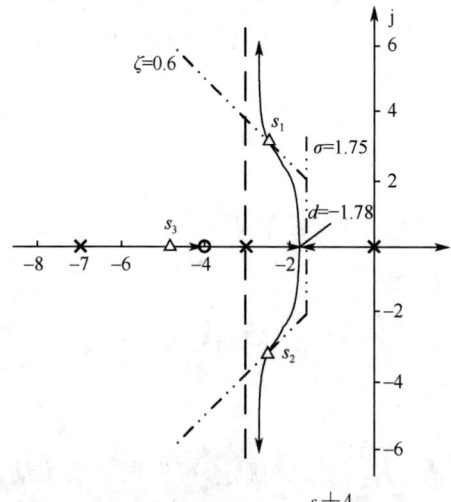

图 4-24-1 $1 + 0.25K_a \frac{s+4}{s(s+3)(s+7)} = 0$ 概略根轨迹图

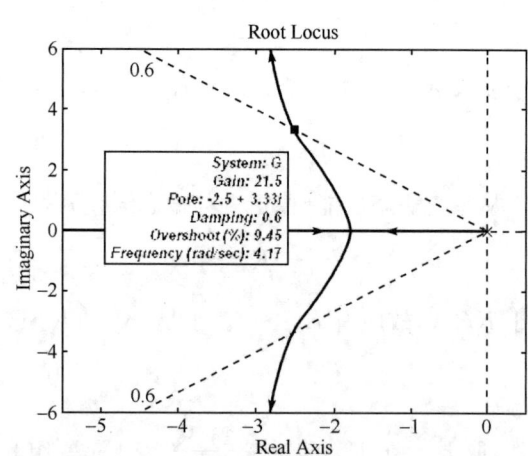

图 4-24-2 确定 $\zeta = 0.6$ 处的 K_a(MATLAB)

(4) 设计指标验证。由于实际系统为无有限零点的三阶系统,负实极点 $s_3 = -4.92$ 会增大系统阻尼,减小超调量。这里仅验证设计指标中的动态性能。作 MATLAB 程序,可得实际系统的单位阶跃输入响应,如图 4-24-4 所示。

由图 4-24-4 可得系统的动态性能

$$\sigma\% = 5\%, \quad t_s = 1.61\text{s} \quad (\Delta = 2\%)$$

或

$$\sigma\% = 5\%, \quad t_s = 1.28\text{s} \quad (\Delta = 5\%)$$

结果满足设计指标要求。

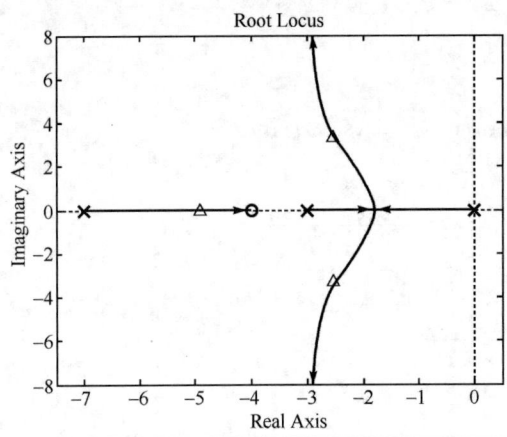 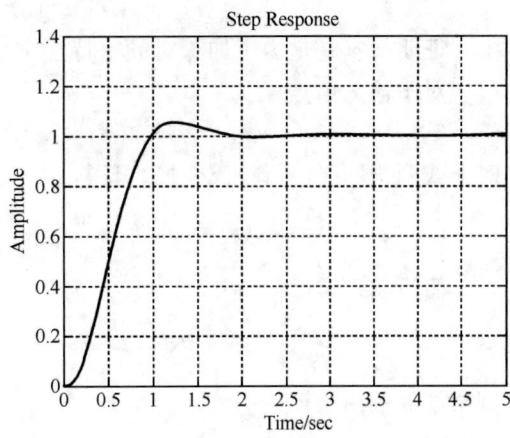

图 4-24-3　控制系统根轨迹图(MATLAB)　　图 4-24-4　控制系统的单位阶跃响应(MATLAB)

MATLAB 程序:exe424.m

```
% 建立等效开环传递函数模型
G = zpk([-4],[0 -3 -7],1);           z = 0.6;
% 绘制相应系统的根轨迹
figure(1)
    rlocus(G);         sgrid(z,'new')        % 取阻尼比为 0.6
    axis([-5.5 0.5 -6 6])
figure(2)
    K = 21.5;          rlocus(G);            % 最佳阻尼比对应的根轨迹增益
    hold on;           rlocus(G,K)           % 阻尼比为 0.6 时,系统的闭环特征根
% 控制系统的阶跃响应
Ka = 86;               Kt = 0.25;
numc = [Ka];           denc = [1 10 21+Ka*Kt 0];   % 系统开环传递函数
[num,den] = cloop(numc,denc);                % 系统闭环传递函数
roots(den);                                  % 系统闭环极点
sys = tf(num,den);     t = 0:0.005:5;
figure(3)
    step(sys,t);       grid on;
```

第五章 线性系统的频域分析法

5-1 设系统闭环稳定,闭环传递函数为 $\Phi(s)$。试根据频率特性的定义证明:输入为余弦函数 $r(t)=A\cos(\omega t+\varphi)$ 时,系统的稳态输出为

$$c_{ss}(t) = A \cdot |\Phi(j\omega)| \cos[\omega t + \varphi + \angle \Phi(j\omega)]$$

证明 本题是为了加深对频率特性定义的理解。

对于输入信号

$$r(t) = A\cos(\omega t + \varphi) = A\cos\omega t \cos\varphi - A\sin\omega t \sin\varphi$$

对上式两边同时进行拉氏变换,可得

$$R(s) = A\frac{s\cos\varphi}{s^2+\omega^2} - A\frac{\omega\sin\varphi}{s^2+\omega^2} = A\frac{s\cos\varphi - \omega\sin\omega}{s^2+\omega^2}$$

假设闭环传递函数 $\Phi(s)$ 可表示为

$$\Phi(s) = \frac{M(s)}{(s+s_1)(s+s_2)\cdots(s+s_n)}$$

则系统的输出为

$$C(s) = \Phi(s)R(s) = \frac{M(s)}{(s+s_1)(s+s_2)\cdots(s+s_n)} \cdot A \cdot \frac{s\cos\varphi - \omega\sin\omega}{s^2+\omega^2}$$

上式的因式分解式为

$$C(s) = \sum_{i=1}^{n} \frac{D_i}{s+s_i} + \frac{B_1}{s+j\omega} + \frac{B_2}{s-j\omega}$$

对等式两边同时进行拉氏反变换,可得

$$c(t) = \sum_{i=1}^{n} D_i e^{-s_i t} + B_1 e^{-j\omega t} + B_2 e^{j\omega t}$$

由于闭环系统稳定,$\mathrm{Re}s_i < 0, i=1,2,\cdots,n$,故系统稳态输出为

$$c_{ss}(t) = B_1 e^{-j\omega t} + B_2 e^{j\omega t}$$

其中

$$B_1 = \lim_{s \to -j\omega} A\Phi(s) \frac{s\cos\varphi - \omega\sin\omega}{s-j\omega} = \frac{1}{2}A|\Phi(j\omega)| e^{-j\angle \Phi(j\omega)}(\cos\varphi - j\sin\varphi)$$

$$B_2 = \lim_{s \to j\omega} A\Phi(s) \frac{s\cos\varphi - \omega\sin\omega}{s+j\omega} = \frac{1}{2}A|\Phi(j\omega)| e^{j\angle \Phi(j\omega)}(\cos\varphi + j\sin\varphi)$$

所以可得

$$c_{ss}(t) = \frac{1}{2}A \cdot |\Phi(j\omega)| \cdot [e^{-j[\angle\Phi(j\omega)+\omega t]}(\cos\varphi - j\sin\varphi) + e^{j[\angle\Phi(j\omega)+\omega t]}(\cos\varphi + j\sin\varphi)]$$

$$= A \cdot |\Phi(j\omega)| \{\cos\varphi\cos[\omega t + \angle\Phi(j\omega)] - \sin\varphi\sin[\omega t + \angle\Phi(j\omega)]\}$$

$$= A \cdot |\Phi(j\omega)| \cos[\omega t + \varphi + \angle\Phi(j\omega)]$$

证毕。

5-2 若系统单位阶跃响应

$$c(t) = 1 - 1.8e^{-4t} + 0.8e^{-9t}$$

试确定系统的频率特性。

解 本题可以根据系统的阶跃响应求出系统的传递函数,进而求出系统的频率特性。

对系统单位阶跃响应
$$c(t) = 1 - 1.8e^{-4t} + 0.8e^{-9t}$$

在零初始状态下进行拉氏变换,得
$$C(s) = \frac{1}{s} - \frac{1.8}{s+4} + \frac{0.8}{s+9} = \frac{36}{s(s+4)(s+9)}$$

由于系统的输入信号为阶跃信号,即 $R(s) = \frac{1}{s}$,故系统的传递函数为
$$\Phi(s) = \frac{C(s)}{R(s)} = \frac{36}{(s+4)(s+9)}$$

所以,系统的幅频特性为
$$M(\omega) = |\Phi(j\omega)| = \frac{36}{\sqrt{(16+\omega^2)(81+\omega^2)}}$$

相频特性为
$$\alpha(\omega) = \angle \Phi(j\omega) = -\arctan\frac{\omega}{4} - \arctan\frac{\omega}{9}$$

5-3 设系统结构图如图 5-61 所示,试确定在输入信号
$$r(t) = \sin(t + 30°) - \cos(2t - 45°)$$
作用下,系统的稳态误差 $e_{ss}(t)$。

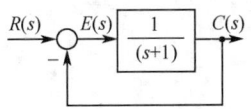

图 5-61 控制系统结构图

解 本题先根据控制系统的结构图求出系统的误差传递函数,再根据输入信号为正弦信号(余弦信号),利用频率特性的定义,求出系统的稳态误差。

由系统结构图可知,系统的误差传递函数为
$$\Phi_e(s) = \frac{E(s)}{R(s)} = \frac{s+1}{s+2}$$

则其频率特性为
$$\Phi_e(j\omega) = \frac{1+j\omega}{2+j\omega} = \sqrt{\frac{1+\omega^2}{4+\omega^2}} e^{j\left(\arctan\omega - \arctan\frac{\omega}{2}\right)}$$

由频率特性定义可知,当输入信号 $r(t) = \sin(t+30°) - \cos(2t-45°)$ 时,利用线性系统的可加性,则系统的稳态误差为
$$\begin{aligned}e_{ss}(t) =& \sqrt{\frac{1+\omega^2}{4+\omega^2}}\bigg|_{\omega=1} \sin\left[t + 30° + \left(\arctan\omega - \arctan\frac{\omega}{2}\right)\bigg|_{\omega=1}\right]\\
&- \sqrt{\frac{1+\omega^2}{4+\omega^2}}\bigg|_{\omega=2} \cos\left[2t - 45° + \left(\arctan\omega - \arctan\frac{\omega}{2}\right)\bigg|_{\omega=2}\right]\\
=& 0.632\sin(t + 48.43°) - 0.791\cos(2t - 26.57°)\end{aligned}$$

5-4 二阶系统的开环传递函数
$$G(s) = \frac{\omega_n^2}{s(s + 2\zeta\omega_n)}$$

当取 $r(t) = 2\sin t$ 时,系统的稳态输出 $c_{ss}(t) = 2\sin(t - 45°)$,试确定系统参数 ω_n, ζ。

解 本题主要考查根据频率特性的定义,已知输入为正弦信号时系统的稳态输出,求解系统的参数。注意,系统的稳态输出是指闭环系统的输出,故在求系统稳态输出时,应从系统的闭环传递函数着手。

系统闭环传递函数

$$\Phi(s) = \frac{\omega_n^2}{s^2 + 2\zeta\omega_n s + \omega_n^2}$$

则系统的幅频特性为

$$M(\omega) = |\Phi(j\omega)| = \frac{\omega_n^2}{\sqrt{(\omega_n^2 - \omega^2)^2 + 4\zeta^2\omega_n^2\omega^2}}$$

相频特性为

$$\alpha(\omega) = -\arctan\frac{2\zeta\omega_n\omega}{\omega_n^2 - \omega^2}$$

由题设条件知,系统稳态输出

$$c_{ss}(t) = 2\sin(t - 45°) = 2M(1)\sin[t + \alpha(1)]$$

其中

$$M(1) = \frac{\omega_n^2}{\sqrt{(\omega_n^2 - \omega^2)^2 + 4\zeta^2\omega_n^2\omega^2}}\bigg|_{\omega=1} = \frac{\omega_n^2}{\sqrt{(\omega_n^2 - 1)^2 + 4\zeta^2\omega_n^2}} = 1$$

$$\alpha(1) = -\arctan\frac{2\zeta\omega_n\omega}{\omega_n^2 - \omega^2}\bigg|_{\omega=1} = -\arctan\frac{2\zeta\omega_n}{\omega_n^2 - 1} = -45°$$

故有

$$\omega_n^4 = (\omega_n^2 - 1)^2 + 4\zeta^2\omega_n^2$$
$$2\zeta\omega_n = (\omega_n^2 - 1)$$

解得

$$\omega_n = 1.847, \quad \zeta = 0.653$$

5-5 已知系统开环传递函数

$$G(s)H(s) = \frac{K(\tau s + 1)}{s^2(Ts + 1)}, \quad K、\tau、T > 0$$

试分析并绘制 $\tau > T$ 和 $T > \tau$ 情况下的概略开环幅相特性曲线。

解 本题主要考查根据系统参数之间的关系绘制开环幅相特性曲线,掌握系统参数变化对开环幅相特性曲线的影响。

系统的开环频率特性

$$G(j\omega)H(j\omega) = \frac{K(1 + j\tau\omega)}{-\omega^2(1 + jT\omega)} = -\frac{K(1 + T\tau\omega^2)}{\omega^2(1 + T^2\omega^2)} - j\frac{K(\tau - T)\omega}{\omega^2(1 + T^2\omega^2)}$$

开环幅相特性曲线的起点 $G(j0_+)H(j0_+) = \infty\angle-180°$;终点:$G(j\infty)H(j\infty) = 0\angle-180°$,且与实轴无交点。

若 $\tau > T$,则 $\text{Re}[G(j\omega)H(j\omega)] < 0$,$\text{Im}[G(j\omega)H(j\omega)] < 0$,故开环幅相特性曲线位于第 III 象限,如图 5-5-1 所示;若 $\tau < T$,则 $\text{Re}[G(j\omega)H(j\omega)] < 0$,$\text{Im}[G(j\omega)H(j\omega)] > 0$,故开环幅相特性曲线位于第 II 象限,如图 5-5-2 所示。

MATLAB 验证:设 $K=1, T=1, \tau=2$,则系统开环幅相特性曲线如图 5-5-3 所示;设 $K=1, T=2, \tau=1$,则系统开环幅相特性曲线如图 5-5-4 所示。

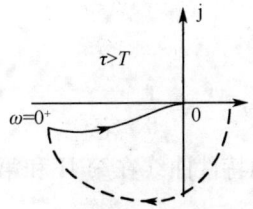
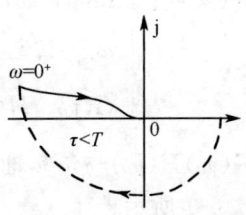

图 5-5-1　$\tau>T$ 时开环幅相特性曲线　　　　图 5-5-2　$\tau<T$ 时开环幅相特性曲线

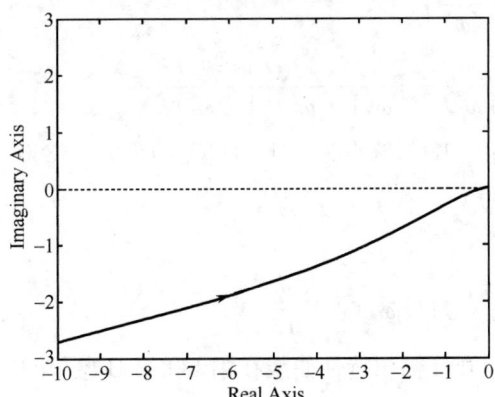
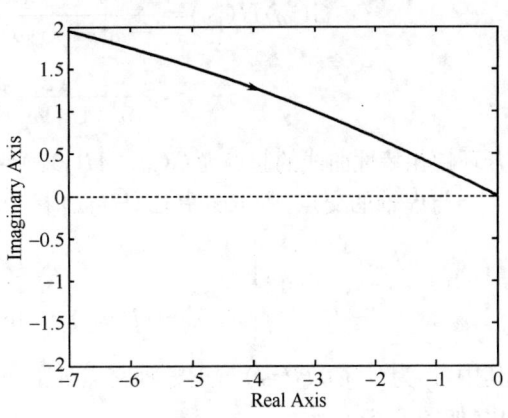

图 5-5-3　$K=1,T=1,\tau=2$ 时开环幅相特性曲线(MATLAB)　　图 5-5-4　$K=1,T=2,\tau=1$ 时开环幅相特性曲线(MATLAB)

MATLAB 程序：exe505.m

```
K=1;t=2;T=1;
G1=tf(K*[t,1],conv([1,0,0],[T,1]));    % 确定系统的传递函数
figure(1);nyquist(G1);                 % 绘制系统的开环幅相特性曲线
K=1;t=1;T=2;
G2=tf(K*[t,1],conv([1,0,0],[T,1]));
figure(2);nyquist(G2);
```

5-6 已知系统开环传递函数

$$G(s)H(s)=\frac{1}{s^{\nu}(s+1)(s+2)}$$

试分别绘制 $\nu=1、2、3、4$ 时系统的概略开环幅相特性曲线。

解　本题主要考查根据系统不同的型别绘制开环幅相特性曲线的方法，加深了解系统的不同型别对开环幅相曲线的影响。

系统的开环频率特性

$$G(j\omega)H(j\omega)=\frac{1}{(j\omega)^{\nu}(1+j\omega)(2+j\omega)}$$

（1）当 $\nu=1$ 时

$$G(j\omega)H(j\omega)=\frac{1}{(j\omega)(1+j\omega)(2+j\omega)}=-\frac{3}{(1+\omega^2)(4+\omega^2)}-j\frac{(2-\omega^2)}{\omega(1+\omega^2)(4+\omega^2)}$$

开环幅相特性曲线的起点为 $G(j0_+)H(j0_+)=\infty\angle-90°$，终点为 $G(j\infty)H(j\infty)=0\angle-270°$。

与实轴的交点：令 $\text{Im}[G(j\omega)H(j\omega)]=0$，解得

$$\begin{cases} \omega_x = \sqrt{2} \\ G(j\omega_x)H(j\omega_x) = \text{Re}[G(j\omega_x)H(j\omega_x)] = -\dfrac{1}{6} \end{cases}$$

其中 ω_x 为 $G(j\omega)H(j\omega)$ 与负实轴交点处的频率。开环幅相特性曲线在第 II 和第 III 象限间变化，如图 5-6-1 所示。

(2) 当 $\nu=2$ 时

$$G(j\omega)H(j\omega) = \frac{1}{-\omega^2(1+j\omega)(2+j\omega)}$$
$$= -\frac{(2-\omega^2)}{\omega^2(1+\omega^2)(4+\omega^2)} + j\frac{3}{\omega(1+\omega^2)(4+\omega^2)}$$

开环幅相特性曲线的起点为 $G(j0_+)H(j0_+)=\infty\angle-180°$，终点为 $G(j\infty)H(j\infty)=0\angle-360°$。

与虚轴的交点：令 $\text{Re}[G(j\omega)H(j\omega)]=0$，解得

$$\begin{cases} \omega_y = \sqrt{2} \\ G(j\omega_y)H(j\omega_y) = \text{Im}[G(j\omega_y)H(j\omega_y)] = \dfrac{\sqrt{2}}{12} \end{cases}$$

其中 ω_y 为 $G(j\omega)H(j\omega)$ 与正虚轴交点处的频率。开环幅相特性曲线在第 I 和第 II 象限间变化，如图 5-6-1 所示。

(3) 当 $\nu=3$ 时

$$G(j\omega)H(j\omega) = \frac{1}{-j\omega^3(1+j\omega)(2+j\omega)}$$
$$= \frac{3}{\omega^2(1+\omega^2)(4+\omega^2)} + j\frac{2-\omega^2}{\omega^3(1+\omega^2)(4+\omega^2)}$$

开环幅相特性曲线的起点为 $G(j0_+)H(j0_+)=\infty\angle-270°$，终点为 $G(j\infty)H(j\infty)=0\angle-450°$。

与实轴的交点：令 $\text{Im}[G(j\omega)H(j\omega)]=0$，解得

$$\begin{cases} \omega_x = \sqrt{2} \\ G(j\omega_x)H(j\omega_x) = \text{Re}[G(j\omega_x)H(j\omega_x)] = \dfrac{1}{12} \end{cases}$$

其中 ω_x 为 $G(j\omega)H(j\omega)$ 与正实轴交点处的频率。开环幅相特性曲线在第 I 和第 IV 象限间变化，如图 5-6-1 所示。

(4) 当 $\nu=4$ 时

$$G(j\omega)H(j\omega) = \frac{1}{\omega^4(1+j\omega)(2+j\omega)} = \frac{2-\omega^2}{\omega^4(1+\omega^2)(4+\omega^2)} - j\frac{3}{\omega^3(1+\omega^2)(4+\omega^2)}$$

开环幅相特性曲线的起点为 $G(j0_+)H(j0_+)=\infty\angle-360°$，终点为 $G(j\infty)H(j\infty)=0\angle-540°$。

与虚轴的交点：令 $\text{Re}[G(j\omega)H(j\omega)]=0$，解得

$$\begin{cases} \omega_y = \sqrt{2} \\ G(j\omega_y)H(j\omega_y) = \text{Im}[G(j\omega_y)H(j\omega_y)] = -\dfrac{\sqrt{2}}{24} \end{cases}$$

其中 ω_y 为 $G(j\omega)H(j\omega)$ 与负虚轴交点处的频率。开环幅相特性曲线在第 III 和第 IV 象限

间变化,如图 5-6-1 所示。

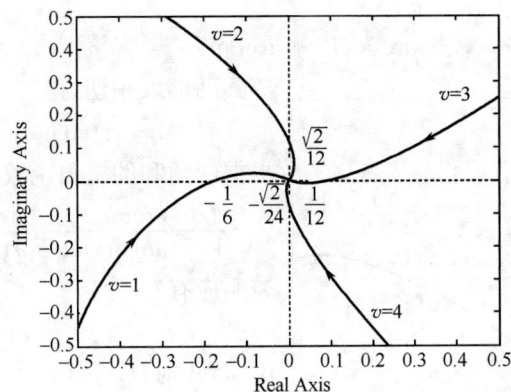

图 5-6-1　$v=1、2、3、4$ 时,$G(\mathrm{j}\omega)H(\mathrm{j}\omega)=\dfrac{1}{(\mathrm{j}\omega)^v(1+\mathrm{j}\omega)(2+\mathrm{j}\omega)}$ 幅相特性曲线(MATLAB)

MATLAB 程序:exe506.m
% 确定传递函数的分子系数
num = [1];
% 确定 v = 1,2,3,4 系统传递函数的分母系数
den1 = [1,3,2,0];
den2 = [1,3,2,0,0];
den3 = [1,3,2,0,0,0];
den4 = [1,3,2,0,0,0,0];
% 分别绘制 v = 1,2,3,4 系统的开环幅相曲线
nyquist(num,den1);hold on;
nyquist(num,den2);hold on;
nyquist(num,den3);hold on;
nyquist(num,den4);hold on;
% 确定坐标轴的范围
axis([- 0.5,0.5, - 0.5,0.5]); hold off;

5-7 已知系统开环传递函数

$$G(s)=\dfrac{K(-T_2s+1)}{s(T_1s+1)},\qquad K、T_1、T_2>0$$

当取 $\omega=1$ 时,$\angle G(\mathrm{j}\omega)=-180°$,$|G(\mathrm{j}\omega)|=0.5$。当输入为单位速度信号时,系统稳态误差为 0.1,试写出系统开环频率特性表达式。

解　本题主要考查对幅频特性和相频特性定义的理解,并结合系统的稳态误差,求取系统的参数。

系统的开环频率特性

$$G(\mathrm{j}\omega)=\dfrac{K(1-\mathrm{j}T_2\omega)}{\mathrm{j}\omega(1+\mathrm{j}T_1\omega)}=\dfrac{K}{\omega}\dfrac{\sqrt{1+T_2^2\omega^2}}{\sqrt{1+T_1^2\omega^2}}\mathrm{e}^{-\mathrm{j}(\arctan T_2\omega+90°+\arctan T_1\omega)}$$

由 $\omega=1$ 时$\angle G(\mathrm{j}\omega)=-180°$,可得

$$-\arctan T_2 - 90° - \arctan T_1 = -180°$$

应有
$$\arctan T_1 + \arctan T_2 = 90°$$

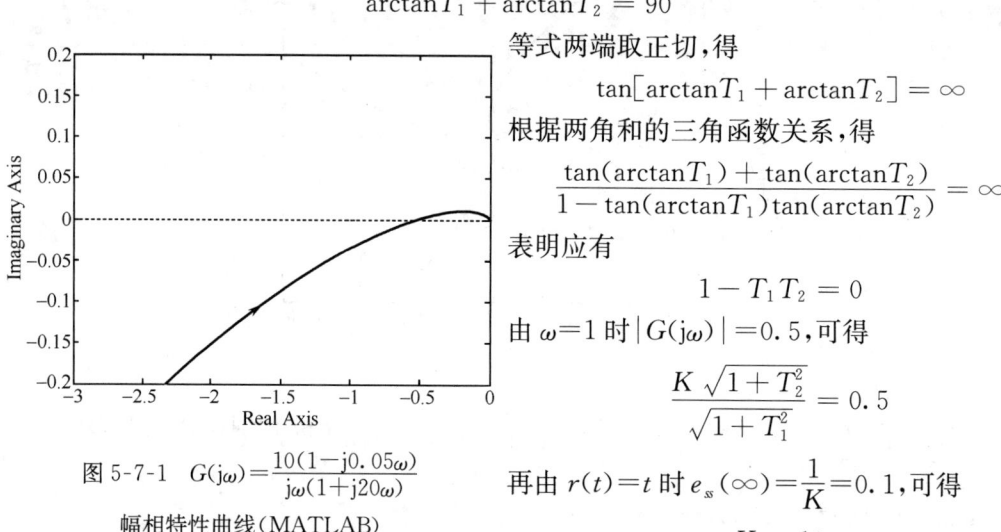

图 5-7-1 $G(j\omega) = \dfrac{10(1-j0.05\omega)}{j\omega(1+j20\omega)}$ 幅相特性曲线（MATLAB）

等式两端取正切，得
$$\tan[\arctan T_1 + \arctan T_2] = \infty$$

根据两角和的三角函数关系，得
$$\dfrac{\tan(\arctan T_1) + \tan(\arctan T_2)}{1 - \tan(\arctan T_1)\tan(\arctan T_2)} = \infty$$

表明应有
$$1 - T_1 T_2 = 0$$

由 $\omega=1$ 时 $|G(j\omega)|=0.5$，可得
$$\dfrac{K\sqrt{1+T_2^2}}{\sqrt{1+T_1^2}} = 0.5$$

再由 $r(t)=t$ 时 $e_{ss}(\infty) = \dfrac{1}{K} = 0.1$，可得
$$K = 10$$

于是由上述三个方程，可解得
$$T_1 = 20, \quad T_2 = 0.05, \quad K = 10$$

故系统的开环频率特性为
$$G(j\omega) = \dfrac{10(1-j0.05\omega)}{j\omega(1+j20\omega)} = \dfrac{10}{\omega}\dfrac{\sqrt{1+0.0025\omega^2}}{\sqrt{1+400\omega^2}} e^{-j(\arctan 0.05\omega + 90° + \arctan 20\omega)}$$

系统的开环幅相特性曲线如图 5-7-1 所示。

MATLAB 程序：exe507.m
```
K=10;T1=20;T2=0.05;
G=tf(K*[-T2,1],[T1,1,0]);
nyquist(G);
axis([-3,0,-0.2,0.2]);
```

5-8 已知系统开环传递函数
$$G(s)H(s) = \dfrac{10}{s(2s+1)(s^2+0.5s+1)}$$

试分别计算 $\omega=0.5$ 和 $\omega=2$ 时，开环频率特性的幅值 $A(\omega)$ 和相位 $\varphi(\omega)$。

解 本题根据幅频特性和相频特性定义来进行计算，以进一步加深对频率特性定义的理解，注意振荡环节的相角计算象限。

系统的开环频率特性
$$G(j\omega) = \dfrac{10}{j\omega(1+j2\omega)(1-\omega^2+j0.5\omega)} = A(\omega)e^{j\varphi(\omega)}$$

其中
$$A(\omega) = \dfrac{10}{\omega\sqrt{(1+4\omega^2)[(1-\omega^2)^2 + 0.25\omega^2]}}$$

$$\varphi(\omega) = \begin{cases} -90° - \arctan 2\omega - \arctan \dfrac{0.5\omega}{1-\omega^2}, & 0 < \omega \leqslant 1 \\ -90° - \arctan 2\omega - 180° + \arctan \dfrac{0.5\omega}{\omega^2-1}, & \omega > 1 \end{cases}$$

故当 $\omega = 0.5$ 时

$$A(\omega) = \dfrac{10}{\omega\sqrt{(1+4\omega^2)[(1-\omega^2)^2 + 0.25\omega^2]}}\bigg|_{\omega=0.5} = 17.89$$

$$\varphi(\omega) = -90° - \arctan 2\omega - \arctan \dfrac{0.5\omega}{1-\omega^2}\bigg|_{\omega=0.5} = -153.43°$$

当 $\omega = 2$ 时

$$A(\omega) = \dfrac{10}{\omega\sqrt{(1+4\omega^2)[(1-\omega^2)^2 + 0.25\omega^2]}}\bigg|_{\omega=2} = 0.38$$

$$\varphi(\omega) = -90° - \arctan 2\omega - 180° + \arctan \dfrac{0.5\omega}{\omega^2-1}\bigg|_{\omega=2} = -327.53°$$

上述计算结果可用 MATLAB 验证,如图 5-8-1 所示。

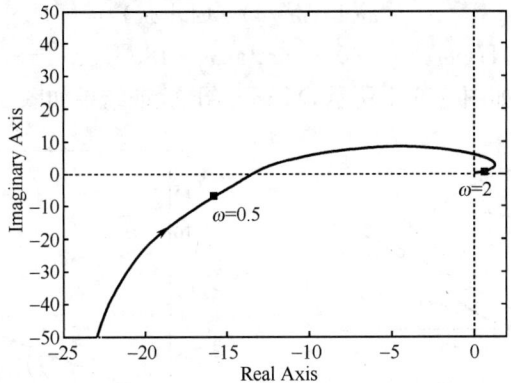

图 5-8-1 $G(j\omega) = \dfrac{10}{j\omega(1+j2\omega)(1-\omega^2+j0.5\omega)}$ 幅相特性曲线(MATLAB)

MATLAB 程序:exe508.m

```
G = tf(10,conv([2,1,0],[1,0.5,1]));
nyquist(G);
axis([-25,2,-50,50]);
```

5-9 已知系统开环传递函数

$$G(s)H(s) = \dfrac{10}{s(s+1)(s^2/4+1)}$$

试绘制系统的概略开环幅相特性曲线。

解 本题主要练习含有虚数极点系统的幅相特性的绘制,注意虚数极点对绘制系统幅相曲线的影响。

系统的开环频率特性为

$$G(j\omega)H(j\omega) = \dfrac{10}{j\omega(1+j\omega)(1-\omega^2/4)}$$

$$=-\frac{10}{(1+\omega^2)(1-\omega^2/4)}-j\frac{10}{\omega(1+\omega^2)(1-\omega^2/4)}$$

开环系统有虚数极点 $s=\pm j2$，且

当 $\omega=0^+$ 时，$|G(j\omega)H(j\omega)|=\dfrac{10}{\omega(1-\omega^2/4)\sqrt{(1+\omega^2)}}\Big|_{\omega=0^+}\to\infty$，且

$$\text{Re}[G(j\omega)H(j\omega)]=\frac{10}{(1+\omega^2)(1-\omega^2/4)}\Big|_{\omega=0^+}=-10$$

$$\angle G(j\omega)H(j\omega)=-90°-\arctan\omega\Big|_{\omega=0^+}=-90°$$

当 $\omega\to\infty$ 时，$|G(j\omega)H(j\omega)|=\dfrac{10}{\omega(1-\omega^2/4)\sqrt{(1+\omega^2)}}\Big|_{\omega\to\infty}=0$，且

$$\angle G(j\omega)H(j\omega)=-90°-\arctan\omega-180°\Big|_{\omega\to\infty}=-360°$$

当 $\omega\to 2^-$ 时，$|G(j\omega)H(j\omega)|=\dfrac{10}{\omega(1-\omega^2/4)\sqrt{(1+\omega^2)}}\Big|_{\omega\to 2^-}\to\infty$，且

$$\angle G(j\omega)H(j\omega)=-90°-\arctan\omega\Big|_{\omega\to 2^-}=-153.4°$$

当 $\omega\to 2^+$ 时，$|G(j\omega)H(j\omega)|=\dfrac{10}{\omega(1-\omega^2/4)\sqrt{(1+\omega^2)}}\Big|_{\omega\to 2^+}\to\infty$，且

$$\angle G(j\omega)H(j\omega)=-90°-\arctan\omega-180°\Big|_{\omega\to 2^+}=-333.4°$$

系统开环幅相曲线如图 5-9-1 所示，MATLAB 验证结果如图 5-9-2 所示。

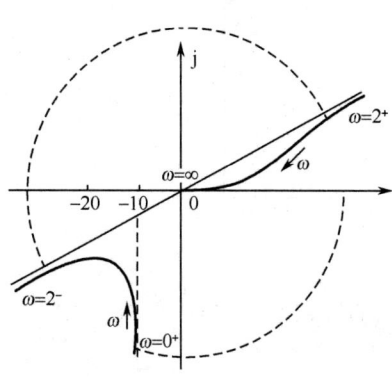

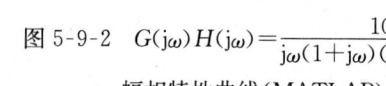

图 5-9-1 $G(j\omega)H(j\omega)=\dfrac{10}{j\omega(1+j\omega)(1-\omega^2/4)}$
概略幅相特性曲线

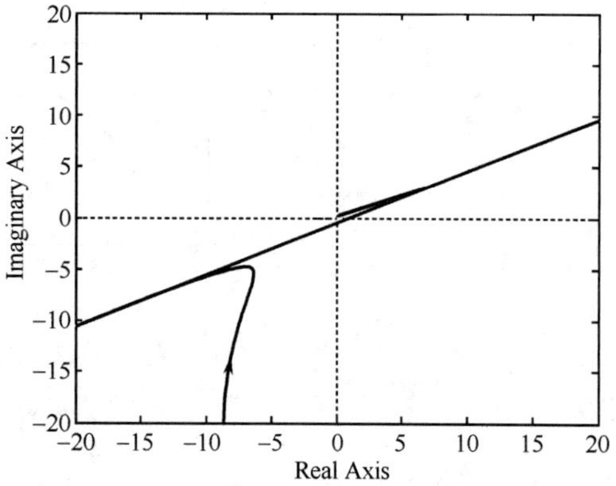

图 5-9-2 $G(j\omega)H(j\omega)=\dfrac{10}{j\omega(1+j\omega)(1-\omega^2/4)}$
幅相特性曲线（MATLAB）

MATLAB 程序：exe509.m
```
G = tf(10,[0.25,0.25,1,1,0]);
nyquist(G);
axis([-20,20,-20,20]);
```

5-10 已知系统开环传递函数

$$G(s)H(s)=\frac{s+1}{s\left(\dfrac{s}{2}+1\right)\left(\dfrac{s^2}{9}+\dfrac{s}{3}+1\right)}$$

要求选择频率点，列表计算 $A(\omega)$，$L(\omega)$ 和 $\varphi(\omega)$，并据此在半对数坐标纸上绘制系统开环对数频率特性曲线。

解 本题主要考查根据系统的开环传递函数计算系统开环幅相频率特性、对数幅频特性和相频特性，进而绘制出系统开环对数频率特性曲线。在计算相频特性时，应注意象限问题。

系统的开环频率特性

$$G(j\omega) = \frac{1+j\omega}{j\omega(1+j0.5\omega)\left[\left(1-\frac{\omega^2}{9}\right)+j\frac{\omega}{3}\right]} = A(\omega)e^{j\varphi(\omega)}$$

其中

$$A(\omega) = \frac{\sqrt{1+\omega^2}}{\omega\sqrt{\left(1+\frac{\omega^2}{4}\right)\left[\left(1-\frac{\omega^2}{9}\right)^2+\frac{\omega^2}{9}\right]}}$$

$$\varphi(\omega) = \begin{cases} \arctan\omega - 90° - \arctan\frac{\omega}{2} - \arctan\frac{\frac{\omega}{3}}{1-\frac{\omega^2}{9}}, & 0 < \omega \leqslant 3 \\ \arctan\omega - 90° - \arctan\frac{\omega}{2} - 180° + \arctan\frac{\frac{\omega}{3}}{\frac{\omega^2}{9}-1}, & \omega > 3 \end{cases}$$

$$L(\omega) = 20\lg A(\omega) = 10\lg(1+\omega^2) - 20\lg\omega - 10\lg\left(1+\frac{\omega^2}{4}\right) - 10\lg\left[\left(1-\frac{\omega^2}{9}\right)^2+\frac{\omega^2}{9}\right]$$

令 ω 为不同值，将计算结果列表如下：

$\omega/(\text{rad/s})$	0.1	1	3	5	10	20
$A(\omega)$	10.04	1.33	0.59	0.16	0.019	0.0023
$L(\omega)/\text{dB}$	20.03	2.48	−4.58	−15.92	−34.42	−52.77
$\varphi(\omega)/(°)$	−89	−92.1	−164.7	−216.4	−246.2	−258.4

由上表可绘制出系统开环对数频率特性曲线，如图 5-10-1 所示。

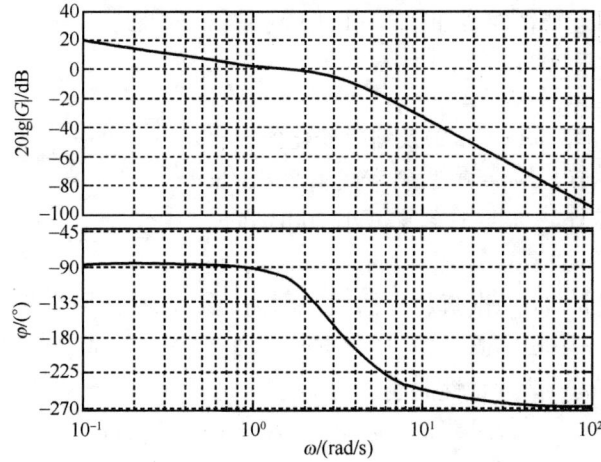

图 5-10-1 $G(j\omega) = \dfrac{1+j\omega}{j\omega(1+j0.5\omega)\left[\left(1-\frac{\omega^2}{9}\right)+j\frac{\omega}{3}\right]}$ 的对数频率特性（MATLAB）

MATLAB 程序：exe510.m
```
G=tf([1,1],conv([0.5,1,0],[1/9,1/3,1]));
bode(G);grid
```

5-11 绘制下列传递函数的对数幅频渐近特性曲线：

$(1) G(s)=\dfrac{2}{(2s+1)(8s+1)}$；

$(2) G(s)=\dfrac{200}{s^2(s+1)(10s+1)}$；

$(3) G(s)=\dfrac{8\left(\dfrac{s}{0.1}+1\right)}{s(s^2+s+1)\left(\dfrac{s}{2}+1\right)}$；

$(4) G(s)=\dfrac{10\left(\dfrac{s^2}{400}+\dfrac{s}{10}+1\right)}{s(s+1)\left(\dfrac{s}{0.1}+1\right)}$。

解 本题主要考查根据系统的传递函数绘制系统对数幅频渐近特性曲线的方法。计算时，注意按大小排列交接频率，并标注斜率变化。

(1) $G(s)=\dfrac{2}{(2s+1)(8s+1)}$

① 确定各交接频率 $\omega_i(i=1,2)$ 及斜率变化值。

最小相位惯性环节：$\omega_1=\dfrac{1}{8}=0.125$，斜率减小 20dB/dec

最小相位惯性环节：$\omega_2=\dfrac{1}{2}=0.5$，斜率减小 20dB/dec

最小交接频率：$\omega_{\min}=\omega_1=\dfrac{1}{8}=0.125$

② 绘制低频段（$\omega<\omega_{\min}$）渐近特性曲线。

因为 $\nu=0,20\lg K=20\lg 2=6.02\text{dB}$，则低频段渐近线斜率 $k=0\text{dB/dec}$，并且通过点 $(1,20\lg 2)=(1,6.02\text{dB})$。

③ 绘制频段 $\omega\geqslant\omega_{\min}$ 渐近特性曲线。

$$\omega_{\min}\leqslant\omega<\omega_2,\quad k=-20\text{dB/dec}$$
$$\omega\geqslant\omega_2,\quad k=-40\text{dB/dec}$$

系统开环对数幅频渐近特性曲线如图 5-11-1 所示。

(2) $G(s)=\dfrac{200}{s^2(s+1)(10s+1)}$

① 确定各交接频率 $\omega_i(i=1,2)$ 及斜率变化值。

最小相位惯性环节：$\omega_1=0.1$，斜率减小 20dB/dec

最小相位惯性环节：$\omega_2=1$，斜率减小 20dB/dec

最小交接频率：$\omega_{\min}=\omega_1=0.1$

② 绘制低频段（$\omega<\omega_{\min}$）渐近特性曲线。因为 $\nu=2,20\lg K=20\lg 200=46.02\text{dB}$，则低频段渐近线斜率 $k=-40\text{dB/dec}$，并且通过点 $(1,20\lg 200)=(1,46.02\text{dB})$。

③ 绘制频段 $\omega\geqslant\omega_{\min}$ 渐近特性曲线。

$$\omega_{\min}\leqslant\omega<\omega_2,\quad k=-60\text{dB/dec}$$
$$\omega\geqslant\omega_2,\quad k=-80\text{dB/dec}$$

系统开环对数幅频渐近特性曲线如图 5-11-2 所示。

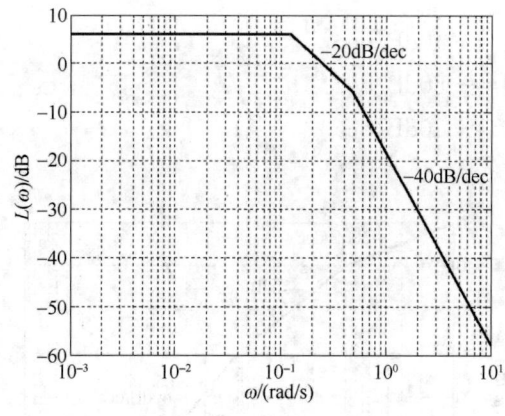

图 5-11-1　$G(s)=\dfrac{2}{(2s+1)(8s+1)}$

对数幅频渐近特性(MATLAB)

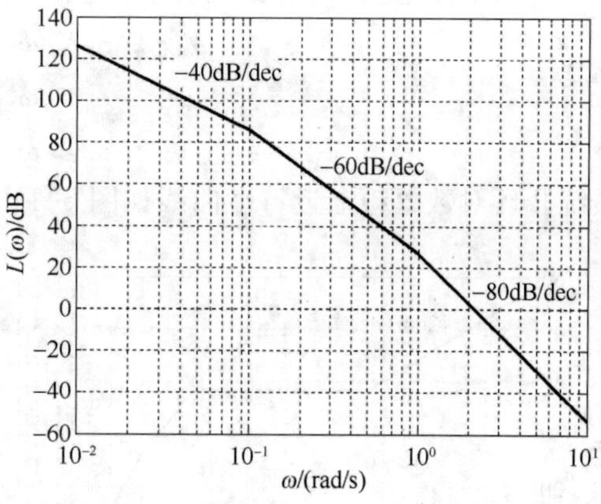

图 5-11-2　$G(s)=\dfrac{200}{s^2(s+1)(10s+1)}$

对数幅频渐近特性(MATLAB)

(3) $G(s)=\dfrac{8\left(\dfrac{s}{0.1}+1\right)}{s(s^2+s+1)\left(\dfrac{s}{2}+1\right)}$

① 确定各交接频率 $\omega_i(i=1,2,3)$ 及斜率变化值

最小相位一阶微分环节：　$\omega_1=0.1$,斜率增加 20dB/dec

最小相位振荡环节：　　　$\omega_2=1$,斜率减小 40dB/dec

最小相位惯性环节：　　　$\omega_3=2$,斜率减小 20dB/dec

最小交接频率：　　　　　$\omega_{\min}=\omega_1=0.1$

② 绘制低频段($\omega<\omega_{\min}$)渐近特性曲线,因为 $\nu=1,20\lg K=20\lg 8=18.06\text{dB}$,则低频段渐近线斜率 $k=-20\text{dB/dec}$,并且通过点 $(1,20\lg 8)=(1,18.06\text{dB})$。

③ 绘制频段 $\omega\geqslant\omega_{\min}$ 渐近特性曲线。

$$\omega_{\min}\leqslant\omega<\omega_2,\qquad k=0\text{dB/dec}$$
$$\omega_2\leqslant\omega<\omega_3,\qquad k=-40\text{dB/dec}$$
$$\omega\geqslant\omega_3,\qquad k=-60\text{dB/dec}$$

系统开环对数幅频渐近特性曲线如图 5-11-3 所示。

(4) $G(s)=\dfrac{10\left(\dfrac{s^2}{400}+\dfrac{s}{10}+1\right)}{s(s+1)\left(\dfrac{s}{0.1}+1\right)}$

① 确定各交接频率 $\omega_i(i=1,2,3)$ 及斜率变化值。

最小相位惯性环节：　　　　$\omega_1=0.1$,斜率减小 20dB/dec

最小相位惯性环节：　　　　$\omega_2=1$,斜率减小 20dB/dec

最小相位二阶微分环节：　　$\omega_3=20$,斜率增加 40dB/dec

最小交接频率：　　　　　　$\omega_{\min}=\omega_1=0.1$

② 绘制低频段($\omega<\omega_{\min}$)渐近特性曲线。因为 $\nu=1,20\lg K=20\lg 10=20\text{dB}$,则低频段渐近线斜率 $k=-20\text{dB/dec}$,并且通过点 $(1,20\lg 10)=(1,20\text{dB})$。

③ 绘制频段 $\omega \geqslant \omega_{\min}$ 渐近特性曲线。

$$\omega_{\min} \leqslant \omega < \omega_2, \quad k = -40 \mathrm{dB/dec}$$
$$\omega_2 \leqslant \omega < \omega_3, \quad k = -60 \mathrm{dB/dec}$$
$$\omega \geqslant \omega_3, \quad k = -20 \mathrm{dB/dec}$$

系统开环对数幅频渐近特性曲线如图 5-11-4 所示。

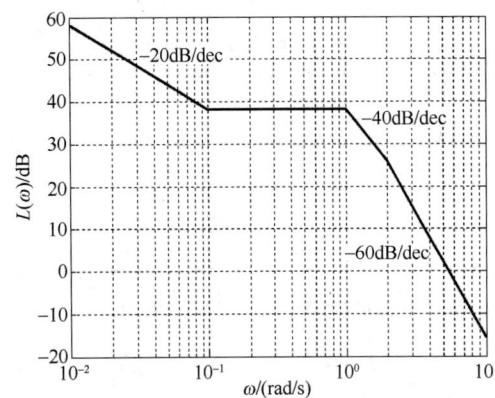

图 5-11-3 $G(s) = \dfrac{8\left(\dfrac{s}{0.1}+1\right)}{s(s^2+s+1)\left(\dfrac{s}{2}+1\right)}$

对数幅频渐近特性(MATLAB)

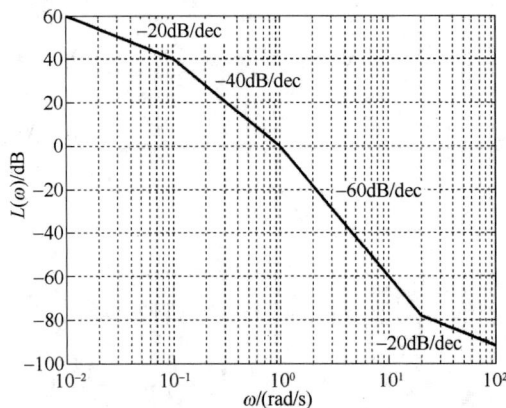

图 5-11-4 $G(s) = \dfrac{10\left(\dfrac{s^2}{400}+\dfrac{s}{10}+1\right)}{s(s+1)\left(\dfrac{s}{0.1}+1\right)}$

对数幅频渐近特性(MATLAB)

MATLAB 程序:exe511.m

```
% 确定各系统传递函数
G1 = tf(2,[conv([2,1],[8,1])]);
G2 = tf(200,[conv([1,1,0,0],[10,1])]);
G3 = tf(8*[10,1],[conv([1,1,1,0],[0.5,1])]);
G4 = tf(10*[0.0025,0.1,1],[conv([1,1,0],[10,1])]);
% 调用子程序绘制系统开环对数幅频渐近特性曲线
w = 10e-3:0.1:100;
[x1,y1] = bd_asymp(G1,w);[x2,y2] = bd_asymp(G2,w);
[x3,y3] = bd_asymp(G3,w);[x4,y4] = bd_asymp(G4,w);
figure(1);semilogx(x1,y1),grid;
figure(2);semilogx(x2,y2),grid;
figure(3);semilogx(x3,y3),grid;
figure(4);semilogx(x4,y4),grid;
% 子程序:
function [wpos,ypos] = bd_asymp(G,w)
G1 = zpk(G);wpos = [];pos1 = [];
if nargin = = 1,w = freqint2(G);end
zer = G1.z{1};pol = G1.p{1};gain = G1.k;
```

```
for i = 1:length(zer);
    if isreal(zer(i))
        wpos = [wpos,abs(zer(i))];
        pos1 = [pos1,20];
    else
        if imag(zer(i))>0
            wpos = [wpos,abs(zer(i))];
            pos1 = [pos1,40];
end,end,end
for i = 1:length(pol);
    if isreal(pol(i))
        wpos = [wpos,abs(pol(i))];
        pos1 = [pos1, - 20];
    else
        if imag(pol(i))>0
            wpos = [wpos,abs(pol(i))];
            pos1 = [pos1, - 40];
end,end,end
wpos = [wpos w(1) w(length(w))];
pos1 = [pos1,0,0];
[wpos,ii] = sort(wpos);pos1 = pos1(ii);
ii = find(abs(wpos)<eps);kslp = 0;
w_start = 1000 * eps;
if length(ii)>0
    kslp = sum(pos1(ii));
    ii = (ii(length(ii)) + 1):length(wpos);
    wpos = wpos(ii);pos1 = pos1(ii);
end
while 1
    [ypos1,pp] = bode(G,w_start);
    if isinf(ypos1),w_start = w_start * 10;
    else break;end
end
wpos = [w_start wpos];
ypos(1) = 20 * log10(ypos1);
pos1 = [kslp pos1];
for i = 2:length(wpos)
    kslp = sum(pos1(1:i - 1));
    ypos(i) = ypos(i - 1) + kslp * log10(wpos(i)/wpos(i - 1));
end
ii = find(wpos> = w(1)& wpos< = w(length(w)));
wpos = wpos(ii);ypos = ypos(ii);
```

5-12 已知最小相位系统的对数幅频渐近特性曲线如图 5-62 所示，试确定系统的开环传递函数。

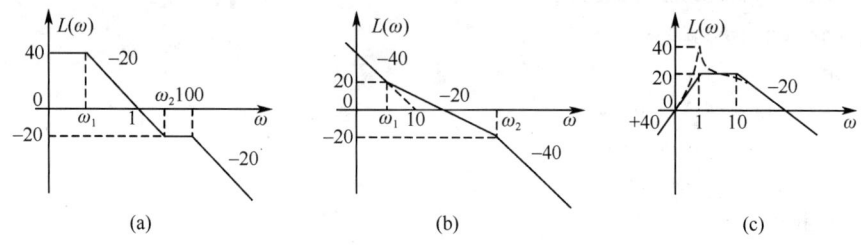

图 5-62 系统开环对数幅频渐近特性

解 本题主要考查由最小相位系统的对数幅频渐近特性曲线，并根据其几何性质，确定系统的传递函数。注意，对数幅频渐近特性曲线的低频渐近线的斜率反映系统所包含积分（微分）环节的个数，而对数幅频渐近特性曲线的斜率变化反映系统所包含环节的类型，斜率变化处所对应的频率即为所包含环节的交接频率。另外，还需注意对振荡环节（二阶微分环节）参数的计算。

（1）图 5-62(a)系统。

① 确定系统积分环节或微分环节的个数。因为对数幅频渐近特性曲线的低频渐近线的斜率为 0dB/dec，故 $\nu=0$。

② 确定系统传递函数结构形式。

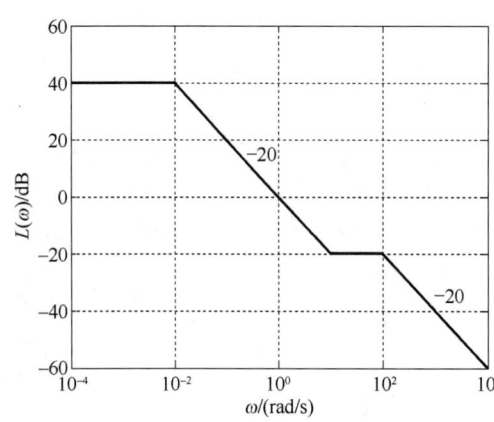

图 5-12-1 $G(s)=\dfrac{100\left(1+\dfrac{s}{10}\right)}{\left(1+\dfrac{s}{0.01}\right)\left(1+\dfrac{s}{100}\right)}$

对数幅频渐近特性（MATLAB）

$\omega=\omega_1$ 处，斜率变化 -20dB/dec，对应惯性环节；

$\omega=\omega_2$ 处，斜率变化 $+20\text{dB/dec}$，对应一阶微分环节；

$\omega=100$ 处，斜率变化 -20dB/dec，对应惯性环节。

因此，系统应具有的传递函数为

$$G(s)=\dfrac{K\left(1+\dfrac{s}{\omega_2}\right)}{\left(1+\dfrac{s}{\omega_1}\right)\left(1+\dfrac{s}{100}\right)}$$

③ 由给定条件确定传递函数参数。由于低频渐近线通过点 $(1, 20\lg K)$，故

$$20\lg K = 40$$

解得 $K=100$，于是系统的传递函数为

$$G(s)=\dfrac{100\left(1+\dfrac{s}{\omega_2}\right)}{\left(1+\dfrac{s}{\omega_1}\right)\left(1+\dfrac{s}{100}\right)}$$

再由

$$40 = 20\lg\frac{1}{\omega_1}, \quad 解得 \quad \omega_1 = 0.01$$

$$20 = 20\lg\frac{\omega_2}{1}, \quad 解得 \quad \omega_2 = 10$$

于是，系统的传递函数为

$$G(s) = \frac{100\left(1+\dfrac{s}{10}\right)}{\left(1+\dfrac{s}{0.01}\right)\left(1+\dfrac{s}{100}\right)}$$

MATLAB 验证结果如图 5-12-1 所示。

(2) 图 5-62(b) 系统。

① 确定系统积分环节或微分环节的个数。因为对数幅频渐近特性曲线的低频渐近线的斜率为 -40dB/dec，故有 $\nu=2$。

② 确定系统传递函数结构形式。

$\omega=\omega_1$ 处，斜率变化 $+20\text{dB/dec}$，对应一阶微分环节；$\omega=\omega_2$ 处，斜率变化 -20dB/dec，对应惯性环节。因此，系统应具有的传递函数为

$$G(s) = \frac{K\left(1+\dfrac{s}{\omega_1}\right)}{s^2\left(1+\dfrac{s}{\omega_2}\right)}$$

③ 由给定条件确定传递函数参数。由于低频渐近线的延长线通过点 $(\omega_0, L_a(\omega_0)) = (10, 0)$ 及 $\nu=2$，故 $K=\omega_0^\nu=100$。再由 $20 = 40\lg\dfrac{10}{\omega_1}$，解得 $\omega_1=\sqrt{10}=3.16$；由 $20 = 20\lg\dfrac{\omega_c}{\omega_1}$，解得 $\omega_c = 10\sqrt{10}=31.6$；由 $20 = 20\lg\dfrac{\omega_2}{\omega_c}$，解得 $\omega_2 = 100\sqrt{10} = 316$，于是，系统的传递函数为

$$G(s) = \frac{100\left(1+\dfrac{s}{3.16}\right)}{s^2\left(1+\dfrac{s}{316}\right)}$$

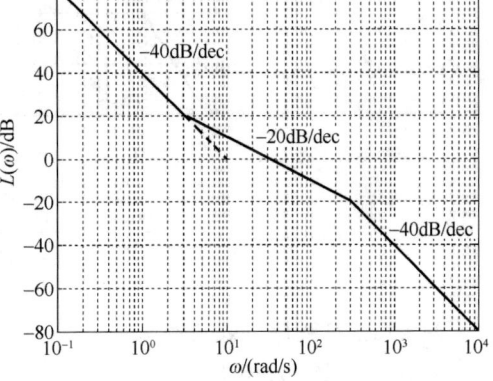

图 5-12-2　$G(s) = \dfrac{100\left(1+\dfrac{s}{3.16}\right)}{s^2\left(1+\dfrac{s}{316}\right)}$

对数幅频渐近特性 (MATLAB)

MATLAB 验证结果如图 5-12-2 所示。

(3) 图 5-62(c) 系统。

① 确定系统积分环节或微分环节的个数。因为对数幅频渐近特性曲线的低频渐近线的斜率为 40dB/dec，故有 $\nu=-2$。

② 确定系统传递函数结构形式。

$\omega=1$ 处，斜率变化 -40dB/dec，对应振荡环节；

$\omega=10$ 处，斜率变化 -20dB/dec，对应惯性环节。

因此，系统应具有的传递函数为

$$G(s) = \frac{Ks^2}{(s^2+2\zeta s+1)\left(1+\dfrac{s}{10}\right)}$$

③ 由给定条件确定传递函数参数。由于低频渐近线通过点$(1,20\lg K)$，故由

$$20\lg K = 20$$

解得

$$K = 10$$

再由

$$20\lg M_r = 20\lg \frac{1}{2\zeta\sqrt{1-\zeta^2}} = 40-20 = 20$$

解得 $\zeta = 0.05$ （其中 $\zeta = 0.9987$ 不符合题意，故舍去）

于是，系统的传递函数为

$$G(s) = \frac{10s^2}{(s^2+0.1s+1)\left(1+\dfrac{s}{10}\right)}$$

MATLAB 验证结果如图 5-12-3 所示。

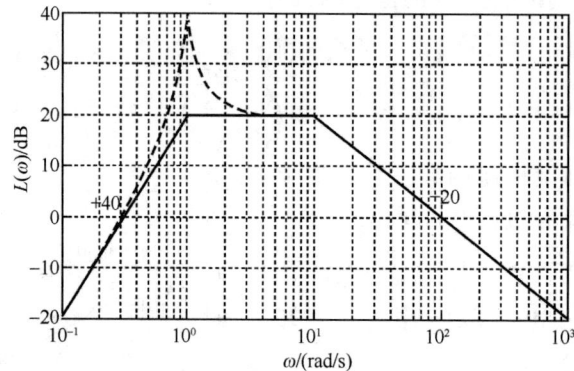

图 5-12-3 $G(s)=\dfrac{10s^2}{(s^2+0.1s+1)\left(1+\dfrac{s}{10}\right)}$ 对数幅频渐近特性（MATLAB）

MATLAB 程序：exe512.m

% 确定各系统传递函数

G1 = tf(100 * [0.1,1],[conv([100,1],[0.01,1])]);

G2 = tf([100/sqrt(10),100],[conv([1,0,0],[1/(100 * sqrt(10)),1])]);

G3 = tf([10,0,0],[conv([1,0.1,1],[0.1,1])]);

% 调用子程序绘制系统开环对数幅频渐近特性曲线

w = 10e - 3 : 0.1 : 10e4;

[x1,y1] = bd_asymp(G1,w); [x2,y2] = bd_asymp(G2,w);[x3,y3] = bd_asymp(G3,w);

figure(1);semilogx(x1,y1),grid;

figure(2);semilogx(x2,y2),grid;

figure(3);semilogx(x3,y3),grid;

5-13 试用奈氏判据分别判断题 5-5、题 5-6 系统的闭环稳定性。

解 本题主要考查如何根据系统的开环幅相曲线，运用奈氏判据来确定不稳定的闭环

极点的个数,进而判别闭环系统的稳定性,特别要注意对含有积分环节开环幅相曲线的处理。

(1) 对于题 5-5 中的系统。分别以 $\tau>T$ 和 $T>\tau$ 两种情况来讨论系统闭环稳定性。

当 $\tau>T$ 时,其概略开环幅相曲线如图 5-13-1 所示。因为 $\nu=2$,从开环幅相曲线上 $\omega=0^+$ 的对应点起逆时针补作 $180°$ 且半径为无穷大的虚圆弧。

由于 $G(s)$ 在 s 右半平面的极点数 $P=0$,且由开环幅相曲线知 $N_-=0, N_+=0$,故
$$N = N_+ - N_- = 0$$
由奈氏判据,算得 s 右半平面的闭环极点数为 $Z=P-2N=0$,所以系统闭环稳定。

当 $\tau<T$ 时,其概略开环幅相曲线如图 5-13-2 所示。因为 $\nu=2$,从开环幅相曲线上 $\omega=0^+$ 的对应点起逆时针补作 $180°$ 且半径为无穷大的虚圆弧。

由于 $G(s)$ 在 s 右半平面的极点数 $P=0$,且由开环幅相曲线知 $N_-=1, N_+=0$,故
$$N = N_+ - N_- = -1$$
由奈氏判据,算得 s 右半平面的闭环极点数为 $Z=P-2N=2$,所以系统闭环不稳定。

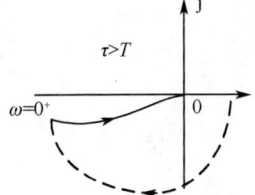

图 5-13-1　题 5-5 中 $\tau>T$ 时概略开环幅相特性曲线

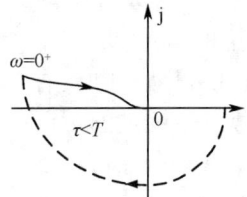

图 5-13-2　题 5-5 中 $\tau<T$ 时概略开环幅相特性曲线

(2) 对于题 5-6 中的系统。其概略开环幅相特性曲线如图 5-13-3 所示。

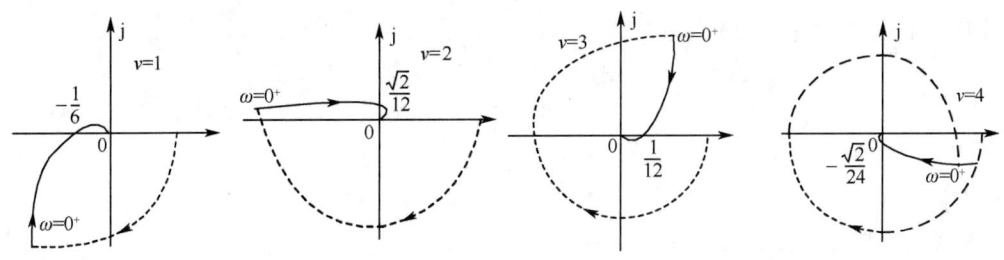

图 5-13-3　题 5-6 中概略开环幅相特性曲线

① 当 $\nu=1$,从开环幅相特性曲线上 $\omega=0^+$ 的对应点起逆时针补作 $90°$ 且半径为无穷大的虚圆弧。由于 $G(s)$ 在 s 右半平面的极点数 $P=0$,且由开环幅相曲线知 $N_-=0, N_+=0$,故
$$N = N_+ - N_- = 0$$
由奈氏判据,算得 s 右半平面的闭环极点数为 $Z=P-2N=0$,所以系统闭环稳定。

② 当 $\nu=2$,从开环幅相特性曲线上 $\omega=0^+$ 的对应点起逆时针补作 $180°$ 且半径为无穷大的虚圆弧。由于 $G(s)$ 在 s 右半平面的极点数 $P=0$,且由开环幅相曲线知 $N_-=1, N_+=0$,故
$$N = N_+ - N_- = -1$$
由奈氏判据,算得 s 右半平面的闭环极点数为 $Z=P-2N=2$,所以系统闭环不稳定。

③ 当 $\nu=3$，从开环幅相特性曲线上 $\omega=0^+$ 的对应点起逆时针补作 $270°$ 且半径为无穷大的虚圆弧。由于 $G(s)$ 在 s 右半平面的极点数 $P=0$，且由开环幅相曲线知 $N_-=1$，$N_+=0$，故
$$N=N_+-N_-=-1$$
由奈氏判据，算得 s 右半平面的闭环极点数为 $Z=P-2N=2$，所以系统闭环不稳定。

④ 当 $\nu=4$，从开环幅相特性曲线上 $\omega=0^+$ 的对应点起逆时针补作 $360°$ 且半径为无穷大的虚圆弧。由于 $G(s)$ 在 s 右半平面的极点数 $P=0$，且由开环幅相特性曲线知 $N_-=1$，$N_+=0$，故
$$N=N_+-N_-=-1$$
由奈氏判据，算得 s 右半平面的闭环极点数为 $Z=P-2N=2$，所以系统闭环不稳定。

MATLAB 验证：

利用 MATLAB 软件包中求根程序，可得题 5-5、题 5-6 中闭环特征根数值。

① 题 5-5。当 $K=1$，$T=1$，$\tau=2$ 时，有
$$\lambda_1=-0.2151+1.3071j, \lambda_2=-0.2151-1.3071j, \lambda_3=-0.5698$$
闭环无正根。$K=1$，$T=2$，$\tau=1$ 时，有
$$\lambda_1=0.1195+0.8138j, \lambda_2=0.1195-0.8138j, \lambda_3=-0.739$$
闭环有两个正根。

② 题 5-6。当 $\nu=1$ 时，有
$$\lambda_1=-2.3247, \lambda_2=-0.3376+0.5623j, \lambda_3=-0.3376-0.5623j$$
闭环无正根。当 $\nu=2$ 时，有
$$\lambda_1=-1.6924+0.3181j, \quad \lambda_2=-1.6924-0.3181j$$
$$\lambda_3=0.1924+0.5479j, \quad \lambda_4=0.1924-0.5479j$$
闭环有两个正根。当 $\nu=3$ 时，有
$$\lambda_1=-2.0985, \quad \lambda_2=-0.8683+0.6219j, \quad \lambda_3=-0.8683-0.6219j$$
$$\lambda_4=0.4175+0.4934j, \quad \lambda_5=0.4175-0.4934j$$
闭环有两个正根。当 $\nu=4$ 时，有
$$\lambda_1=-1.92, \quad \lambda_2=-1.4228$$
$$\lambda_3=-0.3758+0.7788j, \quad \lambda_4=-0.3758-0.7788j$$
$$\lambda_5=0.5472+0.4372j, \quad \lambda_6=0.5472-0.4372j$$
闭环有两个正根。

MATLAB 程序：exe513.m

```
% 题 5-5 中各系统闭环特征方程
K=1;T1=1;t1=2;den11=[T1,1,K*t1,K];
K=1;T2=2;t2=1;den12=[T2,1,K*t2,K];
root11=roots(den11);
root12=roots(den12);
% 题 5-6 中各系统闭环特征方程
den21=[1,3,2,1];den22=[1,3,2,0,1];
den23=[1,3,2,0,0,1];den24=[1,3,2,0,0,0,1];
root21=roots(den21);root22=roots(den22);
root23=roots(den23);root24=roots(den24);
```

5-14 已知下列系统开环传递函数(参数 K、T、T_i > 0；$i=1,2,\cdots,6$)：

(1) $G(s) = \dfrac{K}{(T_1 s+1)(T_2 s+1)(T_3 s+1)}$；

(2) $G(s) = \dfrac{K}{s(T_1 s+1)(T_2 s+1)}$；

(3) $G(s) = \dfrac{K}{s^2(Ts+1)}$；

(4) $G(s) = \dfrac{K(T_1 s+1)}{s^2(T_2 s+1)}$；

(5) $G(s) = \dfrac{K}{s^3}$；

(6) $G(s) = \dfrac{K(T_1 s+1)(T_2 s+1)}{s^3}$；

(7) $G(s) = \dfrac{K(T_5 s+1)(T_6 s+1)}{s(T_1 s+1)(T_2 s+1)(T_3 s+1)(T_4 s+1)}$；

(8) $G(s) = \dfrac{K}{Ts-1}$；

(9) $G(s) = \dfrac{-K}{-Ts+1}$；

(10) $G(s) = \dfrac{K}{s(Ts-1)}$。

其系统开环幅相特性曲线分别如图 5-63(a)～(j)所示，试根据奈氏判据判定各系统的闭环稳定性，若系统闭环不稳定，确定其 s 右半平面的闭环极点数。

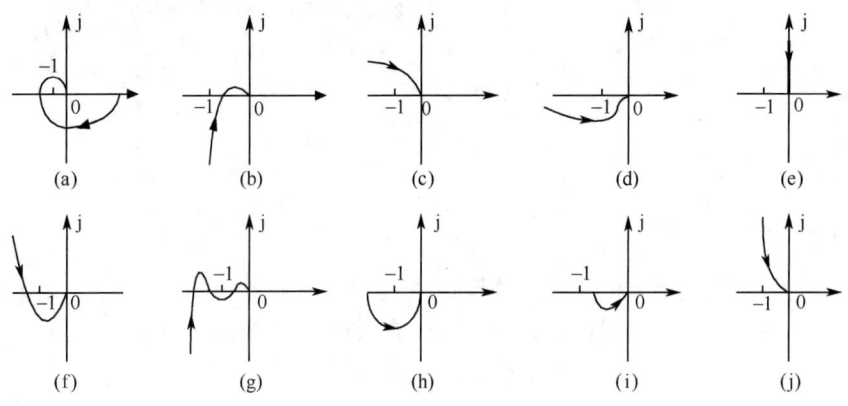

图 5-63 题 5-14 系统开环幅相特性曲线

解 本题主要考查如何根据系统的开环幅相特性曲线，运用奈氏判据来确定不稳定的闭环极点的个数，进而判别闭环系统的稳定性，特别要注意对含有积分环节的开环幅相曲线的处理。

(1) $G(s) = \dfrac{K}{(T_1 s+1)(T_2 s+1)(T_3 s+1)}$

$G(s)$ 在 s 右半平面的极点数 $P=0$，由奈氏曲线知 $N_-=1, N_+=0$，故

$$N = N_+ - N_- = -1$$

应用奈氏判据,算得 s 右半平面的闭环极点数为

$$Z = P - 2N = 2$$

所以系统闭环不稳定,有两个正实部闭环极点。

(2) $G(s) = \dfrac{K}{s(T_1 s+1)(T_2 s+1)}$

因为 $\nu=1$,从奈氏曲线上 $\omega=0^+$ 的对应点起逆时针补作 $90°$ 且半径为无穷大的虚圆弧。由于 $G(s)$ 在 s 右半平面的极点数 $P=0$,由奈氏曲线知 $N_-=0, N_+=0$,故

$$N = N_+ - N_- = 0$$

应用奈氏判据,算得 s 右半平面的闭环极点数为

$$Z = P - 2N = 0$$

所以系统闭环稳定。

(3) $G(s) = \dfrac{K}{s^2(Ts+1)}$

因为 $\nu=2$,从奈氏曲线上 $\omega=0^+$ 的对应点起逆时针补作 $180°$ 且半径为无穷大的虚圆弧。由于 $G(s)$ 在 s 右半平面的极点数 $P=0$,由奈氏曲线知 $N_-=1, N_+=0$,故

$$N = N_+ - N_- = -1$$

应用奈氏判据,算得 s 右半平面的闭环极点数为

$$Z = P - 2N = 0 - 2 \times (-1) = 2$$

所以系统闭环不稳定,有两个正实部闭环极点。

(4) $G(s) = \dfrac{K(T_1 s+1)}{s^2(T_2 s+1)}$

因为 $\nu=2$,从奈氏曲线上 $\omega=0^+$ 的对应点起逆时针补作 $180°$ 且半径为无穷大的虚圆弧。由于 $G(s)$ 在 s 右半平面的极点数 $P=0$,由奈氏曲线知 $N_-=0, N_+=0$,故

$$N = N_+ - N_- = 0$$

应用奈氏判据,算得 s 右半平面的闭环极点数为

$$Z = P - 2N = 0$$

所以系统闭环稳定。

(5) $G(s) = \dfrac{K}{s^3}$

因为 $\nu=3$,从奈氏曲线上 $\omega=0^+$ 的对应点起逆时针补作 $270°$ 且半径为无穷大的虚圆弧。由于 $G(s)$ 在 s 右半平面的极点数 $P=0$,由奈氏曲线知 $N_-=1, N_+=0$,故

$$N = N_+ - N_- = -1$$

应用奈氏判据,算得 s 右半平面的闭环极点数为

$$Z = P - 2N = 2$$

所以系统闭环不稳定,有两个正实部闭环极点。

(6) $G(s) = \dfrac{K(T_1 s+1)(T_2 s+1)}{s^3}$

因为 $\nu=3$,从奈氏曲线上 $\omega=0^+$ 的对应点起逆时针补作 $270°$ 且半径为无穷大的虚圆弧。由于 $G(s)$ 在 s 右半平面的极点数 $P=0$,由奈氏曲线知 $N_-=1, N_+=1$,故

应用奈氏判据,算得 s 右半平面的闭环极点数为
$$Z = P - 2N = 0$$
所以系统闭环稳定。

(7) $G(s) = \dfrac{K(T_5 s+1)(T_6 s+1)}{s(T_1 s+1)(T_2 s+1)(T_3 s+1)(T_4 s+1)}$

因为 $\nu=1$,从奈氏曲线上 $\omega=0^+$ 的对应点起逆时针补作 $90°$ 且半径为无穷大的虚圆弧。由于 $G(s)$ 在 s 右半平面的极点数 $P=0$,由奈氏曲线知 $N_-=1, N_+=1$,故
$$N = N_+ - N_- = 0$$
应用奈氏判据,算得 s 右半平面的闭环极点数为
$$Z = P - 2N = 0$$
所以系统闭环稳定。

(8) $G(s) = \dfrac{K}{Ts-1}$

$G(s)$ 在 s 右半平面的极点数 $P=1$,由奈氏曲线知 $N_-=0, N_+=\dfrac{1}{2}$,故
$$N = N_+ - N_- = \dfrac{1}{2}$$
应用奈氏判据,算得 s 右半平面的闭环极点数为
$$Z = P - 2N = 1 - 2 \times \dfrac{1}{2} = 0$$
所以系统闭环稳定。

(9) $G(s) = \dfrac{-K}{-Ts+1}$

$G(s)$ 在 s 右半平面的极点数 $P=1$,由奈氏曲线知 $N_-=0, N_+=0$,故
$$N = N_+ - N_- = 0$$
应用奈氏判据,算得 s 右半平面的闭环极点数为
$$Z = P - 2N = 1 - 2 \times 0 = 1$$
所以系统闭环不稳定,有一个正实部闭环极点。

(10) $G(s) = \dfrac{K}{s(Ts-1)}$

因为 $\nu=1$,从奈氏曲线上 $\omega=0^+$ 的对应点起逆时针补作 $90°$ 且半径为无穷大的虚圆弧。由于 $G(s)$ 在 s 右半平面的极点数 $P=1$,由奈氏曲线知 $N_-=\dfrac{1}{2}, N_+=0$,故
$$N = N_+ - N_- = -\dfrac{1}{2}$$
应用奈氏判据,算得 s 右半平面的闭环极点数为
$$Z = P - 2N = 1 - 2 \times \left(-\dfrac{1}{2}\right) = 2$$
所以系统闭环不稳定,有两个正实部闭环极点。

5-15 根据奈氏判据确定题 5-9 系统的闭环稳定性。

解 本题主要考查如何根据系统的开环幅相特性曲线,运用奈氏判据来确定不稳定的闭环极点的个数,进而判别闭环系统的稳定性,特别要注意对虚极点的处理。

系统开环传递函数

$$G(s)H(s) = \frac{10}{s(s+1)(s^2/4+1)}$$

系统概略开环幅相特性曲线如图 5-15-1 所示。

由于 $\nu=1$,从开环幅相特性曲线上对应 $\omega=0^+$ 的点起逆时针补作 $90°$ 且半径为无穷大的虚圆弧。因为存在一对纯虚极点 $s=\pm j2$,故从 $\omega=2^+$ 的对应点起,逆时针补作 $180°$ 且半径为无穷大的虚圆弧,所作圆弧如图 5-15-1 所示。

因为 $P=0$,由开环幅相特性曲线知 $N=-1$,s 右半平面闭环极点的个数

$$Z = P - 2N = 0 - 2\times(-1) = 2$$

所以闭环系统不稳定,有两个正实部闭环极点。

MATLAB 验证如图 5-15-2 所示。

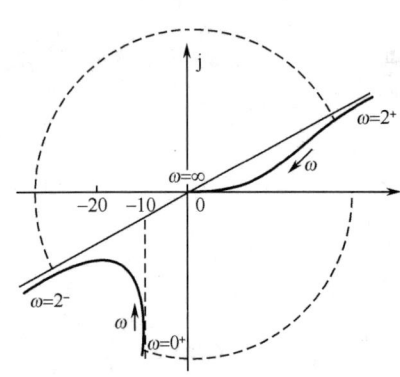

图 5-15-1 $G(j\omega)H(j\omega)=\dfrac{10}{j\omega(1+j\omega)(1-\omega^2/4)}$ 概略开环幅相特性曲线

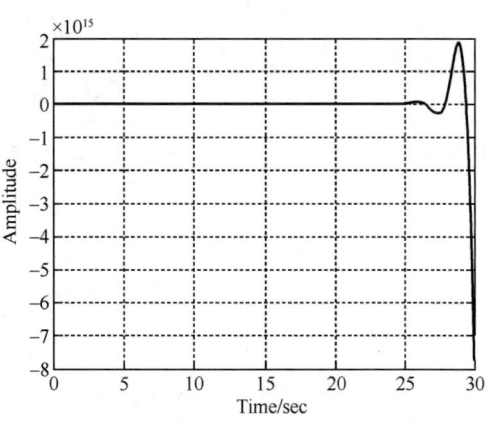

图 5-15-2 题 5-9 系统的单位阶跃响应(MATLAB)

MATLAB 程序:exe515.m

```
G0 = tf(10,[0.25,0.25,1,1,0]);
G = feedback(G0,1);
t = 0:0.1:30;
step(G,t);grid
```

5-16 已知系统开环传递函数

$$G(s) = \frac{K}{s(Ts+1)(s+1)}, \quad K、T>0$$

试根据奈氏判据,确定其闭环稳定条件:

(1) $T=2$ 时,K 值的范围;

(2) $K=10$ 时,T 值的范围;

(3) K、T 值的范围。

解 本题主要考查根据系统的幅相特性曲线,应用奈氏判据,来确定使闭环系统稳定的

参数的取值范围。

系统的开环频率特性

$$G(j\omega) = \frac{K}{j\omega(1+jT\omega)(1+j\omega)}$$
$$= -\frac{K(1+T)}{(1+\omega^2)(1+T^2\omega^2)} - j\frac{K(1-T\omega^2)}{\omega(1+\omega^2)(1+T^2\omega^2)}$$

开环幅相特性曲线的起点为

$$G(j0_+) = -K(1+T) - j\infty$$

终点为

$$G(j\infty) = 0\angle -270°$$

与实轴的交点：

令 $\text{Im}[G(j\omega)] = 0$，解得

$$\begin{cases} \omega_x = \sqrt{\dfrac{1}{T}} \\ G(j\omega_x) = \text{Re}[G(j\omega_x)] = -\dfrac{KT}{T+1} \end{cases}$$

其中 ω_x 为穿越频率。概略开环幅相特性曲线如图 5-16-1 所示。

由于 $P=0$，$Z=P-2N$，若使 $Z=0$，应有 $N=0$，即幅相特性曲线不包围 $(-1, j0)$ 点。

(1) 当 $T=2$ 时 $G(j\omega)$ 与实轴交于点 $\left(-\dfrac{2K}{3}, j0\right)$。令

$$-\frac{2K}{3} > -1$$

可得使闭环系统稳定的 K 值范围

$$0 < K < 1.5$$

(2) 当 $K=10$ 时 $G(j\omega)$ 与实轴交于点 $\left(-\dfrac{10T}{T+1}, j0\right)$。

令

$$-\frac{10T}{T+1} > -1$$

可得使闭环系统稳定的 T 值范围

$$0 < T < \frac{1}{9}$$

(3) 开环幅相特性曲线与实轴交于点 $\left(-\dfrac{KT}{T+1}, j0\right)$。

令

$$-\frac{KT}{T+1} > -1$$

可得使闭环系统稳定的 K、T 值范围

$$0 < K < 1 + \frac{1}{T} \quad \text{或} \quad 0 < T < \frac{1}{K-1}$$

MATLAB 验证：

应用 MATLAB 软件包，对三组使闭环系统稳定的参数组 $(K=1, T=2)$，$(K=2, T=0.5)$ 及 $(K=10, T=0.1)$ 作单位阶跃响应曲线，分别如图 5-16-2、图 5-16-3 和图 5-16-4 所

示,以验证闭环系统稳定性。

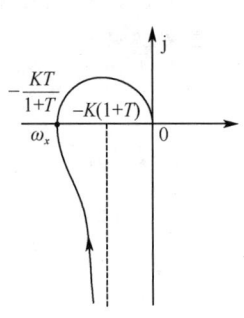

图 5-16-1　$G(j\omega)=\dfrac{K}{j\omega(1+jT\omega)(1+j\omega)}$ 概略幅相特性曲线

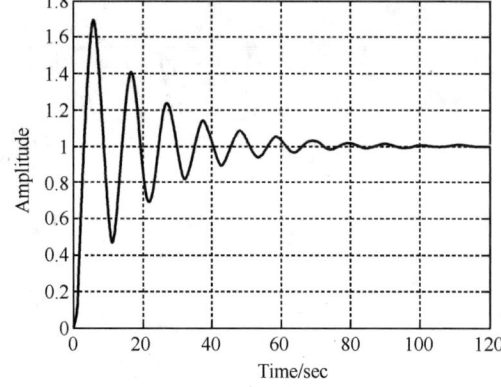

图 5-16-2　$K=1,T=2$ 时系统时间响应(MATLAB)

MATLAB 程序:exe516.m

```
K1 = 1;T1 = 2;
G1 = tf([K1],[conv([conv([1,0],[T1,1])],[1,1])]);
G11 = feedback(G1,1);
K2 = 2;T2 = 0.5;
G2 = tf([K2],[conv([conv([1,0],[T2,1])],[1,1])]);
G21 = feedback(G2,1);
K3 = 10;T3 = 0.1;
G3 = tf([K3],[conv([conv([1,0],[T3,1])],[1,1])]);
G31 = feedback(G3,1);
figure(1);step(G11);grid;
figure(2);step(G21);grid;
figure(3);step(G31);grid;
```

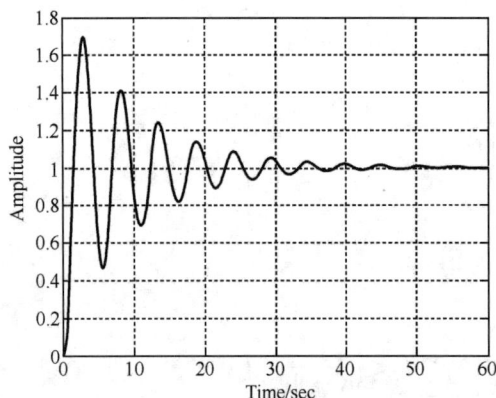

图 5-16-3　$K=2,T=0.5$ 时系统时间响应(MATLAB)

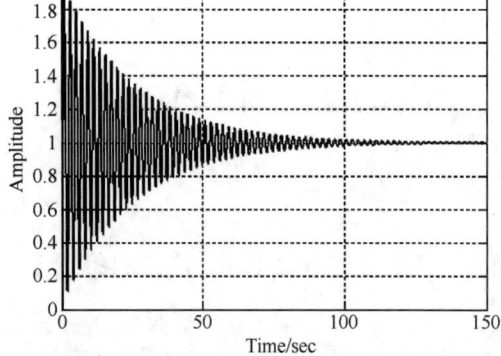

图 5-16-4　$K=10,T=0.1$ 时系统时间响应(MATLAB)

5-17 试用对数稳定判据判定题 5-10 系统的闭环稳定性。

解 本题主要考查如何根据系统的对数频率特性曲线,运用对数稳定判据来确定不稳定的闭环极点的个数,进而判别闭环系统的稳定性,特别要注意对含有积分环节开环对数频率特性的处理。

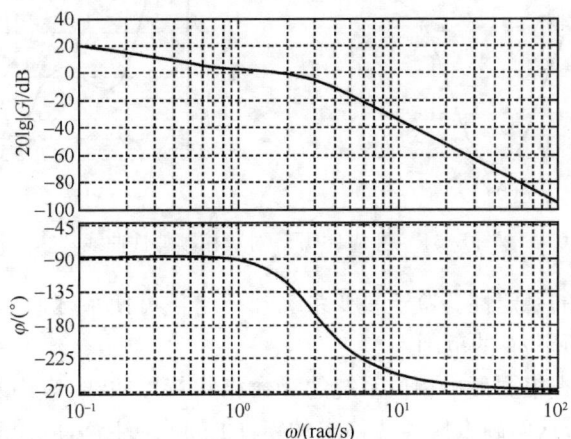

图 5-17-1 题 5-10 的开环对数频率特性(MATLAB)

系统开环传递函数

$$G(s)H(s) = \frac{(s+1)}{s\left(\frac{s}{2}+1\right)\left(\frac{s^2}{9}+\frac{s}{3}+1\right)}$$

系统开环对数频率特性曲线如图 5-17-1 所示。

因为 $\nu=1$,故需要在对数相频特性的低频段曲线向上补作 $1\times 90°$ 的垂线;系统的全部开环极点都位于 s 左半平面,即 $P=0$。

在 $L(\omega)>0$ 的频段内,其对数相频曲线没有穿越 $(2k+1)\times 180°$ 线,故 $N_-=0$,$N_+=0$,则 $N=N_+-N_-=0$;于是闭环极点位于 s 右半平面的个数为

$$Z = P - 2N = 0$$

所以系统闭环稳定。

又解:在题 5-10 中的开环对数频率特性曲线 MATLAB 仿真结果中,易得开环截止频率 $\omega_c=1.7\text{rad/s}$,相角裕度 $\gamma=69.4°$,故闭环系统稳定。作为一种验证,下面给出该系统的单位阶跃响应曲线,如图 5-17-2 所示。

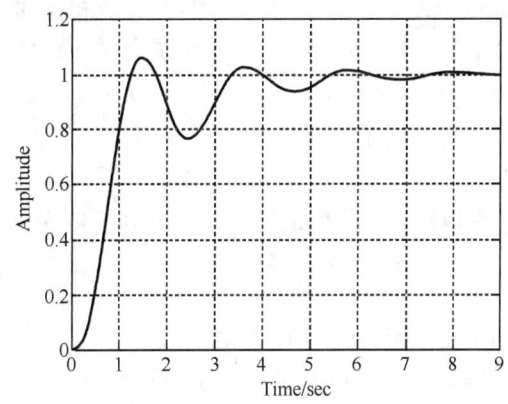

图 5-17-2 题 5-10 系统的单位阶跃响应(MATLAB)

MATLAB 程序:exe517.m

```
G = tf([1,1],conv([0.5,1,0],[1/9,1/3,1]));   % 系统开环传递函数
[Gm,Pm,wx,wc] = margin(G);                    % 确定系统的开环截止频率和相角裕度
G1 = feedback(G,1);                           % 系统的闭环传递函数
step(G1);grid
```

5-18 已知两个最小相位系统开环对数相频特性曲线如图 5-64 所示。

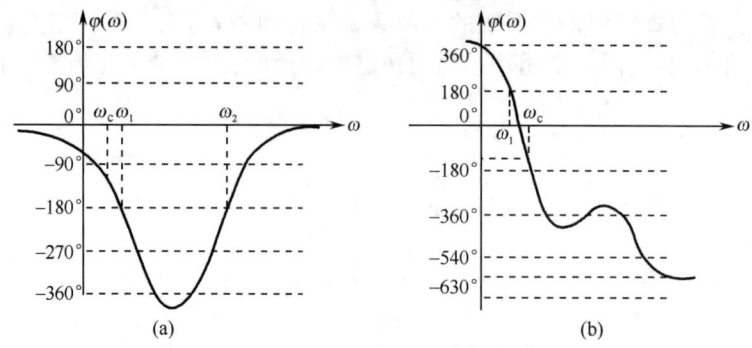

图 5-64 题 5-18 开环对数相频特性曲线

试分别确定系统的稳定性。鉴于改变系统开环增益可使系统截止频率变化,试确定系统闭环稳定时,截止频率 ω_c 的范围。

解 本题主要考查根据最小相位系统的对数相频特性曲线,应用对数频率稳定判据判别闭环系统的稳定性,从而确定使系统稳定的 ω_c 的范围。注意,应用对数频率稳定判据要求在 $L(\omega)>0$ 的频率范围内,确定对数相频曲线穿越 $(2k+1)\times 180°$ 线的次数。

(1) 图 5-64(a)。由图可见 $\varphi(\omega_1)=\varphi(\omega_2)=-180°(\omega_1<\omega_2)$,其中 ω_1 和 ω_2 为 $\varphi(\omega)$ 与 $-180°$ 线的交点频率。因为在 $\omega<\omega_c$ 的 $L(\omega)>0$ 的频段内,其对数相频曲线没有穿越 $(2k+1)\times 180°$ 线,故 $N_-=0, N_+=0$,则 $N=N_+-N_-=0$。而系统为最小相位系统,故 $P=0$,于是闭环极点位于 s 右半平面的个数为 $Z=P-2N=0$,所以系统闭环稳定。

故当改变系统开环增益 K,使得截止频率 $\omega_c<\omega_1$ 或 $\omega_c>\omega_2$ 时,由对数稳定判据可知,闭环系统仍然保持稳定。

(2) 图 5-64(b)。由图可见 $\varphi(\omega_1)=180°$,其中 ω_1 为 $\varphi(\omega)$ 与 180°线的交点频率。因为在 $\omega<\omega_c$ 的 $L(\omega)>0$ 的频段内,其对数相频曲线负穿越 $(2k+1)\times 180°$ 线,故 $N_-=1, N_+=0$,则 $N=N_+-N_-=-1$。而系统为最小相位系统,故 $P=0$,于是闭环极点位于 s 右半平面的个数为 $Z=P-2N=0-2\times(-1)=2$,所以系统闭环不稳定。

故当改变系统开环增益 K,使得截止频率 $\omega_c<\omega_1$ 时,由对数稳定判据可知,可使闭环系统稳定。

5-19 若单位反馈延迟系统的开环传递函数

$$G(s)=\frac{Ke^{-0.8s}}{s+1}$$

试确定使系统稳定的 K 值范围。

解 本题主要考查对含有延迟环节的开环系统应用奈氏判据,确定使闭环系统稳定的系统参数的取值范围,特别要注意含有延迟环节的开环系统的相频特性的变化。

系统的开环频率特性

$$G(j\omega)=\frac{Ke^{-j0.8\omega}}{1+j\omega}=\frac{K}{\sqrt{1+\omega^2}}e^{-j(0.8\omega+\arctan\omega)}$$

令 $-0.8\omega-\arctan\omega=-\pi$,解得穿越频率

$$\omega_x=2.45$$

而 $G(j\omega)$ 在负实轴上的坐标为

$$|G(j\omega_x)| = \frac{K}{\sqrt{1+\omega_x^2}}\bigg|_{\omega_x=2.45} = 0.378K$$

表明延迟系统开环幅相特性曲线第一次与负实轴的交点为 $(-0.378K, j0)$，并且随着 ω 的增大，开环幅相特性曲线与负实轴的交点越来越接近坐标原点，其开环幅相特性曲线如图 5-19-1 所示。

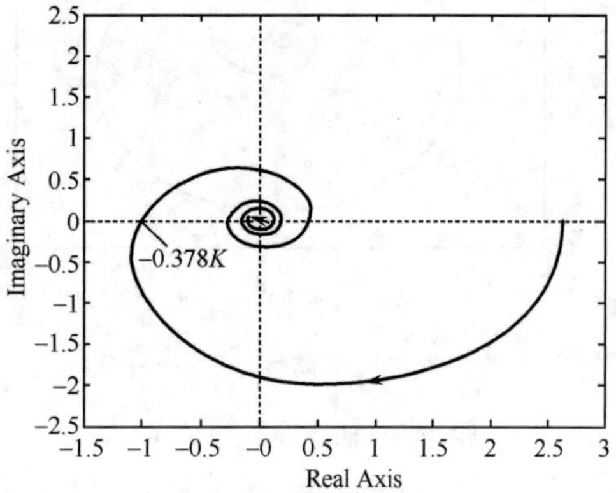

$G(s)$ 在 s 右半平面的极点数 $P=0$，由奈氏判据 $Z=P-2N$ 可知，若使 $Z=0$，则 $P=2N$，而 $P=0$，故 $N=0$。

由奈氏曲线可知：为了保证闭环系统稳定，应有 $-0.378K > -1$；所以，使系统闭环稳定的开环增益 K 范围为

$$0 < K < 2.65$$

MATLAB 程序：exe519.m

```
% 选取ω初始值
w0 = 0.01;
% 计算系统开环幅相曲线第一次与负实轴相交时的ω值
while ( - 0.8 * w0 - atan(w0) > - pi )
    w0 = w0 + 0.01;
end
w = w0;
% 计算临界开环增益
k = sqrt(1 + w^2);
% 绘制系统开环幅相特性图
G = tf([k],[1,1],'inputdelay',0.8);
nyquist(G)
```

图 5-19-1 $G(j\omega) = \dfrac{Ke^{-j0.8\omega}}{1+j\omega}$ 幅相特性（MATLAB）

5-20 设单位反馈延迟系统的开环传递函数

$$G(s) = \frac{5s^2 e^{-\tau s}}{(s+1)^4}$$

试确定闭环系统稳定时，延迟时间 τ 的范围。

解 本题主要考查对含有延迟环节的开环系统应用奈氏判据，确定使闭环系统稳定的系统参数的取值范围，特别要注意含有延迟环节的开环系统的相频特性的变化。注意 $G(j\omega)$ 中含有负号时的相角变化。

系统的开环频率特性

$$G(j\omega) = \frac{-5\omega^2 e^{-j\tau\omega}}{(1+j\omega)^4} = \frac{5\omega^2}{(1+\omega^2)^2} e^{-j(-\pi+\tau\omega+4\arctan\omega)}$$

则开环系统幅频特性为

$$|G(j\omega)| = \frac{5\omega^2}{(1+\omega^2)^2}$$

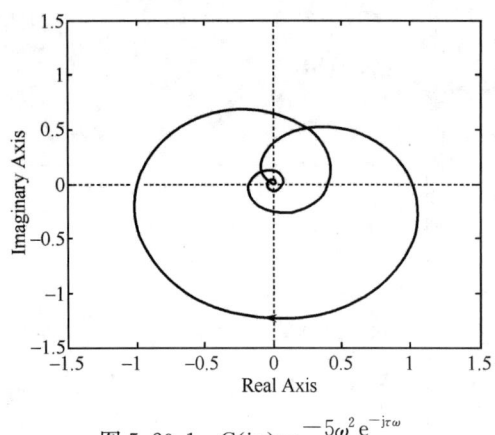

图 5-20-1 $G(j\omega)=\dfrac{-5\omega^2 e^{-j\tau\omega}}{(1+j\omega)^4}$

幅相特性曲线(MATLAB)

求其极值可知:当 $\omega=1\text{rad/s}$ 时,$|G(j\omega)|_{\max}=1.25$,故当 $\omega>1$ 时,随着 ω 的增大,$|G(j\omega)|$ 越来越小。

而由开环系统的相频特性 $\angle G(j\omega)=\pi-\tau\omega-4\arctan\omega$ 可知,随着 ω 增大,相角不断减小;所以,为了保证闭环系统的稳定性,当 $\angle G(j\omega)=-180°$,$|G(j\omega)|_{\max}$ 所对应点频率应该大于 1rad/s。

令 $\omega=\omega_m$ 时,系统开环幅相特性曲线与负实轴相交,则交点为 $\left(-\dfrac{5\omega_m^2}{(1+\omega_m^2)^2},j0\right)$,并且当 $\omega>1$ 时,随着 ω 的增大,开环幅相特性曲线与负实轴的交点越来越接近坐标原点。

$G(s)$ 在 s 右半平面的极点数 $P=0$,其幅相特性曲线如图 5-20-1,由奈氏判据 $Z=P-2N$ 可知:若使 $Z=0$,则 $P=2N$,而 $P=0$,故应有 $N=0$。

令 $-\dfrac{5\omega_m^2}{(1+\omega_m^2)^2}=-1$,解得

$$\omega_m=1.618 \quad \text{或} \quad \omega_m=0.618(\text{舍去})$$

将 $\omega_m=1.618$ 代入 $\pi-\tau\omega_m-4\arctan\omega_m=-\pi$,解得

$$\tau=\dfrac{2\pi-4\arctan\omega_m}{\omega_m}\bigg|_{\omega_m=1.618}=1.369$$

所以,当 $0<\tau<1.369$ 时,系统闭环稳定。

MATLAB 程序:exe520.m

```
% 确定系统开环幅相曲线第一次与负实轴相交时的ω值
G0 = tf([5,0,0],conv(conv([1,1],[1,1]),conv([1,1],[1,1])));
[Gm,Pm,Wcg,Wcp] = margin(G0);
w = Wcp;
% 选取τ初始值
t0 = 0.01;
% 确定使系统稳定的最大延迟时间τ值
while ( pi-t0*w-4*atan(w)>-pi)
    t0 = t0+0.01;
end
t = t0;
% 绘制系统开环幅相特性图
G = tf([5,0,0],conv(conv([1,1],[1,1]),conv([1,1],[1,1])),'inputdelay',t);
nyquist(G)
```

5-21 设单位反馈系统的开环传递函数

$$G(s)=\dfrac{as+1}{s^2}$$

试确定相角裕度为 45°时参数 a 的值。

解 本题主要考查对系统相角裕度定义的理解,并要注意与相角裕度相关的截止频率的定义。

系统的开环频率特性

$$G(j\omega) = \frac{1+ja\omega}{-\omega^2} = \frac{\sqrt{1+a^2\omega^2}}{\omega^2} e^{-j(\pi-\arctan a\omega)}$$

其中 $\varphi(\omega) = -\pi + \arctan a\omega$。由相角裕度定义可知

$$\gamma = \pi + \varphi(\omega_c) = \arctan a\omega_c = \frac{\pi}{4}$$

解得

$$\omega_c = 1/a$$

而

$$|G(j\omega_c)| = \frac{\sqrt{1+a^2\omega_c^2}}{\omega_c^2}\bigg|_{\omega_c=1/a} = 1$$

解得

$$a = 0.841, \quad \omega_c = 1.189$$

MATLAB 验证:由开环对数频率特性图 5-21-1,可以测得

$$\omega_c = 1.19\text{rad/s}, \quad \gamma = 45°$$

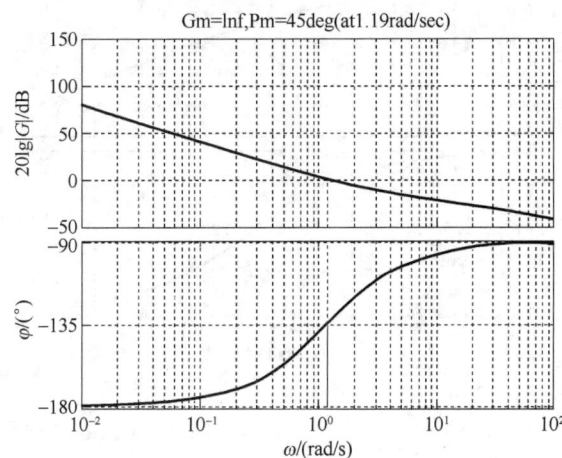

图 5-21-1 $G(j\omega) = \frac{1+ja\omega}{-\omega^2}$ 在 $a=0.841$ 时的开环对数频率特性(MATLAB)

MATLAB 程序:exe521.m

```
a = 0.841;
G = tf([a,1],[1,0,0]);
margin(G);grid
```

5-22 对于典型二阶系统,已知参数 $\omega_n = 3, \zeta = 0.7$,试确定截止频率 ω_c 和相角裕度 γ。

解 本题主要考查如何根据典型二阶系统的参数来求取其频域指标。

典型二阶系统的开环传递函数为

$$G(s) = \frac{\omega_n^2}{s(s+2\zeta\omega_n)}$$

代入参数 $\omega_n = 3, \zeta = 0.7$,得

$$G(s) = \frac{9}{s(s+4.2)}$$

二阶系统的开环频率特性

$$G(j\omega) = \frac{9}{j\omega(4.2+j\omega)} = \frac{9}{\omega\sqrt{17.64+\omega^2}} e^{-j\left(\frac{\pi}{2}+\arctan\frac{\omega}{4.2}\right)}$$

由 $|G(j\omega_c)|=1$，即

$$\frac{9}{\omega_c\sqrt{17.64+\omega_c^2}} = 1$$

解得 $\omega_c=1.94\text{rad/s}$。

再由 $\gamma = 180° + \varphi(\omega_c) = 180° - 90° - \arctan\omega_c/4.2$

解得 $\gamma=65.21°$。

MATLAB 验证：利用 MATLAB 软件包，绘制系统开环对数频率特性，如图 5-22-1 所示。由图 5-22-1 测得 $\omega_c=1.94\text{rad/s}$，$\gamma=65.2°$。

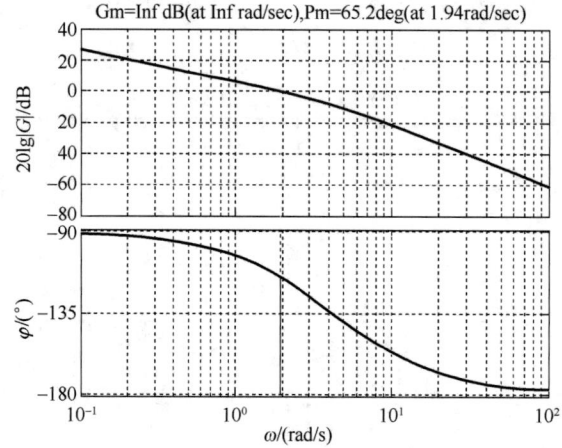

图 5-22-1　$G(j\omega)=\dfrac{9}{j\omega(4.2+j\omega)}$ 的开环对数频率特性（MATLAB）

MATLAB 程序：exe522.m

```
% 确定系统参数
wn = 3;keth = 0.7;
% 确定典型二阶系统的传递函数
G = tf([wn^2],conv([1,0],[1,2*keth*wn]));
margin(G);grid
```

5-23　对于典型二阶系统，已知 $\sigma\%=15\%$，$t_s=3\text{s}(\Delta=2\%)$，试计算相角裕度 γ。

解　本题主要考查如何根据典型二阶系统的时域指标来求取其频域指标，要注意典型二阶系统时域指标和频域指标之间的关系。

典型二阶系统的开环传递函数为

$$G(s) = \frac{\omega_n^2}{s(s+2\zeta\omega_n)}$$

由 $\sigma\%=15\%$，$t_s=3\text{s}(\Delta=2\%)$，即

$$100e^{-\pi\zeta/\sqrt{1-\zeta^2}}\% = 15\%, \quad \frac{4.4}{\zeta\omega_n} = 3(\Delta = 2\%)$$

有

$$\zeta = \frac{1}{\sqrt{1+\left(\frac{\pi}{\ln 0.15}\right)^2}}$$

$$\omega_n = \frac{4.4}{3\zeta}$$

解得 $\zeta=0.517$, $\omega_n=2.837$, 则二阶系统的开环频率特性

$$G(j\omega) = \frac{8.049}{j\omega(2.933+j\omega)} = \frac{8.049}{\omega\sqrt{8.602+\omega^2}}e^{-j\left(\frac{\pi}{2}+\arctan\frac{\omega}{2.933}\right)}$$

由 $|G(j\omega_c)|=1$, 即

$$\frac{8.049}{\omega_c\sqrt{8.602+\omega_c^2}} = 1$$

解得 $\omega_c=2.2\text{rad/s}$。再由

$$\gamma = 180° + \varphi(\omega_c) = 180° - 90° - \arctan\omega_c/2.933$$

解得 $\gamma=53.1°$。

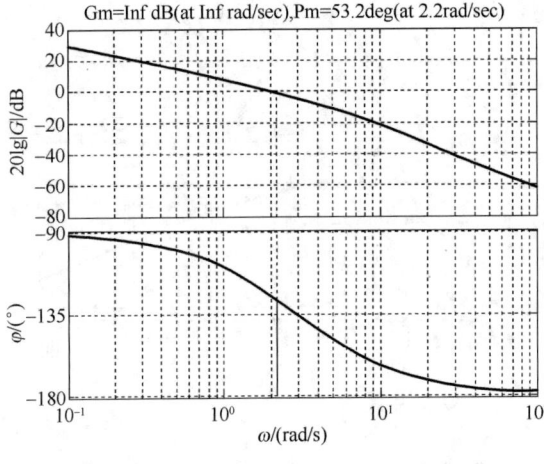

图 5-23-1 $G(j\omega)=\dfrac{8.049}{j\omega(2.933+j\omega)}$ 开环对数频率特性(MATLAB)

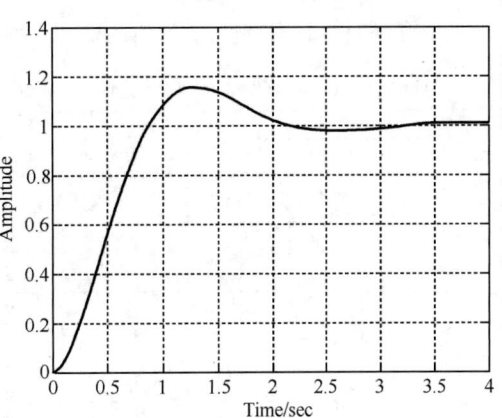

图 5-23-2 $\Phi(s)=\dfrac{8.049}{s^2+2.933s+8.049}$ 系统单位阶跃响应(MATLAB)

MATLAB 验证:

利用 MATLAB 软件包,针对 $G(j\omega)=\dfrac{8.049}{j\omega(2.933+j\omega)}$ 作开环对数频率特性,如图 5-23-1 所示。由图 5-23-1 得 $\omega_c=2.2\text{rad/s}$, $\gamma=53.2°$。

针对 $\Phi(s)=\dfrac{8.049}{s^2+2.933s+8.049}$ 作单位阶跃响应,如图 5-23-2 所示。由图 5-23-2 得 $\sigma\%=15\%$, $t_s=2.8\text{s}(\Delta=2\%)$。

MATLAB 程序:exe523.m

```
deta = 0.15;ts = 3;
```

```
keth = sin(atan( - log(deta)/pi));wn = 4.4/(ts * keth);    % 确定参数 ω_n,ζ 值
G = tf([wn^2],conv([1,0],[1,2 * keth * wn]));              % 典型二阶系统的传递函数
figure(1);margin(G);grid
G1 = feedback(G,1);
figure(2);step(G1);grid
```

5-24 根据题 5-11 所绘对数幅频渐近特性曲线,近似确定截止频率 ω_c,并由此确定相角裕度 γ 的近似值。

解 本题主要考查如何根据系统的对数幅频渐近特性曲线确定截止频率,进而确定相角裕度。

(1) $G(s) = \dfrac{2}{(2s+1)(8s+1)}$

由图 5-11-1 对数幅频渐近特性曲线,并根据其几何性质,可以得

$$20\lg 2 = 20\lg \dfrac{\omega_c}{1/8}$$

解得 $\omega_c = 0.25 \text{rad/s}$。再由

$$\gamma = 180° - \arctan 2\omega_c - \arctan 8\omega_c$$

解得 $\gamma = 90°$。

MATLAB 验证:

由开环对数频率特性的仿真结果,可以测得 $\omega_c = 0.196 \text{rad/s}, \gamma = 101°$,如图 5-24-1 所示。

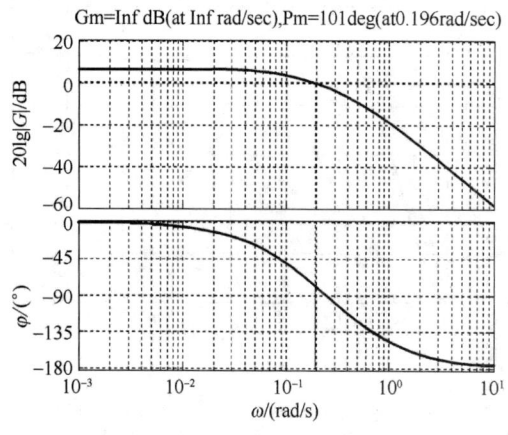

图 5-24-1 $G(s) = \dfrac{2}{(2s+1)(8s+1)}$ 的开环对数频率特性(MATLAB)

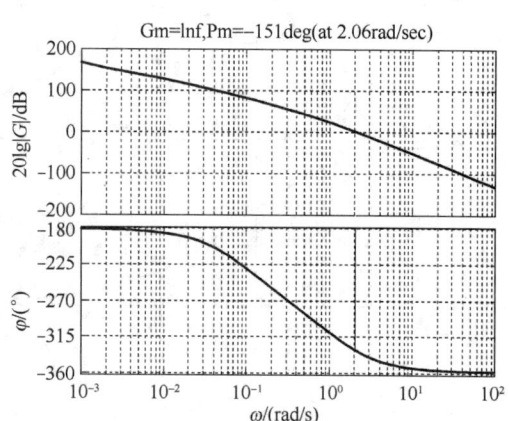

图 5-24-2 $G(s) = \dfrac{200}{s^2(s+1)(10s+1)}$ 的开环对数频率特性(MATLAB)

(2) $G(s) = \dfrac{200}{s^2(s+1)(10s+1)}$

由图 5-11-2 对数幅频渐近特性曲线,并根据其几何性质,可以得

$$20\lg 200 + 40\lg \dfrac{1}{1/10} - 60\lg \dfrac{1}{10} = 80\lg \dfrac{\omega_c}{1}$$

解得 $\omega_c = 2.115 \text{rad/s}$。再由

$$\gamma = 180° - 180° - \arctan \omega_c - \arctan 10\omega_c$$

解得 $\gamma = -152°$。

MATLAB 验证：

由开环对数频率特性的仿真结果，可以测得 $\omega_c = 2.06 \text{rad/s}, \gamma = -151°$，如图 5-24-2 所示。

(3) $G(s) = \dfrac{8\left(\dfrac{s}{0.1}+1\right)}{s(s^2+s+1)\left(\dfrac{s}{2}+1\right)}$

由图 5-11-3 对数幅频渐近特性曲线，根据其几何性质，可以得到

$$20\lg 8 + 20\lg \dfrac{1}{0.1} - 40\lg \dfrac{2}{1} = 60\lg \dfrac{\omega_c}{2}$$

解得 $\omega_c = 5.429 \text{rad/s}$。再由

$$\gamma = 180° + \arctan \dfrac{\omega_c}{0.1} - 90° - \left(180° - \arctan \dfrac{\omega_c}{\omega_c^2 - 1}\right) - \arctan \dfrac{\omega_c}{2}$$

解得 $\gamma = -60.04°$。

MATLAB 验证：

由开环对数频率特性的仿真结果，可以测得 $\omega_c = 5.34 \text{rad/s}, \gamma = -59.6°$，如图 5-24-3 所示。

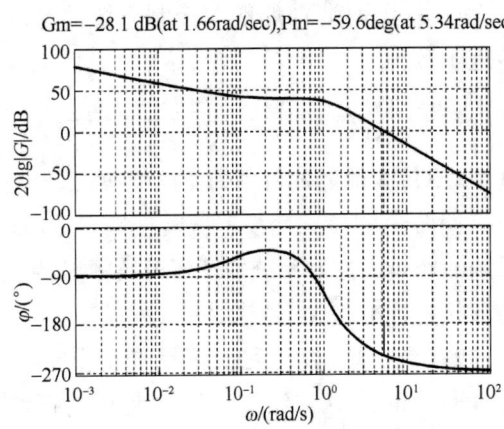

图 5-24-3 $G(s) = \dfrac{8\left(\dfrac{s}{0.1}+1\right)}{s(s^2+s+1)\left(\dfrac{s}{2}+1\right)}$ 的开环对数频率特性（MATLAB）

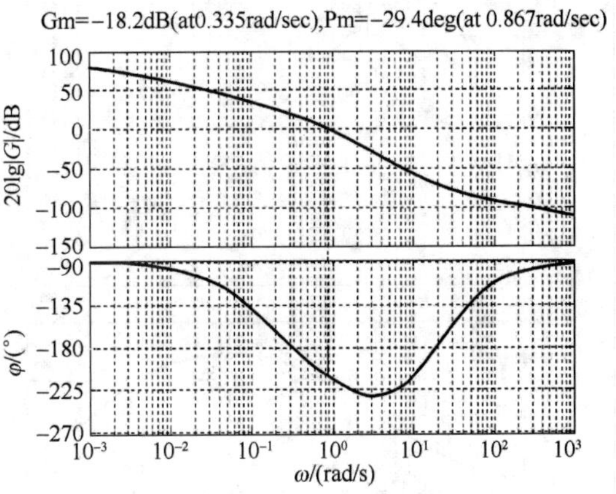

图 5-24-4 $G(s) = \dfrac{10\left(\dfrac{s^2}{400}+\dfrac{s}{10}+1\right)}{s(s+1)\left(\dfrac{s}{0.1}+1\right)}$ 的开环对数频率特性（MATLAB）

(4) $G(s) = \dfrac{10\left(\dfrac{s^2}{400}+\dfrac{s}{10}+1\right)}{s(s+1)\left(\dfrac{s}{0.1}+1\right)}$

由图 5-11-4 对数幅频渐近特性曲线可知 $\omega_c = 1 \text{rad/s}$，再由

$$\gamma = 180° + \arctan \dfrac{\omega_c/10}{1-\omega_c^2/400} - 90° - \arctan \dfrac{\omega_c}{1} - \arctan \dfrac{\omega_c}{0.1}$$

解得 $\gamma = -33.57°$。

MATLAB 验证：

由开环对数频率特性的仿真结果，可以测得 $\omega_c = 0.867 \text{rad/s}, \gamma = -29.4°$，如图 5-24-4 所示。

MATLAB 程序：exe524.m

```
% 各系统的开环传递函数
G1 = tf(2,[conv([2,1],[8,1])]);
G2 = tf(200,[conv(conv([1,1],[10,1]),[1,0,0])]);
G3 = tf(8*[10,1],[conv(conv([1,0],[0.5,1]),[1,1,1])]);
G4 = tf(10*[1/400,1/10,1],[conv(conv([1,0],[1,1]),[10,1])]);
% 绘制各系统的开环对数频率特性曲线
figure(1);margin(G1);grid
figure(2);margin(G2);grid
figure(3);margin(G3);grid
figure(4);margin(G4);grid
```

5-25 航船的自动导航系统是反馈控制理论的典型应用。与人工驾驶相比，自动导航系统产生的偏差小。在航船以小偏差匀速航行时，可以导出航向控制系统的数学模型。以大型油船为例，油船航向控制系统的开环传递函数为

$$G(s) = \frac{E(s)}{\Delta(s)} = \frac{0.164(s+0.2)(-s+0.32)}{s^2(s+0.25)(s-0.009)}$$

其中，$E(s)$ 为油船偏航角的拉氏变换，$\Delta(s)$ 是舵机偏转角的拉氏变换。试验证图 5-65 所示的油船航向控制系统的开环对数频率特性的形状是否准确。

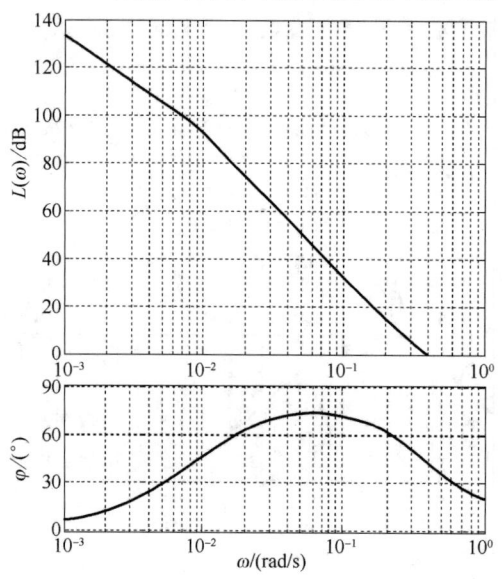

图 5-65 油船航向控制系统的开环对数频率特性

解 本题主要练习开环系统对数频率特性曲线的计算与绘制。该油船航向控制系统由非最小相位比例环节、积分环节、最小相位与非最小相位一阶微分环节、最小相位与非最小相位惯性环节等六种典型环节构成。

将开环传递函数化为典型环节构成的形式，可得

$$G(s) = \frac{0.164(s+0.2)(-s+0.32)}{s^2(s+0.25)(s-0.009)}$$
$$= \frac{-4.66(5s+1)(-3.125s+1)}{s^2(4s+1)(-111.1s+1)}$$

令 $K = 4.66$，并将 $G(s)$ 分解为下表所示典型环节。

环节	对数幅频/dB	对数相频
$-K$	$L_1(\omega)=20\lg K=13.37\text{dB}$	$\varphi_1(\omega)=-180°$
$\dfrac{1}{s^2}$	$L_2(\omega)=-40\lg\omega$	$\varphi_2(\omega)=-180°$
$5s+1$	$L_3(\omega)=10\lg(1+25\omega^2)$	$\varphi_3(\omega)=\arctan 5\omega$
$\dfrac{1}{4s+1}$	$L_4(\omega)=-10\lg(1+16\omega^2)$	$\varphi_4(\omega)=-\arctan 4\omega$
$-3.125s+1$	$L_5(\omega)=10\lg(1+9.77\omega^2)$	$\varphi_5(\omega)=-\arctan 3.125\omega$
$\dfrac{1}{-111.1s+1}$	$L_6(\omega)=-10\lg(1+12343.1\omega^2)$	$\varphi_6(\omega)=\arctan 111.1\omega$

令 ω 为不同值，可以分别算得 $L_i(\omega)$ 与 $\varphi_i(\omega)(i=1,2,3,4,5,6)$，且由 $L(\omega)=\sum\limits_{i=1}^{6}L_i(\omega),\varphi(\omega)=\sum\limits_{i=1}^{6}\varphi_i(\omega)$，得到开环对数幅频特性和对数相频特性，如下表所示。

$\omega/(\text{rad/s})$	0.004	0.01	0.02	0.07	0.1	0.2	0.4
L_1	13.37	13.37	13.37	13.37	13.37	13.37	13.37
L_2	95.92	80.00	67.96	46.20	40.00	27.96	15.92
L_3	1.7×10^{-3}	0.01	0.04	0.50	0.97	3.01	6.99
L_4	-1×10^{-3}	-0.007	-0.03	-0.33	-0.64	-2.15	-5.51
L_5	0.7×10^{-3}	0.004	0.02	0.20	0.40	1.43	4.09
L_6	-0.78	-3.49	-7.74	-17.89	-20.95	-26.94	-32.96
$L(\omega)/\text{dB}$	108.5	89.9	73.6	42.1	33.2	16.7	1.9
φ_1	$-180°$	$-180°$	$-180°$	$-180°$	$-180°$	$-180°$	$-180°$
φ_2	$-180°$	$-180°$	$-180°$	$-180°$	$-180°$	$-180°$	$-180°$
φ_3	$1.15°$	$2.86°$	$5.71°$	$19.29°$	$26.57°$	$45.00°$	$63.43°$
φ_4	$-0.92°$	$-2.29°$	$-4.57°$	$-15.64°$	$-21.80°$	$-38.66°$	$-58.00°$
φ_5	$-0.72°$	$-1.79°$	$-3.58°$	$-12.34°$	$-17.35°$	$-32.00°$	$-51.34°$
φ_6	$23.96°$	$48.00°$	$65.77°$	$82.67°$	$84.86°$	$87.42°$	$88.71°$
$\varphi(\omega)$	$-336.5°$	$-313.2°$	$-296.7°$	$-286.0°$	$-287.7°$	$-298.2°$	$-317.2°$

根据算出的 $L(\omega)$ 和 $\varphi(\omega)$，对比图 5-65 对数频率特性可知，该特性曲线的形状除极低频个别点外，基本正确。

MATLAB 验证：

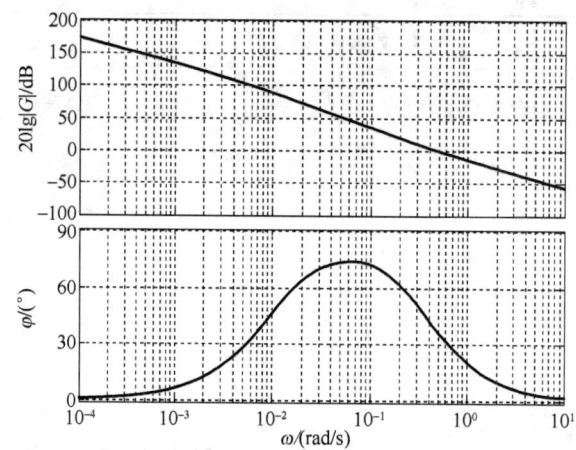

图 5-25-1 油船航向控制系统开环对数频率特性(MATLAB)

应用 MATLAB 软件包,可得开环对数频率特性,如图 5-25-1 所示。
MATLAB 程序:exe525.m

num = 0.164 * [conv([1,0.2],[-1,0.32])];
den = [conv(conv([1,0,0],[1,0.25]),[1,-0.009])];
G = tf(num,den);
bode(G);grid

5-26 航天飞机曾成功地完成了检修卫星和哈勃太空望远镜的任务。图 5-66(a)是卫星修理示意图,宇航员的脚固定在机械手臂顶端的工作台上,以便他能用双手来完成阻止卫星转动和点火启动卫星等操作。机械臂控制系统如图 5-66(b)所示,其中

$$G_1(s) = K = 10, \quad H(s) = 1$$

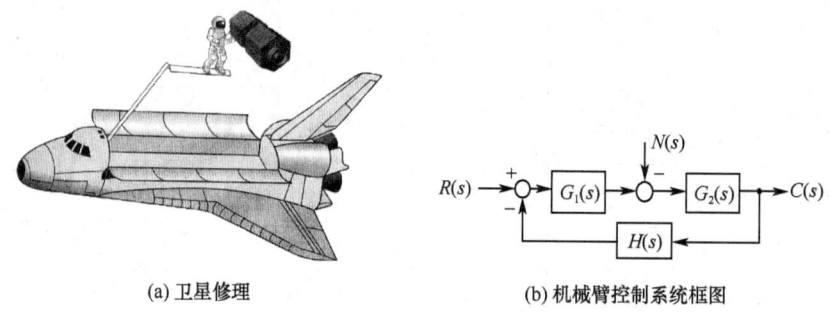

(a) 卫星修理   (b) 机械臂控制系统框图

图 5-66 航天飞机机械臂控制系统

若已知闭环传递函数为

$$\Phi(s) = \frac{C(s)}{R(s)} = \frac{10}{s^2 + 5s + 10}$$

要求:
(1) 确定系统对单位阶跃扰动的响应表达式 $c_n(t)$ 及 $c_n(\infty)$ 的值;
(2) 计算闭环系统的带宽频率 ω_b。

解 本题联合应用系统的时域及频域分析方法,分别确定系统的扰动时间响应及系统带宽。

(1) 扰动时间响应。设开环传递函数
$$G(s) = G_1(s)G_2(s)$$
则有
$$G(s) = \frac{\Phi(s)}{1-\Phi(s)} = \frac{10}{s(s+5)}$$
所以
$$G_2(s) = \frac{1}{s(s+5)}$$

在单位阶跃扰动 $N(s)$ 作用下，闭环传递函数
$$\Phi_n(s) = -\frac{G_2(s)}{1+G(s)} = -\frac{1}{s^2+5s+10}$$
则单位阶跃扰动产生的输出
$$C_n(s) = \Phi_n(s)N(s) = -\frac{1}{s(s^2+5s+10)}$$
其中，$N(s) = \frac{1}{s}$。对上式进行因式分解，有
$$C_n(s) = -\frac{0.1}{s} + \frac{0.1(s+5)}{(s+2.5)^2+1.94^2}$$
进行拉氏反变换，得单位阶跃扰动输出
$$c_n(t) = -0.1 + 0.164e^{-2.5t}\sin(1.94t+37.8°)$$
令 $t \to \infty$，得单位阶跃扰动作用下输出的稳态值
$$c_n(\infty) = -0.1$$
表明系统对扰动作用的影响可削弱 10 倍。

(2) 闭环带宽频率。令
$$\Phi(s) = \frac{10}{s^2+5s+10} = \frac{\omega_n^2}{s^2+2\zeta\omega_n s+\omega_n^2}$$
可得
$$\omega_n = 3.162, \quad \zeta = 0.79$$
表明系统具有较大阻尼。由教材中式(6-3)，带宽频率
$$\omega_b = \omega_n\sqrt{1-2\zeta^2+\sqrt{2-4\zeta^2+4\zeta^4}} = 2.8\text{rad/s}$$

MATLAB 验证：

应用 MATLAB 软件包，可以得到系统的单位阶跃扰动响应及闭环对数频率特性，分别如图 5-26-1 及图 5-26-2 所示。由图可测得 $c_n(\infty) = -0.1$，$\omega_b = 2.8\text{rad/s}$。

MATLAB 程序：exe526.m

```
G1 = tf([10],[1]);G2 = tf([1],[1,5,0]);
G = series(G1,G2);          % 系统开环传递函数
Gn = -feedback(G2,G1);      % 系统误差传递函数
G3 = feedback(G,1);         % 系统闭环传递函数
figure(1);step(Gn);grid     % 绘制系统单位阶跃扰动响应
figure(2);bode(G3);grid     % 绘制系统闭环对数频率特性
```

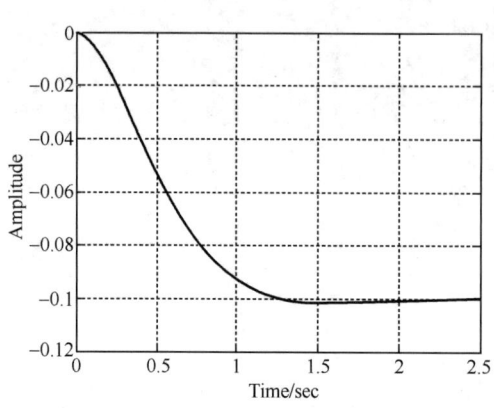

图 5-26-1　航天飞机机械臂系统单位阶
跃扰动响应（MATLAB）

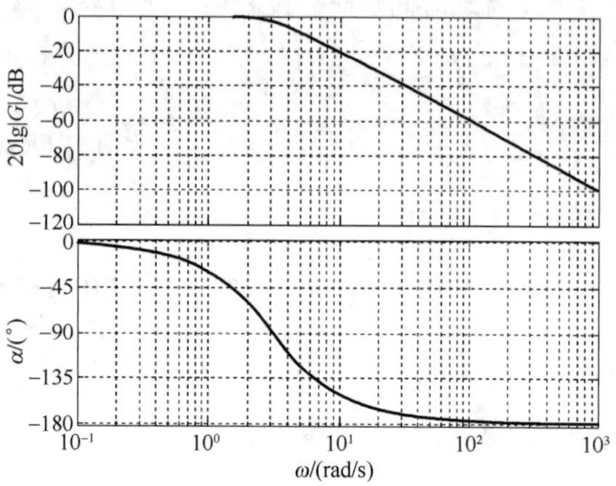

图 5-26-2　航天飞机机械臂系统闭环
对数频率特性（MATLAB）

5-27　试验中的旋翼飞机装有一个可以旋转的机翼，如图 5-67 所示。当飞机速度较低时，机翼将处在正常位置；而在飞机速度较高时，机翼将旋转到一个其他的合适位置，以便改善飞机的超音速飞行品质。假定飞机控制系统的 $H(s)=1$，且

$$G(s)=\frac{4(0.5s+1)}{s(2s+1)\left[\left(\frac{s}{8}\right)^2+\frac{s}{20}+1\right]}$$

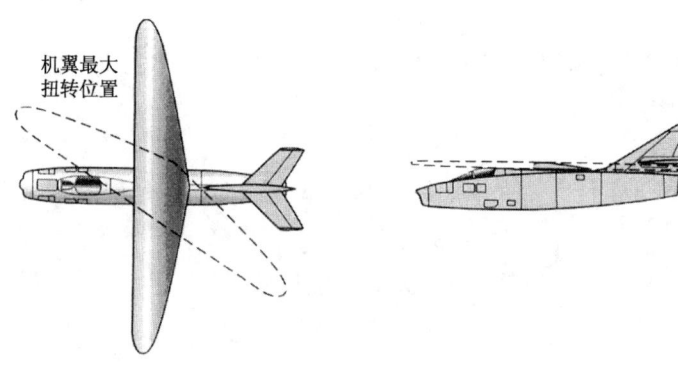

图 5-67　旋转翼飞机示意图

要求：

（1）绘制开环系统的对数频率特性曲线；

（2）确定幅值增益为 0dB 时对应的频率 ω_c 和相角为 $-180°$ 时对应的频率 ω_x。

解　本题主要练习频率响应法中的基本技能，并巩固有关基本概念。

（1）开环 Bode 图。由给出的 $G(s)$ 的知，开环系统由五种典型环节组成。开环增益 $K=4$，$20\lg K=12\text{dB}$。

开环系统各组成环节特性列表如下，以便绘制 Bode 图。据下表，可以方便绘制开环 Bode 图。图 5-27-1 是已修正后的开环准确 Bode 图。

典型环节	交接频率	斜率变化	相角变化
K		0	$0°$
$\dfrac{1}{s}$		-20dB/dec	$-90°$
$\dfrac{1}{2s+1}$	$\omega_1=0.5$	$-20\sim-40\text{dB/dec}$	$\varphi_1(\omega)=0°\sim-90°$
$0.5s+1$	$\omega_2=2$	$-40\sim-20\text{dB/dec}$	$\varphi_2(\omega)=0°\sim90°$
$\dfrac{1}{\left(\dfrac{s}{8}\right)^2+2\times0.2\left(\dfrac{s}{8}\right)+1}$	$\omega_3=8$ ($\zeta=0.2$)	$-20\sim-60\text{dB/dec}$	$\varphi_3(\omega)=0°\sim-180°$

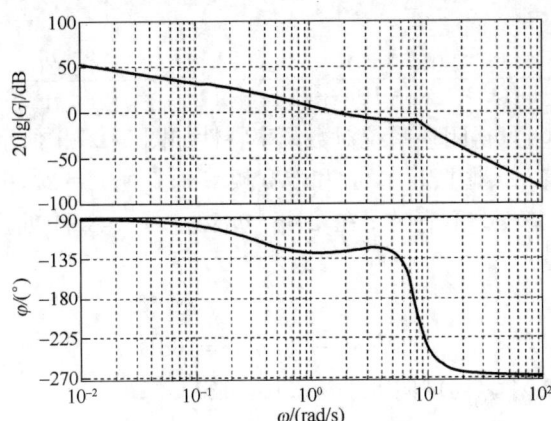

图 5-27-1　$G(s)=\dfrac{4(0.5s+1)}{s(2s+1)(s^2/64+s/20+1)}$ 的开环对数频率特性曲线(MATLAB)

(2) 截止频率与穿越频率。由已绘出的开环准确 Bode 图 5-27-1 可得：截止频率 $\omega_c=1.6\text{rad/s}$，穿越频率 $\omega_x=7.7\text{rad/s}$。

MATLAB 程序：exe527.m

```
G=tf(4*[0.5,1],[conv(conv([1,0],[2,1]),[1/64,1/20,1])]);
bode(G);grid
```

5-28　在空间机器人与地面测控站之间，存在着较大的通信时延。因此，对火星一类的远距离行星进行星际探索时，要求空间机器人有较高的自主性。空间机器人的自主性要求将影响整个系统的各个方面，包括任务规划、感知系统和机械结构等。只有当每个机器人都配备了完善的感知系统，能可靠地构建并维持环境模型时，星际探索系统才能具备所需要的自主性。美国卡内基-梅隆大学机器人研究所开发研制了一套用于星际探索的系统，其目标机器人是一个六足步行机器人，如图 5-68(a)所示。该机器人单足控制系统结构图如图 5-68(b)所示。

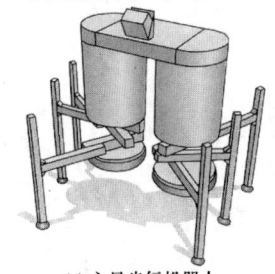
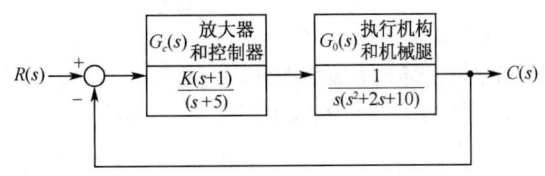

(a) 六足步行机器人　　　　(b) 机器人单足控制系统结构图

图 5-68　步行机器人

要求：

(1) 绘制 $K=20$ 时，闭环系统的对数频率特性；

(2) 分别确定 $K=20$ 和 $K=40$ 时，闭环系统的谐振峰值 M_r、谐振频率 ω_r 和带宽频率 ω_b。

解 本题展示在频域中进行空间机器人控制系统参数的设计过程。确定不同增益取值时的系统的频域特征参数，为进一步设计控制系统参数提供必备的技术数据。

(1) $K=20$ 时的闭环系统 Bode 图。开环传递函数

$$G_c(s)G_0(s) = \frac{20(s+1)}{s(s+5)(s^2+2s+10)}$$

闭环传递函数

$$\Phi(s) = \frac{20(s+1)}{s(s+5)(s^2+2s+10)+20(s+1)} = \frac{20(s+1)}{s^4+7s^3+20s^2+70s+20}$$

应用 MATLAB 软件包，可得闭环系统对数频率特性如图 5-28-1 所示。

(2) 确定谐振峰值 M_r、谐振频率 ω_r 和带宽频率 ω_b。令 $K=20$，由图 5-28-1 可得：谐振峰值 $M_r=0$；谐振频率 ω_r 不存在；在 $20\lg|\Phi(j\omega)|=-3\text{dB}$ 处，查出带宽频率 $\omega_b=3.62\text{rad/s}$。

令 $K=40$，因为

$$20\lg 40 - 20\lg 20 = 6\text{dB}$$

故可将图 5-28-1 中 $20\lg|\Phi(j\omega)|$ 向上平移 6dB，可得

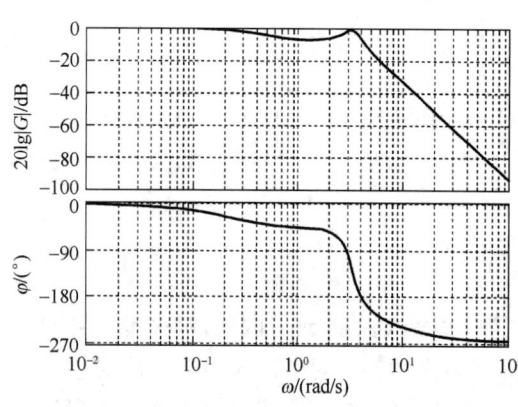

图 5-28-1 单足机器人控制系统闭环 Bode 图 ($K=20$. MATLAB)

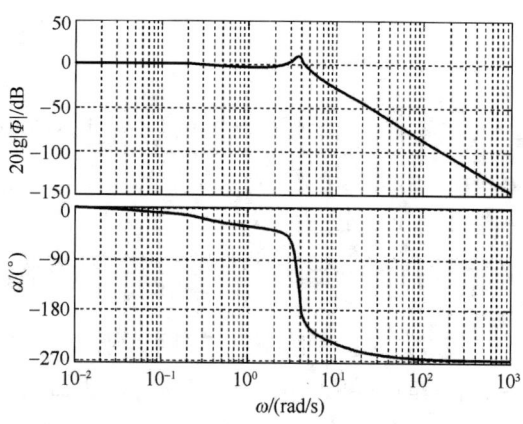

图 5-28-2 单足机器人控制系统闭环 Bode 图 ($K=40$. MATLAB)

$$M_r(\text{dB}) = 9.4\text{dB}, \quad M_r = 2.95$$
$$\omega_r = 3.7\text{rad/s}, \quad \omega_b = 4.7\text{rad/s}$$

MATLAB 验证：

$K=40$ 时的闭环对数频率特性如图 5-28-2 所示。由图 5-28-2 测得

$$M_r(\text{dB}) = 9.58\text{dB}, \quad M_r = 3.01$$
$$\omega_r = 3.68\text{rad/s}, \quad \omega_b = 4.59\text{rad/s}$$

MATLAB 程序：exe528.m

```
K=[20,40];
```

```
Gc = tf([1],conv([1,0],[1,2,10]));
for i = 1:2
    G1 = tf(K(i)*[1,1],[1,5]);
    G0 = series(G1,Gc);
    G = feedback(G0,1);
    figure(i);bode(G);grid
end
```

5-29 在脑外科、眼外科等手术中，患者肌肉的无意识运动可能会导致灾难性的后果。为了保证合适的手术条件，可以采用控制系统实施自动麻醉，以保证稳定的用药量，使患者肌肉放松。图 5-69 为麻醉控制系统模型，试确定控制器增益 K 和时间常数 τ，使系统谐振峰值 $M_r \leqslant 1.5$，并确定相应的闭环带宽频率 ω_b。

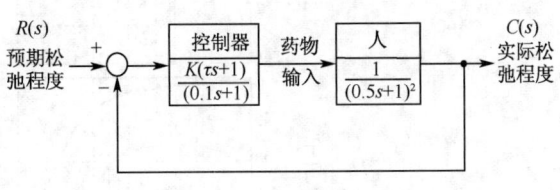

图 5-69 麻醉控制系统结构图

解 本题研究根据频域指标，在频域中设计控制器参数的方法，并涉及工程系统设计中利用零、极点相消来简化系统复杂度的措施。

选 $\tau = 0.5$，可使系统简化为二阶系统，其开环传递函数

$$G_c(s)G_0(s) = \frac{K}{(0.1s+1)(0.5s+1)}$$

闭环特征方程

$$D(s) = (0.1s+1)(0.5s+1) + K = 0$$

上式可整理为

$$D(s) = s^2 + 12s + 20(1+K) = s^2 + 2\zeta\omega_n s + \omega_n^2 = 0$$

因此有

$$\zeta\omega_n = 6, \quad K = \frac{\omega_n^2}{20} - 1$$

取 $M_r = 1.5$，由教材中式(6-1)，有

$$M_r = \frac{1}{2\zeta\sqrt{1-\zeta^2}}, \quad \zeta \leqslant 0.707$$

解出 $\zeta = 0.36$，于是

$$\omega_n = \frac{6}{\zeta} = 16.67, \quad K = \frac{277.78}{20} - 1 = 12.89$$

由教材中式(6-3)算出带宽频率

$$\omega_b = \omega_n \sqrt{1 - 2\zeta^2 + \sqrt{2 - 4\zeta^2 + 4\zeta^4}} = 23.49 \text{rad/s}$$

对上述计算结果，可应用 MATLAB 软件包加以验证。闭环系统的 Bode 图如图 5-29-1 所示。由图 5-29-1 可得，$M_r = 2.81\text{dB}, M_r = 1.38, \omega_b = 22.8\text{rad/s}$。

MATLAB 程序：exe529.m

```
K = 12.89;tou = 0.5;
G1 = tf(K*[tou,1],[0.1,1]);
G2 = tf([1],conv([0.5,1],[0.5,1]));
G0 = series(G1,G2);
```

```
G = feedback(G0,1);
W = 1:0.01:1000;
bode(G);grid
```

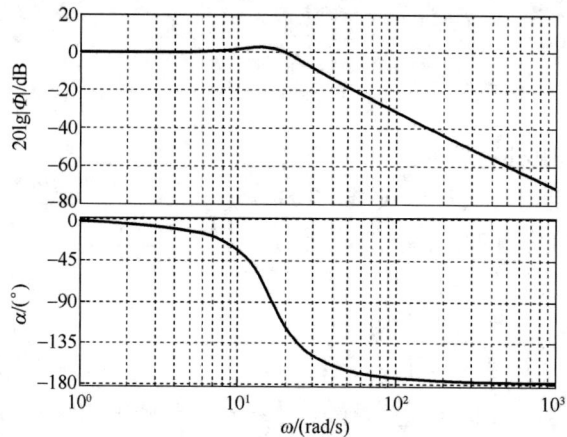

图 5-29-1 麻醉控制系统闭环 Bode 图(MATLAB)

第六章 线性系统的校正方法

6-1 设有单位反馈的火炮指挥仪伺服系统,其开环传递函数为

$$G_0(s) = \frac{K}{s(0.2s+1)(0.5s+1)}$$

若要求系统最大输出速度为 $12°/s$,输出位置的容许误差小于 $2°$,试求:

(1) 确定满足上述指标的最小 K 值,计算该 K 值下系统的相角裕度和幅值裕度;

(2) 在前向通道中串接超前校正网络

$$G_c(s) = \frac{0.4s+1}{0.08s+1}$$

计算已校正系统的相角裕度和幅值裕度,说明超前校正对系统性能的影响。

解 本题主要考查对系统的相角裕度和幅值裕度定义的理解,以及超前校正对系统动态性能的影响。

(1) 确定开环增益 K。因 $c_{max}=12°/s, e_{ss}(\infty)<2°, K=K_v=\frac{c_{max}}{e_{ss}(\infty)} \geq 6$,故取 $K=6$。令

$$|G_0(j\omega_c)| = \frac{60}{\omega_c\sqrt{(\omega_c^2+25)(\omega_c^2+4)}} = 1$$

求得待校正系统的截止频率

$$\omega_c = 2.92 \text{rad/s}$$

故相角裕度为

$$\gamma = 180° + \varphi(\omega_c) = [90° - \arctan 0.2\omega_c - \arctan 0.5\omega_c]\Big|_{\omega_c=2.92} = 4.12°$$

再由 $\angle G_0(j\omega_x) = -180°$,可求得待校正系统的穿越频率 ω_x。因为

$$G_0(j\omega) = \frac{6}{j\omega(1+j0.2\omega)(1+j0.5\omega)}$$

$$= -\frac{4.2\omega^2}{(0.7\omega^2)^2+\omega^2(1-0.1\omega^2)^2} - j\frac{6\omega(1-0.1\omega^2)}{(0.7\omega^2)^2+\omega^2(1-0.1\omega^2)^2}$$

令 $\text{Im}G_0(j\omega)=0$,得 $\omega_x^2=10$,故穿越频率

$$\omega_x = 3.16 \text{rad/s}$$

将 $\omega_x=3.16\text{rad/s}$ 代入 $\text{Re}G_0(j\omega)$,得 $G_0(j\omega_x)=-0.859$,故增益裕度为

$$h = \frac{1}{|G_0(j\omega_x)|} = 1.165, \quad h(\text{dB}) = -20\lg|G_0(j\omega_x)| = 1.33\text{dB}$$

(2) 串接超前校正网络后的已校正系统。开环传递函数

$$G(s) = \frac{6(0.4s+1)}{s(0.2s+1)(0.5s+1)(0.08s+1)} = \frac{300(s+2.5)}{s(s+5)(s+2)(s+12.5)}$$

由

$$|G(j\omega_c')| = \frac{300\sqrt{\omega_c'^2+6.25}}{\omega_c'\sqrt{(\omega_c'^2+25)(\omega_c'^2+4)(\omega_c'^2+156.25)}} = 1$$

求得已校正系统的截止频率 $\omega'_c = 3.85 \text{rad/s}$,故相角裕度为

$$\gamma' = 180° + \varphi(\omega'_c)$$
$$= 90° + [\arctan 0.4\omega'_c - \arctan 0.2\omega'_c - \arctan 0.5\omega'_c - \arctan 0.08\omega'_c]\big|_{\omega'_c=3.85} = 29.74°$$

再由 $\angle G(j\omega'_x) = -180°$,求得已校正系统的穿越频率 $\omega'_x = 7.38 \text{rad/s}$,故增益裕度为

$$h'(\text{dB}) = -20\lg|G(j\omega'_x)| = 9.9 \text{dB}$$

从上述结果可以看出:采用超前校正可使系统的相角裕度增加,从而减少超调量,提高稳定性;同时也使截止频率增大,从而减小调节时间,提高系统的快速性。

MATLAB 验证:

待校正系统的开环 Bode 图如图 6-1-1,单位阶跃响应如图 6-1-2,由此测得

$$\omega_c = 2.92 \text{rad/s}, \quad \gamma = 4.05°, \quad h(\text{dB}) = 1.34 \text{dB}$$
$$\sigma\% = 83\%, \quad t_p = 1.21 \text{s}, \quad t_s = 37.6 \text{s}(\Delta = 2\%)$$

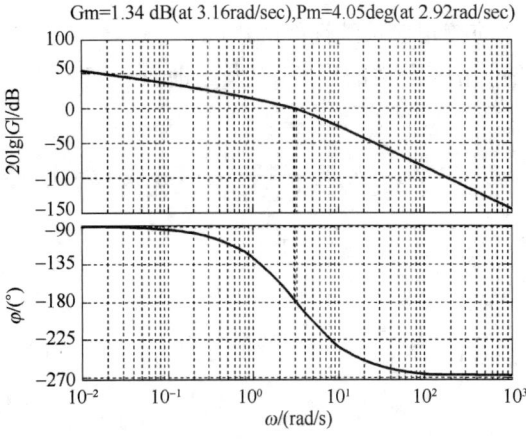

图 6-1-1　待校正系统的开环 Bode 图(MATLAB)　　图 6-1-2　待校正系统时间响应(MATLAB)

已校正系统的开环 Bode 图如图 6-1-3,单位阶跃响应如图 6-1-4,由此测得

$$\omega'_c = 3.85 \text{rad/s}, \quad \gamma' = 29.8°, \quad h'(\text{dB}) = 9.9 \text{dB}$$
$$\sigma\% = 43\%, \quad t_p = 0.82 \text{s}, \quad t_s = 2.6 \text{s}(\Delta = 2\%)$$

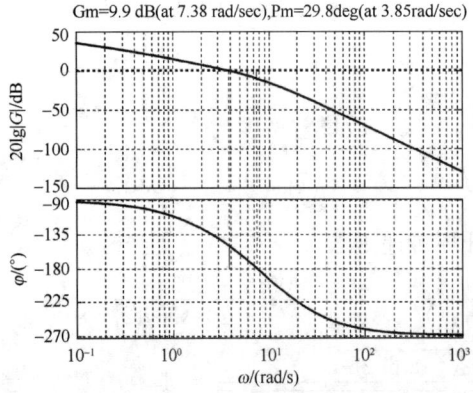
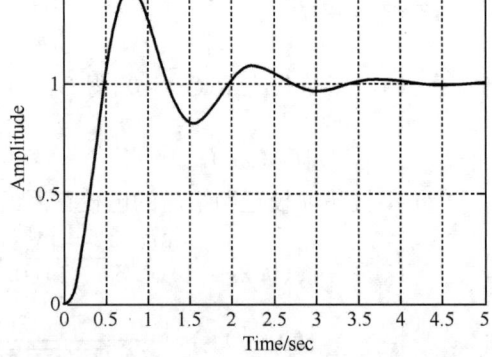

图 6-1-3　已校正系统的开环 Bode 图(MATLAB)　　图 6-1-4　已校正系统时间响应(MATLAB)

MATLAB 程序：exe601.m
```
K = 6;
G0 = tf(K,[conv([0.2,1,0],[0.5,1])]);    %待校正系统的开环传递函数
Gc = tf([0.4,1],[0.08,1]);               %超前校正网络的传递函数
G = series(Gc,G0);                       %已校正系统的开环传递函数
G1 = feedback(G0,1);                     %待校正系统的闭环传递函数
G11 = feedback(G,1);                     %已校正系统的闭环传递函数
figure(1);margin(G0);grid
figure(2);margin(G);grid
figure(3);step(G1);grid
figure(4);step(G11);grid
```

6-2 设单位反馈系统的开环传递函数为

$$G_0(s) = \frac{K}{s(s+1)}$$

试设计一串联超前校正装置，使系统满足如下指标：

（1）相角裕度 $\gamma \geq 45°$；

（2）在单位斜坡输入下的稳态误差

$$e_{ss}(\infty) < \frac{1}{15}\text{rad}$$

（3）截止频率 $\omega_c \geq 7.5\text{rad/s}$。

解 本题主要考查对串联超前校正方法的掌握。

首先，确定开环增益 K。由于 $G_0(s)$ 为 I 型系统，$K_v = K$，而技术指标要求在单位斜坡输入下的稳态误差 $e_{ss}(\infty) < \frac{1}{15}\text{rad}$，即

$$e_{ss}(\infty) = \frac{1}{K_v} < \frac{1}{15}$$

故取 $K = 20$，则待校正系统的传递函数为

$$G(s) = \frac{20}{s(s+1)}$$

绘制出待校正系统的对数幅频渐近特性曲线，如图 6-2-1 中 $L'(\omega)$ 所示。由图 6-2-1 得待校正系统的截止频率 $\omega_c' = 4.47\text{rad/s}$，算出待校正系统的相角裕度为

$$\gamma' = 180° - 90° - \arctan\omega_c' = 12.61°$$

由于截止频率和相角裕度均低于指标要求，故采用超前校正是合适的。

试选取 $\omega_m = \omega_c'' = 8\text{rad/s}$，由图 6-2-1 查得 $L(\omega_c'') = -10.11\text{dB}$，于是由

$$-L(\omega_c'') = 10\lg a, \qquad T = \frac{1}{\omega_c''\sqrt{a}}$$

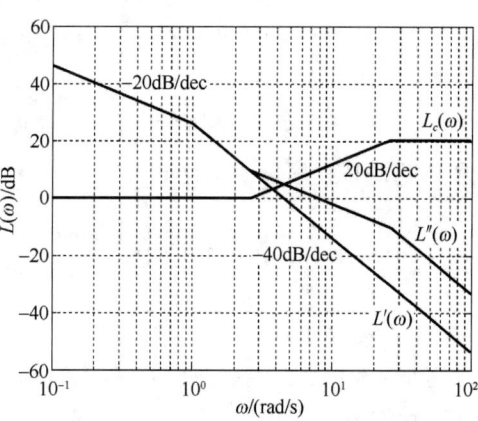

图 6-2-1 待校正系统开环对数幅频渐近特性

算得 $a=10.26, T=0.039$。因此,超前网络传递函数为

$$10.26G_c(s) = \frac{1+0.4s}{1+0.039s}$$

为了补偿无源超前网络产生的增益衰减,放大器的增益应提高 10.26 倍,否则不能保证稳态误差要求。

已校正系统的开环传递函数为

$$G_c(s)G(s) = \frac{20(1+0.4s)}{s(s+1)(1+0.039s)}$$

其对数幅频渐近特性曲线如图 6-2-1 中 $L''(\omega)$ 所示。显然,已校正系统 $\omega_c''=8\text{rad/s}$,算出已校正系统的相角裕度为

$$\begin{aligned}\gamma &= 180° + \varphi(\omega_c'') = 90° + \arctan 0.4\omega_c'' - \arctan\omega_c'' - \arctan 0.039\omega_c'' \\ &= 62.44° > 45°\end{aligned}$$

此时,全部性能指标均已满足。

MATLAB 验证:已校正系统开环对数频率特性如图 6-2-2 所示,由此测得

$$\omega_c'' = 7.95\text{rad/s}, \quad \gamma = 62.5°$$

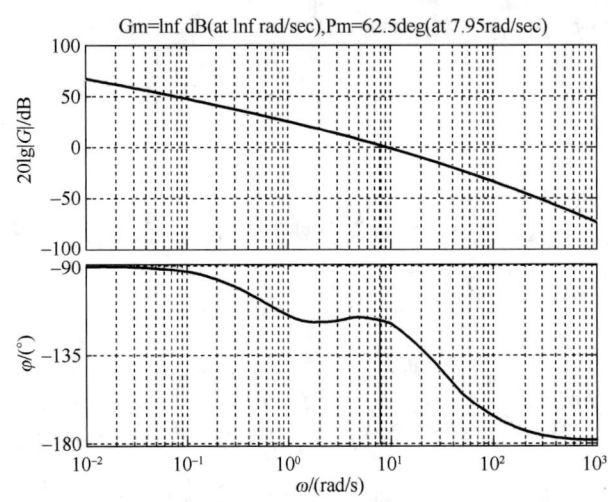

图 6-2-2 已校正系统开环 Bode 图(MATLAB)

MATLAB 程序:exe602.m

```
w = 0.1:1:100;
G = tf(20,[conv([1,0],[1,1])]);                    % 待校正系统的开环传递函数
Gc = tf([0.4,1],[0.039,1]);                        % 超前校正装置的传递函数
G1 = series(G,Gc);                                 % 已校正系统的开环传递函数
% 绘制待校正系统、超前校正网络和已校正系统的对数幅频渐近线
figure(1);
[x,y] = bd_asymp(G,w);[xc,yc] = bd_asymp(Gc,w);
[x1,y1] = bd_asymp(G1,w);
semilogx(x,y,'r');hold on
semilogx(xc,yc,'b');semilogx(x1,y1,'k');grid;hold off
```

```
%绘制已校正系统的开环对数幅频和相频曲线
figure(2);margin(G1);grid;
```

6-3 已知一单位反馈最小相位控制系统,其固定不变部分传递函数 $G_0(s)$ 和串联校正装置 $G_c(s)$ 分别如图 6-39(a) 和 (b) 所示。要求:

(1) 写出校正前后各系统的开环传递函数;

(2) 分析各 $G_c(s)$ 对系统的作用,并比较其优缺点。

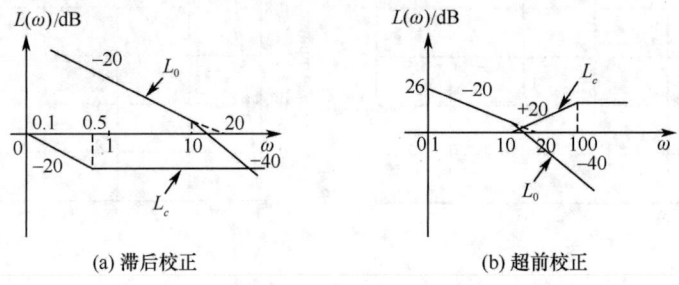

图 6-39 串联校正系统的对数幅频渐近特性

解 本题主要考查根据系统的开环幅频特性曲线求取传递函数的方法,以及分析不同校正方案对系统性能的影响。

(1) 校正前后系统的开环传递函数。由图 6-39 可知,各系统的固定不变部分、校正网络和校正后的传递函数如下:

图 6-39(a)　$G_0(s) = \dfrac{20}{s(0.1s+1)}$,　　$G_c(s) = \dfrac{2s+1}{10s+1}$

$$G(s) = G_0(s)G_c(s) = \dfrac{20(2s+1)}{s(0.1s+1)(10s+1)}$$

图 6-39(b)　$G_0(s) = \dfrac{20}{s(0.1s+1)}$,　　$G_c(s) = \dfrac{0.1s+1}{0.01s+1}$

$$G(s) = G_0(s)G_c(s) = \dfrac{20}{s(0.01s+1)}$$

(2) 校正方案分析。对于图 6-39(a),采用滞后校正。利用高频衰减特性来减小 ω_c,提高 γ,从而减少 $\sigma\%$;还可以抑制高频噪声,但不利于系统的快速性。

对于图 6-39(b),采用超前校正。利用相角超前特性来提高 ω_c 与 γ,从而减少 $\sigma\%$;还可以提高系统的快速性,改善系统的动态性能;但抗高频干扰能力较弱。

MATLAB 验证:

图 6-39(a):校正前闭环系统传递函数

$$\Phi_0(s) = \dfrac{20}{0.1s^2 + s + 20}$$

滞后校正后闭环系统传递函数

$$\Phi(s) = \dfrac{20(2s+1)}{s^3 + 10.1s^2 + 41s + 20}$$

校正前系统时间响应如图 6-3-1 所示,滞后校正后系统时间响应如图 6-3-2 所示。运行 M 文件,可得

校正前　$\omega_c=12.5\text{rad/s}, \gamma=38.7°, \omega_b=20\text{rad/s}, \sigma\%=30\%, t_r=0.227\text{s}, t_s=0.752\text{s}(\Delta=2\%)$；

校正后　$\omega_c=3.77\text{rad/s}, \gamma=63.3°, \omega_b=5.86\text{rad/s}, \sigma\%=11\%, t_r=0.778\text{s}, t_s=3.11\text{s}(\Delta=2\%)$。

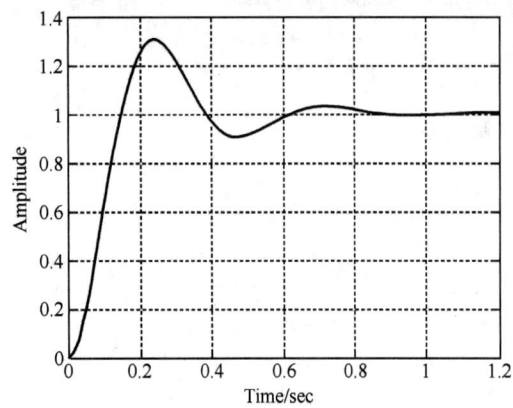

图 6-3-1　系统(a)校正前时间响应(MATLAB)

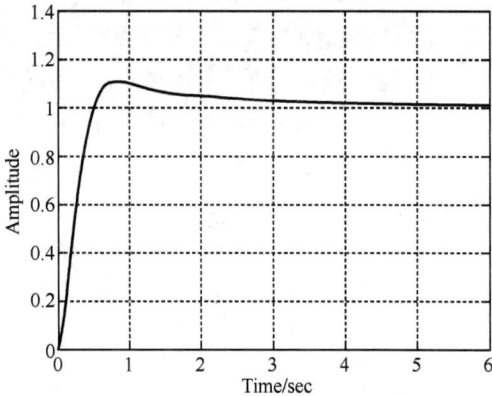

图 6-3-2　系统(a)校正后时间响应(MATLAB)

MATLAB 程序：exe603a.m

```
G01 = tf(20,conv([1,0],[0.1,1]));        %待校正系统的开环传递函数
Gc1 = tf([2,1],[10,1]);                  %滞后校正网络的传递函数
G1 = series(G01,Gc1);
clop0 = feedback(G01,1);                 %待校正系统的闭环传递函数
clop1 = feedback(G1,1);                  %已校正系统的闭环传递函数
figure(1);step(clop0);grid;
figure(2);step(clop1);grid;
```

图 6-39(b)：校正前闭环系统传递函数

$$\Phi_0(s) = \frac{20}{0.1s^2 + s + 20}$$

超前校正后闭环系统传递函数

$$\Phi(s) = \frac{20}{0.01s^2 + s + 20}$$

校正前系统时间响应如图 6-3-3 所示，超前校正后系统时间响应如图 6-3-4 所示。运行 MATLAB 文件，可得

校正前　$\omega_c=12.5\text{rad/s}, \gamma=38.7°, \omega_b=20\text{rad/s}, \sigma\%=30\%, t_r=0.227\text{s}, t_s=0.752\text{s}(\Delta=2\%)$；

校正后　$\omega_c=19.6\text{rad/s}, \gamma=79.8°, \omega_b=24.3\text{rad/s}, \sigma\%=0\%, t_s=0.16\text{s}(\Delta=2\%)$。

MATLAB 程序：exe603b.m

```
G02 = tf(20,conv([1,0],[0.1,1]));        %待校正系统的开环传递函数
Gc2 = tf([0.1,1],[0.01,1]);              %超前校正网络的传递函数
G2 = series(G02,Gc2);
clop0 = feedback(G01,1);                 %待校正系统的闭环传递函数
clop2 = feedback(G2,1);                  %已校正系统的闭环传递函数
figure(3);step(clop0);grid;
figure(4);step(clop2);grid;
```

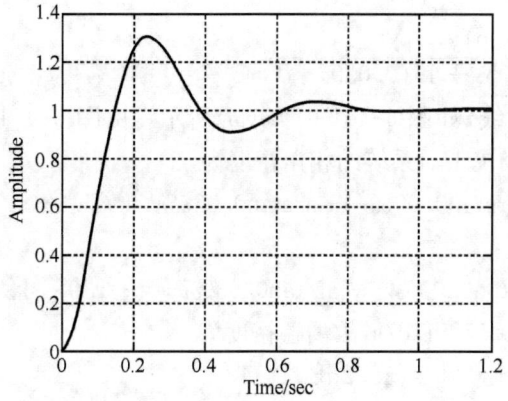

图 6-3-3 系统(b)校正前时间响应(MATLAB)

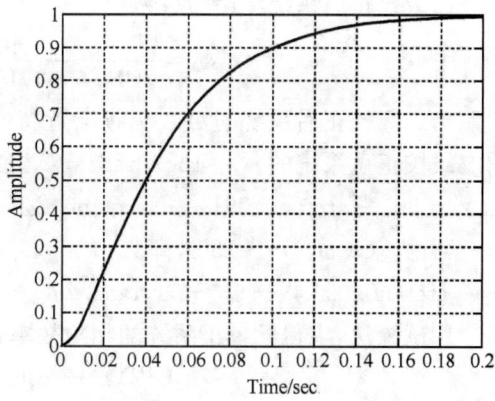

图 6-3-4 系统(b)校正后时间响应(MATLAB)

6-4 设单位反馈系统的开环传递函数为

$$G_0(s) = \frac{40}{s(0.2s+1)(0.0625s+1)}$$

(1) 若要求已校正系统的相角裕度为 30°,幅值裕度为 10~12dB,试设计串联超前校正装置;

(2) 若要求已校正系统的相角裕度为 50°,幅值裕度大于 15dB,试设计串联滞后校正装置。

解 本题主要考查对串联超前校正和滞后校正方法的掌握。

待校正系统性能:绘制出待校正系统的对数幅频渐近特性曲线,如图 6-4-1 中 $L'(\omega)$ 所示。由图 6-4-1 得待校正系统的 $\omega_c' = 14.14 \text{rad/s}$,算出待校正系统的相角裕度为

$$\gamma = 180° - 90° - \arctan 0.2\omega_c' - \arctan 0.0625\omega_c' = -21.99°$$

(1) 超前校正。串联超前校正装置要提供的最大的超前相角 $\varphi_m = 30° - \gamma = 51.99°$。由于超前校正要求 $\omega_c' > 14.14 \text{rad/s}$,而当截止频率大于 16rad/s 时相角下降很快,一级串联超前校正无法满足要求;故可采用两级串联超前校正,为了使校正后系统的传递函数简单,先采用第一级超前网络 $G_{c1}(s) = \dfrac{0.0625s+1}{0.005s+1}$。

第一级校正后系统传递函数为

$$G_1(s) = \frac{40}{s(0.2s+1)(0.005s+1)}$$

绘制出第一级校正后系统的对数幅频渐近特性曲线,如图 6-4-1 中 $L_1''(\omega)$ 所示。由图 6-4-1 得第一级校正后系统的 $\omega_{c1}'' = 14.14 \text{rad/s}$,算出一级校正后系统的相角裕度为

$$\gamma_1'' = 180° - 90° - \arctan 0.2\omega_{c1}'' - \arctan 0.005\omega_{c1}'' = 15.43°$$

对于第二级校正装置,设第二级校正装置提供的最大的超前相角 $\varphi_{m2}(\omega) = 30° - 15.43° + 9.07° = 23.64°$(其中 9.07° 为校正装置引入后使截止频率右移而导致相角裕度减小的补偿量)。

由 $a = \dfrac{1+\sin\varphi_m}{1-\sin\varphi_m}$,解得 $a = 2.33$。再由图 6-4-1 可查得,当 $\omega_c'' = 16.90 \text{rad/s}$ 时,$L_1''(\omega_c'') = -10 \lg a$,而 $T = \dfrac{1}{\omega_c''\sqrt{a}} = 0.039\text{s}$,故第二级超前网络 $G_{c2}(s) = \dfrac{0.091s+1}{0.039s+1}$。

二级校正后系统传递函数为

$$G(s) = \frac{40(0.091s+1)}{s(0.2s+1)(0.005s+1)(0.039s+1)}$$

绘制出二级校正后系统的对数幅频渐近特性曲线,如图 6-4-1 中 $L''(\omega)$ 所示。由图 6-4-1 得二级校正后系统的 $\omega_c''=16.90 \text{rad/s}$,算出二级校正后系统的相角裕度为

$$\gamma'' = 90° + \arctan 0.091\omega_c'' - \arctan 0.2\omega_c'' - \arctan 0.005\omega_c'' - \arctan 0.039\omega_c'' = 35.23°$$

再由 $\angle G(j\omega_x'') = -180°$,即

$$\arctan 0.091\omega_x'' - 90° - \arctan 0.2\omega_x'' - \arctan 0.005\omega_x'' - \arctan 0.039\omega_x'' = -180°$$

用试探法,求得已校正系统的相角频率 $\omega_x''=57.9 \text{rad/s}$,故增益裕度为

$$h''(\text{dB}) = -20\lg|G(j\omega_x'')| = 19.2 \text{dB}$$

由上述设计可知性能均满足要求,设计合理。

(2) 滞后校正。

① 由要求的 γ'' 选择 ω_c''。选取 $\varphi(\omega_c'') = -6°$,而 $\gamma'' = 50°$,于是 $\gamma'(\omega_c'') = \gamma'' - \varphi(\omega_c'') = 56°$。由 $\gamma' = 90° - \arctan 0.2\omega_c'' - \arctan 0.0625\omega_c''$,解得 $\omega_c'' = 2.38 \text{rad/s}$。

② 确定滞后网络参数 b 和 T。当 $\omega_c'' = 2.38 \text{rad/s}$ 时,由图 6-4-2 可以测得 $L'(\omega_c'') = 24.51 \text{dB}$;再由 $20\lg b = -L'(\omega_c'')$,解得 $b = 0.06$。令 $\frac{1}{bT} = 0.1\omega_c''$,求得 $T = 70.03 \text{s}$。于是串联滞后校正网络对数幅频渐近特性曲线如图 6-4-2 中 $L_c(\omega)$ 所示,其传递函数为

$$G_c(s) = \frac{1+bTs}{1+Ts} = \frac{1+4.20s}{1+70.03s}$$

已校正系统的对数幅频渐近特性曲线如图 6-4-2 中 $L''(\omega)$ 所示,其传递函数为

$$G(s) = \frac{40(1+4.20s)}{s(0.2s+1)(0.0625s+1)(1+70.03s)}$$

③ 验算性能指标。

$$\gamma'' = 90° + \arctan 4.2\omega_c'' - \arctan 0.2\omega_c'' - \arctan 0.0625\omega_c'' - \arctan 70.03\omega_c'' = 50.7°$$

再由 $\angle G(j\omega_x'') = -180°$,即

$$-90° + \arctan 4.2\omega_x'' - \arctan 0.2\omega_x'' - \arctan 0.0625\omega_x'' - \arctan 70.03\omega_x'' = -180°$$

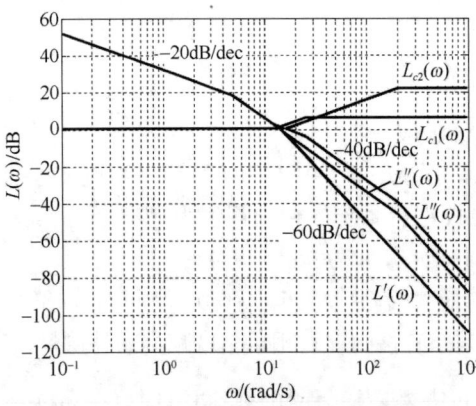

图 6-4-1 超前校正开环对数幅频渐近特性 (MATLAB)

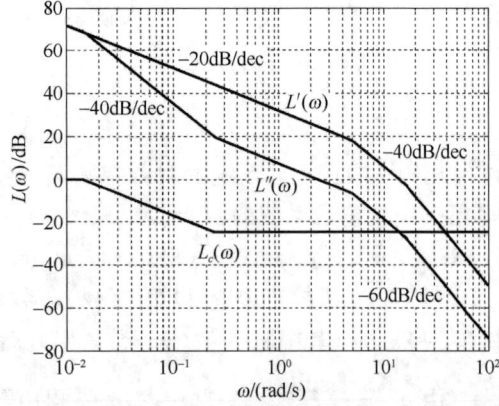

图 6-4-2 滞后校正开环对数幅频渐近特性 (MATLAB)

用试探法,可求得已校正系统的穿越频率 $\omega''_x = 8.68\text{rad/s}$,故增益裕度为

$$h''(\text{dB}) = -20\lg|G(j\omega''_x)| = 18.3\text{dB} > 15\text{dB}$$

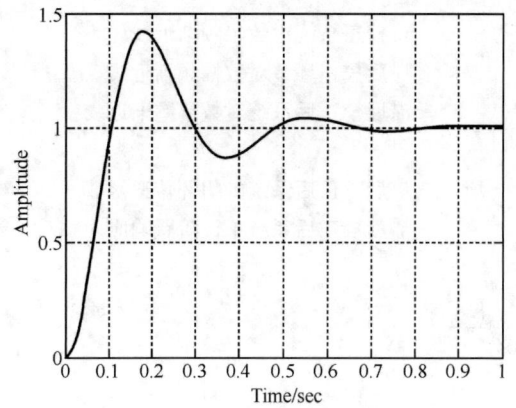

图 6-4-3　串联超前校正系统单位阶跃响应（MATLAB）

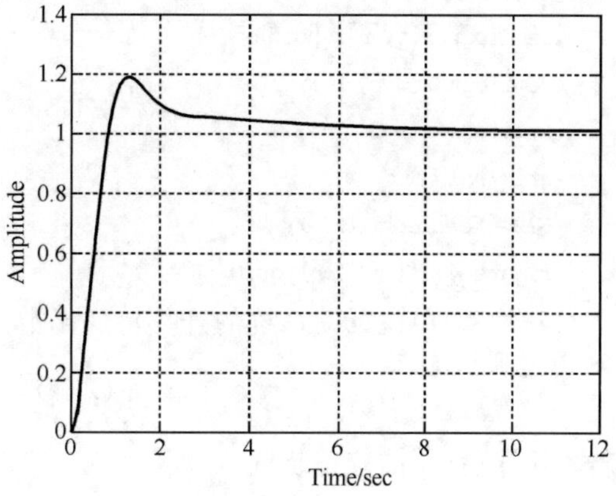

图 6-4-4　串联滞后校正系统单位阶跃响应（MATLAB）

MATLAB 验证:

作出串联超前校正系统的单位阶跃响应,如图 6-4-3 所示,测得

$$\sigma\% = 38.8\%, \quad t_p = 0.18\text{s}, \quad t_s = 0.60\text{s}(\Delta = 2\%)$$

作出串联滞后校正系统的单位阶跃响应,如图 6-4-4 所示,测得

$$\sigma\% = 19\%, \quad t_p = 1.23\text{s}, \quad t_s = 6.79\text{s}(\Delta = 2\%)$$

MATLAB 程序:exe604.m

```
w1 = 0.1:1:1000;w2 = 0.01:1:100;
G = tf(40,[conv([1,0],conv([0.2,1],[0.0625,1]))]);   %待校正系统的开环传递函数
%超前校正设计
Gc1 = tf([0.0625,1],[0.005,1]);Gc2 = tf([0.091,1],[0.039,1]);
G1 = series(G,Gc1);G2 = series(G1,Gc2);
[x,y] = bd_asymp(G,w1);[x2,y2] = bd_asymp(G2,w1);[xc1,yc1] = bd_asymp(Gc1,w1);
[x1,y1] = bd_asymp(G1,w1);[xc2,yc2] = bd_asymp(Gc2,w1);
figure(1);
semilogx(x,y,'r');hold;                %待校正系统对数幅频渐近线
semilogx(xc1,yc1,'b');                 %第一级超前校正环节对数幅频渐近线
semilogx(xc2,yc2,'b');                 %第二级超前校正环节对数幅频渐近线
semilogx(x1,y1,'g');                   %一级超前校正后系统对数幅频渐近线
semilogx(x2,y2,'k');                   %二级超前校正后系统对数幅频渐近线
grid;hold off;
G11 = feedback(G2,1);                  %超前校正后系统的闭环传递函数
figure(2);step(G11);grid               %超前校正后系统单位阶跃响应
%滞后校正设计
Gc = tf([4.20,1],[70.03,1]);G3 = series(G,Gc);
```

```
[x,y] = bd_asymp(G,w2);
[xc,yc] = bd_asymp(Gc,w2);[x3,y3] = bd_asymp(G3,w2);
figure(3);
semilogx(x,y,'r');hold on;                    % 待校正系统对数幅频渐近线
semilogx(xc,yc,'b');                          % 滞后校正环节对数幅频渐近线
semilogx(x3,y3,'k');                          % 滞后校正后系统对数幅频渐近线
grid;hold off
G22 = feedback(G3,1);                         % 滞后校正后系统的闭环传递函数
figure(4);step(G22);grid                      % 滞后校正后系统单位阶跃响应
```

6-5 设单位反馈系统的开环传递函数为

$$G_0(s) = \frac{8}{s(2s+1)}$$

若采用滞后-超前校正装置

$$G_c(s) = \frac{(10s+1)(2s+1)}{(100s+1)(0.2s+1)}$$

对系统进行串联校正,试绘制系统校正前后的对数幅频渐近特性,并计算系统校正前后的相角裕度。

解 本题主要考查串联滞后-超前校正对系统性能的影响。

绘制出待校正系统、滞后-超前校正装置和已校正系统的对数幅频渐近特性曲线,如图 6-5-1 中 $L'(\omega)$、$L_c(\omega)$ 和 $L''(\omega)$ 所示。

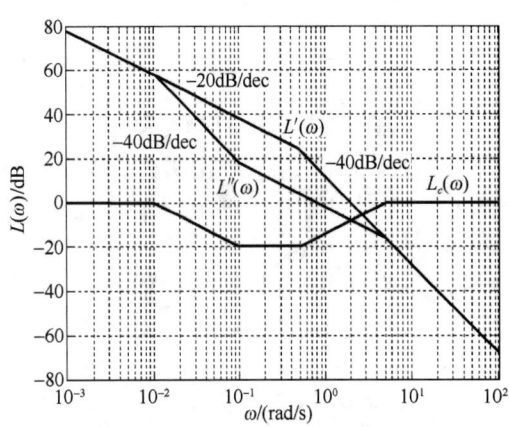

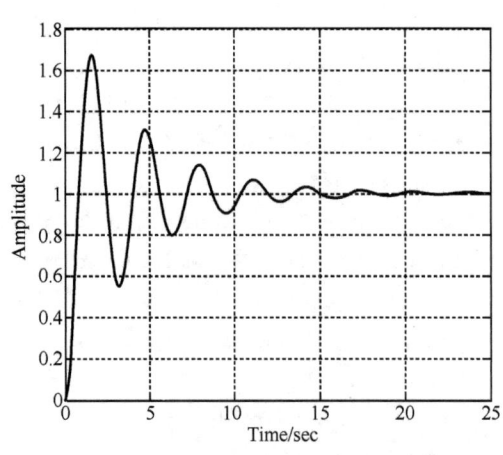

图 6-5-1 开环系统及校正装置的对数幅频渐近特性(MATLAB)

图 6-5-2 待校正系统时间响应(MATLAB)

由图 6-5-1 中 $L'(\omega)$ 与 ω 轴交点,得待校正系统的截止频率 $\omega_c' = 2\text{rad/s}$,算出待校正系统的相角裕度为

$$\gamma' = 180° - 90° - \arctan 2\omega_c' = 14.04°$$

由图 6-5-1 中 $L''(\omega)$ 与 ω 轴交点,得已校正系统的截止频率 $\omega_c'' = 0.8\text{rad/s}$,算出已校正系统的相角裕度为

$$\gamma' = 180° - 90° + \arctan 10\omega_c'' - \arctan 100\omega_c'' - \arctan 0.2\omega_c'' = 74.5°$$

应用 MATLAB 软件包,进行校正效果检验。作待校正系统的单位阶跃响应,如图 6-5-2 所示,测得
$$\sigma\% = 67\%, \quad t_p = 1.61\text{s}$$
$$t_s = 14.6\text{s} \, (\Delta = 2\%)$$
作已校正系统的单位阶跃响应,如图 6-5-3 所示,测得
$$\sigma\% = 8\%,$$
$$t_p = 4.89\text{s} \quad t_s = 16.9\text{s} \, (\Delta = 2\%)$$

MATLAB 程序:exe605.m

```
w = 0.001:1:100;
G0 = tf(8,[conv([1,0],[2,1])]);
                    % 待校正系统的开环传递函数
% 滞后-超前校正装置的传递函数
Gc = tf([conv([10,1],[2,1])],[conv([100,1],[0.2,1])]);
G = series(G0,Gc);              % 已校正系统的开环传递函数
% 绘制待校正系统、滞后-超前校正装置和已校正系统的对数幅频渐近线
[x,y] = bd_asymp(G0,w);[xc,yc] = bd_asymp(Gc,w);
[x1,y1] = bd_asymp(G,w);
figure(1);
semilogx(x,y,'r');hold on;
semilogx(xc,yc,'b');semilogx(x1,y1,'k');
grid;hold off
% 待校正和已校正系统的闭环传递函数
G1 = feedback(G0,1);G11 = feedback(G,1);
figure(2);step(G1);grid
figure(3);step(G11);grid
```

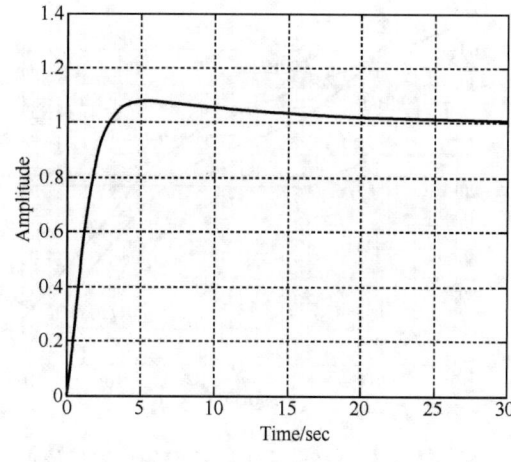

图 6-5-3 已校正系统时间响应(MATLAB)

6-6 设单位反馈系统的开环传递函数为
$$G(s) = \frac{K}{s(s+1)(0.25s+1)}$$

(1) 若要求已校正系统的静态速度误差系数 $K_v \geq 5(\text{s}^{-1})$,相角裕度为 $\gamma \geq 45°$,试设计串联校正装置;

(2) 若除上述指标要求外,还要求系统校正后截止频率 $\omega_c \geq 2\text{rad/s}$,试设计串联校正装置。

解 本题主要考查根据待校正系统的性能选择适当的校正装置进行系统校正。

(1) 由题意,取 $K = K_v = 5$,则待校正系统传递函数为
$$G(s) = \frac{5}{s(s+1)(0.25s+1)}$$

① 绘制出待校正系统的对数幅频渐近特性曲线,如图 6-6-1 中 $L'(\omega)$ 所示。由图 6-6-1 得待校正系统的截止频率 $\omega_c' = 2.24\text{rad/s}$,算出待校正系统的相角裕度
$$\gamma' = 180° - 90° - \arctan\omega_c' - \arctan 0.25\omega_c' = -5.2°$$
表明待校正系统不稳定,可采用串联滞后校正。

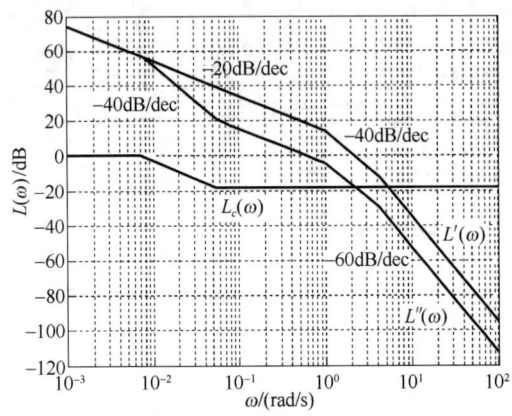

图 6-6-1 系统开环对数幅频渐近特性(滞后校正)

② 由要求的 γ' 选择 ω_c''。选取 $\varphi(\omega_c'')=-6°$，而要求 $\gamma''=45°$，于是 $\gamma'(\omega_c'')=\gamma''-\varphi(\omega_c'')=51°$。由 $\gamma'=90°-\arctan\omega_c''-\arctan0.25\omega_c''$，解得已校系统的截止频率 $\omega_c''=0.59\text{rad/s}$。

③ 确定滞后网络参数 b 和 T。当 $\omega_c''=0.59\text{rad/s}$ 时，由图 6-6-1 可以测得 $L'(\omega_c'')=18.56\text{dB}$；再由 $20\lg b=-L'(\omega_c'')$，解得 $b=0.118$。令 $\dfrac{1}{bT}=0.1\omega_c''$，求得 $T=143.64\text{s}$，于是串联滞后校正网络的对数幅频特性曲线 $L_c(\omega)$ 如图 6-6-1 所示，其传递函数为

$$G_c(s)=\frac{1+bTs}{1+Ts}=\frac{1+16.95s}{1+143.64s}$$

已校正系统的对数幅频渐近特性曲线 $L''(\omega)$ 如图 6-6-1 所示，其传递函数为

$$G(s)=\frac{5(1+16.95s)}{s(s+1)(0.25s+1)(1+143.64s)}$$

④ 验算性能指标。

$\gamma''=90°+\arctan16.95\omega_c''-\arctan\omega_c''-\arctan0.25\omega_c''-\arctan143.64\omega_c''=46.04°>45°$

满足性能指标要求。

(2) 由于要求系统校正后截止频率 $\omega_c\geqslant2\text{rad/s}$，系统的相角会减小得很快，故应采用串联超前-滞后校正。先采用超前网络 $G_{c1}(s)=\dfrac{s+1}{0.08s+1}$。超前校正后系统传递函数为

$$G_1(s)=\frac{5}{s(0.08s+1)(0.25s+1)}$$

绘制出超前校正后系统的对数幅频渐近特性曲线，如图 6-6-2 中 $L_1''(\omega)$ 所示。由图 6-6-2 得超前校正系统后的 $\omega_{c1}''=\sqrt{20}\text{rad/s}$，算出超前校正后系统的相角裕度为

$\gamma_1''=90°-\arctan0.08\omega_{c1}''-\arctan0.25\omega_{c1}''$
$=22.14°<45°$

不满足要求，再采用滞后校正。

取 $\omega_c''=2.25\text{rad/s}$，由图 6-6-2 可得 $L_1'(\omega_c'')=6.94\text{dB}$；再由 $20\lg b=-L_1''(\omega_c'')$，解得 $b=0.45$。令 $\dfrac{1}{bT}=0.1\omega_c''$，求得 $T=9.87\text{s}$。于是滞后校正网络传递函数为

$$G_{c2}(s)=\frac{1+bT s}{1+Ts}=\frac{4.44s+1}{9.87s+1}$$

超前-滞后校正后系统的传递函数为

$$G(s)=\frac{5(4.44s+1)}{s(0.08s+1)(0.25s+1)(9.87s+1)}$$

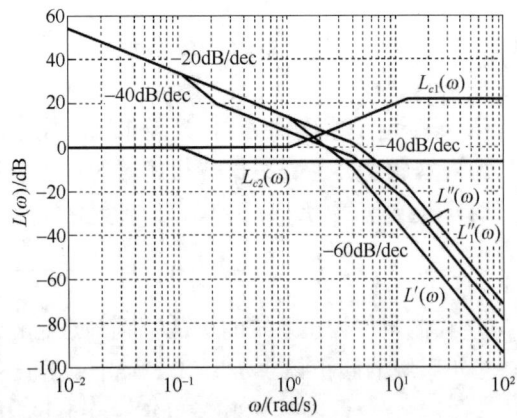

图 6-6-2 系统开环对数幅频渐近特性(超前-滞后校正)

绘制出超前-滞后校正后系统的对数幅频渐近特性曲线,如图 6-6-2 中 $L''(\omega)$ 所示。由图 6-6-2 得超前-滞后校正系统后的 $\omega_c''=2.25\text{rad/s}$,算出超前-滞后校正后系统的相角裕度为

$$\gamma'' = 90° + \arctan 4\omega_c'' - \arctan 0.1\omega_c'' - \arctan 0.25\omega_c'' - \arctan 8\omega_c'' = 47.8° > 45°$$

此时,全部性能指标均已满足。

时域性能指标 MATLAB 检验:

作滞后校正系统的单位阶跃响应,如图 6-6-3 所示,测得

$$\sigma\% = 23\%, \quad t_p = 5.4\text{s}, \quad t_s = 23\text{s}\,(\Delta = 2\%)$$

作滞后-超前校正系统的单位阶跃响应,如图 6-6-4 所示,测得

$$\sigma\% = 19\%, \quad t_p = 1.29\text{s}, \quad t_s = 4.42\text{s}\,(\Delta = 2\%)$$

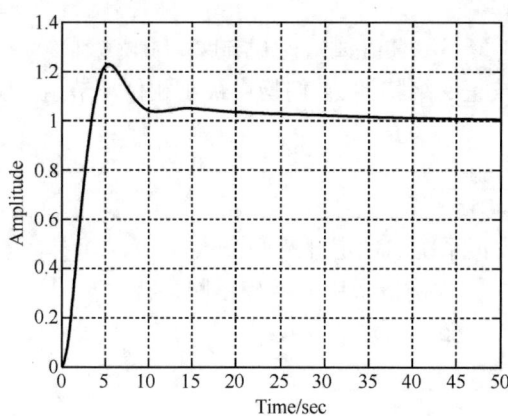 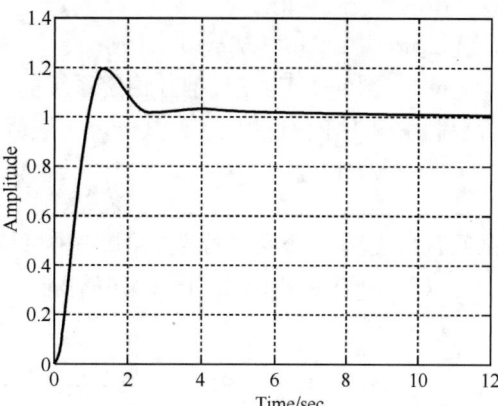

图 6-6-3　滞后校正系统时间响应(MATLAB)　　图 6-6-4　超前-滞后校正系统时间响应(MATLAB)

MATLAB 程序:exe606.m

```
%滞后校正
w = 0.001:1:100;
G = tf(5,[conv([1,0],conv([1,1],[0.25,1]))]);      %待校正系统的开环传递函数
Gc = tf([16.95,1],[143.64,1]);                     %滞后校正网络的传递函数
G1 = series(G,Gc);
[x,y] = bd_asymp(G,w);[xc,yc] = bd_asymp(Gc,w);
[x11,y11] = bd_asymp(G1,w);
%绘制系统校正前、滞后校正网络和校正后的对数幅频渐近线
figure(1);
semilogx(x,y,'r');hold on;
semilogx(xc,yc,'b');
semilogx(x11,y11,'k');
grid;hold off
G11 = feedback(G1,1);
figure(2);step(G11);grid                           %滞后校正后系统时间响应曲线
%超前-滞后校正
%超前、滞后校正网络和校正后的传递函数
Gc1 = tf([1,1],[0.08,1]);G2 = series(G,Gc1);
```

```
Gc2 = tf([4.44,1],[9.87,1]);G3 = series(Gc2,G2);
%绘制系统校正前、超前校正网络、滞后校正网络和校正后的对数幅频渐近线
[x,y] = bd_asymp(G,w);
[xc1,yc1] = bd_asymp(Gc1,w);[x21,y21] = bd_asymp(G2,w);
[xc2,yc2] = bd_asymp(Gc2,w);[x31,y31] = bd_asymp(G3,w);
figure(3);
semilogx(x,y,'r');hold;
semilogx(xc1,yc1,'b');semilogx(xc21,yc21,'b');
semilogx(x21,y21,'g');semilogx(x31,y31,'k');
grid;hold off;
G31 = feedback(G3,1);
figure(4);step(G31);grid                    %超前-滞后校正后系统时间响应曲线
```

6-7 图 6-40 为三种推荐稳定系统的串联校正网络特性,它们均由最小相位环节组成。若控制系统为单位反馈系统,其开环传递函数为

$$G_0(s) = \frac{400}{s^2(0.01s+1)}$$

试问:(1) 这些校正网络特性中,哪一种可使已校正系统的稳定性最好?

(2) 为了将 12Hz 的正弦噪声削弱 10 倍左右,你确定采用哪种校正网络特性?

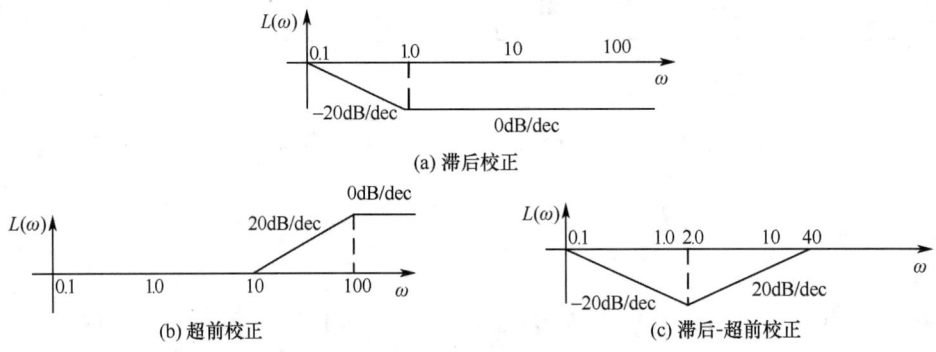

图 6-40 推荐的校正网络对数幅频渐近特性

解 本题主要考查根据最小相位对数幅值渐近特性求取校正装置的传递函数,并计算各种校正装置对系统稳定性的影响,以及对噪声的削弱作用。

(1) 稳定性分析。由图 6-40 可知,各系统的校正网络和校正后的传递函数为

图 6-40(a): $G_c(s) = \dfrac{s+1}{10s+1}$, $G(s) = G_0(s)G_c(s) = \dfrac{400(s+1)}{s^2(0.01s+1)(10s+1)}$

绘制出待校正系统、校正网络和已校正系统的对数幅频渐近特性曲线,如图 6-7-1 中 $L'(\omega)$、$L_c(\omega)$ 和 $L''(\omega)$ 所示。由图 6-7-1 得已校正系统的截止频率 $\omega''_c = 6.32 \text{rad/s}$,算出已校正系统的相角裕度为

$$\gamma''_a = 180° - 180° + \arctan\omega''_c - \arctan10\omega''_c - \arctan0.01\omega''_c = -11.70°$$

表明已校正系统不稳定。

图 6-40(b): $G_c(s) = \dfrac{0.1s+1}{0.01s+1}$, $G(s) = G_0(s)G_c(s) = \dfrac{400(0.1s+1)}{s^2(0.01s+1)^2}$

绘制出待校正系统、校正网络和已校正系统的对数幅频渐近特性曲线,如图 6-7-2 中 $L'(\omega)$、$L_c(\omega)$ 和 $L''(\omega)$ 所示。由图 6-7-2 得已校正系统的截止频率 $\omega_c''=40\text{rad/s}$,算出已校正系统的相角裕度为

$$\gamma_b'' = 180° - 180° + \arctan 0.1\omega_c'' - 2\arctan 0.01\omega_c'' = 32.36°$$

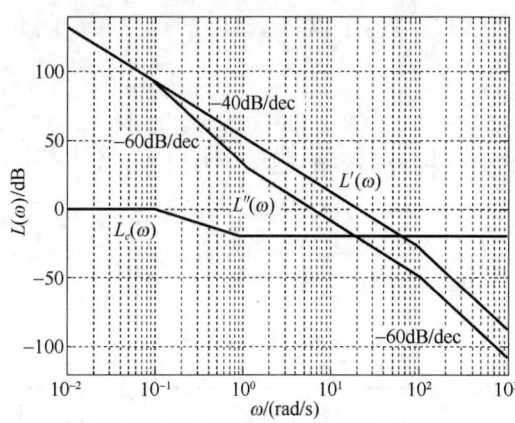

图 6-7-1 采用(a)方案时的开环对数幅频渐近特性

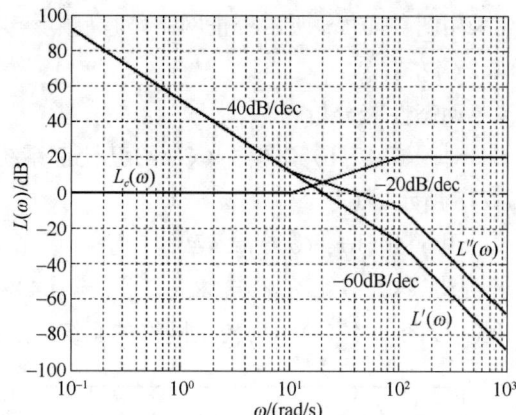

图 6-7-2 采用(b)方案时的开环对数幅频渐近特性

表明已校正系统稳定,但稳定裕度不够。

图 6-40(c): $G_c(s) = \dfrac{(0.5s+1)^2}{(10s+1)(0.025s+1)}$

$$G(s) = G_0(s)G_c(s) = \dfrac{400(0.5s+1)^2}{s^2(0.01s+1)(10s+1)(0.025s+1)}$$

绘制出待校正系统、校正网络和已校正系统的对数幅频渐近特性曲线,如图 6-7-3 中 $L'(\omega)$、$L_c(\omega)$ 和 $L''(\omega)$ 所示。由图 6-7-3 得已校正系统的截止频率 $\omega_c''=10\text{rad/s}$,算出已校正系统的相角裕度为

$$\begin{aligned}\gamma_c'' = &180° - 180° + 2\arctan 0.5\omega_c'' \\ &- \arctan 10\omega_c'' - \arctan 0.01\omega_c'' \\ &- \arctan 0.025\omega_c'' = 48.21°\end{aligned}$$

可见,图 6-7-3 所示的校正网络,与图 6-40(a)和图 6-40(b)所示的校正网络相比,可使系统的相角裕度大,稳定性好。

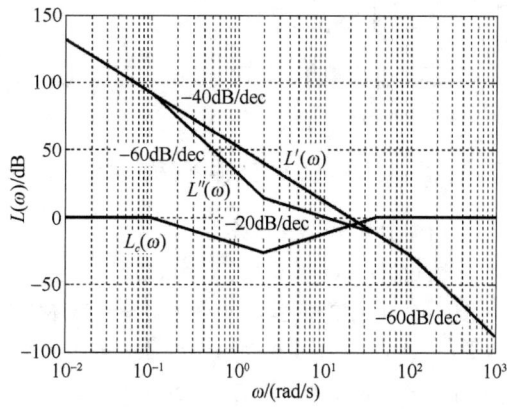

图 6-7-3 采用(c)方案时的开环对数幅频渐近特性

(2) 噪声抑制能力分析。当 $f=12\text{Hz}$ 时,$\omega=2\pi f=75.4\text{rad/s}$。以图 6-40(a)所示网络作为校正网络,有

$$L_a(75.4) = 20\lg \dfrac{400\omega}{\omega^2 \times 10\omega}\bigg|_{\omega=75.4} = -43.05\text{dB}$$

以图 6-40(b)所示网络作为校正网络,有

$$L_b(75.4) = 20\lg \left.\frac{400 \times 0.1\omega}{\omega^2}\right|_{\omega=75.4} = -5.51\text{dB}$$

以图 6-40(c)所示网络作为校正网络,有

$$L_c(75.4) = 20\lg \left.\frac{400 \times (0.5\omega)^2}{\omega^2 \times 10\omega \times 0.025\omega}\right|_{\omega=75.4} = -23.05\text{dB}$$

故采用图 6-40(c)所示校正网络,对高频噪声抑制能力较好,可以将 12Hz 的正弦噪声削弱 14.2 倍左右。

动态性能分析:

对图 6-40(b)和图 6-40(c)的已校正系统,作单位阶跃响应曲线,分别如图 6-7-4 和图 6-7-5 所示,测得

图 6-40(b): $\sigma\% = 47\%$, $t_p = 0.079\text{s}$, $t_s = 0.26\text{s}$ ($\Delta = 2\%$)

图 6-40(c): $\sigma\% = 32\%$, $t_p = 0.28\text{s}$, $t_s = 0.72\text{s}$ ($\Delta = 2\%$)

可见,以图 6-40(c)作为校正网络的系统,其动态过程较平稳。

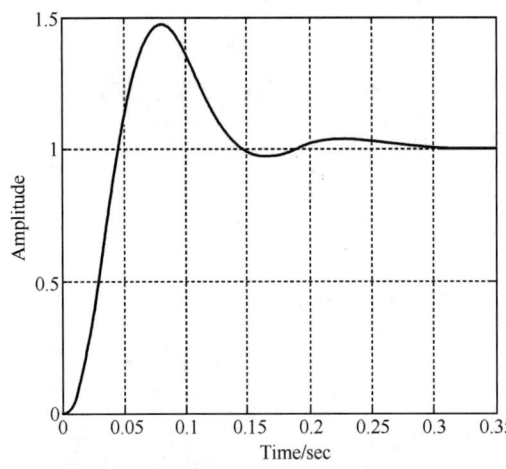 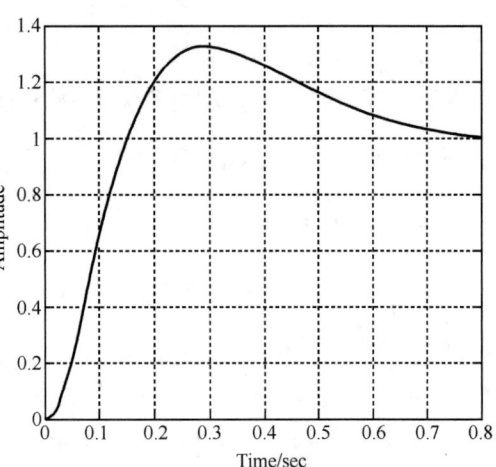

图 6-7-4 采用(b)方案时系统的时间响应(MATLAB)　　图 6-7-5 采用(c)方案时系统的时间响应(MATLAB)

MATLAB 程序:exe607.m

```
G = tf(400,[conv([1,0,0],[0.01,1])]);
% 图(b)校正网络和已校正系统的开环和闭环传递函数
Gc2 = tf([0.1,1],[0.01,1]);G2 = series(G,Gc2);G21 = feedback(G2,1);
% 图(c)校正网络和已校正系统的开环和闭环传递函数
Gc3 = tf([conv([0.5,1],[0.5,1])],[conv([10,1],[0.025,1])]);
G3 = series(G,Gc3);G31 = feedback(G3,1);
figure(1);step(G21);grid
figure(2);step(G31);grid
```

6-8 设单位反馈系统的开环传递函数为

$$G_0(s) = \frac{K}{s(0.1s+1)(0.01s+1)}$$

试设计串联校正装置,使系统特性满足下列指标:

(1) 静态速度误差系数 $K_v \geqslant 250\text{s}^{-1}$；
(2) 截止频率 $\omega_c \geqslant 30\text{rad/s}$；
(3) 相角裕度 $\gamma(\omega_c) \geqslant 45°$。

解 本题主要考查对串联超前-滞后校正方法的掌握。

(1) 取 $K=K_v=250$，待校正系统的传递函数为

$$G_0(s) = \frac{250}{s(0.1s+1)(0.01s+1)}$$

(2) 绘制待校正系统的开环幅频渐近特性曲线如图 6-8-1 中 $L'(\omega)$ 所示，由图 6-8-1 得待校正系统的 $\omega'_c = 50\text{rad/s}$，算出待校正系统的相角裕度为

$$\gamma' = 90° - \arctan 0.1\omega'_c - \arctan 0.01\omega'_c = -15.26°$$

表明闭环系统不稳定，由于要求 $\omega_c \geqslant 30\text{rad/s}$，故宜采用滞后-超前校正，其传递函数为

$$G_c(s) = \frac{\left(\dfrac{s}{\omega_a}+1\right)\left(\dfrac{s}{\omega_b}+1\right)}{\left(\dfrac{as}{\omega_a}+1\right)\left(\dfrac{s}{a\omega_b}+1\right)}$$

(3) 确定网络超前部分交接频率 ω_b。由图 6-8-1 可知，当 $\omega=10\text{rad/s}$ 时，斜率从 -20dB/dec 变为 -40dB/dec，故 $\omega_b=10\text{rad/s}$。

(4) 选择 ω''_c 并确定 a。由于要求 $\omega_c \geqslant 30\text{rad/s}$，故选取 $\omega''_c = 34\text{rad/s}$；由图 6-8-1 可知，$L'(\omega''_c) = 6.20\text{dB}$；由 $-20\lg a + L'(\omega''_c) + 20\lg\dfrac{\omega''_c}{\omega_b} = 0$，解得 $a=7.35$。

(5) 确定网络滞后部分交接频率 ω_a。校正后系统的传递函数为

$$G(s) = \frac{250\left(\dfrac{s}{\omega_a}+1\right)}{s(0.01s+1)\left(\dfrac{s}{73.5}+1\right)\left(\dfrac{7.35s}{\omega_a}+1\right)}$$

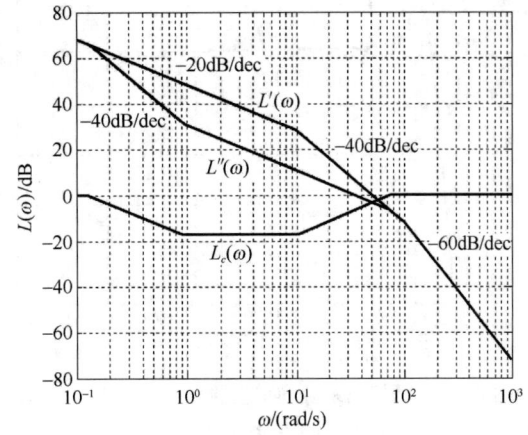

图 6-8-1 开环对数幅频渐近特性(滞后-超前校正)

因为 $\omega''_c = 34\text{rad/s}$ 和 $\gamma'' = 45°$，则

$$\gamma'' = 90° + \arctan\frac{\omega''_c}{\omega_a} - \arctan 0.01\omega''_c - \arctan\frac{\omega''_c}{73.5} - \arctan\frac{7.35\omega''_c}{\omega_a}$$

解得 $\omega_a = 0.93\text{rad/s}$。

所以，校正网络和已校正系统的对数幅频渐近特性曲线如图 6-8-1 中 $L_c(\omega)$ 和 $L''(\omega)$ 所示，其传递函数为

$$G_c(s) = \frac{(0.1s+1)(1.08s+1)}{(0.013s+1)(7.90s+1)}, \quad G'(s) = \frac{250(1.08s+1)}{s(0.01s+1)(0.013s+1)(7.90s+1)}$$

(6) 进行性能指标的验算。由图 6-8-1 可知，已校正系统的截止频率 $\omega''_c = 33\text{rad/s}$，则校正后系统的相角裕度为

$$\gamma'' = 90° + \arctan 1.08\omega''_c - \arctan 0.01\omega''_c \\ - \arctan 0.013\omega''_c - \arctan 7.90\omega''_c = 45.06° > 45°$$

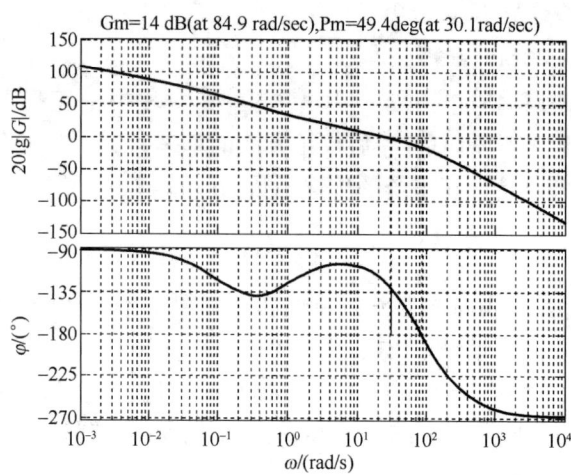

图 6-8-2 已校正系统的开环 Bode 图(MATLAB)

所以各项性能指标均满足要求。

MATLAB 检验：作已校正系统的开环 Bode 图，如图 6-8-2 所示，测得

$$\omega_c = 30.1 \text{rad/s}, \quad \gamma = 49.4°$$

作已校正系统单位阶跃响应，如图 6-8-3 所示，测得

$$\sigma\% = 20\%, \quad t_p = 0.085\text{s},$$
$$t_s = 0.27\text{s} \ (\Delta = 2\%)$$

MATLAB 程序：exe608.m

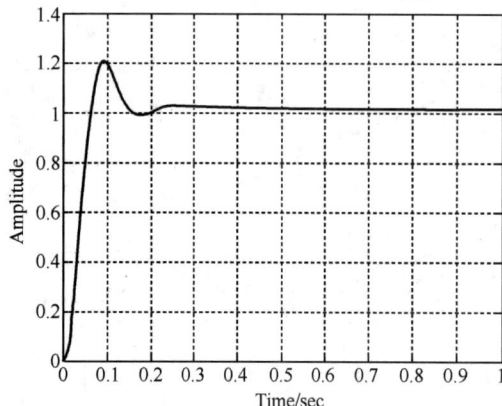

图 6-8-3 已校正系统的单位阶跃响应(MATLAB)

```
w = 0.1:1:1000;
G = tf(250,[conv([1,0],conv([0.1,1],[0.01,1]))]);
% 待校正系统的开环传递函数
% 滞后-超前校正系统的传递函数
Gc = tf([conv([0.1,1],[1/0.93,1])],[conv([7.35/0.93,1],[1/73.5,1])]);
G1 = series(G,Gc);                    % 已校正系统的开环传递函数
[x,y] = bd_asymp(G,w);[xc,yc] = bd_asymp(Gc,w);
[x1,y1] = bd_asymp(G1,w);
figure(1);
semilogx(x,y,'r');hold on;
semilogx(xc,yc,'b');
semilogx(x1,y1,'k');
grid;hold off
figure(2);margin(G1);grid
G11 = feedback(G1,1)                  % 已校正系统的闭环传递函数
figure(3);step(G11);grid
```

6-9 设复合校正控制系统如图 6-41 所示。若要求闭环回路过阻尼,且系统在斜坡输入作用下的稳态误差为零,试确定 K 值及前馈补偿装置 $G_r(s)$。

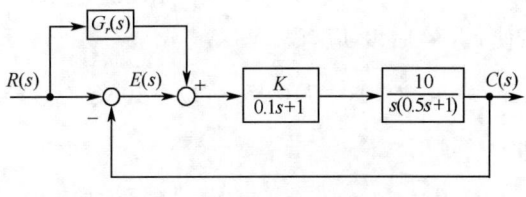

图 6-41 复合控制系统结构图

解 本题主要考查按输入补偿的复合校正方法。首先根据根轨迹分离点确定增益 K,然后按斜坡输入作用下的稳定误差,确定前馈补偿装置 $G_r(s)$。

由系统结构图 6-41,可得以 $R(s)$ 为输入、以 $E(s)$ 为输出的结构图,如图 6-9-1 所示。

由图 6-9-1 可得

$$\frac{E(s)}{R(s)} = \frac{1-G_r(s)\dfrac{10K}{s(0.1s+1)(0.5s+1)}}{1+\dfrac{10K}{s(0.1s+1)(0.5s+1)}} = \frac{s(0.1s+1)(0.5s+1)-10KG_r(s)}{s(0.1s+1)(0.5s+1)+10K}$$

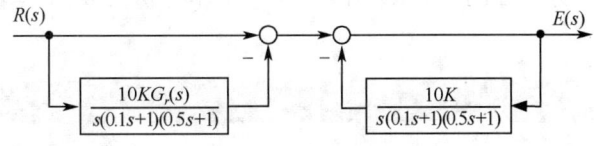

图 6-9-1 系统结构图

由上式可知系统的闭环方程为

$$s(0.1s+1)(0.5s+1)+10K=0$$

若使闭环回路过阻尼,则闭环极点应均为负实数。

系统的等效开环传递函数为

$$G'(s) = \frac{10K}{s(0.1s+1)(0.5s+1)} = \frac{200K}{s(s+10)(s+2)} = \frac{K^*}{s(s+10)(s+2)}$$

式中 $K^* = 200K$,其根轨迹如图 6-9-2 所示。其中,根轨迹的分离点的求法如下:

令

$$\frac{1}{d} + \frac{1}{d+2} + \frac{1}{d+10} = 0$$

解得

$$d_1 = -0.95, \text{ 或 } d_2 = -7.06(\text{舍去})$$

则分离点处的开环增益

$$K = \frac{1}{200} |s(s+10)(s+2)| \Big|_{s=-0.95} = 0.045$$

因此,当 $0<K<0.045$ 时,闭环极点均为负实数,也即闭环回路过阻尼。

显然,当 $0<K<0.045$ 时闭环系统稳

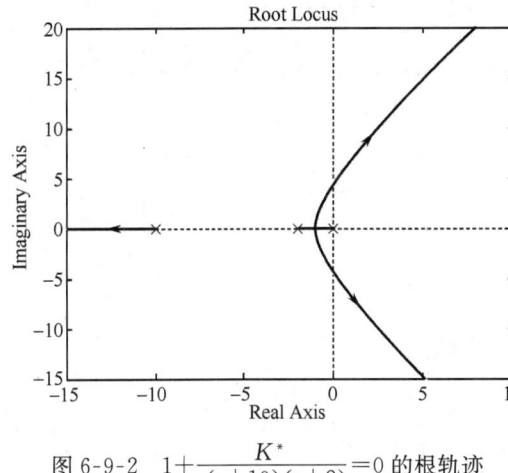

图 6-9-2 $1+\dfrac{K^*}{s(s+10)(s+2)}=0$ 的根轨迹

定,则系统在单位斜坡输入下的稳态误差为

$$e_{ss}(\infty) = \lim_{s \to 0} s \cdot E(s) = \lim_{s \to 0} s \cdot \frac{s(0.1s+1)(0.5s+1)-10KG_r(s)}{s(0.1s+1)(0.5s+1)+10K} \cdot R(s)$$

$$= \lim_{s \to 0} s \cdot \frac{s(0.1s+1)(0.5s+1) - 10KG_r(s)}{s(0.1s+1)(0.5s+1) + 10K} \cdot \frac{1}{s^2}$$

若使 $e_{ss}(\infty) = 0$，应有

$$\lim_{s \to 0} \left\{ \frac{1}{s} \cdot [s(0.1s+1)(0.5s+1) - 10KG_r(s)] \right\} = \lim_{s \to 0} \left[(0.1s+1)(0.5s+1) - \frac{10KG_r(s)}{s} \right] = 0$$

即

$$G_r(s) = \tau s, \quad 且 \ 10K\tau = 1$$

再由 $0 < K < 0.045$，故 $\tau > 2.2s$

所以，当 $0 < K < 0.045$ 和 $G_r(s) = \tau s$（其中 $\tau > 2.2s$）时，闭环回路过阻尼且系统在斜坡输入作用下的稳态误差为零。

MATLAB 验证：exe609.mdl

取 $K = 0.04, \tau = 2.5, G_r(s) = \tau s = 2.5s$；在 MATLAB 的 Simulink 环境下搭建复合系统校正后结构图，如图 6-9-3 所示。取仿真时间为 10s，运行系统校正后的单位阶跃响应输出和单位斜坡响应输出，分别如图 6-9-4 和图 6-9-5 所示。仿真表明：系统过阻尼，且斜坡输入下无稳态误差。

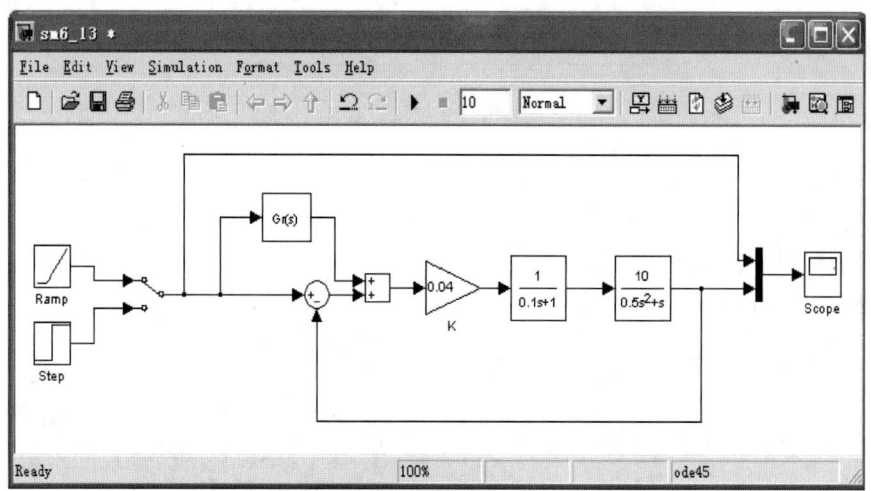

图 6-9-3　复合控制系统 Simulink 仿真图

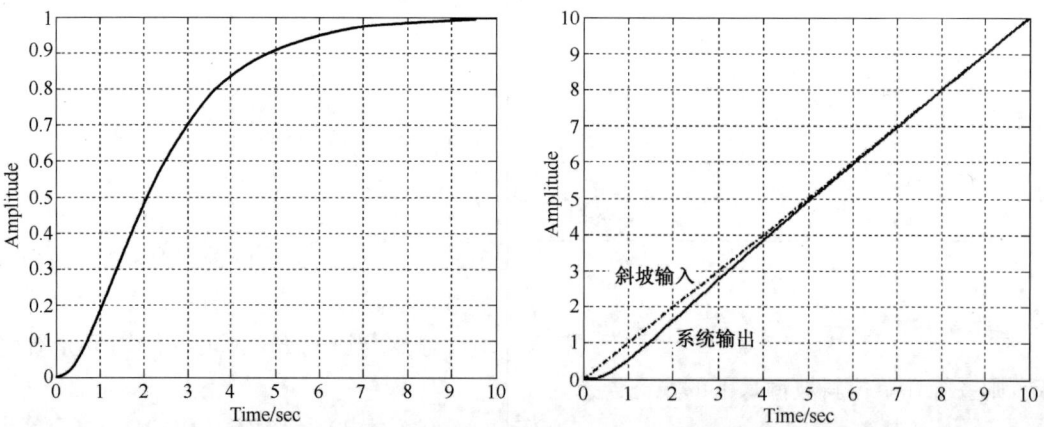

图 6-9-4　复合控制系统单位阶跃响应（MATLAB）　　图 6-9-5　复合控制系统单位斜坡响应（MATLAB）

6-10 设复合校正控制系统如图 6-42 所示，其中 $N(s)$ 为可测量扰动，K_1、K_2 和 T 均为正常数。若要求系统输出 $C(s)$ 完全不受 $N(s)$ 的影响，且跟踪阶跃指令的误差为零，试确定前馈补偿装置 $G_{c1}(s)$ 和串联校正装置 $G_{c2}(s)$。

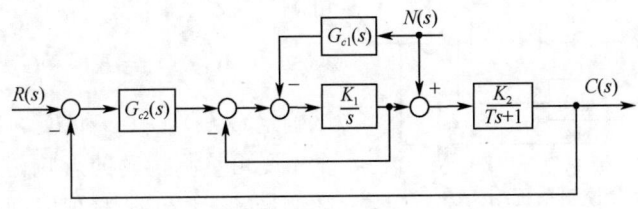

图 6-42　复合控制系统结构图

解　本题主要考查对于按扰动补偿的复合校正方法的掌握程度。根据系统输出 $C(s)$ 完全不受 $N(s)$ 的影响可确定前馈补偿装置 $G_{c1}(s)$，再按跟踪阶跃指令的误差为零确定串联校正装置 $G_{c2}(s)$。

对图 6-42 系统进行结构图变换，如图 6-10-1 所示。

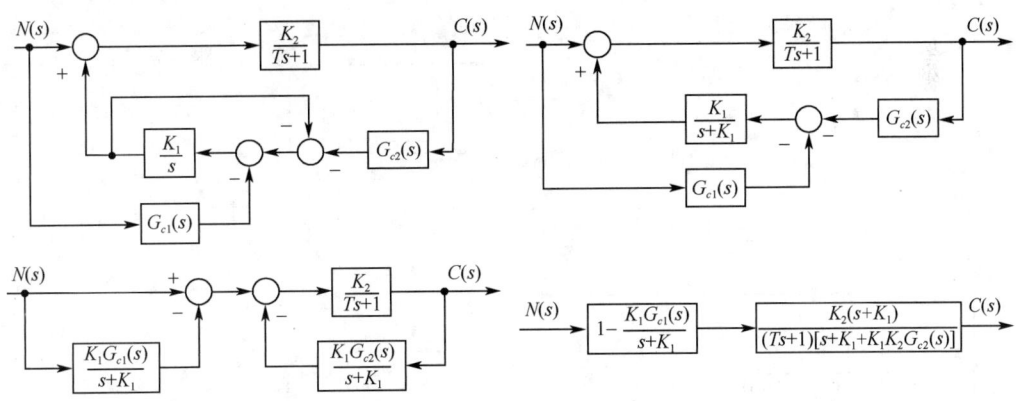

图 6-10-1　系统结构图变换

由系统结构图变换图 6-10-1，可得

$$\frac{C(s)}{N(s)} = \frac{K_2[s+K_1-K_1G_{c1}(s)]}{(Ts+1)[s+K_1+K_1K_2G_{c2}(s)]}$$

若使系统输出 $C(s)$ 完全不受 $N(s)$ 的影响，应有 $s+K_1-K_1G_{c1}(s)=0$，即

$$G_{c1}(s) = 1 + \frac{s}{K_1}$$

由图 6-42，可得系统的开环传递函数为

$$G(s) = G_{c2}(s) \cdot \frac{K_1}{s+K_1} \cdot \frac{K_2}{Ts+1} = \frac{K_1K_2}{(s+K_1)(Ts+1)} \cdot G_{c2}(s)$$

若使系统跟踪阶跃指令的误差为零，则应有 $G_{c2}(s) = \frac{1}{s}$，此时系统的闭环特征方程为

$$Ts^3 + (1+K_1T)s^2 + K_1s + K_1K_2 = 0$$

为了使闭环系统稳定，则由劳斯稳定判据知，系统的参数应满足

$$(K_2-K_1)T < 1$$

6-11 设复合校正控制系统如图 6-43 所示。图中 $G_n(s)$ 为前馈补偿装置的传递函数，$G_c(s)=K_t s$ 为测速发电机的传递函数，$G_1(s)$ 和 $G_2(s)$ 为前向通路环节的传递函数，$N(s)$ 为可测量扰动。如果

$$G_1(s) = K_1, \quad G_2(s) = \frac{1}{s^2}$$

试确定 $G_n(s)$，$G_c(s)$ 和 K_1，使系统的输出量完全不受可量测扰动的影响，且单位阶跃响应的超调量 $\sigma\% = 25\%$，峰值时间 $t_p = 2s$。

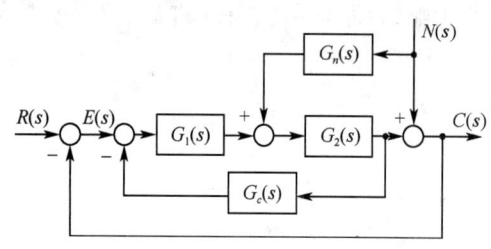

图 6-43 复合控制系统结构图

解 本题主要考查关于按扰动补偿的复合校正方法。根据系统的输出量完全不受扰动的影响，可确定前馈补偿装置 $G_n(s)$ 的形式，再根据系统要求的动态性能指标确定参数 K_1、K_t 和 $G_c(s)$。

将图 6-43 等效变换如图 6-11-1 所示。由图 6-11-1 可见：

$$\frac{C(s)}{N(s)} = \frac{1+G_1(s)G_2(s)G_c(s)}{1+G_1(s)G_2(s)+G_1(s)G_2(s)G_c(s)}\left[1 + \frac{G_2(s)G_n(s)}{1+G_1(s)G_2(s)G_n(s)}\right]$$

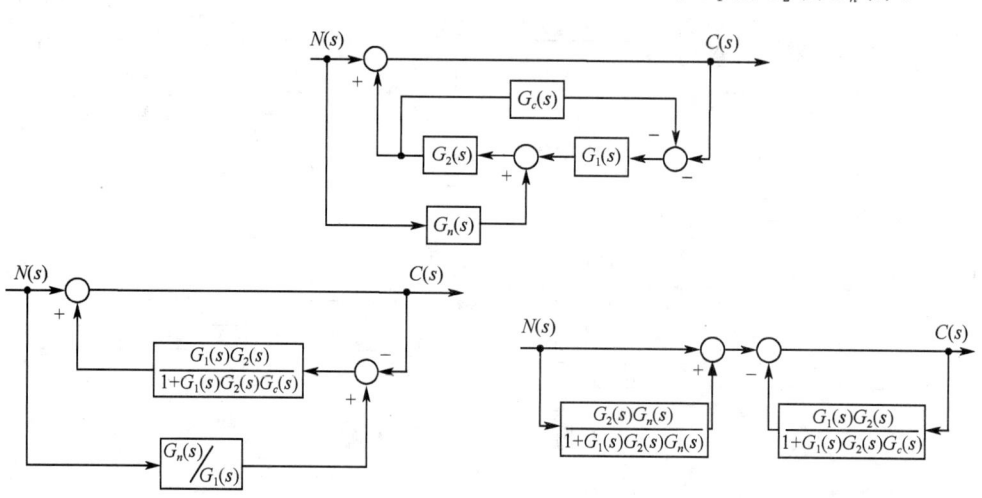

图 6-11-1 系统结构图等效变换

为使系统输出完全不受扰动的影响，应使

$$1 + G_2(s)G_n(s) + G_1(s)G_2(s)G_n(s) = 0$$

于是得

$$G_n(s) = -\frac{1}{G_2(s)[1+G_1(s)]} = -\frac{s^2}{1+K_1}$$

系统对输入的开环传递函数为

$$G(s) = \frac{G_1(s)G_2(s)}{1+G_1(s)G_2(s)G_c(s)} = \frac{K_1}{s(s+K_1 K_t)} = \frac{\omega_n^2}{s(s+2\zeta\omega_n)}$$

按题意要求

$$\sigma\% = e^{-\pi\zeta/\sqrt{1-\zeta^2}} = 25\%, \quad t_p = \frac{\pi}{\omega_n\sqrt{1-\zeta^2}} = 2s$$

从而解得

$$\zeta = \frac{\ln 4}{\sqrt{\pi^2 + (\ln 4)^2}} = 0.404, \qquad \omega_n = \frac{\pi}{2\sqrt{1-\zeta^2}} = 1.717 \text{rad/s}$$

因此
$$K_1 = \omega_n^2 = 2.948, \qquad K_t = \frac{2\zeta\omega_n}{K_1} = \frac{2\zeta}{\omega_n} = 0.471$$

于是
$$G_c(s) = K_t s = 0.471s$$
$$G_n(s) = -0.253s^2$$

MATLAB 验证：

对复合控制系统进行 MATLAB 仿真，可得系统单位阶跃响应，如图 6-11-2 所示，测得
$$\sigma\% = 25\%, \qquad t_p = 1.99\text{s}, \qquad t_s = 5.89\text{s}(\Delta = 2\%)$$

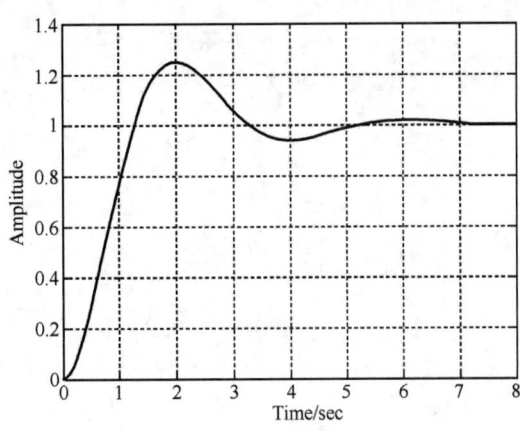

图 6-11-2　复合控制系统时间响应(MATLAB)

MATLAB 程序：exe611.m

```
K1 = 2.948;Kt = 0.471;
G1 = K1;G2 = tf(1,[1,0,0]);              % 前向通道环节的传递函数
Gc = tf([Kt,0],1);                        % 测速发电机的传递函数
G3 = series(G1,G2);G4 = feedback(G3,Gc);
G = feedback(G4,1);                       % 复合控制系统的闭环传递函数
step(G);grid                              % 复合控制系统单位阶跃响应
```

6-12　设复合校正控制系统如图 6-33 所示。图中

$G_1(s) = K_1, \qquad K_1 = 2$

$G_2(s) = \dfrac{K_2}{s(s+20\zeta)}, \quad K_2 = 50, \zeta = 0.5$

$G_r(s) = \dfrac{\lambda_2 s^2 + \lambda_1 s}{Ts+1}, \qquad T = 0.2$

试确定 λ_1 和 λ_2 的数值，使系统等效为Ⅲ型系统，并讨论寄生因式 $(Ts+1)$ 对系统稳定性和动态性能的影响。

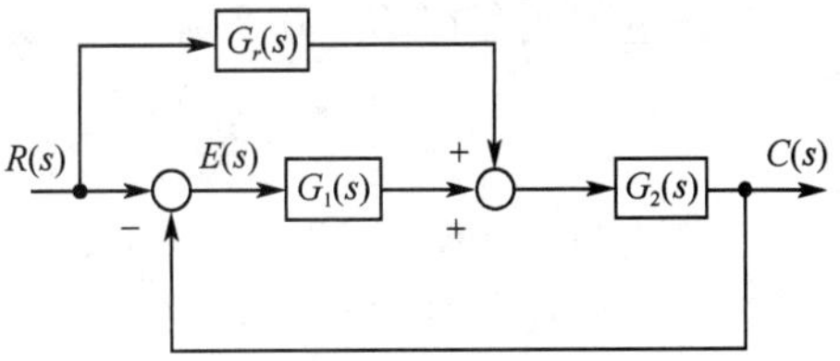

图 6-33*　按输入补偿的复合控制系统结构图

解　本题主要考查按输入补偿的复合校正方法。先求出系统的等效开环传递函数，根据系统型别的定义确定参数 λ_1 和 λ_2；再根据寄生因子 $(Ts+1)$ 对系统的闭环特征方程的改

* 图 6-33 为《自动控制原理(第七版)》正文中的图。

变,讨论其对系统稳定性和动态性能的影响。

由系统的结构图可知,系统的闭环传递函数为

$$\Phi(s) = \frac{G_1(s)G_2(s) + G_r(s)G_2(s)}{1 + G_1(s)G_2(s)}$$

则系统的等效开环传递函数为

$$G'(s) = \frac{\Phi(s)}{1 - \Phi(s)} = \frac{G_1(s)G_2(s) + G_r(s)G_2(s)}{1 - G_r(s)G_2(s)}$$

$$= \frac{K_1 K_2 (Ts+1) + K_2(\lambda_2 s^2 + \lambda_1 s)}{Ts^3 + (1 + 20\zeta T - K_2 \lambda_2)s^2 + (20\zeta - K_2 \lambda_1)s}$$

若使系统等效为Ⅲ型系统,则应有

$$\begin{cases} 1 + 20\zeta T - K_2 \lambda_2 = 0 \\ 20\zeta - K_2 \lambda_1 = 0 \end{cases}$$

解得

$$\begin{cases} \lambda_1 = \dfrac{20\zeta}{K_2} = 0.2 \\ \lambda_2 = \dfrac{1 + 20\zeta T}{K_2} = 0.06 \end{cases}$$

由上可知

$$G_r(s) = \frac{0.06s^2 + 0.2s}{0.2s + 1}$$

系统的闭环传递函数为

$$\Phi(s) = \frac{G_1(s)G_2(s) + G_r(s)G_2(s)}{1 + G_1(s)G_2(s)} = \frac{K_2 \lambda_2 s^2 + (K_1 K_2 T + K_2 \lambda_1)s + K_1 K_2}{(s^2 + 20\zeta s + K_1 K_2)(Ts+1)}$$

可以看出,未加寄生因式$(Ts+1)$前,复合控制系统为二阶系统,因为阻尼比$\zeta=0.5$,故为欠阻尼二阶系统;加入$(Ts+1)$后,可以使系统的超调量减少,调节时间缩短,提高系统的快速性。若$(Ts+1)$的时间常数越大,则系统响应的超调量越小。

MATLAB验证:

当寄生因式不存在,即$T=0$,则

$$\Phi(s) = \frac{K_2 \lambda_2 s^2 + K_2 \lambda_1 s + K_1 K_2}{s^2 + 20\zeta s + K_1 K_2} = \frac{3s^2 + 10s + 100}{s^2 + 10s + 100}$$

其单位阶跃响应如图 6-12-1 所示,测得 $\sigma\%=59.6\%$,$t_p=0.24\text{s}$,$t_s=0.8\text{s}(\Delta=2\%)$。

当寄生因式存在,$T=0.2$,则

$$\Phi(s) = \frac{3s^2 + 30s + 100}{0.2s^3 + 3s^2 + 30s + 100}$$

其单位阶跃响应如图 6-12-2 所示,测得 $\sigma\%=34\%$,$t_p=0.2\text{s}$,$t_s=0.74\text{s}(\Delta=2\%)$。

当寄生因式存在,$T=20$,则

$$\Phi(s) = \frac{3s^2 + 2010s + 100}{20s^3 + 201s^2 + 2010s + 100}$$

其单位阶跃响应如图 6-12-3 所示,测得 $\sigma\%=16\%$,$t_s=0.86\text{s}(\Delta=2\%)$。

MATLAB 程序:exe612.m

```
G1 = tf([3,10,100],[1,10,100]);            %T=0时,闭环系统传递函数
G2 = tf([3,30,100],[0.2,3,30,100]);        %T=0.2时,闭环系统传递函数
```

```
G3 = tf([3,2010,100],[20,201,2010,100]);        %T=20时,闭环系统传递函数
figure(1);step(G1);grid
figure(2);step(G2);grid
figure(3);step(G3);grid
```

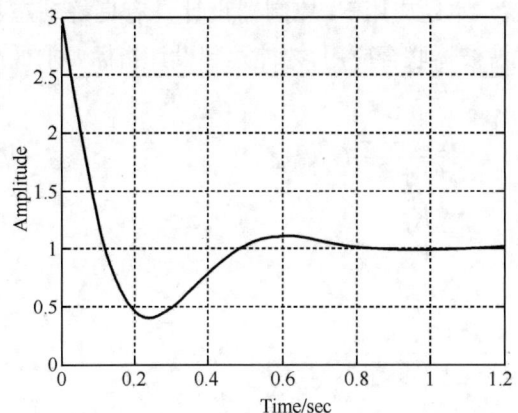 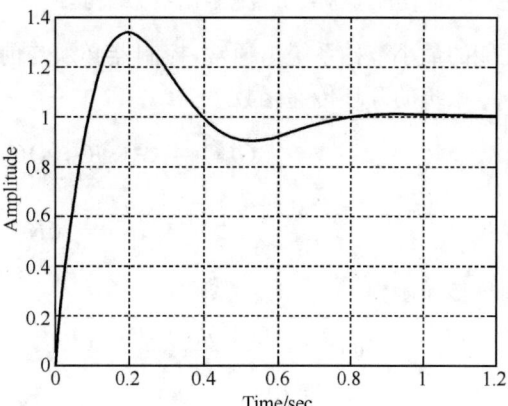

图 6-12-1　复合控制系统时间响应(T=0, MATLAB)　　图 6-12-2　复合控制系统时间响应(T=0.2, MATLAB)

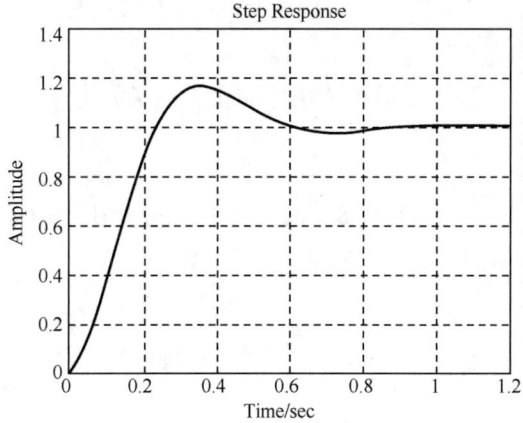

图 6-12-3　复合控制系统时间响应(T=20, MATLAB)

6-13　设组合驱动装置如图 6-44 所示。该装置由两个工作滑轮 A 和 B 组成,通过弹性皮带连在一起,挂在弹簧上的第三个拉力滑轮可以将皮带拉紧,而弹簧运动可以视为无摩擦的运动。在组合驱动装置中,主滑轮 A 由直流电机驱动,滑轮 A 和 B 上都装有测速计,其输出电压与滑轮的转速成正比,利用测得的速度信号,可以估计每个滑轮的转角。

设组合驱动装置的转速控制系统如图 6-45 所示,其中被控对象为组合驱动装置,其传递函数

$$G_0(s) = \frac{10}{(s+6)^2}$$

$G_c(s)$ 为 PI 控制器,其传递函数

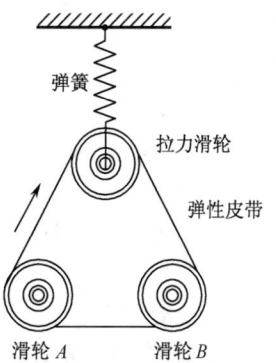

图 6-44　组合驱动装置示意图

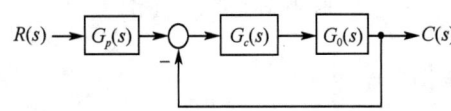

图 6-45 组合驱动装置转速控制系统结构图

$$G_c(s) = K_1 + \frac{K_2}{s}$$

$G_p(s)$ 为前置滤波器。要求设计 $G_c(s)$ 和 $G_p(s)$，使系统具有最小节拍响应，且调节时间 $t_s \leq 1\mathrm{s}(\Delta = 2\%)$。

解 本题应用 PI 控制器设计具有良好动态性能的最小节拍系统。通常，控制器必须与前置滤波器联合应用，才能达到设计指标要求。

系统的开环传递函数

$$G(s) = G_c(s)G_0(s)G_p(s) = \frac{K(s+z)}{s(s+6)^2}G_p(s)$$

式中

$$K = 10K_1, \quad z = \frac{K_2}{K_1}$$

闭环传递函数

$$\Phi(s) = \frac{G_c(s)G_0(s)G_p(s)}{1+G_c(s)G_0(s)} = \frac{K(s+z)}{s^3+12s^2+(36+K)s+Kz}G_p(s)$$

令 $G_p(s) = \frac{z}{s+z}$，则

$$\Phi(s) = \frac{Kz}{s^3+12s^2+(36+K)s+Kz}$$

该系统为 I 型系统，在单位阶跃输入作用下，$e_{ss}(\infty)=0$。

由教材中表 6-4 知，三阶系统最小节拍标准化传递函数为

$$\Phi(s) = \frac{\omega_n^3}{s^3+\alpha\omega_n s^2+\beta\omega_n^2 s+\omega_n^3}$$

其中 $\alpha = 1.9, \beta = 2.20$。将上式与系统实际闭环传递函数相比，应有

$$\alpha\omega_n = 12, \quad \beta\omega_n^2 = 36+K, \quad \omega_n^3 = Kz$$

故求出

$$\omega_n = \frac{12}{\alpha} = 6.32, \quad K = \beta\omega_n^2 - 36 = 51.87, \quad z = \frac{\omega_n^3}{K} = 4.87$$

于是

$$K_1 = \frac{K}{10} = 5.187, \quad K_2 = K_1 z = 25.26$$

所求的 PI 控制器与前置滤波器为

$$G_c(s) = K_1 + \frac{K_2}{s} = 5.187 + \frac{25.26}{s}$$

$$G_p(s) = \frac{z}{s+z} = \frac{4.87}{s+4.87}$$

由教材中表 6-4 知，系统动态性能为

$$\sigma\% = 1.65\%, t_s = \frac{4.04}{\omega_n}$$
$$= 0.64 < 1 \quad (\Delta = 2\%)$$

满足设计指标要求。

MATLAB 验证：

应用 MATLAB 软件包，对驱动装置转速控制系统

$$\Phi(s) = \frac{252.44}{s^3 + 12s^2 + 87.87s + 252.44}$$

进行仿真,其单位阶跃响应如图 6-13-1 所示,测得 $\sigma\% = 2\%, t_s = 0.64\mathrm{s}$ ($\Delta = 2\%$)。

MATLAB 程序:exe613.m

```
K1 = 5.187;K2 = 25.26;z = 4.87;
Gc = tf([K1,K2],[1,0]);
% PI 控制器的传递函数
G0 = tf(10,[1,12,36]);
Gp = tf(z,[1,z]);
% 前置滤波器的传递函数
G1 = feedback(Gc * G0,1);
G2 = series(Gp,G1);
% 系统的闭环传递函数
step(G2);grid
```

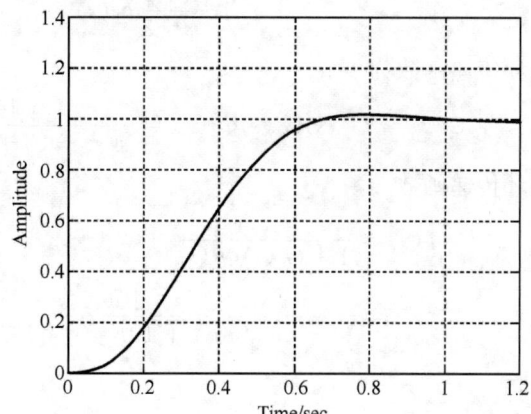

图 6-13-1 驱动装置转速控制系统时间响应(MATLAB)

6-14 设有前置滤波器的鲁棒控制系统如图 6-46 所示,其中被控对象

$$G_0(s) = \frac{10}{(s+1)(s+2)}$$

PID 控制器

$$G_c(s) = \frac{K_3 s^2 + K_1 s + K_2}{s}$$

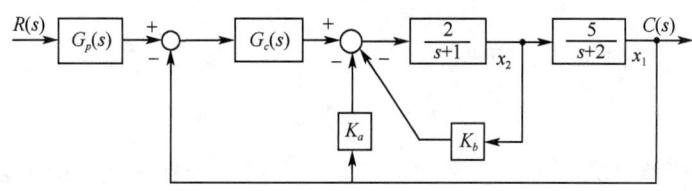

图 6-46 具有前置滤波器的鲁棒控制系统结构图

$G_p(s)$ 为前置滤波器。设计要求:

(1) 当 $K_a = 10, K_b = 0$ 时,设计 $G_c(s)$ 和 $G_p(s)$,使系统具有最小节拍响应,即系统在单位阶跃输入作用下 $e_{ss}(\infty) = 0, \sigma\% \leqslant 2\%, t_s \leqslant 1\mathrm{s}(\Delta = 2\%)$;

(2) 若 $G_0(s)$ 的两个极点发生 $\pm 50\%$ 范围摄动,在最坏情况下,被控对象变为

$$G_0(s) = \frac{10}{(s+0.5)(s+1)}$$

试用(1)中的设计结果对系统性能进行考核,以检验系统的鲁棒性。

解 本题联合采用 PID 控制器与前置滤波器,使系统具有最小节拍响应,保证系统有良好的稳态性能和动态性能;同时,采用内回路反馈包围被控对象,以减少被控对象参数摄动的影响,使系统具有鲁棒性。

(1) PID 控制器与前置滤波器设计。内回路传递函数为

K_b 包围部分 $\quad \Phi_1(s) = \dfrac{2}{s + (1 + 2K_b)}$

K_a 包围部分

$$\Phi_2(s)=\dfrac{\dfrac{5}{s+2}\Phi_1(s)}{1+\dfrac{5K_a}{s+2}\Phi_1(s)}=\dfrac{10}{s^2+(3+2K_b)s+(2+10K_a+4K_b)}$$

开环传递函数为

$$G(s)=G_p(s)G_c(s)\Phi_2(s)=\dfrac{10(K_3s^2+K_1s+K_2)}{s[s^2+(3+2K_b)s+(2+10K_a+4K_b)]}G_p(s)$$

闭环传递函数

$$\Phi(s)=\dfrac{G(s)}{1+G_c(s)\Phi_2(s)}$$

$$=\dfrac{10(K_3s^2+K_1s+K_2)G_p(s)}{s^3+(3+2K_b+10K_3)s^2+(2+10K_a+4K_b+10K_1)s+10K_2}$$

选择

$$G_p(s)=\dfrac{K_2}{K_3s^2+K_1s+K_2}$$

可得

$$\Phi(s)=\dfrac{10K_2}{s^3+(3+2K_b+10K_3)s^2+(2+10K_a+4K_b+10K_1)s+10K_2}$$

显然，系统在阶跃输入作用下，必有 $e_{ss}(\infty)=0$。

为了使系统成为最小节拍系统，根据教材中表 6-4，应有

$$\Phi(s)=\dfrac{\omega_n^3}{s^3+1.9\omega_n s^2+2.2\omega_n^2 s+\omega_n^3}$$

当 $K_a=10, K_b=0$ 时，系统实际闭环传递函数为

$$\Phi(s)=\dfrac{10K_2}{s^3+(3+10K_3)s^2+(102+10K_1)s+10K_2}$$

对于三阶最小节拍系统，调节时间要求

$$t_s=\dfrac{4.04}{\omega_n}\leqslant 1$$

考虑到系统的鲁棒性要求，取 $t_s=0.5$，故应有 $\omega_n=8.08$。令标准化传递函数与实际闭环传递函数的对应项系数相等，可得 PID 控制器参数

$$K_1=4.16, \quad K_2=52.75, \quad K_3=1.24$$

于是 PID 控制器和前置滤波器为

$$G_c(s)=4.16+\dfrac{52.75}{s}+1.24s, \quad G_p(s)=\dfrac{52.75}{1.24s^2+4.16s+52.75}$$

系统的实际性能为

$$e_{ss}(\infty)=0, \quad \sigma\%=1.65\%, \quad t_s=0.5s(\Delta=2\%)$$

（2）鲁棒性检验。在最坏情况下，被控对象传递函数

$$G_0(s)=\dfrac{10}{(0.5s+1)(s+1)}=\dfrac{20}{(s+1)(s+2)}$$

表明被控对象极点位置摄动 50%，相当于对象增益加大一倍。

内回路传递函数

$$\Phi_2(s)=\dfrac{20}{s^2+(3+2K_b)s+(2+20K_a+4K_b)}$$

由于

$$G_c(s)=\dfrac{K_3s^2+K_1s+K_2}{s}, \quad G_p(s)=\dfrac{K_2}{K_3s^2+K_1s+K_2}$$

所以,开环传递函数

$$G(s) = G_p(s)G_c(s)\Phi_2(s) = \frac{20K_2}{s[s^2 + (3+2K_b)s + (2+20K_a+4K_b)]}$$

闭环传递函数

$$\Phi(s) = \frac{G(s)}{1+G_c(s)\Phi_2(s)} = \frac{20K_2}{s^3 + (3+2K_b+20K_3)s^2 + (2+20K_a+4K_b+20K_1)s + 20K_2}$$

代入上步设计结果 $K_a=10, K_b=0, K_3=1.24, K_2=52.75, K_1=4.16$,得

$$\Phi(s) = \frac{1055}{s^3 + 27.8s^2 + 285.2s + 1055}$$

应用 MATLAB 软件包,可得系统在单位阶跃输入作用下的响应,如图 6-14-1 所示,测得

$$e_{ss}(\infty) = 0, \quad \sigma\% = 0, \quad t_s = 0.626s$$

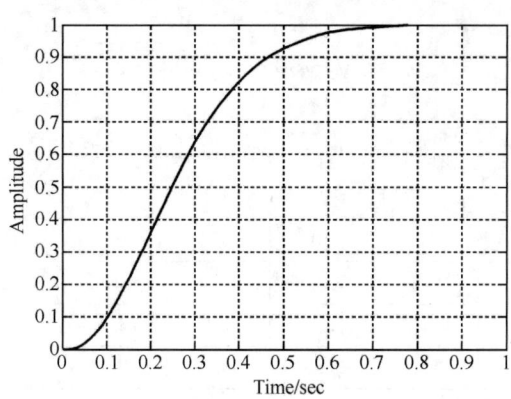

图 6-14-1 系统单位阶跃响应(MATLAB)

MATLAB 程序:exe614.m

```
t = 0:0.01:1;
Ka = 10;Kb = 0;K1 = 4.16;K2 = 52.75;K3 = 1.24;
G1 = tf(20 * K2,[1,3 + 2 * Kb + 20 * K3,2 + 20 * Ka + 4 * Kb + 20 * K1,20 * K2]); %系统闭环传递函数
step(G1,t);grid
```

仿真表明在参数变化情况下,系统的性能仍然满足设计指标要求,具有良好的鲁棒性。
当 $K_b \neq 0$ 时,可令 K_b 为各种可能的数值重做本题,并进行相应的 MATLAB 仿真。

6-15 NASA 的宇航员可以在航天飞机中通过控制机械手将卫星回收到航天飞机的货舱中,如图 6-47(a)所示,图中显示宇航员站在机械臂上工作的情况。该卫星回收系统结构图如图 6-47(b)所示。要求:

(1) 当 $T=0.1$ 时,确定 K_a 的取值,使系统的相角裕度 $\gamma=50°$;

(2) 当 $T=0.5$ 时,仍采用(1)中确定的 K_a,求此时系统的相角裕度 γ_1;

(3) 当 $T=0.5$ 时,若要求 $\gamma_1=50°$,试问 K_a 值应如何改变?

解 本题为延迟系统的参数设计问题。

延迟环节的幅相特性为

$$e^{-sT}|_{s=j\omega} = 1 \cdot \angle -57.3T\omega$$

表明 $e^{-j\omega T}$ 不影响开环频率特性的幅值,但会造成相频特性的明显滞后。令

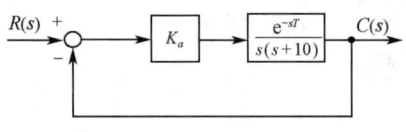

(a) 太空中的宇航员　　　　　　　(b) 回收系统结构图

图 6-47　卫星回收控制系统

$$G(s) = \frac{K_a}{s(s+10)}, \qquad |G(j\omega_c)| = \frac{K_a}{\omega_c\sqrt{\omega_c^2+10^2}} = 1$$

解出系统截止频率

$$\omega_c = \sqrt{-50+\sqrt{2500+K_a^2}}$$

故相角裕度

$$\gamma = 180° - 90° - \arctan 0.1\omega_c - 57.3T\omega_c$$

于是,可以算出如下表格:

K_a	2	5	10	11.5	12	20	30	37
ω_c	0.2	0.5	1.0	1.14	1.19	1.96	2.88	3.49
$\gamma(T=0.1)$	87.7°	84.3°	78.6°	77.0°	76.4°	67.7°	57.4°	50.8°
$\gamma_1(T=0.5)$	83.1°	72.8°	55.6°	50.8°	49.1°	22.8°	−8.6°	−29.2°

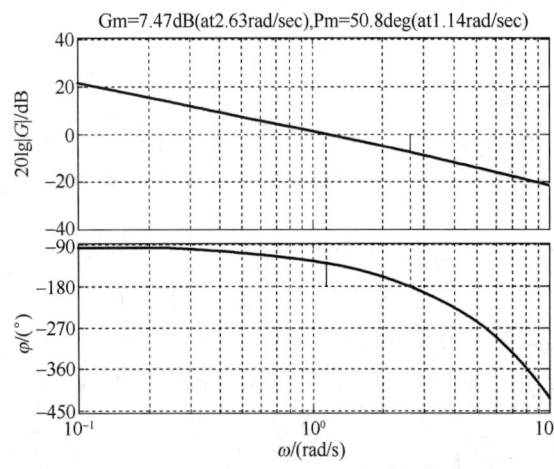

图 6-15-1　卫星回收系统开环 Bode 图(MATLAB)

由表可知:

(1) $T=0.1$ 时,取 $K_a=37$,可以保证 $\gamma=50°$;

(2) $T=0.5$ 时,仍取 $K_a=37$,则 $\gamma_1=-29.2°$,系统不稳定;

(3) $T=0.5$ 时,若要求 $\gamma_1=50°$,则应取 $K_a=11.5$。

MATLAB 验证:令 $T=0.5, K_a=11.5$,则

$$G(s) = \frac{11.5e^{-0.5s}}{s(s+10)}$$

其开环系统的 Bode 图如图 6-15-1 所示,测得

$$\omega_c = 1.14 \text{rad/s}, \quad \gamma = 50.8°$$

$$h(\text{dB}) = 7.47 \text{dB}$$

在 MATLAB 的 Simulink 环境下搭建系统结构图,如图 6-15-2 所示。设置延迟时间为 0.5s,仿真时间为 10s,运行可得系统的单位阶跃响应输出如图 6-15-3 所示,由图测得

$$\sigma\% = 19\%, \quad t_p = 2.21\text{s}, \quad t_s = 4.51\text{s}\ (\Delta=2\%)$$

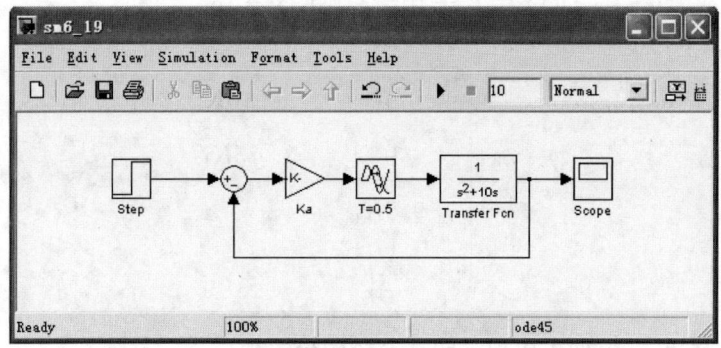

图 6-15-2 卫星回收系统 Simulink 仿真图

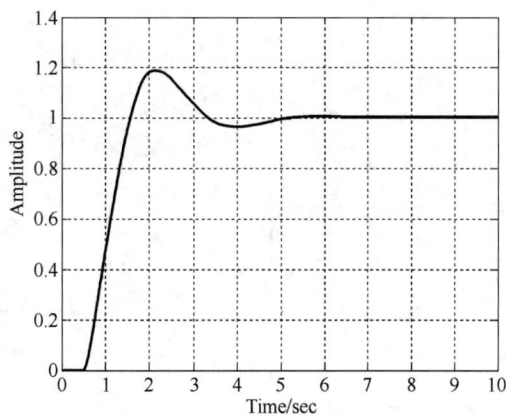

图 6-15-3 卫星回收系统的时间响应(MATLAB)

MATLAB 程序:exe615.m

```
T = 0.5;Ka = 11.5;
G = tf(Ka,[1,10,0],'iodelay',0.5);
margin(G);grid
```

6-16 已知汽车点火系统中有一个单位负反馈子系统,其开环传递函数为 $G_c(s)G_0(s)$,其中

$$G_0(s) = \frac{10}{s(s+10)}, \qquad G_c(s) = K_1 + \frac{K_2}{s}$$

若已知 $K_2/K_1=0.5$,试确定 K_1 和 K_2 的取值,使系统主导极点的阻尼比 $\zeta=0.707$,而且单位阶跃响应的调节时间 $t_s \leqslant 2\mathrm{s}(\Delta=5\%)$。

解 本题练习根据系统阻尼比与调节时间的指标要求,设计 PI 控制器参数。设计方法采用了试探法。

系统开环传递函数

$$G_c(s)G_0(s) = \frac{10K_1(s+K_2/K_1)}{s^2(s+10)} = \frac{10K_1(s+0.5)}{s^2(s+10)}$$

闭环特征方程

$$D(s) = s^3 + 10s^2 + 10K_1 s + 5K_1 = 0$$

列劳斯表如下：

s^3	1	$10K_1$
s^2	10	$5K_1$
s^1	$9.5K_1$	
s^0	$5K_1$	

由劳斯判据知，选 $K_1 > 0$，便可以保证闭环系统的稳定性。

试取 $K_1 = 5$，则闭环特征方程为

$$s^3 + 10s^2 + 50s + 25 = (s + 0.56)(s^2 + 9.44s + 44.71) = 0$$

故闭环极点

$$s_1 = -0.56, \quad s_{2,3} = -4.72 \pm j4.74$$

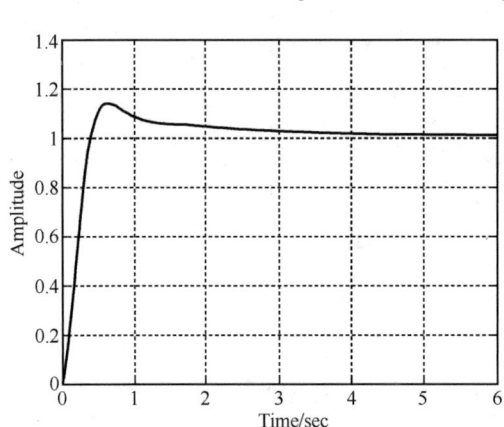

图 6-16-1 汽车点火子系统的时间响应（MATLAB）

其中，闭环极点 $s_1 = -0.56$ 与闭环零点 $z = -0.5$ 近似对消，故系统主导极点为 $s_{2,3}$，其阻尼比 $\zeta = 0.709 \approx 0.707$，预期调节时间

$$t_s = \frac{3.5}{\zeta \omega_n} = \frac{3.5}{4.72} = 0.74 \text{s} (\Delta = 5\%)$$

由于 s_1 与 z 不能准确对消，故实际调节时间 $t_s \approx 2\text{s}$，满足指标要求，于是最终得

$$K_1 = 5, \quad K_2 = 2.5$$

MATLAB 验证：

应用 MATLAB 软件包，对汽车点火子系统

$$\Phi(s) = \frac{50(s + 0.5)}{s^3 + 10s^2 + 50s + 25}$$

进行仿真，其单位阶跃响应如图 6-16-1 所示，测得

$$\sigma\% = 14\%, \quad t_p = 0.6\text{s}, \quad t_s = 1.55\text{s}(\Delta = 5\%)$$

MATLAB 程序：exe616.m

```
K1 = 5;K2 = 2.5;
G0 = tf(10,[1,10,0]);
Gc = tf([K1,K2],[1,0]);
G = series(G0,Gc);                    % 系统开环传递函数
G1 = feedback(G,1);                   % 系统闭环传递函数
step(G1);grid
```

6-17 机器人已广泛应用于核电站的维护与保养。在核工业中，远程机器人主要用来回收和处理核废料，同时也用于监控核反应堆、清除放射性污染和处理意外事故等。图 6-48 所示的是核工厂的遥控机器人示意图，其构成的远程监控系统可以完成某些特定操作的监测任务。若系统的开环传递函数为

$$G_0(s) = \frac{K_a \mathrm{e}^{-sT}}{(s+1)(s+3)}$$

要求：

(1) 当 $T=0.5\mathrm{s}$ 时，确定 K_a 的合适取值，使系统阶跃响应的超调量小于 30%，并计算所得系统的稳态误差；

(2) 设计校正网络

$$G_c(s) = \frac{s+2}{s+b}$$

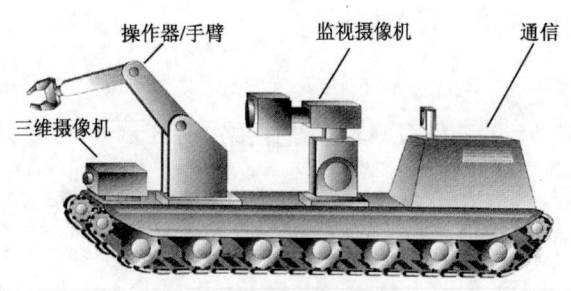

图 6-48 核电厂的遥控机器人示意图

以改进要求(1)中所得系统的性能，使系统的稳态误差小于 12%。

解 本题研究延迟系统的分析与设计问题。通常，在频域中进行设计比较方便，通过选择合适的系统截止频率和相角裕度，可以满足给定的稳态误差和动态性能要求。

(1) 确定待校正系统增益 K_a，并计算 $e_{ss}(\infty)$。系统开环传递函数

$$G_0(s) = \frac{K_a \mathrm{e}^{-0.5s}}{s^2 + 4s + 3}$$

因为要求 $\sigma\% < 30\%$，由《自动控制原理(第七版)》教材中图 3-12 表示的欠阻尼二阶系统 ζ 与 $\sigma\%$ 关系曲线知，应有 $\zeta > 0.36$。现取 $\zeta = 0.4$，由教材中图 5-46 表示的典型二阶系统的 γ-ζ 曲线知，$\gamma = 43°$。

因

$$\mathrm{e}^{-0.5s}|_{s=\mathrm{j}\omega} = 1 \cdot \angle -57.3 \times 0.5\omega$$

令

$$|G_0(\mathrm{j}\omega_c)| = \frac{K_a}{\sqrt{(3-\omega_c^2)^2 + 16\omega_c^2}} = 1$$

解出截止频率

$$\omega_c = \sqrt{-5 + \sqrt{K_a^2 + 16}}$$

而相角裕度

$$\gamma = 180° - \arctan\omega_c - \arctan\frac{\omega_c}{3} - 28.65\omega_c$$

则 K_a、ω_c、γ 关系如下表：

K_a	3.1	4.0	6.0	6.5	7.0
ω_c	0.25	0.81	1.49	1.62	1.75
γ	154°	102.7°	54.6°	46.9°	39.4°

由表可取 $K_a = 6.5$，$\omega_c = 1.62$，$\gamma = 46.9°$。由教材中图 5-46 可以查出：$\zeta = 0.45$。由于静态位置系数 $K_p = K_a/3 = 2.17$，故稳态误差

$$e_{ss}(\infty) = \frac{1}{1+K_p} = 31.5\% > 12\%$$

(2) 设计校正网络，改善系统性能。开环传递函数

$$G_c(s)G_0(s) = \frac{K_a(s+2)\mathrm{e}^{-0.5s}}{(s+1)(s+3)(s+b)}$$

静态位置误差系数

$$K_p = \frac{2K_a}{3b}$$

选 $b=0.1$,使 $G_c(s)$ 为滞后网络,则 $K_p = 6.67K_a$,故

$$e_{ss}(\infty) = \frac{1}{1+K_p} = \frac{1}{1+6.67K_a}$$

取 $e_{ss}(\infty) = 10\%$,求出 $K_a = 1.35$,可满足 $e_{ss}(\infty) < 12\%$ 的要求。令

$$|G_c(j\omega_c)G_0(j\omega_c)| = \frac{1.35\sqrt{4+\omega_c^2}}{\sqrt{(1+\omega_c^2)(9+\omega_c^2)(0.01+\omega_c^2)}} = 1$$

求出

$$\omega_c = 0.75 \text{rad/s}$$

算出相角裕度

$$\gamma = 180° + \arctan\frac{\omega_c}{2} - \arctan\omega_c - \arctan\frac{\omega_c}{3} - \arctan 10\omega_c - 28.65\omega_c = 45.8°$$

校正后系统的动态性能可以估算如下:

$$\sigma\% = 100\left[0.16 + 0.4\left(\frac{1}{\sin\gamma} - 1\right)\right]\% = 31.8\%$$

$$K_0 = 2 + 1.5\left(\frac{1}{\sin\gamma} - 1\right) + 2.5\left(\frac{1}{\sin\gamma} - 1\right)^2 = 2.98$$

$$t_s = \frac{K_0\pi}{\omega_c} = 12.48\text{s}$$

上述估算结果是偏保守的,需要进一步验证。

MATLAB-Simulink 仿真验证:

校正前:
$$G_0(s) = \frac{6.5e^{-0.5s}}{(s+1)(s+3)}$$

校正后:
$$G_c(s)G_0(s) = \frac{1.35(s+2)e^{-0.5s}}{(s+0.1)(s+1)(s+3)}$$

在 MATLAB 的 Simulink 环境下搭建系统校正前后结构图,分别如图 6-17-1 和图 6-17-2 所示。设置延迟时间为 0.5s,仿真时间为 20s,分别运行可得系统校正前后的单位阶跃响应输出如图 6-17-3 和图 6-17-4 所示。

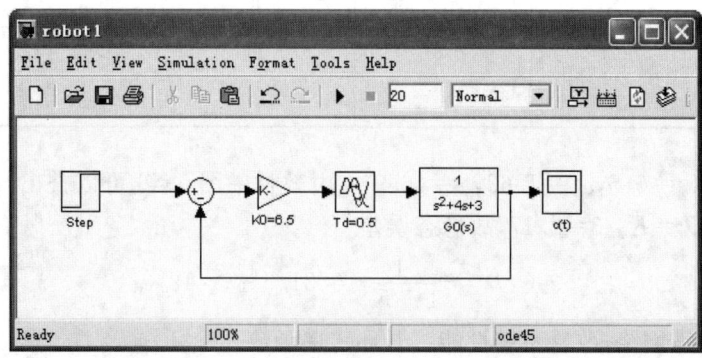

图 6-17-1 校正前遥控机器人 Simulink 仿真图

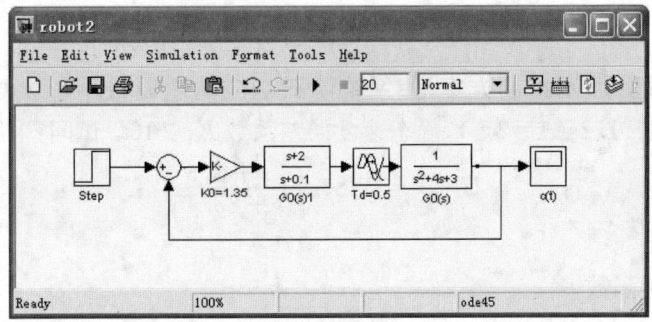

图 6-17-2 校正后遥控机器人 Simulink 仿真图

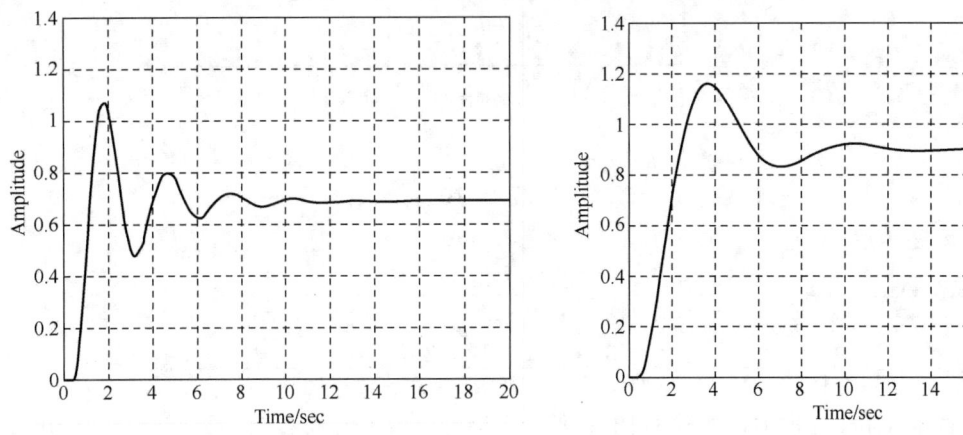

图 6-17-3 校正前系统时间响应(MATLAB)

图 6-17-4 校正后系统时间响应(MATLAB)

已校正系统的性能为

$$\sigma\% = 28\% < 30\%, \quad t_s = 10.9\text{s}, \quad e_{ss}(\infty) = 10\% < 12\%$$

由图 6-17-4 可见,遥控机器人系统采用滞后校正后,减少了系统的稳态误差,使系统的性能满足了设计指标要求,但系统的动态性能不理想,可考虑重选 b 值,或选择滞后-超前网络进行校正。读者不妨一试。

6-18 MANUTEC 机器人具有很大的惯性和较长的手臂,其实物如图 6-49(a)所示。机械臂的动力学特性可以表示为

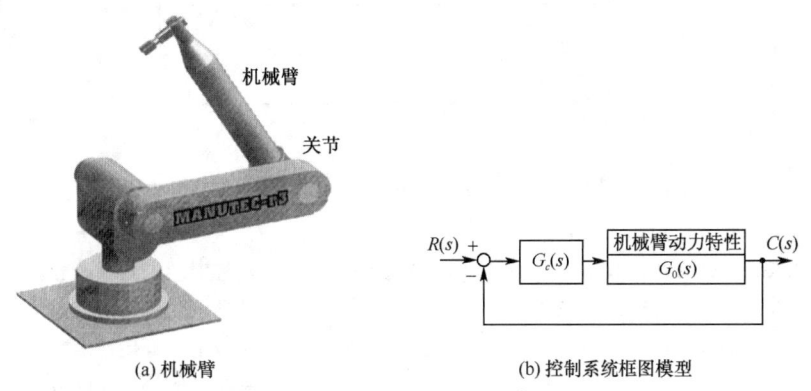

(a) 机械臂   (b) 控制系统框图模型

图 6-49 机器人控制

$$G_0(s) = \frac{250}{s(s+2)(s+40)(s+45)}$$

要求选用图 6-49(b)所示控制方案,使系统阶跃响应的超调量小于 20%,上升时间小于 0.5s,调节时间小于 1.2s($\Delta=2\%$),静态速度误差系数 $K_v \geq 10$。试问:采用超前校正网络

$$G_c(s) = 1483.7 \frac{s+3.5}{s+33.75}$$

是否合适?

解 开环传递函数

$$G_c(s)G_0(s) = \frac{370925(s+3.5)}{s(s+2)(s+33.75)(s+40)(s+45)}$$

$$= \frac{10.7\left(\frac{s}{3.5}+1\right)}{s\left(\frac{s}{2}+1\right)\left(\frac{s}{33.75}+1\right)\left(\frac{s}{40}+1\right)\left(\frac{s}{45}+1\right)}$$

可知

$$K_v = 10.7 > 10$$

闭环传递函数

$$\Phi(s) = \frac{370925(s+3.5)}{s(s+2)(s+33.75)(s+40)(s+45) + 370925(s+3.5)}$$

$$= \frac{370925s + 1298237.5}{s^5 + 120.75s^4 + 4906.25s^3 + 70087.5s^2 + 492425s + 1298237.5}$$

校正后系统的单位阶跃响应如图 6-18-1 所示。MATLAB 仿真表明:$\sigma\% = 18\% < 20\%$,$t_r = 0.29s < 0.5s$,$t_s = 1.0s < 1.2s$,$K_v = 10.7 > 10$。设计指标全部满足,故该超前校正网络是合适的。

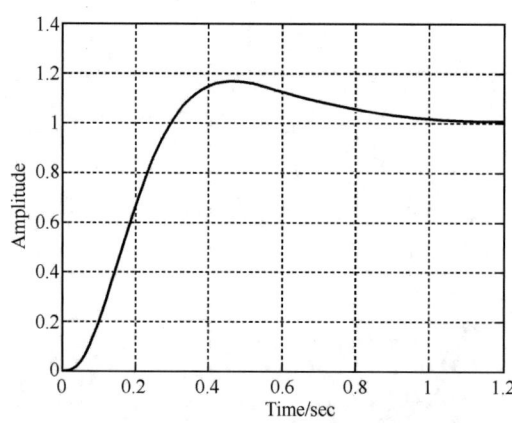

图 6-18-1 校正后系统的单位阶跃响应曲线(MATLAB)

MATLAB 程序:exe618.m

```
G0 = tf(250,conv([1,2,0],conv([1,40],[1,50])));    % 被控对象的传递函数
Gc = tf(1483.7*[1,3.5],[1,33.75]);                  % 超前网络的传递函数
G = series(Gc,G0);                                  % 系统的开环传递函数
G1 = feedback(G,1);                                 % 系统的闭环传递函数
step(G1);grid
```

6-19 双手协调机器人如图 6-50 所示,两台机械手相互协作,试图将一根长杆插入另一物体。已知单个机器人关节的反馈控制系统为单位反馈控制系统,被控对象为机械臂,其传递函数

$$G_0(s) = \frac{4}{s(s+0.5)}$$

要求设计一个串联超前-滞后校正网络,使系统在单位斜坡输入时的稳态误差不大于 0.0125,单位阶跃响应的超调量小于 25%,调节时间小于 3s($\Delta=2\%$),并要求给出系统校正前后的单位阶跃输入响应曲线。试问:选用网络

$$G_c(s) = \frac{10(s+2)(s+0.1)}{(s+20)(s+0.01)}$$

图 6-50 双手协调机器人示意图

是否合适?

解 显然,选用的网络为超前-滞后校正网络。校正后,系统开环传递函数

$$G_c(s)G_0(s) = \frac{40(s+2)(s+0.1)}{s(s+0.5)(s+20)(s+0.01)} = \frac{80(0.5s+1)(10s+1)}{s(2s+1)(0.05s+1)(100s+1)}$$

由 $G_c(s)G_0(s)$ 可见,静态速度误差系数 $K_v=80$,系统在单位斜坡作用下的稳态误差 $e_{ss}(\infty) = \frac{1}{K_v} = 0.0125$ 满足指标中相关要求。

系统校正前后的单位阶跃响应如图 6-19-1 所示。其中,实线为校正后的时间响应,虚线为校正前的时间响应。仿真表明,校正后系统的 $\sigma\% = 23.6\% < 25\%$,$t_p = 1.2s$,$t_s = 2.4s < 3s$($\Delta=2\%$),满足设计指标要求。

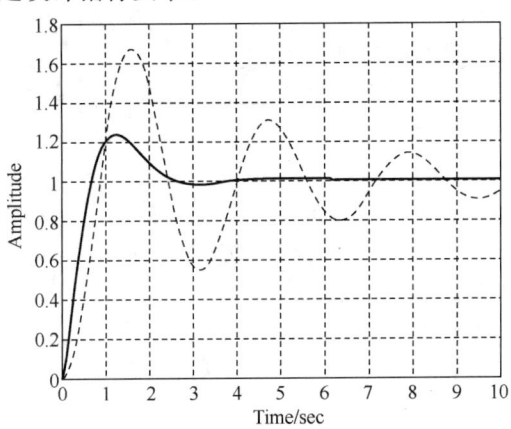

图 6-19-1 机器人控制系统的时间响应(MATLAB)

MATLAB 程序:exe619.m

```
G0 = tf(4,conv([1,0],[1,0.5]));                    %被控对象的传递函数
%超前-滞后校正网络的传递函数
Gc = tf(10 * conv([1,2],[1,0.1]),conv([1,20],[1,0.01]));
G = series(Gc,G0);
G1 = feedback(G0,1);                               %待校正系统的闭环传递函数
```

```
G2 = feedback(G,1);                    %已校正系统的闭环传递函数
t = [0;0.1;10];
[x,y] = step(G1,t);
[x1,y1] = step(G2,t);
plot(t,x,'-.',t,x1,'-');grid
```

6-20 图 6-51 为机器人和视觉系统的示意图，移动机器人利用摄像系统来观测环境信息。已知机器人系统为单位反馈系统，被控对象为机械臂，其传递函数

$$G_0(s) = \frac{1}{(s+1)(0.5s+1)}$$

为了使系统阶跃响应的稳态误差为零，采用串联 PI 控制器

$$G_c(s) = K_1 + \frac{K_2}{s}$$

试设计合适的 K_1 与 K_2 值，使系统阶跃响应的超调量不大于 5%，调节时间小于 6s($\Delta=2\%$)，静态速度误差系数 $K_v \geqslant 0.9$。

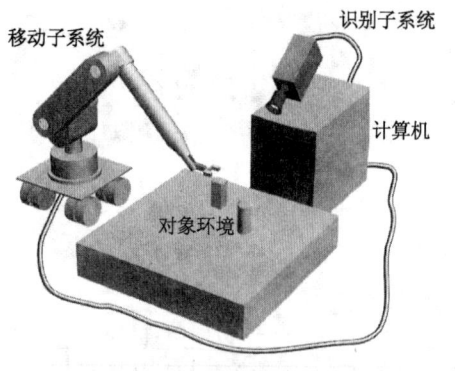

图 6-51 机器人和视觉系统示意图

解 本题可用试探法确定 PI 控制器参数，调整 K_1 与 K_2 时，需要综合考虑系统的稳态性能和动态性能要求。

系统开环传递函数

$$G_c(s)G_0(s) = \frac{2K_1(s+z)}{s(s+1)(s+2)} = \frac{K_2\left(\frac{1}{z}s+1\right)}{s(0.5s+1)(s+1)}$$

式中，$z = K_2/K_1$。

对于 PI 控制器，一种可能的选择方案为

$$z = 1.1, \quad K_1 = 0.8182, \quad K_2 = K_1 z = 0.9$$

则闭环传递函数为

$$\Phi(s) = \frac{2K_1(s+z)}{s(s+1)(s+2)+2K_1(s+z)} = \frac{1.64(s+1.1)}{s^3+3s^2+3.64s+1.8}$$

应用 MATLAB 软件包，可绘出系统单位阶跃响应曲线，如图 6-20-1 所示。仿真结果表明，校正后系统的性能为

$$\sigma\% = 4.6\% < 5\%, \quad t_s = 4.93s < 6s(\Delta=2\%), \quad K_v = K_2 = 0.9$$

满足设计指标要求。

MATLAB 程序：exe620.m

```
K1 = 0.8182;K2 = 0.9;
G0 = tf(1,conv([1,1],[0.5,1]));         %被控对象的传递函数
Gc = tf([K1,K2],[1,0]);                 %PI 控制器的传递函数
G = series(Gc,G0);
G1 = feedback(G,1);                     %系统的闭环传递函数
step(G1);grid
```

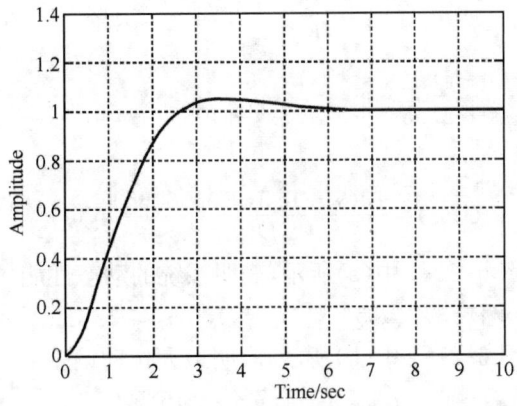

图 6-20-1 机器人控制系统单位阶跃响应(MATLAB)

6-21 图 6-52(a)所示的大型天线可以用来接收卫星信号。为了能跟踪卫星的运动,必须保证天线的准确定向。天线指向控制系统采用电枢控制的电机来驱动天线,其结构图如图 6-52(b)所示。若要求系统斜坡响应的稳态误差小于 1‰,阶跃响应的超调量小于 5%,调节时间小于 2s($\Delta=2\%$)。要求:

(1) 设计合适的校正网络 $G_c(s)$,并绘制校正后系统的单位阶跃响应曲线;

(2) 当 $R(s)=0$ 时,计算扰动 $N(s)=1/s$ 对系统输出 $C(s)$ 的影响。

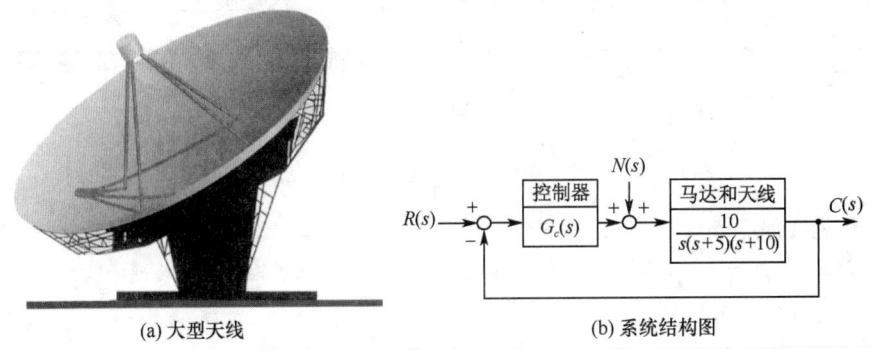

(a) 大型天线 (b) 系统结构图

图 6-52 天线指向控制系统

解 本题对校正后系统的稳态性能和动态性能均有较高要求,宜选用超前-滞后网络校正。

选用如下超前-滞后校正网络

$$G_c(s) = \frac{8(s+0.01)(s+5.5)}{(s+0.0001)(s+6.5)}$$

则系统开环传递函数

$$G_c(s)G_0(s) = \frac{80(s+0.01)(s+5.5)}{s(s+0.0001)(s+5)(s+6.5)(s+10)}$$

$$= \frac{135.4(100s+1)(0.18s+1)}{s(10000s+1)(0.2s+1)(0.15s+1)(0.1s+1)}$$

可得 $K_v=135.4$,系统在单位斜坡输入下的稳态误差

$$e_{ss}(\infty) = \frac{1}{K_v} = 0.74\% < 1\%$$

闭环系统特征方程

$$D(s) = s^5 + 21.5s^4 + 147.5s^3 + 405s^2 + 440.8s + 4.4 = 0$$

扰动作用下的系统输出

$$C_n(s) = \frac{10(s^2 + 6.5s + 0.00065)}{D(s)} N(s)$$

系统的单位阶跃响应如图 6-21-1 中(a)所示,表明系统的动态性能

$$\sigma\% = 1.23\% < 5\%, \quad t_s = 1.67s < 2s \, (\Delta = 2\%)$$

系统的单位扰动响应如图 6-21-1 中(b)所示,表明最大扰动偏差

$$c_{n\max} = 14.7\% < 15\%$$

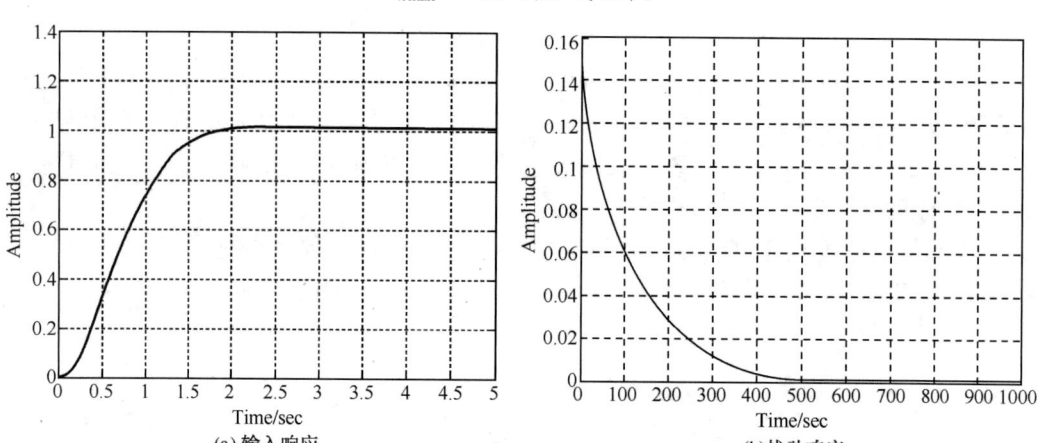

图 6-21-1 天线指向控制系统的时间响应(MATLAB)

MATLAB 程序:exe621.m

```
G0 = tf(10,conv(conv([1,0],[1,5]),[1,10]));        %被控对象的传递函数
%超前-滞后校正网络的传递函数
Gc = tf(8*conv([1,0.01],[1,5.5]),conv([1,0.0001],[1,6.5]));
G = series(Gc,G0);
G1 = feedback(G,1);                                %系统的闭环传递函数
G2 = feedback(G0,Gc);                              %系统的扰动传递函数
t = 0:0.01:5;
figure(1);step(G1,t);grid
t1 = 0:0.01:1000;
figure(2);step(G2,t1);grid
```

6-22 热轧厂的主要工序是将炽热的钢坯轧成具有预定厚度和尺寸的钢板,所得到的最终产品之一是宽为 3300mm、厚为 180mm 的标准板材。图 6-53(a)给出了热轧厂主要设备示意图,它有 1 号台与 2 号台两台主要的辊轧台。辊轧台上装有直径为 508mm 的大型辊轧台,由 4470kW 大功率电机驱动,并通过大型液压缸来调节轧制宽度和力度。

热轧机的典型工作流程是:钢坯首先在熔炉中加热,加热后的钢坯通过 1 号台,被辊轧机轧制成具有预期宽度的钢坯,然后通过 2 号台,由辊轧机轧制成具有预期厚度的钢板,最

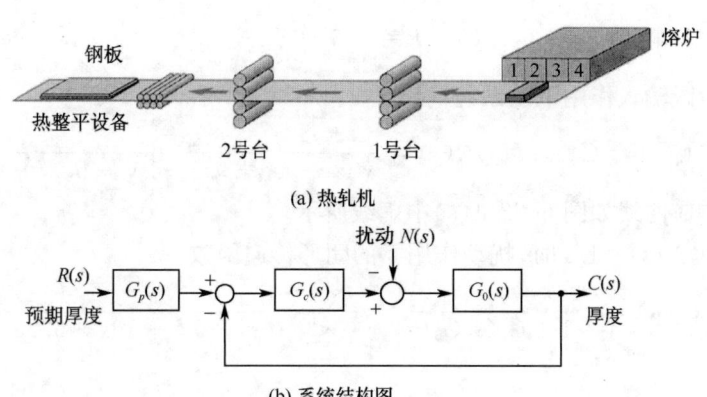

图 6-53 热轧机控制系统

后再由热整平设备加以整平成型。

热轧机系统控制的关键技术是通过调整辊轧机的间隙来控制钢板的厚度。热轧机控制系统框图如图 6-53(b)所示,其中

$$G_0(s) = \frac{1}{s(s^2+4s+5)}$$

而 $G_c(s)$ 为具有两个相同实零点的 PID 控制器。要求:

(1) 选择 PID 控制器的零点和增益,使闭环系统有两对相等的特征根;

(2) 考查(1)中得到的闭环系统,给出不考虑前置滤波器 $G_p(s)$ 与配置适当 $G_p(s)$ 时,系统的单位阶跃响应;

(3) 当 $R(s)=0, N(s)=1/s$ 时,计算系统对单位阶跃扰动的响应。

解 已知
$$G_0(s) = \frac{1}{s(s^2+4s+5)}$$

选择
$$G_c(s) = \frac{K(s+z)^2}{s}$$

当取 $K=4, z=1.25$ 时,有

$$G_c(s) = \frac{4(s+1.25)^2}{s} = 10 + \frac{6.25}{s} + 4s$$

系统开环传递函数

$$G_c(s)G_0(s) = \frac{4(s+1.25)^2}{s^2(s^2+4s+5)}$$

闭环传递函数

$$\Phi(s) = \frac{G_c(s)G_0(s)}{1+G_c(s)G_0(s)} = \frac{4(s^2+2.5s+1.5625)}{s^4+4s^3+9s^2+10s+6.25}$$

应用 MATLAB 软件包,可以求出闭环系统特征根为: $s_{1,2}=-1\pm j1.2247; s_{3,4}=-1\pm j1.2247$。

当不考虑前置滤波器时,单位阶跃输入作用下的系统输出

$$C(s) = \Phi(s)R(s) = \frac{4(s^2+2.5s+1.5625)}{s(s^4+4s^3+9s^2+10s+6.25)}$$

系统单位阶跃响应曲线如图 6-22-1(a)中实线所示。

当考虑前置滤波器时,选

$$G_p(s) = \frac{1.5625}{(s+1.25)^2}$$

则系统在单位阶跃输入作用下的系统输出

$$C(s) = G_p(s)\Phi(s)R(s) = \frac{6.25}{s(s^4+4s^3+9s^2+10s+6.25)}$$

系统单位阶跃响应曲线如图 6-22-1(a)中虚线所示。

当 $R(s)=0, N(s)=1/s$ 时，扰动作用下的闭环传递函数

$$\Phi_n(s) = -\frac{G_0(s)}{1+G_c(s)G_0(s)} = -\frac{s}{s^4+4s^3+9s^2+10s+6.25}$$

系统输出

$$C_n(s) = \Phi_n(s)N(s) = -\frac{1}{s^4+4s^3+9s^2+10s+6.25}$$

单位阶跃扰动响应曲线如图 6-22-1(b)所示。

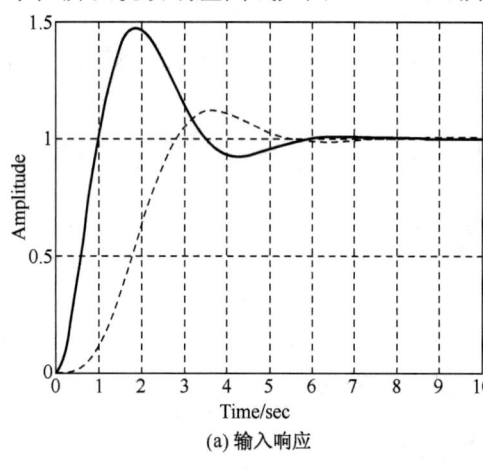
(a) 输入响应

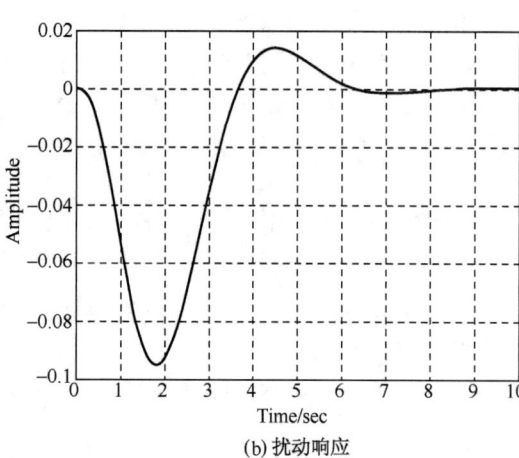
(b) 扰动响应

图 6-22-1　热轧机控制系统时间响应(MATLAB)

MATLAB 程序：exe622.m

```
K = 4;z = 1.25;
G0 = tf(1,conv([1,0],[1,4,5]));              % 被控对象的传递函数
Gc = tf(K*conv([1,z],[1,z]),[1,0]);          % PID控制器的传递函数
Gp = tf(1.5625,conv([1,z],[1,z]));           % 前置滤波器的传递函数
G1 = feedback(Gc*G0,1);                      % 无前置滤波器的系统闭环传递函数
G2 = series(Gp,G1);                          % 有前置滤波器的系统闭环传递函数
G3 = -feedback(G0,Gc);                       % 系统的扰动传递函数
eigval = roots([1 4 9 10 6.25]);
t = 0:0.01:10;
[x,y] = step(G1,t);[x1,y1] = step(G2,t);
figure(1);plot(t,x,'-',t,x1,':');grid
figure(2);step(G3,t);grid
```

第七章 线性离散系统的分析与校正

7-1 试根据定义

$$E^*(s) = \sum_{n=0}^{\infty} e(nT)e^{-nsT}$$

确定下列函数的 $E^*(s)$ 和闭合形式的 $E(z)$：

(1) $e(t) = \sin\omega t$；

(2) $E(s) = \dfrac{1}{(s+a)(s+b)(s+c)}$。

解 本题的目的在于熟悉连续和离散函数形式的转换，需注意所定义的表达式的作用。

(1) $e(t) = \sin\omega t$

本题的关键是应用欧拉公式 $\sin\omega t = \dfrac{e^{j\omega t} - e^{-j\omega t}}{2j}$。

$$E^*(s) = \sum_{n=0}^{\infty} \sin n\omega T e^{-nsT} = \sum_{n=0}^{\infty} \left(\frac{e^{j\omega nT} - e^{-j\omega nT}}{2j}\right) e^{-nsT}$$

$$= \frac{1}{2j}\sum_{n=0}^{\infty} (e^{j\omega nT}e^{-nsT} - e^{-j\omega nT}e^{-nsT}) = \frac{1}{2j}\left(\frac{1}{1-e^{j\omega T}e^{-sT}} - \frac{1}{1-e^{-j\omega T}e^{-sT}}\right)$$

$$E(z) = \frac{1}{2j}\left(\frac{1}{1-e^{j\omega T}z^{-1}} - \frac{1}{1-e^{-j\omega T}z^{-1}}\right) = \frac{z\sin\omega T}{z^2 - 2z\cos\omega T + 1}$$

(2) $E(s) = \dfrac{1}{(s+a)(s+b)(s+c)}$

本题的关键是要先求出 $e(t)$。将 $E(s)$ 展成部分分式，有 $E(s) = \dfrac{k_1}{s+a} + \dfrac{k_2}{s+b} + \dfrac{k_3}{s+c}$，式中

$$k_1 = \frac{1}{(b-a)(c-a)}, \quad k_2 = \frac{1}{(a-b)(c-b)}, \quad k_3 = \frac{1}{(b-c)(a-c)}$$

于是

$$e(t) = k_1 e^{-at} + k_2 e^{-bt} + k_3 e^{-ct}$$

经采样拉氏变换，得

$$E^*(s) = \frac{k_1}{1-e^{-aT}e^{-sT}} + \frac{k_2}{1-e^{-bT}e^{-sT}} + \frac{k_3}{1-e^{-cT}e^{-sT}}$$

故有

$$E(z) = \frac{k_1}{1-e^{-aT}z^{-1}} + \frac{k_2}{1-e^{-bT}z^{-1}} + \frac{k_3}{1-e^{-cT}z^{-1}}$$

7-2 试求下列函数的 z 变换：

(1) $e(t) = a^n$；

(2) $e(t) = t^2 e^{-3t}$；

(3) $e(t) = \dfrac{1}{3!}t^3$；

(4) $E(s) = \dfrac{s+1}{s^2}$；

(5) $E(s) = \dfrac{1-\mathrm{e}^{-s}}{s^2(s+1)}$。

解 本题的目的在于熟悉 z 变换的各种方法。

(1) $e(t) = a^n$

根据 z 变换的定义，有

$$E(z) = \sum_{n=0}^{\infty} a^n z^{-n} = 1 + az^{-1} + a^2 z^{-2} + \cdots + a^n z^{-n} + \cdots = \frac{1}{1-az^{-1}} = \frac{z}{z-a}$$

(2) $e(t) = t^2 \mathrm{e}^{-3t}$

令 $e(t) = t^2$，查教材中表 7-2 可得

$$E(z) = \mathscr{L}[t^2] = \frac{T^2 z(z+1)}{(z-1)^3}$$

根据复位移定理，有

$$E(z\mathrm{e}^{3T}) = \mathscr{L}[t^2 \mathrm{e}^{-3t}] = \frac{T^2 z\mathrm{e}^{3T}(z\mathrm{e}^{3T}+1)}{(z\mathrm{e}^{3T}-1)^3}$$

(3) $e(t) = \dfrac{1}{3!} t^3$

根据 z 变换定义及无穷级数求和，有

$$E(z) = \sum_{n=0}^{\infty} \frac{1}{6}(nT)^3 z^{-n} = \frac{T^3}{6} \sum_{n=0}^{\infty} n^3 z^{-n}$$
$$= \frac{T^3}{6}(z^{-1} + 8z^{-2} + 27z^{-3} + 64z^{-4} + 125z^{-5} + \cdots)$$

而

$$\frac{z(z^2+4z+1)}{(z-1)^4} = \frac{z^3+4z^2+z}{z^4-4z^3+6z^2-4z+1}$$
$$= z^{-1} + 8z^{-2} + 27z^{-3} + 64z^{-4} + 125z^{-5} + \cdots$$

因此

$$E(z) = \frac{T^3 z(z^2+4z+1)}{6(z-1)^4}$$

(4) $E(s) = \dfrac{s+1}{s^2}$

将原函数表达式分解为

$$E(s) = \frac{1}{s} + \frac{1}{s^2}$$

再对各个部分查表 7-2，可得

$$E(z) = \frac{z}{z-1} + \frac{Tz}{(z-1)^2} = \frac{z(z+T-1)}{(z-1)^2}$$

(5) $E(s) = \dfrac{1-\mathrm{e}^{-s}}{s^2(s+1)}$

将原函数表达式变换为

$$E(s) = \left[1-(e^{-sT})^{\frac{1}{T}}\right]\frac{1}{s^2(s+1)}$$

由定义 $z=e^{sT}$ 知,式中 $[1-(e^{-sT})^{\frac{1}{T}}]$ 即为 $(1-z^{-\frac{1}{T}})$；式中 $\frac{1}{s^2(s+1)} = \frac{1}{s^2} - \frac{1}{s} + \frac{1}{s+1}$，由对各部分查表,可得 $\frac{Tz}{(z-1)^2} - \frac{(1-e^{-T})z}{(z-1)(z-e^{-T})}$。于是

$$E(z) = (1-z^{-\frac{1}{T}})\left[\frac{Tz}{(z-1)^2} - \frac{(1-e^{-T})z}{(z-1)(z-e^{-T})}\right]$$

7-3 试用部分分式法、幂级数法和反演积分法,求下列函数的 z 反变换：

(1) $E(z) = \dfrac{10z}{(z-1)(z-2)}$;

(2) $E(z) = \dfrac{-3+z^{-1}}{1-2z^{-1}+z^{-2}}$。

解 本题旨在训练各种 z 反变换的基本技能,表明解决同一问题的方法可以有多种,但结果是相同的。

(1) $E(z) = \dfrac{10z}{(z-1)(z-2)}$

① 部分分式法：

$$\frac{E(z)}{z} = -\frac{10}{z-1} + \frac{10}{z-2}, \qquad E(z) = \frac{10z}{z-2} - \frac{10z}{z-1}$$

查表得
$$e(t) = 10[2^{\frac{t}{T}} \cdot 1(t) - 1(t)]$$

$$e^*(t) = \sum_{n=0}^{\infty} e(nT)\delta(t-nT) = \sum_{n=0}^{\infty} 10(2^n-1)\delta(t-nT)$$

② 幂级数法：

$$E(z) = \frac{10z}{z^2-3z+2} = 10z^{-1} + 30z^{-2} + 70z^{-3} + \cdots$$

$$e^*(t) = 10\delta(t-T) + 30\delta(t-2T) + 70\delta(t-3T) + \cdots$$

③ 反演积分法：

$$e(nT) = \text{Res}[E(z) \cdot z^{n-1}]_{z\to 1} + \text{Res}[E(z) \cdot z^{n-1}]_{z\to 2}$$

$$= \text{Res}\left[\frac{10z^n}{(z-1)(z-2)}\right]_{z\to 1} + \text{Res}\left[\frac{10z^n}{(z-1)(z-2)}\right]_{z\to 2}$$

$$= -10 + 10 \cdot 2^n = 10(2^n-1)$$

$$e^*(t) = \sum_{n=0}^{\infty} 10(2^n-1)\delta(t-nT)$$

(2) $E(z) = \dfrac{-3+z^{-1}}{1-2z^{-1}+z^{-2}}$

① 部分分式法：

$$\frac{E(z)}{z} = \frac{-3z+1}{(z-1)^2} = -\frac{2}{(z-1)^2} - \frac{3}{z-1}$$

$$E(z) = -\frac{2z}{(z-1)^2} - \frac{3z}{z-1}$$

查表得 $e(t) = -\dfrac{2t}{T} - 3, e(nT) = -2n - 3$

$$e^*(t) = \sum_{n=0}^{\infty} e(nT)\delta(t-nT) = \sum_{n=0}^{\infty}(-2n-3)\delta(t-nT)$$

② 幂级数法：

$$E(z) = \dfrac{-3z^2 + z}{z^2 - 2z + 1} = -3 - 5z^{-1} - 7z^{-2} - 9z^{-3} - \cdots$$

$$e^*(t) = -3\delta(t) - 5\delta(t-T) - 7\delta(t-2T) - 9\delta(t-3T) - \cdots$$

③ 反演积分法：

$$E(z) = \dfrac{z(-3z+1)}{(z-1)^2}$$

脉冲传递函数有两个相同的极点，则有

$$e(nT) = \text{Res}[E(z)z^{n-1}]_{z\to 1} = \dfrac{1}{1!}\lim_{z\to 1}\dfrac{\mathrm{d}}{\mathrm{d}z}\left[\dfrac{(z-1)^2 z^{n-1} \cdot z(-3z+1)}{(z-1)^2}\right]$$

$$= \lim_{z\to 1}[-3(n+1)z^n + nz^{n-1}] = -2n-3$$

$$e^*(t) = \sum_{n=0}^{\infty}(-2n-3)\delta(t-nT)$$

7-4 试求下列函数的脉冲序列 $e^*(t)$：

(1) $E(z) = \dfrac{z}{(z+1)(3z^2+1)}$;

(2) $E(z) = \dfrac{z}{(z-1)(z+0.5)^2}$。

解 本题旨在训练由脉冲传递函数转换为脉冲序列的有效方法。

(1) $E(z) = \dfrac{z}{(z+1)(3z^2+1)}$

根据脉冲传递函数的形式，用幂级数法求解最为合适。不难求得

$$E(z) = \dfrac{z}{3z^3 + 3z^2 + z + 1} = \dfrac{1}{3}z^{-2} - \dfrac{1}{3}z^{-3} + \dfrac{2}{9}z^{-4} - \dfrac{2}{9}z^{-5} + \cdots$$

$$e^*(t) = \dfrac{1}{3}\delta(t-2T) - \dfrac{1}{3}\delta(t-3T) + \dfrac{2}{9}\delta(t-4T) - \dfrac{2}{9}\delta(t-5T) + \cdots$$

(2) $E(z) = \dfrac{z}{(z-1)(z+0.5)^2}$

由于在脉冲传递函数中可以很容易地看出函数极点，故用反演积分法最方便。根据

$$e(nT) = \text{Res}[E(z)z^{n-1}]_{z\to 1} + \text{Res}[E(z)z^{n-1}]_{z\to -0.5}$$

$$= \lim_{z\to 1}\left[\dfrac{(z-1)z^{n-1}z}{(z-1)(z+0.5)^2}\right] + \dfrac{1}{1!}\lim_{z\to -0.5}\dfrac{\mathrm{d}}{\mathrm{d}z}\left[\dfrac{(z+0.5)^2 z^{n-1}z}{(z-1)(z+0.5)^2}\right]$$

$$= \dfrac{4}{9} + \left(-\dfrac{1}{2}\right)^n\left(\dfrac{4}{3}n - \dfrac{4}{9}\right)$$

求得

$$e^*(t) = \sum_{n=0}^{\infty}\left[\dfrac{4}{9} + \left(-\dfrac{1}{2}\right)^n\left(\dfrac{4}{3}n - \dfrac{4}{9}\right)\right]\delta(t-nT)$$

7-5 试确定下列函数的终值：

(1) $E(z) = \dfrac{Tz^{-1}}{(1-z^{-1})^2}$；

(2) $E(z) = \dfrac{z^2}{(z-0.8)(z-0.1)}$。

解 本题旨在熟悉 z 变换的终值定理。

(1) $E(z) = \dfrac{Tz^{-1}}{(1-z^{-1})^2}$

由终值定理可得

$$e_{ss}(\infty) = \lim_{z \to 1}(1-z^{-1})\dfrac{Tz^{-1}}{(1-z^{-1})^2} = \infty$$

(2) $E(z) = \dfrac{z^2}{(z-0.8)(z-0.1)}$

由终值定理可得

$$e_{ss}(\infty) = \lim_{z \to 1}(1-z^{-1})\dfrac{z^2}{(z-0.8)(z-0.1)} = 0$$

7-6 已知 $E(z) = \mathscr{Z}[e(t)]$，试证明下列关系式成立：

(1) $\mathscr{Z}[a^n e(t)] = E\left[\dfrac{z}{a}\right]$；

(2) $\mathscr{Z}[te(t)] = -Tz\dfrac{\mathrm{d}E(z)}{\mathrm{d}z}$，$T$ 为采样周期。

解 本题关键是运用 z 变换的定义证明关系式成立。

(1) 求证 $\mathscr{Z}[a^n e(t)] = E\left[\dfrac{z}{a}\right]$。因为 $\mathscr{Z}[e(t)] = \sum\limits_{n=0}^{\infty} e(nT)z^{-n} = E(z)$，所以

$$\mathscr{Z}[a^n e(t)] = \sum_{n=0}^{\infty} e(nT)a^n z^{-n} = \sum_{n=0}^{\infty} e(nT)\left(\dfrac{z}{a}\right)^{-n} = E\left[\dfrac{z}{a}\right]$$

(2) 求证 $\mathscr{Z}[te(t)] = -Tz\dfrac{\mathrm{d}E(z)}{\mathrm{d}z}$。由定义知

$$\mathscr{Z}[te(t)] = \sum_{n=0}^{\infty} nTe(nT)z^{-n} = -Tz\sum_{n=0}^{\infty}[-ne(nT)z^{-n-1}]$$

$$= -Tz\dfrac{\mathrm{d}\sum\limits_{n=0}^{\infty}[e(nT)z^{-n}]}{\mathrm{d}z} = -Tz\dfrac{\mathrm{d}E(z)}{\mathrm{d}z}$$

7-7 已知差分方程为

$$c(k) - 4c(k+1) + c(k+2) = 0$$

初始条件为 $c(0)=0, c(1)=1$。试用迭代法求输出序列 $c(k), k=0,1,2,3,4$。

解 本题旨在训练如何根据差分方程和初始条件求出输出序列。

由已知条件可知

$$c(k+2) = 4c(k+1) - c(k)$$

则递推可得

$$c(0) = 0, \quad c(1) = 1$$
$$c(2) = 4c(1) - c(0) = 4$$
$$c(3) = 4c(2) - c(1) = 15$$

$$c(4) = 4c(3) - c(2) = 56$$

7-8 试用 z 变换法求解下列差分方程：

(1) $c^*(t+2T) - 6c^*(t+T) + 8c^*(t) = r^*(t)$
  $r(t) = 1(t)$, $c^*(0) = 0$, $c^*(T) = 0$

(2) $c^*(t+2T) + 2c^*(t+T) + c^*(t) = r^*(t)$
  $c(0) = c(T) = 0$, $r(nT) = n$ $(n=0,1,2,\cdots)$

(3) $c(k+3) + 6c(k+2) + 11c(k+1) + 6c(k) = 0$
  $c(0) = c(1) = 1$, $c(2) = 0$

(4) $c(k+2) + 5c(k+1) + 6c(k) = \cos k\dfrac{\pi}{2}$
  $c(0) = c(1) = 0$

解 本题旨在训练用 z 变换求解差分方程的一般性方法。

(1) $c^*(t+2T) - 6c^*(t+T) + 8c^*(t) = r^*(t)$, $r(t) = 1(t)$, $c^*(0) = 0$, $c^*(T) = 0$
因为
$$\mathscr{L}[c(k+2)] = z^2 C(z) - z^2 c(0) - zc(1) = z^2 C(z)$$
$$\mathscr{L}[6c(k+1)] = 6zC(z) - 6zc(0) = 6zC(z)$$
$$R(z) = \frac{z}{z-1}$$

故原方程可化为
$$z^2 C(z) - 6zC(z) + 8C(z) = \frac{z}{z-1}, \quad C(z) = \frac{z}{(z-2)(z-4)(z-1)}$$

用反演积分法，可得
$$c(nT) = \text{Res}[C(z) \cdot z^{n-1}]_{z \to 1} + \text{Res}[C(z) \cdot z^{n-1}]_{z \to 2} + \text{Res}[C(z) \cdot z^{n-1}]_{z \to 4}$$
$$= \frac{1}{3} - \frac{1}{2} \cdot 2^n + \frac{1}{6} \cdot 4^n$$

$$c^*(t) = \sum_{n=0}^{\infty} \left[\frac{1}{3} - \frac{1}{2} \cdot 2^n + \frac{1}{6} \cdot 4^n\right]\delta(t-nT)$$

(2) $c^*(t+2T) + 2c^*(t+T) + c^*(t) = r^*(t)$, $c(0) = c(T) = 0$, $r(nT) = n$ $(n=0,1,2,\cdots)$
因为
$$z^2 C(z) + 2zC(z) + C(z) = R(z) = \frac{z}{(z-1)^2}, \quad C(z) = \frac{z}{(z+1)^2(z-1)^2}$$

用反演积分法，可得
$$c(nT) = \text{Res}[C(z)z^{n-1}]_{z \to 1} + \text{Res}[C(z) \cdot z^{n-1}]_{z \to -1}$$
$$= \frac{1}{1!}\lim_{z \to 1}\frac{d}{dz}\left[\frac{(z-1)^2 \cdot z \cdot z^{n-1}}{(z+1)^2(z-1)^2}\right] + \frac{1}{1!}\lim_{z \to -1}\frac{d}{dz}\left[\frac{(z+1)^2 \cdot z \cdot z^{n-1}}{(z+1)^2(z-1)^2}\right]$$
$$= \frac{n-1}{4} + (-1)^{n-1}\frac{n-1}{4}$$

$$c^*(t) = \sum_{n=0}^{\infty}\frac{n-1}{4}[1 + (-1)^{n-1}]\delta(t-nT)$$

(3) $c(k+3) + 6c(k+2) + 11c(k+1) + 6c(k) = 0$, $c(0) = c(1) = 1, c(2) = 0$
因为

$$z^3C(z) + 6z^2C(z) + 11zC(z) + 6C(z) - z^3 - 7z^2 - 17z = 0$$

则有

$$C(z) = \frac{z^3 + 7z^2 + 17z}{z^3 + 6z^2 + 11z + 6}$$

用部分分式法，可得

$$\frac{C(z)}{z} = \frac{z^2 + 7z + 17}{z^3 + 6z^2 + 11z + 6} = \frac{11}{2(z+1)} - \frac{7}{z+2} + \frac{5}{2(z+3)}$$

$$C(z) = \frac{11z}{2(z+1)} - \frac{7z}{z+2} + \frac{5z}{2(z+3)}$$

对上式各部分查表，可得

$$c^*(t) = \sum_{n=0}^{\infty} \left[\frac{11}{2}(-1)^n - 7(-2)^n + \frac{5}{2}(-3)^n \right] \delta(t - nT)$$

(4) $c(k+2) + 5c(k+1) + 6c(k) = \cos k\frac{\pi}{2}, c(0) = c(1) = 0$

查表 7-2，可得

$$R(z) = \mathscr{Z}\left[\cos\frac{\pi}{2}t\right] = \frac{z\left(z - \cos\frac{\pi}{2}T\right)}{z^2 - 2z\cos\frac{\pi}{2}T + 1} = \frac{z^2}{z^2 + 1} \quad (T = 1)$$

于是

$$z^2C(z) + 5zC(z) + 6C(z) = R(z) = \frac{z^2}{z^2 + 1}$$

则有

$$C(z) = \frac{z^2}{(z+2)(z+3)(z^2+1)} = -\frac{\frac{2}{5}z}{z+2} + \frac{\frac{3}{10}z}{z+3} + \frac{1}{10}\frac{(z^2 - z)}{z^2 + 1}$$

$$= -\frac{\frac{2}{5}z}{z+2} + \frac{\frac{3}{10}z}{z+3} + \frac{1}{10}\left(\frac{z^2}{z^2+1} - \frac{z}{z^2+1}\right)$$

$$= -\frac{\frac{2}{5}z}{z+2} + \frac{\frac{3}{10}z}{z+3} + \frac{1}{10}\left[\frac{z\left(z - \cos\frac{\pi}{2}\right)}{z^2 - 2z\cos\frac{\pi}{2} + 1} - \frac{z\sin\frac{\pi}{2}}{z^2 - 2z\cos\frac{\pi}{2} + 1}\right]$$

对上式各部分查表，可得

$$c^*(t) = \sum_{n=0}^{\infty}\left[-\frac{2}{5}(-2)^n + \frac{3}{10}(-3)^n + \frac{1}{10}\left(\cos\frac{\pi}{2}n - \sin\frac{\pi}{2}n\right)\right]\delta(t - nT)$$

MATLAB 程序：exe708.m

```
%(1)
syms z                          %定义符号
cz1 = z/(z-2)/(z-4)/(z-1);      %定义脉冲传递函数
ct1 = iztrans(cz1)              %z 反变换
%(2)
cz2 = z/(z+1)^2/(z-1)^2;
ct2 = iztrans(cz2)
%(3)
cz3 = (z^3 + 7 * z^2 + 17 * z)/(z^3 + 6 * z^2 + 11 * z + 6);
```

```
ct3 = iztrans(cz3)
%(4)
cz4 = z^2/(z+2)/(z+3)/(z^2+1);
ct4 = iztrans(cz4)
```

运行上述文件,可得

```
ct1 =
-1/2*2^n+1/6*4^n+1/3
ct2 =
1/4*(-1)^n-1/4*(-1)^n*n-1/4+1/4*n
ct3 =
-7*(-2)^n+5/2*(-3)^n+11/2*(-1)^n
ct4 =
-2/5*(-2)^n+3/10*(-3)^n+1/20*sum(-(1/_alpha)^n/_alpha+(1/_alpha)^n,_alpha = RootOf(_Z^2+1))
```

7-9 设开环离散系统如图 7-61 所示,试求开环脉冲传递函数 $G(z)$。

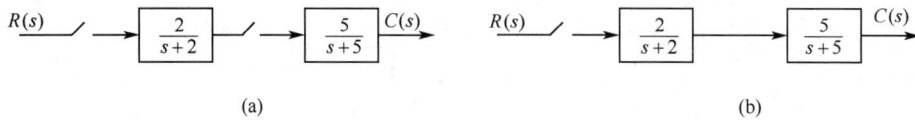

图 7-61 开环离散系统结构图

解 本题旨在练习如何由开环离散系统的结构图求取脉冲传递函数,需要注意的是 z 变换无串联性。

(a) $G(z)=G_1(z)G_2(z)=\mathscr{Z}\left[\dfrac{2}{s+2}\right] \cdot \mathscr{Z}\left[\dfrac{5}{s+5}\right]=\dfrac{2z}{z-\mathrm{e}^{-2T}} \cdot \dfrac{5z}{z-\mathrm{e}^{-5T}}$

$\qquad =\dfrac{10z^2}{(z-\mathrm{e}^{-2T})(z-\mathrm{e}^{-5T})}$

(b) $G(z)=G_1G_2(z)=\mathscr{Z}\left[\dfrac{10}{(s+2)(s+5)}\right]=\mathscr{Z}\left[\dfrac{10}{3}\left(\dfrac{1}{s+2}-\dfrac{1}{s+5}\right)\right]$

$\qquad =\dfrac{10}{3}\left[\dfrac{z}{z-\mathrm{e}^{-2T}}-\dfrac{z}{z-\mathrm{e}^{-5T}}\right]=\dfrac{10z(\mathrm{e}^{-2T}-\mathrm{e}^{-5T})}{3(z-\mathrm{e}^{-2T})(z-\mathrm{e}^{-5T})}$

7-10 试求图 7-62 闭环离散系统的脉冲传递函数 $\Phi(z)$ 或输出 z 变换 $C(z)$。

解 本题旨在练习如何由闭环离散系统的结构图求取脉冲传递函数,需要注意的是 z 变换无串联性。

图 7-62(a)系统:显然 $C(z)=[E_1(z)-E_2(z)]G_1(z)$,则有

$$E_2(z) = Z[C(s)G_2(s)] = [E_1(z)-E_2(z)]G_1G_2(z)$$

$$E_2(z) = \dfrac{G_1G_2(z)}{1+G_1G_2(z)}E_1(z)$$

$$E_1(z) = R(z)-G_3(z)C(z)$$

联立求解以上各式,可得

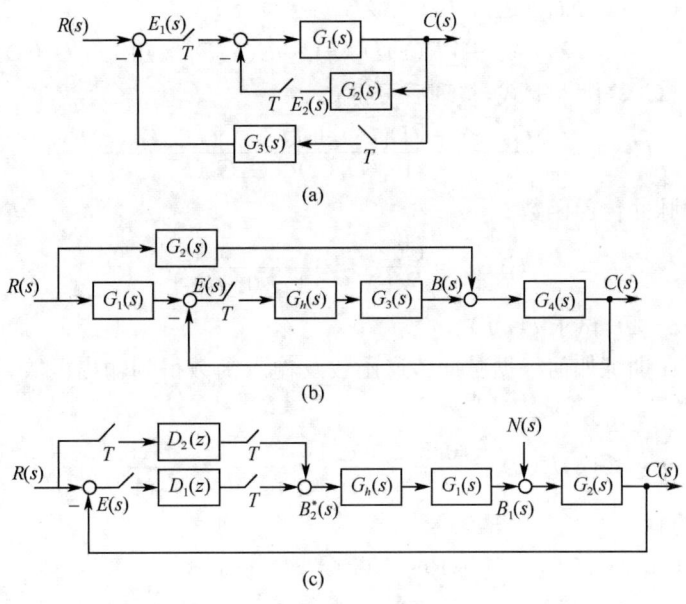

图 7-62 闭环离散系统结构图

$$\frac{C(z)}{R(z)} = \frac{G_1(z)}{1+G_1G_2(z)+G_1(z)G_3(z)}$$

图 7-62(b)系统：因为

$$C(s) = [R(s)G_2(s) + B(s)]G_4(s)$$
$$B(s) = E^*(s)G_h(s)G_3(s)$$
$$E(s) = G_1(s)R(s) - C(s)$$
$$E^*(s) = RG_1^*(s) - C^*(s)$$

因而
$$C(s) = [R(s)G_2(s) + E^*(s)G_h(s)G_3(s)]G_4(s)$$
$$= \{R(s)G_2(s) + [RG_1^*(s) - C^*(s)]G_h(s)G_3(s)\}G_4(s)$$

对上式进行采样拉氏变换，可得
$$C^*(s) = RG_2G_4^*(s) + [RG_1^*(s) - C^*(s)]G_hG_3G_4^*(s)$$

经 z 变换并整理，有
$$C(z) = \frac{RG_2G_4(z) + RG_1(z)G_hG_3G_4(z)}{1+G_hG_3G_4(z)}$$

图 7-62(c)系统：由于

$$C(s) = [N(s) + B_1(s)]G_2(s)$$
$$B_1(s) = B_2^*(s)G_h(s)G_1(s)$$
$$B_2(z) = R(z)D_2(z) + E(z)D_1(z)$$
$$E(z) = R(z) - C(z)$$

于是
$$C(s) = N(s)G_2(s) + B_2^*(s)G_h(s)G_1(s)G_2(s)$$
$$C^*(s) = NG_2^*(s) + B_2^*(s)G_hG_1G_2^*(s)$$

z 变换后整理可得

$$C(z) = NG_2(z) + B_2(z)G_hG_1G_2(z)$$
$$= NG_2(z) + [R(z)D_2(z) + E(z)D_1(z)]G_hG_1G_2(z)$$

将 $E(z) = R(z) - C(z)$ 代入上式，整理后可得

$$C(z) = \frac{NG_2(z) + [D_1(z) + D_2(z)]G_hG_1G_2(z)R(z)}{1 + D_1(z)G_hG_1G_2(z)}$$

7-11 已知脉冲传递函数

$$G(z) = \frac{C(z)}{R(z)} = \frac{0.53 + 0.1z^{-1}}{1 - 0.37z^{-1}}$$

其中 $R(z) = z/(z-1)$，试求 $c(nT)$。

解 本题旨在训练如何根据脉冲传递函数及输入函数得到输出函数，再选择合适的方法求得输出序列。

$$C(z) = G(z)R(z) = \frac{0.53z + 0.1}{z - 0.37} \cdot \frac{z}{z-1} = \frac{z(0.53z + 0.1)}{(z - 0.37)(z - 1)}$$

用反演积分法，可得

$$c(nT) = \text{Res}[C(z) \cdot z^{n-1}]_{z \to 0.37} + \text{Res}[C(z) \cdot z^{n-1}]_{z \to 1}$$
$$= \lim_{z \to 0.37}\left[\frac{(z - 0.37) \cdot z^n \cdot (0.53z + 0.1)}{(z - 0.37)(z - 1)}\right] + \lim_{z \to 1}\left[\frac{(z - 1) \cdot z^n \cdot (0.53z + 0.1)}{(z - 0.37)(z - 1)}\right]$$
$$= 1 - 0.47 * (0.37)^n$$

用幂级数法进行验证，有

$$C(z) = \frac{z(0.53z + 0.1)}{(z - 0.37)(z - 1)} = \frac{0.53z^2 + 0.1z}{z^2 - 1.37z + 1.37} = 0.53 + 0.8261z^{-1} + 0.9357z^{-2} + \cdots$$

其结果与反演法一致。

7-12 设有单位反馈误差采样的离散系统，连续部分传递函数为

$$G(s) = \frac{1}{s^2(s + 5)}$$

输入 $r(t) = 1(t)$，采样周期 $T = 1\text{s}$。试求：

(1) 输出 z 变换 $C(z)$；

(2) 采样瞬时的输出响应 $c^*(t)$；

(3) 输出响应的终值 $c(\infty)$。

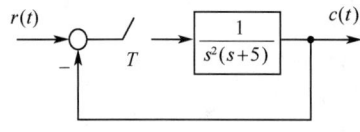

图 7-12-1 离散系统结构图

解 本题旨在训练如何由连续传递函数获得脉冲传递函数，以及采用合适的方法求得输出脉冲序列和应用终值定理求得输出终值。

离散系统的结构图如图 7-12-1 所示。

(1) 输出 $C(z)$。由 $T = 1\text{s}$，并查本教材中表 7-2 得

$$G(z) = \frac{1}{5}\left[\frac{z}{(z-1)^2} - \frac{(1 - e^{-5})z}{5(z-1)(z - e^{-5})}\right] = \frac{4.0067z^2 + 0.9598z}{25z^3 - 50.1675z^2 + 25.335z - 0.1675}$$

闭环脉冲传递函数

$$\Phi(z) = \frac{G(z)}{1 + G(z)} = \frac{4.0067z^2 + 0.9598z}{25z^3 - 46.1608z^2 + 26.2948z - 0.1675}$$
$$= \frac{0.1603z^2 + 0.0384z}{z^3 - 1.8464z^2 + 1.0518z - 0.0067}$$

因 $R(z) = \dfrac{z}{z-1}$,故
$$C(z) = \Phi(z)R(z) = \dfrac{0.1603z^3 + 0.0384z^2}{z^4 - 2.8464z^3 + 2.8982z^2 - 1.0585z + 0.0067}$$

(2) 采样输出响应 $c^*(t)$。将 $C(z)$ 展成幂级数,可得
$$C(z) = 0.16z^{-1} + 0.49z^{-2} + 0.94z^{-3} + 1.42z^{-4} + \cdots$$

对上式取 z 反变换,得
$$c^*(t) = 0.16\delta(t-T) + 0.49\delta(t-2T) + 0.94\delta(t-3T) + 1.42\delta(t-4T) + \cdots$$

(3) 输出终值 $c(\infty)$。先判定系统的稳定性。闭环系统特征方程为
$$z^3 - 1.8464z^2 + 1.0518z - 0.0067 = 0$$

求得特征值为
$$z_1 = 0.9167 + 0.4331\mathrm{j}, \quad z_2 = 0.9167 - 0.4331\mathrm{j}, \quad z_3 = 0.0066$$

由于 $|z_1| = |z_2| = 1.0138 > 1$,所以判定闭环系统不稳定,无法求输出响应的终值。

根据闭环脉冲传递函数,应用 MATLAB 软件包,得到离散系统单位阶跃响应,如图 7-12-2 所示,证实了闭环是不稳定的。

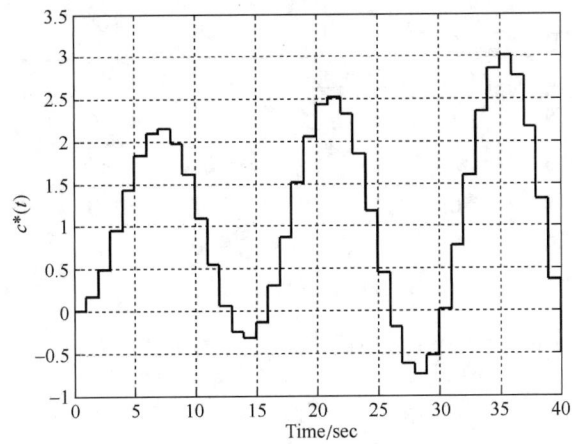

图 7-12-2 闭环离散系统时间响应($T=1\mathrm{s}$,MATLAB)

MATLAB 程序:exe712.m

```
t=0:1:40;
dstep([0,0.1603,0.0384,0],[1,-1.8464,1.0518,-0.0067],t);
grid;
xlabel('t');
ylabel('c*(t)');
```

7-13 试判断下列系统的稳定性:

(1) 已知闭环离散系统的特征方程为
$$D(z) = (z+1)(z+0.5)(z+2) = 0$$

(2) 已知闭环离散系统的特征方程为
$$D(z) = z^4 + 0.2z^3 + z^2 + 0.36z + 0.8 = 0$$

(要求采用朱利判据)

(3) 已知误差采样的单位反馈离散系统,采样周期 $T=1$s,开环传递函数
$$G(s)=\frac{22.57}{s^2(s+1)}$$

解 本题旨在练习判断离散系统稳定性的各种方法。

(1) 特征值为 $z_1=-1, z_2=-0.5, z_3=-2$,由于 $|z_3|>1$,故闭环离散系统不稳定。

(2) 由于 $n=4, 2n-3=5$,故朱利阵列有 5 行 5 列。根据给定的 $D(z)$ 知
$$a_0=0.8, \quad a_1=0.36, \quad a_2=1, \quad a_3=0.2, \quad a_4=1$$

计算朱利阵列中的元素 b_k 和 c_k 为

$$b_0=\begin{vmatrix}a_0 & a_4 \\ a_4 & a_0\end{vmatrix}=-0.36, \quad b_1=\begin{vmatrix}a_0 & a_3 \\ a_4 & a_1\end{vmatrix}=0.088$$

$$b_2=\begin{vmatrix}a_0 & a_2 \\ a_4 & a_2\end{vmatrix}=-0.2, \quad b_3=\begin{vmatrix}a_0 & a_1 \\ a_4 & a_3\end{vmatrix}=-0.2$$

$$c_0=\begin{vmatrix}b_0 & b_3 \\ b_3 & b_0\end{vmatrix}=0.0896, \quad c_1=\begin{vmatrix}b_0 & b_2 \\ b_3 & b_1\end{vmatrix}=-0.07168, \quad c_2=\begin{vmatrix}b_0 & b_1 \\ b_3 & b_2\end{vmatrix}=0.0896$$

作出朱利阵列:

行数	z^0	z^1	z^2	z^3	z^4
1	0.8	0.36	1	0.2	1
2	1	0.2	1	0.36	0.8
3	-0.36	0.088	-0.2	-0.2	
4	-0.2	-0.2	0.088	-0.36	
5	0.0896	-0.07168	0.0896		

因为 $D(1)=3.36>0, \quad D(-1)=2.24>0$

$|a_0|=0.8, \quad a_4=1, \quad$ 满足 $|a_0|<a_4$

$|b_0|=0.36, \quad |b_3|=0.2, \quad$ 满足 $|b_0|>|b_3|$

$|c_0|=0.0896, \quad |c_2|=0.0896,$ 不满足 $|c_0|>|c_2|$

故由朱利稳定判据知,该离散系统不稳定。

(3) 开环脉冲传递函数为

$$G(z)=\mathscr{Z}\left[\frac{22.57}{s^2}-\frac{22.57}{s}+\frac{22.57}{s+1}\right]=22.57\left[\frac{z}{(z-1)^2}-\frac{z}{z-1}+\frac{z}{z-0.368}\right]$$

$$=\frac{22.57z(0.368z+0.264)}{(z-1)^2(z-0.368)}=\frac{8.306(z^2+0.717z)}{z^3-2.368z^2+1.736z-0.368}$$

闭环脉冲传递函数为

$$\Phi(z)=\frac{G(z)}{1+G(z)}=\frac{8.306(z^2+0.717z)}{z^3+5.938z^2+7.694z-0.368}$$

特征方程为
$$D(z)=z^3+5.938z^2+7.694z-0.368=0,$$

求出特征值为
$$z_1=-3.903, \quad z_2=-2.043, \quad z_3=0.046$$

由于 $|z_1|>1, |z_2|>1$,故闭环系统不稳定。

可用 MATLAB 进行验证,m 文件文本及单位阶跃响应如图 7-13-1 所示。

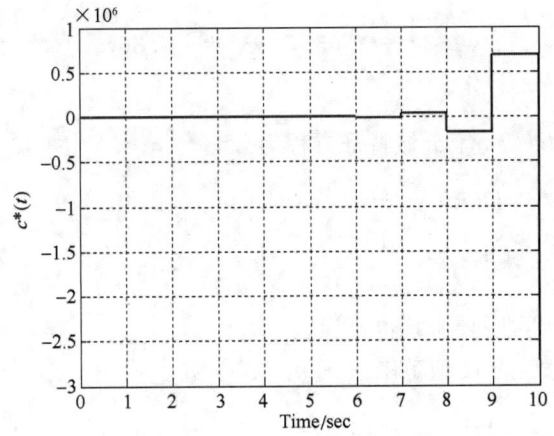

图 7-13-1 离散系统(3)单位阶跃响应(MATLAB)

MATLAB 程序:exe713.m
```
t=0:1:10;
dstep([0,8.306,5.9554,0],[1,5.9382,7.694,-0.368],t);
grid;
xlabel('t');
ylabel('c*(t)');
```

7-14 设离散系统如图 7-63 所示,采样周期 $T=1\mathrm{s}$,$G_h(s)$ 为零阶保持器。

要求:

(1) 当 $K=5$ 时,分别在 z 域和 w 域中分析系统的稳定性;

(2) 确定使系统稳定的 K 值范围。

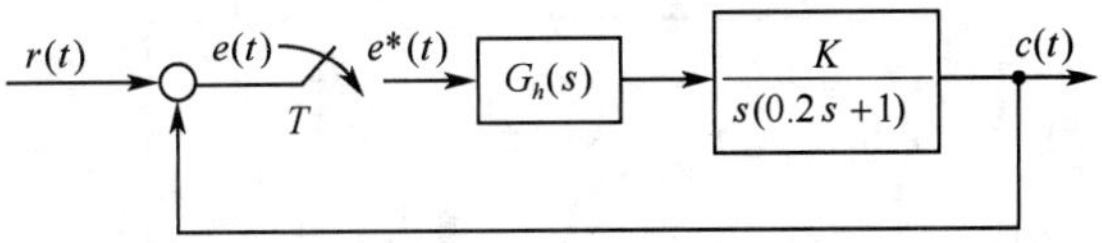

解 首先求出闭环脉冲传递函数,再使用合适的稳定判据对闭环系统进行稳定性分析及确定 K 值的范围。

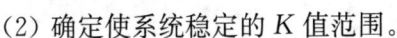

图 7-63 离散系统结构图

(1) 稳定性分析。

$$G_h G_0(z) = \mathscr{Z}[G_h(s)G_0(s)] = \mathscr{Z}\left[\frac{1-\mathrm{e}^{-Ts}}{s} \cdot \frac{5}{s(0.2s+1)}\right] = 25(1-z^{-1})\mathscr{Z}\left[\frac{1}{s^2(s+5)}\right]$$

$$= 25(1-z^{-1})\mathscr{Z}\left[\frac{0.2}{s^2} - \frac{0.04}{s} + \frac{0.04}{s+5}\right]$$

$$= 25(1-z^{-1})\mathscr{Z}\left[\frac{0.2z}{(z-1)^2} - \frac{0.04z}{z-1} + \frac{0.04z}{z-\mathrm{e}^{-5}}\right]$$

$$= \frac{(4+\mathrm{e}^{-5})z+(1-6\mathrm{e}^{-5})}{(z-1)(z-\mathrm{e}^{-5})}$$

闭环脉冲传递函数为

$$\Phi(z) = \frac{G_h G_0(z)}{1+G_h G_0(z)} = \frac{(4+\mathrm{e}^{-5})z+(1-6\mathrm{e}^{-5})}{z^2+3z+(1-5\mathrm{e}^{-5})}$$

z 域特征方程为

$$D(z) = z^2 + 3z + 1 - 5e^{-5} = 0$$

求得特征值为

$$z_1 = -2.633, \quad z_2 = -0.367$$

因$|z_1|>1$,故闭环系统不稳定。

将$z = \dfrac{w+1}{w-1}$代入$D(z)$,有w域特征方程为

$$D(w) = w^2 + 0.0136w - 0.2149 = 0$$

求得特征值为

$$w_1 = -0.4704, \quad w_2 = 0.4568$$

因$w_2>0$,故在w域分析,闭环系统也不稳定。

(2) 确定使系统稳定的K值范围。

$$D(z) = z^2 + \left[-(1+e^{-5T}) + K\left(\frac{4+e^{-5T}}{5}\right)\right]z + \left(e^{-5T} + K\frac{1-6e^{-5T}}{5}\right) = 0$$

将$z = \dfrac{w+1}{w-1}$代入$D(z)$,有

$$D(w) = 0.9933Kw^2 + (1.9865 - 0.3838K)w + (1.0135 - 0.6094K) = 0$$

在w域中可以用劳斯表来确定K值范围,最后可得到$0<K<1.6631$。

令K值分别为5和1.5,得离散系统单位阶跃响应分别如图7-14-1和图7-14-2所示。

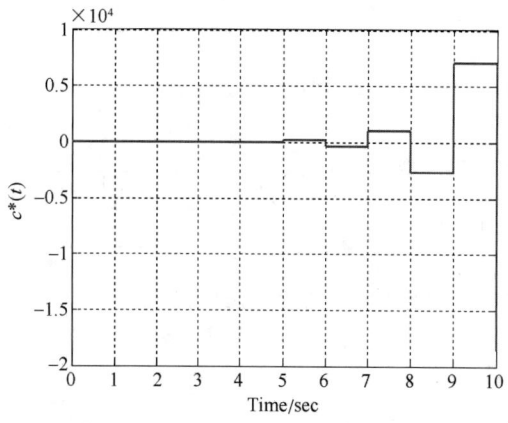
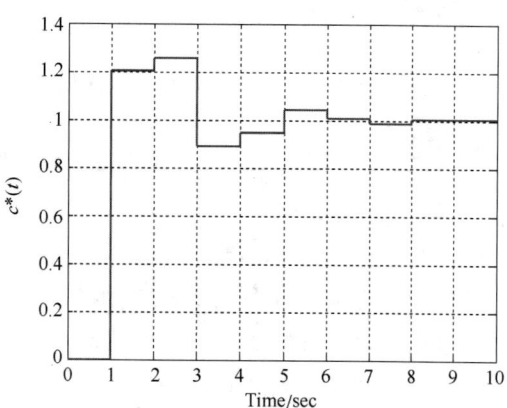

图7-14-1 离散系统时间响应($K=5$. MATLAB)　　图7-14-2 离散系统时间响应($K=1.5$. MATLAB)

MATLAB程序:exe714.m

```
% K = 5
figure(1)
t = 0:1:10;
dstep([0,4.0067,0.9596],[1,3,0.9663],t);
grid;
xlabel('t');
ylabel('c(t)');
% K = 1.5
figure(2)
dstep([0,1.202,0.2879],[1,0.1953,0.2946],t);
```

```
grid;
xlabel('t');
ylabel('c*(t)');
```

7-15 设离散系统如图 7-64 所示,其中采样周期 $T=0.2, K=10, r(t)=1+t+t^2/2$,试用终值定理法计算系统的稳态误差 $e_{ss}(\infty)$。

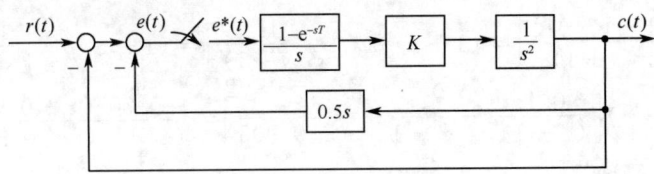

图 7-64 闭环离散系统结构图

解 本题关键是求出闭环系统的脉冲传递函数。

将系统简化为如图 7-15-1 所示结构。

反馈回路传递函数为
$$H(s) = 1 + 0.5s$$

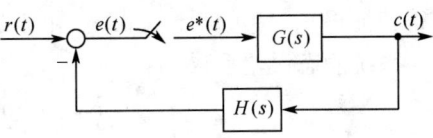

图 7-15-1 系统简化结构图

前向通路传递函数为
$$G(s) = G_h(s) \cdot K \cdot \frac{1}{s^2} = \frac{K(1-e^{-Ts})}{s^3}$$

对 $G(s)H(s)$ 取 z 变换,有

$$GH(z) = \mathscr{Z}[G(s)H(s)] = (1-z^{-1})\mathscr{Z}\left[\frac{5s+10}{s^3}\right] = 5(1-z^{-1})\mathscr{Z}\left[\frac{1}{s^2} + \frac{2}{s^3}\right]$$

$$= 5(1-z^{-1})\left[\frac{0.2z}{(z-1)^2} + \frac{0.04z(z+1)}{(z-1)^3}\right] = \frac{1.2z-0.8}{(z-1)^2}$$

误差脉冲传递函数为
$$\Phi_e(z) = \frac{1}{1+GH(z)} = \frac{z^2-2z+1}{z^2-0.8z+0.2}$$

闭环特征方程为
$$D(z) = z^2 - 0.8z + 0.2 = 0$$

求得特征根
$$z_{1,2} = 0.4 \pm j0.2$$

由于 $|z_{1,2}|<1$,故系统稳定。

由
$$R(z) = \mathscr{Z}\left[1+t+\frac{t^2}{2}\right] = \frac{z}{z-1} + \frac{0.2z}{(z-1)^2} + \frac{0.02z(z+1)}{(z-1)^3}$$

求得系统稳态误差
$$e_{ss}(\infty) = \lim_{z \to 1}(1-z^{-1})\Phi_e(z)R(z) = 0.1$$

7-16 设离散系统如图 7-65 所示,其中 $T=0.1, K=1, r(t)=t$,试求静态误差系数 K_p, K_v, K_a,并求系统稳态误差 $e_{ss}(\infty)$。

解 本题关键是先判断系统的稳定性,再求得各个误差系数。

由于开环脉冲传递函数

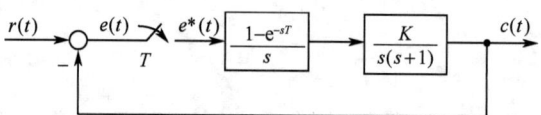

图 7-65 闭环离散系统结构图

$$G_h G_0(z) = \mathscr{Z}\left[\frac{(1-\mathrm{e}^{-sT})K}{s^2(s+1)}\right] = (1-z^{-1})\mathscr{Z}\left[\frac{1}{s^2(s+1)}\right] = (1-z^{-1})\mathscr{Z}\left[\frac{1}{s^2}-\frac{1}{s}+\frac{1}{s+1}\right]$$

$$= (1-z^{-1})\left[\frac{0.1z}{(z-1)^2}-\frac{z}{z-1}+\frac{z}{z-0.905}\right] = \frac{0.005(z+0.9)}{(z-1)(z-0.905)}$$

闭环误差脉冲传递函数

$$\Phi_e(z) = \frac{1}{1+G_h G_0(z)} = \frac{(z-1)(z-0.905)}{z^2-1.9z+0.905}$$

闭环特征方程为

$$D(z) = z^2 - 1.9z + 0.905 = 0$$

求得特征根 $z_{1,2} = 0.95 \pm \mathrm{j}0.087$。由于 $|z_{1,2}|<1$,故闭环系统稳定。

系统静态误差系数

$$K_p = \lim_{z \to 1}[1 + G_h G_0(z)] = \infty$$
$$K_v = \lim_{z \to 1}(z-1)G_h G_0(z) = 0.1$$
$$K_a = \lim_{z \to 1}(z-1)^2 G_h G_0(z) = 0$$

根据开环脉冲传递函数的形式,可以判定该系统是 I 型系统,在单位斜坡输入的情况下,稳态误差为

$$e_{ss}(\infty) = \frac{T}{K_v} = 1$$

MATLAB 验证:离散系统单位斜坡响应如图 7-16-1 所示,可见 $e_{ss}(\infty)=1$。

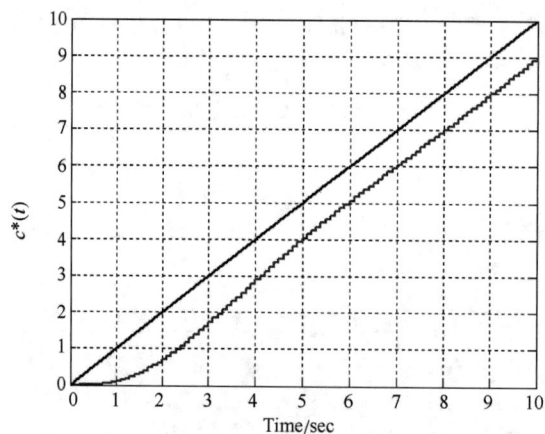

图 7-16-1 离散系统单位斜坡响应(MATLAB)

MATLAB 程序:exe716.m

```
T = 0.1;
t = 0:0.1:10;
sys = tf([0,0.005,0.0045],[1,-1.9,0.9095],T);
```

```
u = t;                  %定义系统输入
lsim(sys,u,t,0);        %绘制离散系统单位斜坡响应曲线
grid;
xlabel('t');
ylabel('c*(t)');
```

7-17 已知离散系统如图 7-66 所示,其中 ZOH 为零阶保持器,$T=0.25$。当 $r(t)=2+t$ 时,欲使稳态误差小于 0.1,试求 K 值。

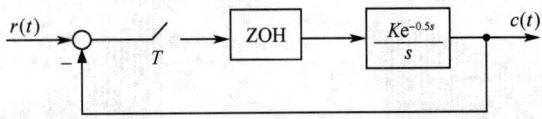

图 7-66 闭环离散系统结构图

解 本题关键是选择合适的稳定判据对闭环系统进行稳定性分析,选取的 K 值应同时满足稳定性及稳态误差要求。

开环脉冲传递函数为

$$G(z) = \mathscr{Z}\left[\frac{1-e^{-Ts}}{s} \cdot \frac{Ke^{-0.5s}}{s}\right] = K(1-z^{-1})\mathscr{Z}\left[\frac{e^{-0.5s}}{s^2}\right]$$

由于 $T=0.25$,故 $e^{-0.5s}=e^{-2Ts}=\dfrac{1}{z^2}$,所以 $G(z)=\dfrac{0.25K}{z^2(z-1)}$。闭环误差脉冲传递函数为

$$\Phi_e(z) = \frac{1}{1+G(z)} = \frac{z^2(z-1)}{z^2(z-1)+0.25K}$$

闭环特征方程为

$$D(z) = z^3 - z^2 + 0.25K = 0$$

将 $z=\dfrac{w+1}{w-1}$ 代入特征方程,得 w 域特征方程

$$D(w) = 0.25Kw^3 + (2-0.75K)w^2 + (4+0.75K)w + (2-0.25K) = 0$$

在 w 域中用劳斯表分析系统的稳定性,可以得到使系统稳定的 K 值范围。列劳斯表如下:

w^3	$0.25K$	$4+0.75K$
w^2	$2-0.75K$	$2-0.25K$
w^1	$(8-2K-0.5K^2)/(2-0.75K)$	0
w^0	$2-0.25K$	

由劳斯判据知,使系统稳定的 K 值:

$$\begin{cases} K>0 \\ 2-0.75K>0 \\ 8-2K-0.5K^2>0 \\ 2-0.25K>0 \end{cases}$$

解得使系统稳定的 K 值范围

$$0 < K < 2.47$$

从满足稳态误差要求考虑,由于

$$R(z) = \mathscr{Z}[2+t] = \frac{2z}{z-1} + \frac{Tz}{(z-1)^2} = \frac{2z(z-1)+0.25z}{(z-1)^2}$$

故稳态误差

$$e_{ss}(\infty) = \lim_{z \to 1}(1-z^{-1})\Phi_e(z)R(z) = \frac{T}{0.25K} = \frac{1}{K}$$

由于要求 $e_{ss}(\infty) < 0.1$，则应有 $K > 10$。显然，满足 $e_{ss}(\infty) < 0.1$ 的 K 值不存在。

MATLAB 验证：取 $K=2.5$，系统的误差输出响应如图 7-17-1 所示，系统是不稳定的；取 $K=2.4$，系统误差输出响应如图 7-17-2 所示，系统稳定，但 $e_{ss}(\infty)=0.42 > 0.1$。

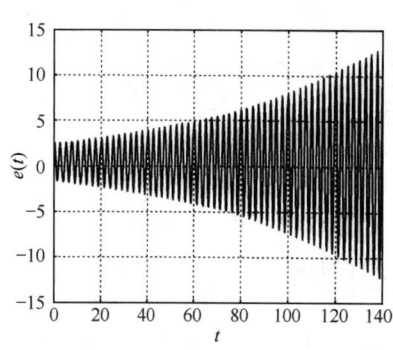 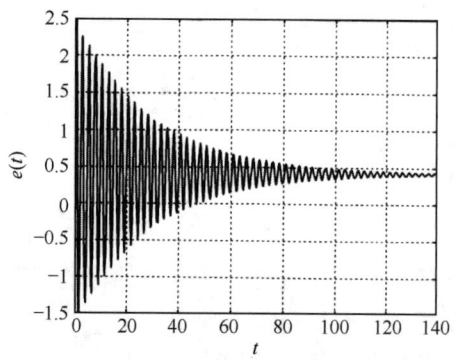

图 7-17-1　离散系统误差输出响应($K=2.5$, MATLAB)　　图 7-17-2　离散系统误差输出响应($K=2.4$, MATLAB)

MATLAB 程序($K=2.5$)：exe717a.m

```
%k = 2.5;
K = 2.5;
T = 0.25;
G = tf([K],[1 0],'inputdelay',0.5);
Gz = c2d(G,T,'zoh');
syse = feedback(1,Gz)
t = 0:T:140;
u = 2 + t;
e = lsim(syse,u,t,0);
plot(t,e);grid
xlabel('t');
ylabel('e(t)');
```

MATLAB 程序($K=2.4$)：exe717b.m

```
%K = 2.4
K = 2.4;
T = 0.25;
G = tf([K],[1 0],'inputdelay',0.5);
Gz = c2d(G,T,'zoh');
syse = feedback(1,Gz)
t = 0:T:140;
u = 2 + t;
e = lsim(syse,u,t,0);
plot(t,e);grid
xlabel('t');
```

ylabel('e(t)');

7-18 试分别求出教材中图 7-64 和图 7-65 系统的单位阶跃响应 $c(nT)$。

解 本题旨在训练根据系统结构图求得闭环脉冲传递函数,然后求取时间响应的方法。

(1) 图 7-64 系统。前向通路脉冲传递函数

$$G(z) = K(1-z^{-1})\mathscr{L}\left[\frac{1}{s^3}\right] = \frac{K(z-1)}{z} \cdot \frac{T^2 z(z+1)}{(z-1)^3} = \frac{0.2(z+1)}{(z-1)^2}$$

闭环脉冲传递函数为

$$\Phi(z) = \frac{G(z)}{1+GH(z)} = \frac{\dfrac{0.2(z+1)}{(z-1)^2}}{1+\dfrac{1.2z-0.8}{(z-1)^2}} = \frac{0.2(z+1)}{z^2-0.8z+0.2}$$

因 $R(z) = \dfrac{z}{z-1}$,故系统输出为

$$C(z) = \Phi(z)R(z) = \frac{0.2(z+1)}{z^2-0.8z+0.2} \cdot \frac{z}{z-1} = \frac{0.2z^2+0.2z}{z^3-1.8z^2+z-0.2}$$
$$= 0.2z^{-1} + 0.56z^{-2} + 0.808z^{-3} + 0.934z^{-4} + \cdots$$

所以

$$c(nT) = 0.2\delta(t-T) + 0.56\delta(t-2T) + 0.808\delta(t-3T) + 0.934\delta(t-4T) + \cdots$$

系统的单位阶跃响应如图 7-18-1 所示。

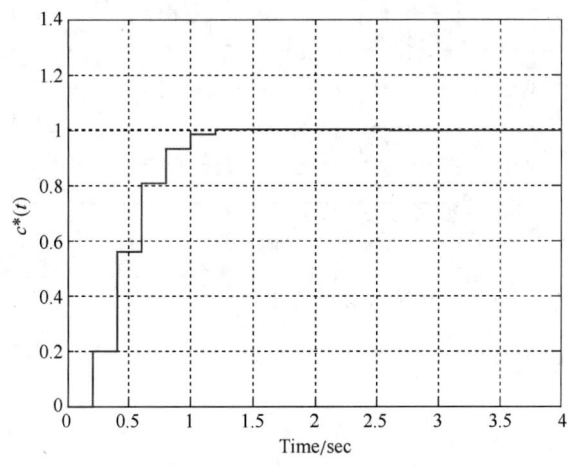

图 7-18-1 图 7-64 系统的单位阶跃响应(MATLAB)

MATLAB 程序:exe718a.m

```
% 图 7-64
T = 0.2;
t = 0:0.2:4;
sys = tf([0,0.2,0.2],[1,-0.8,0.2],T);      % 定义闭环脉冲传递函数
step(sys,t);                                % 绘制阶跃响应曲线
grid;
xlabel('t');
ylabel('c*(t)');
```

(2) 图 7-65 系统。闭环脉冲传递函数为

$$\Phi(z) = \frac{G(z)}{1+G(z)} = \frac{\dfrac{0.005(z+0.9)}{(z-1)(z-0.905)}}{1+\dfrac{0.005(z+0.9)}{(z-1)(z-0.905)}} = \frac{0.005(z+0.9)}{z^2-1.9z+0.905}$$

系统输出

$$C(z) = \Phi(z)R(z) = \frac{0.005(z+0.9)}{z^2-1.9z+0.905} \cdot \frac{z}{z-1}$$

$$= \frac{0.005z^2+0.0045z}{z^3-2.9z^2+2.805z-0.905}$$

$$= 0.005z^{-1}+0.019z^{-2}+0.041z^{-3}+0.069z^{-4}+\cdots$$

所以

$$c(nT) = 0.005\delta(t-T)+0.019\delta(t-2T)+0.041\delta(t-3T)+0.069\delta(t-4T)+\cdots$$

系统的单位阶跃响应如图 7-18-2 所示。

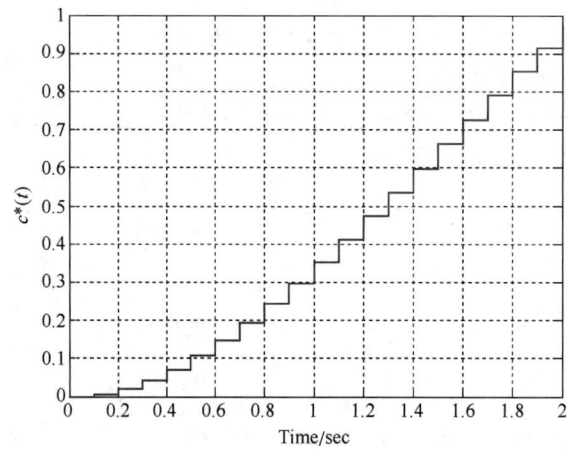

图 7-18-2 图 7-65 系统的单位阶跃响应(MATLAB)

MATLAB 程序：exe718b.m

```
% 图 7-65
T = 0.1;
t = 0:0.1:2;
sys = tf([0,0.005,0.0045],[1,-1.9,0.905],T);   % 定义闭环脉冲传递函数
step(sys,t);                                    % 绘制阶跃响应曲线
grid;
xlabel('t');
ylabel('c*(t)');
```

7-19 已知离散系统如图 7-67 所示，其中采样周期 $T=1$，连续部分传递函数为

$$G_0(s) = \frac{1}{s(s+1)}$$

试求当 $r(t)=1(t)$ 时，系统无稳态误差、过渡过程在最少拍内结束的数字控制器 $D(z)$。

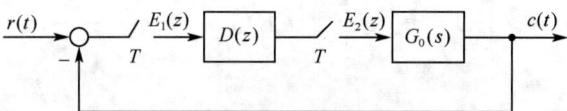

图 7-67 离散系统结构图

解 本题关键是根据输入形式确定数字控制器的形式。因为

$$R(z) = \frac{A(z)}{(1-z^{-1})^m}$$

当 $r(t)=1(t)$，则有 $m=1$，$A(z)=1$。因

$$G_0(z) = \mathscr{L}\left[\frac{1}{s(s+1)}\right] = \mathscr{L}\left[\frac{1}{s} - \frac{1}{s+1}\right] = \frac{z}{z-1} - \frac{z}{z-e^{-1}} = \frac{(1-e^{-1})z}{(z-1)(z-e^{-1})}$$

故对于 $r(t)=1(t)$ 作用，一拍系统的数字控制器

$$D(z) = \frac{z^{-1}}{(1-z^{-1})G_0(z)} = \frac{z-0.368}{0.632z} = 1.582(1-0.368z^{-1})$$

闭环脉冲传递函数

$$\Phi(z) = \frac{D(z)G_0(z)}{1+D(z)G_0(z)} = \frac{1}{z} = z^{-1}$$

MATLAB 验证：系统单位阶跃响应如图 7-19-1 所示，可见该系统为一拍系统。

MATLAB 程序：exe719.m

```
T = 1;
t = 0:1:10;
sys = tf([0,1],[1,0],T);
step(sys,t);
axis([0,10,0,1.2]);
grid;
xlabel('t');
ylabel('c*(t)');
```

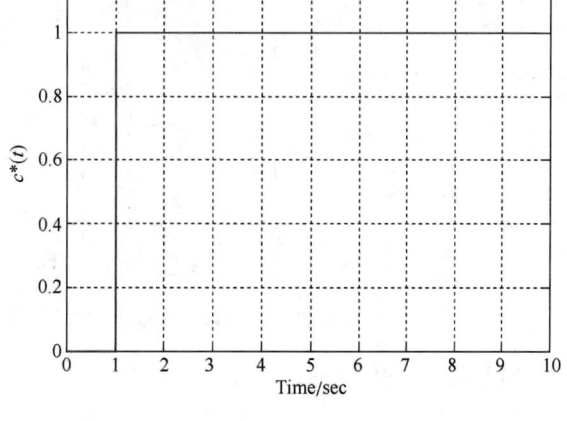

图 7-19-1 一拍系统单位阶跃响应（MATLAB）

7-20 设离散系统如图 7-68 所示，其中采样周期 $T=1$，试求当 $r(t) = R_0 1(t) + R_1 t$ 时，系统无稳态误差、过渡过程在最少拍内结束的 $D(z)$。

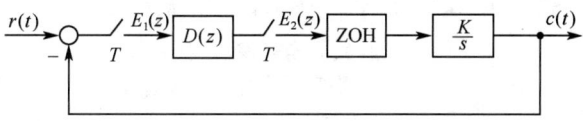

图 7-68 离散系统结构图

解 本题关键是根据输入形式确定采用几拍系统，再求得数字控制器。
广义被控对象传递函数为

$$G_0(z) = \mathscr{Z}\left[(1-\mathrm{e}^{-Ts})\frac{K}{s^2}\right] = K(1-z^{-1})\frac{Tz}{(z-1)^2} = \frac{K}{z-1}$$

输入 z 变换

$$R(z) = \mathscr{Z}[R_0 1(t) + R_1 t] = \frac{R_0 z}{z-1} + \frac{R_1 z}{(z-1)^2}$$

闭环误差脉冲传递函数的形式为

$$\Phi_e(z) = (1-z^{-1})^m$$

这里可以令 $m=2$,即采用二拍系统,可得数字控制器

$$D(z) = \frac{1-\Phi_e(z)}{G_0(z)\Phi_e(z)} = \frac{1-(1-z^{-1})^2}{\dfrac{K}{z-1}(1-z^{-1})^2} = \frac{2z-1}{K(z-1)}$$

其中 K 值选取不影响闭环系统稳定性。

MATLAB 验证:取 $K=10, R_0=R_1=1$,则系统在 $r(t)=1(t)+t$ 作用下的时间响应如图 7-20-1 所示。

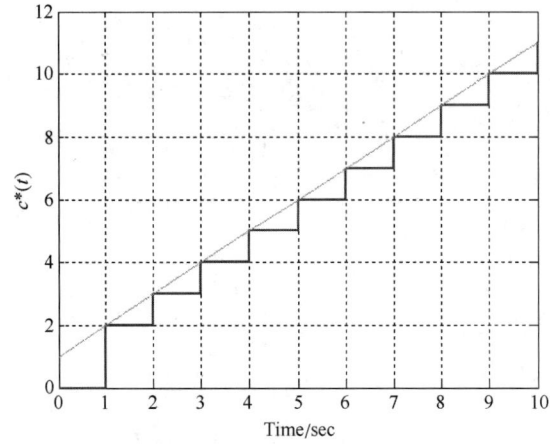

图 7-20-1 $r(t)=1(t)+t$ 时二拍系统的时间响应(MATLAB)

MATLAB 程序:exe720.m

```
T = 1;
t = 0:1:10;
Dz = tf([2,-1],[10,-10],T);        %定义数字控制器
G0 = tf(10,[1,-1],T);              %定义广义被控对象传递函数
sys = feedback(Dz * G0,1);         %定义闭环脉冲传递函数
u = 1 + t;                         %定义系统输入
lsim(sys,u,t,0);                   %绘制系统时间响应曲线
grid;
```

7-21 试按无纹波最少拍系统设计方法,分别计算题 7-19 和题 7-20 的 $D(z)$。

解 本题关键在于确定合适的无纹波系统的闭环脉冲传递函数的形式。

(1) 题 7-19 系统。根据题 7-19 的解答,有

$$G_0(z) = \frac{(1-\mathrm{e}^{-1})z}{(z-1)(z-\mathrm{e}^{-1})} = \frac{(1-\mathrm{e}^{-1})z^{-1}}{(1-z^{-1})(1-\mathrm{e}^{-1}z^{-1})}$$

可见，$G_0(z)$没有零点，有一个延迟因子z^{-1}，且在单位圆上有一个极点$z=1$。

当$r(t)=1(t)$时，在最少拍设计中可以令$\Phi_e(z)=1-z^{-1}$，显然$\Phi_e(z)$补偿了$G_0(z)$在单位圆上的极点；而闭环脉冲传递函数

$$\Phi(z) = 1 - \Phi_e(z) = z^{-1}$$

由于$\Phi(z)$中没有零点，因此在无纹波系统中不需要再增加阶数。

数字控制器可以设计为

$$D(z) = \frac{\Phi(z)}{G_0(z)\Phi_e(z)} = \frac{1.582z - 0.582}{z}$$

验算 $\quad E_2(z) = D(z)\Phi_e(z)R(z) = 1.582 - 0.582z^{-1}$

数字控制器的输出序列

$$e_2(0) = 1.582, \quad e_2(T) = -0.582, \quad e_2(2T) = e_2(3T) = \cdots = 0$$

表明系统从第二拍起$e_2(nT)$达到稳态，输出没有纹波。

(2) 题 7-20 系统。根据题 7-20 的计算结果，有

$$G_0(z) = \frac{K}{z-1} = \frac{Kz^{-1}}{1-z^{-1}}$$

可见，$G_0(z)$没有零点，有一个延迟因子z^{-1}，且在单位圆上有一个极点$z=1$。

输入z变换

$$R(z) = \frac{R_0z^2 + (R_1-R_0)z}{(z-1)^2} = \frac{A(z)}{(1-z^{-1})^2}$$

在最少拍设计中可以令$\Phi_e(z)=(1-z^{-1})^2$，显然$\Phi_e(z)$补偿了$G_0(z)$在单位圆上的极点，因而
$$\Phi(z) = 1 - \Phi_e(z) = z^{-1}(2-z^{-1})$$

由于$\Phi(z)$中没有零点，因此在无纹波系统中不需要再增加阶数。

数字控制器可以设计为

$$D(z) = \frac{\Phi(z)}{G_0(z)\Phi_e(z)} = \frac{2-z^{-1}}{K(1-z^{-1})}$$

验算 $\quad E_2(z) = D(z)\Phi_e(z)R(z) = \frac{2R_0 + (2R_1-3R_0)z^{-1} + (R_0-R_1)z^{-2}}{K(1-z^{-1})}$

$$= \frac{1}{K}[2R_0 + (2R_1-R_0)z^{-1} + R_1z^{-2} + R_1z^{-3} + R_1z^{-4} + R_1(z^{-5}+\cdots)]$$

数字控制器的输出序列

$$e_2(0) = \frac{2R_0}{K}, \quad e_2(T) = \frac{2R_1-R_0}{K}, \quad e_2(2T) = e_2(3T) = \cdots = \frac{R_1}{K}$$

表明系统从第二拍起$e_2(nT)$达到稳态，输出没有纹波。

7-22 用来直播职业足球赛的新型可遥控摄像系统如图 7-69 所示。摄像机可在运动场的上方上下移动。每个滑轮上的电机控制系统如图 7-70 所示，其中被控对象

$$G_0(s) = \frac{10}{s(s+1)(0.1s+1)}$$

要求：

(1) 设计合适的连续控制器 $G_c(s) = \dfrac{s+a}{s+b}$，使系统的相角裕度 $\gamma \geqslant 45°$；

(2) 选择采样周期 $T=0.01\text{s}$，采用 $G_c(s)\text{-}D(z)$ 变换方法，求出相应的数字控制器$D(z)$。

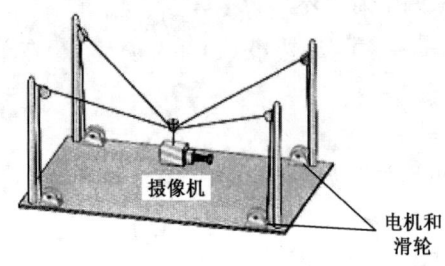

图 7-69 足球场上的移动摄像机示意图

解 （1）连续控制器设计。若不加控制器 $G_c(s)$，由系统开环 Bode 图可得 $\omega_c=3.01\text{rad/s}$，$\gamma=1.58°$。由于要求 $\gamma\geqslant 45°$，因此采用串联超前校正是必要的。当取 $G_c(s)=\dfrac{s+a}{s+b}$ 时，应有 $a<b$。

校正后系统开环传递函数

$$G_c(s)G_0(s)=\frac{10(s+a)}{s(s+1)(0.1s+1)(s+b)}$$

选 $a=1,b=4$，使 $G_c(s)$ 成为超前网络，以提高系统相角裕度，则有

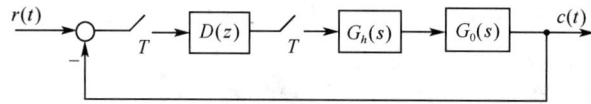

图 7-70 滑轮上的电机控制系统结构图

$$G_c(s)G_0(s)=\frac{2.5}{s(0.1s+1)(0.25s+1)}$$

令

$$|G_cG_0(\text{j}\omega_c)|=\frac{2.5}{\omega_c\sqrt{(1+0.01\omega_c^2)(1+0.0625\omega_c^2)}}=1$$

可得系统截止频率

$$\omega_c=2.15\text{rad/s}$$

相角裕度

$$\gamma=180°-90°-\arctan 0.1\omega_c-\arctan 0.25\omega_c=49.6°$$

满足设计要求。故连续控制器为

$$G_c(s)=\frac{s+1}{s+4}$$

（2）数字控制器设计。令数字控制器

$$D(z)=C\frac{z-A}{z-B}$$

式中 $A=\text{e}^{-aT}=\text{e}^{-0.01}=0.99$，$B=\text{e}^{-bT}=\text{e}^{-0.04}=0.96$

由于 $s=0$ 时,$z=\text{e}^{sT}|_{s=0}=1$，故应有 $C\dfrac{1-A}{1-B}=\dfrac{a}{b}$，于是 $C\dfrac{a(1-B)}{b(1-A)}=1$。最后得数字控制器

$$D(z)=\frac{z-0.99}{z-0.96}$$

MATLAB 验证：

图 7-22-1 给出了校正后连续系统开环 Bode 图，由图可得已校正连续系统频域性能 $\omega_c=2.15,\gamma=49.6$。

MATLAB 程序：exe722a.m

```
t=0:10;
sys=tf([2.5],[0.025,0.35,1,0]);   % 定义闭环脉冲传递函数
bode(sys);                         % 绘制开环 Bode 图
```

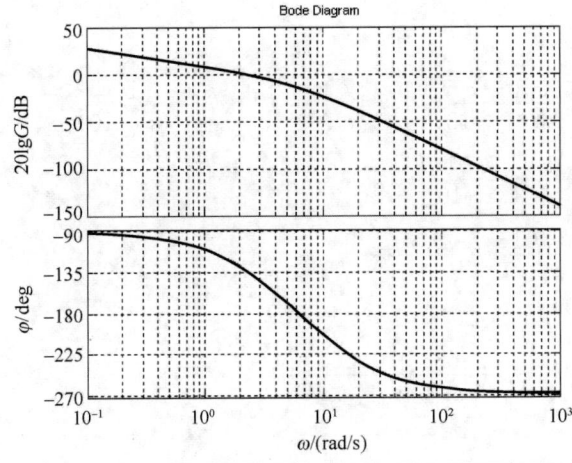

图 7-22-1 连续系统开环 Bode 图(MATLAB)

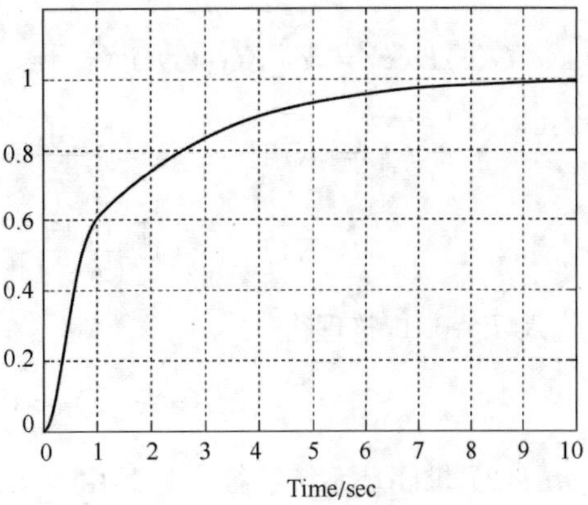

图 7-22-2 已校正离散系统时间响应
($T=0.001$,MATLAB)

```
grid;
xlabel('频率');
```

图 7-22-2 给出了已校正离散系统单位阶跃响应,测得系统时域性能 $\sigma\%=0$,$t_s=7.61$s ($\Delta=2\%$)。

MATLAB 程序:exe722b.m
```
T = 0.01;
t = 0:0.01:10;
Gs = tf([2.5],[0.025,0.35,1,0]);    %定义广义被控对象传递函数
Gz = c2d(Gs,T);                      %离散化
Dz = tf([1, -0.99],[1, -0.96],T);    %定义数字控制器
sys = feedback(Gz * Dz,1);           %定义闭环脉冲传递函数
step(sys,t);                         %绘制离散系统单位阶跃响应曲线
axis([0,10,0,1.2]);
grid;
```

7-23 设数字控制系统如图 7-71 所示,其中 $G(z)$ 包括了零阶保持器和被控对象。已知被控对象

$$G_0(s) = \frac{1}{s(s+10)}$$

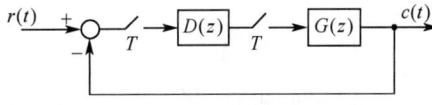

图 7-71 数字控制系统结构图

若采样周期 $T=0.1$s,要求:

(1) 当 $D(z)=K$ 时,计算脉冲传递函数 $G(z)D(z)$;
(2) 求闭环系统的 z 特征方程;
(3) 计算使系统稳定的 K 的最大值;
(4) 确定 K 的合适值,使系统的超调量不大于 30%;
(5) 采用(4)中得到的增益 K,计算闭环脉冲传递函数 $\Phi(z)$,并绘出系统的单位阶跃响应曲线;
(6) 取 $K=0.5K_{max}$,求系统闭环极点及超调量;
(7) 在(6)所给出的条件下,画出系统的单位阶跃响应曲线。

解 按题意要求,分步求解如下:

(1) 计算 $G(z)D(z)$。

$$G(z)D(z) = \mathscr{Z}[KG_h(s)G_0(s)] = \mathscr{Z}\left[\frac{K(1-e^{-sT})}{s^2(s+10)}\right] = K(1-z^{-1})\mathscr{Z}\left[\frac{1}{s^2(s+10)}\right]$$

$$= K(1-z^{-1})\mathscr{Z}\left[\frac{0.1}{s^2} - \frac{0.01}{s} + \frac{0.01}{s+10}\right]$$

$$= K(1-z^{-1})\left[\frac{0.1Tz}{(z-1)^2} - \frac{0.01z}{z-1} + \frac{0.01z}{z-e^{-10T}}\right]$$

代入 $T=0.1$,整理得

$$G(z)D(z) = 0.01K\frac{0.368z+0.264}{z^2-1.368z+0.368}$$

(2) 求闭环系统特征方程。由

$$1+G(z)D(z) = 1+0.01K\frac{0.368z+0.264}{z^2-1.368z+0.368} = 0$$

可得闭环特征方程

$$D(z) = z^2 + (0.0037K-1.368)z + (0.368+0.00264K) = 0$$

(3) 求使系统稳定的 $K_{\max}$。已知

$$G_0(s) = \frac{K_1}{s(T_1s+1)} = \frac{0.1}{s(0.1s+1)}$$

因 $T=T_1=0.1$,由表 7-8 知:$T/T_1=1$ 时,有

$$(0.1KT_1)_{\max} = 2.39$$

可得最大增益

$$K_{\max} = \frac{2.39}{0.1T_1} = 239$$

(4) 确定使 $\sigma\% \leqslant 30\%$ 的 K 值。利用教材的图 7-49,查出 $T/T_1=1$ 且 $\sigma=0.3$ 时的 $0.1KT_1=0.75$,故

$$K = \frac{0.75}{0.1T_1} = 75$$

当取 $K<75$ 时,可有 $\sigma\%<30\%$。

(5) 计算 $K=75$ 时的 $\Phi(z)$ 并绘制单位阶跃响应曲线。当 $K=75$ 时,有

$$G(z)D(z) = \frac{0.75(0.368z+0.264)}{z^2-1.368z+0.368}$$

则闭环脉冲传递函数

$$\Phi(z) = \frac{G(z)D(z)}{1+G(z)D(z)} = \frac{0.276z+0.198}{z^2-1.084z+0.566}$$

而相应的闭环极点

$$z_{1,2} = 0.542 \pm j0.522$$

系统单位阶跃响应如图 7-23-1 所示,测得 $\sigma\%=29\%$,$t_p=0.4s$,$t_s=1.1s(\Delta=2\%)$。

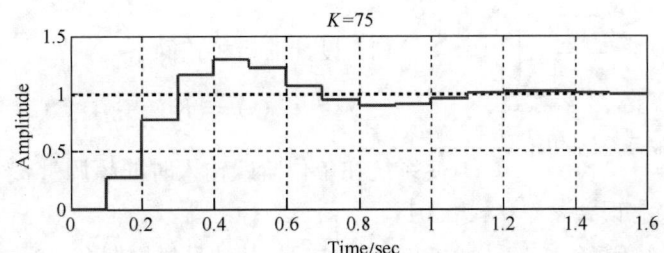

图 7-23-1 数字控制系统的单位阶跃响应($K=75,T=0.1$,MATLAB)

MATLAB 程序:exe723.m

```
% K = 75
t = 0:0.1:1.6;
subplot(2,1,1);
dstep([0,0.276,0.198],[1,-1.084,0.566],t);    %绘制阶跃响应曲线
grid;
% K = 119.5
subplot(2,1,2);
dstep([0,0.4398,0.3155],[1,-0.9282,0.6835],t);
grid;
```

(6) 求 $K=0.5K_{max}$ 时的闭环极点及 $\sigma\%$。令 $K=119.5$,则闭环特征方程为

$$D(z) = z^2 + (0.0037K - 1.368)z + (0.368 + 0.00264K)$$
$$= z^2 - 0.926z + 0.683 = 0$$

求得闭环极点

$$z_{1,2} = 0.463 \pm j0.685$$

由 $T/T_1=1$ 及 $0.1KT_1=1.195$,查教材中图 7-49 得

$$\sigma\% = 52\%$$

(7) 画出 $K=119.5$ 时系统的单位阶跃响应曲线。应用 MATLAB 软件包,可以绘出 $K=119.5$ 时系统的单位阶跃响应曲线,如图 7-23-2 所示,测得 $\sigma\%=53\%$,$t_p=0.3$s,$t_s=1.5$s($\Delta=2\%$)。

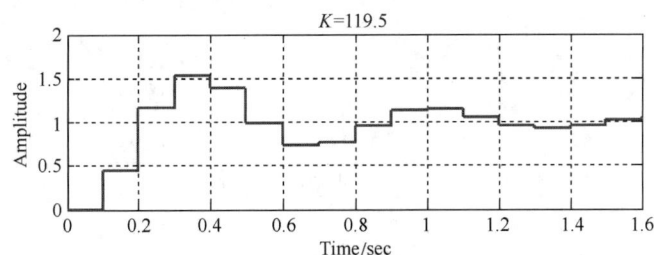

图 7-23-2 数字控制系统的单位阶跃响应($K=119.5,T=0.1$,MATLAB)

7-24 设连续的、未经采样的控制系统如图 7-72 所示,其中被控对象为

$$G_0(s) = \frac{1}{s(s+10)}$$

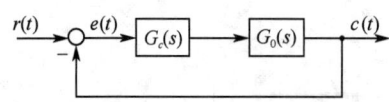

图 7-72 控制系统结构图

要求：

(1) 设计滞后校正网络

$$G_c(s) = K\frac{s+a}{s+b} \quad (a>b)$$

使系统在单位阶跃输入时的超调量 $\sigma\% \leqslant 30\%$，且在单位斜坡输入时的稳态误差 $e_s(\infty) \leqslant 0.01$；

(2) 若为该系统增配一套采样器和零阶保持器，并选采样周期 $T=0.1\text{s}$，试采用 $G_c(s)$-$D(z)$ 变换方法，设计合适的数字控制器 $D(z)$；

(3) 分别画出(1)及(2)中连续系统和离散系统的单位阶跃响应曲线，并比较两者的结果；

(4) 另选采样周期 $T=0.01\text{s}$，重新完成(2)和(3)的工作；

(5) 对于(2)中得到的 $D(z)$，画出离散系统的单位斜坡响应，并与连续系统的单位斜坡响应进行比较。

解 本题表明，对于低阶系统，采用 $G_c(s)$-$D(z)$ 变换方法，可以方便地确定满足要求的数字控制器；同时指出，系统离散化后会带来一些不希望的特性差异，这些差异的影响随采样周期的减小而降低。

(1) 设计连续控制器 $G_c(s)$。已选滞后网络

$$G_c(s) = K\frac{s+a}{s+b} \quad (a>b)$$

其中 K、a 及 b 待定，则系统开环传递函数

$$G_c(s)G_0(s) = \frac{K(s+a)}{s(s+b)(s+10)} = \frac{K_v\left(\frac{1}{a}s+1\right)}{s\left(\frac{1}{b}s+1\right)(0.1s+1)}$$

式中，$K_v = \dfrac{aK}{10b}$ 为静态速度误差系数。

闭环特征方程

$$\begin{aligned}D(s) &= s(s+b)(s+10) + K(s+a) \\ &= s^3 + (10+b)s^2 + (10b+K)s + aK = 0\end{aligned}$$

列劳斯表如下：

$$\begin{array}{c|cc} s^3 & 1 & 10b+K \\ s^2 & 10+b & aK \\ s^1 & \dfrac{K(b-a+10)+10b(b+10)}{10+b} & \\ s^0 & aK & \end{array}$$

由劳斯判据知，系统稳定的充分必要条件为

$$a>0, \quad b>0, \quad K(b-a+10)+10b(b+10)>0$$

选择 $a=0.7, b=0.1, K=150$，因为

$$K(b-a+10)+10b(b+10) = 1420.1 > 0$$

故闭环系统稳定;又因

$$K_v = \frac{aK}{10b} = 105, \quad e_{ss}(\infty) = \frac{1}{K_v} = 0.0095 < 0.01$$

故满足稳定误差要求;再令

$$|G_c G_0(j\omega_c)| = \frac{150\sqrt{\omega_c^2 + 0.7^2}}{\omega_c \sqrt{(\omega_c^2 + 0.1^2)(\omega_c^2 + 10^2)}} = 1$$

解出 $\omega_c = 10.4$,算出系统相角裕度

$$\gamma = 180° - 90° + \arctan\frac{\omega_c}{a} - \arctan\frac{\omega_c}{b} - \arctan\frac{\omega_c}{10} = 40.6°$$

系统近似为典型二阶系统,由教材中图 5-46 知 $\zeta = 0.36$。再由教材中图 3-12 知 $\sigma\% = 30\%$。系统全部设计指标满足。

(2) 设计数字控制器 $D(z)$。已知 $T=0.1, a=0.7, b=0.1$,令

$$D(z) = C\frac{z - A}{z - B}$$

其中 $\quad A = e^{-aT} = 0.932, \quad B = e^{-bT} = 0.990$

进行 $G_c(s)\text{-}D(z)$ 变换,令

$$C\frac{1-A}{1-B} = K\frac{a}{b}$$

有 $\quad C = K\frac{a(1-B)}{b(1-A)} = 154.4$

得数字控制器

$$D(z) = 154.4\frac{z - 0.932}{z - 0.990}$$

(3) 绘制系统单位阶跃响应曲线。

连续系统时:

$$G_c(s)G_0(s) = \frac{K(s+a)}{s(s+b)(s+10)} = \frac{150(s+0.7)}{s(s+0.1)(s+10)}$$

$$\Phi(s) = \frac{G_c(s)G_0(s)}{1 + G_c(s)G_0(s)} = \frac{150(s+0.7)}{s^3 + 10.1s^2 + 151s + 105}$$

$$R(s) = \frac{1}{s}$$

系统输出 $\quad C(s) = \Phi(s)R(s) = \frac{150(s+0.7)}{s(s^3 + 10.1s^2 + 151s + 105)}$

离散系统时($T=0.1\text{s}$):

$$G_h(s)G_0(s) = \frac{1 - e^{-sT}}{s} \cdot \frac{1}{s(s+10)}$$

$$G_h G_0(z) = (1 - z^{-1})\mathscr{Z}\left[\frac{1}{s^2(s+10)}\right] = (1 - z^{-1})\mathscr{Z}\left[\frac{0.1}{s^2} - \frac{0.01}{s} + \frac{0.01}{s+10}\right]$$

$$= \frac{0.01(0.368z + 0.264)}{z^2 - 1.368z + 0.368}$$

$$G_h G_0(z)D(z) = \frac{0.568(z + 0.717)(z - 0.932)}{(z^2 - 1.368z + 0.368)(z - 0.99)}$$

$$\Phi(z) = \frac{G_h G_0(z) D(z)}{1 + G_h G_0(z) D(z)} = \frac{0.568(z+0.717)(z-0.932)}{z^3 - 1.79z^2 + 1.6z - 0.743}$$

$$R(z) = \frac{z}{z-1}$$

系统输出

$$C(z) = \Phi(z) R(z) = \frac{0.568(z^3 - 0.215z^2 - 0.668z)}{z^4 - 2.79z^3 + 3.39z^2 - 2.343z + 0.743}$$

$$= 0.568(z^{-1} + 2.545z^{-2} + 3.05z^{-3} + 2.225z^{-4} + 1.02z^{-5} + \cdots)$$

应用 MATLAB 软件包,可得连续系统和 $T=0.1\text{s}$ 时离散系统的单位阶跃响应如图 7-24-1 所示。由图可见:系统连续时,$\sigma\%=31\%$,$t_p=0.28\text{s}$,$t_s=1\text{s}$,$(\Delta=2\%)$;系统离散时,$\sigma\%=78\%$,$t_p=0.3\text{s}$,$t_s=3.1\text{s}(\Delta=2\%)$。表明连续系统离散化后,若采样周期较大,则阶跃响应动态性能会恶化,且输出有纹波。

MATLAB 程序:exe724a.m

```
T = 0.1;
sys1 = tf([150,105],[1,10.1,151,105]);
sys2 = tf([0.568, -0.1221, -0.3795],[1, -1.79,1.6, -0.743],T);
step(sys1,sys2,4);
grid;
```

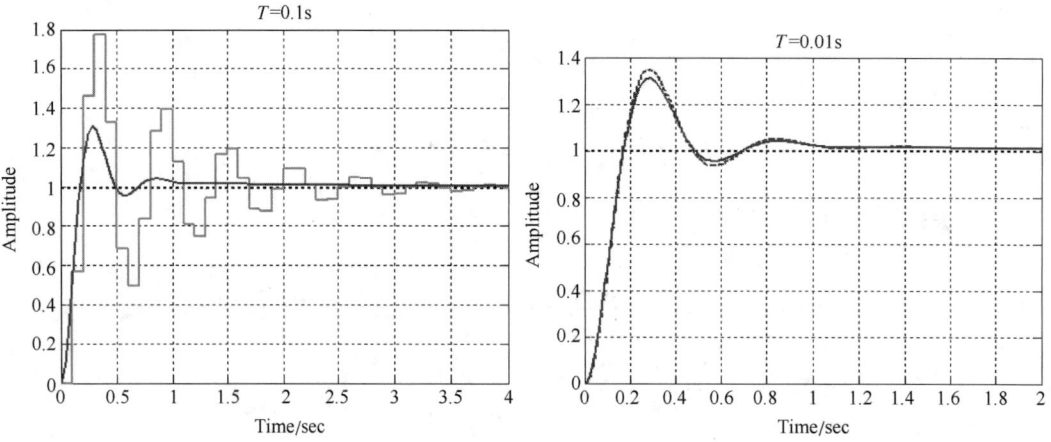

图 7-24-1 系统单位阶跃响应曲线　　图 7-24-2 系统单位阶跃响应曲线
　　($T=0.1$. MATLAB)　　　　　　　　　($T=0.01$. MATLAB)

(4) 改变采样周期后系统的单位阶跃响应。另选 $T=0.01\text{s}$,因

$$G_c(s) = K \frac{s+a}{s+b} = 150 \frac{s+0.7}{s+0.1}$$

利用 $G_c(s)\text{-}D(z)$ 变换,有

$$C \frac{1-A}{1-B} = K \frac{a}{b}$$

其中

$$A = e^{-aT} = e^{-0.007} = 0.993,$$
$$B = e^{-bT} = e^{-0.001} = 0.999$$
$$C = K \frac{a(1-B)}{b(1-A)} = 150$$

故数字控制器为
$$D(z) = C\frac{z-A}{z-B} = 150\frac{z-0.993}{z-0.999}$$

广义对象脉冲传递函数
$$G_hG_0(z) = (1-z^{-1})\mathscr{Z}\left[\frac{0.1}{s^2} - \frac{0.01}{s} + \frac{0.01}{s+10}\right]$$
$$= (1-z^{-1})\left[\frac{0.1Tz}{(z-1)^2} - \frac{0.01z}{z-1} + \frac{0.01z}{z-e^{-10T}}\right]$$

代入 $T=0.01$,有
$$G_hG_0(z) = \frac{5\times10^{-5}(z+0.9)}{z^2 - 1.905z + 0.905}$$

系统开环脉冲传递函数
$$G_hG_0(z)D(z) = \frac{0.75\times10^{-2}(z+0.9)(z-0.993)}{(z^2-1.905z+0.905)(z-0.999)}$$

系统闭环脉冲传递函数
$$\Phi(z) = \frac{G_hG_0(z)D(z)}{1+G_hG_0(z)D(z)} = \frac{0.75\times10^{-2}(z+0.9)(z-0.993)}{z^3-2.897z^2+2.807z-0.911}$$

单位阶跃输入
$$R(z) = \frac{z}{z-1}$$

系统输出
$$C(z) = \Phi(z)R(z) = \frac{0.0075(z^3-0.093z^2-0.894z)}{z^4-3.897z^3+5.704z^2-3.718z+0.911}$$
$$= 0.0075(z^{-1} + 3.8z^{-2} + 8.195z^{-3} + 13.9467z^{-4} + 20.765z^{-5} + \cdots)$$

应用 MATLAB 软件包,可得连续系统和 $T=0.01$ 时离散系统的单位阶跃响应,如图 7-24-2所示。由图可见:当采样周期较小时,实线表示的连续系统响应与虚线表示的离散系统响应比较接近,表明系统离散化后动态性能的损失较小。

MATLAB 程序:exe724b.m

```
G0 = zpk([],[0 -10],1);          %定义被控对象传递函数
Gd = c2d(G0,0.01,'zoh');         %将被控对象离散化
D = zpk([0.993],[0.999],150,0.01);
G = Gd * D
sysd = feedback(G,1);            %定义闭环系统脉冲传递函数
t = 0:0.01:2;
step(sysd,t);
grid;
```

(5) 系统单位斜坡响应。连续系统时
$$\Phi(s) = \frac{150(s+0.7)}{s^3+10.1s^2+151s+105}$$
$$R(s) = \frac{1}{s^2}$$
$$C(s) = \Phi(s)R(s)$$

$$= \frac{150(s+0.7)}{s^2(s^3+10.1s^2+151s+105)}$$

离散系统时($T=0.1$)

$$\Phi(z) = \frac{0.568(z+0.717)(z-0.932)}{z^3-1.79z^2+1.6z-0.743}$$

$$R(z) = \frac{Tz}{(z-1)^2} = \frac{0.1z}{(z-1)^2}$$

$$C(z) = \Phi(z)R(z) = \frac{0.0568(z^3-0.215z^2-0.668z)}{z^5-3.79z^4+6.18z^3-5.733z^2+3.086z-0.743}$$

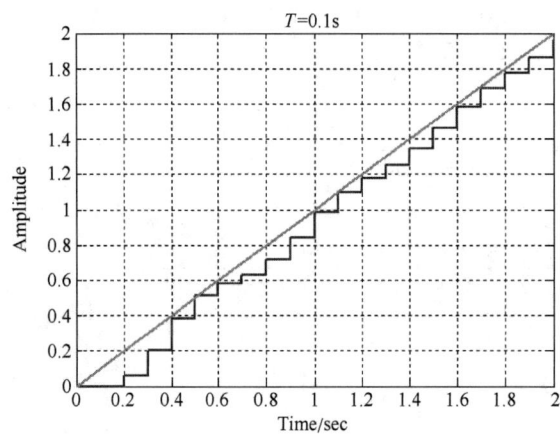

图 7-24-3 系统单位斜坡响应曲线(MATLAB)

连续系统和离散系统的单位斜坡响应如图 7-24-3 所示。图中,虚线代表斜坡输入。由图可见,离散系统的斜坡输出有纹波。

MATLAB 程序:exe724c.m

```
T = 0.1;
t = 0:0.1:2;
u = t;              %定义系统输入
sys = tf([0.568, - 0.1221, - 0.3795],
[1, - 1.79,1.6, - 0.743],T)
lsim(sys,u,t,0);
%绘制系统时间响应曲线
grid;
```

7-25 设闭环离散系统如图 7-73 所示,若采样周期在 $0 \leqslant T \leqslant 1.2$s 范围内变化,试在 T 每增加 0.2s 之后,绘出系统的单位阶跃输入响应,要求列表记录相应的 $\sigma\%$ 和 $t_s(\Delta=2\%)$。

解 当 $T=0$ 时,系统为连续系统,零阶保持器不存在,其闭环传递函数

$$\Phi(s) = \frac{1}{s^2+s+1} = \frac{\omega_n^2}{s^2+2\zeta\omega_n s+\omega_n^2}$$

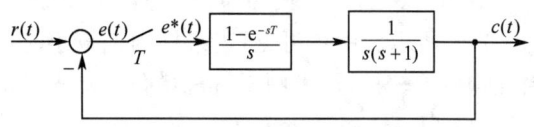

图 7-73 闭环离散系统结构图

可得 $\zeta=0.5, \omega_n=1$。单位阶跃响应

$$c(t) = 1 - \frac{1}{\sqrt{1-\zeta^2}} e^{-\zeta\omega_n t} \sin(\omega_n \sqrt{1-\zeta^2} t + \beta)$$

式中,$\beta=\arccos\zeta=60°$。于是有

$$c(t) = 1 - 1.155 e^{-0.5t} \sin(0.866t + 60°)$$

当 $T \neq 0$ 时,系统为离散系统。开环脉冲传递函数

$$G(z) = (1-z^{-1})Z\left[\frac{1}{s^2(s+1)}\right] = (1-z^{-1})Z\left[\frac{1}{s^2} - \frac{1}{s} + \frac{1}{s+1}\right]$$

$$= (1-z^{-1})\left[\frac{Tz}{(z-1)^2} - \frac{z}{z-1} + \frac{z}{z-e^{-T}}\right]$$

$$= \frac{T(z-e^{-T}) - (z-1)(z-e^{-T}) + (z-1)^2}{(z-1)(z-e^{-T})}$$

闭环脉冲传递函数

$$\Phi(z) = \frac{T(z-\mathrm{e}^{-T}) - (z-1)(z-\mathrm{e}^{-T}) + (z-1)^2}{(z-1)(z-\mathrm{e}^{-T}) + [T(z-\mathrm{e}^{-T}) - (z-1)(z-\mathrm{e}^{-T}) + (z-1)^2]}$$

令 T 分别等于 0.2,0.4,0.6,0.8,1.0 和 1.2,可得结果见表 7-25-1。

由于 $R(z) = \dfrac{z}{z-1}$, $C(z) = \Phi(z)R(z)$, 故同时将不同 T 值下闭环离散系统的输出序列 $C(z)$ 也列于表 7-25-1 之中。

表 7-25-1

T/s	$\Phi(z)$	$C(z)$
0.2	$\dfrac{0.019z+0.017}{z^2-1.8z+0.836} = \dfrac{0.019(z+0.895)}{(z-0.9\pm\mathrm{j}0.161)}$	$0.019(z^{-1} + 3.695z^{-2} + 7.71z^{-3} + 11.012z^{-4} + \cdots)$
0.4	$\dfrac{0.07z+0.062}{z^2-1.6z+0.732} = \dfrac{0.07(z+0.886)}{(z-0.8\pm\mathrm{j}0.303)}$	$0.07(z^{-1} + 3.486z^{-2} + 6.732z^{-3} + 10.106z^{-4} + \cdots)$
0.6	$\dfrac{0.149z+0.122}{z^2-1.4z+0.671} = \dfrac{0.149(z+0.819)}{(z-0.7\pm\mathrm{j}0.425)}$	$0.149(z^{-1} + 3.219z^{-2} + 5.655z^{-3} + 7.576z^{-4} + \cdots)$
0.8	$\dfrac{0.249z+0.192}{z^2-1.2z+0.641} = \dfrac{0.249(z+0.771)}{(z-0.6\pm\mathrm{j}0.53)}$	$0.249(z^{-1} + 2.971z^{-2} + 4.696z^{-3} + 5.505z^{-4} + \cdots)$
1.0	$\dfrac{0.368z+0.264}{z^2-z+0.632} = \dfrac{0.368(z+0.717)}{(z-0.5\pm\mathrm{j}0.618)}$	$0.368(z^{-1} + 2.717z^{-2} + 3.802z^{-3} + 3.802z^{-4} + \cdots)$
1.2	$\dfrac{0.501z+0.338}{z^2-0.8z+0.639} = \dfrac{0.501(z+0.675)}{(z-0.4\pm\mathrm{j}0.692)}$	$0.501(z^{-1} + 2.475z^{-2} + 3.016z^{-3} + 2.506z^{-4} + \cdots)$

对不同采样周期 T 值下的系统输出进行 MATLAB 仿真,测试相应的动态性能;同时进行连续系统的 MATLAB 仿真,同样记录相应的 $\sigma\%$ 和 $t_s(\Delta=2\%)$,列表记录结果示于表 7-25-2。

表 7-25-2

T/s	0	0.2	0.4	0.6	0.8	1.0	1.2
$\sigma/\%$	16.3%	20.6%	25.6%	31.3%	36.9%	40.0%	51.0%
t_s/s	8.1	8.4	8.8	11.4	14.4	16.0	19.2

由表 7-25-2 可见,系统离散化会恶化系统动态性能;采样周期越大,动态性能下降越厉害。

MATLAB 程序:exe725.m

```
%T=0
sys=tf([1],[1,1,1]);
subplot(4,2,1);
step(sys,12);                        %绘制 T=0 单位阶跃响应曲线
grid;
%T=0.2
T1=0.2;
t1=0:0.2:12;
sysd1=tf([0.019,0.017],[1,-1.8,0.836],T1);
subplot(4,2,2);
```

```
step(sysd1,t1);                         %绘制T=0.2单位阶跃响应曲线
grid;
%T=0.4
T2=0.4;
t2=0:0.4:12;
sysd2=tf([0.07,0.062],[1,-1.6,0.732],T2);
subplot(4,2,3);
step(sysd2,t2);                         %绘制T=0.4单位阶跃响应曲线
grid;
%T=0.6
T3=0.6;
t3=0:0.6:12;
sysd3=tf([0.149,0.122],[1,-1.4,0.671],T3);
subplot(4,2,4);
step(sysd3,t3);                         %绘制T=0.6单位阶跃响应曲线
grid;
%T=0.8
T4=0.8;
t4=0:0.8:12;
sysd4=tf([0.249,0.192],[1,-1.2,0.641],T4);
subplot(4,2,5);
step(sysd4,t4);                         %绘制T=0.8单位阶跃响应曲线
grid;
%T=1.0
T5=1;
t5=0:1:12;
sysd5=tf([0.368,0.264],[1,-1,0.632],T5);
subplot(4,2,6);
step(sysd5,t5);                         %绘制T=1.0单位阶跃响应曲线
grid;
%T=1.2
T6=1.2;
t6=0:1.2:12;
sysd6=tf([0.501,0.338],[1,-0.8,0.639],T6);
subplot(4,2,7);
step(sysd6,t6);                         %绘制T=1.2单位阶跃响应曲线
grid;
```

7-26 设具有采样器、保持器的闭环离散系统如图 7-74 所示,当采样周期 $T=0.1\mathrm{s}$,输入信号为单位阶跃信号时,试计算系统输出 $C(z)$。

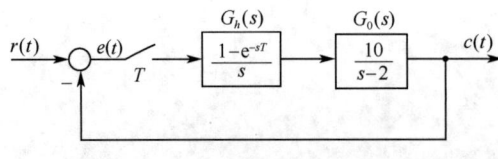

图 7-74 闭环离散系统结构图

解 因为

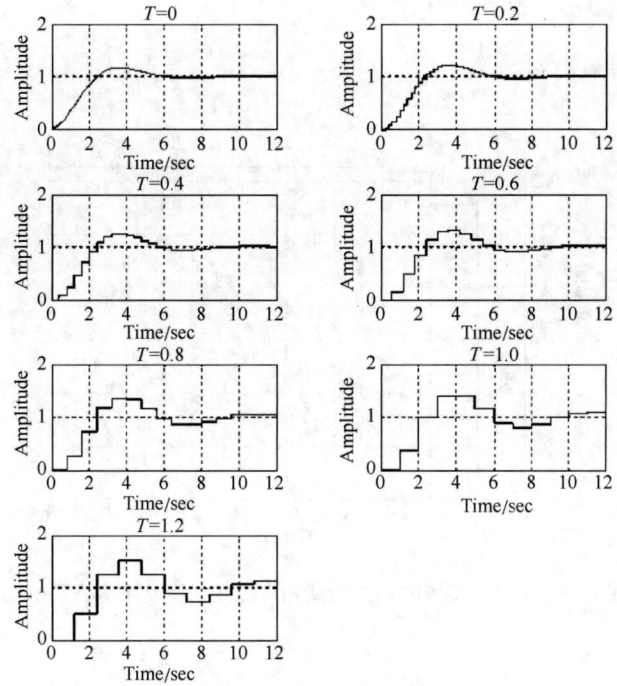

图 7-26-1　离散系统单位阶跃响应(MATLAB)

$$G(s)=G_h(s)G_0(s)=\frac{10(1-\mathrm{e}^{-sT})}{s(s-2)}$$

且 $T=0.1$,故开环脉冲传递函数

$$G(z)=10(1-z^{-1})\mathscr{L}\left[\frac{1}{s(s-2)}\right]=10(1-z^{-1})\mathscr{L}\left[-\frac{0.5}{s}+\frac{0.5}{s-2}\right]$$

$$=10(1-z^{-1})\left[-\frac{0.5z}{z-1}+\frac{0.5z}{z-\mathrm{e}^{2T}}\right]=\frac{1.107}{z-1.2214}$$

显然,开环离散系统是不稳定的。

由于 $r(t)=1(t)$,$R(z)=\dfrac{z}{z-1}$,故

$$\Phi(z)=\frac{G(z)}{1+G(z)}=\frac{1.107}{z-0.1144}$$

显然,闭环极点 $z=0.1144$,系统稳定。闭环系统输出

$$C(z)=\Phi(z)R(z)=\frac{1.107z}{z^2-1.1144z+0.1144}$$

利用长除法得

$$C(z)=0+1.107z^{-1}+1.234z^{-2}+1.248z^{-3}+1.25z^{-4}+1.25z^{-5}+\cdots$$

利用 MATLAB 软件包,可以绘出离散系统的单位阶跃响应如图 7-26-1 所示,测得 $\sigma\%=0\%$,$t_s=0.2\mathrm{s}\ (\Delta=2\%)$,$e_{ss}(\infty)=0.25$。

MATLAB 程序:exe726.m

```
T = 0.1;
t = 0:0.1:1;
```

```
sys = tf([1.107],[1, - 0.1144],T);
step(sys,t);
grid;
```

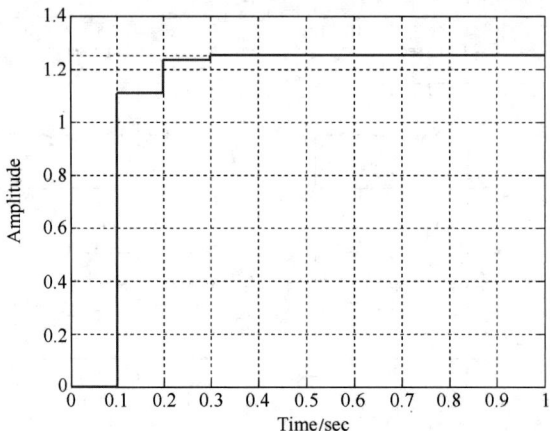

图 7-26-2　离散系统的单位阶跃响应曲线($T=0.1$,MATLAB)

第八章 非线性控制系统分析

8-1 某线性系统的结构图如图 8-76 所示,试分别绘制下列三种情况时,变量 e 的相轨迹,并根据相轨迹分别作出相应的 $e(t)$ 曲线。

(1) $J=1,K_1=1,K_2=2$,初始条件 $e(0)=3$, $\dot{e}(0)=0;e(0)=1,\dot{e}(0)=-2.5$;

(2) $J=1,K_1=1,K_2=0.5$,初始条件 $e(0)=3,\dot{e}(0)=0;e(0)=-3,\dot{e}(0)=0$;

(3) $J=1,K_1=1,K_2=0$,初始条件 $e(0)=1,\dot{e}(0)=1;e(0)=0,\dot{e}(0)=2$。

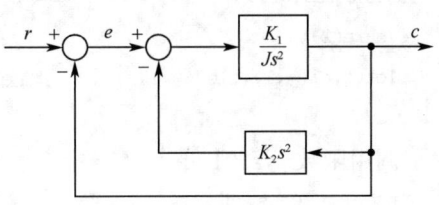

图 8-76　题 8-1 系统结构图

解 本题首先应根据系统结构图写出相应的微分方程,得到解析表达式,再根据给定的系统参数和初始条件,绘制线性系统的相轨迹。

由线性系统结构图可知

$$\frac{C(s)}{E(s)}=\frac{\frac{K_1}{Js^2}}{1+\frac{K_1K_2}{J}}=\frac{K_1}{(J+K_1K_2)s^2}$$

所以

$$\ddot{c}(t)=\frac{K_1}{J+K_1K_2}e(t)$$

输入比较点处 $e(t)=r(t)-c(t)=-c(t)$,整理上述关系式后有

$$\ddot{e}(t)=-\frac{K_1}{J+K_1K_2}e(t)$$

$$\dot{e}\,\mathrm{d}\dot{e}=-\frac{K_1}{J+K_1K_2}e\,\mathrm{d}e$$

积分得

$$\dot{e}^2(t)+\frac{K_1}{J+K_1K_2}e^2(t)=\dot{e}^2(0)+\frac{K_1}{J+K_1K_2}e^2(0)$$

(1) $J=1,K_1=1,K_2=2$。当初始条件 $e(0)=3,\dot{e}(0)=0$ 时,有

$$\dot{e}^2(t)+\frac{1}{3}e^2(t)=3$$

显然,此时相轨迹为一中心在原点的椭圆。下面利用 MATLAB 程序 exe801.m,得相应的相轨迹和 $e(t)$ 零输入响应曲线分别如图 8-1-1、图 8-1-2 中的虚线所示。

MATLAB 程序:exe801.m

```
t=0:0.01:20;           %设定仿真时间为20s
e01=[3 0]';            %设定初始条件 e(0)=3,ė(0)=0
e02=[1 -2.5]';         %设定初始条件 e(0)=1,ė(0)=-2.5
```

```
[t,e1]=ode45('sys801',t,e01);
                            %求解初始条件 e(0)=3,ė(0)=0 下的系统微分方程
[t,e2]=ode45('sys801',t,e02);
                            %求解初始条件 e(0)=1,ė(0)=-2.5 下的系统微分方程
figure(1)
plot(e1(:,1),e1(:,2),':',e2(:,1),e2(:,2));
                            %绘制系统相轨迹
axis equal;grid             %调整纵横坐标比例,保持图形并添加网格
figure(2)
plot(t,e1(:,1),t,e2(:,1));  %绘制系统误差响应曲线
grid
```

调用函数 sys801.m

```
function de=sys801(t,e)     %描述系统的微分方程
J=1;K1=1;K2=2;              %系统参数 J=1,K1=1,K2=2
de1=e(2);
de2=-(K1/(J+K1*K2))*e(1);
de=[de1 de2]';
```

当初始条件 $e(0)=1, \dot{e}(0)=-2.5$ 时,有

$$\dot{e}^2(t)+\frac{1}{3}e^2(t)=6.583$$

相轨迹为一中心在原点的椭圆。此时 MATLAB 程序 exe801.m 运行得到的相轨迹和 $e(t)$ 响应曲线为图 8-1-1、图 8-1-2 中的实线所示。

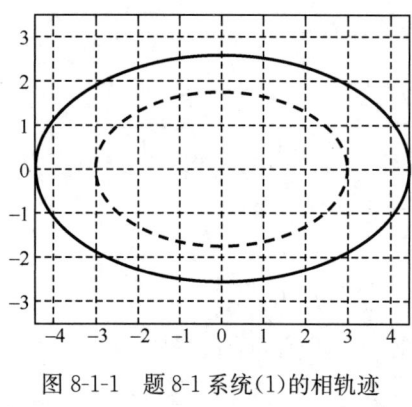

图 8-1-1 题 8-1 系统(1)的相轨迹 (MATLAB)

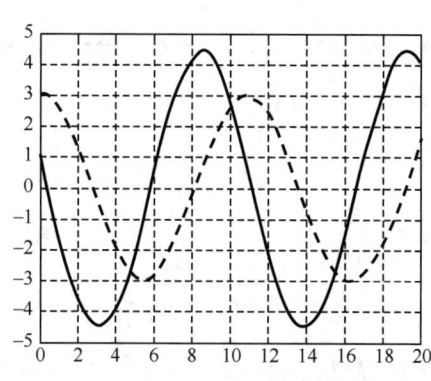

图 8-1-2 题 8-1 系统(1)的 $e(t)$ 零输入响应曲线(MATLAB)

(2) $J=1, K_1=1, K_2=0.5$。初始条件 $e(0)=3, \dot{e}(0)=0$ 或 $e(0)=-3, \dot{e}(0)=0$ 时,均有

$$\dot{e}^2(t)+\frac{2}{3}e^2(t)=6$$

此时两个不同初始条件下的相轨迹同为一中心在原点的椭圆。改写 MATLAB 程序 exe801.m 中的参数和初始条件设置,得相应的相轨迹和 $e(t)$ 曲线分别如图 8-1-3、图 8-1-4 所示。

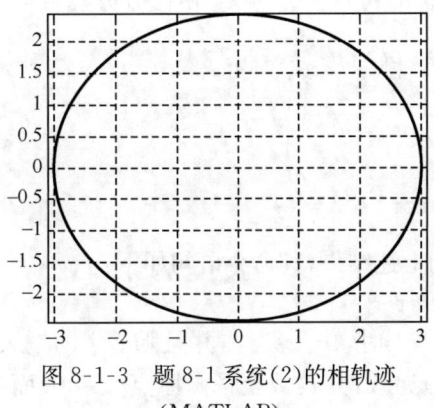

图 8-1-3 题 8-1 系统(2)的相轨迹（MATLAB）

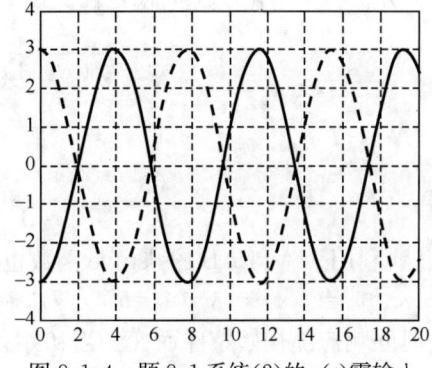

图 8-1-4 题 8-1 系统(2)的 $e(t)$ 零输入响应曲线(MATLAB)

(3) $J=1, K_1=1, K_2=0$。当初始条件 $e(0)=1, \dot{e}(0)=1$ 时,有
$$\dot{e}^2(t) + e^2(t) = 2$$

显然,此时相轨迹为一中心在原点、半径为 $\sqrt{2}$ 的圆。改写 MATLAB 程序 exe801.m 中的参数和初始条件设置,得相应的相轨迹和 $e(t)$ 曲线分别如图 8-1-5、图 8-1-6 中的虚线所示。

当初始条件 $e(0)=0, \dot{e}(0)=2$ 时,有
$$\dot{e}^2(t) + e^2(t) = 4$$

此时相轨迹为一中心在原点、半径为 2 的圆。改写 MATLAB 程序 exe801.m 中的参数和初始条件设置,得相应的相轨迹和 $e(t)$ 曲线分别如图 8-1-5、图 8-1-6 中的实线所示。

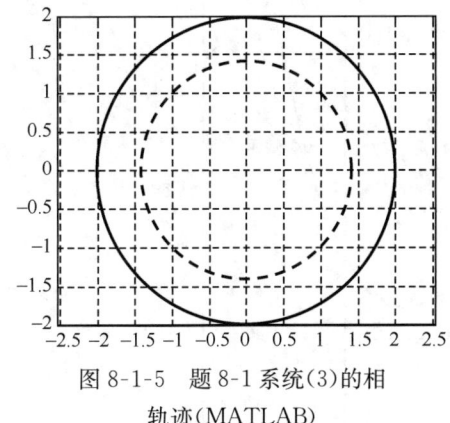

图 8-1-5 题 8-1 系统(3)的相轨迹(MATLAB)

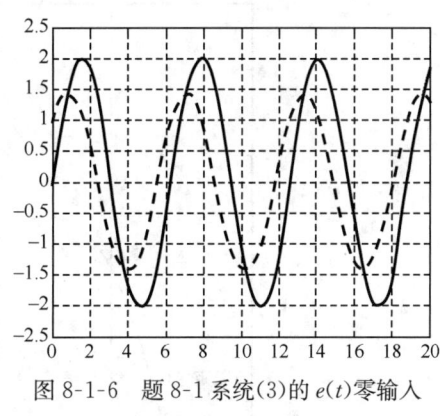

图 8-1-6 题 8-1 系统(3)的 $e(t)$ 零输入响应曲线(MATLAB)

8-2 设一阶非线性系统的微分方程为
$$\dot{x} = -x + x^3$$

试确定系统有几个平衡状态,分析各平衡状态的稳定性,并作出系统的相轨迹。

解 本题首先需解出系统的各个平衡状态点,通过解析法分析各个平衡状态点的稳定性,最后绘制该系统的概略相轨迹。

(1) 求系统的平衡状态。令 $\dot{x}=0$,即
$$\dot{x} = -x + x^3 = x(x-1)(x+1) = 0$$

得系统的平衡状态为 $x_e=0, -1, 1$。

(2) 分析各个平衡状态的稳定性。设 $t=0$ 时系统的初始状态为 x_0，由微分方程可得

$$\frac{\mathrm{d}x}{x(x-1)(x+1)} = \mathrm{d}t$$

即

$$\left(-\frac{1}{x} + \frac{1/2}{x-1} + \frac{1/2}{x+1}\right)\mathrm{d}x = \mathrm{d}t$$

积分得

$$x^2 = \frac{x_0^2 \mathrm{e}^{-2t}}{1 - x_0^2 + x_0^2 \mathrm{e}^{-2t}}$$

当然，利用 MATLAB 的 dsolve 函数也可以得到上述结果，其命令语句如下：

dsolve('Dx = -x + x^3','x(0) = a')   %a 表示初始条件

相应的时间响应随初始条件而变。当初始条件 $|x_0|<1$ 时，$1-x_0^2>0$，并且随着 t 的增大，上式分子的衰减速率大于分母的衰减速率，使得 $x(t)$ 递减，并收敛至平衡原点 $x_e=0$；而当 $|x_0|>1$ 时，$1-x_0^2<0$，若 $t<\frac{1}{2}\ln\frac{x_0^2}{x_0^2-1}$，随着 t 增大，上式分母的衰减速率大于分子的衰减速率，因此 $x(t)$ 递增；尤其当 $t=\frac{1}{2}\ln\frac{x_0^2}{x_0^2-1}$ 时，上式分母 $1-x_0^2+x_0^2\mathrm{e}^{-2t}=0$，$x(t)$ 为无穷大，系统发散不稳定。

(3) 应用下列简单的 MATLAB 命令，可得系统的相轨迹如图 8-2-1 所示。

MATLAB 程序：exe802.m

```
x = -1.5:0.01:1.5;
dx = -x + x.^3;
plot(x,dx);grid
```

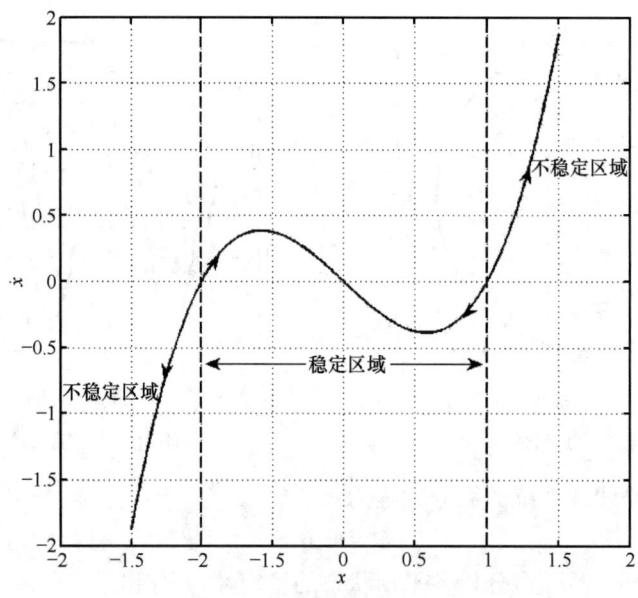

图 8-2-1 题 8-2 系统的相轨迹（MATLAB）

(4) 由以上分析可知，非线性系统可能存在多个平衡状态，平衡状态的稳定性不仅与系统的结构和参数有关，而且与系统的初始条件也有直接关系。

8-3 试确定下列方程的奇点及其类型，并用等倾线法或 MATLAB 法绘制它们的相平

面图：

(1) $\ddot{x}+\dot{x}+|x|=0$；　(2) $\ddot{x}+x+\mathrm{sign}\dot{x}=0$；　(3) $\ddot{x}+\sin x=0$；　(4) $\ddot{x}+|x|=0$；

(5) $\begin{cases} \dot{x}_1=x_1+x_2, \\ \dot{x}_2=2x_1+x_2. \end{cases}$

解　本题首先应求出各个系统的奇点，然后计算各奇点处的增量线性化方程，根据特征根确定奇点类型，再用等倾线法或 MATLAB 法绘制各个系统的相轨迹。

(1) $\ddot{x}+\dot{x}+|x|=0$

将原方程改写为

$$\begin{cases} \ddot{x}+\dot{x}+x=0, & x\geqslant 0 \\ \ddot{x}+\dot{x}-x=0, & x<0 \end{cases}$$

系统的特征方程为

$$\begin{cases} s^2+s+1=0, & x\geqslant 0 \\ s^2+s-1=0, & x<0 \end{cases}$$

相应的特征根为

$$s_{1,2}=-0.5\pm\mathrm{j}0.866,\quad（稳定焦点）\quad x\geqslant 0$$
$$s_3=-1.618,\quad s_4=0.618,\quad（鞍点）\quad x<0$$

由于　　　　　　　　$\ddot{x}=-\dot{x}-|x|,\quad \dfrac{\mathrm{d}\dot{x}}{\mathrm{d}x}=-1-\dfrac{|x|}{\dot{x}}$

令 $\dfrac{\mathrm{d}\dot{x}}{\mathrm{d}x}=\alpha$，得等倾线方程为 $\dot{x}=-\dfrac{1}{1+\alpha}|x|$。

下表给出了不同 α 值下等倾线的斜率：

α	-3	-2	-1	0	1	2	∞
$-\dfrac{1}{1+\alpha}$	$\dfrac{1}{2}$	1	∞	-1	$-\dfrac{1}{2}$	$-\dfrac{1}{3}$	0

根据表格或 MATLAB 作出相轨迹图，如图 8-3-1 所示。

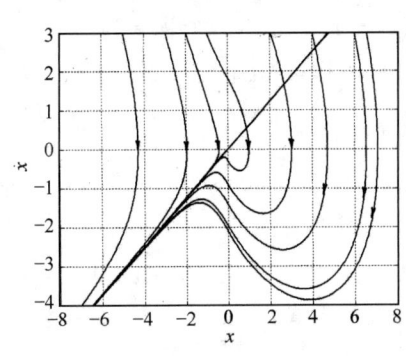 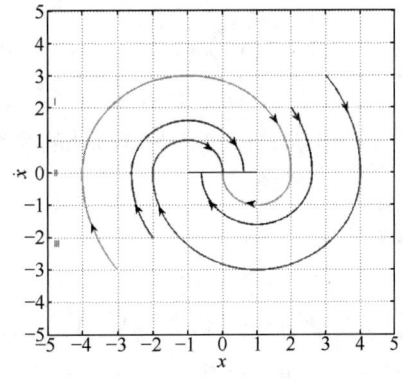

图 8-3-1　题 8-3 系统(1)相轨迹(MATLAB)　　图 8-3-2　题 8-3 系统(2)相轨迹(MATLAB)

(2) $\ddot{x}+x+\mathrm{sign}\,\dot{x}=0$

将原方程改写为

$$\begin{cases} \ddot{x}+x+1=0, & \dot{x}>0 \\ \ddot{x}+x=0, & \dot{x}=0 \\ \ddot{x}+x-1=0, & \dot{x}<0 \end{cases}$$

系统的特征方程为 $s^2+1=0$,特征根 $s_{1,2}=\pm\mathrm{j}$,奇点为中心点。

在 Ⅰ 区($\dot{x}>0$),$\dot{x}\dfrac{\mathrm{d}\dot{x}}{\mathrm{d}x}=-x-1$。令 $\dfrac{\mathrm{d}\dot{x}}{\mathrm{d}x}=\alpha$,得等倾线方程为 $\dot{x}=-\dfrac{x+1}{\alpha}$。

在 Ⅱ 区($\dot{x}=0$),等倾线位于 x 轴上。

在 Ⅲ 区($\dot{x}<0$),$\dot{x}\dfrac{\mathrm{d}\dot{x}}{\mathrm{d}x}=-x+1$。令 $\dfrac{\mathrm{d}\dot{x}}{\mathrm{d}x}=\alpha$,得等倾线方程为 $\dot{x}=-\dfrac{x-1}{\alpha}$。

下表给出了不同 α 值下等倾线的斜率:

α	$-\infty$	-3	-1	$-\dfrac{1}{3}$	0	$\dfrac{1}{3}$	1	3	∞
$-\dfrac{1}{\alpha}$	0	$\dfrac{1}{3}$	1	3	$-\infty$	-3	-1	$-\dfrac{1}{3}$	0

根据表格作出概略相轨迹图,如图 8-3-2 所示。由图可见,系统运动最终收敛到 $(-1,1)$ 之间。奇点在 $(-1,1)$ 之间连成一条线,称之为奇线。

(3) $\ddot{x}+\sin x=0$

令 $\ddot{x}=\dot{x}=0$,则 $\sin x=0$,得系统的奇点为

$$x_e=0,\pm\pi,\pm 2\pi,\cdots$$

当 $x_e=2k\pi,k=0,\pm 1,\pm 2,\cdots$ 时,令 $x=2k\pi+x_0$,原方程变为

$$\ddot{x}=\ddot{x}_0=-\sin(2k\pi+x_0)=-\sin x_0$$

在奇点 $x_0=0$(即 $x_e=2k\pi$)处的线性化方程为

$$\ddot{x}_0=-x_0$$

特征方程为

$$s^2+1=0$$

特征根为 $s_{1,2}=\pm\mathrm{j}$,奇点为中心点。

当 $x_e=(2k+1)\pi,k=0,\pm 1,\pm 2,\cdots$ 时,令 $x=(2k+1)\pi+x_0$,原方程变为

$$\ddot{x}=\ddot{x}_0=-\sin[(2k+1)\pi+x_0]=\sin x_0$$

在奇点 $x_0=0$(即 $x_e=(2k+1)\pi$)处的线性化方程为

$$\ddot{x}_0=x_0$$

特征方程为

$$s^2-1=0$$

特征根为 $s_{1,2}=\pm 1$,奇点为鞍点。

令 $\dfrac{\mathrm{d}\dot{x}}{\mathrm{d}x}=\alpha$,得等倾线方程为

$$\dot{x}=-\dfrac{1}{\alpha}\sin x$$

下表给出了不同 α 值下等倾线的斜率。

α	−2	−1	−$\frac{1}{2}$	−$\frac{1}{4}$	0	$\frac{1}{4}$	$\frac{1}{2}$	1	2
−$\frac{1}{α}$	$\frac{1}{2}$	1	2	4	∞	−4	−2	−1	−$\frac{1}{2}$

根据表格作出概略相轨迹,如图 8-3-3 所示。

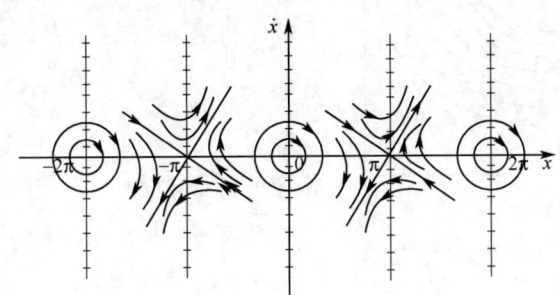

图 8-3-3　题 8-3 系统(3)相轨迹

(4) $\ddot{x} + |x| = 0$

原系统方程改写为

$$\begin{cases} \ddot{x} + x = 0, & x \geqslant 0 \\ \ddot{x} - x = 0, & x < 0 \end{cases}$$

系统的特征方程为

$$\begin{cases} s^2 + 1 = 0, & x \geqslant 0 \\ s^2 - 1 = 0, & x < 0 \end{cases}$$

相应的特征根为

$$s_{1,2} = \pm j, \quad （中心点）\quad x \geqslant 0$$
$$s_{3,4} = \pm 1, \quad （鞍点）\quad x < 0$$

由于

$$\ddot{x} = -|x|, \quad \dot{x}\frac{d\dot{x}}{dx} = -|x|$$

令 $\dfrac{d\dot{x}}{dx} = α$,得等倾线方程为

$$\dot{x} = -\frac{1}{α}|x|$$

下表给出了不同 α 值下等倾线的斜率。

α	−∞	−3	−1	−$\frac{1}{3}$	0	$\frac{1}{3}$	1	3	∞
−$\frac{1}{α}$	0	$\frac{1}{3}$	1	3	−∞	−3	−1	−$\frac{1}{3}$	0

根据表格或 MATLAB 作出系统的相轨迹,如图 8-3-4 所示。由图可见,系统由初始条件出发,向 x 轴负方向运动,发散不稳定。

(5) $\begin{cases} \dot{x}_1 = x_1 + x_2 \\ \dot{x}_2 = 2x_1 + x_2 \end{cases}$

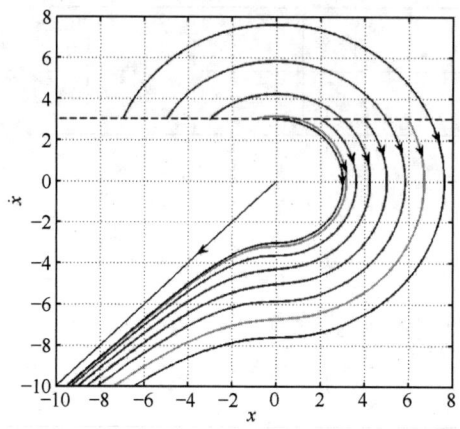

图 8-3-4 题 8-3 系统(4)相轨迹(MATLAB)

由于 $x_2 = \dot{x}_1 - x_1$，因此系统方程为
$$\ddot{x}_1 - \dot{x}_1 = 2x_1 + \dot{x}_1 - x_1$$
即 $\ddot{x}_1 - 2\dot{x}_1 - x_1 = 0$

同理可得
$$\ddot{x}_2 - 2\dot{x}_2 - x_2 = 0$$

令 $\dfrac{\mathrm{d}\dot{x}}{\mathrm{d}x} = \dfrac{2\dot{x}+x}{\dot{x}} = \dfrac{0}{0}$，得奇点为 $(0,0)$。系统特征方程为
$$s^2 - 2s - 1 = 0$$

相应的特征根为
$$s_1 = 2.414, \quad s_2 = -0.414 \quad （鞍点）$$

由于 $\ddot{x} = \dot{x}\dfrac{\mathrm{d}\dot{x}}{\mathrm{d}x} = 2\dot{x} + x$，令 $\dfrac{\mathrm{d}\dot{x}}{\mathrm{d}x} = \alpha$，得等倾线方程为
$$\dot{x} = \dfrac{x}{\alpha - 2} = kx$$

其中 k 为等倾线的斜率。由于相轨迹的渐近线是特殊的等倾线，满足 $k = \alpha$，则由上式不难得到 $k_1 = \alpha_1 = 2.414, k_2 = \alpha_2 = -0.414$。相轨迹在这两条特殊的等倾线附近将沿着渐近线收敛或发散。

下表给出了不同 α 值下等倾线的斜率。

α	2	2.5	3	∞	1	1.5
$\dfrac{1}{\alpha-2}$	∞	2	1	0	-1	-2

根据表格或 MATLAB 作出相轨迹，如图 8-3-5 所示。

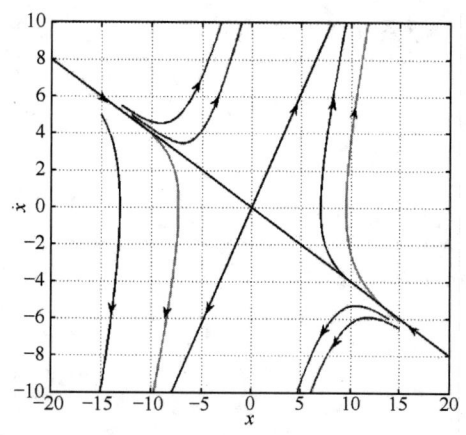

图 8-3-5 题 8-3 系统(5)相轨迹(MATLAB)

8-4 若非线性系统的微分方程为

(1) $\ddot{x} + (3\dot{x} - 0.5)\dot{x} + x + x^2 = 0$；　(2) $\ddot{x} + x\dot{x} + x = 0$；　(3) $\ddot{x} + \dot{x}^2 + x = 0$。

试求系统的奇点，并概略绘制奇点附近的相轨迹。

解 首先应求出各个系统的奇点，然后计算各奇点处的一阶偏导数及增量线性化方程，根据特征根确定奇点类型，并由奇点类型概略绘制各个系统的相轨迹。

(1) $\ddot{x} + (3\dot{x} - 0.5)\dot{x} + x + x^2 = 0$

系统的相轨迹微分方程为
$$\dfrac{\mathrm{d}\dot{x}}{\mathrm{d}x} = \dfrac{-(3\dot{x} - 0.5)\dot{x} - x - x^2}{\dot{x}}$$

令 $\dfrac{\mathrm{d}\dot{x}}{\mathrm{d}x} = \dfrac{0}{0}$，求得系统的两个奇点

$$\begin{cases} x_1 = 0 \\ \dot{x}_1 = 0 \end{cases}, \quad \begin{cases} x_1 = -1 \\ \dot{x}_1 = 0 \end{cases}$$

为确定奇点类型,需计算各奇点处的一阶偏导数及增量线性化方程。

奇点(−1,0)处:

$$\left.\frac{\partial f(x,\dot{x})}{\partial x}\right|_{\substack{x=-1\\\dot{x}=0}} = 1, \quad \left.\frac{\partial f(x,\dot{x})}{\partial \dot{x}}\right|_{\substack{x=-1\\\dot{x}=0}} = 0.5$$

$$\Delta \ddot{x} - 0.5\Delta \dot{x} - \Delta x = 0$$

特征根 $s_1=1.218, s_2=-0.718$,故奇点(−1,0)为鞍点。其概略相轨迹如图 8-4-1(a)所示。

奇点(0,0)处:

$$\left.\frac{\partial f(x,\dot{x})}{\partial x}\right|_{\substack{x=0\\\dot{x}=0}} = -1, \quad \left.\frac{\partial f(x,\dot{x})}{\partial \dot{x}}\right|_{\substack{x=0\\\dot{x}=0}} = 0.5$$

$$\Delta \ddot{x} - 0.5\Delta \dot{x} + \Delta x = 0$$

特征根为 $s_{1,2}=0.25\pm j0.984$,故奇点(0,0)为不稳定的焦点,如图 8-4-1(b)所示。

(2) $\ddot{x} + x\dot{x} + x = 0$

系统的相轨迹微分方程为

$$\frac{\mathrm{d}\dot{x}}{\mathrm{d}x} = \frac{-x\dot{x}-x}{\dot{x}}$$

令 $\dfrac{\mathrm{d}\dot{x}}{\mathrm{d}x} = \dfrac{0}{0}$,则求得系统的奇点为(0,0)。

奇点(0,0)处:

$$\left.\frac{\partial f(x,\dot{x})}{\partial x}\right|_{\substack{x=0\\\dot{x}=0}} = -1, \quad \left.\frac{\partial f(x,\dot{x})}{\partial \dot{x}}\right|_{\substack{x=0\\\dot{x}=0}} = 0$$

$$\Delta \ddot{x} + \Delta x = 0$$

特征根为 $s_{1,2}=\pm j$,故奇点(0,0)为中心点。其相轨迹如图 8-4-2 所示。

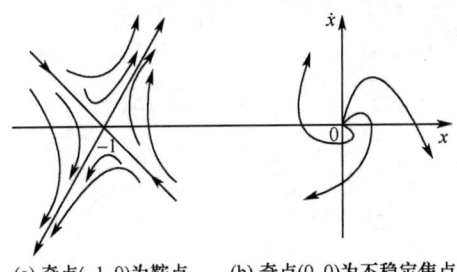 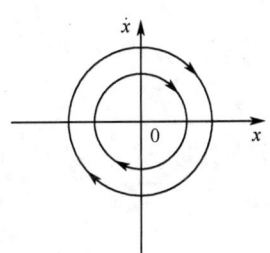

(a) 奇点(−1,0)为鞍点   (b) 奇点(0,0)为不稳定焦点

图 8-4-1 题 8-4 系统(1)的概略相轨迹及奇点   图 8-4-2 题 8-4 系统(2)的相轨迹及奇点类型中心点

(3) $\ddot{x} + \dot{x}^2 + x = 0$

系统的相轨迹微分方程为

$$\frac{\mathrm{d}\dot{x}}{\mathrm{d}x} = \frac{-\dot{x}^2 - x}{\dot{x}}$$

令 $\dfrac{\mathrm{d}\dot{x}}{\mathrm{d}x} = \dfrac{0}{0}$,则求得系统的奇点为(0,0)。

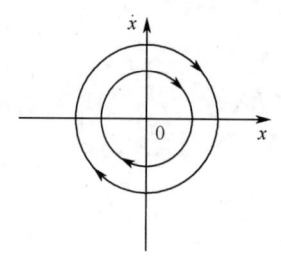

图 8-4-3 题 8-4 系统(3)的相轨迹
及奇点类型中心点

奇点$(0,0)$处：

$$\left.\frac{\partial f(x,\dot x)}{\partial x}\right|_{\substack{x=0\\\dot x=0}}=-1, \quad \left.\frac{\partial f(x,\dot x)}{\partial \dot x}\right|_{\substack{x=0\\\dot x=0}}=0$$

$$\Delta\ddot x+\Delta x=0$$

特征根为 $s_{1,2}=\pm j$，故奇点$(0,0)$为中心点。其相轨迹如图 8-4-3 所示。

8-5 非线性系统的结构图如图 8-77 所示，系统开始时是静止的，输入信号 $r(t)=4\cdot 1(t)$，试写出开关线方程，确定奇点的位置和类型，作出该系统的相平面图，并分析系统的运动特点。

解 本题首先应根据系统结构图解出相应的微分方程和开关线，得到解析表达式，然后根据给定输入信号和初始条件，绘制相轨迹，并由相轨迹分析系统运动特点。

(1) 解微分方程。假设开始时系统处于静止状态，即 $c(0)=0, \dot c(0)=0$，则描述系统的方程组为 $\ddot c=u$，其中

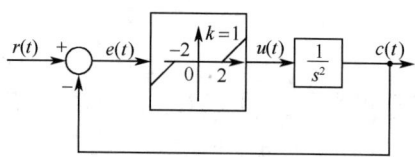

图 8-77 题 8-5 的非线性系统结构图

$$u=\begin{cases} e+2, & e<-2 \\ 0, & |e|<2 \\ e-2, & e>2 \end{cases}$$

由比较点可得

$$e=r-c$$

因为 $r(t)=4\cdot 1(t)$，故有 $e=4-c, \dot e=-\dot c, \ddot e=-\ddot c$，初始条件为 $e(0)=4, \dot e(0)=0$。

整理上述关系式后可得

$$\ddot e=\begin{cases} -e-2, & e<-2 \\ 0, & |e|<2 \\ -e+2, & e>2 \end{cases}$$

开关线为 $e=\pm 2$。

(2) 相平面分析。当 $e>2$ 时，描述系统的微分方程为

$$\ddot e=-e+2, \quad \dot e\mathrm d\dot e=(-e+2)\mathrm de$$

积分得

$$(e-2)^2+\dot e^2=C_1$$

C_1 由初始条件 $e(0)=4$ 和 $\dot e(0)=0$ 决定，可得 $C_1=4$。由此可见，$e>2$ 区域内的相轨迹是一圆心在$(2,0)$处的圆。

当 $e<2$ 时，描述系统的微分方程为

$$\ddot e=0, \quad \dot e\mathrm d\dot e=0$$

积分得

$$\dot e^2=C_2$$

C_2 由 $e>2$ 区域内的相轨迹与开关线 $e=2$ 的交点$(2,2)$决定，可得 $C_2=2$。由此可见，$e<2$ 区域内相轨迹为水平直线。

当 $e<-2$ 时，描述系统的微分方程为

$$\ddot{e} = -e-2, \qquad \dot{e}\mathrm{d}\dot{e} = (-e-2)\mathrm{d}e$$

积分得
$$(e+2)^2 + \dot{e}^2 = C_3$$

C_3 由 $e<2$ 区域内的相轨迹与开关线 $e=-2$ 的交点 $(-2,-2)$ 决定,可得 $C_3=4$。由此可见,$e<-2$ 区域内的相轨迹是一圆心在 $(-2,0)$ 处的圆。

当 $e>-2$ 时,描述系统的微分方程为
$$\ddot{e} = 0, \qquad \dot{e}\mathrm{d}\dot{e} = 0$$

积分得
$$\dot{e}^2 = C_4$$

C_4 由 $e<-2$ 区域内的相轨迹与开关线 $e=-2$ 的交点 $(-2,2)$ 决定,可得 $C_4=2$。由此可见,$e>-2$ 区域内的相轨迹为水平直线。

(3) 相轨迹绘制与时间响应。实际上,由相轨迹对称条件可知,该非线性系统相轨迹上下对称,左右对称,且关于原点对称。

运行 MATLAB 程序 exe805.m 得到相轨迹和 $e(t)$ 曲线分别如图 8-5-1 和图 8-5-2 所示。由图 8-5-1、图 8-5-2 可见,系统由初始条件出发,呈周期振荡状态。

MATLAB 程序:exe805.m

```
t = 0:0.01:30;              % 设定仿真时间为 30s
e0 = [4 0]';                % 初始条件 e(0)=4,ė(0)=0
[t,e] = ode45('sys805',t,e0);  % 求解初始条件 e(0)=4,ė(0)=0 下的系统微分方程
figure(1)
plot(e(:,1),e(:,2));grid    % 绘制相轨迹
figure(2)
plot(t,e(:,1));grid         % 绘制系统的误差响应曲线
```

调用函数:sys805

```
function de = sys805(t,e)   % 描述系统的微分方程
de1 = e(2);
if (e(1)<-2)
  de2 = -2 - e(1);
elseif (abs(e(1))<2)
  de2 = 0;
else de2 = 2 - e(1);
end
de = [de1 de2]';
```

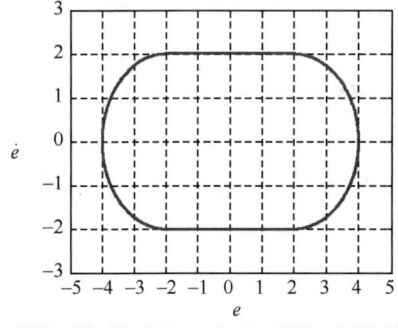

图 8-5-1 题 8-5 系统相轨迹(MATLAB)

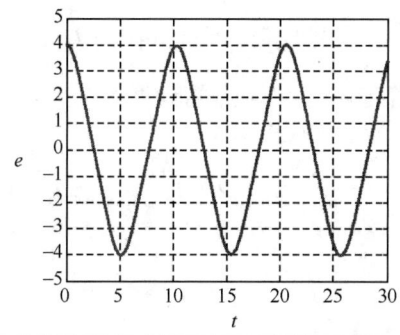

图 8-5-2 题 8-5 系统 $e(t)$ 响应曲线(MATLAB)

8-6 变增益控制系统的结构图及其中非线性元件 $N(A)$ 的输入输出特性如图 8-78 所示,设系统开始处于零初始状态,若输入信号 $r(t)=R \cdot 1(t)$,且 $R>e_0$,$kK<\dfrac{1}{4T}<K$,试绘出系统的相平面图,并分析采用变增益放大器对系统性能的影响。已知系统参数:$k=0.1$,$e_0=0.6$,$K=5$,$T=0.49$。

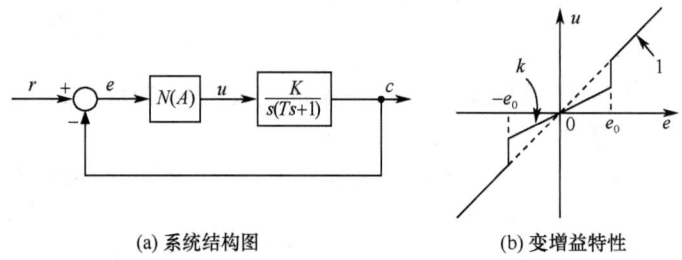

(a) 系统结构图　　　　　　(b) 变增益特性

图 8-78　题 8-6 具有变增益放大器的系统

解　本题首先应根据系统结构图解出相应的微分方程和开关线,确定系统奇点,然后根据给定输入信号和初始条件,绘制相轨迹,并由相轨迹分析变增益放大器对系统性能的影响。

假设开始时系统处于静止状态,即
$$c(0)=0, \quad \dot{c}(0)=0$$
则描述系统的方程组为 $T\ddot{c}+\dot{c}=Ku$,其中
$$u=\begin{cases} e, & |e|>e_0 \\ ke, & |e|<e_0 \end{cases}$$
$$e=r-c$$

因为 $r(t)=R \cdot 1(t)$,故有 $e=R-c$,$\dot{e}=-\dot{c}$,$\ddot{e}=-\ddot{c}$,初始条件为 $e(0)=R$,$\dot{e}(0)=0$。

整理上述关系式后可得
$$T\ddot{e}+\dot{e}+Ke=0, \quad |e|>e_0$$
$$T\ddot{e}+\dot{e}+kKe=0, \quad |e|<e_0$$

开关线为 $|e|=e_0$。

在相平面的 I 区($|e|>e_0$),系统相轨迹微分方程为
$$\frac{d\dot{e}}{de}=-\frac{\dot{e}+Ke}{T\dot{e}}$$

令 $\dfrac{d\dot{e}}{de}=\dfrac{0}{0}$,则求得系统的奇点在 $(0,0)$ 处。

为确定该奇点类型,需计算各奇点处的一阶偏导数及增量线性化方程。

奇点 $(0,0)$ 处:
$$\left.\frac{\partial f(e,\dot{e})}{\partial \dot{e}}\right|_{\substack{e=0\\\dot{e}=0}}=-\frac{1}{T}, \quad \left.\frac{\partial f(e,\dot{e})}{\partial e}\right|_{\substack{e=0\\\dot{e}=0}}=-\frac{K}{T}$$
$$\Delta\ddot{e}+\frac{1}{T}\Delta\dot{e}+\frac{K}{T}\Delta e=0$$

由于 $\dfrac{1}{4T}<K$,可得特征根 $s_{1,2}=\dfrac{1}{2T}(-1\pm j\sqrt{4KT-1})$,故奇点在 $(0,0)$ 是稳定焦点。

同理可得,在相平面的Ⅱ区($|e|<e_0$),由于 $kK<\dfrac{1}{4T}$,可得系统奇点在(0,0)处的特征根 $s_{1,2}=-\dfrac{1}{2T}(1\pm\sqrt{1-4KTk})$,是稳定节点。

为便于作图,取 $T=0.49, K=5, k=0.1, e_0=0.6, R=1$。系统以非周期运动形式由初始点(1,0)运动到平衡位置(0,0),稳态误差 $e_{ss}(\infty)=0$。运行 MATLAB 程序 exe806.m 得相轨迹如图 8-6-1 所示,而非线性环节加入前后的 $e(t)$ 曲线分别如图 8-6-2 中的虚线和实线部分所示。

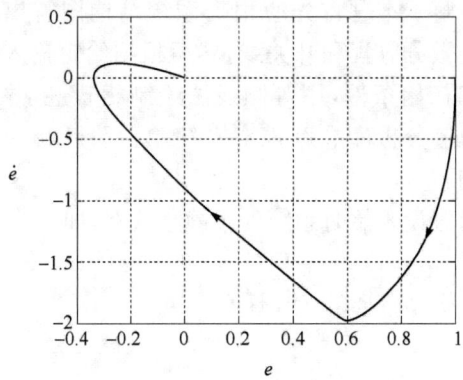

图 8-6-1 题 8-6 系统相轨迹(MATLAB)　　图 8-6-2 题 8-6 系统误差响应曲线(MATLAB)

MATLAB 程序:exe806.m

```
global K T                          % 设定全局变量参数
K = 5;T = 0.49;R = 1;
G = tf([K],[T 1 0]);                % 开环线性传递函数
sys = feedback(G,1);                % 线性闭环传递函数
t = 0:0.01:10;                      % 设定仿真时间为 10s
c = R * step(sys,t)                 % 线性闭环系统输出
e1 = R - c;                         % 线性闭环系统输出
e0 = [R 0]';                        % 设定非线性闭环系统的误差初始条件
[t,e2] = ode45('sys806',t,e0);      % 求解非线性系统微分方程
figure(1)
plot(e2(:,1),e2(:,2));grid          % 绘制相轨迹
figure(2)
plot(t,e1,':',t,e2(:,1));grid       % 绘制非线性环节加入前后的 e(t)曲线
```

调用函数:sys806.m

```
function de = sys806(t,e)           % 描述非线性系统的微分方程
global K T                          % 说明全局变量参数
e01 = 0.6;k = 0.1;
de1 = e(2);
if (abs(e(1))>e01)
    de2 = ( - e(2) - K * e(1))./T;
else de2 = ( - e(2) - k * K * e(1))./T;
```

```
end
de = [de1 de2]';
```

由图 8-6-1 可见,相轨迹最终收敛于稳定节点,其横坐标就是稳态误差,即 $e_{ss}(\infty)=0$。与线性放大器时的情况相同。以上分析表明,在这种情况下,引入变增益线性放大器不但不会增加阶跃响应的稳态误差,而且由图 8-6-2 可见,还加快了系统误差响应的收敛速度,改善了系统性能。

8-7 图 8-79 为一带有库仑摩擦的二阶系统,试用相平面法讨论库仑摩擦对系统单位阶跃响应的影响。

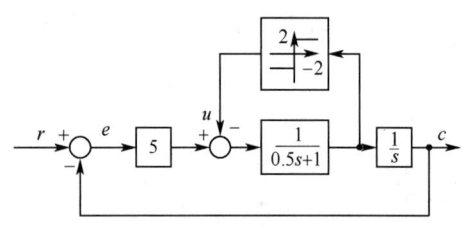

图 8-79 题 8-7 有库仑摩擦的二阶系统结构图

解 本题首先应根据系统结构图解出相应的微分方程和开关线,然后根据给定输入信号和初始条件,用等倾线法绘制相轨迹,并由相轨迹分析库仑摩擦对系统单位阶跃响应的影响。

假设开始时系统处于静止状态,即

$$c(0)=0, \quad \dot{c}(0)=0$$

由系统结构图 8-79,有

$$0.5\ddot{c}+\dot{c}=5e-u$$

其中 u 为库仑摩擦非线性环节输出

$$u=\begin{cases}2, & \dot{c}>0 \\ -2, & \dot{c}<0\end{cases}$$

列写系统微分方程

$$\begin{cases}0.5\ddot{c}+\dot{c}=5e-2, & \dot{c}>0 \\ 0.5\ddot{c}+\dot{c}=5e+2, & \dot{c}<0\end{cases}$$

$$e=r-c$$

因为 $r(t)=1(t)$,故有 $e=1-c, \dot{e}=-\dot{c}, \ddot{e}=-\ddot{c}$,初始条件为 $e(0)=1, \dot{e}(0)=0$。

整理上述关系式后可得

$$\ddot{e}+2\dot{e}+10e-4=0, \quad \dot{e}<0$$
$$\ddot{e}+2\dot{e}+10e+4=0, \quad \dot{e}>0$$

开关线为 $\dot{e}=0$。

在 Ⅰ 区($\dot{e}<0$),由于

$$\dot{e}\frac{d\dot{e}}{de}=-2\dot{e}-10e+4$$

令 $\frac{d\dot{e}}{de}=\alpha_1$,得等倾线方程为

$$\dot{e}=-\frac{10}{\alpha_1+2}e+\frac{4}{\alpha_1+2}$$

在 Ⅱ 区($\dot{e}>0$),由于

$$\dot{e}\frac{d\dot{e}}{de}=-2\dot{e}-10e-4$$

令 $\dfrac{\mathrm{d}\dot{e}}{\mathrm{d}e}=\alpha_2$,得等倾线方程为

$$\dot{e}=-\dfrac{10}{\alpha_2+2}e-\dfrac{4}{\alpha_2+2}$$

下表给出了不同 $\alpha_i(i=1,2)$ 值下等倾线的斜率。

α_i	-4	-2	-1	0	2	3	∞
$-\dfrac{10}{\alpha_i+2}$	5	$-\infty$	-10	-5	-2.5	-2	0

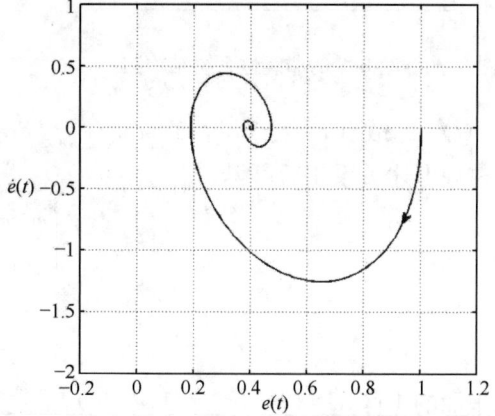

图 8-7-1 库仑摩擦系统相轨迹(MATLAB)

根据表格作等倾线或用 MATLAB 法可得系统的相轨迹如图 8-7-1 所示。

最后,此题可考虑在 MATLAB 的 Simulink 环境下搭建如图 8-7-2 所示的二阶系统,并进一步研究库仑摩擦环节对系统阶跃响应的影响。该模型仿真时间设定为 10s,并采用定步长(fixed-step)的 ode4(Runge-Kutta)算法,得系统在库仑摩擦环节加入前后的单位阶跃响应曲线分别如图 8-7-3 中的虚线、实线部分所示。

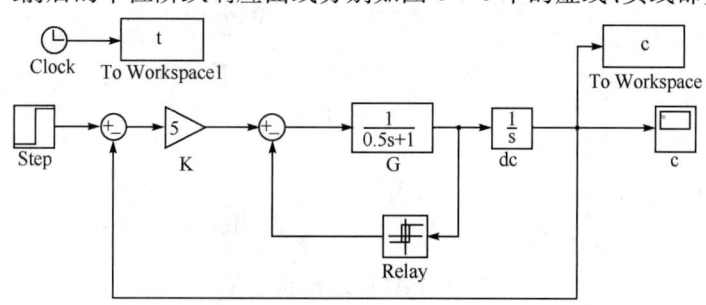

图 8-7-2 带有库仑摩擦的二阶系统(Simulink 环境)

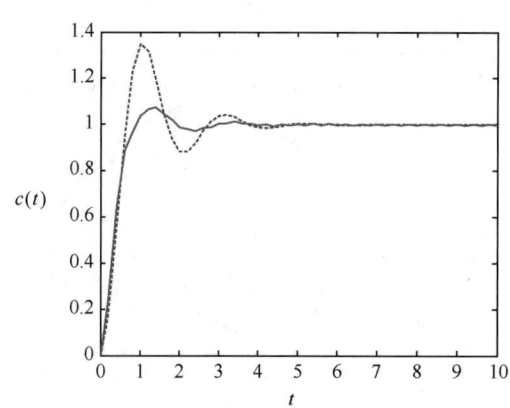

图 8-7-3 题 8-7 系统输出响应曲线(MATLAB)

由图 8-7-3 可见,系统稳定收敛,引入库仑摩擦非线性环节后,系统的单位阶跃响应阻尼程度加大,超调量减小,改善了动态性能。

8-8 设非线性系统如图 8-80 所示,输入为单位斜坡函数。试在 e-$\dot{e}$ 平面上绘制相轨迹。

解 本题首先应根据系统结构图解出相应的微分方程和开关线,得到解析表达式,然后根据给定输入单位斜坡信号和初始条件,绘制相轨迹,并由相轨迹分析系统运动特点。

假设开始时系统处于静止状态,即
$$c(0)=0, \quad \dot{c}(0)=0$$

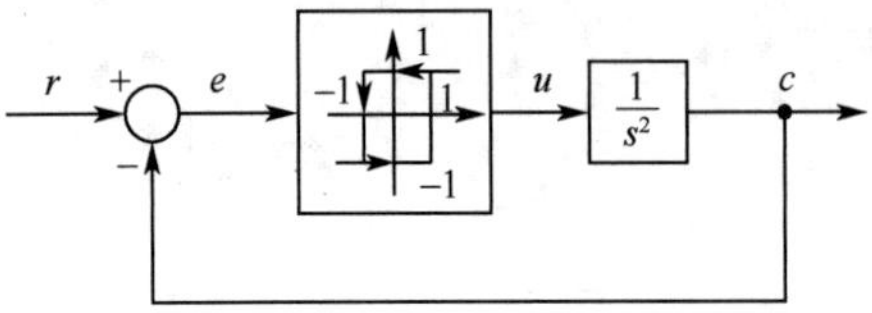

则描述系统的方程组为 $\ddot{c}=u$,其中

$$u=\begin{cases}1, & \begin{cases}e>1\\-1<e<1, \dot{e}<0\end{cases}\\-1, & \begin{cases}e<-1\\-1<e<1, \dot{e}>0\end{cases}\end{cases}$$

$$e=r-c$$

图 8-80 题 8-8 的非线性系统结构图

因为 $r(t)=t$,故有 $e=t-c, \dot{e}=1-\dot{c}, \ddot{e}=-\ddot{c}$,初始条件为 $e(0)=0, \dot{e}(0)=1$。

整理上述关系式后可得

$$\ddot{e}=\begin{cases}-1, & \begin{cases}e>1\\-1<e<1, \dot{e}<0\end{cases}\\1, & \begin{cases}e<-1\\-1<e<1, \dot{e}>0\end{cases}\end{cases}$$

在相平面的 Ⅰ 区($e>1$;$-1<e<1, \dot{e}<0$),描述系统的微分方程为
$$\ddot{e}=-1$$
积分可得
$$\frac{1}{2}\dot{e}^2=-e+C_1 \quad (抛物线)$$

在相平面的 Ⅱ 区($e<-1$;$-1<e<1, \dot{e}>0$),描述系统的微分方程为
$$\ddot{e}=1$$
积分可得
$$\frac{1}{2}\dot{e}^2=e+C_2 \quad (抛物线)$$

由初始条件 $e(0)=0, \dot{e}(0)=1$ 出发,概略绘制其相轨迹如图 8-8-1 所示。

下面利用 MATLAB 程序 exe808.m 精确绘制系统相轨迹,如图 8-8-2 所示。由图可见,系统振荡发散。

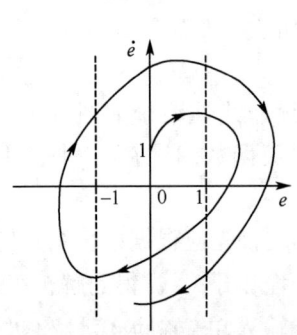

图 8-8-1 题 8-8 系统的概略相轨迹

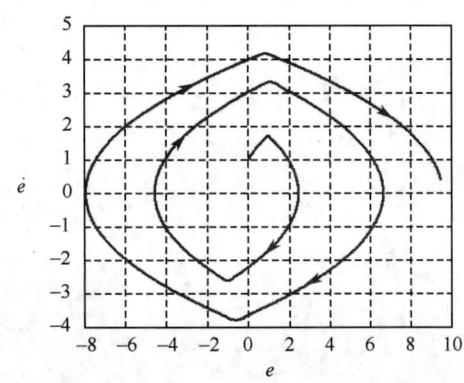

图 8-8-2 题 8-8 系统的相轨迹(MATLAB)

MATLAB 程序:exe808.m
```
t = 0:0.01:30;                      % 设置仿真时间为 30s
e0 = [0 1]';                        % 设定初始条件为 e(0)=0, ė(0)=1
[t,e1] = ode45('sys808',t,e0);      % 求解微分方程
plot(e1(:,1),e1(:,2));grid          % 绘制系统相轨迹
```
调用函数:sys808.m
```
function de = sys808(t,e)           % 描述系统微分方程
de1 = e(2);
if ((e(1)>1)|(((e(1)<1)&(e(1)>-1))&(e(2)<0)))
    de2 = -1;
else de2 = 1;
end
de = [de1 de2]';
```

8-9 设非线性系统如图 8-81 所示,其中 $M=1, T=1$。若输出为零初始条件,输入 $r(t)=1(t)$,要求:

(1) 在 $e\text{-}\dot{e}$ 平面上画出相轨迹;

(2) 判断该系统是否稳定,最大稳态误差是多少;

(3) 绘出 $e(t)$ 及 $c(t)$ 的时间响应大致波形。

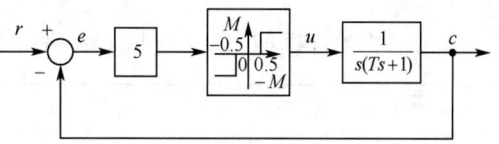

图 8-81 题 8-9 的非线性系统结构图

解 本题首先应根据系统结构图解出相应的微分方程和开关线,然后根据给定输入信号和初始条件,用等倾线法或 MATLAB 法绘制相轨迹,并由相轨迹分析系统性能,得到最大稳态误差,绘制 $e(t)$ 及 $c(t)$ 的时间响应波形。

(1) 相轨迹。假设系统输出为零初始条件,即

$$c(0) = 0, \quad \dot{c}(0) = 0$$

则描述系统的方程组为 $T\ddot{c}+\dot{c}=u$,其中

$$u = \begin{cases} M, & 5e > 0.5 \\ 0, & |5e| \leq 0.5 \\ -M, & 5e < -0.5 \end{cases}$$

由比较点可得

$$e = r - c$$

因为 $r(t)=1(t)$,故有 $e=1-c, \dot{e}=-\dot{c}, \ddot{e}=-\ddot{c}$,初始条件为 $e(0)=1, \dot{e}(0)=0$。

整理上述关系式后可得

$$T\ddot{e}+\dot{e}=-u = \begin{cases} -M, & e > 0.1 \\ 0, & |e| \leq 0.1 \\ M, & e < -0.1 \end{cases}$$

开关线为 $e=\pm 0.1$。

在 Ⅰ 区 ($e>0.1$):

$$T\dot{e}\frac{\mathrm{d}\dot{e}}{\mathrm{d}e}+\dot{e}=-M$$

令 $\dfrac{\mathrm{d}\dot{e}}{\mathrm{d}e}=\alpha$,得等倾线方程为

$$\dot{e}=-\frac{M}{T\alpha+1}$$

在Ⅱ区($|e|\leqslant 0.1$):

$$T\dot{e}\frac{\mathrm{d}\dot{e}}{\mathrm{d}e}+\dot{e}=0$$

得 $\alpha=\dfrac{1}{T}$ 或 $\dot{e}=0$。

在Ⅲ区($e<-0.1$):

$$T\dot{e}\frac{\mathrm{d}\dot{e}}{\mathrm{d}e}+\dot{e}=M$$

得等倾线方程为

$$\dot{e}=\frac{M}{T\alpha+1}$$

为便于作图,取 $M=1,T=1$,下表给出了不同 α 值下等倾线的斜率:

α	-0.5	0	1	∞	-3	-2	-1.5
$-\dfrac{M}{T\alpha+1}$	-2	-1	-0.5	0	0.5	1	2
$\dfrac{M}{T\alpha+1}$	2	1	0.5	0	-0.5	-1	-2

根据表格作等倾线或运行 MATLAB 程序 exe809.m,可得系统相轨迹如图 8-9-1 所示。

MATLAB 程序:exe809.m

```
t = 0:0.01:12;                   % 设定仿真时间为 12s
e01 = [1 0]';                    % 初始条件 e(0)=1,ė(0)=0
[t,e1] = ode45('sys809',t,e01);  % 求解初始条件下的系统微分方程
figure(1)
plot(e1(:,1),e1(:,2));grid       % 绘制相轨迹
axis([-1,1,-1.5,1.5]);           % 重新设定坐标范围
figure(2)
plot(t,e1(:,1),t,(1-e1(:,1)));   % 绘制 e(t)及 c(t)时间响应波形
axis([0 12 -0.5 1.5]);grid       % 重新设定坐标范围
```

调用函数:sys809.m

```
function de = sys809(t,e)        % 描述系统的微分方程
de1 = e(2);
if (e(1)<-0.1)
    de2 = 2 - e(2);
```

```
elseif (abs(e(1))<0.1)
    de2 = 0;
else de2 = -2-e(2);
end
de = [de1 de2]';
```

(2) 稳定性。由相轨迹可见,系统存在稳定自振,最大稳态误差$|e_{ss}(\infty)|=0.1$。

(3) 时间响应。运行 MATLAB 程序 exe809.m 可得 $e(t)$ 及 $c(t)$ 时间响应波形如图 8-9-2 所示。

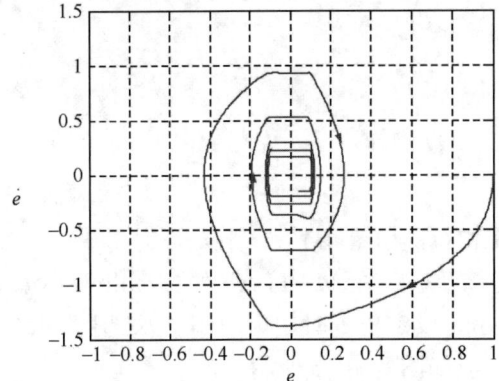

图 8-9-1　题 8-9 系统相轨迹($MATLAB$)　　　　图 8-9-2　题 8-9 系统 e(t) 及 c(t) 的时间响应($MATLAB$)

8-10　已知具有理想继电器的非线性系统如图 8-82 所示,试用相平面法分析:

(1) $T_d=0$ 时系统的运动;

(2) $T_d=0.5$ 时系统的运动,并说明比例微分控制对改善系统性能的作用;

(3) $T_d=2$,并考虑实际继电器有延迟时系统的运动。

解　本题首先应根据系统结构图解出相应的微分方程和开关线,得到解析表达式,然后根据给定输入信号、初始条件和不同参数,绘制各个系统的相轨迹,并由相轨迹分析比例微分控制对系统性能的影响。

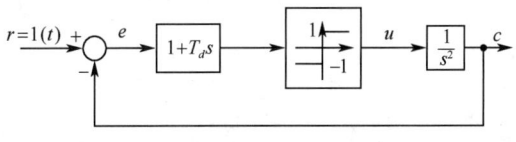

图 8-82　题 8-10 具有理想继电器的非线性系统结构图

描述系统的微分方程为

$$\ddot{c} = u$$

其中

$$u = \begin{cases} 1, & e+T_d\dot{e}>0 \\ -1, & e+T_d\dot{e}<0 \end{cases}$$

由输入比较点可得

$$e = r-c = 1-c, \quad \dot{e}=-\dot{c}, \quad \ddot{e}=-\ddot{c}$$

初始条件 $e(0)=1, \dot{e}(0)=0$。

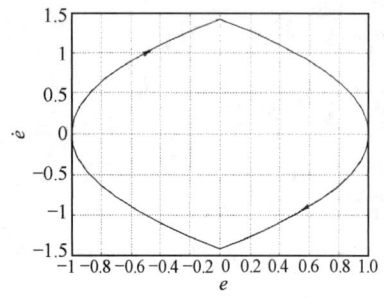

整理上述关系式后可得

$$\ddot{e} = -u = \begin{cases} -1, & e + T_d \dot{e} > 0 \\ 1, & e + T_d \dot{e} < 0 \end{cases}$$

开关线为 $e + T_d \dot{e} = 0$。

在 Ⅰ 区($e + T_d \dot{e} > 0$):

$$\ddot{e} = -1, \quad \dot{e} \, \mathrm{d}\dot{e} = -\mathrm{d}e$$

积分可得

$$\frac{1}{2}\dot{e}^2 = -e + C_1 \qquad (\text{抛物线})$$

图 8-10-1 $T_d=0$ 时系统相轨迹(MATLAB)

其中 C_1 为常数,由初始条件和开关线确定。

同理可得,在 Ⅱ 区($e + T_d \dot{e} < 0$):

$$\frac{1}{2}\dot{e}^2 = e + C_2 \qquad (\text{抛物线})$$

其中 C_2 为常数,由初始条件和开关线确定。

(1) $T_d=0$ 时,系统的运动。$T_d=0$ 时,系统相轨迹如图 8-10-1 所示。

系统在 $r(t)=1(t)$ 作用下,输出呈现等幅振荡状态。在 MATLAB 的 Simulink 环境下搭建具有继电器的非线性系统,如图 8-10-2 所示。设定仿真时间为 10s,算法选用 ode45,微分环节系数设为 0。运行得到此时单位阶跃响应如图 8-10-3 所示。

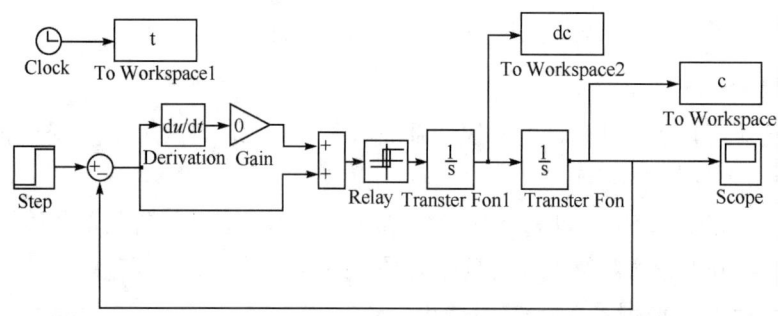

图 8-10-2 具有继电器的非线性系统(Simulink 环境)

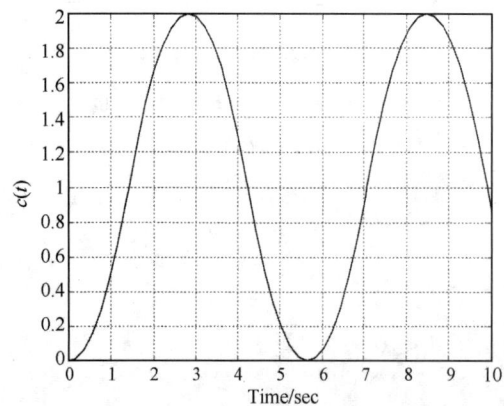

图 8-10-3 $T_d=0$ 时系统的时间响应(MATLAB)　　图 8-10-4 $T_d=0.5$ 时系统相轨迹(MATLAB)

(2) $T_d=0.5$ 时,系统的运动。$T_d=0.5$ 时,系统相轨迹如图 8-10-4 所示。

系统在 $r(t)=1(t)$ 作用下,输出响应收敛。将图 8-10-2 所示的非线性系统仿真时间设为 5s,算法选用 ode45,微分环节系数设为 0.5。运行得到此时系统的单位阶跃响应如图 8-10-5 所示。

由图 8-10-5 可见,加入比例微分控制可以改善系统的稳定性,并且微分作用增强时,切换提前,系统运动振荡次数减少,响应加快。

(3) $T_d=2$ 时,系统的运动。$T_d=2$,并考虑实际继电器有一定的延迟时,系统时间响应如图 8-10-6 所示。

在小延迟情况下,系统在 $r(t)=1(t)$ 作用下输出响应收敛。若实际继电器的延迟较大,系统输出响应则有可能出现振荡现象。将图 8-10-2 所示的非线性系统仿真时间设为 20s,算法选用 ode45,微分环节系数设为 2,延迟系数设为 0.4。运行得到此时系统的单位阶跃响应如图 8-10-7 所示。

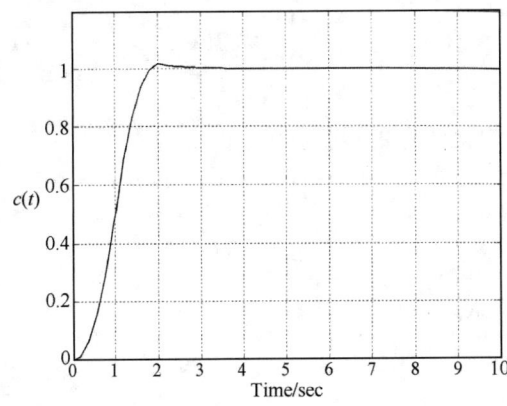
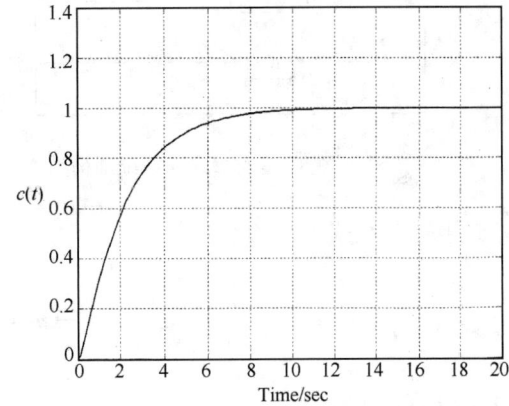

图 8-10-5　$T_d=0.5$ 时系统的时间响应(MATLAB)　　图 8-10-6　$T_d=2$ 时系统时间响应(MATLAB)

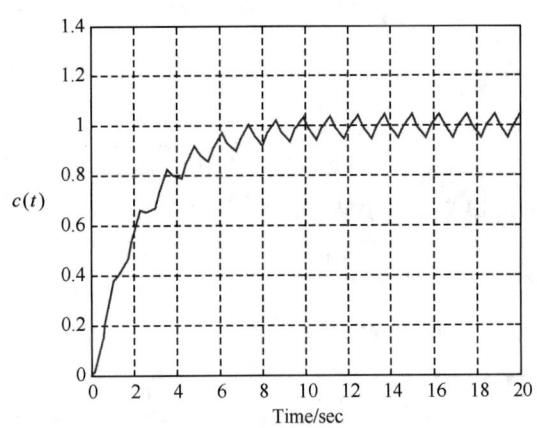

图 8-10-7　$T_d=2$ 且继电器有延迟时系统的时间响应(MATLAB)

由图 8-10-5 和图 8-10-7 可见,由于实际系统中继电器总是需要一定的开关速度,因此当 $r(t)=1(t)$ 时,非线性系统的单位阶跃响应的稳态过程亦呈现为 $1(t)$ 叠加小幅振荡的运动形式。

以上分析表明,如果继电特性选择合适,则可以提高系统的响应速度。反之,则常常会使系统产生振荡现象。

8-11 非线性系统的结构图如图 8-83 所示,图中 $a=0.5, K=8, T=0.5, K_t=0.5$,要求:

(1) 当开关断开时,绘制初始条件为 $e(0)=2, \dot{e}(0)=0$ 的相轨迹;

(2) 当开关闭合时,绘制相同初始条件下的相轨迹,并说明测速反馈的作用。

解 本题首先应根据系统结构图解出相应的微分方程和开关线,然后根据给定参数和初始条件,用等倾线法或 MATLAB 法绘制相轨迹,并由相轨迹分析测速反馈对系统性能的影响。

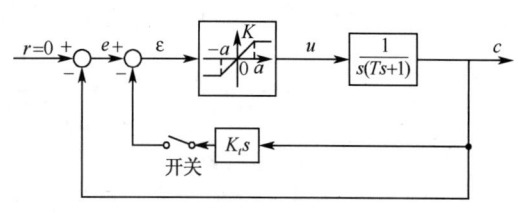

图 8-83 题 8-11 的非线性系统结构图

(1) 开关断开。描述系统的微分方程为 $T\ddot{c}+\dot{c}=u$,其中

$$u = \begin{cases} Ka, & e>a \\ Ke, & |e|<a \\ -Ka, & e<-a \end{cases}$$

由比较点可得

$$e=r-c=-c, \quad \dot{e}=-\dot{c}, \quad \ddot{e}=-\ddot{c}$$

整理上述关系式可得

$$T\ddot{e}+\dot{e}=-u = \begin{cases} -Ka, & e>a \\ -Ke, & |e|<a \\ Ka, & e<-a \end{cases}$$

开关线为 $e=\pm a$。

在 I 区 ($e>a$),有

$$T\dot{e}\frac{d\dot{e}}{de}+\dot{e}=-Ka$$

令 $\frac{d\dot{e}}{de}=\alpha$,得等倾线方程为

$$\dot{e}=-\frac{Ka}{T\alpha+1}=-\frac{4}{0.5\alpha+1}$$

在 III 区 ($e<-a$),同理可得等倾线方程为

$$\dot{e}=\frac{Ka}{T\alpha+1}=\frac{4}{0.5\alpha+1}$$

下表给出了不同 α 值下等倾线的斜率。

α	0	2	6	∞	-10	-6	-4
$-\frac{4}{0.5\alpha+1}$	-4	-2	-1	0	1	2	4
$\frac{4}{0.5\alpha+1}$	4	2	1	0	-1	-2	-4

在 II 区 ($|e|<a$),有

$$T\dot{e}\frac{\mathrm{d}\dot{e}}{\mathrm{d}e}+\dot{e}=-Ke$$

令 $\dfrac{\mathrm{d}\dot{e}}{\mathrm{d}e}=\alpha$，得等倾线方程为

$$\dot{e}=-\frac{8}{0.5\alpha+1}e$$

下表给出了不同 α 值下等倾线的斜率：

α	0	2	6	∞	-10	-6	-4	-2
$-\dfrac{8}{0.5\alpha+1}$	-8	-4	-2	0	2	4	8	∞

根据表格作出等倾线或运行 MATLAB 程序 exe811.m 可作出初始条件为 $e(0)=2$，$\dot{e}(0)=0$ 时系统的相轨迹，如图 8-11-1 所示。

(2) 开关闭合。$\varepsilon=r-c-K_t\dot{c}=-c-K_t\dot{c}=e+K_t\dot{e}$，描述系统的微分方程为 $T\ddot{c}+\dot{c}=u$，其中

$$u=\begin{cases}Ka, & \varepsilon>a \\ K\varepsilon, & |\varepsilon|<a \\ -Ka, & \varepsilon<-a\end{cases}$$

由输入比较点可得

$$e=r-c=-c,\quad \dot{e}=-\dot{c},\quad \ddot{e}=-\ddot{c}$$

整理上述关系式可得

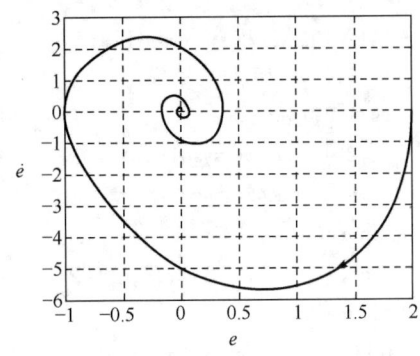

图 8-11-1　题 8-11 开关断开时系统的相轨迹（MATLAB）

$$T\ddot{e}+\dot{e}=-u=\begin{cases}-Ka, & e+K_t\dot{e}>a \\ -K(e+K_t\dot{e}), & |e+K_t\dot{e}|<a \\ Ka, & e+K_t\dot{e}<-a\end{cases}$$

开关线为 $e+0.5\dot{e}=\pm 0.5$。

Ⅰ、Ⅲ区的讨论同(1)，其等倾线方程分别为

在Ⅰ区 $(e+K_t\dot{e}>a)$　$\dot{e}=-\dfrac{Ka}{T\alpha+1}=-\dfrac{4}{0.5\alpha+1}$

在Ⅲ区 $(e+K_t\dot{e}<a)$　$\dot{e}=\dfrac{Ka}{T\alpha+1}=\dfrac{4}{0.5\alpha+1}$

在Ⅱ区 $(|e+K_t\dot{e}|<a)$　$T\dot{e}\dfrac{\mathrm{d}\dot{e}}{\mathrm{d}e}+(1+KK_t)\dot{e}=-Ke$

令 $\dfrac{\mathrm{d}\dot{e}}{\mathrm{d}e}=\alpha$，得等倾线方程为

$$\dot{e}=-\frac{Ke}{1+T\alpha+KK_t}=-\frac{16}{\alpha+10}e$$

下表给出了不同 α 值下等倾线的斜率。

α	10	-6	-2	6	∞	-26	-18	-14
$-\dfrac{16}{\alpha+10}$	$-\infty$	-4	-2	-1	0	1	2	4

根据表格作出等倾线或运行 MATLAB 程序 exe811.m，作出初始条件为 $e(0)=2$，$\dot{e}(0)=0$ 时系统的相轨迹，如图 8-11-2 所示。

运行 MATLAB 程序 exe811.m,同样可得开关断开和闭合时的系统误差响应曲线,分别如图 8-11-3 中实线、虚线部分所示。

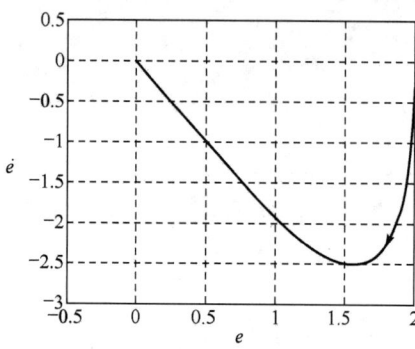

图 8-11-2　题 8-11 开关闭合时系统的
相轨迹(MATLAB)

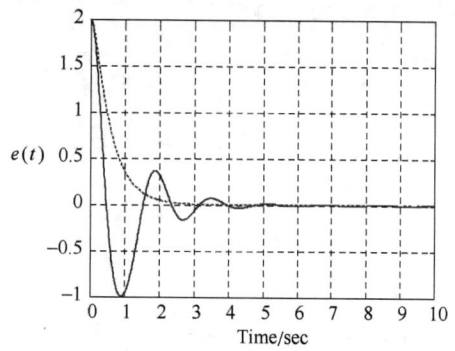

图 8-11-3　题 8-11 系统误差响应
曲线(MATLAB)

MATLAB 程序:exe811.m

```
t = 0:0.01:10;                          % 设定仿真时间为10s
e0 = [2 0]';                            % 初始条件e(0)=2,ė(0)=0
[t,e1] = ode45('sys811a',t,e0);         % 求解开关断开时系统的微分方程
[t,e2] = ode45('sys811b',t,e0);         % 求解开关闭合时系统的微分方程
figure(1)
plot(e1(:,1),e1(:,2));grid              % 绘制开关断开时的系统相轨迹
figure(2)
plot(e2(:,1),e2(:,2));grid              % 绘制开关闭合时的系统相轨迹
figure(3)
plot(t,e1(:,1));grid                    % 绘制开关断开时的系统误差曲线
hold on                                 % 图形保持
plot(t,e2(:,1));grid                    % 绘制开关闭合时的系统误差曲线
```

开关断开时的调用函数:sys811a.m

```
function de = sys811a(t,e)              % 描述开关断开时系统的微分方程
a = 0.5;K = 8;T = 0.5;Kt = 0.5;
de1 = e(2);
if (e(1)< -a)
  de2 = (K*a - e(2))/T;
elseif (abs(e(1))<2)
  de2 = (-K*e(1) - e(2))/T;
else de2 = (-K*a - e(2))/T;
end
de = [de1 de2]';
```

开关闭合时的调用函数:sys811b.m

```
function de = sys811b(t,e)              % 描述开关闭合时系统的微分方程
global a K T Kt
```

```
de1 = e(2);
if ((e(1) + Kt * e(2))<-a)
  de2 = (K * a - e(2))/T;
elseif (abs((e(1) + Kt * e(2)))<2)
  de2 = (-K * (e(1) + Kt * e(2)) - e(2))/T;
else de2 = (-K * a - e(2))/T;
end
de = [de1 de2]';
```

由图 8-11-1 和图 8-11-2 可见，测速反馈的引入使相轨迹切换提前，收敛加快，从而系统的阻尼增加，性能得到改善。系统加入测速反馈前后的误差响应如图 8-11-3 中的实线和虚线所示。

8-12 设三个非线性系统的非线性环节一样，其线性部分分别为

(1) $G(s) = \dfrac{1}{s(0.1s+1)}$； (2) $G(s) = \dfrac{2}{s(s+1)}$； (3) $G(s) = \dfrac{2(1.5s+1)}{s(s+1)(0.1s+1)}$。

用描述函数法分析时，哪个系统分析的准确度高？

解 由于当非线性环节的输入为正弦信号时，实际输出必定含有高次谐波分量，线性部分的低通滤波性能越好，高次谐波分量越被大幅削弱，因此闭环通道内近似只有一次谐波分量流通，从而保证应用描述函数分析法所得结果的准确性。

由于系统(2)的线性环节部分的频率特性在高频段衰减较快，低通滤波性能较好，因此系统(2)采用描述函数分析法所得的结果准确度高。

利用 MATLAB 的 bode 命令，绘制三个系统线性部分的开环对数幅频特性曲线如图 8-12-1 所示。

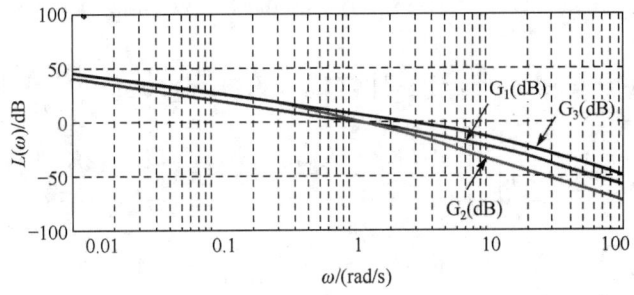

图 8-12-1 题 8-12 开环对数幅频特性曲线(MATLAB)

MATLAB 程序：exe812.m
```
G1 = tf([1],[0.1 1 0]);
G2 = zpk([],[0 -1],2);
G3 = tf([3 2],[0.1 1.1 1 0]);
bode(G1,G2,G3);        %绘制三个系统线性部分的开环对数幅频特性曲线
```

8-13 试推导下列非线性特性的描述函数：
(1) 变增益特性(见教材中表 8-1 第 9 项)；
(2) 具有死区的继电特性(见教材中表 8-1 第 2 项)；
(3) $y = x^3$。

解 本题非线性特性的描述函数可由等效法则或描述函数的定义来求取。

(1) 变增益特性。通过作图法获得 $y(t)$，如图 8-13-1 所示，其中 $\varphi_1 = \arcsin\dfrac{s}{A}$。

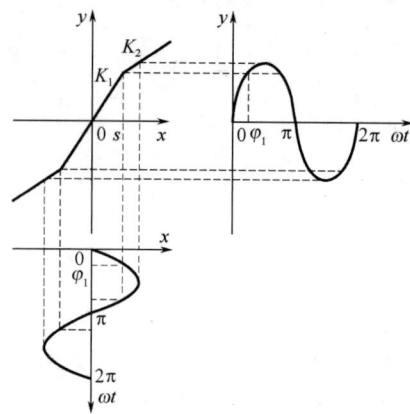

图 8-13-1 题 8-13 变增益特性和正弦响应曲线

输出 $y(t)$ 的数学表达式为

$$y(t) = \begin{cases} K_1 A\sin\omega t, & 0 \leqslant \omega t \leqslant \varphi_1 \\ K_1 s + K_2(A\sin\omega t - s), & \varphi_1 < \omega t \leqslant \dfrac{\pi}{2} \end{cases}$$

由图 8-13-1 可见，$y(t)$ 是奇函数，所以有 $A_1=0$。而 $y(t)$ 又为半周期内对称，故

$$\begin{aligned}
B_1 &= \frac{1}{\pi}\int_0^{2\pi} y(t)\sin\omega t\,\mathrm{d}\omega t = \frac{4}{\pi}\int_0^{\frac{\pi}{2}} y(t)\sin\omega t\,\mathrm{d}\omega t \\
&= \frac{4}{\pi}\int_0^{\varphi_1} K_1 A\sin^2\omega t\,\mathrm{d}\omega t + \frac{4}{\pi}\int_{\varphi_1}^{\frac{\pi}{2}}[K_1 s + K_2(A\sin\omega t - s)]\sin\omega t\,\mathrm{d}\omega t \\
&= \frac{4K_1 A}{\pi}\int_0^{\varphi_1}\frac{1}{2}(1-\cos 2\omega t)\,\mathrm{d}\omega t + \frac{4s}{\pi}\int_{\varphi_1}^{\frac{\pi}{2}}(K_1-K_2)\sin\omega t\,\mathrm{d}\omega t + \frac{4K_2 A}{\pi}\int_{\varphi_1}^{\frac{\pi}{2}}\sin^2\omega t\,\mathrm{d}\omega t \\
&= \frac{2K_1 A}{\pi}\left(\omega t - \frac{1}{2}\sin 2\omega t\right)\Big|_0^{\varphi_1} + \frac{4s(K_1-K_2)}{\pi}(-\cos\omega t)\Big|_{\varphi_1}^{\frac{\pi}{2}} + \frac{2K_2 A}{\pi}\left(\omega t - \frac{1}{2}\sin 2\omega t\right)\Big|_{\varphi_1}^{\frac{\pi}{2}} \\
&= \frac{2K_1 A}{\pi}\left[\arcsin\frac{s}{A} - \frac{s}{A}\sqrt{1-\left(\frac{s}{A}\right)^2}\right] + \frac{4s(K_1-K_2)}{\pi}\sqrt{1-\left(\frac{s}{A}\right)^2} \\
&\quad + \frac{2K_2 A}{\pi}\left[\frac{\pi}{2} - \arcsin\frac{s}{A} + \frac{s}{A}\sqrt{1-\left(\frac{s}{A}\right)^2}\right] \\
&= K_2 A + \frac{2A}{\pi}(K_1-K_2)\left[\arcsin\frac{s}{A} + \frac{s}{A}\sqrt{1-\left(\frac{s}{A}\right)^2}\right]
\end{aligned}$$

因此，该非线性部分的描述函数为

$$N(A) = \frac{B_1}{A} + j\frac{A_1}{A} = K_2 + \frac{2}{\pi}(K_1-K_2)\left[\arcsin\frac{s}{A} + \frac{s}{A}\sqrt{1-\left(\frac{s}{A}\right)^2}\right], \quad A \geqslant s$$

(2) 有死区的继电特性。通过作图法获得 $y(t)$，如图 8-13-2 所示，其中 $\varphi_1 = \arcsin\dfrac{h}{A}$。

输出 $y(t)$ 的输出表达式为

$$y(t) = \begin{cases} 0, & 0 \leqslant \omega t \leqslant \varphi_1 \\ M, & \varphi_1 < \omega t \leqslant \dfrac{\pi}{2} \end{cases}$$

由图 8-13-2 可见,$y(t)$ 是奇函数,所以有 $A_1=0$。而 $y(t)$ 又为半周期内对称,故

$$B_1 = \frac{4}{\pi}\int_0^{\frac{\pi}{2}} y(t)\sin\omega t\, \mathrm{d}\omega t = \frac{4}{\pi}\int_{\varphi_1}^{\frac{\pi}{2}} M\sin\omega t\, \mathrm{d}\omega t$$

$$= -\frac{4M}{\pi}\cos\omega t\Big|_{\varphi_1}^{\frac{\pi}{2}} = \frac{4M}{\pi}\cos\varphi_1 = \frac{4M}{\pi}\sqrt{1-\left(\frac{h}{A}\right)^2}, \quad A \geqslant h$$

则该非线性环节的描述函数为

$$N(A) = \frac{B_1}{A} + \mathrm{j}\frac{A_1}{A} = \frac{4M}{\pi A}\sqrt{1-\left(\frac{h}{A}\right)^2}, \quad A \geqslant h$$

(3) $y=x^3$。通过作图法获得 $y(t)$,如图 8-13-3 所示。

因 $y(x)$ 是 x 的奇函数,故 $A_0=0$,当输入为 $x=A\sin\omega t$ 时

$$y(t) = A^3\sin^3\omega t$$

为 t 的奇函数,所以 $A_1=0$。又因为 $y(t)$ 具有半周期对称,故

$$B_1 = \frac{4}{\pi}\int_0^{\frac{\pi}{2}} y(t)\sin\omega t\, \mathrm{d}\omega t = \frac{4}{\pi}\int_0^{\frac{\pi}{2}} A^3\sin^4\omega t\, \mathrm{d}\omega t$$

由定积分公式

$$I_n = \int_0^{\frac{\pi}{2}} \sin^n\omega t\, \mathrm{d}\omega t = \begin{cases} \dfrac{(n-1)(n-3)\times\cdots\times 4\times 2}{n(n-2)(n-4)\times\cdots\times 5\times 3}, & n\text{ 为奇整数} \\ \dfrac{(n-1)(n-3)\times\cdots\times 5\times 3\times 1}{n(n-2)\times\cdots\times 4\times 2}\times\dfrac{\pi}{2}, & n\text{ 为偶整数} \end{cases}$$

得

$$B_1 = \frac{4}{\pi}\times A^3 \times \frac{3}{8}\times\frac{\pi}{2} = \frac{3}{4}A^3$$

则该非线性元件的描述函数为

$$N(A) = \frac{B_1}{A} + \mathrm{j}\frac{A_1}{A} = \frac{3}{4}A^2$$

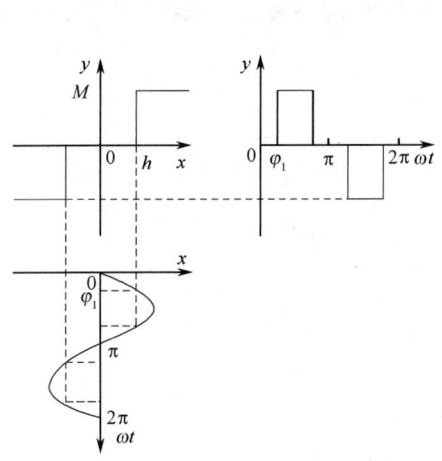
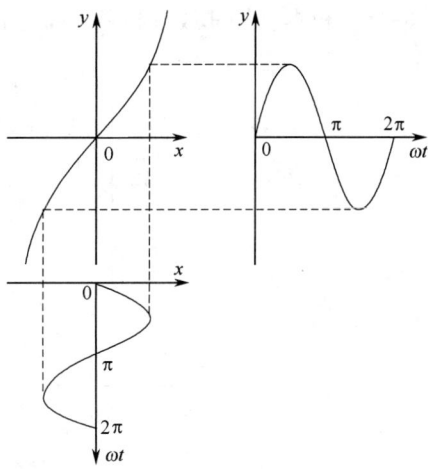

图 8-13-2　具有死区的继电特性和正弦响应曲线　　　图 8-13-3　$y=x^3$ 特性和正弦响应曲线

8-14　将图 8-84 所示非线性系统简化成典型结构图形式,并写出线性部分的传递函数。

解　本题可根据系统结构图简化规则,对结构图中的线性环节进行等效变换,得到典型

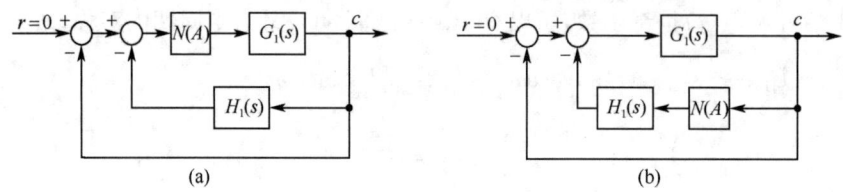

图 8-84 题 8-14 的非线性系统结构图

结构图形式和线性部分的传递函数。

图 8-84(b)经过结构简化,如图 8-14-1 所示。得线性部分的传递函数

$$G(s) = H_1(s) \frac{G_1(s)}{1+G_1(s)}$$

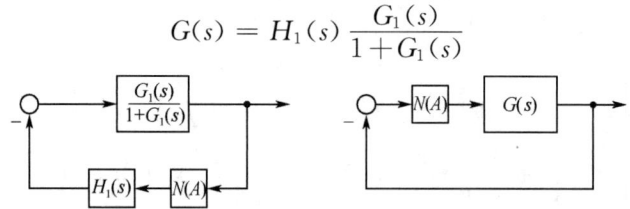

图 8-14-1 非线性系统(b)的简化结构图

图 8-84(a)经过结构简化,如图 8-14-2 所示。得线性部分的传递函数

$$G(s) = G_1(s)[1 + H_1(s)]$$

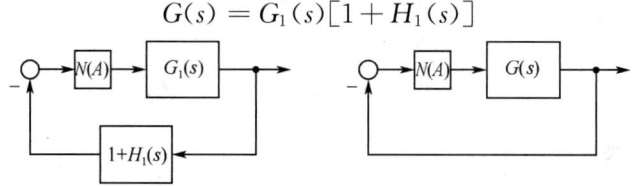

图 8-14-2 非线性系统(a)的简化结构图

8-15 根据已知非线性特性的描述函数,求图 8-85 所示各种非线性特性的描述函数。

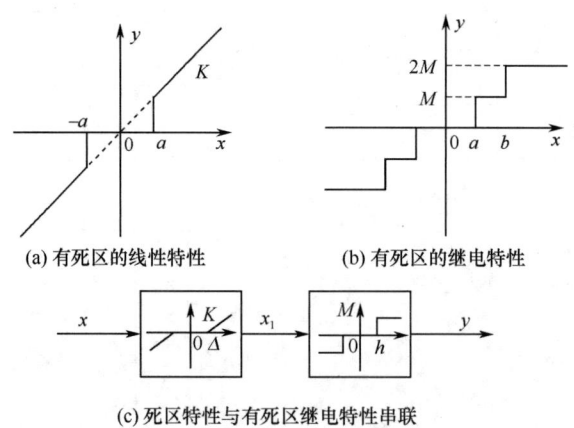

(a) 有死区的线性特性　　(b) 有死区的继电特性

(c) 死区特性与有死区继电特性串联

图 8-85 题 8-15 的非线性特性

解 本题可根据等效法则,首先将非线性环节分解或综合成等效非线性环节,再根据已知非线性特性的描述函数,求出等效非线性环节的描述函数。

图 8-85(a)中的非线性环节相当于死区非线性和死区继电非线性环节(图 8-15-1)的并联。

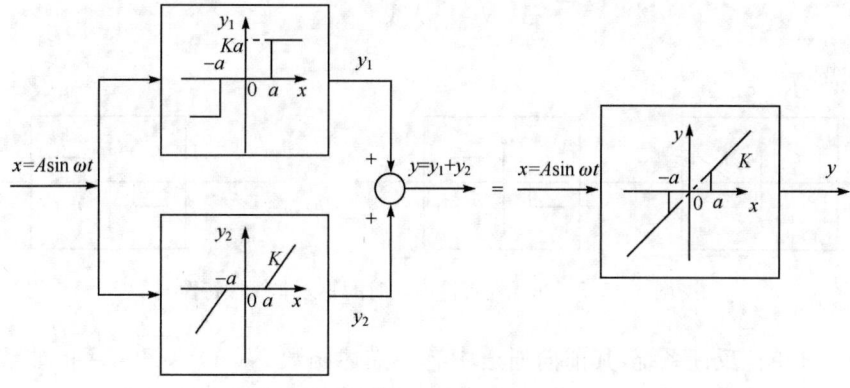

图 8-15-1　非线性特性并联时的等效非线性特性

由描述函数定义,并联等效非线性特性的描述函数为各非线性特性描述函数的代数和。因此

$$N(A) = N_1(A) + N_2(A)$$
$$= \frac{4Ka}{\pi A}\sqrt{1-\left(\frac{a}{A}\right)^2} + \frac{2K}{\pi}\left[\frac{\pi}{2} - \arcsin\frac{a}{A} - \frac{a}{A}\sqrt{1-\left(\frac{a}{A}\right)^2}\right]$$
$$= K - \frac{2K}{\pi}\arcsin\frac{a}{A} + \frac{2Ka}{\pi A}\sqrt{1-\left(\frac{a}{A}\right)^2}, \qquad A \geqslant a$$

图 8-85(b)中的非线性环节相当于两个死区继电非线性环节(图 8-15-2)的并联:

$$N(A) = N_1(A) + N_2(A) = \frac{4M}{\pi A}\left[\sqrt{1-\left(\frac{a}{A}\right)^2} + \sqrt{1-\left(\frac{b}{A}\right)^2}\right], \qquad A \geqslant b$$

对于图 8-85(c),由于非线性特性对称,故只需考虑 $x>0$ 的情况。当 $x_1>h$ 时,$y=M$,否则 $y=0$;当 $x_1>0$ 时,$x_1=K(x-\Delta)$。令 $x_1=h$,则有 $h=K(x-\Delta)$,故

$$x = \Delta + \frac{h}{K}$$

即当 $x>\Delta+\dfrac{h}{K}$ 时,$x_1>h$,$y=M$。因此,图 8-85(c)中两个非线性环节可以等效为图 8-15-3

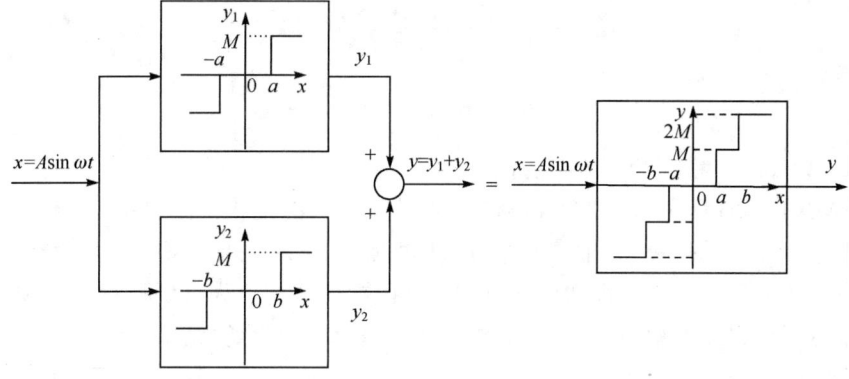

图 8-15-2　非线性特性并联时的等效非线性特性

死区继电非线性环节,其描述函数

$$N(A) = \frac{4M}{\pi A}\sqrt{1-\left(\frac{h'}{A}\right)^2}, \quad A \geqslant h'$$

其中 $h' = \Delta + \dfrac{h}{K}$。

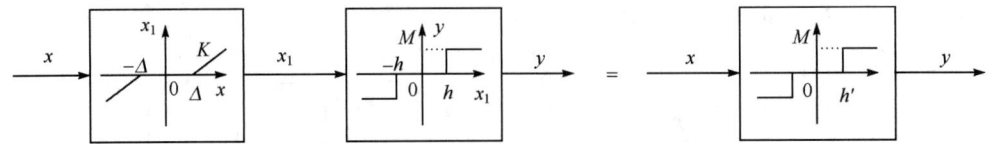

图 8-15-3　非线性特性串联时的等效非线性特性

8-16　某单位反馈系统,其前向通道中有一描述函数 $N(A) = \mathrm{e}^{-\mathrm{j}\frac{\pi}{4}}/A$ 的非线性元件,线性部分的传递函数为 $G(s) = 15/s(0.5s+1)$,试用描述函数法确定系统是否存在自振? 若有,参数是多少?

解　首先应绘制出非线性部分的负倒描述函数和线性部分的幅相特性曲线,求出自振点,并由奈氏判据判断其稳定性。

由题意知非线性部分的描述函数为

$$N(A) = \mathrm{e}^{-\mathrm{j}\frac{\pi}{4}}/A$$

其负倒描述函数为

$$-\frac{1}{N(A)} = -A\mathrm{e}^{\mathrm{j}\frac{\pi}{4}}$$

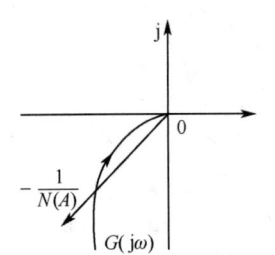

图 8-16-1　非线性系统的稳定性分析

作 $-\dfrac{1}{N(A)}$ 曲线如图 8-16-1 所示。线性部分 $G(s)$ 的 Γ_G 曲线如图 8-16-1 中曲线所示。由图可知系统存在稳定的自振点。

由描述函数分析法,有

$$G(\mathrm{j}\omega) = -\frac{1}{N(A)}$$

即

$$\begin{cases} |G(\mathrm{j}\omega)| = \left|\dfrac{1}{N(A)}\right| \\ \angle G(\mathrm{j}\omega) = -\pi - \angle N(A) \end{cases}$$

联立方程组

$$\begin{cases} \dfrac{15}{\omega\sqrt{1+0.25\omega^2}} = A \\ -\dfrac{\pi}{2} - \arctan\dfrac{\omega}{2} = \dfrac{\pi}{4} - \pi \end{cases}$$

解得 $\omega = 2, A = 5.3$。系统产生自振荡,$x(t) = 5.3\sin 2t$。

运行 MATLAB 程序 exe816.m 可得线性部分 $G(s)$ 的幅相特性曲线和 $-1/N(A)$ 曲线,如图 8-16-2 所示。在图 8-16-2 中可以通过鼠标取点确定交点处 $\omega = 2.01$,然后在 MATLAB 命令窗口的"传递函数频率特性曲线和负倒描述函数曲线交点为自振频率 w="语句后输入 2.01,可计算得到自振振幅 $A = 5.26$,由此可知,仿真结果与计算结果一致。

MATLAB 程序:exe816.m

```
G = tf([15],[0.5 1 0]);
A = 0:0.01:100;
N1 = -A*exp(0.25*pi*i);
x = real(N1);y = imag(N1);
plot(x,y);
hold on;
nyquist(G);
axis([-10,1,-10,10]);
```
% 由传递函数频率特性曲线和负倒描述函数曲线得自振频率 w
```
w = input('传递函数频率特性曲线和负倒描述函数曲线交点为自振频率w=');
syms s
s = w*i;
Gw = 15/(s*(0.5*s+1));
```
% 得自振振幅
```
A = norm(Gw)
```

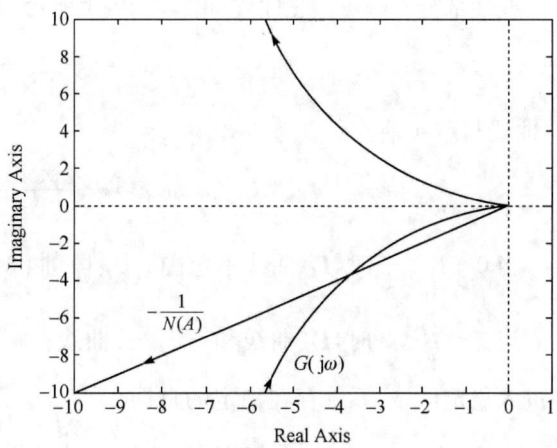

图 8-16-2　题 8-16 稳定性分析（MATLAB）

8-17 已知非线性系统的结构图如图 8-86 所示，图中非线性环节的描述函数 $N(A)=\dfrac{A+6}{A+2}(A>0)$，试用描述函数法确定：

(1) 使该非线性系统稳定、不稳定以及产生周期运动时，线性部分的 K 值范围；

(2) 判断周期运动的稳定性，并计算稳定周期运动的振幅和频率。

解　本题首先应绘制出非线性部分的负倒描述函数和线性部分的幅相特性曲线，求出自振点，并由奈氏判据求出非线性系统稳定、不稳定以及产生周期运动时的 K 值范围。

(1) 确定 K 值范围。非线性环节的描述函数为

$$N(A)=\frac{A+6}{A+2},\quad A>0$$

其负倒描述函数为

$$-\frac{1}{N(A)}=-\frac{A+2}{A+6}$$

为单调减函数，作 $-\dfrac{1}{N(A)}$ 曲线如图 8-17-1 所示。

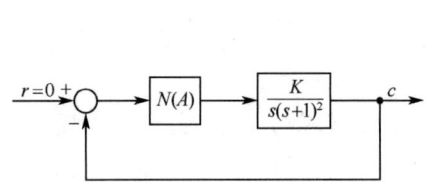

图 8-86　题 8-17 的非线性系统结构图

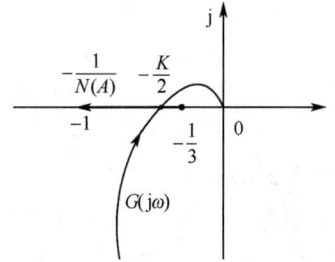

图 8-17-1　系统稳定性分析

线性部分 $G(s)$ 的 $\mathit{\Gamma}_G$ 曲线如图 8-17-1 所示，其中穿越频率

$$\omega_x = \frac{1}{\sqrt{1\times 1}} = 1$$

$\mathit{\Gamma}_G$ 曲线与负实轴的交点为

$$G(\mathrm{j}\omega_x) = -\frac{1\times 1\times K}{1+1} = -\frac{K}{2}$$

当 $0<K<\dfrac{2}{3}$ 时，$\mathit{\Gamma}_G$ 曲线不包围 $-\dfrac{1}{N(A)}$ 曲线，系统稳定。

当 $\dfrac{2}{3}<K<2$ 时，$\mathit{\Gamma}_G$ 曲线和 $-\dfrac{1}{N(A)}$ 曲线存在交点 $\left(-\dfrac{K}{2},\mathrm{j}0\right)$，$-\dfrac{1}{N(A)}$ 曲线由不稳定区域进入稳定区域，系统存在稳定的自振。

当 $2<K<\infty$ 时，$\mathit{\Gamma}_G$ 曲线完全包围 $-\dfrac{1}{N(A)}$ 曲线，系统不稳定。

由以上讨论可知，随着 K 的增大，系统由稳定变成自振，最终不稳定。

利用 MATLAB 程序 exe817.m 验证上述过程，分析结果一致。

MATLAB 程序：exe817.m

```
A=0.01:0.01:100;
x=real(-(A+2)./(A+6));y=imag(-(A+2)./(A+6));
plot(x,y);hold on                    %绘制-1/N(A)曲线
k=[0.5 1.5 2.5];                     %k在满足上述三种讨论情况下取值
figure(1)
for i=1:1:3;
G=zpk([],[0 -1 -1],k(i));
nyquist(G);hold on                   %绘制k不同取值时的奈氏曲线
end
axis([-2.5,0,-1,1]);                 %重新设置坐标范围
```

（2）当系统产生稳定的周期运动时确定自振参数。由描述函数分析法可知

$$G(\mathrm{j}\omega) = -\frac{1}{N(A)}$$

即

$$-\frac{K}{2} = -\frac{A+2}{A+6}$$

得系统振幅为

$$A = \frac{6K-4}{2-K}, \quad \frac{2}{3}<K<2$$

另外由(1)分析可知，系统的振荡频率为 $\omega=1$。

8-18 非线性系统如图 8-87 所示，试用描述函数法分析周期运动的稳定性，并确定系统输出信号振荡的振幅和频率。

解 本题首先应根据结构图进行等效变换，求出线性部分的传递函数，然后绘制非线性部分的负倒描述函数和线性部分的幅相特性曲线，求出自振点，由频率域稳定判据判断其稳定性，并确定系统输出信号振荡的振幅和频率。

（1）将原系统结构图等效变换为图 8-18-1 所示。

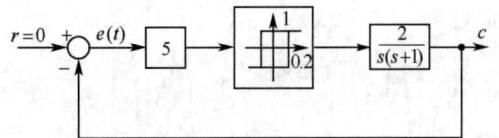 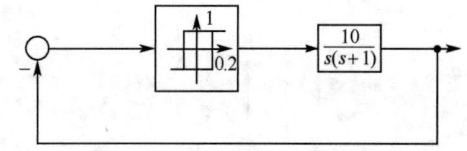

图 8-87 题 8-18 的非线性系统结构图　　　　图 8-18-1 题 8-18 的非线性系统结构变换图

(2) 非线性环节的描述函数为

$$N(A) = \frac{4}{\pi A}\left[\sqrt{1-\left(\frac{0.2}{A}\right)^2} - j\frac{0.2}{A}\right]$$

其负倒描述函数为

$$-\frac{1}{N(A)} = -\frac{\pi A}{4}\sqrt{1-\left(\frac{0.2}{A}\right)^2} - j\frac{0.2\pi}{4}$$

作 $-\dfrac{1}{N(A)}$ 曲线如图 8-18-2 所示。

(3) 等效结构图线性部分

$$G(s) = \frac{10}{s(s+1)}$$

其频率特性为

$$G(j\omega) = \frac{10}{j\omega(j\omega+1)} = -\frac{10}{\omega^2+1} - j\frac{10}{\omega(\omega^2+1)}$$

线性部分 $G(s)$ 的 $\boldsymbol{\Gamma}_G$ 曲线如图 8-18-2 中曲线 $G(j\omega)$ 所示。

(4) 周期运动的稳定性。由描述函数分析法有

$$G(j\omega) = -\frac{1}{N(A)}$$

图 8-18-2 表明,$G(j\omega)$ 与 $-1/N(A)$ 存在交点,且 $-1/N(A)$ 由 $G(j\omega)$ 的不稳定区域穿到稳定区域,故系统存在稳定自振。由联立方程组可得

$$\begin{cases} \dfrac{0.2\pi}{4} = \dfrac{10}{\omega(\omega^2+1)} \\ \dfrac{\pi A}{4}\sqrt{1-\left(\dfrac{0.2}{A}\right)^2} = \dfrac{10}{\omega^2+1} \end{cases}$$

解得自振频率 $\omega_0 = 3.91$,自振振幅 $A_0 = 0.8$。因此系统输出信号振荡的振幅 $A_c = \dfrac{A_0}{5} = 0.16$。

下面利用 MATLAB 程序 exe818.m 验证上述分析结果,得系统自振信号输出如图 8-18-3 所示,与数值计算结果基本一致。

MATLAB 程序:exe818.m

```
G = zpk([],[0 -1],10);
A = 0.01:0.01:10;
NA1 = -0.25*pi.*A.*sqrt(1-(0.2./A).^2)-i*0.2*pi/4;
x = real(NA1);y = imag(NA1);
```

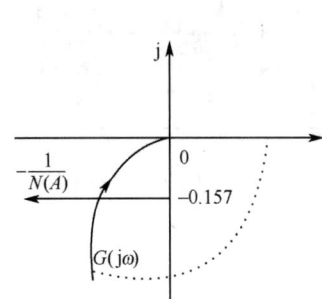
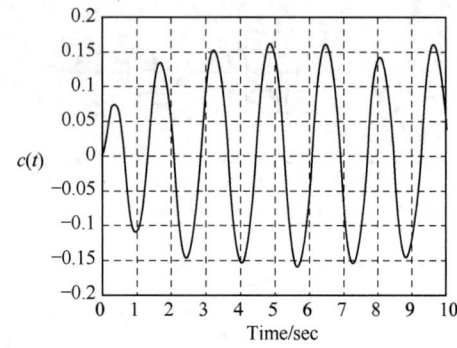

图 8-18-2　题 8-18 系统稳定性分析　　图 8-18-3　题 8-18 系统的自振信号输出(MATLAB)

```
figure(1)
plot(x,y);hold on              %绘制-1/N(A)曲线
nyquist(G);                    %绘制线性环节的奈氏曲线
axis([-2,0,-0.5,0.5])          %重新设置坐标范围
figure(2)
t = 0:0.01:10;                 %设定仿真时间为10s
c0 = [0 0]';                   %初始条件为零
[t,c1] = ode45('sys818',t,c0); %求解微分方程
plot(t,c1(:,1));grid           %绘制系统自振输出信号
```

调用函数：sys818.m

```
function dc = sys818(t,c)      %描述系统微分方程
dc1 = c(2);
if ((c(1)>0.04)|(((c(1)<0.04)&(c(1)>-0.04))&(c(2)<0)))
   dc2 = -c(2)-2;
else dc2 = -c(2)+2;
end
dc = [dc1 dc2]';
```

8-19　试用描述函数法说明图 8-88 所示系统必然存在自振，并确定 c 的自振振幅和频率，画出 c,x,y 的稳态波形。

解　本题首先应根据结构图进行等效变换，求出线性部分的传递函数，然后绘制非线性部分的负倒描述函数和线性部分的幅相特性曲线，求出自振点，由频域稳定判据判断其稳定性，并确定输出 c 的自振振幅和频率，画出 c,x,y 的稳态波形。

(1) 理想继电环节的描述函数

$$N(A) = \frac{4}{\pi A}$$

其负倒描述函数为

$$-\frac{1}{N(A)} = -\frac{\pi A}{4}$$

为单调减函数，作 $-\dfrac{1}{N(A)}$ 曲线如图 8-19-1 所示。

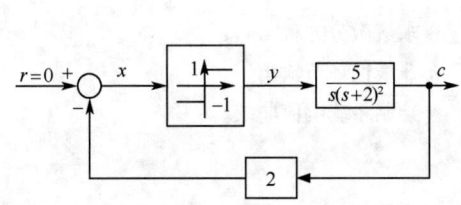 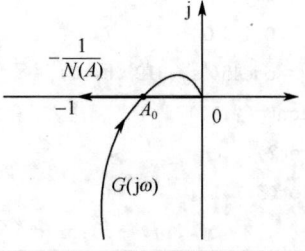

图 8-88　题 8-19 的非线性系统结构图　　图 8-19-1　系统稳定性分析

(2) 线性部分的幅相曲线

$$G(j\omega) = \frac{10}{j\omega(2+j\omega)^2}$$

线性部分的 Γ_G 曲线如图 8-19-1 中曲线所示。由图可知，$G(j\omega)$ 与 $-1/N(A)$ 存在交点 A_0，A_0 点处频率为 $G(j\omega)$ 的穿越频率 ω_x。因

$$G(j\omega) = -\frac{40}{\omega^4 + 8\omega^2 + 16} - j\frac{10(4-\omega^2)}{\omega(\omega^4 + 8\omega^2 + 16)}$$

令 $\mathrm{Im}G(j\omega) = 0$，得 $\omega_x = 2$。

Γ_G 曲线与负实轴的交点为

$$G(j\omega_x) = -\frac{40}{\omega_x^4 + 8\omega_x^2 + 16}\bigg|_{\omega_x=2} = -\frac{5}{8} = -0.625$$

(3) 自振稳定性。由描述函数分析法，有

$$G(j\omega) = -\frac{1}{N(A)}$$

图 8-19-1 表示系统必然存在稳定的自振。令

$$G(j\omega_x) = -\frac{1}{N(A)} = -\frac{\pi A}{4} = -\frac{5}{8}$$

解得自振振幅

$$A_0 = \frac{5}{2\pi} = 0.796$$

由此产生的自振信号为 $x(t) = 0.796\sin 2t$。

利用 MATLAB 程序 exe819.m，绘制该非线性系统稳态输出波形，如图 8-19-2 所示，其中 c、x 和 y 的波形曲线分别以点线、实线和虚线表示。

MATLAB 程序：exe819.m

```
A = 0.01:0.01:100;
NA1 = -4./(pi*A);
x = real(NA1); y = imag(NA1);
figure(1)
plot(x,y);hold on                %绘制-1/N(A)曲线
G = zpk([],[0 -2 -2],10);
nyquist(G)                       %绘制线性部分的奈氏曲线
axis([-1,0,-0.5,0.5]);           %重新设定坐标范围
```

```
t = 0:0.01:14;
c0 = [-0.1 0 0]';
[t,c] = ode45('sys819',t,c0);          %求解微分方程
y = sign(c(:,1));                      %非线性环节输出
figure(2)                              %绘制系统响应曲线
subplot(3,1,1)
plot(t,-2*c(:,1),'-');grid
axis([0,14,-0.85,0.85]);
subplot(3,1,2)
plot(t,c(:,1),':');grid
axis([0,14,-0.45,0.45]);
subplot(3,1,3)
plot(t,y,'--');grid
axis([0,14,-1.2,1.2]);                 %重新设定坐标范围
```
调用程序：sys819
```
function dc = sys819(t,c)
dc1 = c(2);
dc2 = c(3);
if ((-2*c(1))<0)                       %描述系统的微分方程
    y = -1;
else y = 1;
end
dc3 = -4*c(2)-4*c(3)+5*y;
dc = [dc1 dc2 dc3]';
```

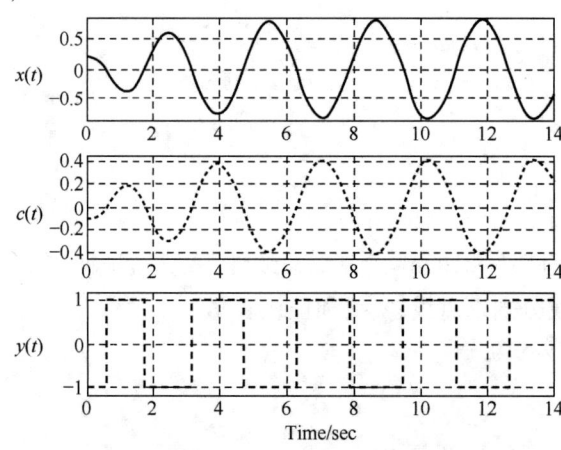

图 8-19-2　非线性系统 c,x,y 的稳态波形（MATLAB）

8-20　已知非线性系统的输入和输出关系式

$$\ddot{y} + af(\ddot{y},\dot{y},y) = \ddot{u} + bg(\dot{u},u)$$

试求伪线性系统的结构及实现形式。

解　由原系统方程可得

$$\dddot{u} = \dddot{y} + af(\ddot{y},\dot{y},y) - bg(\dot{u},u)$$

取伪线性系统的输入为
$$\Phi = \dddot{y}$$

则逆系统方程为
$$\dddot{u} = \Phi + af(\ddot{y},\dot{y},y) - bg(\dot{u},u)$$

将逆系统方程代入原系统方程可得
$$\dddot{y} = \Phi$$

$$y(s) = \frac{1}{s^3}\Phi(s)$$

伪线性系统等效为三重积分环节,其实现形式如图 8-20-1 所示。

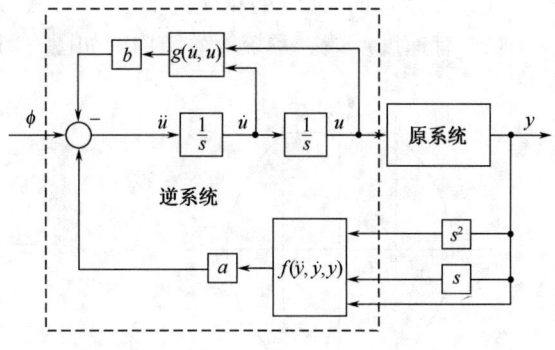

图 8-20-1 伪线性系统的结构图

8-21 已知带速度反馈的非线性系统如图 8-89 所示。系统原来处于静止状态,且 $0<\beta<1$,输入 $r(t)=-R\cdot 1(t)(R>a)$,试分别画出有速度反馈和无速度反馈时的系统相轨迹。

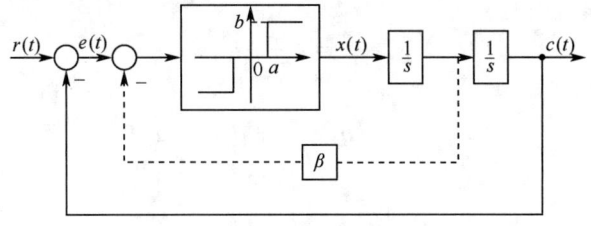

图 8-89 非线性系统

解 (1) 无速度反馈。由图 8-89 可知,$x(t)=\ddot{c}(t)$。当 $e>a$ 时,$x=b=\ddot{c}$,而 $e=r-c$,$\dot{e}=-\dot{c}$,$\ddot{e}=-\ddot{c}=-b$;当 $|e|<a$ 时,$x=\ddot{c}=0$,故 $\ddot{e}=0$;当 $e<-a$ 时,必有 $x=-b=\ddot{c}$,故 $\ddot{e}=-\ddot{c}=b$。相轨迹方程为

$$\begin{cases} \ddot{e}=-b, & e>a \\ \ddot{e}=0, & |e|<a \\ \ddot{e}=b, & e<-a \end{cases}$$

显然,开关线
$$|e|=a$$

初始条件
$$e(0)=-R, \quad \dot{e}(0)=0$$

当 $e<-a$ 时,$\dot{e}\dfrac{\mathrm{d}\dot{e}}{\mathrm{d}e}=b$,有 $\dot{e}^2=2be+C_1$。由初始条件
$$C_1=\dot{e}^2(0)-2be(0)=2bR$$

故有
$$\dot{e}^2=2b(e+R)$$

这是一条抛物线,其顶点为 $-R$。

当 $e>a$ 时,由相轨迹的对称性知,相轨迹是一条开口相反的抛物线,其顶点为 R。

当$|e|<a$时,因$\ddot{e}=0$,有$\dot{e}=\mathrm{const}$,相轨迹为水平直线。

无速度反馈时,系统的相轨迹如图 8-21-1 所示。

(2) 有速度反馈。系统等效结构图如图8-21-2所示。由图知

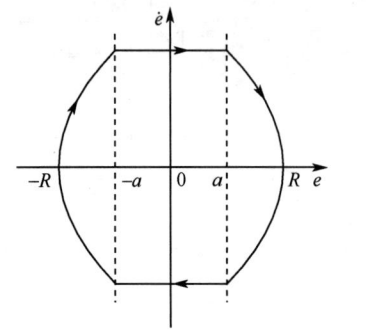

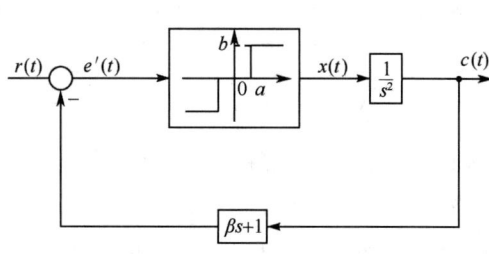

图 8-21-1　无速度反馈时系统的相轨迹　　　图 8-21-2　系统等效结构图

$$e'=r-c-\beta\dot{c}$$

由于$e=r-c,\dot{e}=-\dot{c}$,所以

$$e'=e+\beta\dot{e}$$

相轨迹方程为

$$\ddot{e}=\begin{cases}-b, & e+\beta\dot{e}>a\\ 0, & |e+\beta\dot{e}|<a\\ b, & e+\beta\dot{e}<-a\end{cases}$$

开关线

$$|e+\beta\dot{e}|=a$$

初始条件

$$e(0)=-R,\quad \dot{e}(0)=0$$

有速度反馈时,系统的概略相轨迹如图 8-21-3 所示。

设$a=1,b=2,\beta=0.5,R=2$,运行以下 MATLAB 文件,得有速度反馈时系统的相轨迹图,如图 8-21-4 所示。

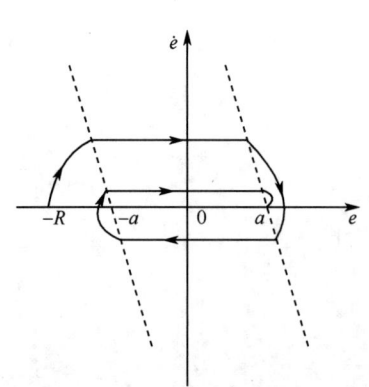

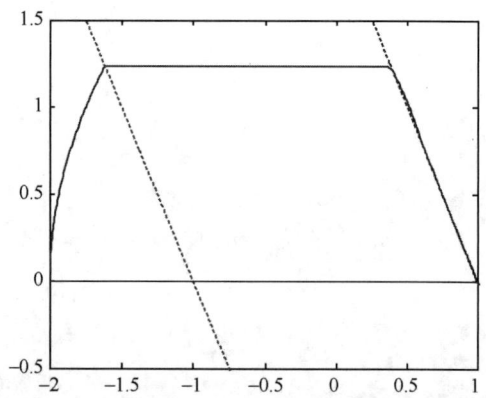

图 8-21-3　有速度反馈时系统的概略相轨迹　　图 8-21-4　有速度反馈时系统的相轨迹(MATLAB)

MATLAB 程序：exe821.m
```
global a b belta R
a = 1;b = 2;belta = 0.5;R = 2;
t = 0:0.01:6;
e0 = [-2 0]';
[t,e2] = ode23('sys821',t,e0);
ed = -10:0.01:10;
e3 = 1 - belta * ed;
e4 = -1 - belta * ed;
plot(e3,ed,':',e4,ed,':')
hold on;
plot(e2(:,1),e2(:,2));
axis([-2,1,-0.5,1.5])
```
调用函数：
```
function de = sys821 (t,e)
global a b belta R
de1 = e(2);
if ((e(1) + belta * e(2))<-a)
   de2 = b;
elseif (abs(e(1) + belta * e(2))<a)
   de2 = 0;
else
   de2 = -b;
end
de = [de1 de2]';
```

8-22 非线性系统如图 8-90 所示，其中非线性环节的描述函数 $N(A)=\dfrac{4M}{\pi A}$。试问：

(1) 当 $\tau=0$ 时，系统受扰动后的稳定运动状态呈现什么形式？

(2) 当 $\tau\neq 0$ 时，要使系统产生频率 $\omega=1$，幅值 $A=2$ 的自振，τ 与 K 应取何值？

解 (1) $\tau=0$ 时系统的稳定运动形式。系统频率特性为

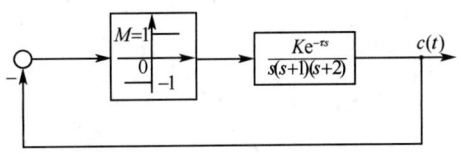

图 8-90 非线性系统结构图

$$G(j\omega) = \dfrac{K}{j\omega(j\omega+1)(j\omega+2)} = \dfrac{K}{-3\omega^2 - j(\omega^3 - 2\omega)}$$

负倒描述函数为

$$-\dfrac{1}{N(A)} = -\dfrac{\pi A}{4M} = -\dfrac{\pi A}{4}$$

绘制 $G(j\omega)$ 与 $-1/N(A)$ 曲线，如图 8-22-1 所示。由图 8-22-1 知，$G(j\omega)$ 与 $-1/N(A)$ 存在交点 A_0，且当振幅增大时，$-1/N(A)$ 从不稳定区域进入稳定区域，所以系统受扰后稳定运动状态呈现稳定自振。

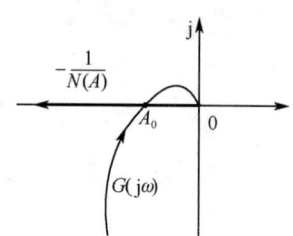

图 8-22-1　$\tau=0$ 时系统的稳定性分析

因交点 A_0 在负实轴上，必有 $\mathrm{Im}G(j\omega_0)=0$，因而 $\omega_0^3-2\omega_0=0$，解得自振频率 $\omega_0=0$（舍去）和 $\omega_0=\sqrt{2}$。而

$$\mathrm{Re}G(j\omega_0)=-\frac{1}{N(A_0)}=-\frac{\pi A_0}{4}$$

有 $-\dfrac{K}{3\omega_0^2}\bigg|_{\omega_0=\sqrt{2}}=-\dfrac{\pi A_0}{4}$，可求出自振振幅 $A_0=\dfrac{2K}{3\pi}$。

(2) $\tau\neq 0$ 时产生自振的系统参数 K 与 τ 值。线性部分频率特性为

$$G(j\omega)=\frac{K\mathrm{e}^{-j\tau\omega}}{j\omega(j\omega+1)(j\omega+2)}$$

由题意，系统自振频率 $\omega=1$，自振振幅 $A=2$，在 $G(j\omega)$ 与 $-1/N(A)$ 的交点上，有

$$-\frac{1}{N(A)}=-\frac{2\pi}{4}=-\frac{\pi}{2}$$

因

$$|G(j1)|=\frac{K}{\sqrt{1+1}\cdot\sqrt{1+4}}=\frac{K}{\sqrt{10}}$$

根据 $\dfrac{K}{\sqrt{10}}=\dfrac{\pi}{2}$，可求出

$$K=\frac{\sqrt{10}\pi}{2}=4.97$$

由 $\angle G(j1)=-90°-\arctan 1-\arctan 0.5-57.3\tau=-180°$

可求出 $\tau=0.32$。故所求参数值为

$$K=4.97,\quad \tau=0.32$$

MATLAB 验证：

运行 MATLAB 文件 exe823.m，可得系统在 $K=4.97$，$\tau=0.32$ 时的 $G(j\omega)$ 与 $-1/N(A)$ 曲线，如图 8-22-2 所示。

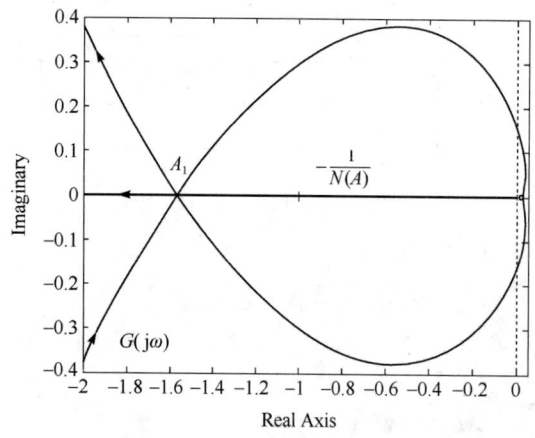

图 8-22-2　$\tau\neq 0$ 时系统的稳定性分析（MATLAB）

MATLAB 程序：exe822.m

```
K = 4.97;tao = 0.32;
G = zpk([],[0 -1 -2],K,'inputdelay',tao);
A = 0.01:0.01:100;
NA1 = -4./(pi*A);
x = real(NA1);y = imag(NA1);
plot(x,y);hold on
w = 0:0.01:10;
nyquist(G,w)
axis([-2 0.05 -0.4 0.4])
```

在 MATLAB 的 Simulink 环境下搭建如图 8-22-3 所示的延迟系统模型，并设定初始条件 $c(0)=1$，仿真可得系统在 $K=4.97$，$\tau=0.32$ 时的输出时间响应 $c(t)$，如图 8-22-4 所示。

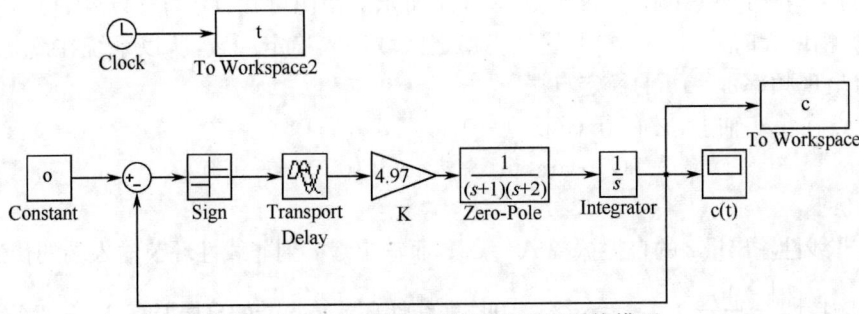

图 8-22-3 Simulink 环境下的延迟系统模型

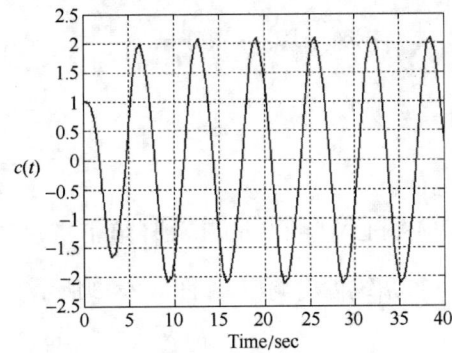

图 8-22-4 系统输出时间响应（MATLAB）

8-23 若使图 8-91 所示非线性系统输出量 c 的自振振幅 $A_c=0.1$，角频率 $\omega=10$，试确定参数 T 及 K 的数值（T、K 均大于零）。

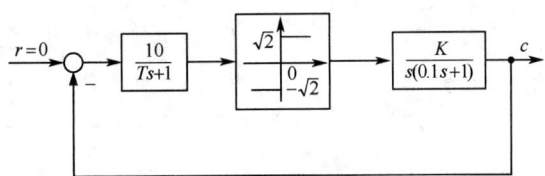

图 8-91 非线性系统结构图

解 （1）结构图归化。将系统等效为典型的结构形式，其中非线性部分的描述函数为

$$N(A) = \frac{4\sqrt{2}}{\pi A}$$

线性部分的传递函数为

$$G(s) = \frac{10K}{s(Ts+1)(0.1s+1)}$$

（2）稳定性分析及参数确定。负倒描述函数为

$$-\frac{1}{N(A)} = -\frac{\pi A}{4\sqrt{2}}$$

显然，$-\dfrac{1}{N(0)}=0$，$-\dfrac{1}{N(\infty)}=-\infty$。

线性部分的频率特性为

$$G(j\omega) = \frac{10K}{j\omega(jT\omega+1)(j0.1\omega+1)}$$

概略绘制 Γ_G 与 $-1/N(A)$ 的曲线如图 8-23-1 所示。由图可知，Γ_G 与 $-1/N(A)$ 曲线存在交点，且当振幅增大时，$-1/N(A)$ 曲线从不稳定区域进入稳定区域，所以系统在满足下列 T、K 数值时呈现频率 $\omega=10$ 的稳定自振。

因交点在负实轴上，必有 $\text{Im}G(j10)=0$，即
$$-90°-\arctan 1-\arctan(10T)=-180°$$
求得 $T=0.1$。

由于非线性输出量 c 的自振振幅 $A_c=0.1$，而输出量 c 到非线性环节输入端的传递函数为 $\dfrac{10}{Ts+1}$，幅频特性 $\left|\dfrac{10}{jT\omega+1}\right|_{\substack{T=0.1\\ \omega=10}}=5\sqrt{2}$。因此，非线性环节输入端的自振振幅 $A=5\sqrt{2}A_c=\dfrac{\sqrt{2}}{2}$。令

$$\text{Re}G(j10)=\left.\dfrac{1}{N(A)}\right|_{A=\frac{\sqrt{2}}{2}}$$

有 $-\dfrac{K}{2}=-\dfrac{\pi}{8}$，不难求得 $K=\dfrac{\pi}{4}$。

MATLAB 验证：

取 $T=0.1$，$K=\dfrac{\pi}{2}$，在 MATLAB 的 Simulink 环境下搭建如图 8-91 所示的非线性系统，仿真时间取为 5s，运行可得系统输出响应，如图 8-23-2 所示。

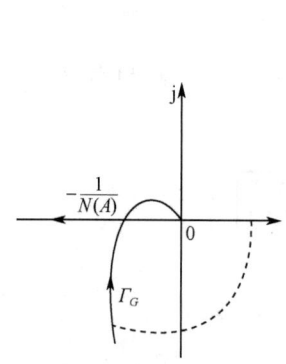

图 8-23-1　非线性系统稳定性分析

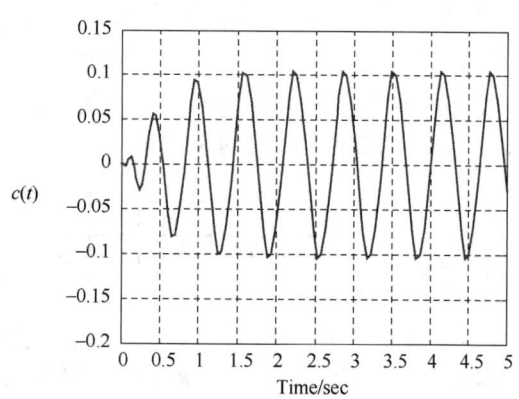

图 8-23-2　非线性系统输出时间响应（MATLAB）

8-24　设非线性系统如图 8-92 所示，其中参数 K_1，K_2，T_1，T_2，M 均为正。试确定：
(1) 系统发生自振时，各参数应满足的条件；
(2) 自振频率和振幅。

解　将图示非线性系统化为典型结构

$$G(j\omega)=\dfrac{K_2}{j\omega(T_1 j\omega+1)(T_2 j\omega+1)+K_1 K_2}$$
$$=\dfrac{K_2}{K_1 K_2-(T_1+T_2)\omega^2+(1-T_1 T_2\omega^2)j\omega}$$
$$-\dfrac{1}{N(A)}=-\dfrac{\pi A}{4M}$$

当 $\omega=\dfrac{1}{\sqrt{T_1 T_2}}$ 时，有

$$Re[G(j\omega)] = \frac{K_2}{K_1 K_2 - \left(\frac{T_1 + T_2}{T_1 T_2}\right)}$$

令 $-\frac{1}{N(A)} = Re[G(j\omega)]$，即

$$-\frac{\pi A}{4M} = \frac{K_2}{K_1 K_2 - \left(\frac{T_1 + T_2}{T_1 T_2}\right)}$$

由此可知，使系统产生稳定自振时各参数应满足的条件为 $K_1 K_2 < \frac{T_1 + T_2}{T_1 T_2}$，自振参数为

$$\omega = \frac{1}{\sqrt{T_1 T_2}}, \quad A = \frac{4MK_2}{\pi\left(\frac{T_1 + T_2}{T_1 T_2} - K_1 K_2\right)}$$

MATLAB 验证：设 $T_1=1, T_2=2, K_1=0.1, K_2=10, M=1$，正好满足稳定自振条件，且应有如下自振参数

$$\omega = 0.707, \quad A = 25.46$$

运行如下 MATLAB 文件，可得系统输出时间响应，如图 8-24-1 所示。

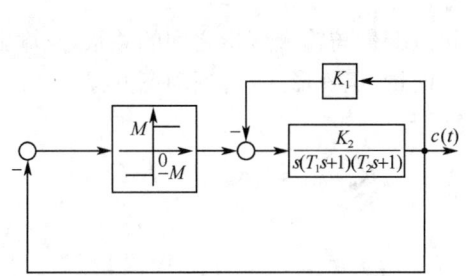

图 8-92 题 8-24 非线性系统结构图

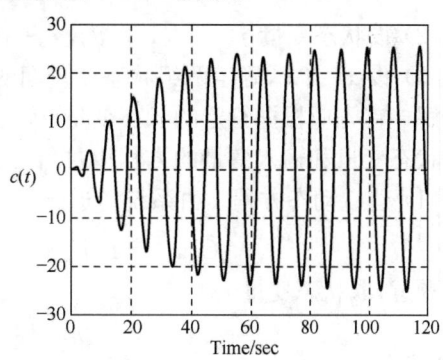

图 8-24-1 非线性系统输出时间响应（MATLAB）

MATLAB 程序：exe 824.m
```
t = 0:0.01:120;
c0 = [0 0 0]';
[t,c] = ode45('sys824',t,c0);
plot(t,c(:,1));grid
```
调用函数：
```
function dc = sys824(t,c)
dc1 = c(2);
dc2 = c(3);
if (c(1)<0)
    dc3 = 5 - 0.5*c(1) - 0.5*c(2) - 1.5*c(3);
else
    dc3 = -5 - 0.5*c(1) - 0.5*c(2) - 1.5*c(3);
end
dc = [dc1 dc2 dc3]';
```

第九章 线性系统的状态空间分析与综合

9-1 已知电枢控制的直流伺服电机的微分方程组及传递函数为

$$u_a = R_a i_a + L_a \frac{\mathrm{d}i_a}{\mathrm{d}t} + E_b$$

$$E_b = K_b \frac{\mathrm{d}\theta_m}{\mathrm{d}t}$$

$$M_m = C_m i_a$$

$$M_m = J_m \frac{\mathrm{d}^2 \theta_m}{\mathrm{d}t^2} + f_m \frac{\mathrm{d}\theta_m}{\mathrm{d}t}$$

$$\frac{\Theta_m(s)}{U_a(s)} = \frac{C_m}{s[L_a J_m s^2 + (L_a f_m + J_m R_a)s + (R_a f_m + K_b C_m)]}$$

(1) 设状态变量 $x_1 = \theta_m, x_2 = \dot{\theta}_m, x_3 = \ddot{\theta}_m$,输出量 $y = \theta_m$,试建立其动态方程;
(2) 设状态变量 $\bar{x}_1 = i_a, \bar{x}_2 = \theta_m, \bar{x}_3 = \dot{\theta}_m, y = \theta_m$,试建立其动态方程;
(3) 设 $\boldsymbol{x} = \boldsymbol{T}\bar{\boldsymbol{x}}$,确定两组状态变量间的变换矩阵 $\boldsymbol{T}$。

解 首先应根据给定的状态变量,确定系统状态变量与输入变量之间的关系,及输出变量与状态变量和输入变量的方程组,再将其改写成向量-矩阵形式,得到动态方程。

(1) 建立动态方程。由系统传递函数可直接写出

$$C_m u_a = L_a J_m \dddot{\theta}_m + (L_a f_m + J_m R_a)\ddot{\theta}_m + (R_a f_m + K_b C_m)\dot{\theta}_m$$

根据题意,取状态变量

$$x_1 = \theta_m, \quad x_2 = \dot{\theta}_m, \quad x_3 = \ddot{\theta}_m$$

则状态方程为

$$\dot{x}_1 = \dot{\theta}_m = x_2, \quad \dot{x}_2 = \ddot{\theta}_m = x_3$$

$$\dot{x}_3 = \dddot{\theta}_m = -\frac{R_a f_m + K_b C_m}{L_a J_m}\dot{\theta}_m - \left(\frac{f_m}{J_m} + \frac{R_a}{L_a}\right)\ddot{\theta}_m + \frac{C_m}{L_a J_m}u_a$$

$$= -\frac{R_a f_m + K_b C_m}{L_a J_m}x_2 - \left(\frac{f_m}{J_m} + \frac{R_a}{L_a}\right)x_3 + \frac{C_m}{L_a J_m}u_a$$

输出方程为

$$y = \theta_m = x_1$$

写成向量-矩阵形式,得系统动态方程为

$$\begin{bmatrix} \dot{x}_1 \\ \dot{x}_2 \\ \dot{x}_3 \end{bmatrix} = \begin{bmatrix} 0 & 1 & 0 \\ 0 & 0 & 1 \\ 0 & -\dfrac{R_a f_m + K_b C_m}{L_a J_m} & -\left(\dfrac{f_m}{J_m} + \dfrac{R_a}{L_a}\right) \end{bmatrix} \begin{bmatrix} x_1 \\ x_2 \\ x_3 \end{bmatrix} + \begin{bmatrix} 0 \\ 0 \\ \dfrac{C_m}{L_a J_m} \end{bmatrix} u_a$$

$$y = \begin{bmatrix} 1 & 0 & 0 \end{bmatrix} \begin{bmatrix} x_1 \\ x_2 \\ x_3 \end{bmatrix}$$

(2) 建立另一动态方程。由系统微分方程组可写出

$$u_a = R_a i_a + L_a \frac{\mathrm{d}i_a}{\mathrm{d}t} + E_b = R_a i_a + L_a \frac{\mathrm{d}i_a}{\mathrm{d}t} + K_b \frac{\mathrm{d}\theta_m}{\mathrm{d}t}$$

$$M_m = C_m i_a = J_m \frac{\mathrm{d}^2 \theta_m}{\mathrm{d}t^2} + f_m \frac{\mathrm{d}\theta_m}{\mathrm{d}t}$$

根据题意,取状态变量

$$\bar{x}_1 = i_a, \quad \bar{x}_2 = \theta_m, \quad \bar{x}_3 = \dot{\theta}_m$$

则状态方程为

$$\dot{\bar{x}}_1 = -\frac{R_a}{L_a} i_a - \frac{K_b}{L_a} \dot{\theta}_m + \frac{1}{L_a} u_a = -\frac{R_a}{L_a} \bar{x}_1 - \frac{K_b}{L_a} \bar{x}_3 + \frac{1}{L_a} u_a$$

$$\dot{\bar{x}}_2 = \dot{\theta}_m = \bar{x}_3$$

$$\dot{\bar{x}}_3 = \frac{C_m}{J_m} i_a - \frac{f_m}{J_m} \dot{\theta}_m = \frac{C_m}{J_m} \bar{x}_1 - \frac{f_m}{J_m} \bar{x}_3$$

输出方程为

$$y = \theta_m = \bar{x}_2$$

写成向量-矩阵形式,得系统另一动态方程为

$$\begin{bmatrix} \dot{\bar{x}}_1 \\ \dot{\bar{x}}_2 \\ \dot{\bar{x}}_3 \end{bmatrix} = \begin{bmatrix} -\dfrac{R_a}{L_a} & 0 & -\dfrac{K_b}{L_a} \\ 0 & 0 & 1 \\ \dfrac{C_m}{J_m} & 0 & -\dfrac{f_m}{J_m} \end{bmatrix} \begin{bmatrix} \bar{x}_1 \\ \bar{x}_2 \\ \bar{x}_3 \end{bmatrix} + \begin{bmatrix} \dfrac{1}{L_a} \\ 0 \\ 0 \end{bmatrix} u_a$$

$$y = \begin{bmatrix} 0 & 1 & 0 \end{bmatrix} \begin{bmatrix} \bar{x}_1 \\ \bar{x}_2 \\ \bar{x}_3 \end{bmatrix}$$

(3) 求变换矩阵。由所设状态变量可知

$$x_1 = \theta_m = \bar{x}_2, \quad x_2 = \dot{\theta}_m = \bar{x}_3, \quad x_3 = \ddot{\theta}_m = \dot{\bar{x}}_3$$

即

$$x_3 = \dot{\bar{x}}_3 = \frac{C_m}{J_m} \bar{x}_1 - \frac{f_m}{J_m} \bar{x}_3$$

因而两组状态变量间的变换关系为

$$\boldsymbol{x} = \begin{bmatrix} x_1 \\ x_2 \\ x_3 \end{bmatrix} = \begin{bmatrix} 0 & 1 & 0 \\ 0 & 0 & 1 \\ \dfrac{C_m}{J_m} & 0 & -\dfrac{f_m}{J_m} \end{bmatrix} \begin{bmatrix} \bar{x}_1 \\ \bar{x}_2 \\ \bar{x}_3 \end{bmatrix} = \boldsymbol{T}\bar{\boldsymbol{x}}$$

得变换矩阵为

$$\boldsymbol{T} = \begin{bmatrix} 0 & 1 & 0 \\ 0 & 0 & 1 \\ \dfrac{C_m}{J_m} & 0 & -\dfrac{f_m}{J_m} \end{bmatrix}$$

9-2 设系统微分方程为

$$\ddot{x} + 3\dot{x} + 2x = u$$

式中 u 为输入量,x 为输出量。

(1) 设状态变量 $x_1=x, x_2=\dot{x}$,试列写动态方程;

(2) 设状态变换 $x_1=\bar{x}_1+\bar{x}_2, x_2=-\bar{x}_1-2\bar{x}_2$,试确定变换矩阵 T 及变换后的动态方程。

解 本题首先根据给定的状态变量,确定系统状态变量与输入变量之间的关系,及输出变量与状态变量和输入变量的方程组,再将其改写成向量-矩阵形式,得到动态方程。而通过相似变换,也可得到另一组动态方程。

(1) 列写动态方程。取 $x_1=x, x_2=\dot{x}$ 为状态变量。根据系统微分方程可直接写出动态方程为

$$\begin{bmatrix} \dot{x}_1 \\ \dot{x}_2 \end{bmatrix} = \begin{bmatrix} 0 & 1 \\ -2 & -3 \end{bmatrix} \begin{bmatrix} x_1 \\ x_2 \end{bmatrix} + \begin{bmatrix} 0 \\ 1 \end{bmatrix} u, \quad y = \begin{bmatrix} 1 & 0 \end{bmatrix} \begin{bmatrix} x_1 \\ x_2 \end{bmatrix}$$

(2) 变换矩阵及其变换后的动态方程。取 $x_1=\bar{x}_1+\bar{x}_2, x_2=-\bar{x}_1-2\bar{x}_2$ 为状态变量,改写成向量-矩阵形式

$$\begin{bmatrix} x_1 \\ x_2 \end{bmatrix} = \begin{bmatrix} 1 & 1 \\ -1 & -2 \end{bmatrix} \begin{bmatrix} \bar{x}_1 \\ \bar{x}_2 \end{bmatrix}$$

得变换矩阵 T 及其逆矩阵为

$$T = \begin{bmatrix} 1 & 1 \\ -1 & -2 \end{bmatrix}, \quad T^{-1} = \begin{bmatrix} 2 & 1 \\ -1 & -1 \end{bmatrix}$$

根据 $x=T\bar{x}$,得变换后的动态方程为

$$\dot{\bar{x}} = T^{-1}AT\bar{x} + T^{-1}bu = \begin{bmatrix} -1 & 0 \\ 0 & -2 \end{bmatrix} \bar{x} + \begin{bmatrix} 1 \\ -1 \end{bmatrix} u$$

$$\bar{y} = y = cT\bar{x} = \begin{bmatrix} 1 & 1 \end{bmatrix} \bar{x}$$

上述问题改用 MATLAB 程序 exe902.m 验证,结果完全一致。

MATLAB 程序:exe902.m

```
A=[0 1;-2 -3];b=[0 1]';c=[1 0];
sys=ss(A,b,c,0);            %建立系统状态空间模型
T=[1 1;-1 -2];              %变换矩阵 T
T1=inv(T)                   %求变换矩阵 T 的逆矩阵
sysT=ss2ss(sys,T1)          %计算变换后的动态方程
```

程序运行结果:

```
T1 =
     2     1
    -1    -1
a =
         x1    x2
   x1   -1     0
   x2    0    -2
b =
         u1
   x1    1
```

```
            x2   -1
   c =
            x1    x2
     y1    1     1
   d =
                 u1
     y1    0
Continuous-time model.
```

9-3 设系统微分方程为

$$\dddot{y} + 6\ddot{y} + 11\dot{y} + 6y = 6u$$

式中 u、y 分别为系统的输入、输出量。试列写可控标准型（即 A 为友矩阵）及可观测标准型（即 A 为友矩阵转置）状态空间表达式,并画出状态变量图。

解 首先应由系统微分方程写出传递函数,列写出系统的可控标准型,再根据可控标准型与可观测标准型的关系,即得到可观测标准型状态空间表达式。

(1) 可控标准型实现。由系统微分方程可写出系统传递函数

$$\frac{Y(s)}{U(s)} = \frac{6}{s^3 + 6s^2 + 11s + 6}$$

利用串联分解法,将 z 作为中间变量,得

$$\frac{Y(s)Z(s)}{Z(s)U(s)} = \frac{6}{s^3 + 6s^2 + 11s + 6}$$

令

$$\frac{Z(s)}{U(s)} = \frac{1}{s^3 + 6s^2 + 11s + 6}, \quad \frac{Y(s)}{Z(s)} = 6$$

可写出系统微分方程

$$\dddot{z} + 6\ddot{z} + 11\dot{z} + 6z = u$$
$$y = 6z$$

选取状态变量

$$x_1 = z, \quad x_2 = \dot{z}, \quad x_3 = \ddot{z}$$

则状态方程为

$$\dot{x}_1 = x_2$$
$$\dot{x}_2 = x_3$$
$$\dot{x}_3 = -6x_1 - 11x_2 - 6x_3 + u$$

输出方程为

$$y = 6x_1$$

其可控标准型动态方程为

$$\dot{\boldsymbol{x}} = \boldsymbol{A}_c \boldsymbol{x} + \boldsymbol{b}_c u, \quad y = \boldsymbol{c}_c \boldsymbol{x}$$

其中

$$\boldsymbol{A}_c = \begin{bmatrix} 0 & 1 & 0 \\ 0 & 0 & 1 \\ -6 & -11 & -6 \end{bmatrix}, \quad \boldsymbol{b}_c = \begin{bmatrix} 0 \\ 0 \\ 1 \end{bmatrix}, \quad \boldsymbol{c}_c = \begin{bmatrix} 6 & 0 & 0 \end{bmatrix}$$

状态变量图如图 9-3-1 所示。

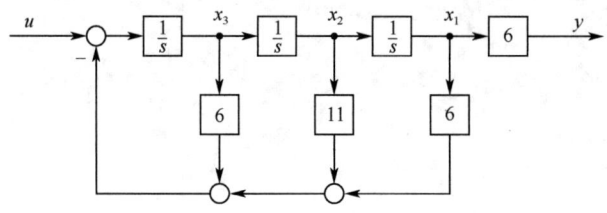

图 9-3-1 题 9-3 系统可控标准型状态变量图

(2) 可观测标准型实现。根据对偶原理可知,可控标准型与可观测标准型的各矩阵之间存在如下关系:

$$A_o = A_c^T, \quad b_o = c_c^T, \quad c_o = b_c^T$$

因而根据可控标准型利用对偶关系可直接写出可观测标准型动态方程

$$\dot{x} = A_o x + b_o u, \quad y = c_o x$$

其中 $A_o = A_c^T = \begin{bmatrix} 0 & 0 & -6 \\ 1 & 0 & -11 \\ 0 & 1 & -6 \end{bmatrix}$

$b_o = c_c^T = \begin{bmatrix} 6 \\ 0 \\ 0 \end{bmatrix}, c_o = b_c^T = \begin{bmatrix} 0 & 0 & 1 \end{bmatrix}$

状态变量图如图 9-3-2 所示。

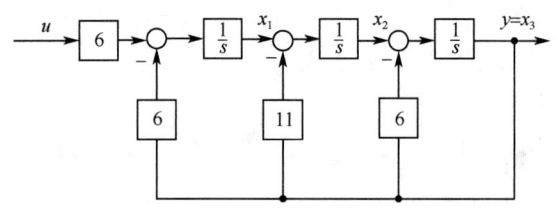

图 9-3-2 题 9-3 系统可观测标准型状态变量图

9-4 已知系统结构图如图 9-46 所示,其状态变量为 x_1, x_2, x_3。试求动态方程,并画出状态变量图。

解 首先应根据系统结构图列写微分方程组,再将其改写成向量-矩阵形式,即可得系统的动态方程。

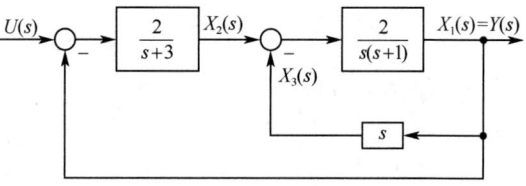

图 9-46 题 9-4 系统结构图

将频域参量 s 视作微分算子,由系统结构图可得

$$2(u - x_1) = (s+3)x_2$$
$$2(x_2 - x_3) = s(s+1)x_1$$
$$x_3 = sx_1$$
$$y = x_1$$

经整理可得所要求的动态方程

$$\dot{x}_1 = x_3$$
$$\dot{x}_2 = -2x_1 - 3x_2 + 2u$$
$$\dot{x}_3 = 2x_2 - 3x_3$$
$$y = x_1$$

写成向量-矩阵形式,可得其动态方程为

$$\begin{bmatrix} \dot{x}_1 \\ \dot{x}_2 \\ \dot{x}_3 \end{bmatrix} = \begin{bmatrix} 0 & 0 & 1 \\ -2 & -3 & 0 \\ 0 & 2 & -3 \end{bmatrix} \begin{bmatrix} x_1 \\ x_2 \\ x_3 \end{bmatrix} + \begin{bmatrix} 0 \\ 2 \\ 0 \end{bmatrix} u, \quad y = \begin{bmatrix} 1 & 0 & 0 \end{bmatrix} \begin{bmatrix} x_1 \\ x_2 \\ x_3 \end{bmatrix}$$

相应的状态变量图如图 9-4-1 所示。

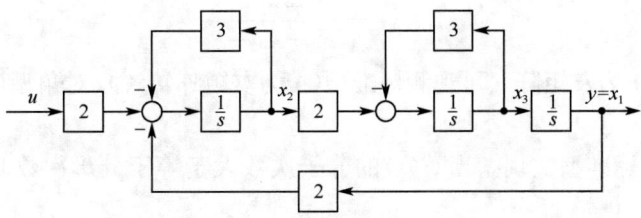

图 9-4-1 题 9-4 系统状态变量图

9-5 已知双输入-双输出系统状态方程和输出方程

$$\dot{x}_1 = x_2 + u_1$$
$$\dot{x}_2 = x_3 + 2u_1 - u_2$$
$$\dot{x}_3 = -6x_1 - 11x_2 - 6x_3 + 2u_2$$
$$y_1 = x_1 - x_2$$
$$y_2 = 2x_1 + x_2 - x_3$$

写出其向量-矩阵形式并画出状态变量图。

解 本题为线性定常、双输入双输出系统。

(1) 根据给定的系统动态方程和输出方程写出其向量-矩阵形式为

$$\begin{bmatrix}\dot{x}_1\\ \dot{x}_2\\ \dot{x}_3\end{bmatrix} = \begin{bmatrix}0 & 1 & 0\\ 0 & 0 & 1\\ -6 & -11 & -6\end{bmatrix}\begin{bmatrix}x_1\\ x_2\\ x_3\end{bmatrix} + \begin{bmatrix}1 & 0\\ 2 & -1\\ 0 & 2\end{bmatrix}\begin{bmatrix}u_1\\ u_2\end{bmatrix}$$

$$\begin{bmatrix}y_1\\ y_2\end{bmatrix} = \begin{bmatrix}1 & -1 & 0\\ 2 & 1 & -1\end{bmatrix}\begin{bmatrix}x_1\\ x_2\\ x_3\end{bmatrix}$$

(2) 状态变量图如图 9-5-1 所示。

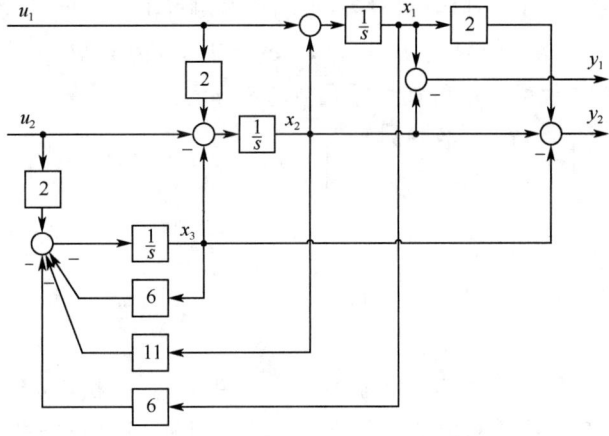

图 9-5-1 题 9-5 系统状态变量图

9-6 已知系统传递函数为
$$G(s) = \frac{s^2+6s+8}{s^2+4s+3}$$
试求可控标准型(A 为友矩阵)、可观测标准型(A 为友矩阵转置)、对角型(A 为对角阵)的动态方程。

解 (1) 可控标准型实现。当 $G(s)$ 的分子次数大于等于分母次数时,应用综合除法,得真有理分式形式
$$G(s) = \frac{s^2+6s+8}{s^2+4s+3} = 1 + \frac{2s+5}{s^2+4s+3}$$
对上式右端第二项进行串联分解并引入中间变量 z,使
$$\frac{Y(s)Z(s)}{Z(s)U(s)} = \frac{2s+5}{s^2+4s+3}$$
令
$$\frac{Z(s)}{U(s)} = \frac{1}{s^2+4s+3}, \quad \frac{Y(s)}{Z(s)} = 2s+5$$
可得微分方程
$$\ddot{z} + 4\dot{z} + 3z = u$$
$$y = 2\dot{z} + 5z + u$$
选取状态变量
$$x_1 = z, \quad x_2 = \dot{z}$$
则状态方程为
$$\dot{x}_1 = x_2, \quad \dot{x}_2 = -3x_1 - 4x_2 + u$$
输出方程为
$$y = 5x_1 + 2x_2 + u$$
其可控标准型动态方程为
$$\begin{bmatrix} \dot{x}_1 \\ \dot{x}_2 \end{bmatrix} = \begin{bmatrix} 0 & 1 \\ -3 & -4 \end{bmatrix} \begin{bmatrix} x_1 \\ x_2 \end{bmatrix} + \begin{bmatrix} 0 \\ 1 \end{bmatrix} u, \quad y = \begin{bmatrix} 5 & 2 \end{bmatrix} \begin{bmatrix} x_1 \\ x_2 \end{bmatrix} + u$$

(2) 可观测标准型实现。利用可控标准型与可观测标准型之间的对偶关系
$$\boldsymbol{A}_o = \boldsymbol{A}_c^{\mathrm{T}}, \quad \boldsymbol{b}_o = \boldsymbol{c}_c^{\mathrm{T}}, \quad \boldsymbol{c}_o = \boldsymbol{b}_c^{\mathrm{T}}, \quad \boldsymbol{d}_o = \boldsymbol{d}_c$$
根据可控标准型动态方程可写出可观测标准型动态方程
$$\begin{bmatrix} \dot{x}_1 \\ \dot{x}_2 \end{bmatrix} = \begin{bmatrix} 0 & -3 \\ 1 & -4 \end{bmatrix} \begin{bmatrix} x_1 \\ x_2 \end{bmatrix} + \begin{bmatrix} 5 \\ 2 \end{bmatrix} u, \quad y = \begin{bmatrix} 0 & 1 \end{bmatrix} \begin{bmatrix} x_1 \\ x_2 \end{bmatrix} + u$$

(3) 对角型实现。由于
$$G(s) = 1 + \frac{N(s)}{D(s)} = 1 + \frac{2s+5}{s^2+4s+3}$$
$D(s)$ 可分解为
$$D(s) = s^2 + 4s + 3 = (s+1)(s+3)$$
其中 $\lambda_1 = -1, \lambda_2 = -3$ 为系统的单实极点,则传递函数可展成部分分式之和
$$\frac{N(s)}{D(s)} = \frac{\frac{3}{2}}{s+1} + \frac{\frac{1}{2}}{s+3}$$

且有
$$Y(s) = \left[1 + \frac{\frac{3}{2}}{s+1} + \frac{\frac{1}{2}}{s+3}\right]U(s)$$

若令状态变量
$$X_1(s) = \frac{1}{s+1}U(s), \quad X_2(s) = \frac{1}{s+3}U(s)$$

对上式进行拉氏反变换并展开，有
$$\dot{x}_1 = -x_1 + u, \quad \dot{x}_2 = -3x_2 + u$$
$$y = \frac{3}{2}x_1 + \frac{1}{2}x_2 + u$$

因此对角型动态方程为
$$\begin{bmatrix}\dot{x}_1 \\ \dot{x}_2\end{bmatrix} = \begin{bmatrix}-1 & 0 \\ 0 & -3\end{bmatrix}\begin{bmatrix}x_1 \\ x_2\end{bmatrix} + \begin{bmatrix}1 \\ 1\end{bmatrix}u, \quad y = \begin{bmatrix}\frac{3}{2} & \frac{1}{2}\end{bmatrix}\begin{bmatrix}x_1 \\ x_2\end{bmatrix} + u$$

(4) 验证。由于系统传递函数 $G(s) = c(s\mathbf{I}-\mathbf{A})^{-1}\mathbf{b} + d$，因此有

可控标准型
$$G_c(s) = \begin{bmatrix}5 & 2\end{bmatrix}\begin{bmatrix}s & -1 \\ 3 & s+4\end{bmatrix}^{-1}\begin{bmatrix}0 \\ 1\end{bmatrix} + 1$$
$$= \begin{bmatrix}5 & 2\end{bmatrix}\begin{bmatrix}\dfrac{s+4}{s^2+4s+3} & \dfrac{1}{s^2+4s+3} \\ \dfrac{-3}{s^2+4s+3} & \dfrac{s}{s^2+4s+3}\end{bmatrix}\begin{bmatrix}0 \\ 1\end{bmatrix} + 1 = \frac{s^2+6s+8}{s^2+4s+3}$$

可观测标准型
$$G_o(s) = \begin{bmatrix}0 & 1\end{bmatrix}\begin{bmatrix}s & 3 \\ -1 & s+4\end{bmatrix}^{-1}\begin{bmatrix}5 \\ 2\end{bmatrix} + 1 = \frac{s^2+6s+8}{s^2+4s+3}$$

对角型
$$G_\Lambda(s) = \begin{bmatrix}\frac{3}{2} & \frac{1}{2}\end{bmatrix}\begin{bmatrix}s+1 & 0 \\ 0 & s+3\end{bmatrix}^{-1}\begin{bmatrix}1 \\ 1\end{bmatrix} + 1 = \frac{s^2+6s+8}{s^2+4s+3}$$

9-7 已知系统传递函数
$$G(s) = \frac{5}{(s+1)^2(s+2)}$$

试求约当型（$\mathbf{A}$ 为约当阵）动态方程。

解 将系统传递函数分解为部分分式
$$G(s) = \frac{Y(s)}{U(s)} = \frac{5}{(s+1)^2(s+2)} = \frac{5}{(s+1)^2} - \frac{5}{s+1} + \frac{5}{s+2}$$

令
$$X_1(s) = \frac{1}{(s+1)^2}U(s) = \frac{1}{s+1}X_2(s)$$
$$X_2(s) = \frac{1}{s+1}U(s)$$
$$X_3(s) = \frac{1}{s+2}U(s)$$

$$Y(s) = 5X_1(s) - 5X_2(s) + 5X_3(s)$$

则得
$$\dot{x}_1 = -x_1 + x_2, \quad \dot{x}_2 = -x_2 + u, \quad \dot{x}_3 = -2x_3 + u$$
$$y = 5x_1 - 5x_2 + 5x_3$$

将上式写成向量-矩阵形式,可得其约当标准型实现为

$$\begin{bmatrix} \dot{x}_1 \\ \dot{x}_2 \\ \dot{x}_3 \end{bmatrix} = \begin{bmatrix} -1 & 1 & 0 \\ 0 & -1 & 0 \\ 0 & 0 & -2 \end{bmatrix} \begin{bmatrix} x_1 \\ x_2 \\ x_3 \end{bmatrix} + \begin{bmatrix} 0 \\ 1 \\ 1 \end{bmatrix} u$$

$$y = \begin{bmatrix} 5 & -5 & 5 \end{bmatrix} \begin{bmatrix} x_1 \\ x_2 \\ x_3 \end{bmatrix}$$

由于系统传递函数 $G(s) = c(s\bm{I} - \bm{A})^{-1}\bm{b}$,不妨验证可得

$$G(s) = \begin{bmatrix} 5 & -5 & 5 \end{bmatrix} \begin{bmatrix} s+1 & -1 & 0 \\ 0 & s+1 & 0 \\ 0 & 0 & s+2 \end{bmatrix}^{-1} \begin{bmatrix} 0 \\ 1 \\ 1 \end{bmatrix}$$

$$= \begin{bmatrix} 5 & -5 & 5 \end{bmatrix} \begin{bmatrix} \dfrac{1}{s+1} & \dfrac{1}{(s+1)^2} & 0 \\ 0 & \dfrac{1}{s+1} & 0 \\ 0 & 0 & \dfrac{1}{s+2} \end{bmatrix} \begin{bmatrix} 0 \\ 1 \\ 1 \end{bmatrix} = \dfrac{5}{(s+1)^2(s+2)}$$

9-8 已知矩阵

$$\bm{A} = \begin{bmatrix} 0 & 1 & 0 & 0 \\ 0 & 0 & 1 & 0 \\ 0 & 0 & 0 & 1 \\ 1 & 0 & 0 & 0 \end{bmatrix}$$

试求 $\bm{A}$ 的特征方程、特征值、特征向量,并求出变换矩阵将 $\bm{A}$ 对角化。

解 首先需计算 $\bm{A}$ 的特征方程,得到 $\bm{A}$ 的特征值及其与每个特征值相对应的特征向量,再由特征向量构造变换矩阵将 $\bm{A}$ 对角化。

由于 $\bm{A}$ 是四阶友矩阵,$\bm{A}$ 的特征方程为
$$f(\lambda) = \det(\lambda \bm{I} - \bm{A}) = \lambda^4 - 1 = 0$$

得 $\bm{A}$ 的特征值为
$$\lambda_1 = -1, \quad \lambda_2 = j, \quad \lambda_3 = -j, \quad \lambda_4 = 1$$

令 $\bm{p}_i$ 为特征向量,则由
$$\bm{A}\bm{p}_i = \lambda_i \bm{p}_i, \quad i = 1, 2, 3, 4$$

可分别求得 λ_i 所对应的特征向量为

$$\bm{p}_1 = \begin{bmatrix} -0.5 \\ 0.5 \\ -0.5 \\ 0.5 \end{bmatrix}, \quad \bm{p}_2 = \begin{bmatrix} 0.5 \\ 0.5j \\ -0.5 \\ -0.5j \end{bmatrix}, \quad \bm{p}_3 = \begin{bmatrix} 0.5 \\ -0.5j \\ -0.5 \\ 0.5j \end{bmatrix}, \quad \bm{p}_4 = \begin{bmatrix} -0.5 \\ -0.5 \\ -0.5 \\ -0.5 \end{bmatrix}$$

由于 $\lambda_i(i=1,2,3,4)$ 互不相同,故 $p_i(i=1,2,3,4)$ 互不相关。可得使 A 对角化的变换矩阵为

$$P = \begin{bmatrix} -0.5 & 0.5 & 0.5 & -0.5 \\ 0.5 & 0.5\mathrm{j} & -0.5\mathrm{j} & -0.5 \\ -0.5 & -0.5 & -0.5 & -0.5 \\ 0.5 & -0.5\mathrm{j} & 0.5\mathrm{j} & -0.5 \end{bmatrix}$$

相应的对角型为

$$\hat{A} = P^{-1}AP = \begin{bmatrix} -1 & 0 & 0 & 0 \\ 0 & \mathrm{j} & 0 & 0 \\ 0 & 0 & -\mathrm{j} & 0 \\ 0 & 0 & 0 & 1 \end{bmatrix}$$

上述问题改用 MATLAB 程序 exe908.m 验证,结果完全一致。

MATLAB 程序:exe 908.m

A = [0 1 0 0;0 0 1 0;0 0 0 1;1 0 0 0];
[P,e] = eig(A)   % 其中 P 表示变换矩阵,e 表示特征根
A3 = inv(P) * A * P

验证结果:

P =

-0.5000	0.5000	0.5000	-0.5000
0.5000	0.0000 + 0.5000i	0.0000 - 0.5000i	-0.5000
-0.5000	-0.5000 + 0.0000i	-0.5000 - 0.0000i	-0.5000
0.5000	-0.0000 - 0.5000i	-0.0000 + 0.5000i	-0.5000

e =

-1.0000	0	0	0
0	0.0000 + 1.0000i	0	0
0	0	0.0000 - 1.0000i	0
0	0	0	1.0000

A3 =

-1.0000 - 0.0000i	0.0000 + 0.0000i	0.0000 - 0.0000i	0.0000 + 0.0000i
-0.0000 - 0.0000i	-0.0000 + 1.0000i	0.0000 + 0.0000i	-0.0000 + 0.0000i
-0.0000 + 0.0000i	0.0000 - 0.0000i	0.0000 - 1.0000i	-0.0000 - 0.0000i
-0.0000 - 0.0000i	-0.0000 - 0.0000i	-0.0000 + 0.0000i	1.0000 - 0.0000i

9-9 已知矩阵

$$A = \begin{bmatrix} -1 & 0 \\ 0 & 1 \end{bmatrix}$$

试用幂级数法及拉普拉斯变换法求出矩阵指数(即状态转移矩阵)。

解 (1) 幂级数法。本题是线性定常系统,状态转移矩阵可展开成

$$\Phi(t) = \mathrm{e}^{At} = I + At + \frac{1}{2!}A^2t^2 + \cdots + \frac{1}{k!}A^kt^k + \cdots$$

由于

$$A = A^3 = A^5 = \cdots = \begin{bmatrix} -1 & 0 \\ 0 & 1 \end{bmatrix}$$

$$A^2 = A^4 = A^6 = \cdots = \begin{bmatrix} 1 & 0 \\ 0 & 1 \end{bmatrix}$$

故有

$$\begin{aligned}
\boldsymbol{\Phi}(t) &= \begin{bmatrix} 1 & 0 \\ 0 & 1 \end{bmatrix} + \begin{bmatrix} -t & 0 \\ 0 & t \end{bmatrix} + \frac{1}{2!}\begin{bmatrix} t^2 & 0 \\ 0 & t^2 \end{bmatrix} + \frac{1}{3!}\begin{bmatrix} -t^3 & 0 \\ 0 & t^3 \end{bmatrix} + \frac{1}{4!}\begin{bmatrix} t^4 & 0 \\ 0 & t^4 \end{bmatrix} + \cdots \\
&= \begin{bmatrix} 1 - t + \frac{1}{2!}t^2 - \frac{1}{3!}t^3 + \frac{1}{4!}t^4 + \cdots & 0 \\ 0 & 1 + t + \frac{1}{2!}t^2 + \frac{1}{3!}t^3 + \frac{1}{4!}t^4 + \cdots \end{bmatrix} \\
&= \begin{bmatrix} \mathrm{e}^{-t} & 0 \\ 0 & \mathrm{e}^{t} \end{bmatrix}
\end{aligned}$$

(2) 拉普拉斯变换法。

$$s\boldsymbol{I} - \boldsymbol{A} = \begin{bmatrix} s & 0 \\ 0 & s \end{bmatrix} - \begin{bmatrix} -1 & 0 \\ 0 & 1 \end{bmatrix} = \begin{bmatrix} s+1 & 0 \\ 0 & s-1 \end{bmatrix}$$

$$(s\boldsymbol{I}-\boldsymbol{A})^{-1} = \frac{\mathrm{adj}(s\boldsymbol{I}-\boldsymbol{A})}{|s\boldsymbol{I}-\boldsymbol{A}|} = \frac{1}{(s+1)(s-1)}\begin{bmatrix} s-1 & 0 \\ 0 & s+1 \end{bmatrix} = \begin{bmatrix} \dfrac{1}{s+1} & 0 \\ 0 & \dfrac{1}{s-1} \end{bmatrix}$$

则状态转移矩阵为

$$\boldsymbol{\Phi}(t) = \mathscr{L}^{-1}\left[(s\boldsymbol{I}-\boldsymbol{A})^{-1}\right] = \begin{bmatrix} \mathrm{e}^{-t} & 0 \\ 0 & \mathrm{e}^{t} \end{bmatrix}$$

下面通过 MATLAB 程序 exe909.m,验证上述计算结果的正确性。
MATLAB 程序:exe909.m

```
A=[-1 0;0 1];
syms s                    %创建符号 s
A1=inv(s*eye(2)-A)        %求(sI-A)^{-1}
ilaplace(A1)              %对(sI-A)^{-1}取拉普拉斯反变换
```

运行结果:
ans =
[exp(-t),   0]
[0,   exp(t)]

结果是一致的。

9-10 试求下列状态方程的解:

$$\dot{\boldsymbol{x}} = \begin{bmatrix} -1 & 0 & 0 \\ 0 & -2 & 0 \\ 0 & 0 & -3 \end{bmatrix} \boldsymbol{x}$$

解 本题属于线性定常齐次状态方程,方程解为 $\boldsymbol{x}(t) = \mathrm{e}^{\boldsymbol{A}t}\boldsymbol{x}(0)$,故需先求出系统的状态转移矩阵 $\mathrm{e}^{\boldsymbol{A}t}$。

由于系统状态方程的状态矩阵 A 为对角型,因而有

$$e^{At} = \begin{bmatrix} e^{-t} & 0 & 0 \\ 0 & e^{-2t} & 0 \\ 0 & 0 & e^{-3t} \end{bmatrix}$$

状态方程的解为

$$x(t) = e^{At}x(0) = \begin{bmatrix} e^{-t} & 0 & 0 \\ 0 & e^{-2t} & 0 \\ 0 & 0 & e^{-3t} \end{bmatrix} x(0)$$

其中 $x(0)$ 为系统的初始状态。

上述步骤关键在于状态转移矩阵 e^{At} 的计算。下面利用 MATLAB 程序 exe910.m 对其进行求解。

MATLAB 程序:exe910.m
```
A=[-1 0 0;0 -2 0;0 0 -3];
syms s                       % 创建符号对象
A1 = inv(s*eye(3) - A)       % 求(sI-A)^-1
ilaplace(A1)                 % 对(sI-A)^-1取拉普拉斯反变换,解得状态转移阵
```
运行结果:
```
ans =
[   exp(-t),          0,           0]
[         0, exp(-2*t),           0]
[         0,         0,  exp(-3*t)]
```

9-11 已知系统状态方程为

$$\dot{x} = \begin{bmatrix} 1 & 0 \\ 1 & 1 \end{bmatrix} x + \begin{bmatrix} 1 \\ 1 \end{bmatrix} u$$

初始条件为 $x_1(0)=1, x_2(0)=0$。试求系统在单位阶跃输入作用下的状态响应。

解 本题属于非齐次状态方程,方程解的形式为

$$x(t) = e^{At}x(0) + \int_0^t e^{A\tau} bu(t-\tau)\mathrm{d}\tau$$

故需先求出系统的状态转移矩阵 e^{At}。

由于

$$(sI - A) = \begin{bmatrix} s-1 & 0 \\ -1 & s-1 \end{bmatrix}$$

$$(sI - A)^{-1} = \frac{1}{(s-1)^2} \begin{bmatrix} s-1 & 0 \\ 1 & s-1 \end{bmatrix} = \begin{bmatrix} \dfrac{1}{s-1} & 0 \\ \dfrac{1}{(s-1)^2} & \dfrac{1}{s-1} \end{bmatrix}$$

故可采用拉普拉斯变换法求出

$$e^{At} = \mathscr{L}^{-1}[(sI - A)^{-1}] = \mathscr{L}^{-1} \begin{bmatrix} \dfrac{1}{s-1} & 0 \\ \dfrac{1}{(s-1)^2} & \dfrac{1}{s-1} \end{bmatrix} = \begin{bmatrix} e^t & 0 \\ te^t & e^t \end{bmatrix}$$

得单位阶跃输入作用下的状态响应为

$$x(t) = \begin{bmatrix} e^t & 0 \\ te^t & e^t \end{bmatrix} \begin{bmatrix} 1 \\ 0 \end{bmatrix} + \int_0^t \begin{bmatrix} e^\tau & 0 \\ \tau e^\tau & e^\tau \end{bmatrix} \begin{bmatrix} 1 \\ 1 \end{bmatrix} d\tau = \begin{bmatrix} e^t \\ te^t \end{bmatrix} + \int_0^t \begin{bmatrix} e^\tau \\ e^\tau + \tau e^\tau \end{bmatrix} d\tau = \begin{bmatrix} 2e^t - 1 \\ 2te^t \end{bmatrix}$$

利用 MATLAB 程序 exe911.m,可得系统的单位阶跃输入下的状态响应,如图 9-11-1 所示。

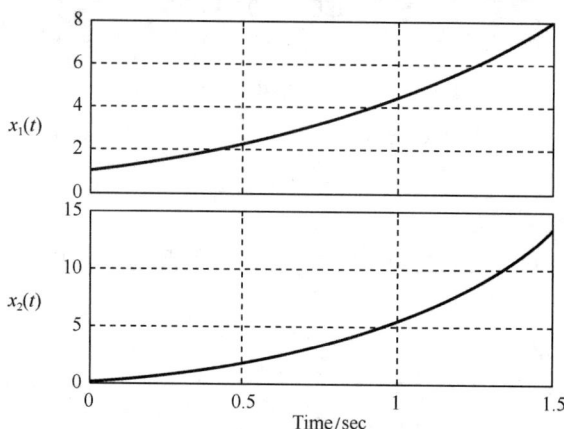

图 9-11-1　单位阶跃作用下的系统状态响应(MATLAB)

MATLAB 程序:exe911.m

```
A=[1 0;1 1];b=[1 1]';c=eye(2);d=zeros(2,1);
sys=ss(A,b,c,d);                %创建系统状态空间模型
syms s                          %创建符号对象
A1=inv(s*eye(2)-A)              %求(sI-A)^-1
EAT=ilaplace(A1)                %对(sI-A)^-1取拉普拉斯反变换,解得状态转移阵
t=0:0.01:1.5;
n=length(t);u=ones(1,n);
lsim(sys,u,t,[1 0]');grid       %求系统的单位阶跃响应
```

运行结果:

EAT =

[　　exp(t),　　　　0]

[t*exp(t),　　exp(t)]

9-12　已知线性系统状态转移矩阵

$$\boldsymbol{\Phi}(t) = \begin{bmatrix} 6e^{-t} - 5e^{-2t} & 4e^{-t} - 4e^{-2t} \\ -3e^{-t} + 3e^{-2t} & -2e^{-t} + 3e^{-2t} \end{bmatrix}$$

试求该系统的状态阵 $\boldsymbol{A}$。

解　本题可利用状态转移矩阵的性质来求解。因为

$$\dot{\boldsymbol{\Phi}}(t) = \boldsymbol{A}\boldsymbol{\Phi}(t), \quad \boldsymbol{\Phi}(0) = \boldsymbol{I}$$

所以

$$\boldsymbol{A} = \dot{\boldsymbol{\Phi}}(t)\big|_{t=0} = \begin{bmatrix} -6e^{-t} + 10e^{-2t} & -4e^{-t} + 8e^{-2t} \\ 3e^{-t} - 6e^{-2t} & 2e^{-t} - 6e^{-2t} \end{bmatrix}\bigg|_{t=0} = \begin{bmatrix} 4 & 4 \\ -3 & -4 \end{bmatrix}$$

与利用 MATLAB 程序 exe912.m 计算得到的结果完全一致。

MATLAB 程序:exe912.m

```
syms t                                                    %创建符号对象
phi = [6*exp(-t)-5*exp(-2*t)  4*exp(-t)-4*exp(-2*t);
       -3*exp(-t)+3*exp(-2*t) -2*exp(-t)+3*exp(-2*t)]     %描述状态转移矩阵
dphi = diff(phi);                                         %对状态转移矩阵求导数
A = limit(dphi,0)                                         %计算状态阵 A
```
运行结果：
```
phi =
  [ 6*exp(-t)-5*exp(-2*t),  4*exp(-t)-4*exp(-2*t)]
  [-3*exp(-t)+3*exp(-2*t), -2*exp(-t)+3*exp(-2*t)]
 A =
  [ 4,  4]
  [-3, -4]
```

9-13 已知系统状态方程

$$\dot{x} = \begin{bmatrix} 0 & 1 & 0 \\ -2 & -3 & 0 \\ -1 & 1 & 3 \end{bmatrix} x + \begin{bmatrix} 0 \\ 1 \\ 2 \end{bmatrix} u$$

$$y = \begin{bmatrix} 0 & 0 & 1 \end{bmatrix} x$$

试求系统传递函数 $G(s)$。

解 本题属于线性定常系统，可通过关系式 $G(s) = c(s\boldsymbol{I}-\boldsymbol{A})^{-1}\boldsymbol{b}$ 求解系统传递函数。

由系统动态方程知

$$\boldsymbol{A} = \begin{bmatrix} 0 & 1 & 0 \\ -2 & -3 & 0 \\ -1 & 1 & 3 \end{bmatrix}, \quad \boldsymbol{b} = \begin{bmatrix} 0 \\ 1 \\ 2 \end{bmatrix}, \quad \boldsymbol{c} = \begin{bmatrix} 0 & 0 & 1 \end{bmatrix}$$

由于

$$(s\boldsymbol{I}-\boldsymbol{A}) = \begin{bmatrix} s & -1 & 0 \\ 2 & s+3 & 0 \\ 1 & -1 & s-3 \end{bmatrix}$$

$$\det(s\boldsymbol{I}-\boldsymbol{A}) = (s+1)(s+2)(s-3)$$

于是系统传递函数为

$$G(s) = c(s\boldsymbol{I}-\boldsymbol{A})^{-1}\boldsymbol{b} = \begin{bmatrix} 0 & 0 & 1 \end{bmatrix} \begin{bmatrix} s & -1 & 0 \\ 2 & s+3 & 0 \\ 1 & -1 & s-3 \end{bmatrix}^{-1} \begin{bmatrix} 0 \\ 1 \\ 2 \end{bmatrix}$$

$$= \frac{1}{(s+1)(s+2)(s-3)} \begin{bmatrix} 0 & 0 & 1 \end{bmatrix} \begin{bmatrix} (s+3)(s-3) & s-3 & 0 \\ -2(s-3) & s(s-3) & 0 \\ -(s+5) & (s-1) & (s+1)(s+2) \end{bmatrix} \begin{bmatrix} 0 \\ 1 \\ 2 \end{bmatrix}$$

$$= \frac{1}{(s+1)(s+2)(s-3)} \begin{bmatrix} -s-5 & s-1 & (s+1)(s+2) \end{bmatrix} \begin{bmatrix} 0 \\ 1 \\ 2 \end{bmatrix}$$

$$= \frac{2s^2+7s+3}{s^3-7s-6}$$

在 MATLAB 中，利用 ss2tf 命令可以方便地由状态方程求取系统的传递函数。

MATLAB 程序：exe913.m

```
A=[0 1 0;-2 -3 0;-1 1 3];b=[0;1;2];c=[0 0 1];     %建立系统状态空间模型
[num,den]=ss2tf(A,b,c,0);                          %求取系统传递函数
sys=tf(num,den)
```

运行结果：

Transfer function:

```
 2 s^2 + 7 s + 3
-----------------
   s^3 - 7 s - 6
```

9-14 试求习题 9-5 所示系统的传递函数矩阵。

解 本题属于线性定常系统，可通过关系式 $G(s)=C(sI-A)^{-1}B$ 求解传递函数矩阵。

由系统动态方程知

$$A = \begin{bmatrix} 0 & 1 & 0 \\ 0 & 0 & 1 \\ -6 & -11 & -6 \end{bmatrix}, \quad B = \begin{bmatrix} 1 & 0 \\ 2 & -1 \\ 0 & 2 \end{bmatrix}, \quad C = \begin{bmatrix} 1 & -1 & 0 \\ 2 & 1 & -1 \end{bmatrix}$$

由于

$$(sI-A) = \begin{bmatrix} s & -1 & 0 \\ 0 & s & -1 \\ 6 & 11 & s+6 \end{bmatrix}$$

$$\det(sI-A) = s^3 + 6s^2 + 11s + 6$$

于是系统传递函数为

$$G(s) = C(sI-A)^{-1}B = \begin{bmatrix} 1 & -1 & 0 \\ 2 & 1 & -1 \end{bmatrix} \begin{bmatrix} s & -1 & 0 \\ 0 & s & -1 \\ 6 & 11 & s+6 \end{bmatrix}^{-1} \begin{bmatrix} 1 & 0 \\ 2 & -1 \\ 0 & 2 \end{bmatrix}$$

$$= \frac{1}{s^3+6s^2+11s+6} \begin{bmatrix} 1 & -1 & 0 \\ 2 & 1 & -1 \end{bmatrix} \begin{bmatrix} s^2+6s+11 & s+6 & 1 \\ -6 & s^2+6s & s \\ -6s & -11s-6 & s^2 \end{bmatrix} \begin{bmatrix} 1 & 0 \\ 2 & -1 \\ 0 & 2 \end{bmatrix}$$

$$= \frac{1}{s^3+6s^2+11s+6} \begin{bmatrix} -s^2-4s+29 & s^2+3s-4 \\ 4s^2+56s+52 & -3s^2-17s-14 \end{bmatrix}$$

同习题 9-13，用 MATLAB 求传递函数的程序 exe914.m 如下。

MATLAB 程序：exe914.m

```
A=[0 1 0;0 0 1;-6 -11 -6];B=[1 0;2 -1;0 2];C=[1 -1 0;2 1 -1];
[num1,den1]=ss2tf(A,B,C,zeros(2),1)     %求第一个输入作用的传递函数
[num2,den2]=ss2tf(A,B,C,zeros(2),2)     %求第二个输入作用的传递函数
```

运行结果：

```
num1 =
     0    -1.0000    -4.0000    29.0000
     0     4.0000    56.0000    52.0000
den1 =
  1.0000    6.0000    11.0000     6.0000
num2 =
```

	0	1.0000	3.0000	−4.0000
	0	−3.0000	−17.0000	−14.0000

den2 =

1.0000   6.0000   11.0000   6.0000

9-15 已知差分方程

$$y(k+2)+3y(k+1)+2y(k)=2u(k+1)+3u(k)$$

试列写可控标准型(A 为友矩阵)离散动态方程,并求出 $u(k)=1$ 时的系统响应。给定 $y(0)=0, y(1)=1$。

解 本题通过分解法将差分方程转换成可控标准型离散动态方程,并采用递推法求解出给定输入和初始条件下的系统响应。

(1) 由差分方程求可控标准型离散动态方程。对差分方程两端取 z 变换,因

$$\mathscr{L}[y(k+2)] = z^2Y(z) - z^2y(0) - zy(1) = z^2Y(z) - z$$

$$3\mathscr{L}[y(k+1)] = 3[zY(z) - zy(0)] = 3zY(z)$$

$$2\mathscr{L}[y(k)] = 2Y(z)$$

$$2\mathscr{L}[u(k+1)] = 2[zU(z) - zu(0)] = 2zU(z) - 2z$$

$$3\mathscr{L}[u(k)] = 3U(z)$$

故有

$$(z^2 + 3z + 2)Y(z) = (2z+3)U(z) - 2z$$

$$Y(z) = \frac{2z+3}{z^2+3z+2}U(z) - \frac{2z}{z^2+3z+2}$$

在求离散动态系统可控标准型的过程中,仅需考虑

$$\frac{Y(z)}{U(z)} = \frac{2z+3}{z^2+3z+2}$$

在 $Y(z)/U(z)$ 的串联分解中,引入中间变量 $Q(z)$,则有

$$z^2Q(z) + 3zQ(z) + 2Q(z) = U(z)$$

$$Y(z) = 2zQ(z) + 3Q(z)$$

设

$$X_1(z) = Q(z), \quad X_2(z) = zQ(z) = zX_1(z)$$

则

$$z^2Q(z) = -2X_1(z) - 3X_2(z) + U(z)$$

$$Y(z) = 3X_1(z) + 2X_2(z)$$

利用 z 反变换关系,可得离散系统动态方程为

$$x_1(k+1) = x_2(k)$$

$$x_2(k+1) = -2x_1(k) - 3x_2(k) + u(k)$$

$$y(k) = 3x_1(k) + 2x_2(k)$$

写成向量-矩阵形式,可控标准型离散动态方程为

$$\boldsymbol{x}(k+1) = \boldsymbol{G}\boldsymbol{x}(k) + \boldsymbol{h}u(k) = \begin{bmatrix} 0 & 1 \\ -2 & -3 \end{bmatrix}\boldsymbol{x}(k) + \begin{bmatrix} 0 \\ 1 \end{bmatrix}u(k)$$

$$y(k) = \boldsymbol{c}\boldsymbol{x}(k) = \begin{bmatrix} 3 & 2 \end{bmatrix}\boldsymbol{x}(k)$$

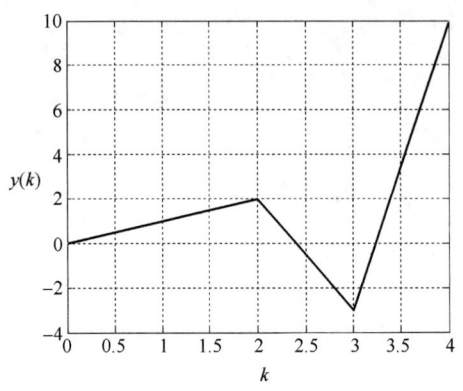

图 9-15-1 习题 9-15 在 $u(k)=1$ 作用下的输出时间响应（MATLAB）

(2) 在给定 $y(0)=0, y(1)=1$ 的条件下,有

$y(2) = 2u(1) + 3u(0) - 3y(1) - 2y(0) = 2$
$y(3) = 2u(2) + 3u(1) - 3y(2) - 2y(1) = -3$
$y(4) = 2u(3) + 3u(2) - 3y(3) - 2y(2) = 10$
……

仿真可得离散动态系统在 $u(k)$ 作用下的输出时间响应如图 9-15-1 所示。

9-16 已知连续系统动态方程为

$$\dot{x} = \begin{bmatrix} 0 & 1 \\ 0 & 2 \end{bmatrix} x + \begin{bmatrix} 0 \\ 1 \end{bmatrix} u, \quad y = \begin{bmatrix} 1 & 0 \end{bmatrix} x$$

设采样周期 $T=1\mathrm{s}$, 试求离散化动态方程。

解 首先需求出连续系统的状态转移矩阵,再将系统离散化。

(1) 采用拉普拉斯变换法求取连续系统的状态转移矩阵 $\boldsymbol{\Phi}(t)$。

$$(s\boldsymbol{I}-\boldsymbol{A}) = \begin{bmatrix} s & -1 \\ 0 & s-2 \end{bmatrix}, \det(s\boldsymbol{I}-\boldsymbol{A}) = s(s-2)$$

$$(s\boldsymbol{I}-\boldsymbol{A})^{-1} = \frac{1}{s(s-2)} \begin{bmatrix} s-2 & 1 \\ 0 & s \end{bmatrix} = \begin{bmatrix} \frac{1}{s} & \frac{1}{s(s-2)} \\ 0 & \frac{1}{s-2} \end{bmatrix}$$

$$\boldsymbol{\Phi}(t) = \mathrm{e}^{\boldsymbol{A}t} = \mathscr{L}^{-1}[(s\boldsymbol{I}-\boldsymbol{A})^{-1}] = \mathscr{L}^{-1}\begin{bmatrix} \frac{1}{s} & -\frac{1}{2}\left(\frac{1}{s}-\frac{1}{s-2}\right) \\ 0 & \frac{1}{s-2} \end{bmatrix} = \begin{bmatrix} 1 & -\frac{1}{2}+\frac{1}{2}\mathrm{e}^{2t} \\ 0 & \mathrm{e}^{2t} \end{bmatrix}$$

(2) 离散化状态方程为

$$x(k+1) = \boldsymbol{\Phi}(T)x(k) + \boldsymbol{G}(T)u(k)$$

式中, $\boldsymbol{\Phi}(T)$、$\boldsymbol{G}(T)$ 与连续系统状态转移矩阵 $\boldsymbol{\Phi}(t)$ 的关系为

$$\boldsymbol{\Phi}(T) = \boldsymbol{\Phi}(t)\big|_{t=T} = \begin{bmatrix} 1 & -\frac{1}{2}+\frac{1}{2}\mathrm{e}^{2} \\ 0 & \mathrm{e}^{2} \end{bmatrix} = \begin{bmatrix} 1 & 3.1945 \\ 0 & 7.3891 \end{bmatrix}$$

$$\boldsymbol{G}(T) = \int_0^T \boldsymbol{\Phi}(t)\boldsymbol{b}\mathrm{d}t = \int_0^T \begin{bmatrix} -\frac{1}{2}+\frac{1}{2}\mathrm{e}^{2t} \\ \mathrm{e}^{2t} \end{bmatrix} \mathrm{d}t = \begin{bmatrix} -\frac{1}{4}(2T+1-\mathrm{e}^{2T}) \\ \frac{1}{2}(\mathrm{e}^{2T}-1) \end{bmatrix} = \begin{bmatrix} 1.0973 \\ 3.1945 \end{bmatrix}$$

因而

$$x(k+1) = \begin{bmatrix} 1 & 3.1945 \\ 0 & 7.3891 \end{bmatrix} x(k) + \begin{bmatrix} 1.0973 \\ 3.1945 \end{bmatrix} u(k)$$

上述的求解过程可以考虑用如下 MATLAB 程序计算,所得结果一致。

MATLAB 程序:exe916.m

```
A=[0 1;0 2];b=[0 1]';c=[1 0];d=0;T=1;
syms s t                        % 创建符号对象
```

```
A1 = inv(s * eye(2) - A);              %求(sI-A)⁻¹
EAT = ilaplace(A1)                     %对(sI-A)⁻¹取拉普拉斯反变换,EAT 为 e^{At}
phiT = limit(EAT,T)                    %计算离散化状态方程的 $\boldsymbol{\Phi}(T)$
L = EAT * b;                           %计算 $\boldsymbol{\Phi}(t)\boldsymbol{b}$
F1 = inline('-0.5 + 0.5 * exp(2 * t)');
F2 = inline('exp(2 * t)');
GT = [quad(F1,0,T);quad(F2,0,T)]       %积分计算离散化状态方程的 $\boldsymbol{G}(T)$
```

运行结果：

EAT =

[1,   -1/2 + 1/2 * exp(2 * t)]
[0,   exp(2 * t)]

phiT =

[1,   -1/2 + 1/2 * exp(2)]
[0,   exp(2)]

GT =

1.0973
3.1945

9-17 试判断下列系统的状态可控性：

(1) $\dot{\boldsymbol{x}} = \begin{bmatrix} -2 & 2 & -1 \\ 0 & -2 & 0 \\ 1 & -4 & 0 \end{bmatrix} \boldsymbol{x} + \begin{bmatrix} 0 \\ 0 \\ 1 \end{bmatrix} u;$ (2) $\dot{\boldsymbol{x}} = \begin{bmatrix} 1 & 1 & 0 \\ 0 & 1 & 0 \\ 0 & 1 & 1 \end{bmatrix} \boldsymbol{x} + \begin{bmatrix} 0 \\ 1 \\ 0 \end{bmatrix} u;$

(3) $\dot{\boldsymbol{x}} = \begin{bmatrix} 1 & 1 & 0 \\ 0 & 1 & 0 \\ 0 & 1 & 1 \end{bmatrix} \boldsymbol{x} + \begin{bmatrix} 0 & 0 \\ 0 & 1 \\ 1 & 0 \end{bmatrix} \begin{bmatrix} u_1 \\ u_2 \end{bmatrix};$ (4) $\dot{\boldsymbol{x}} = \begin{bmatrix} -4 & & \boldsymbol{0} \\ & -4 & \\ \boldsymbol{0} & & 1 \end{bmatrix} \boldsymbol{x} + \begin{bmatrix} 1 \\ 2 \\ 1 \end{bmatrix} u_\circ$

解 本题是线性定常系统可控性判别，可采用秩判据判定。若系统为可控标准型，则可直接判定。

线性定常连续系统完全可控的充分必要条件是

$$\text{rank}\boldsymbol{S} = \text{rank}[\boldsymbol{B} \quad \boldsymbol{AB} \quad \cdots \quad \boldsymbol{A}^{n-1}\boldsymbol{B}] = n$$

其中 n 为矩阵 $\boldsymbol{A}$ 的维数，$\boldsymbol{S}$ 称为系统的可控性阵。

(1) 由题意

$$\boldsymbol{A} = \begin{bmatrix} -2 & 2 & -1 \\ 0 & -2 & 0 \\ 1 & -4 & 0 \end{bmatrix}, \quad \boldsymbol{b} = \begin{bmatrix} 0 \\ 0 \\ 1 \end{bmatrix}$$

系统的可控性阵为

$$\boldsymbol{S} = [\boldsymbol{b} \quad \boldsymbol{Ab} \quad \boldsymbol{A}^2\boldsymbol{b}] = \begin{bmatrix} 0 & -1 & 2 \\ 0 & 0 & 0 \\ 1 & 0 & -1 \end{bmatrix}$$

由于

$$\text{rank}\boldsymbol{S} = \text{rank}\begin{bmatrix} 0 & -1 & 2 \\ 0 & 0 & 0 \\ 1 & 0 & -1 \end{bmatrix} = 2 < 3 = n$$

所以系统状态不完全可控。

(2) 由题意

$$A = \begin{bmatrix} 1 & 1 & 0 \\ 0 & 1 & 0 \\ 0 & 1 & 1 \end{bmatrix}, \quad b = \begin{bmatrix} 0 \\ 1 \\ 0 \end{bmatrix}$$

系统的可控性阵为

$$S = \begin{bmatrix} b & Ab & A^2b \end{bmatrix} = \begin{bmatrix} 0 & 1 & 2 \\ 1 & 1 & 1 \\ 0 & 1 & 2 \end{bmatrix}$$

由于

$$\text{rank} S = \text{rank} \begin{bmatrix} 0 & 1 & 2 \\ 1 & 1 & 1 \\ 0 & 1 & 2 \end{bmatrix} = 2 < 3 = n$$

所以系统状态不完全可控。

(3) 由题意

$$A = \begin{bmatrix} 1 & 1 & 0 \\ 0 & 1 & 0 \\ 0 & 1 & 1 \end{bmatrix}, \quad B = \begin{bmatrix} 0 & 0 \\ 0 & 1 \\ 1 & 0 \end{bmatrix}$$

系统的可控性阵为

$$S = \begin{bmatrix} B & AB & A^2B \end{bmatrix} = \begin{bmatrix} 0 & 0 & 0 & 1 & 0 & 2 \\ 0 & 1 & 0 & 1 & 0 & 1 \\ 1 & 0 & 1 & 1 & 1 & 2 \end{bmatrix}$$

由于

$$\text{rank} S = \text{rank} \begin{bmatrix} 0 & 0 & 0 & 1 & 0 & 2 \\ 0 & 1 & 0 & 1 & 0 & 1 \\ 1 & 0 & 1 & 1 & 1 & 2 \end{bmatrix} = 3 = n$$

所以系统状态完全可控。

(4) 由于 A 阵为对角阵，A 阵中相同对角元素对应的 b 中行元素线性相关，所以系统状态不完全可控。当然，因为可控性阵

$$S = \begin{bmatrix} b & Ab & A^2b \end{bmatrix} = \begin{bmatrix} 1 & -4 & 16 \\ 2 & -8 & 32 \\ 1 & 1 & 1 \end{bmatrix}$$

$$\text{rank} S = \text{rank} \begin{bmatrix} 1 & -4 & 16 \\ 2 & -8 & 32 \\ 1 & 1 & 1 \end{bmatrix} = 2 < 3 = n$$

也可得出系统不完全可控的结论。

在 MATLAB 中有专门的命令来判断系统的可控性，先用 ctrb 命令求取系统的可控性矩阵，再用 rank 命令求可控性矩阵的秩，进而判断系统可控性。例如问题(1)的求解过程完全可以用程序 exe917.m 替代。

MATLAB 程序：exe917.m

```
A1=[-2 2 -1;0 -2 0;1 -4 0];b1=[0;0;1];
```

```
N = size(A1);n = N(1);
S = ctrb(A1,b1)                  %求可控性矩阵
r = rank(S)                      %计算可控性矩阵的秩
if r = = n
    disp('system is controlled')
else
    disp('system is no controlled')
end
```

运行结果：

system is no controlled

9-18 已知 $ad=bc$，试计算 $\begin{bmatrix} a & b \\ c & d \end{bmatrix}^{100} = ?$

解 本题是凯莱-哈密顿定理的灵活应用。设 $A = \begin{bmatrix} a & b \\ c & d \end{bmatrix}$，则 A 的特征多项式为

$$f(\lambda) = |\lambda I - A| = \begin{vmatrix} \lambda - a & -b \\ -c & \lambda - d \end{vmatrix} = \lambda^2 - (a+d)\lambda + (ad - bc)$$

根据凯莱-哈密顿定理并考虑到 $ad=bc$，于是有

$$f(A) = A^2 - (a+b)A = 0$$
$$A^2 = (a+d)A$$
$$A^3 = A^2 A = (a+d)A^2 = (a+d)^2 A$$
$$A^4 = A^3 A = (a+d)^2 A^2 = (a+d)^3 A$$

根据数学归纳法有

$$A^k = (a+d)^{k-1} A$$

因此

$$A^{100} = \begin{bmatrix} a & b \\ c & d \end{bmatrix}^{100} = (a+d)^{99} A = \begin{bmatrix} (a+d)^{99}a & (a+d)^{99}b \\ (a+d)^{99}c & (a+d)^{99}d \end{bmatrix}$$

9-19 设系统状态方程为

$$\dot{x} = \begin{bmatrix} 0 & 1 \\ -1 & a \end{bmatrix} x + \begin{bmatrix} 1 \\ b \end{bmatrix} u$$

设状态可控，试求 a, b。

解 本题是线性定常系统可控性研究，可采用秩判据求解状态可控条件。

线性定常连续系统完全可控的充分必要条件是

$$\text{rank}\, S = \text{rank}[B \quad AB \quad \cdots \quad A^{n-1}B] = n$$

其中 n 为矩阵 A 的维数，S 称为系统的可控性阵。

由题意

$$A = \begin{bmatrix} 0 & 1 \\ -1 & a \end{bmatrix}, \quad b = \begin{bmatrix} 1 \\ b \end{bmatrix}$$

系统的可控性阵为

$$S = [b \quad Ab] = \begin{bmatrix} 1 & b \\ b & ab-1 \end{bmatrix}$$

若系统可控，应有

$$\text{rank}\boldsymbol{S} = \text{rank}\begin{bmatrix} 1 & b \\ b & ab-1 \end{bmatrix} = 2 = n$$

得
$$\det\begin{bmatrix} 1 & b \\ b & ab-1 \end{bmatrix} = ab - 1 - b^2 \neq 0$$

因此系统可控的条件为 $b^2 \neq ab-1$。

9-20 设系统传递函数为

$$G(s) = \frac{s+a}{s^3 + 7s^2 + 14s + 8}$$

设状态可控，试求 a。

解 本题首先需将系统传递函数改写成零极点形式，再由系统的零极点情况来讨论系统的可控性。

系统传递函数可改写为

$$G(s) = \frac{s+a}{s^3 + 7s^2 + 14s + 8} = \frac{s+a}{(s+1)(s+2)(s+4)}$$

（1）当 $a=1,2,4$ 时，传递函数可简约，出现零极点对消，系统不可控或不可观测。当系统采用可控性实现时，系统状态完全可控；反之，系统状态不完全可控。

（2）当 $a \neq 1,2,4$ 时，传递函数不可简约，在任意三阶实现情况下，系统状态均完全可控。

（3）由上述分析可知，不可简约型传递函数只能描述系统中可控且可观测部分，是对系统结构的一种不完全描述。

9-21 判断下列系统的输出可控性：

（1） $\dot{\boldsymbol{x}} = \begin{bmatrix} 0 & 1 & 0 \\ 0 & 0 & 1 \\ -6 & -11 & -6 \end{bmatrix} \boldsymbol{x} + \begin{bmatrix} 0 \\ 0 \\ 1 \end{bmatrix} u, \quad y = \begin{bmatrix} 1 & 0 & 0 \end{bmatrix} \boldsymbol{x}$；

（2） $\dot{\boldsymbol{x}} = \begin{bmatrix} -a & & & \boldsymbol{0} \\ & -b & & \\ & & -c & \\ \boldsymbol{0} & & & -d \end{bmatrix} \boldsymbol{x} + \begin{bmatrix} 0 \\ 0 \\ 1 \\ 1 \end{bmatrix} u, \quad y = \begin{bmatrix} 1 & 0 & 0 & 0 \end{bmatrix} \boldsymbol{x}$。

解 本题是线性定常连续系统的性质研究，其输出完全可控的充分必要条件是

$$\text{rank}\boldsymbol{S}_0 = \text{rank}[\boldsymbol{CB} \quad \boldsymbol{CAB} \quad \cdots \quad \boldsymbol{CA}^{n-1}\boldsymbol{B} \quad \boldsymbol{D}] = q$$

其中 q 为输出变量的维数，$\boldsymbol{S}_0$ 称为系统的输出可控性阵。

（1）由题意

$$\boldsymbol{A} = \begin{bmatrix} 0 & 1 & 0 \\ 0 & 0 & 1 \\ -6 & -11 & -6 \end{bmatrix}, \quad \boldsymbol{b} = \begin{bmatrix} 0 \\ 0 \\ 1 \end{bmatrix}, \quad \boldsymbol{c} = \begin{bmatrix} 1 & 0 & 0 \end{bmatrix}, \quad d = 0$$

系统的输出可控性矩阵为

$$\boldsymbol{S}_0 = [\boldsymbol{cb} \quad \boldsymbol{cAb} \quad \boldsymbol{cA}^2\boldsymbol{b} \quad d] = [0 \quad 0 \quad 1 \quad 0]$$

由于

$$\text{rank} S_0 = \text{rank}[0 \ 0 \ 1 \ 0] = 1 = q$$

所以系统输出可控。

若借助于 MATLAB 强大的计算功能,通过程序 exe921.m 可以简化上述矩阵运算过程。

MATLAB 程序:exe921.m

```
A=[0 1 0;0 0 1;-6 -11 -6];b=[0;0;1];c=[1 0 0];d=0;
N=size(c);n=N(1);
So=[c*b c*A*b c*A*A*b d]        %计算输出可控性矩阵
r=rank(So)                       %求输出可控性矩阵的秩,进而判断系统的输出可控性
if r==n
    disp('output is controlled')
else
    disp('output is no controlled')
end
```

运行结果:

```
So =
     0     0     1     0
r =
     1
output is controlled
```

(2) 由题意

$$A = \begin{bmatrix} -a & & & \\ & -b & & \mathbf{0} \\ & & -c & \\ \mathbf{0} & & & -d \end{bmatrix}, \quad b = \begin{bmatrix} 0 \\ 0 \\ 1 \\ 1 \end{bmatrix}, \quad c = \begin{bmatrix} 1 & 0 & 0 & 0 \end{bmatrix}, \quad d = 0$$

系统的输出可控性矩阵为

$$S_0 = [\boldsymbol{cb} \quad \boldsymbol{cAb} \quad \boldsymbol{cA}^2\boldsymbol{b} \quad \boldsymbol{cA}^3\boldsymbol{b} \quad d] = [0 \ 0 \ 0 \ 0 \ 0]$$

由于

$$\text{rank} S_0 = \text{rank}[0 \ 0 \ 0 \ 0 \ 0] = 0 < 1 = q$$

所以系统输出不可控。

9-22 试判断下列系统的可观性:

(1) $\dot{x} = \begin{bmatrix} -1 & -2 & -2 \\ 0 & -1 & 1 \\ 1 & 0 & -1 \end{bmatrix} x + \begin{bmatrix} 2 \\ 0 \\ 1 \end{bmatrix} u, \quad y = [1 \ 1 \ 0] x;$

(2) $\dot{x} = \begin{bmatrix} 2 & 0 & 0 \\ 0 & 2 & 0 \\ 0 & 3 & 1 \end{bmatrix} x, \quad y = [1 \ 1 \ 1] x;$

(3) $\dot{x} = \begin{bmatrix} -1 & 1 & & \\ & -1 & & \mathbf{0} \\ & & -2 & 1 \\ & \mathbf{0} & & -2 \end{bmatrix} x, \quad y = \begin{bmatrix} 1 & 0 & 0 & 0 \\ 0 & 0 & -1 & 0 \end{bmatrix} x;$

(4) $\dot{x} = \begin{bmatrix} 2 & 1 & 0 \\ 0 & 2 & 0 \\ 0 & 0 & -3 \end{bmatrix} x$, $y = \begin{bmatrix} 0 & 1 & 1 \end{bmatrix} x$。

解 本题是线性定常系统的可观性研究，可采用秩判据判定。若系统为约当标准型或可观测标准型，则可直接判定。

线性定常连续系统完全可观测的充分必要条件是

$$\text{rank} V = \text{rank} \begin{bmatrix} C \\ CA \\ \vdots \\ CA^{n-1} \end{bmatrix} = n$$

其中 n 为矩阵 A 的维数，V 为系统的可观测性阵。

(1) 由题意

$$A = \begin{bmatrix} -1 & -2 & -2 \\ 0 & -1 & 1 \\ 1 & 0 & -1 \end{bmatrix}, \quad c = \begin{bmatrix} 1 & 1 & 0 \end{bmatrix}$$

系统的可观测阵为

$$V = \begin{bmatrix} c \\ cA \\ cA^2 \end{bmatrix} = \begin{bmatrix} 1 & 1 & 0 \\ -1 & -3 & -1 \\ 0 & 5 & 0 \end{bmatrix}$$

由于

$$\text{rank} V = \text{rank} \begin{bmatrix} 1 & 1 & 0 \\ -1 & -3 & -1 \\ 0 & 5 & 0 \end{bmatrix} = 3 = n$$

所以系统状态完全可观测。

(2) 由题意

$$A = \begin{bmatrix} 2 & 0 & 0 \\ 0 & 2 & 0 \\ 0 & 3 & 1 \end{bmatrix}, \quad c = \begin{bmatrix} 1 & 1 & 1 \end{bmatrix}$$

系统的可观测阵为

$$V = \begin{bmatrix} c \\ cA \\ cA^2 \end{bmatrix} = \begin{bmatrix} 1 & 1 & 1 \\ 2 & 5 & 1 \\ 4 & 13 & 1 \end{bmatrix}$$

由于

$$\text{rank} V = \text{rank} \begin{bmatrix} 1 & 1 & 1 \\ 2 & 5 & 1 \\ 4 & 13 & 1 \end{bmatrix} = 3 = n$$

所以系统状态完全可观测。

(3) 由于在 A 中存在两个不同元素的约当块，两约当块分别对应的 c 中列向量组的首列非零，可直接判定系统状态完全可观测。

验证：由于可观测阵为

$$V = \begin{bmatrix} c \\ cA \\ cA^2 \end{bmatrix} = \begin{bmatrix} 1 & 0 & 0 & 0 \\ 0 & 0 & -1 & 0 \\ -1 & 1 & 0 & 0 \\ 0 & 0 & 2 & -1 \\ 1 & -2 & 0 & 0 \\ 0 & 0 & -4 & 4 \\ -1 & 3 & 0 & 0 \\ 0 & 0 & 8 & -12 \end{bmatrix}$$

$$\text{rank}V = \text{rank}\begin{bmatrix} 1 & 0 & 0 & 0 \\ 0 & 0 & -1 & 0 \\ -1 & 1 & 0 & 0 \\ 0 & 0 & 2 & -1 \\ 1 & -2 & 0 & 0 \\ 0 & 0 & -4 & 4 \\ -1 & 3 & 0 & 0 \\ 0 & 0 & 8 & -12 \end{bmatrix} = 4 = n$$

也可得出系统状态完全可观测的结论。

（4）由于在 A 中存在两个不同元素的约当块，第一个约当块对应的 c 中列向量组的首列为零，可直接判定系统状态不完全可观测。

验证：由于可观测阵为

$$V = \begin{bmatrix} c \\ cA \\ cA^2 \end{bmatrix} = \begin{bmatrix} 0 & 1 & 1 \\ 0 & 2 & -3 \\ 0 & 4 & 9 \end{bmatrix}$$

$$\text{rank}V = \text{rank}\begin{bmatrix} 0 & 1 & 1 \\ 0 & 2 & -3 \\ 0 & 4 & 9 \end{bmatrix} = 2 < 3 = n$$

因此，系统状态不完全可观测。

在 MATLAB 中提供了专门的命令来判断系统的可观性，先用 obsv 命令求取系统的可观性矩阵，再用 rank 命令求可观性矩阵的秩，进而判断系统可观性。例如问题(1)的求解过程完全可以用程序 exe922.m 替代。

MATLAB 程序：exe922.m

```
A1＝[－1 －2 －2;0 －1 1;1 0 －1];   b1＝[2;0;1];c1＝[1 1 0];
N＝size(A1);n＝N(1);
V＝obsv(A1,c1)                     %求可观性矩阵
r＝rank(V)                         %计算可观性矩阵的秩
if r＝＝n
    disp(´system is observable´)
else
    disp(´system is no observable´)
```

end

运行结果：

system is observable

9-23 试确定使下列系统可观测的 a、b：

$$\dot{x} = \begin{bmatrix} a & 1 \\ 0 & b \end{bmatrix} x, \quad y = \begin{bmatrix} 1 & -1 \end{bmatrix} x$$

解 本题是线性定常系统的可观测性研究，可采用秩判据求解状态可观测条件。

线性定常连续系统完全可观测的充分必要条件是

$$\operatorname{rank} V = \operatorname{rank} \begin{bmatrix} c \\ cA \\ \vdots \\ cA^{n-1} \end{bmatrix} = n$$

其中，n 为矩阵 A 的维数，V 为系统的可观测性阵。

由题意

$$A = \begin{bmatrix} a & 1 \\ 0 & b \end{bmatrix}, \quad c = \begin{bmatrix} 1 & -1 \end{bmatrix}$$

系统的可观测阵为

$$V = \begin{bmatrix} c \\ cA \end{bmatrix} = \begin{bmatrix} 1 & -1 \\ a & 1-b \end{bmatrix}$$

若系统可观测，应有

$$\operatorname{rank} V = \operatorname{rank} \begin{bmatrix} 1 & -1 \\ a & 1-b \end{bmatrix} = 2 = n$$

得

$$\det \begin{bmatrix} 1 & -1 \\ a & 1-b \end{bmatrix} = 1 - b + a \neq 0$$

因此系统可观测的条件为 $a \neq b-1$。

9-24 已知系统各矩阵为

$$A = \begin{bmatrix} 1 & 3 & 2 \\ 0 & 4 & 2 \\ 0 & 0 & 1 \end{bmatrix}, \quad B = \begin{bmatrix} 0 & 1 \\ 0 & 0 \\ 1 & 0 \end{bmatrix}, \quad C = \begin{bmatrix} 1 & 0 & 0 \\ 0 & 0 & 1 \end{bmatrix}$$

试用传递矩阵判断系统可控性、可观测性。

解 本题可通过计算传递函数阵 $(sI-A)^{-1}B$、$C(sI-A)^{-1}$ 的线性相关性，分别判断系统的可控、可观测性。

（1）判断可控性。

$$(sI-A)^{-1} = \begin{bmatrix} s-1 & -3 & -2 \\ 0 & s-4 & -2 \\ 0 & 0 & s-1 \end{bmatrix}^{-1}$$

$$= \frac{1}{(s-1)^2(s-4)} \begin{bmatrix} (s-1)(s-4) & 3(s-1) & 2(s-1) \\ 0 & (s-1)^2 & 2(s-1) \\ 0 & 0 & (s-1)(s-4) \end{bmatrix}$$

$$(s\boldsymbol{I}-\boldsymbol{A})^{-1}\boldsymbol{B} = \begin{bmatrix} s-1 & -3 & -2 \\ 0 & s-4 & -2 \\ 0 & 0 & s-1 \end{bmatrix}^{-1} \cdot \begin{bmatrix} 0 & 1 \\ 0 & 0 \\ 1 & 0 \end{bmatrix} = \frac{1}{(s-1)(s-4)} \begin{bmatrix} 2 & s-4 \\ 2 & 0 \\ s-4 & 0 \end{bmatrix}$$

由于$(s\boldsymbol{I}-\boldsymbol{A})^{-1}\boldsymbol{B}$行线性无关,所以系统可控。

验证:由可控性判据可知

$$\boldsymbol{S} = \begin{bmatrix} \boldsymbol{B} & \boldsymbol{AB} & \boldsymbol{A}^2\boldsymbol{B} \end{bmatrix} = \begin{bmatrix} 0 & 1 & 2 & 1 & 10 & 1 \\ 0 & 0 & 2 & 0 & 10 & 0 \\ 1 & 0 & 1 & 0 & 1 & 0 \end{bmatrix}$$

$$\text{rank}\boldsymbol{S} = \text{rank}\begin{bmatrix} 0 & 1 & 2 & 1 & 10 & 1 \\ 0 & 0 & 2 & 0 & 10 & 0 \\ 1 & 0 & 1 & 0 & 1 & 0 \end{bmatrix} = 3 = n$$

因此系统完全可控。

(2) 判断可观测性。

$$\boldsymbol{C}(s\boldsymbol{I}-\boldsymbol{A})^{-1} = \begin{bmatrix} 1 & 0 & 0 \\ 0 & 0 & 1 \end{bmatrix} \cdot \begin{bmatrix} s-1 & -3 & -2 \\ 0 & s-4 & -2 \\ 0 & 0 & s-1 \end{bmatrix}^{-1} = \frac{1}{(s-1)(s-4)} \begin{bmatrix} s-4 & 3 & 2 \\ 0 & 0 & s-4 \end{bmatrix}$$

由于$\boldsymbol{C}(s\boldsymbol{I}-\boldsymbol{A})^{-1}$列线性无关,所以系统可观测。

验证:由可观测阵为

$$\boldsymbol{V} = \begin{bmatrix} \boldsymbol{C} \\ \boldsymbol{CA} \\ \boldsymbol{CA}^2 \end{bmatrix} = \begin{bmatrix} 1 & 0 & 0 \\ 0 & 0 & 1 \\ 1 & 3 & 2 \\ 0 & 0 & 1 \\ 1 & 15 & 10 \\ 0 & 0 & 1 \end{bmatrix}, \quad \text{rank}\boldsymbol{V} = \text{rank}\begin{bmatrix} 1 & 0 & 0 \\ 0 & 0 & 1 \\ 1 & 3 & 2 \\ 0 & 0 & 1 \\ 1 & 15 & 10 \\ 0 & 0 & 1 \end{bmatrix} = 3 = n$$

因此系统完全可观测。

当然,本题也可利用 MATLAB 的 ctrb 和 obsv 命令分别求取系统的可控性矩阵和可观测性矩阵,再利用 rank 命令求取它们的秩,进而判断系统的可控性和可观测性。

MATLAB 程序:exe924.m

```
A=[1 3 2;0 4 2;0 0 1];B=[0 1;0 0;1 0];C=[1 0 0;0 0 1];
N=size(A);n=N(1);
S=ctrb(A,B)                %计算系统的可控性矩阵
r1=rank(S)                 %求可控性矩阵的秩,进而判断系统的可控性
V=obsv(A,C)                %计算系统的可观测性矩阵
r2=rank(V)                 %求可观测性矩阵的秩,进而判断系统的可观测性
if r1==n
    disp('system is controlled')
else
    disp('system is no controlled')
end
if r2==n
```

    disp('system is observable')
  else
    disp('system is no observable')
  end

运行结果：

system is controlled

system is observable

9-25 将下列状态方程化为可控标准型：

$$\dot{x} = \begin{bmatrix} 1 & -2 \\ 3 & 4 \end{bmatrix} x + \begin{bmatrix} 1 \\ 1 \end{bmatrix} u$$

解 本题首先根据可控性矩阵计算出变换矩阵，再通过相似变换得到可控标准型。

由题意

$$A = \begin{bmatrix} 1 & -2 \\ 3 & 4 \end{bmatrix}, \quad b = \begin{bmatrix} 1 \\ 1 \end{bmatrix}$$

（1）计算系统的可控性矩阵。

$$S = \begin{bmatrix} b & Ab \end{bmatrix} = \begin{bmatrix} 1 & -1 \\ 1 & 7 \end{bmatrix}$$

由于

$$\text{rank}S = \text{rank} \begin{bmatrix} 1 & -1 \\ 1 & 7 \end{bmatrix} = 2 = n$$

因此系统状态完全可控，可以化为可控标准型。

（2）计算可控性矩阵的逆矩阵 S^{-1}。

$$S^{-1} = \frac{1}{8} \begin{bmatrix} 7 & 1 \\ -1 & 1 \end{bmatrix}$$

（3）取出 S^{-1} 的最后一行（即第 2 行）构成 p_1 行向量。

$$p_1 = \frac{1}{8} \begin{bmatrix} -1 & 1 \end{bmatrix}$$

（4）构造 P 阵。

$$P = \begin{bmatrix} p_1 \\ p_1 A \end{bmatrix} = \frac{1}{8} \begin{bmatrix} -1 & 1 \\ 2 & 6 \end{bmatrix}, \quad P^{-1} = \begin{bmatrix} -6 & 1 \\ 2 & 1 \end{bmatrix}$$

P^{-1} 就是将非标准型可控系统化为可控标准型的变换矩阵。

（5）系统的可控标准型为

$$\dot{\bar{x}} = PAP^{-1} \bar{x} + Pbu = \begin{bmatrix} 0 & 1 \\ -10 & 5 \end{bmatrix} \bar{x} + \begin{bmatrix} 0 \\ 1 \end{bmatrix} u$$

上述求解过程在 MATLAB 中可按以下步骤进行。

MATLAB 程序：exe925.m

```
A = [1 -2;3 4];b = [1 1]';c = zeros(2);d = 0;
N = size(A);n = N(1);
sys = ss(A,b,c,d);        % 创建系统状态空间模型
S = ctrb(A,b);            % 计算系统的可控性矩阵
```

```
n = rank(S)                  %求可控性矩阵的秩,进而判断系统的可控性
if r = = n
    disp('system is controlled')
else
    disp('system is no controlled')
end
S1 = inv(S);                 %计算可控性矩阵的逆矩阵
P = [S1(2,:);S1(2,:)*A];     %构造 P 阵
sys1 = ss2ss(sys,P)          %通过相似变换计算系统的可控标准型
```

运行结果:

```
system is controlled
    a =
              x1    x2
        x1     0     1
        x2   -10     5
    b =
              u1
        x1     0
        x2     1
    c =
              x1    x2
        y1     0     0
        y2     0     0
    d =
              u1
        y1     0
        y2     0
Continuous-time model
```

9-26 已知系统传递函数为

$$\frac{Y(s)}{U(s)} = \frac{s+1}{s^2+3s+2}$$

试写出系统可控不可观测、可观测不可控、不可控不可观测的动态方程。

解 本题首先将系统传递函数改写成零极点形式,再分别写出系统可控不可观测、可观测不可控、不可控不可观测的动态方程

由于

$$\frac{Y(s)}{U(s)} = \frac{s+1}{s^2+3s+2} = \frac{s+1}{(s+1)(s+2)} = \frac{1}{s+2}$$

传递函数可以简约,出现了零极点对消,成为一阶系统,因此系统不完全可控或不完全可观测。

(1) 可控不可观测动态方程。根据传递函数写出系统的可控标准型实现:

$$\dot{\boldsymbol{x}}_c = \begin{bmatrix} 0 & 1 \\ -2 & -3 \end{bmatrix} \boldsymbol{x}_c + \begin{bmatrix} 0 \\ 1 \end{bmatrix} u, \quad y = \begin{bmatrix} 1 & 1 \end{bmatrix} \boldsymbol{x}_c$$

显然系统状态完全可控,但不可观测。

验证:由于可观测矩阵
$$\operatorname{rank}\begin{bmatrix} c \\ cA \end{bmatrix} = \operatorname{rank}\begin{bmatrix} 1 & 1 \\ -2 & -2 \end{bmatrix} = 1 < 2$$
故系统不可观测。

(2) 可观测不可控动态方程。根据传递函数写出系统的可观测标准型实现:
$$\dot{x}_o = \begin{bmatrix} 0 & -2 \\ 1 & -3 \end{bmatrix} x_o + \begin{bmatrix} 1 \\ 1 \end{bmatrix} u, \quad y = \begin{bmatrix} 0 & 1 \end{bmatrix} x_o$$
显然系统状态可观测,但不可控。

验证:由于可控矩阵
$$\operatorname{rank}[b \quad Ab] = \operatorname{rank}\begin{bmatrix} 1 & -2 \\ 1 & -2 \end{bmatrix} = 1 < 2$$
故系统不可控。

(3) 不可控不可观测动态方程。将传递函数分解为
$$\frac{Y(s)}{U(s)} = \frac{s+1}{s^2+3s+2} = \frac{s+1}{(s+1)(s+2)} = \frac{0}{s+1} + \frac{1}{s+2}$$
写成状态空间表达式
$$\dot{x} = \begin{bmatrix} -1 & 0 \\ 0 & -2 \end{bmatrix} x + \begin{bmatrix} 0 \\ 1 \end{bmatrix} u, \quad y = \begin{bmatrix} 0 & 1 \end{bmatrix} x$$
由约当规范型判据可知,系统显然既不可控也不可观测。

验证:由于可控矩阵
$$\operatorname{rank}[b \quad Ab] = \operatorname{rank}\begin{bmatrix} 0 & 0 \\ 1 & -2 \end{bmatrix} = 1 < 2$$
可观测矩阵
$$\operatorname{rank}\begin{bmatrix} c \\ cA \end{bmatrix} = \operatorname{rank}\begin{bmatrix} 0 & 1 \\ 0 & -2 \end{bmatrix} = 1 < 2$$
故系统不可控且不可观测。

(4) 不可简约型传递函数描述,只表征了系统可控可观测的部分,因此具有不完全性。上述写出的仅是其中的一类实现,实现还可以具有其他形式。

9-27 已知系统各矩阵为
$$A = \begin{bmatrix} 1 & 0 & 0 & 0 \\ 0 & 2 & 0 & 0 \\ -6 & -2 & 3 & 0 \\ 3 & -2 & 0 & 4 \end{bmatrix}, \quad b = \begin{bmatrix} 1 \\ 0 \\ 3 \\ 2 \end{bmatrix}, \quad c = \begin{bmatrix} -4 & -3 & 1 & 1 \end{bmatrix}$$
试求可控子系统与不可控子系统的动态方程。

解 本题首先判断系统的可控性,并根据系统的可控性矩阵构造变换矩阵,再利用相似变换对系统进行可控性分解,得到可控子系统与不可控子系统的动态方程。

(1) 系统可控性矩阵为

$$S = \begin{bmatrix} b & Ab & A^2b & A^3b \end{bmatrix} = \begin{bmatrix} 1 & 1 & 1 & 1 \\ 0 & 0 & 0 & 0 \\ 3 & 3 & 3 & 3 \\ 2 & 11 & 47 & 191 \end{bmatrix}$$

由于
$$\mathrm{rank} S = 2 < n = 4$$

故系统状态不完全可控。

(2) 从可控性矩阵中选出两个线性无关的列向量$[1\ 0\ 3\ 2]^T$和$[1\ 0\ 3\ 11]^T$,附加任意列向量$[1\ 0\ 0\ 0]^T$和$[0\ 1\ 0\ 0]^T$,构成非奇异变换阵$\boldsymbol{P}^{-1}$

$$\boldsymbol{P}^{-1} = \begin{bmatrix} 1 & 1 & 1 & 0 \\ 0 & 0 & 0 & 1 \\ 3 & 3 & 0 & 0 \\ 2 & 11 & 0 & 0 \end{bmatrix}$$

(3) 计算矩阵$\boldsymbol{P}$和变换后的各矩阵

$$\boldsymbol{P} = (\boldsymbol{P}^{-1})^{-1} = \frac{1}{27}\begin{bmatrix} 0 & 0 & 11 & -3 \\ 0 & 0 & -2 & 3 \\ 27 & 0 & -9 & 0 \\ 0 & 27 & 0 & 0 \end{bmatrix}$$

$$\boldsymbol{PAP}^{-1} = \frac{1}{27}\begin{bmatrix} 0 & -108 & -75 & -16 \\ 27 & 135 & 21 & -2 \\ 0 & 0 & 81 & 18 \\ 0 & 0 & 0 & 54 \end{bmatrix}, \quad \boldsymbol{Pb} = \begin{bmatrix} 1 \\ 0 \\ 0 \\ 0 \end{bmatrix}, \quad \boldsymbol{cP}^{-1} = \begin{bmatrix} 1 & 10 & -4 & -3 \end{bmatrix}$$

(4) 可控子系统动态方程为

$$\dot{\boldsymbol{x}}_c = \frac{1}{27}\begin{bmatrix} 0 & -108 \\ 27 & 135 \end{bmatrix}\boldsymbol{x}_c + \frac{1}{27}\begin{bmatrix} -75 & -16 \\ 21 & -2 \end{bmatrix}\boldsymbol{x}_{\bar{c}} + \begin{bmatrix} 1 \\ 0 \end{bmatrix}u, \quad y_1 = \begin{bmatrix} 1 & 10 \end{bmatrix}\boldsymbol{x}_c$$

不可控子系统动态方程为

$$\dot{\boldsymbol{x}}_{\bar{c}} = \frac{1}{27}\begin{bmatrix} 81 & 18 \\ 0 & 54 \end{bmatrix}\boldsymbol{x}_{\bar{c}}, \quad y = \begin{bmatrix} -4 & -3 \end{bmatrix}\boldsymbol{x}_{\bar{c}}$$

上述解题过程可以利用 MATLAB 程序 exe927. m 计算。当然,若直接利用 ctrbf 命令也可得到 MATLAB 默认的可控性分解形式。

MATLAB 程序:exe927. m

```
A=[1 0 0 0;0 2 0 0;-6 -2 3 0;3 -2 0 4];b=[1 0 3 2]';c=[-4 -3 1 1];d=0;
sys=ss(A,b,c,d);              %建立系统状态空间模型
S=ctrb(A,b)                   %计算系统的可控性矩阵
r=rank(S)                     %求可控性矩阵的秩,进而判断系统的可控性
P1=[S(:,1) S(:,2) [1 0 0 0]' [0 1 0 0]']
                              %可控性矩阵中选出两个线性无关的列向量并附加任意两个列向量,
                               构成非奇异变换阵 P⁻¹
P=inv(P1)                     %对变换阵 P⁻¹求逆,得 P
sys1=ss2ss(sys,P)             %通过相似变换对系统进行可控性分解
```

[A1,b1,c1,P] = ctrbf(A,b,c); % 利用 ctrbf 命令,得 MATLAB 默认的可控性分解形式

运行结果:

system is no controlled

a =

	x1	x2	x3	x4
x1	0	−4	−2.778	−0.5926
x2	1	5	0.7778	−0.07407
x3	−1.11e−016	−1.11e−016	3	0.6667
x4	0	0	0	2

b =

	u1
x1	1
x2	0
x3	0
x4	0

c =

	x1	x2	x3	x4
y1	1	10	−4	−3

d =

	u1
y1	0

Continuous-time model.

9-28 系统各矩阵同习题 9-27,试求可观测子系统与不可观测子系统的动态方程。

解 本题首先判断系统的可观测性,并根据系统的可观测性矩阵构造变换矩阵,再利用相似变换对系统进行可观测性分解,得到可观测子系统与不可观测子系统的动态方程。

(1) 系统可观性矩阵为

$$V = \begin{bmatrix} c \\ cA \\ cA^2 \\ cA^3 \end{bmatrix} = \begin{bmatrix} -4 & -3 & 1 & 1 \\ -7 & -10 & 3 & 4 \\ -13 & -34 & 9 & 16 \\ -19 & -118 & 27 & 64 \end{bmatrix}$$

由于

$$\text{rank} V = 3 < n = 4$$

故系统状态不完全可观测。

(2) 从可观测性矩阵中选取三个线性无关的行向量 $[-4 \ -3 \ 1 \ 1]$、$[-7 \ -10 \ 3 \ 4]$ 和 $[-13 \ -34 \ 9 \ 16]$,再选取一个线性无关的行向量 $[0 \ 1 \ 0 \ 0]$,构成非奇异变换矩阵 T

$$T = \begin{bmatrix} -4 & -3 & 1 & 1 \\ -7 & -10 & 3 & 4 \\ -13 & -34 & 9 & 16 \\ 0 & 1 & 0 & 0 \end{bmatrix}$$

(3) 计算矩阵 T^{-1} 和变换后的各矩阵

$$T^{-1} = -\frac{1}{12}\begin{bmatrix} 12 & -7 & 1 & 0 \\ 0 & 0 & 0 & -12 \\ 60 & -51 & 9 & -24 \\ -24 & 23 & -5 & -12 \end{bmatrix}, \quad \hat{A} = TAT^{-1} = \begin{bmatrix} 0 & 1 & 0 & 0 \\ 0 & 0 & 1 & 0 \\ 12 & -19 & 8 & 0 \\ 0 & 0 & 0 & 2 \end{bmatrix}$$

$$\hat{b} = Tb = \begin{bmatrix} 1 \\ 10 \\ 46 \\ 0 \end{bmatrix}, \quad \hat{c} = cT^{-1} = \begin{bmatrix} 1 & 0 & 0 & 0 \end{bmatrix}$$

(4) 可观测子系统动态方程为

$$\dot{x}_o = \begin{bmatrix} 0 & 1 & 0 \\ 0 & 0 & 1 \\ 12 & -19 & 8 \end{bmatrix} x_o + \begin{bmatrix} 1 \\ 10 \\ 46 \end{bmatrix} u, \quad y = \begin{bmatrix} 1 & 0 & 0 \end{bmatrix} x_o$$

不可观测子系统动态方程为

$$\dot{x}_{\bar{o}} = 2 x_{\bar{o}}$$

上述解题过程可以利用 MATLAB 程序 exe928.m 计算。当然,若直接利用 obsvf 命令,也可得到 MATLAB 默认的可观测性分解形式。

MATLAB 程序:exe928.m

```
A=[1 0 0 0;0 2 0 0;-6 -2 3 0;3 -2 0 4];b=[1 0 3 2]';c=[-4 -3 1 1];d=0;
N=size(A);n=N(1);
sys=ss(A,b,c,d);                    %创建系统状态空间模型
S=obsv(A,c);                        %计算系统的可控性矩阵
r=rank(S);                          %求可观测性矩阵的秩,进而判断系统的可观测性
if r==n
    disp('system is observable')
else
    disp('system is no observable')
end
T=[S(1,:);S(2,:);S(3,:);[0 1 0 0]];
                                    %可观测性矩阵中选取三个线性无关的行向量和一个线性无关的行
                                      向量,构成非奇异变换矩阵 T
T1=inv(T);                          %求变换矩阵 T 的逆矩阵
sys1=ss2ss(sys,T);                  %通过相似变换对系统进行可控性分解
[A1,b1,c1,P]=obsvf(A,b,c);          %利用 obsvf 命令,得 MATLAB 默认的可观测性分解形式
```

运行结果:

system is no observable

a =

	x1	x2	x3	x4
x1	2.665e-015	1	4.441e-016	2.22e-016
x2	7.105e-015	-7.105e-015	1	2.665e-015
x3	12	-19	8	-3.553e-015

```
                     x4                  0          0         0         2
       b =
                     u1
       x1            1
       x2            10
       x3            46
       x4            0
       c =
                     x1              x2             x3            x4
       y1            1          -6.682e-018    3.598e-018    5.551e-017
       d =
                     u1
       y1            0
```
Continuous-time model.

9-29 设被控系统状态方程为
$$\dot{x} = \begin{bmatrix} 0 & 1 & 0 \\ 0 & -1 & 1 \\ 0 & -1 & 10 \end{bmatrix} x + \begin{bmatrix} 0 \\ 0 \\ 10 \end{bmatrix} u$$

可否用状态反馈任意配置闭环极点？求状态反馈阵，使闭环极点位于 -10, $-1\pm j\sqrt{3}$，并画出状态变量图。

解 本题属于闭环极点配置问题。首先需检验系统的可控性，再通过状态反馈对闭环系统按期望极点进行配置。

（1）验证系统的可控性。系统的可控性判别矩阵为
$$S = \begin{bmatrix} b & Ab & A^2b \end{bmatrix} = \begin{bmatrix} 0 & 0 & 10 \\ 0 & 10 & 90 \\ 10 & 100 & 990 \end{bmatrix}$$
$$\text{rank} S = 3 = n$$

系统状态完全可控，可以利用状态反馈任意配置闭环极点。

（2）取状态反馈控制律为
$$u = v - kx \quad (\text{其中 } k = \begin{bmatrix} k_0 & k_1 & k_2 \end{bmatrix})$$

状态反馈系统状态方程为
$$\dot{x} = (A - bk)x + bv = \bar{A}x + bv$$

其特征多项式为
$$\det[\lambda I - (A - bk)] = \det \left[\begin{bmatrix} \lambda & 0 & 0 \\ 0 & \lambda & 0 \\ 0 & 0 & \lambda \end{bmatrix} - \left(\begin{bmatrix} 0 & 1 & 0 \\ 0 & -1 & 1 \\ 0 & -1 & 10 \end{bmatrix} - \begin{bmatrix} 0 \\ 0 \\ 10 \end{bmatrix} \begin{bmatrix} k_0 & k_1 & k_2 \end{bmatrix} \right) \right]$$
$$= \lambda^3 + (10k_2 - 9)\lambda^2 + (10k_1 + 10k_2 - 9)\lambda + 10k_0$$

希望特征多项式为
$$\det(\lambda I - \bar{A}) = (\lambda + 10)(\lambda + 1 - j\sqrt{3})(\lambda + 1 + j\sqrt{3}) = \lambda^3 + 12\lambda^2 + 24\lambda + 40$$

令两特征方程同次项系数相等，可得

$$k_0 = 4, \quad k_1 = 1.2, \quad k_2 = 2.1$$

即状态反馈阵为

$$\boldsymbol{k} = \begin{bmatrix} 4 & 1.2 & 2.1 \end{bmatrix}$$

若利用 MATLAB 命令 acker 设计上述状态反馈阵，程序 exe929.m 如下。

MATLAB 程序：exe929.m

```
A=[0 1 0;0 -1 1;0 -1 10];b=[0 0 10]';
N=size(A);n=N(1);
p=[-10 -1+i*sqrt(3) -1-i*sqrt(3)];          %设置期望极点位置
syms s k0 k1 k2
S=ctrb(A,b)                                  %计算可控性矩阵
r=rank(S)                                    %判断系统的可控性
if r==n
    disp('system is controlled')
else
    disp('system is no controlled')
end
L=det(s*eye(3)-(A-b*[k0 k1 k2]));            %求期望特征多项式
L0=collect(L)                                %化简期望特征多项式,合并同类项
k=acker(A,b,p)                               %计算状态反馈阵
```

运行结果：

```
system is controlled
L0 =
    s^3+(-9+10*k2)*s^2+(10*k2+10*k1-9)*s+10*k0
k =
    4.0000    1.2000    2.1000
```

(3) 状态反馈系统结构框图如图 9-29-1 所示。

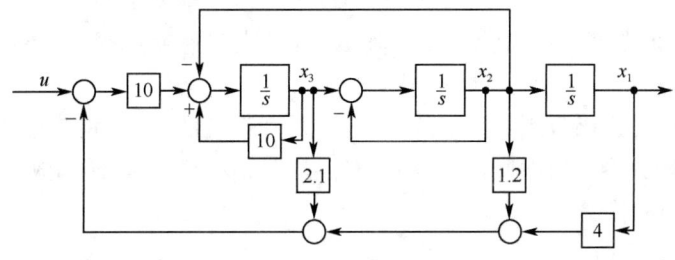

图 9-29-1 题 9-29 状态反馈系统结构框图

9-30 设被控系统动态方程为

$$\dot{\boldsymbol{x}} = \begin{bmatrix} 0 & 1 \\ 0 & 0 \end{bmatrix} \boldsymbol{x} + \begin{bmatrix} 0 \\ 1 \end{bmatrix} u, \quad y = \begin{bmatrix} 1 & 0 \end{bmatrix} \boldsymbol{x}$$

试设计全维状态观测器，使闭环极点位于 $-r, -2r(r>0)$，并画出状态变量图。

解 本题属于全维观测器设计问题。首先检验系统的可观测性，再对观测器按期望极点进行配置。

（1）检验系统的可观测性。系统的可观测性矩阵为

$$V = \begin{bmatrix} c \\ cA \end{bmatrix} = \begin{bmatrix} 1 & 0 \\ 0 & 1 \end{bmatrix}$$

$$\text{rank}\,V = 2 = n$$

系统状态完全可观测,可以进行全维状态观测器设计,由于系统可控,故可任意配置极点。

（2）全维状态观测器结构为

$$\dot{\hat{x}} = (A - hc)\hat{x} + bu + hy \quad (\text{其中 } h = [h_0 \; h_1]^\text{T})$$

全维状态观测器系统矩阵为

$$A - hc = \begin{bmatrix} -h_0 & 1 \\ -h_1 & 0 \end{bmatrix}$$

观测器特征方程为

$$|\lambda I - (A - hc)| = \lambda^2 + h_0 \lambda + h_1$$

期望特征方程为

$$(\lambda + r)(\lambda + 2r) = \lambda^2 + 3r\lambda + 2r^2$$

令两特征方程同次项系数相等,可得

$$h_0 = 3r, \quad h_1 = 2r^2$$

h_0, h_1 分别为 $(\hat{y} - y)$ 引至 $\dot{\hat{x}}_1, \dot{\hat{x}}_2$ 的反馈系数。被控对象及其全维状态观测器的状态变量图如图 9-30-1 所示。

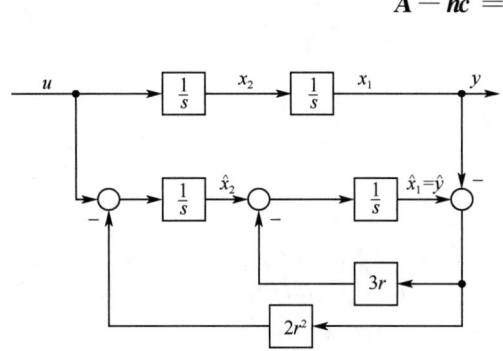

图 9-30-1　题 9-30 状态观测器系统状态变量图

9-31 设系统传递函数为

$$\frac{(s-1)(s+2)}{(s+1)(s-2)(s+3)}$$

试问能否利用状态反馈将传递函数变成

$$\frac{s-1}{(s+2)(s+3)}$$

若有可能,求出一个满足要求的状态反馈阵 K,并画出状态变量图。（提示:状态反馈不改变原传递函数零点。）

解　首先根据传递函数判断系统的可控性,得到系统的向量-矩阵形式,再利用状态反馈不改变原传递函数零点的性质,进行期望极点配置,改变闭环传递函数。

（1）由于系统的传递函数为

$$\frac{Y(s)}{U(s)} = \frac{(s-1)(s+2)}{(s+1)(s-2)(s+3)} = \frac{s^2 + s - 2}{s^3 + 2s^2 - 5s - 6}$$

上式不可简约,无零极点对消,因此系统完全可控,可通过状态反馈任意配置系统极点。

（2）根据系统的传递函数写出系统的可控标准型实现

$$\dot{x} = Ax + bu = \begin{bmatrix} 0 & 1 & 0 \\ 0 & 0 & 1 \\ 6 & 5 & -2 \end{bmatrix} x + \begin{bmatrix} 0 \\ 0 \\ 1 \end{bmatrix} u$$

$$y = cx = [-2 \; 1 \; 1] x$$

验证:系统可控性矩阵

$$\text{rank}[\boldsymbol{b} \quad \boldsymbol{Ab} \quad \boldsymbol{A}^2\boldsymbol{b}] = \text{rank}\begin{bmatrix} 0 & 0 & 1 \\ 0 & 1 & -2 \\ 1 & -2 & 9 \end{bmatrix} = 3$$

系统完全可控。

(3) 由于状态反馈不改变原传递函数零点，因此要求状态反馈将传递函数变为

$$\frac{Y(s)}{U(s)} = \frac{(s-1)(s+2)}{(s+2)^2(s+3)} = \frac{s^2+s-2}{s^3+7s^2+16s+12}$$

(4) 设状态反馈矩阵为 $\boldsymbol{k} = [k_1 \quad k_2 \quad k_3]$，系统特征方程为

$$|\lambda\boldsymbol{I} - (\boldsymbol{A} - \boldsymbol{bk})| = \left|\begin{bmatrix} \lambda & 0 & 0 \\ 0 & \lambda & 0 \\ 0 & 0 & \lambda \end{bmatrix} - \begin{bmatrix} 0 & 1 & 0 \\ 0 & 0 & 1 \\ 6 & 5 & -2 \end{bmatrix} - \begin{bmatrix} 0 \\ 0 \\ 1 \end{bmatrix}[k_1 \quad k_2 \quad k_3]\right|$$

$$= \left|\begin{bmatrix} \lambda & -1 & 0 \\ 0 & \lambda & -1 \\ k_1 - 6 & k_2 - 5 & \lambda + k_3 + 2 \end{bmatrix}\right|$$

$$= \lambda^3 + (k_3 + 2)\lambda^2 + (k_2 - 5)\lambda + k_1 - 6$$

期望特征方程为

$$(\lambda+2)^2(\lambda+3) = \lambda^3 + 7\lambda^2 + 16\lambda + 12$$

令两特征方程同次项系数相等，可得

$$k_1 = 18, \quad k_2 = 21, \quad k_3 = 5$$

MATLAB程序：exe931.m

```
A=[0 1 0;0 0 1;6 5 -2];b=[0 0 1]';
p=[-2 -2 -3];              %设置期望极点位置
k=acker(A,b,p)             %计算系统的状态反馈矩阵k
```

运行上述程序，也可求得系统状态反馈矩阵为

$$\boldsymbol{k} = [18 \quad 21 \quad 5]$$

(5) 状态反馈后的系统传递函数可简约，出现零极点对消，系统不完全可控或不完全可观测。由于状态反馈不改变系统的可控性，因此状态反馈后系统不可观测。

(6) 加入状态反馈后系统的状态变量图如图9-31-1所示。

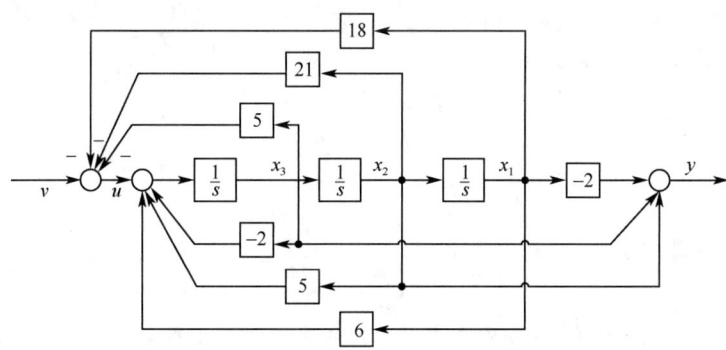

图9-31-1 题9-31状态反馈系统的状态变量图

9-32 试用李雅普诺夫第二法判断下列线性系统平衡状态的稳定性：
$$\dot{x}_1 = -x_1 + x_2, \quad \dot{x}_2 = 2x_1 - 3x_2$$

解 本题所研究的系统是线性定常连续系统。首先计算系统的平衡状态，选定正标量函数作为李雅普诺夫能量函数，再通过李雅普诺夫第二法判断系统的稳定性。

显然，原点$(x_1=0, x_2=0)$是该系统唯一的平衡状态。

（1）选取正标量函数
$$V(\boldsymbol{x}) = \frac{1}{2}x_1^2 + \frac{1}{4}x_2^2$$

则有
$$\dot{V}(\boldsymbol{x}) = x_1\dot{x}_1 + \frac{1}{2}x_2\dot{x}_2 = x_1(-x_1+x_2) + \frac{1}{2}x_2(2x_1-3x_2)$$
$$= -x_1^2 + 2x_1x_2 - \frac{3}{2}x_2^2 = -(x_1-x_2)^2 - \frac{1}{2}x_2^2$$

对于状态空间中的一切非零$\boldsymbol{x}$满足条件$V(\boldsymbol{x})$正定和$\dot{V}(\boldsymbol{x})$负定，故系统的原点平衡状态是大范围渐近稳定的。

（2）平衡状态稳定性的另外一种判别方法。系统的状态方程可以改写成向量-矩阵形式

$$\begin{bmatrix} \dot{x}_1 \\ \dot{x}_2 \end{bmatrix} = \begin{bmatrix} -1 & 1 \\ 2 & -3 \end{bmatrix} \begin{bmatrix} x_1 \\ x_2 \end{bmatrix}$$

由于系统的状态矩阵
$$\boldsymbol{A} = \begin{bmatrix} -1 & 1 \\ 2 & -3 \end{bmatrix}, \quad \det\boldsymbol{A} = 1$$

即$\boldsymbol{A}$是非奇异的，故原点$\boldsymbol{x}_e=0$是该系统唯一的平衡状态。

设系统的李雅普诺夫函数及其导函数分别为
$$V(\boldsymbol{x}) = \boldsymbol{x}^T\boldsymbol{P}\boldsymbol{x}, \quad \dot{V}(\boldsymbol{x}) = -\boldsymbol{x}^T\boldsymbol{Q}\boldsymbol{x}, \quad \boldsymbol{P}>0, \quad \boldsymbol{Q}>0$$
则
$$\boldsymbol{A}^T\boldsymbol{P} + \boldsymbol{P}\boldsymbol{A} = -\boldsymbol{Q}$$

取$\boldsymbol{Q}=\boldsymbol{I}$，上式即为
$$\begin{bmatrix} -1 & 2 \\ 1 & -3 \end{bmatrix}\begin{bmatrix} p_{11} & p_{12} \\ p_{21} & p_{22} \end{bmatrix} + \begin{bmatrix} p_{11} & p_{12} \\ p_{21} & p_{22} \end{bmatrix}\begin{bmatrix} -1 & 1 \\ 2 & -3 \end{bmatrix} = -\begin{bmatrix} 1 & 0 \\ 0 & 1 \end{bmatrix}$$

其中$p_{12}=p_{21}$。求解该矩阵方程可得
$$-2(p_{11} - 2p_{12}) = -1$$
$$p_{11} - 4p_{12} + 2p_{22} = 0$$
$$2(p_{12} - 3p_{22}) = -1$$

解得
$$\boldsymbol{P} = \begin{bmatrix} p_{11} & p_{12} \\ p_{21} & p_{22} \end{bmatrix} = \frac{1}{8}\begin{bmatrix} 14 & 5 \\ 5 & 3 \end{bmatrix}$$

由于$p_{11}>0$，$\det\boldsymbol{P}=\dfrac{17}{64}>0$，故对称矩阵$\boldsymbol{P}$正定，系统的原点平衡状态是大范围渐近稳定的。

本题也可以考虑通过MATLAB命令eig求取系统的特征根，同样可判断系统稳定性。

MATLAB程序：exe932.m

```
A = [-1 1;2 -3];
Q = eye(2);                %假定 Q 取为单位正定矩阵
P = lyap(A',Q)             %解李雅普诺夫方程,进而判断系统的稳定性
val = eig(A)               %求取系统特征根
```
运行结果：
```
P =
    1.7500    0.6250
    0.6250    0.3750
val =
   -0.2679
   -3.7321
```

9-33 已知系统状态方程为

$$\dot{x} = \begin{bmatrix} 2 & \frac{1}{2} & -3 \\ 0 & -1 & 0 \\ 0 & \frac{1}{2} & -1 \end{bmatrix} x + \begin{bmatrix} 1 & 0 \\ 0 & 2 \\ 1 & 0 \end{bmatrix} \begin{bmatrix} u_1 \\ u_2 \end{bmatrix}$$

当 $Q=I$ 时,P 为何？若选 Q 为正半定矩阵,Q 为何？对应 P 为何？判断系统稳定性。

解 本题研究线性定常连续系统的稳定性,需首先计算系统的平衡状态,并选定正定或半正定矩阵 Q,再计算得到对称阵 P,通过 P 的正定与否来判断系统的稳定性。

由于 $\det A \neq 0$,故 A 非奇异,原点为唯一的平衡状态。

（1）假定 Q 取为单位矩阵

$$Q = I = \begin{bmatrix} 1 & 0 & 0 \\ 0 & 1 & 0 \\ 0 & 0 & 1 \end{bmatrix}$$

令

$$A^T P + PA = -Q = -I$$

$$P = P^T = \begin{bmatrix} p_{11} & p_{12} & p_{13} \\ p_{12} & p_{22} & p_{23} \\ p_{13} & p_{23} & p_{33} \end{bmatrix}$$

则有

$$\begin{bmatrix} 2 & 0 & 0 \\ \frac{1}{2} & -1 & \frac{1}{2} \\ -3 & 0 & -1 \end{bmatrix} \begin{bmatrix} p_{11} & p_{12} & p_{13} \\ p_{12} & p_{22} & p_{23} \\ p_{13} & p_{23} & p_{33} \end{bmatrix} + \begin{bmatrix} p_{11} & p_{12} & p_{13} \\ p_{12} & p_{22} & p_{23} \\ p_{13} & p_{23} & p_{33} \end{bmatrix} \begin{bmatrix} 2 & \frac{1}{2} & -3 \\ 0 & -1 & 0 \\ 0 & \frac{1}{2} & -1 \end{bmatrix} = \begin{bmatrix} -1 & 0 & 0 \\ 0 & -1 & 0 \\ 0 & 0 & -1 \end{bmatrix}$$

展开的代数方程为 $n(n+1)/2=6$ 个,即

$$4p_{11} = -1$$
$$\frac{1}{2}p_{11} + p_{12} + \frac{1}{2}p_{13} = 0$$
$$-3p_{11} + p_{13} = 0$$
$$p_{12} - 2p_{22} + p_{23} = -1$$

$$-3p_{12} - \frac{1}{2}p_{13} - p_{23} + \frac{1}{2}p_{33} = 0$$

$$-6p_{13} - 2p_{33} = -1$$

解得

$$\boldsymbol{P} = \begin{bmatrix} p_{11} & p_{12} & p_{13} \\ p_{12} & p_{22} & p_{23} \\ p_{13} & p_{23} & p_{33} \end{bmatrix} = \frac{1}{8}\begin{bmatrix} -2 & 4 & -6 \\ 4 & 5 & -2 \\ -6 & -2 & 22 \end{bmatrix}$$

由于 $p_{11} = -0.25 < 0$,$\begin{vmatrix} p_{11} & p_{12} \\ p_{12} & p_{22} \end{vmatrix} = \frac{1}{8}\begin{vmatrix} -2 & 4 \\ 4 & 5 \end{vmatrix} = -3.25 < 0$,$\det \boldsymbol{P} = -81 < 0$,故 $\boldsymbol{P}$ 不定,因此系统不是渐近稳定的。

(2) 假定 $\boldsymbol{Q}$ 取为正半定矩阵,即

$$\boldsymbol{Q} = \begin{bmatrix} 0 & 0 & 0 \\ 0 & 1 & 0 \\ 0 & 0 & 0 \end{bmatrix}$$

则 $\dot{V}(\boldsymbol{x}) = -\boldsymbol{x}^T\boldsymbol{Q}\boldsymbol{x} = -x_2^2$,$\dot{V}(\boldsymbol{x})$ 为负半定。

令 $\dot{V}(\boldsymbol{x}) \equiv 0$,有 $x_2 \equiv 0$;考虑到状态方程中 $\dot{x}_3 = \frac{1}{2}x_2 - x_3$,解得 $x_3 \equiv 0$;考虑到 $\dot{x}_1 = 2x_1 + \frac{1}{2}x_2 - 3x_3$,解得,$x_1 \equiv 0$。表明唯有原点使 $\dot{V}(\boldsymbol{x}) \equiv 0$,故可采用正半定 $\boldsymbol{Q}$ 来简化稳定性分析。

令 $\boldsymbol{A}^T\boldsymbol{P} + \boldsymbol{P}\boldsymbol{A} = -\boldsymbol{Q} = -\boldsymbol{I}$

$$\begin{bmatrix} 2 & 0 & 0 \\ \frac{1}{2} & -1 & \frac{1}{2} \\ -3 & 0 & -1 \end{bmatrix}\begin{bmatrix} p_{11} & p_{12} & p_{13} \\ p_{12} & p_{22} & p_{23} \\ p_{13} & p_{23} & p_{33} \end{bmatrix} + \begin{bmatrix} p_{11} & p_{12} & p_{13} \\ p_{12} & p_{22} & p_{23} \\ p_{13} & p_{23} & p_{33} \end{bmatrix}\begin{bmatrix} 2 & \frac{1}{2} & -3 \\ 0 & -1 & 0 \\ 0 & \frac{1}{2} & -1 \end{bmatrix} = \begin{bmatrix} 0 & 0 & 0 \\ 0 & -1 & 0 \\ 0 & 0 & 0 \end{bmatrix}$$

解得

$$\boldsymbol{P} = \begin{bmatrix} p_{11} & p_{12} & p_{13} \\ p_{12} & p_{22} & p_{23} \\ p_{13} & p_{23} & p_{33} \end{bmatrix} = \begin{bmatrix} 0 & 0 & 0 \\ 0 & \frac{1}{2} & 0 \\ 0 & 0 & 0 \end{bmatrix}$$

$\boldsymbol{P}$ 半正定,因此系统非渐近稳定。

(3) 最后用特征值判据来检验系统的稳定性。

$$|\lambda \boldsymbol{I} - \boldsymbol{A}| = \begin{vmatrix} \lambda - 2 & -\frac{1}{2} & 3 \\ 0 & \lambda + 1 & 0 \\ 0 & -\frac{1}{2} & \lambda + 1 \end{vmatrix} = (\lambda - 2)(\lambda + 1)^2$$

特征值为 $2, -1, -1$,故系统不稳定。

(4) 利用 MATLAB 求解。

MATLAB 程序:exe933.m

```
A = [2 0.5 -3;0 -1 0;0 0.5 -1];
Q1 = eye(3);                    % 假定 Q 取为单位正定矩阵
P1 = lyap(A',Q1)                % 解李雅普诺夫方程,进而判断系统的稳定性
Q2 = [0 0 0;0 1 0;0 0 0];       % 假定 Q 取为半正定矩阵
P2 = lyap(A',Q2)                % 解李雅普诺夫方程,进而判断系统的稳定性
val = eig(A)                    % 求取系统特征根
```
运行结果:
P1 =
   -0.2500   0.5000   -0.7500
    0.5000   0.6250   -0.2500
   -0.7500   -0.2500   2.7500

P2 =
    0.0000   0.0000   0.0000
    0.0000   0.5000   -0.0000
    0.0000   -0.0000   -0.0000

val =
    2
   -1
   -1

9-34 设系统定常离散系统状态方程为

$$x(k+1) = \begin{bmatrix} 0 & 1 & 0 \\ 0 & 0 & 1 \\ \dfrac{k}{2} & 0 & 0 \end{bmatrix} x(k), \quad k > 0$$

试求使系统渐近稳定的 k 值范围。

解 本题属于线性定常离散系统的稳定性分析问题。首先选定正定矩阵 Q,计算得到对称阵 P,再通过 P 的正定与否来讨论系统的稳定性,得到使系统渐近稳定的 k 值范围。

令

$$P = P^{\mathrm{T}} = \begin{bmatrix} p_{11} & p_{12} & p_{13} \\ p_{12} & p_{22} & p_{23} \\ p_{13} & p_{23} & p_{33} \end{bmatrix}$$

选取 $Q=I$,代入离散系统李雅普诺夫方程

$$\boldsymbol{\Phi}^{\mathrm{T}} \boldsymbol{P} \boldsymbol{\Phi} - \boldsymbol{P} = -\boldsymbol{Q} = -\boldsymbol{I}$$

则有

$$\begin{bmatrix} 0 & 0 & \dfrac{k}{2} \\ 1 & 0 & 0 \\ 0 & 1 & 0 \end{bmatrix} \begin{bmatrix} p_{11} & p_{12} & p_{13} \\ p_{12} & p_{22} & p_{23} \\ p_{13} & p_{23} & p_{33} \end{bmatrix} \begin{bmatrix} 0 & 1 & 0 \\ 0 & 0 & 1 \\ \dfrac{k}{2} & 0 & 0 \end{bmatrix} - \begin{bmatrix} p_{11} & p_{12} & p_{13} \\ p_{12} & p_{22} & p_{23} \\ p_{13} & p_{23} & p_{33} \end{bmatrix} = \begin{bmatrix} -1 & 0 & 0 \\ 0 & -1 & 0 \\ 0 & 0 & -1 \end{bmatrix}$$

将上式展开可得

$$\frac{1}{4}k^2 p_{33} - p_{11} = -1$$

$$\frac{1}{2}k p_{13} - p_{12} = 0$$

$$\frac{1}{2}kp_{23} - p_{13} = 0$$

$$p_{11} - p_{22} = -1, \quad p_{12} - p_{23} = 0, \quad p_{22} - p_{33} = -1$$

求得
$$\boldsymbol{P} = \begin{bmatrix} p_{11} & p_{12} & p_{13} \\ p_{12} & p_{22} & p_{23} \\ p_{13} & p_{23} & p_{33} \end{bmatrix} = \begin{bmatrix} \dfrac{4+2k^2}{4-k^2} & 0 & 0 \\ 0 & \dfrac{8+k^2}{4-k^2} & 0 \\ 0 & 0 & \dfrac{12}{4-k^2} \end{bmatrix}$$

使 $\boldsymbol{P}$ 正定的充分必要条件为 $4-k^2>0$ 及 $k>0$。故 $0<k<2$ 时，系统渐近稳定。由于是线性定常系统，必是大范围一致渐近稳定。

在 MATLAB 中可用 dlyap 命令直接求解离散李雅普诺夫方程，利用程序 exe934.m 验证上述分析结果的正确性。

MATLAB 程序：exe934.m

```
k = 1;                      % 当0<k<2时，系统渐近稳定
A = [0 1 0;0 0 1;0.5*k 0 0]';
Q = eye(3);                 % 假定Q取为单位正定矩阵
P = dlyap(A,Q)              % 解离散李雅普诺夫方程，进而判断系统的稳定性
```

运行结果：

```
P =
    2.0000   -0.0000    0.0000
   -0.0000    3.0000   -0.0000
    0.0000   -0.0000    4.0000
```

9-35 设工业机器人如图 9-47 所示，其中两相伺服电机转动肘关节之后，通过小臂移动机器人的手腕。假定弹簧的弹性系数为 k，阻尼系数为 f，并选取系统的如下状态变量

$$x_1 = \phi_1 - \phi_2, \quad x_2 = \frac{\omega_1}{\omega_0}, \quad x_3 = \frac{\omega_2}{\omega_0}$$

其中，$\omega_0^2 = \dfrac{k(J_1+J_2)}{J_1 J_2}$。试列写该机器人的状态方程。

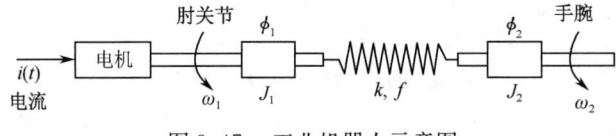

图 9-47 工业机器人示意图

解 转矩方程

$$J_1 \frac{d\omega_1}{dt} = -k(\phi_1 - \phi_2) - f\omega_1 + f\omega_2 + C_m i$$

$$J_2 \frac{d\omega_2}{dt} = k(\phi_1 - \phi_2) + f(\omega_1 - \omega_2)$$

式中，C_m 为转矩系数。对上两式作如下变换：

$$\frac{d\omega_1}{dt} = -\frac{k}{J_1}(\phi_1 - \phi_2) - \frac{f}{J_1}\omega_1 + \frac{f}{J_1}\omega_2 + \frac{C_m}{J_1}i$$

$$= -\frac{J_2}{J_1+J_2} \cdot \frac{(J_1+J_2)}{J_1 \cdot J_2} k(\phi_1-\phi_2) - \frac{f}{J_1}\omega_1 + \frac{f}{J_1}\omega_2 + \frac{C_m}{J_1}i$$

即 $\quad \dfrac{1}{\omega_0}\dfrac{\mathrm{d}\omega_1}{\mathrm{d}t} = -\dfrac{J_2\omega_0}{J_1+J_2}(\phi_1-\phi_2) - \dfrac{f}{J_1}\cdot\dfrac{\omega_1}{\omega_0} + \dfrac{f}{J_1}\cdot\dfrac{\omega_2}{\omega_0} + \dfrac{C_m}{J_1\omega_0}i$

以及 $\quad \dfrac{\mathrm{d}\omega_2}{\mathrm{d}t} = \dfrac{k}{J_2}(\phi_1-\phi_2) + \dfrac{f}{J_2}(\omega_1-\omega_2)$

$$= \frac{J_1}{J_1+J_2} \cdot \frac{k(J_1+J_2)}{J_1 J_2}(\phi_1-\phi_2) + \frac{f}{J_2}(\omega_1-\omega_2)$$

即 $\quad \dfrac{1}{\omega_0}\dfrac{\mathrm{d}\omega_2}{\mathrm{d}t} = \dfrac{J_1\omega_0}{J_1+J_2}(\phi_1-\phi_2) + \dfrac{f}{J_2}\left(\dfrac{\omega_1}{\omega_0} - \dfrac{\omega_2}{\omega_0}\right)$

由题意,取状态变量

$$x_1 = \phi_1 - \phi_2, \quad x_2 = \frac{\omega_1}{\omega_0}, \quad x_3 = \frac{\omega_2}{\omega_0}$$

故可得

$$\dot{x}_1 = \dot{\phi}_1 - \dot{\phi}_2 = \omega_1 - \omega_2 = \omega_0(x_2 - x_3)$$

$$\dot{x}_2 = \frac{1}{\omega_0}\frac{\mathrm{d}\omega_1}{\mathrm{d}t} = -\frac{J_2\omega_0}{J_1+J_2}x_1 - \frac{f}{J_1}x_2 + \frac{f}{J_1}x_3 + \frac{C_m}{J_1\omega_0}i$$

$$\dot{x}_3 = \frac{1}{\omega_0}\frac{\mathrm{d}\omega_2}{\mathrm{d}t} = \frac{J_1\omega_0}{J_1+J_2}x_1 + \frac{f}{J_2}x_2 - \frac{f}{J_2}x_3$$

令 $\boldsymbol{x} = \begin{bmatrix} x_1 & x_2 & x_3 \end{bmatrix}^{\mathrm{T}}$,将上述一阶微分方程组写为矩阵-向量形式,得工业机器人状态方程

$$\dot{\boldsymbol{x}} = \omega_0 \begin{bmatrix} 0 & 1 & -1 \\ -\dfrac{J_2}{J_1+J_2} & -\dfrac{f}{J_1\omega_0} & \dfrac{f}{J_1\omega_0} \\ \dfrac{J_1}{J_1+J_2} & \dfrac{f}{J_2\omega_0} & -\dfrac{f}{J_2\omega_0} \end{bmatrix} \boldsymbol{x} + \begin{bmatrix} 0 \\ \dfrac{C_m}{J_1\omega_0} \\ 0 \end{bmatrix} i$$

9-36 为了完成空间站装配、卫星捕获等空间操作,航天飞机的货舱内装备了一种可膨胀机械臂的遥操作系统,如图 9-48(a)所示。柔性机械臂的模型如图 9-48(b)所示,其中 J 是驱动电机的转动惯量,u 为电机驱动转矩,θ_1 和 θ_2 为柔性臂转角,k 为柔性臂的弹性系数,M 和 I 分别为负载质量与转动惯量,l 为机械臂在负载上的作用点到负载重心的距离。若选取状态变量为 $x_1=\theta_1, x_2=\dot{\theta}_1, x_3=\theta_2, x_4=\dot{\theta}_2$,试列写柔性机械臂系统的线性化状态方程。

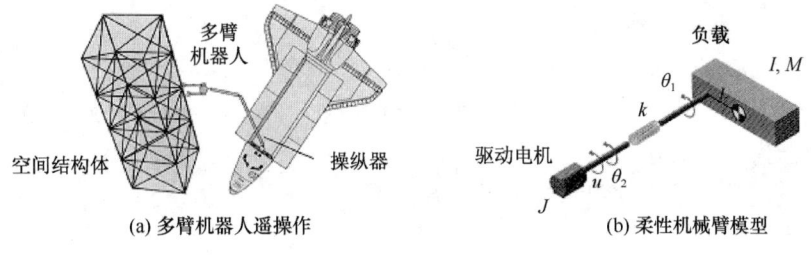

(a) 多臂机器人遥操作　　　　　　(b) 柔性机械臂模型

图 9-48　遥操作系统

解 柔性机械臂的运动方程为

$$I\ddot{\theta}_1 + Mgl\sin\theta_1 + k(\theta_1 - \theta_2) = 0$$
$$J\ddot{\theta}_2 - k(\theta_1 - \theta_2) = u$$

选状态变量

$$x_1 = \theta_1, \quad x_2 = \dot{\theta}_1, \quad x_3 = \theta_2, \quad x_4 = \dot{\theta}_2$$

有

$$\dot{x}_1 = x_2$$
$$\dot{x}_2 = \ddot{\theta}_1 = -\frac{Mgl}{I}\sin\theta_1 - k\theta_1 + k\theta_2$$

在小转角假设下,$\sin\theta_1 \approx \theta_1$,故有

$$\dot{x}_2 = -\frac{Mgl + kI}{I}x_1 + kx_3$$

而

$$\dot{x}_3 = \dot{\theta}_2 = x_4$$
$$\dot{x}_4 = \ddot{\theta}_2 = \frac{k}{J}(\theta_1 - \theta_2) + \frac{1}{J}u = \frac{k}{J}x_1 - \frac{k}{J}x_3 + \frac{1}{J}u$$

令 $\boldsymbol{x} = [x_1 \quad x_2 \quad x_3 \quad x_4]^\mathrm{T}$,得矩阵-向量形式的柔性机械臂系统线性化状态方程

$$\dot{\boldsymbol{x}} = \begin{bmatrix} 0 & 1 & 0 & 0 \\ -\dfrac{(Mgl + kI)}{I} & 0 & k & 0 \\ 0 & 0 & 0 & 1 \\ \dfrac{k}{J} & 0 & -\dfrac{k}{J} & 0 \end{bmatrix} \boldsymbol{x} + \begin{bmatrix} 0 \\ 0 \\ 0 \\ \dfrac{1}{J} \end{bmatrix} u$$

9-37 设磁悬浮试验系统如图 9-49 所示。在该系统上方装有一个电磁铁,产生电磁吸力 F,以便将铁球悬浮于空中。系统的下方装有一个间隙测量传感器,以测量铁球的悬浮间隙。由于没有引入反馈,该磁悬浮试验系统不能稳定工作。

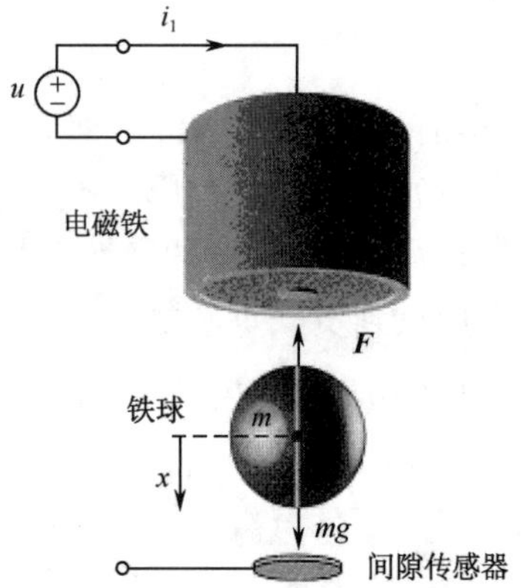

假定电磁铁电感 $L = 0.508\mathrm{H}$,电阻 $R = 23.2\Omega$,电流 $i_1 = I_0 + i$,其中 $I_0 = 1.06\mathrm{A}$ 是系统的标称工作电流。再假定铁球的质量 $m = 1.75\mathrm{kg}$,铁球悬浮间隙 $\mu_g = X_0 + x$,其中 $X_0 = 4.36\mathrm{mm}$ 为标称磁悬浮间隙。若电磁吸力满足如下条件:

$$F = k(i/\mu_g)^2$$

其中 $k = 2.9 \times 10^{-4} \mathrm{kg \cdot m^2/A^2}$。选择 $x_1 = x, x_2 = \dfrac{\mathrm{d}x}{\mathrm{d}t}, x_3 = i$ 为状态变量,试利用 F 的泰勒展开式,列写磁悬浮试验系统的线性化状态空间表达式。

图 9-49 磁悬浮系统

解 本题应从力平衡方程和电压平衡方程入手。

选择状态变量

$$x_1 = x, \quad x_2 = \dot{x}, \quad x_3 = i$$

故有

$$\dot{x}_1 = x_2, \quad \dot{x}_2 = \ddot{x}, \quad x_3 = \frac{\mathrm{d}i}{\mathrm{d}t}$$

由力平衡方程

$$m\ddot{x} = mg - k\left(\frac{i_1}{\mu_g}\right)^2 = mg - k\left(\frac{I_0+i}{X_0+x}\right)^2$$

可得

$$\dot{x}_2 = g - \frac{k}{m} \cdot \frac{(I_0+x_3)^2}{(X_0+x_1)^2}$$

由电压平衡方程

$$u = Ri_1 + L\frac{di_1}{dt} = R(I_0+i) + L\frac{d(I_0+i)}{dt}$$

$$= RI_0 + Ri + L\frac{di}{dt}$$

可得

$$\dot{x}_3 = \frac{di}{dt} = \frac{1}{L}(u - Rx_3 - RI_0)$$

将上述一阶微分方程组写成矩阵形式,有

$$\begin{bmatrix}\dot{x}_1 \\ \dot{x}_2 \\ \dot{x}_3\end{bmatrix} = \begin{bmatrix} x_2 \\ g - \dfrac{k}{m}\dfrac{(I_0+x_3)^2}{(X_0+x_1)^2} \\ \dfrac{1}{L}(u - Rx_3 - RI_0)\end{bmatrix}$$

这是非线性形式的状态方程。

对电磁吸力 **F** 进行泰勒展开,得

$$\boldsymbol{F} = ki_1^2\mu_g^{-2}, \quad i_1 = I_0+i, \quad \mu_g = X_0+x$$

$$\Delta F = 2k\mu_g^{-2}i_1\Delta i_1 - 2ki_1^2\mu_g^{-3}\Delta\mu_g = \frac{2k(I_0+i)}{(X_0+x)^2}\bigg|_0 \Delta i - \frac{2k(I_0+i)^2}{(X_0+x)^3}\bigg|_0 \Delta x$$

$$= \frac{2kI_0}{X_0^2}\Delta i - \frac{2kI_0^2}{X_0^3}\Delta x$$

考虑增量方程,并略去"Δ"符号,有

$$\dot{x}_1 = x_2$$

$$\dot{x}_2 = \frac{2kI_0^2}{mX_0^3}x_1 - \frac{2kI_0}{mX_0^2}x_3$$

$$\dot{x}_3 = -\frac{R}{L}x_3 + \frac{1}{L}u$$

$$y = x_1$$

令 $\boldsymbol{x} = [x_1 \ x_2 \ x_3]^T$,得线性化状态空间表达式

$$\dot{x} = \begin{bmatrix} 0 & 1 & 0 \\ \dfrac{2kI_0^2}{mX_0^3} & 0 & -\dfrac{2kI_0}{mX_0^2} \\ 0 & 0 & -\dfrac{R}{L} \end{bmatrix}\boldsymbol{x} + \begin{bmatrix} 0 \\ 0 \\ \dfrac{1}{L} \end{bmatrix}u = \boldsymbol{Ax} + \boldsymbol{b}u$$

$$y = \begin{bmatrix} 1 & 0 & 0 \end{bmatrix}\boldsymbol{x} = \boldsymbol{cx}$$

代入 $R=23.2, L=0.508, m=1.75, k=2.9\times 10^{-4}, I_0=1.06, X_0=4.36\times 10^{-3}$,得到

$$A = \begin{bmatrix} 0 & 1 & 0 \\ 4494.5 & 0 & -18.48 \\ 0 & 0 & -45.67 \end{bmatrix}, \quad b = \begin{bmatrix} 0 \\ 0 \\ 1.97 \end{bmatrix}$$

$$c = \begin{bmatrix} 1 & 0 & 0 \end{bmatrix}$$

9-38 在大功率高性能的摩托车中,常采用图 9-50 所示的弹簧-质量-阻尼器系统作为减震器。若已知减震器的基本参数为质量 $m=1\text{kg}$,摩擦系数 $f=9\text{kg}\cdot\text{m}\cdot\text{s}$,弹簧系数 $k=20\text{kg/m}$,$u(t)$ 为力输入,$y(t)$ 为位移输出。要求完成:

(1) 选择状态变量为 $x_1=y$,$x_2=\dot{y}$,列写系统的动态方程;

(2) 计算系统的特征根及状态转移矩阵 $\boldsymbol{\Phi}(t)$;

(3) 若初始条件 $y(0)=1$,$\dot{y}(0)=2$,在 $0\leqslant t\leqslant 2$ 内,绘出系统零输入响应 $y(t)$ 及 $\dot{y}(t)$;

(4) 重新设计 f 和 k 的合适值,使系统特征根 $s_1=s_2=-10$,以减轻震动对车手的影响。

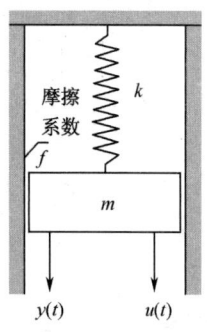

图 9-50 弹簧-质量-阻尼器系统原理图

解 按题意要求,分如下步骤设计。

(1) 列写系统的动态方程。系统力平衡方程

$$m\ddot{y} + f\dot{y} + ky = u$$

$$\ddot{y} = -\frac{f}{m}\dot{y} - \frac{k}{m}y + \frac{1}{m}u$$

选状态变量

$$x_1 = y, \quad x_2 = \dot{y}$$

则有

$$\dot{x}_1 = x_2, \quad \dot{x}_2 = -\frac{k}{m}x_1 - \frac{f}{m}x_2 + \frac{1}{m}u$$

写成向量-矩阵形式,系统的动态方程为

$$\dot{x} = Ax + bu$$
$$y = cx$$

式中

$$x = \begin{bmatrix} x_1 & x_2 \end{bmatrix}^T, \quad c = \begin{bmatrix} 1 & 0 \end{bmatrix}$$

$$A = \begin{bmatrix} 0 & 1 \\ -\dfrac{k}{m} & -\dfrac{f}{m} \end{bmatrix} = \begin{bmatrix} 0 & 1 \\ -20 & -9 \end{bmatrix}, \quad b = \begin{bmatrix} 0 \\ \dfrac{1}{m} \end{bmatrix} = \begin{bmatrix} 0 \\ 1 \end{bmatrix}$$

(2) 求系统特征根及状态转移矩阵。系统特征方程

$$\det(s\boldsymbol{I} - \boldsymbol{A}) = \det\begin{bmatrix} s & -1 \\ 20 & s+9 \end{bmatrix} = s^2 + 9s + 20 = (s+4)(s+5) = 0$$

故特征根:$s_1=-4$,$s_2=-5$。

状态转移阵

$$\boldsymbol{\Phi}(t) = e^{\boldsymbol{A}t} = \mathscr{L}^{-1}[(s\boldsymbol{I} - \boldsymbol{A})^{-1}]$$

因为

$$(s\boldsymbol{I} - \boldsymbol{A})^{-1} = \begin{bmatrix} s & -1 \\ 20 & s+9 \end{bmatrix}^{-1} = \frac{1}{(s+4)(s+5)}\begin{bmatrix} s+9 & 1 \\ -20 & s \end{bmatrix}$$

$$= \begin{bmatrix} \dfrac{5}{s+4} - \dfrac{4}{s+5} & \dfrac{1}{s+4} - \dfrac{1}{s+5} \\ \dfrac{20}{s+5} - \dfrac{20}{s+4} & \dfrac{5}{s+5} - \dfrac{4}{s+4} \end{bmatrix}$$

所以
$$\boldsymbol{\Phi}(t) = \begin{bmatrix} 5\mathrm{e}^{-4t} - 4\mathrm{e}^{-5t} & \mathrm{e}^{-4t} - \mathrm{e}^{-5t} \\ 20\mathrm{e}^{-5t} - 20\mathrm{e}^{-4t} & 5\mathrm{e}^{-5t} - 4\mathrm{e}^{-4t} \end{bmatrix}$$

(3) 求系统零输入响应。已知 $x_1(0) = y(0) = 1, x_2(0) = \dot{y}(0) = 2$，且令 $u(t) = 0$，有

$$\boldsymbol{x}(t) = \boldsymbol{\Phi}(t)\boldsymbol{x}(0) = \begin{bmatrix} 7\mathrm{e}^{-4t} - 6\mathrm{e}^{-5t} \\ 30\mathrm{e}^{-5t} - 28\mathrm{e}^{-4t} \end{bmatrix}$$

可得 $\quad x_1(t) = y(t) = 7\mathrm{e}^{-4t} - 6\mathrm{e}^{-5t}, \quad x_2(t) = \dot{y}(t) = 30\mathrm{e}^{-5t} - 28\mathrm{e}^{-4t}$

运行 MATLAB 文件 exe938，得系统的零输入响应如图 9-38-1 所示。

MATLAB 程序：exe938.m

```
clc;clear
m=1;f=9;k=20;
A=[0 1;-k/m -f/m];b=[0;1/m];
c=eye(2);d=0;
sys=ss(A,b,c,d);
t=0:0.01:2;
x0=[1;2];
initial(sys,x0,t)
```

(4) 重新设计 f 与 k。当 $m=1$，f 及 k 可任选时，质量-弹簧-阻尼器系统的特征方程为
$$s^2 + fs + k = 0$$

希望特征方程为
$$(s+10)^2 = s^2 + 20s + 100 = 0$$

故可选 $k=100$，$f=20$，使系统处于 $\zeta=1$ 的临界阻尼状态。改变 M 文件 exe938 里 f 和 k 的值，再次运行得到系统的零输入响应如图 9-38-2 所示。由图可见，震动的影响已减轻。

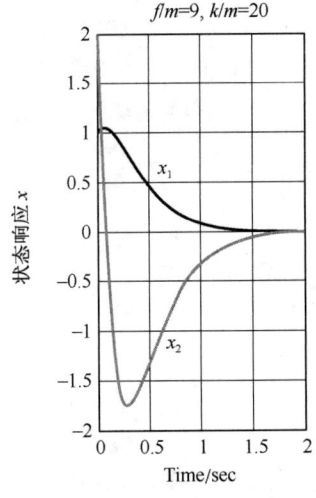
图 9-38-1　系统的零输入响应(MATLAB)

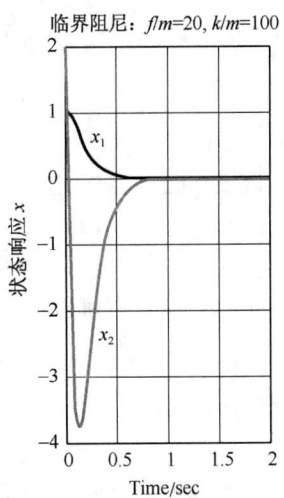
图 9-38-2　临界阻尼时系统的零输入响应(MATLAB)

9-39 设汽车悬架系统如图 9-51 所示,其中 $X_1(s)$、$X_2(s)$ 和 $X_3(s)$ 为状态变量,K_1、K_2 和 K_3 为状态反馈系数,已知 $K_1=1$。试确定 K_2 和 K_3 的合适取值,使闭环系统的三个特征根位于 $s=-3$ 和 $s=-6$ 之间。另外,还要求确定前置增益 K_p 值,使系统对阶跃输入的稳态误差为零。

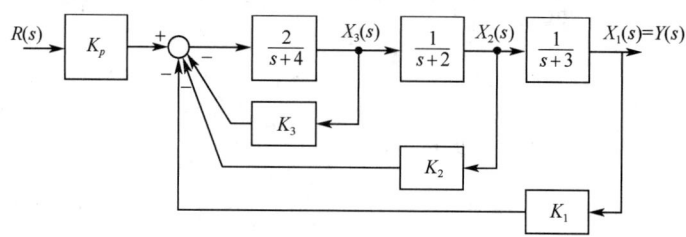

图 9-51 汽车悬架系统结构图

解 本题可按如下三步求解。

（1）求闭环传递函数。由梅森增益公式

$$\Phi(s) = \frac{p_1 \Delta_1}{\Delta}$$

其中

$$p_1 = \frac{2K_p}{(s+2)(s+3)(s+4)}$$

$$\Delta = 1 + \frac{2K_3}{s+4} + \frac{2K_2}{(s+2)(s+4)} + \frac{2K_1}{(s+2)(s+3)(s+4)}$$

$$\Delta_1 = 1$$

由于 $K_1=1$,故可得

$$\Phi(s) = \frac{2K_p}{s^3 + (9+2K_3)s^2 + (26+2K_2+10K_3)s + (26+6K_2+12K_3)}$$

（2）确定 K_2 与 K_3 的取值。闭环特征方程

$$s^3 + (9+2K_3)s^2 + (26+2K_2+10K_3)s + (26+6K_2+12K_3) = 0$$

由于 K_2 与 K_3 的选取应保证闭环系统稳定,故由劳斯表

$$\begin{array}{c|cc}
s^3 & 1 & 26+2K_2+10K_3 \\
s^2 & 9+2K_3 & 26+6K_2+12K_3 \\
s^1 & \dfrac{20(K_3^2+0.2K_2K_3+0.6K_2+6.5K_3+10.4)}{9+2K_3} & \\
s^0 & 26+6K_2+12K_3 &
\end{array}$$

可知,$K_2 \geq 0$ 及 $K_3 \geq 0$ 可以确保闭环系统稳定。

若选 $\qquad K_2 = 5, \quad K_3 = 2$

则闭环特征方程为

$$s^3 + 13s^2 + 56s + 80 = 0$$

其特征根 $s_1 = s_2 = -4$,$s_3 = -5$。表明特征根 $s \in [-3, -6]$,满足设计要求。

（3）求取前置增益 K_p 值。在单位阶跃输入作用下,若有 $\Phi(0)=1$,必有 $e_{ss}(\infty)=0$。因

此，在闭环传递函数中，令
$$K_p = 13 + 3K_2 + 6K_3$$
因已知 $K_2=5,K_3=2$，故得 $K_p=40$。

MATLAB 验证：

应用 MATLAB 软件包，运行 M 文件 exe939.m，作系统单位阶跃响应，如图 9-39-1 所示，测得 $\sigma\%=0, t_s=1.76s(\Delta=2\%), e_{ss}(\infty)=0$。

MATLAB 程序：exe939.m
```
K1 = 1;K2 = 5;K3 = 2;Kp = 40;
num = [2 * Kp];
den = [1 9 + 2 * K3 26 + 2 * K2 + 10 * K3 26 + 6 * K2
    + 12 * K3];
sys = tf(num,den);
t = 0:0.01:3;
step(sys,t);grid
```

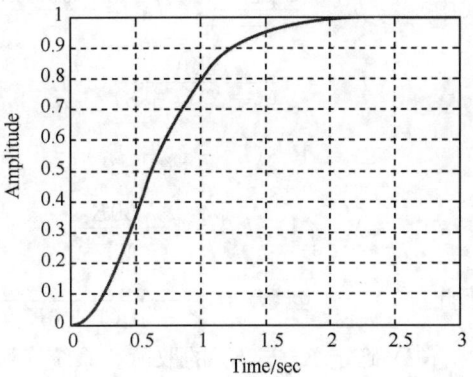

图 9-39-1　汽车悬架系统时间响应（MATLAB）

9-40　在图 9-52(a)所示的新型游船上，采用了浮桥和稳定器来减少波浪对游船摇摆的影响，游船摇摆控制系统如图 9-52(b)所示。图中，X_1、X_2 和 X_3 为状态变量，K_2 和 K_3 为状态反馈增益。试确定 K_2 和 K_3 的合适取值，使闭环特征根为 $s_{1,2}=-2\pm j2, s_3=-15$，并画出系统在单位阶跃扰动作用下的响应曲线。

(a) 游船

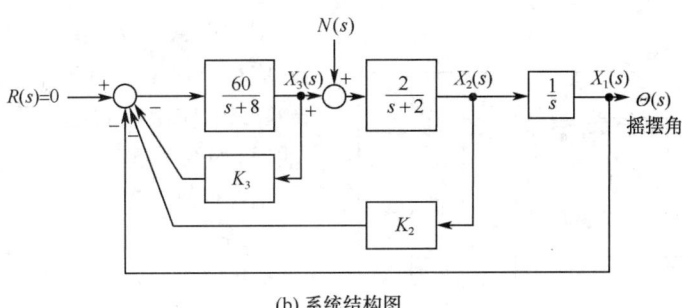

(b) 系统结构图

图 9-52　游船摇摆控制系统

解　本题的求解关键是确定系统在扰动作用下的闭环传递函数，以采用梅森增益公式比较简便。

(1) 求扰动作用下的闭环传递函数。由梅森增益公式

$$\Phi_n(s) = \frac{p_1 \Delta_1}{\Delta}$$

式中 $p_1 = \dfrac{2}{s(s+2)}$, $L_1 = -\dfrac{60K_3}{s+8}$

$$L_2 = -\frac{120K_2}{(s+2)(s+8)}, \quad L_3 = -\frac{120}{s(s+2)(s+8)}$$

$$\Delta = 1 - (L_1 + L_2 + L_3) = 1 + \frac{60K_3}{s+8} + \frac{120K_2}{(s+2)(s+8)} + \frac{120}{s(s+2)(s+8)}$$

$$\Delta_1 = 1 - L_1 = 1 + \frac{60K_3}{s+8}$$

因此
$$\Phi_n(s) = \frac{2(s + 8 + 60K_3)}{s^3 + 10(1+6K_3)s^2 + [16 + 120(K_2+K_3)]s + 120}$$

(2) 确定 K_2 与 K_3 的取值。系统实际特征方程

$$s^3 + 10(1+6K_3)s^2 + [16 + 120(K_2+K_3)]s + 120 = 0$$

希望特征方程

$$(s+2+\mathrm{j}2)(s+2-\mathrm{j}2)(s+15) = s^3 + 19s^2 + 68s + 120 = 0$$

令特征方程的对应项系数相等,有

$$10 + 60K_3 = 19$$
$$16 + 120(K_2 + K_3) = 68$$

解出 $K_2 = 0.283, \quad K_3 = 0.15$

(3) 绘单位阶跃扰动响应曲线。令 $N(s) = \dfrac{1}{s}$,得游船横滚角输出

$$\Theta_n(s) = \Phi_n(s)N(s) = \frac{2s + 34}{s(s+15)(s^2+4s+8)}$$

$$= \frac{0.283}{s} - \frac{0.002}{s+15} - \frac{0.281(s+4.1)}{(s+2)^2 + 2^2}$$

对上式进行拉氏反变换,得横滚角扰动响应

$$\theta_n(t) = 0.283 - 0.002\mathrm{e}^{-15t} - 0.407\mathrm{e}^{-2t}\sin(2t + 43.6°)$$

MATLAB 验证:

应用 MATLAB 软件包,运行 M 文件 exe940.m,作游船的单位阶跃扰动横滚角响应曲线,如图 9-40-1 所示。

MATLAB 程序:exe940.m

```
clc;clear
K2 = 0.283;K3 = 0.15;
num = 2 * [1 8 + 60 * K3];
den = [1 10 + 60 * K3 16 + 120 * (K2 + K3) 120];
sysn = tf(num,den);
t = 0:0.01:4;
step(sysn,t);grid
```

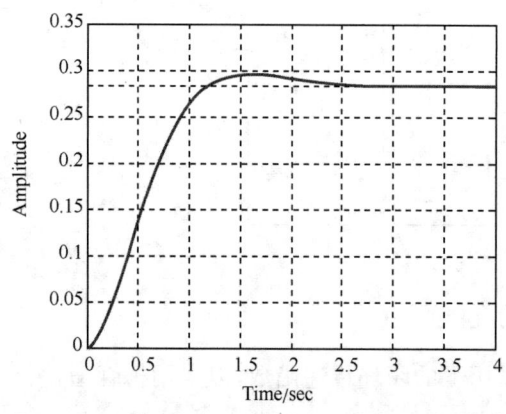

图 9-40-1 游船单位阶跃扰动横滚角响应(MATLAB)

9-41 设内模控制系统如图 9-53 所示，试设计合适的内模控制器 $G_c(s)$ 和状态反馈增益向量 k_2，使系统闭环极点 $s_1=s_2=s_3=-2$，且对阶跃输入的稳态跟踪误差为零，最后绘出系统的单位阶跃响应曲线。

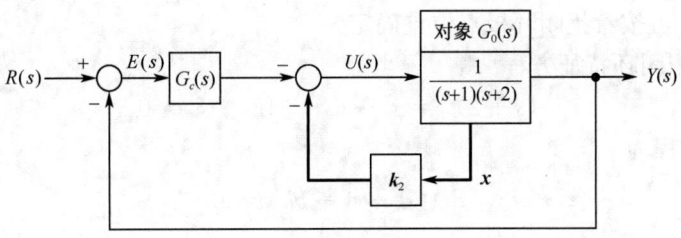

图 9-53 内模控制系统结构图

解 本题按如下步骤设计。

（1）建立被控对象的动态方程。

$$G_0(s) = \frac{1}{(s+1)(s+2)} = \frac{1}{s^2+3s+2}$$

令 $x=[x_1 \ x_2]^T$，其中 $x_1=y$，则被控对象的可控标准型为

$$\dot{x} = Ax + bu, \quad y = cx$$

式中

$$A = \begin{bmatrix} 0 & 1 \\ -2 & -3 \end{bmatrix}, \quad b = \begin{bmatrix} 0 \\ 1 \end{bmatrix}, \quad c = \begin{bmatrix} 1 & 0 \end{bmatrix}$$

（2）构造增广系统。定义跟踪误差

$$e(t) = r(t) - y(t)$$

因 $r(t)=1(t)$，有

$$\dot{e}(t) = -\dot{y}(t) = -c\dot{x}(t)$$

令 $z(t)=\dot{x}(t)$，$w(t)=\dot{u}(t)$，构造

$$\begin{bmatrix} \dot{e}(t) \\ \dot{z}(t) \end{bmatrix} = \begin{bmatrix} 0 & -c \\ 0 & A \end{bmatrix} \begin{bmatrix} e(t) \\ z(t) \end{bmatrix} + \begin{bmatrix} 0 \\ b \end{bmatrix} w(t)$$

即

$$\begin{bmatrix} \dot{e} \\ \dot{z}_1 \\ \dot{z}_2 \end{bmatrix} = \begin{bmatrix} 0 & -1 & 0 \\ 0 & 0 & 1 \\ 0 & -2 & -3 \end{bmatrix} \begin{bmatrix} e \\ z_1 \\ z_2 \end{bmatrix} + \begin{bmatrix} 0 \\ 0 \\ 1 \end{bmatrix} w$$

在上述增广系统方程中

$$\bar{A} = \begin{bmatrix} 0 & -1 & 0 \\ 0 & 0 & 1 \\ 0 & -2 & -3 \end{bmatrix}, \quad \bar{b} = \begin{bmatrix} 0 \\ 0 \\ 1 \end{bmatrix}$$

（3）检验增广系统的可控性。由于

$$\mathrm{rank} \begin{bmatrix} 0 & -cb & -cAb \\ b & Ab & A^2b \end{bmatrix} = \mathrm{rank} \begin{bmatrix} 0 & 0 & -1 \\ 0 & 1 & -3 \\ 1 & -3 & 7 \end{bmatrix} = 3$$

表明增广系统可控，可以任意配置闭环系统极点。

(4) 确定内模控制律。令 $\boldsymbol{k}_2=[k_2\ \ k_3], \boldsymbol{k}=[k_1\ \ k_2\ \ k_3], G_c(s)=\dfrac{k_1}{s}$,则控制律

$$u(t)=-k_1\int_0^t e(\tau)\mathrm{d}\tau-k_2x_1-k_3x_2$$

其中 k_1、k_2 和 k_3 可按希望闭环极点位置确定。

由题意,希望闭环特征方程

$$(s+2)^3=s^3+6s^2+12s+8=0$$

实际闭环特征方程为

$$\det(s\boldsymbol{I}-\bar{\boldsymbol{A}}+\bar{\boldsymbol{b}}\boldsymbol{k})=0$$

因为
$$s\boldsymbol{I}-\bar{\boldsymbol{A}}+\bar{\boldsymbol{b}}\boldsymbol{k}=\begin{bmatrix} s & 1 & 0 \\ 0 & s & -1 \\ k_1 & 2+k_2 & s+3+k_3 \end{bmatrix}$$

所以
$$\det(s\boldsymbol{I}-\bar{\boldsymbol{A}}+\bar{\boldsymbol{b}}\boldsymbol{k})=s^3+(3+k_3)s^2+(2+k_2)s-k_1=0$$

比较希望特征方程与实际特征方程,可得

$$k_1=-8,\quad k_2=10,\quad k_3=3$$

内模控制律

$$u(t)=8\int_0^t e(\tau)\mathrm{d}\tau-10x_1-3x_2$$

内模控制系统如图 9-41-1 所示。

(5) 绘内模控制系统单位阶跃响应。应用 MATLAB 软件包,并根据图 9-41-1 在 Simulink 环境下搭建内模控制系统,运行可得系统单位阶跃响应如图 9-41-2 所示,测得 $\sigma\%=0, t_s=7.75\mathrm{s}(\Delta=2\%), e_{ss}(\infty)=0$。

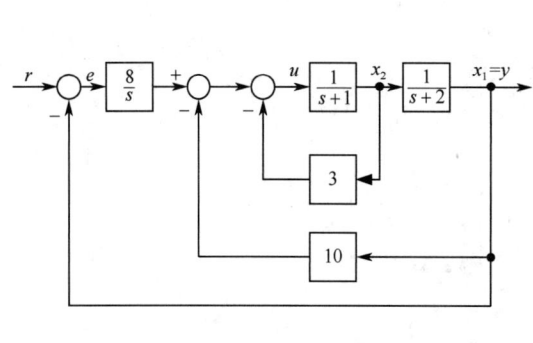

图 9-41-1 单位阶跃内模控制系统结构图

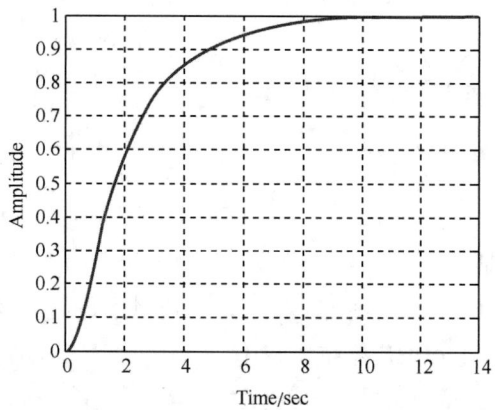

图 9-41-2 内模控制系统的单位阶跃响应(MATLAB)

9-42 设单位斜坡内模控制系统如图 9-54 所示,其中被控对象

$$G_0(s)=\dfrac{1}{(s+1)(s+2)}$$

$x_1(t)$ 和 $x_2(t)$ 为状态变量。试设计合适的内模控制器

$$G_c(s)=\dfrac{k_1+k_2s}{s^2}$$

及状态反馈增益 k_3 和 k_4,使系统的闭环极点为 $s_1=s_2=s_3=s_4=-2$,且系统对单位斜坡输入的稳态跟踪误差为零,最后绘出系统的单位斜坡响应曲线。

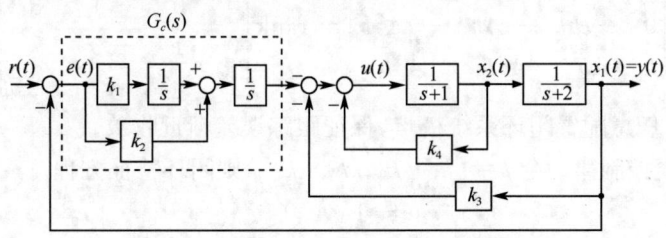

图 9-54 单位斜坡内模控制系统结构图

解 本题按如下步骤求解。

(1) 建立被控对象的动态方程。

$$G_0(s) = \frac{1}{s^2+3s+2}$$

其可控标准型为

$$\dot{x} = Ax + bu, \quad y = cx$$

式中

$$A = \begin{bmatrix} 0 & 1 \\ -2 & -3 \end{bmatrix}, \quad b = \begin{bmatrix} 0 \\ 1 \end{bmatrix}, \quad c = \begin{bmatrix} 1 & 0 \end{bmatrix}$$

(2) 构造增广系统。令

$$e(t) = r(t) - y(t), \quad r(t) = t$$
$$\dot{e}(t) = \dot{r}(t) - \dot{y}(t) = 1 - c\dot{x}(t)$$
$$\ddot{e}(t) = -\ddot{y}(t) = -c\ddot{x}(t)$$

令中间变量

$$z(t) = \ddot{x}(t), \quad w(t) = \ddot{u}(t)$$

得

$$z(t) = A\dot{x}(t) + b\dot{u}(t)$$
$$\dot{z}(t) = A\ddot{x}(t) + b\ddot{u}(t) = Az(t) + bw(t)$$
$$\ddot{e}(t) = -cz(t)$$

构造增广系统

$$\begin{bmatrix} \dot{e}(t) \\ \ddot{e}(t) \\ \dot{z}(t) \end{bmatrix} = \begin{bmatrix} 0 & 1 & 0 \\ 0 & 0 & -c \\ 0 & 0 & A \end{bmatrix} \begin{bmatrix} e(t) \\ \dot{e}(t) \\ z(t) \end{bmatrix} + \begin{bmatrix} 0 \\ 0 \\ b \end{bmatrix} w(t)$$

即

$$\begin{bmatrix} \dot{e}(t) \\ \ddot{e}(t) \\ \dot{z}_1(t) \\ \dot{z}_2(t) \end{bmatrix} = \begin{bmatrix} 0 & 1 & 0 & 0 \\ 0 & 0 & -1 & 0 \\ 0 & 0 & 0 & 1 \\ 0 & 0 & -2 & -3 \end{bmatrix} \begin{bmatrix} e(t) \\ \dot{e}(t) \\ z_1(t) \\ z_2(t) \end{bmatrix} + \begin{bmatrix} 0 \\ 0 \\ 0 \\ 1 \end{bmatrix} w(t)$$

式中

$$\bar{A} = \begin{bmatrix} 0 & 1 & 0 & 0 \\ 0 & 0 & -1 & 0 \\ 0 & 0 & 0 & 1 \\ 0 & 0 & -2 & -3 \end{bmatrix}, \quad \bar{b} = \begin{bmatrix} 0 \\ 0 \\ 0 \\ 1 \end{bmatrix}$$

(3) 检验增广系统的可控性。

$$\text{rank}\begin{bmatrix} 0 & 0 & -cb & -cAb \\ 0 & -cb & -cAb & -cA^2b \\ b & Ab & A^2b & A^3b \end{bmatrix} = \text{rank}\begin{bmatrix} 0 & 0 & 0 & -1 \\ 0 & 0 & -1 & 3 \\ 0 & 1 & -3 & 7 \\ 1 & -3 & 7 & -15 \end{bmatrix} = 4$$

增广系统可控，可任意配置闭环系统极点，保证跟踪误差渐近收敛。

(4) 确定内模控制律。令 $k=[k_1\ k_2\ k_3\ k_4]$，则闭环特征方程

$$\det[s\bar{I}-\bar{A}+\bar{b}k] = \det\begin{bmatrix} s & -1 & 0 & 0 \\ 0 & s & 1 & 0 \\ 0 & 0 & s & -1 \\ k_1 & k_2 & 2+k_3 & s+3+k_4 \end{bmatrix}$$

$$= s^4 + (3+k_4)s^3 + (2+k_3)s^2 - k_2 s - k_1 = 0$$

希望闭环特征方程

$$(s+2)^4 = s^4 + 8s^3 + 24s^2 + 32s + 16 = 0$$

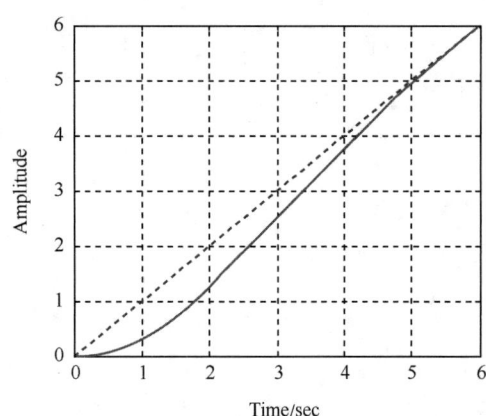

图 9-42-1 内模控制系统的单位斜坡响应（MATLAB）

令实际特征方程与希望特征方程的对应项系数相等，解出

$$k_1 = -16, \quad k_2 = -32$$
$$k_3 = 22, \quad k_4 = 5$$

于是，内模控制律为

$$u(t) = 16\int_0^t\int_0^t e(\tau)\mathrm{d}\tau\mathrm{d}\tau + 32\int_0^t e(\tau)\mathrm{d}\tau$$
$$-22x_1(t) - 5x_2(t)$$

(5) 系统单位斜坡响应。

应用 MATLAB 软件包，并根据图 9-54 在 Simulink 环境下搭建内模控制系统，运行可得内模控制系统的单位斜坡响应如图 9-42-1 所示。

9-43 已知被控对象的动态方程

$$\dot{x}(t) = Ax(t) + bu(t)$$
$$y(t) = cx(t)$$

其中

$$A = \begin{bmatrix} 0 & 1 \\ -2 & -2 \end{bmatrix}, \quad b = \begin{bmatrix} 1 \\ 2 \end{bmatrix}, \quad c = [1\ 0]$$

要求设计单位斜坡输入时的内模控制器，使系统闭环极点为 $s_{1,2}=-1\pm \mathrm{j}1, s_3=s_4=-10$，并给出单位斜坡内模控制系统结构图与跟踪误差 $e(t)$ 的响应曲线。

解 本题按如下步骤设计。

(1) 构造增广系统。令

$$e = r - y, \quad r = t$$

有

$$\dot e = \dot r - \dot y = 1 - c\dot x, \quad \ddot e = -c\ddot x$$

令中间变量
$$z = \ddot x, \quad w = \ddot u$$

有
$$z = A\dot x + b\dot u, \quad \dot z = Az + bw, \quad \ddot e = -cz$$

得增广系统
$$\begin{bmatrix} \dot e \\ \ddot e \\ \dot z \end{bmatrix} = \begin{bmatrix} 0 & 1 & 0 \\ 0 & 0 & -c \\ 0 & 0 & A \end{bmatrix} \begin{bmatrix} e \\ \dot e \\ z \end{bmatrix} + \begin{bmatrix} 0 \\ 0 \\ b \end{bmatrix} w$$

或者
$$\begin{bmatrix} \dot e \\ \ddot e \\ \dot z_1 \\ \dot z_2 \end{bmatrix} = \begin{bmatrix} 0 & 1 & 0 & 0 \\ 0 & 0 & -1 & 0 \\ 0 & 0 & 0 & 1 \\ 0 & 0 & -2 & -2 \end{bmatrix} \begin{bmatrix} e(t) \\ \dot e(t) \\ z_1(t) \\ z_2(t) \end{bmatrix} + \begin{bmatrix} 0 \\ 0 \\ 1 \\ 2 \end{bmatrix} w$$

其中
$$\bar A = \begin{bmatrix} 0 & 1 & 0 & 0 \\ 0 & 0 & -1 & 0 \\ 0 & 0 & 0 & 1 \\ 0 & 0 & -2 & -2 \end{bmatrix}, \quad \bar b = \begin{bmatrix} 0 \\ 0 \\ 1 \\ 2 \end{bmatrix}$$

(2) 检验增广系统的可控性。

$$\mathrm{rank} \begin{bmatrix} 0 & 0 & -cb & -cAb \\ 0 & -cb & -cAb & -cA^2b \\ b & Ab & A^2b & A^3b \end{bmatrix} = \mathrm{rank} \begin{bmatrix} 0 & 0 & -1 & -2 \\ 0 & -1 & -2 & 6 \\ 1 & 2 & -6 & 8 \\ 2 & -6 & 8 & -4 \end{bmatrix} = 4$$

故增广系统可控,可任意配置闭环系统极点。

(3) 确定内模控制律。令 $k = \begin{bmatrix} k_1 & k_2 & k_3 & k_4 \end{bmatrix}$,闭环特征方程

$$\det[sI - (\bar A - \bar b k)] = \det \begin{bmatrix} s & -1 & 0 & 0 \\ 0 & s & 1 & 0 \\ k_1 & k_2 & s+k_3 & k_4 - 1 \\ 2k_1 & 2k_2 & 2+2k_3 & s+2+2k_4 \end{bmatrix}$$

$$= s^4 + (2 + k_3 + 2k_4)s^3 + (2 - k_2 + 4k_3 - 2k_4)s^2 - (k_1 + 4k_2)s - 4k_1 = 0$$

希望特征方程
$$(s+1+\mathrm j)(s+1-\mathrm j)(s+10)^2 = s^4 + 22s^3 + 142s^2 + 240s + 200 = 0$$

令实际特征方程与希望特征方程的对应项系数相等,得到
$$2 + k_3 + 2k_4 = 22$$
$$2 - k_2 + 4k_3 - 2k_4 = 142$$
$$k_1 + 4k_2 = -240$$
$$4k_1 = -200$$

解出
$$k_1 = -50, \quad k_2 = -47.5$$
$$k_3 = 22.5, \quad k_4 = -1.25$$

求出内模控制律

$$u(t) = 50\int_0^t\int_0^t e(\tau)\mathrm{d}\tau\mathrm{d}\tau + 47.5\int_0^t e(\tau)\mathrm{d}\tau - 22.5x_1(t) + 1.25x_2(t)$$

单位斜坡内模控制系统如图 9-43-1 所示。

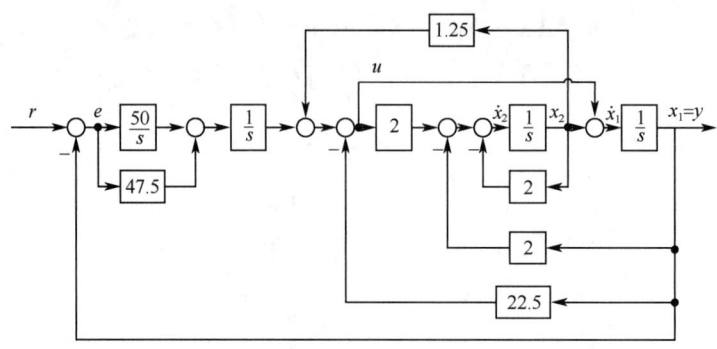

图 9-43-1 单位斜坡内模控制系统结构图

应用 MATLAB 软件包，并根据图 9-43-1 在 Simulink 环境下搭建内模控制系统，运行可得内模控制系统的单位斜坡误差响应，如图 9-43-2 所示。

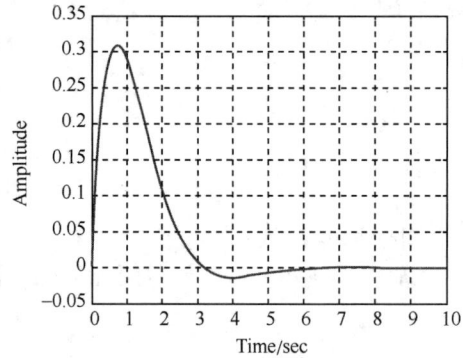

图 9-43-2 系统单位斜坡跟踪误差响应曲线(Simulink)

9-44 设带有扰动 $n(t)$ 的单输入-单输出系统的状态空间表达式为

$$\dot{x}(t) = Ax(t) + bu(t), \quad y(t) = cx(t) + n(t)$$

其中，$x \in R^n$ 为状态向量，u 为标量输入，y 为标量输出，A、b、c 维数适当。

设参考输入 $r(t)=t$，扰动信号 $n(t)=1(t)$，为阶跃扰动。试论证可设计扰动内模控制器，使系统输出能以零稳态误差渐近跟踪斜坡输入 t，且不受阶跃扰动 $n(t)$ 的影响。

解 由题设知 $\ddot{r}(t)=0$，$\dot{n}(t)=0$；定义跟踪误差

$$e(t) = r(t) - y(t) = r(t) - cx(t) - n(t) \tag{1}$$

对式(1)取二阶导数，有

$$\ddot{e}(t) = \ddot{r}(t) - \ddot{y}(t) = -c\ddot{x}(t) \tag{2}$$

在式(2)中，取中间变量 $z(t)=\ddot{x}(t)$，$w(t)=\ddot{u}(t)$，并对 $z(t)$ 取一阶导数，有

$$\dot{z}(t) = \dddot{x}(t) = A\ddot{x}(t) + b\ddot{u}(t) = Az(t) + bw(t) \tag{3}$$

$$\ddot{e}(t) = \ddot{r}(t) - \ddot{y}(t) = -c\ddot{x}(t) = -cz(t) \tag{4}$$

由式(3)和式(4)构造增广系统

$$\begin{bmatrix}\dot{e}\\\ddot{e}\\\dot{z}\end{bmatrix}=\begin{bmatrix}0 & 1 & 0\\0 & 0 & -c\\0 & 0 & A\end{bmatrix}\begin{bmatrix}e\\\dot{e}\\z\end{bmatrix}+\begin{bmatrix}0\\0\\b\end{bmatrix}w \tag{5}$$

若增广系统(5)可控,即

$$\text{rank}\begin{bmatrix}0 & 0 & -cb & -cAb\\0 & -cb & -cAb & -cA^2b\\b & Ab & A^2b & A^3b\end{bmatrix}=n+2$$

则总可以找到状态反馈

$$w=-\begin{bmatrix}k_1 & k_2 & \boldsymbol{k}_3\end{bmatrix}\begin{bmatrix}e\\\dot{e}\\z\end{bmatrix}=-k_1e-k_2\dot{e}-\boldsymbol{k}_3z \tag{6}$$

使该系统渐近稳定。这表明跟踪误差 $e(t)$ 是渐近收敛的。因此,系统输出能以零稳态误差跟踪参考输入信号 t,且抑制阶跃扰动 $n(t)=1(t)$ 的影响。

9-45 设有系统

$$\dot{\boldsymbol{x}}(t)=\begin{bmatrix}0 & 1\\-2 & -2\end{bmatrix}\boldsymbol{x}(t)+\begin{bmatrix}1\\2\end{bmatrix}u(t)$$
$$y(t)=\begin{bmatrix}1 & 0\end{bmatrix}\boldsymbol{x}(t)+n(t)$$

其中 $n(t)=3t^2$ 为输出端扰动信号。要求系统输出能以零稳态误差跟踪斜坡参考输入信号,并克服输出端加速度扰动对跟踪性能的影响。

解 设带有输出端扰动 $n(t)$ 的单输入-单输出系统的状态空间表达式为

$$\dot{\boldsymbol{x}}(t)=\boldsymbol{A}\boldsymbol{x}(t)+\boldsymbol{b}u(t)$$
$$y(t)=\boldsymbol{c}\boldsymbol{x}(t)+n(t)$$

其中, $\boldsymbol{x}\in R^n$ 为状态向量, u 为标量输入, y 为标量输出, $\boldsymbol{A}$、$\boldsymbol{b}$、$\boldsymbol{c}$ 维数适当。

主要考虑参考输入为斜坡信号,输出扰动为加速度信号的情况,即 $r(t)=t$, $n(t)=3t^2$。定义跟踪误差 $e(t)=r(t)-y(t)=r(t)-\boldsymbol{c}\boldsymbol{x}(t)-n(t)$,此时

$$r^{(3)}(t)=0,\quad n^{(3)}(t)=0 \tag{1}$$

对 $e(t)$ 取三阶导数,此时有

$$e^{(3)}(t)=r^{(3)}(t)-y^{(3)}(t)=-\boldsymbol{c}\boldsymbol{x}^{(3)}(t) \tag{2}$$

根据式(2)取中间变量 $\boldsymbol{z}(t)=\boldsymbol{x}^{(3)}(t)$,并对 $\boldsymbol{z}(t)$ 取一阶导数,得

$$\dot{\boldsymbol{z}}(t)=\boldsymbol{x}^{(4)}(t)=\boldsymbol{A}\boldsymbol{x}^{(3)}(t)+\boldsymbol{b}u^{(3)}(t)$$

根据上式,再取中间变量 $w(t)=u^{(3)}(t)$,有

$$\dot{\boldsymbol{z}}(t)=\boldsymbol{x}^{(4)}(t)=\boldsymbol{A}\boldsymbol{x}^{(3)}(t)+\boldsymbol{b}u^{(3)}(t)=\boldsymbol{A}\boldsymbol{z}(t)+\boldsymbol{b}w(t) \tag{3}$$

选定中间变量后,误差的三阶导数变为

$$e^{(3)}(t)=r^{(3)}(t)-y^{(3)}(t)=-\boldsymbol{c}\boldsymbol{x}^{(3)}(t)=-\boldsymbol{c}\boldsymbol{z}(t) \tag{4}$$

由式(3)和式(4)构造增广系统为

$$\begin{bmatrix}\dot{e}\\\ddot{e}\\\dddot{e}\\\dot{z}\end{bmatrix}=\begin{bmatrix}0 & 1 & 0 & 0\\0 & 0 & 1 & 0\\0 & 0 & 0 & -c\\0 & 0 & 0 & A\end{bmatrix}\begin{bmatrix}e\\\dot{e}\\\ddot{e}\\z\end{bmatrix}+\begin{bmatrix}0\\0\\0\\b\end{bmatrix}w \tag{5}$$

若增广系统(5)可控,即

$$\operatorname{rank}\begin{bmatrix} 0 & 0 & 0 & -cb & -cAb \\ 0 & 0 & -cb & -cAb & -cA^2b \\ 0 & -cb & -cAb & -cA^2b & -cA^3b \\ b & Ab & A^2b & A^3b & A^4b \end{bmatrix} = n+3$$

总可以找到状态反馈

$$w = -\begin{bmatrix} k_1 & k_2 & k_3 & \boldsymbol{k}_4 \end{bmatrix} \begin{bmatrix} e \\ \dot{e} \\ \ddot{e} \\ z \end{bmatrix} = -k_1 e - k_2 \dot{e} - k_3 \ddot{e} - \boldsymbol{k}_4 \boldsymbol{z}$$

使该闭环增广系统渐近稳定。

这表明跟踪误差是渐近收敛的,因此系统输出能在扰动作用下以零稳态误差跟踪参考输入信号。

本题可控性矩阵

$$\operatorname{rank}\begin{bmatrix} 0 & 0 & 0 & -1 & -2 \\ 0 & 0 & -1 & -2 & 6 \\ 0 & -1 & -2 & 6 & 8 \\ 1 & 2 & -6 & 8 & -4 \\ 2 & -6 & 8 & -4 & -8 \end{bmatrix} = 5 = n+3$$

满秩,增广系统可控。故可通过状态反馈

$$w = -\begin{bmatrix} k_1 & k_2 & k_3 & k_4 & k_5 \end{bmatrix} \begin{bmatrix} e \\ \dot{e} \\ \ddot{e} \\ z_1 \\ z_2 \end{bmatrix} = -k_1 e - k_2 \dot{e} - k_3 \ddot{e} - k_4 z_1 - k_5 z_2$$

任意配置闭环增广系统的极点。

如果要求的闭环极点为 $s_{1,2} = -1 \pm j, s_3 = -3, s_4 = -4, s_5 = -5$,则期望的特征方程为

$$(s+1-j)(s+1+j)(s+3)(s+4)(s+5)$$
$$= s^5 + 14s^4 + 73s^3 + 178s^2 + 214s + 120 = 0$$

而实际的闭环特征方程为

$$\det\begin{bmatrix} s & -1 & 0 & 0 & 0 \\ 0 & s & -1 & 0 & 0 \\ 0 & 0 & s & 1 & 0 \\ k_1 & k_2 & k_3 & s+k_4 & k_5-1 \\ 2k_1 & 2k_2 & 2k_3 & 2+2k_4 & s+2+2k_5 \end{bmatrix} = s^5 + (2+k_4+2k_5)s^4 + (2-k_3+4k_4-2k_5)s^3$$
$$+ (-k_2-4k_3)s^2 + (-k_1-4k_2)s - 4k_1$$

令上述两个特征方程的对应项系数相等,通过构造方程组,求得状态反馈的解构造的方程组如下:

$$\begin{cases} 2+k_4+2k_5=14 \\ 2-k_3+4k_4-2k_5=73 \\ -k_2-4k_3=178 \\ -k_1-4k_2=214 \\ -4k_1=120 \end{cases}$$

解得　　　　$k_1=-30$, $k_2=-46$, $k_3=-33$, $k_4=10$, $k_5=1$

即　　　　$w=\dddot{u}=-k_1e-k_2\dot{e}-k_3\ddot{e}-k_4\ddot{x}_1-k_5\ddot{x}_2$

$$\ddot{u}=-k_1\int_0^t e\,\mathrm{d}\tau-k_2e-k_3\dot{e}-k_4\ddot{x}_1-k_5\ddot{x}_2$$

此时对应的 Simulink 仿真图如图 9-45-1 所示。

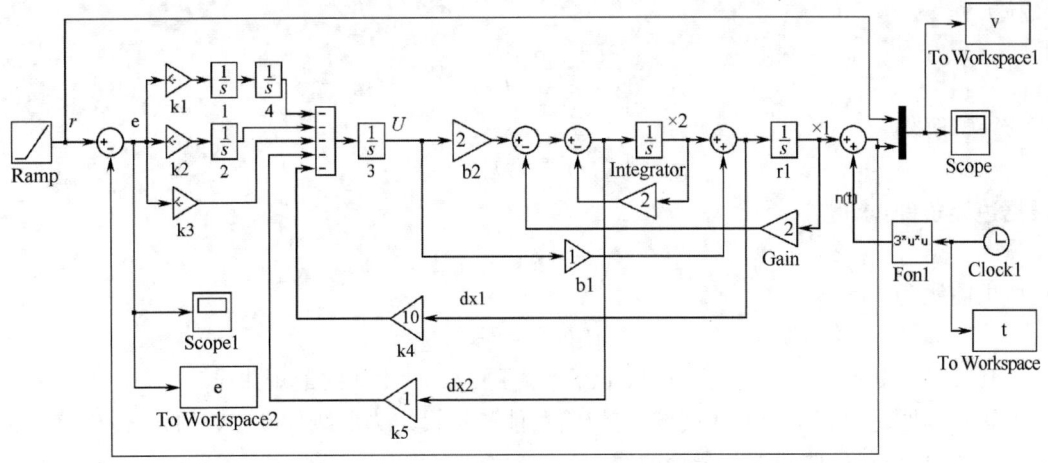

图 9-45-1　Simulink 仿真图

令 $n(t)=3t^2$，运行上述 Simulink 仿真图，可得系统在带扰动的内模控制器作用下对应的跟踪误差曲线图和跟踪曲线图，如图 9-45-2、图 9-45-3 所示。

系统加入扰动后，由误差响应图可以看出，在带扰动的内模控制器作用下输出可以很好地跟踪参考输入。

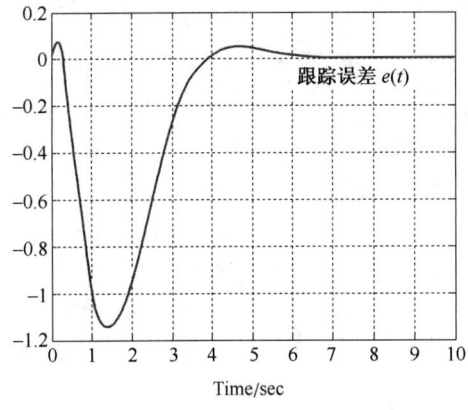

图 9-45-2　加速度扰动作用下系统
跟踪误差响应（MATLAB）

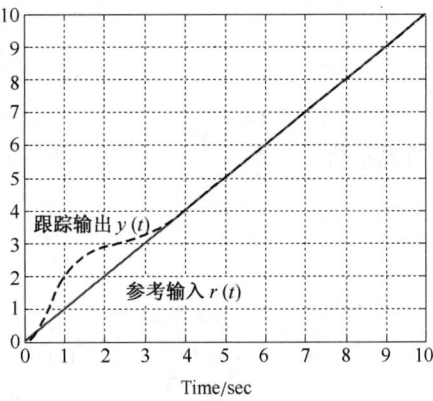

图 9-45-3　加速度扰动作用下系统
输出跟踪响应（MATLAB）

第十章 动态系统的最优控制方法

10-1 求通过 $x(0)=1, x(1)=2$，使下列性能指标为极值的曲线 $x^*(t)$：
$$J = \int_{t_0}^{t_f} (\dot{x}^2+1) \mathrm{d}t$$

解 本题 t_f 固定，末态固定，可用欧拉方程求解。令
$$L = \dot{x}^2 + 1$$
欧拉方程
$$\frac{\partial L}{\partial x} - \frac{\mathrm{d}}{\mathrm{d}t}\frac{\partial L}{\partial \dot{x}} = 0$$
有 $\ddot{x}=0$，解得
$$x(t) = c_1 t + c_2$$
根据边界条件，求得
$$c_1 = 1, \quad c_2 = 1$$
故所求曲线为
$$x^*(t) = t + 1$$

10-2 设 $x=x(t), 0 \leqslant t \leqslant 1$，求从 $x(0)=0$ 到 $x(1)=1$ 间的最短曲线。

解 本题是求解最短曲线问题，可以将性能指标设定为曲线长度函数的积分，当该指标为最小值时，所得的曲线即为最短曲线。

根据几何知识，在直角坐标系中弧线元的长度表示为
$$\mathrm{d}s = \sqrt{(\mathrm{d}t)^2 + (\mathrm{d}x)^2} = \sqrt{1+\dot{x}^2}\mathrm{d}t$$
设性能指标为
$$J = \int_{t_0}^{t_f} \mathrm{d}s = \int_{t_0}^{t_f} \sqrt{1+\dot{x}^2} \mathrm{d}t$$
由题意可知，t_f 固定，末态固定，$L=\sqrt{1+\dot{x}^2}$，由欧拉方程
$$\frac{\partial L}{\partial x} - \frac{\mathrm{d}}{\mathrm{d}t}\frac{\partial L}{\partial \dot{x}} = 0, \quad \dot{x}^2 = c^2 (\text{常量})$$
解得
$$x(t) = ct + d$$
根据边界条件，可得 $c=1, d=0$，故所求曲线为
$$x^*(t) = t$$

10-3 求性能指标
$$J = \int_{t_0}^{1} (\dot{x}^2+1) \mathrm{d}t$$
在边界条件 $x(0)=0, x(1)$ 是自由情况下的极值曲线。

解 本题 t_f 固定，末态自由。由题意
$$L = 1 + \dot{x}^2$$
欧拉方程

$$\frac{\partial L}{\partial x} - \frac{\mathrm{d}}{\mathrm{d}t}\frac{\partial L}{\partial \dot{x}} = -2\ddot{x} = 0$$

解得
$$x(t) = c_1 t + c_2$$

由边界条件
$$x(0) = 0$$

及横截条件
$$\left.\frac{\partial L}{\partial \dot{x}}\right|_{t_f=1} = 2\dot{x} = 0$$

解得
$$c_1 = 0, \quad c_2 = 0$$

故所求极值曲线为
$$x^*(t) = 0$$

10-4 求性能指标
$$J = \int_0^{\frac{\pi}{2}} (\dot{x}_1^2 + \dot{x}_2^2 + 2x_1 x_2) \mathrm{d}t$$

在边界条件 $x_1(0) = x_2(0) = 0, x_1\left(\frac{\pi}{2}\right) = x_2\left(\frac{\pi}{2}\right) = 1$ 下的极值曲线。

解 本题 t_f 固定，末态固定，但是因为性能指标是二元的，所以在欧拉方程中，要同时对 x_1、x_2 求导。
$$L = \dot{x}_1^2 + \dot{x}_2^2 + 2x_1 x_2$$

欧拉方程
$$\frac{\partial L}{\partial x_1} - \frac{\mathrm{d}}{\mathrm{d}t}\frac{\partial L}{\partial \dot{x}_1} = 2x_2 - \frac{\mathrm{d}}{\mathrm{d}t}(2\dot{x}_1) = 0$$

$$\frac{\partial L}{\partial x_2} - \frac{\mathrm{d}}{\mathrm{d}t}\frac{\partial L}{\partial \dot{x}_2} = 2x_1 - \frac{\mathrm{d}}{\mathrm{d}t}(2\dot{x}_2) = 0$$

解得
$$x_1(t) = c_1 \mathrm{e}^t + c_2 \mathrm{e}^{-t} + c_3 \cos t + c_4 \sin t$$
$$x_2(t) = c_1 \mathrm{e}^t + c_2 \mathrm{e}^{-t} - c_3 \cos t - c_4 \sin t$$

根据边界条件，求得
$$c_1 = \frac{1}{\mathrm{e}^{\frac{\pi}{2}} - \mathrm{e}^{-\frac{\pi}{2}}}, \quad c_2 = \frac{1}{\mathrm{e}^{-\frac{\pi}{2}} - \mathrm{e}^{\frac{\pi}{2}}}, \quad c_3 = 0, \quad c_4 = 0$$

故所求曲线为
$$x_1^*(t) = x_2^*(t) = \frac{\mathrm{e}^t - \mathrm{e}^{-t}}{\mathrm{e}^{\frac{\pi}{2}} - \mathrm{e}^{-\frac{\pi}{2}}} = 0.217(\mathrm{e}^t - \mathrm{e}^{-t})$$

10-5 已知性能指标函数为
$$J = \int_0^1 [x^2(t) + tx(t)] \mathrm{d}t$$

试求：(1) δJ 的表达式；

(2) 当 $x(t) = t^2$, $\delta x = 0.1t$ 和 $\delta x = 0.2t$ 时的变分 δJ 的值。

解 (1) 根据泛函变分的规则
$$\delta J = \frac{\partial}{\partial \varepsilon} \int_{t_0}^{t_f} L(x + \varepsilon \delta x, t) \mathrm{d}t \bigg|_{\varepsilon=0} = \int_{t_0}^{t_f} \frac{\partial L}{\partial x} \cdot \frac{\partial (x + \varepsilon \delta x)}{\partial \varepsilon} \bigg|_{\varepsilon=0} \mathrm{d}t$$
$$= \int_{t_0}^{t_f} \frac{\partial L}{\partial x} \delta x \, \mathrm{d}t = \int_{t_0}^{t_f} (2x + t) \delta x \, \mathrm{d}t = \int_0^1 (2x + t) \delta x \, \mathrm{d}t$$

(2) $\delta x = 0.1t$ 时,$\delta J = \int_0^1 (2t^2+t) \cdot 0.1t \mathrm{d}t = \dfrac{1}{12}$

$\delta x = 0.2t$ 时,$\delta J = \int_0^1 (2t^2+t) \cdot 0.2t \mathrm{d}t = \dfrac{1}{6}$

10-6 试求下列性能指标的变分 δJ。

$$J = \int_{t_0}^{t_f} (t^2 + x^2 + \dot{x}^2) \mathrm{d}t$$

解 根据泛函变分的规则,求得

$$\begin{aligned}
\delta J &= \left.\frac{\partial}{\partial \varepsilon} \int_{t_0}^{t_f} L(x+\varepsilon\delta x, \dot{x}+\varepsilon\delta\dot{x}, t)\mathrm{d}t \right|_{\varepsilon=0} \\
&= \int_{t_0}^{t_f} \left[\frac{\partial L}{\partial x}\cdot\frac{\partial(x+\varepsilon\delta x)}{\partial\varepsilon}+\frac{\partial L}{\partial\dot{x}}\cdot\frac{\partial(\dot{x}+\varepsilon\delta\dot{x})}{\partial\varepsilon}\right]\bigg|_{\varepsilon=0}\mathrm{d}t \\
&= \int_{t_0}^{t_f}\left(\frac{\partial L}{\partial x}\delta x+\frac{\partial L}{\partial\dot{x}}\delta\dot{x}\right)\mathrm{d}t = \int_{t_0}^{t_f}(2x\delta x+2\dot{x}\delta\dot{x})\mathrm{d}t
\end{aligned}$$

10-7 已知性能指标为

$$J = \int_0^R \sqrt{1+\dot{x}_1^2+\dot{x}_2^2}\,\mathrm{d}t$$

求 J 在约束条件 $t^2+x_1^2=R^2$ 和边界条件 $x_1(0)=-R, x_2(0)=0, x_1(R)=0, x_2(R)=\pi$ 下的极值。

解 本题末端固定,有约束条件,需要定义广义泛函求解。

构造广义泛函

$$J = \int_0^R \left[\sqrt{1+\dot{x}_1^2+\dot{x}_2^2}+\lambda(t^2+x_1^2-R^2)\right]\mathrm{d}t$$

则有

$$L = \sqrt{1+\dot{x}_1^2+\dot{x}_2^2}+\lambda(t^2+x_1^2-R^2)$$

欧拉方程

$$\frac{\partial L}{\partial x_1}-\frac{\mathrm{d}}{\mathrm{d}t}\frac{\partial L}{\partial \dot{x}_1} = 2\lambda x_1-\frac{\mathrm{d}}{\mathrm{d}t}\frac{2\dot{x}_1}{2\sqrt{1+\dot{x}_1^2+\dot{x}_2^2}} = 0$$

$$\frac{\partial L}{\partial x_2}-\frac{\mathrm{d}}{\mathrm{d}t}\frac{\partial L}{\partial \dot{x}_2} = -\frac{\mathrm{d}}{\mathrm{d}t}\frac{2\dot{x}_2}{2\sqrt{1+\dot{x}_1^2+\dot{x}_2^2}} = 0$$

由约束条件 $t^2+x_1^2=R^2$ 及上式,得

$$x_2 = c_1 \arcsin\frac{t}{R}+c_2$$

根据边界条件 $x_2(0)=0, x_2(R)=\pi$,求出 $c_1=2, c_2=0$,则

$$x_2^*(t) = 2\arcsin\frac{t}{R}$$

根据边界条件 $x_1(0)=-R, x_1(R)=0$,得

$$x_1^*(t) = -\sqrt{R^2-t^2}$$

于是

$$J^* = \int_0^R \sqrt{1+\dot{x}_1^{*2}+\dot{x}_2^{*2}}\,\mathrm{d}t = \int_0^R \sqrt{1+\frac{t^2}{R^2-t^2}+\frac{4}{R^2-t^2}}\,\mathrm{d}t = \frac{\pi}{2}\sqrt{R^2+4}$$

10-8 已知系统的状态方程为
$$\dot{x}_1(t) = x_2(t), \quad \dot{x}_2(t) = u(t)$$
边界条件为 $x_1(0)=x_2(0)=1, x_1(3)=x_2(3)=0$,试求使性能指标
$$J = \int_0^3 \frac{1}{2} u^2(t) \mathrm{d}t$$
取极小值的最优控制 $u^*(t)$ 以及最优轨线 $x^*(t)$。

解 本题 t_f 固定,末端固定,控制向量无约束,可采用变分法求解。

令
$$H = \frac{1}{2}u^2 + \lambda_1 x_2 + \lambda_2 u$$

协态方程
$$\dot{\lambda}_1 = -\frac{\partial H}{\partial x_1} = 0, \quad \lambda_1 = c_1$$
$$\dot{\lambda}_2 = -\frac{\partial H}{\partial x_2} = -\lambda_1, \quad \lambda_2 = -c_1 t + c_2$$

极值条件
$$\frac{\partial H}{\partial u} = u + \lambda_2 = 0, \quad u = -\lambda_2 = c_1 t - c_2, 且 \frac{\partial^2 H}{\partial u^2} = 1 > 0$$

状态方程
$$\dot{x}_2 = u = c_1 t - c_2, \quad x_2 = \frac{1}{2}c_1 t^2 - c_2 t + c_3$$
$$\dot{x}_1 = x_2, \quad x_1 = \frac{1}{6}c_1 t^3 - \frac{1}{2}c_2 t^2 + c_3 t + c_4$$

根据边界条件,求出
$$c_1 = \frac{10}{9}, \quad c_2 = 2, \quad c_3 = 1, \quad c_4 = 1$$

于是有

最优控制 $\quad u^*(t) = \dfrac{10}{9}t - 2$

最优轨线 $\quad x_1^*(t) = \dfrac{5}{27}t^3 - t^2 + t + 1$

$\qquad\qquad\quad x_2^*(t) = \dfrac{5}{9}t^2 - 2t + 1$

MATLAB 验证:

应用 MATLAB 软件包,可得 $t \in [0,3]$ 时的 $u^*(t)$ 曲线及 $x_1^*(t)$ 与 $x_2^*(t)$ 响应,如图 10-8-1、图 10-8-2 所示。

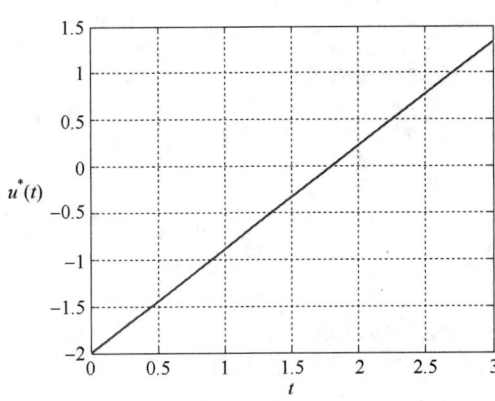

图 10-8-1 题 10-8 的 $u^*(t)$ (MATLAB)

MATLAB 程序:exe1008.m

```
t=0:0.01:3;
u=10*t/9-2;
A=[0,1;0,0];
b=[0,1]';
C=[1,0;0,1];
```

```
d = 0;
sys = ss(A,b,C,d);      %建立系统状态空间模型
figure(1)
plot(t,u);              %绘制最优控制曲线
grid;
figure(2)
lsim(sys,u,t,[1,1]);    %绘制系统状态响应曲线(最优轨线)
grid;
```

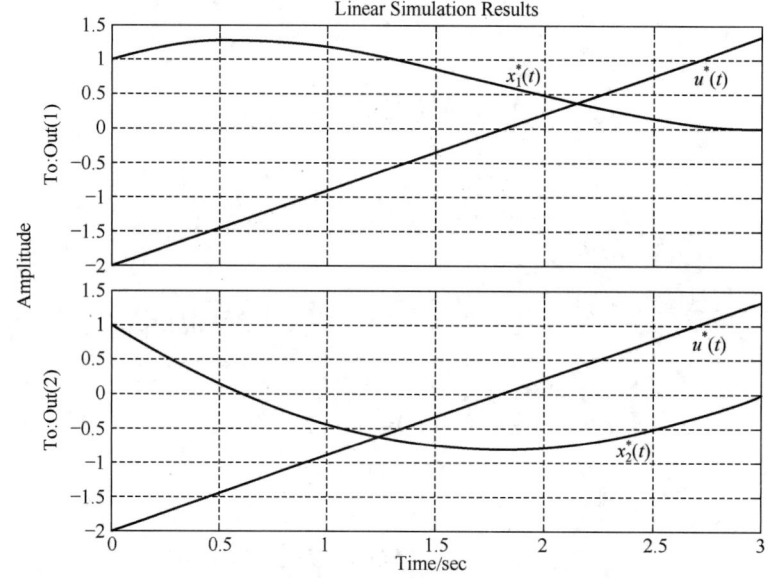

图 10-8-2　题 10-8 的最优控制与最优轨线(MATLAB)

10-9 已知系统状态方程及初始条件为

$$\dot{x} = u, \quad x(0) = 1$$

试确定最优控制使下列性能指标取极小值

$$J = \int_0^1 (x^2 + u^2) e^{2t} dt$$

解 本题 t_f 固定，末端自由，控制无约束，可采用变分法求解。令

$$H = (x^2 + u^2)e^{2t} + \lambda u$$

协态方程

$$\dot{\lambda} = -\frac{\partial H}{\partial x} = -2x e^{2t}$$

极值条件

$$\frac{\partial H}{\partial u} = 2u e^{2t} + \lambda = 0, \quad \frac{\partial^2 H}{\partial u^2} = 2e^{2t} > 0, \quad t \in [0,1]$$

故

$$u^*(t) = -\frac{1}{2} e^{-2t} \lambda(t)$$

状态方程 $\dot{x} = u$，则有 $\lambda = -2\dot{x} e^{2t}$，整理可得

$$\ddot{x} + 2\dot{x} - x = 0$$

解得
$$x(t) = c_1 e^{-(1+\sqrt{2})t} + c_2 e^{-(1-\sqrt{2})t}$$

由边界条件 $x(0)=1$ 和横截条件 $\lambda(t_f) = \dfrac{\partial \varphi}{\partial x(t_f)} = 0$, 即 $\lambda(1)=0$, 求出

$$c_1 = 0.7438, \quad c_2 = 0.2562$$

于是有：

最优轨线 $\quad x^*(t) = 0.7438 e^{-(1+\sqrt{2})t} + 0.2562 e^{-(1-\sqrt{2})t}$

最优控制 $\quad u^*(t) = -1.7957 e^{-2.4142 t} + 0.1061 e^{0.4142 t}$

MATLAB 验证：应用 MATLAB 软件包，可作出 $t \in [0,1]$ 时的最优控制律 $u^*(t)$ 及最优轨线响应 $x^*(t)$，分别如图 10-9-1、图 10-9-2 所示。

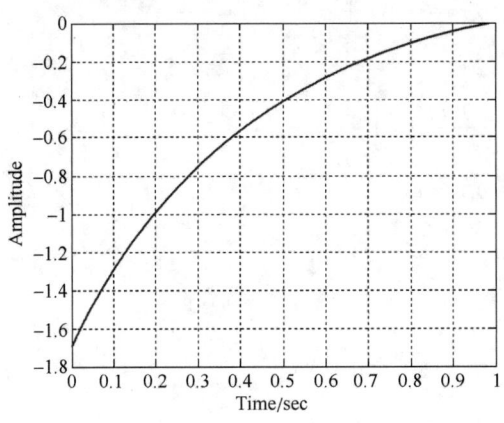
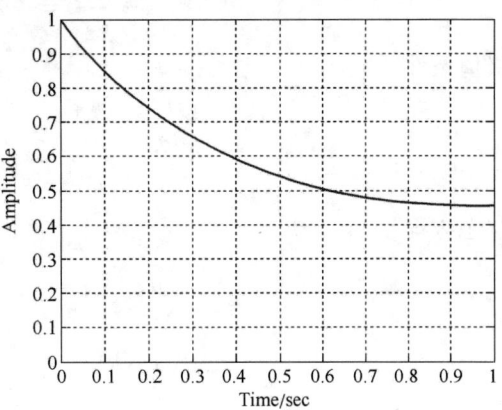

图 10-9-1　题 10-9 的 $u^*(t)$ (MATLAB)　　　图 10-9-2　题 10-9 的 $x^*(t)$ 响应曲线（MATLAB）

MATLAB 程序：exe1009.m

```
t = 0:0.01:1;
u = -1.7957*exp(-2.4142*t) + 0.1061*exp(0.4142*t);    %定义系统输入
a = 0;
b = 1;
c = 1;
d = 0;
sys = ss(a,b,c,d);                %建立系统状态空间模型
figure(1)
plot(t,u);                        %绘制最优控制曲线
grid;
figure(2)
lsim(sys,u,t,1);                  %绘制系统最优轨线响应曲线
axis([0,1,0,1]);
grid;
```

10-10　求使系统
$$\dot{x}_1 = x_2, \quad \dot{x}_2 = u$$

由初始状态 $x_1(0) = x_2(0) = 0$ 出发，在 $t_f = 1$ 时转移到目标集 $x_1(1) + x_2(1) = 1$，并使性能指标

$$J = \frac{1}{2}\int_0^1 u^2(t)\mathrm{d}t$$

为最小值的最优控制 $u^*(t)$ 及相应的最优轨线 $x^*(t)$。

解 本题 t_f 固定,末端受约束,控制无约束,可采用变分法求解。

令 $\Psi[x(t_f)] = x_1(1) + x_2(1) - 1$, $H = \frac{1}{2}u^2 + \lambda_1 x_2 + \lambda_2 u$

协态方程
$$\dot{\lambda}_1 = -\frac{\partial H}{\partial x_1} = 0, \quad \lambda_1 = c_1$$

$$\dot{\lambda}_2 = -\frac{\partial H}{\partial x_2} = -\lambda_1, \quad \lambda_2 = -c_1 t + c_2$$

极值条件
$$\frac{\partial H}{\partial u} = u + \lambda_2 = 0, \quad \frac{\partial^2 H}{\partial u^2} = 1 > 0$$

则
$$u^* = -\lambda_2 = c_1 t - c_2$$

状态方程
$$\dot{x}_2 = u, \quad x_2 = \frac{1}{2}c_1 t^2 - c_2 t + c_3$$

$$\dot{x}_1 = x_2, \quad x_1 = \frac{1}{6}c_1 t^3 - \frac{1}{2}c_2 t^2 + c_3 t + c_4$$

由边界条件 $x_1(0) = x_2(0) = 0$,求出 $c_3 = c_4 = 0$;由目标集条件
$$x_1(1) + x_2(1) = 1$$

可得
$$4c_1 - 9c_2 = 6$$

由横截条件
$$\lambda_1(1) = \frac{\partial \Psi}{\partial x_1(1)}\gamma, \quad \lambda_2(1) = \frac{\partial \Psi}{\partial x_2(1)}\gamma$$

则 $\lambda_1(1) = \lambda_2(1)$,可得
$$c_2 = 2c_1$$

解出
$$c_1 = -\frac{3}{7}, \quad c_2 = -\frac{6}{7}$$

于是有:

最优控制
$$u^*(t) = -\frac{3}{7}t + \frac{6}{7} = \frac{3}{7}(2-t)$$

最优轨线
$$x_1^*(t) = -\frac{1}{14}t^3 + \frac{3}{7}t^2 = \frac{1}{14}t^2(6-t)$$

$$x_2^*(t) = -\frac{3}{14}t^2 + \frac{6}{7}t = \frac{3}{14}t(4-t)$$

读者可自行 MATLAB 验证,作出最优轨线响应。

10-11 已知一阶系统
$$\dot{x}(t) = -x(t) + u(t), \quad x(0) = 3$$

(1) 试确定最优控制 $u^*(t)$,使系统在 $t_f = 2$ 时转移到 $x(2) = 0$,并使性能泛函

$$J = \int_0^2 (1+u^2)\,\mathrm{d}t = \min$$

(2) 如果使系统转移到 $x(t_f)=0$ 的终端时间 t_f 自由,问 $u^*(t)$ 应如何确定?

解 (1) t_f 固定,末端固定,可采用变分法求解。令

$$H = 1 + u^2 + \lambda(-x+u)$$

协态方程

$$\dot{\lambda} = -\frac{\partial H}{\partial x} = \lambda, \quad \lambda = c_1 \mathrm{e}^t$$

极值条件

$$\frac{\partial H}{\partial u} = 2u + \lambda = 0, \quad \frac{\partial^2 H}{\partial u^2} = 2 > 0, \quad u^* = -\frac{1}{2}c_1\mathrm{e}^t$$

状态方程

$$\dot{x} = -x + u, \quad x = c_2 \mathrm{e}^{-t} - \frac{1}{4}c_1 \mathrm{e}^t$$

由初始条件 $x(0)=3$ 和边界条件 $x(2)=0$,求出

$$c_1 = \frac{12}{\mathrm{e}^4 - 1}, \quad c_2 = \frac{3\mathrm{e}^4}{\mathrm{e}^4 - 1}$$

则最优控制为

$$u^*(t) = -\frac{6\mathrm{e}^t}{\mathrm{e}^4 - 1} = -0.1119\mathrm{e}^t$$

(2) t_f 自由,末端固定,控制无约束,可同问题(1)采用变分法求解,并采用同样的协态方程、极值条件和状态方程。

根据初态 $x(0)=3$,末态 $x(t_f)=0$ 及 H 变化律 $H(t_f) = -\frac{\partial \varphi}{\partial t_f} = 0$,求出

$$c_1 = 0.3246, \quad t_f = 1.818$$

则最优控制为

$$u^*(t) = -0.1623\mathrm{e}^t$$

10-12 设系统状态方程及初始条件为

$$\dot{x}(t) = u(t), \quad x(0) = 1$$

试确定最优控制 $u^*(t)$,使性能指标

$$J = t_f + \frac{1}{2}\int_0^{t_f} u^2 \mathrm{d}t$$

为极小,其中终端时间 t_f 未定,$x(t_f)=0$。

解 本题 t_f 自由,末端固定,控制无约束,可采用变分法求解。

由题意,$\varphi(t_f) = t_f$,令

$$H = \frac{1}{2}u^2 + \lambda u$$

协态方程

$$\dot{\lambda} = -\frac{\partial H}{\partial x} = 0, \quad \lambda = c_1$$

极值条件

$$\frac{\partial H}{\partial u} = u + \lambda = 0, \quad \frac{\partial^2 H}{\partial u^2} = 1 > 0, \quad u^* = -\lambda = -c_1$$

状态方程
$$\dot{x} = u, \quad x = -c_1 t + c_2$$

由初态 $x(0)=1$，求出 $c_2=1$。由 H 变化律
$$H(t_f) = -\frac{\partial \varphi}{\partial t_f} = -1$$

可得
$$\frac{1}{2}c_1^2 - c_1^2 = -1, \quad c_1 = \sqrt{2}$$

于是最优控制为
$$u^*(t) = -\sqrt{2}$$

10-13 设二次积分模型为
$$\dot{\theta}(t) = \omega(t), \quad \dot{\omega}(t) = u(t)$$

性能指标为
$$J = \frac{1}{2}\int_0^1 u^2 \mathrm{d}t$$

已知 $\theta(0)=\omega(0)=1, \theta(1)=0, \omega(1)$ 自由，试求最优控制 $u^*(t)$ 和最优轨线 $\theta^*(t), \omega^*(t)$。

解 本题 t_f 固定，部分末态固定，部分末态自由，控制无约束，可采用变分法求解。

令哈密顿函数
$$H = \frac{1}{2}u^2 + \lambda_1 \omega + \lambda_2 u$$

协态方程
$$\dot{\lambda}_1 = -\frac{\partial H}{\partial \theta} = 0, \quad \lambda_1 = c_1$$

$$\dot{\lambda}_2 = -\frac{\partial H}{\partial \omega} = -\lambda_1, \quad \lambda_2 = -c_1 t + c_2$$

极值条件
$$\frac{\partial H}{\partial u} = u + \lambda_2 = 0, \quad \frac{\partial^2 H}{\partial u^2} = 1 > 0, \quad u^* = -\lambda_2 = c_1 t - c_2$$

状态方程
$$\dot{\omega} = u, \quad \omega = \frac{1}{2}c_1 t^2 - c_2 t + c_3$$

$$\dot{\theta} = \omega, \quad \theta = \frac{1}{6}c_1 t^3 - \frac{1}{2}c_2 t^2 + c_3 t + c_4$$

由初始条件 $\theta(0)=\omega(0)=1$，求出
$$c_3 = c_4 = 1$$

由末态条件 $\theta(1)=0$ 及 H 变化律 $\lambda_2(1) = -\frac{\partial \varphi}{\partial t_f} = 0$，求出
$$c_1 = c_2 = 6$$

故得

最优控制
$$u^*(t) = 6(t-1)$$

最优轨线　　$\theta^*(t)=t^3-3t^2+t+1$,　$\omega^*(t)=3t^2-6t+1$

10-14　设系统状态方程及初始条件为

$$\dot{x}_1(t) = x_2(t), \quad x_1(0) = 2$$
$$\dot{x}_2(t) = u(t), \quad x_2(0) = 1$$

性能指标为

$$J = \frac{1}{2}\int_0^{t_f} u^2 \mathrm{d}t$$

要求达到 $x(t_f)=0$,试求：

(1) $t_f=5$ 时的最优控制 $u^*(t)$；

(2) t_f 自由时的最优控制 $u^*(t)$。

解　(1) 本题为 $t_f=5$ 固定,末端固定,控制无约束的最优控制问题。令

$$H = \frac{1}{2}u^2 + \lambda_1 x_2 + \lambda_2 u$$

协态方程

$$\dot{\lambda}_1 = -\frac{\partial H}{\partial x_1} = 0, \quad \lambda_1 = c_1$$

$$\dot{\lambda}_2 = -\frac{\partial H}{\partial x_2} = -\lambda_1, \quad \lambda_2 = -c_1 t + c_2$$

极值条件

$$\frac{\partial H}{\partial u} = u + \lambda_2 = 0, \quad \frac{\partial^2 H}{\partial u^2} = 1 > 0, \quad u^* = -\lambda_2 = c_1 t - c_2$$

状态方程

$$\dot{x}_2 = u = c_1 t - c_2, \quad x_2 = \frac{1}{2}c_1 t^2 - c_2 t + c_3$$

$$\dot{x}_1 = x_2, \quad x_1 = \frac{1}{6}c_1 t^3 - \frac{1}{2}c_2 t^2 + c_3 t + c_4$$

根据初态及末态条件,求出

$$c_1 = 0.432, \quad c_2 = 1.28, \quad c_3 = 1, \quad c_4 = 2$$

于是最优控制为

$$u^*(t) = 0.432t - 1.28$$

(2) 本题为 t_f 自由,末端固定,控制无约束的最优解问题,其求解过程（协态方程、极值条件、状态方程）同(1)。

已求得

$$x_1 = \frac{1}{6}c_1 t^3 - \frac{1}{2}c_2 t^2 + c_3 t + c_4$$

$$x_2 = \frac{1}{2}c_1 t^2 - c_2 t + c_3$$

$$u = c_1 t - c_2$$

根据最优终端时刻 H 变化律 $H(t_f^*) = -\frac{\partial \varphi}{\partial t_f} = 0$,求出 $c_1 = \frac{1}{2}c_2^2$。可见,c_1、c_2 与 t_f 无关,因而此时无最优解 $u^*(t)$。

10-15 设一阶系统方程 $\dot{x}(t)=u(t), x(0)=1$；性能指标
$$J=\frac{1}{2}\int_0^1 (x^2+u^2)\mathrm{d}t$$
已知 $x(1)=0$，某工程师认为从工程观点出发可取最优控制函数 $u^*(t)=-1$，试分析他的意见是否正确，并说明理由。

解 本题 t_f 固定，末端固定。令
$$H=L+\lambda^\mathrm{T} f=\frac{1}{2}(x^2+u^2)+\lambda u$$
协态方程
$$\dot{\lambda}=-\frac{\partial H}{\partial x}=-x$$
极值条件
$$\frac{\partial H}{\partial u}=u+\lambda=0,\quad u=-\lambda \text{ 且 } \frac{\partial^2 H}{\partial u^2}=1>0$$
状态方程
$$\dot{x}=u,\quad \ddot{x}=\dot{u}=-\dot{\lambda}=x,\quad x=c_1\mathrm{e}^t+c_2\mathrm{e}^{-t}$$
故有
$$u=c_1\mathrm{e}^t-c_2\mathrm{e}^{-t}$$
根据边界条件 $x(0)=1, x(1)=0$，求出
$$c_1=\frac{1}{1-\mathrm{e}^2},\quad c_2=-\frac{\mathrm{e}^2}{1-\mathrm{e}^2}$$
故得

最优控制 $\qquad u^*(t)=-0.157(\mathrm{e}^t+7.39\mathrm{e}^{-t})$

最优轨线 $\qquad x^*(t)=-0.157(\mathrm{e}^t-7.39\mathrm{e}^{-t})$

最优性能指标 $\qquad J^*=0.66$

若取 $u^*=-1$，则 $J^*=0.67$。故从工程角度考虑，工程师的意见是正确的。

10-16 给定二阶系统
$$\dot{x}_1(t)=x_2(t)+\frac{1}{4},\quad x_1(0)=-\frac{1}{4}$$
$$\dot{x}_2(t)=u(t),\quad x_2(0)=-\frac{1}{4}$$
控制约束为 $|u(t)|\leqslant\frac{1}{2}$，要求最优控制 $u^*(t)$，使系统在 $t=t_f$ 时转移到 $x(t_f)=0$，并使
$$J=\int_0^{t_f} u^2(t)\mathrm{d}t=\min$$
其中 t_f 自由。

解 本题为定常系统，末端固定，积分型指标，t_f 自由，但是有控制约束的最优控制问题，应采用极小值原理求解。令
$$H=u^2+\lambda_1 x_2+\frac{1}{4}\lambda_1+\lambda_2 u=\left(u+\frac{1}{2}\lambda_2\right)^2+\lambda_1 x_2+\frac{1}{4}\lambda_1-\frac{1}{4}\lambda_2^2$$
协态方程
$$\dot{\lambda}_1=-\frac{\partial H}{\partial x_1}=0,\quad \lambda_1=c_1$$

$$\dot{\lambda}_2 = -\frac{\partial H}{\partial x_2} = -\lambda_1, \quad \lambda_2 = -c_1 t + c_2$$

极小值条件

$$u^* = \begin{cases} -\dfrac{1}{2}, & \lambda_2 > 2 \\ -\dfrac{1}{2}\lambda_2, & |\lambda_2| \leqslant 2 \\ \dfrac{1}{2}, & \lambda_2 < -2 \end{cases}$$

若取 $u = \dfrac{1}{2}$, 有 $\dot{x}_2 = u = \dfrac{1}{2}$, 解出

$$x_2 = \frac{1}{2}t, \quad x_2(0) = 0 \quad (\text{不合题意})$$

若取 $u = -\dfrac{1}{2}$, 有 $\dot{x}_2 = -\dfrac{1}{2}$, 解出

$$x_2 = -\frac{1}{2}t, \quad x_2(0) = 0 \quad (\text{不合题意})$$

故取

$$u^* = -\frac{1}{2}\lambda_2 = -\frac{1}{2}(c_2 - c_1 t)$$

则根据状态方程和初始条件,有

$$x_1 = -\frac{1}{4}\left(c_2 t^2 - \frac{1}{3}c_1 t^3 + 1\right), \quad x_2 = -\frac{1}{2}\left(c_2 t - \frac{1}{2}c_1 t^2\right) - \frac{1}{4}$$

H 变化律

$$H^*(t_f^*) = u^{*2} + \lambda_1 x_2^* + \frac{1}{4}\lambda_1 + \lambda_2 u^* = -\frac{1}{4}c_2^2 = 0, \quad c_2 = 0$$

由 $x(t_f) = 0$, 得

$$-\frac{1}{4}\left(c_2 t_f^2 - \frac{1}{3}c_1 t_f^3 + 1\right) = 0, \quad -\frac{1}{2}\left(c_2 t_f - \frac{1}{2}c_1 t_f^2 + \frac{1}{2}\right) = 0$$

求出

$$c_1 = \frac{1}{9}, \quad t_f^* = 3$$

于是最优控制为

$$u^*(t) = \frac{1}{18}t, \quad t \in [0, 3]$$

10-17 设一阶系统方程为

$$\dot{x}(t) = x(t) - u(t), \quad x(0) = 5$$

控制约束 $0.5 \leqslant u(t) \leqslant 1$, 性能指标为

$$J = \int_0^1 (x + u) \mathrm{d}t$$

末端状态自由,试求 $u^*(t)$、$x^*(t)$ 和 J^*。

解 本题为定常系统,t_f 固定,末端自由,积分型指标,控制受约束的最优控制问题,应采用极小值原理求解。令

$$H = x + u + \lambda(x - u) = x + \lambda x + u(1 - \lambda)$$

协态方程

$$\dot{\lambda} = -\frac{\partial H}{\partial x} = -\lambda - 1, \quad \lambda(t) = ce^{-t} - 1$$

由横截条件

$$\lambda(1) = ce^{-1} - 1 = 0$$

求得 $c=\mathrm{e}$,于是

$$\lambda(t) = \mathrm{e}^{1-t} - 1$$

显然,当 $\lambda(t_s)=1$ 时 $u^*(t)$ 产生切换,其中 t_s 为切换时间,求得

$$t_s = 1 - \ln 2 = 0.307$$

极值条件

$$u^* = \begin{cases} 1, & 0 \leqslant t < 0.307 \\ 0.5, & 0.307 \leqslant t \leqslant 1 \end{cases}$$

将 u^* 代入状态方程,得

$$\dot{x}(t) = \begin{cases} x(t) - 1, & 0 \leqslant t < 0.307 \\ x(t) - 0.5, & 0.307 \leqslant t \leqslant 1 \end{cases}$$

解得最优轨线

$$x^*(t) = \begin{cases} c_1 \mathrm{e}^t + 1, & 0 \leqslant t < 0.307 \\ c_2 \mathrm{e}^t + 0.5, & 0.307 \leqslant t \leqslant 1 \end{cases}$$

由 $x(0)=5$,求出 $c_1=4$,则有

$$x^*(t) = 4\mathrm{e}^t + 1$$

在切换时刻,有

$$x^*(t_s) = 4\mathrm{e}^{t_s} + 1 = 6.44$$

同时又有

$$x^*(t_s) = c_2 \mathrm{e}^{t_s} + 0.5 = 6.44$$

求出 $c_2=4.37$,则

$$x^*(t) = \begin{cases} 4\mathrm{e}^t + 1, & 0 \leqslant t < 0.307 \\ 4.37\mathrm{e}^t + 0.5, & 0.307 \leqslant t \leqslant 1 \end{cases}$$

$$J^* = \int_0^{0.307}(u^* + x^*)\mathrm{d}t + \int_{0.307}^1(u^* + x^*)\mathrm{d}t = 8.683$$

注:由于 u^* 和 x^* 是分段连续函数,所以在求 J^* 时必须分为两部分求解。

MATLAB 验证:系统最优解曲线如图 10-17-1 所示。

MATLAB 程序:exe1017.m

```
a = 1;
b = -1;
c = 1;
d = 0;
sys = ss(a,b,c,d);              % 建立系统状态空间模型
t = 0:0.001:1;
u1 = exp(1 - t) - 1;            % 定义 λ(t)
subplot(3,1,1);
plot(t,u1);                     % 绘制 λ(t) 曲线
```

```
grid;
subplot(3,1,2);
u2=[ones(1,307),0.5*ones(1,694)];    %定义最优输入
plot(t,u2);                          %绘制最优输入曲线
axis([0,1,0,1.5]);
grid;
subplot(3,1,3);
lsim(sys,u2,t,5);                    %绘制状态响应曲线(最优轨线)
grid;
```

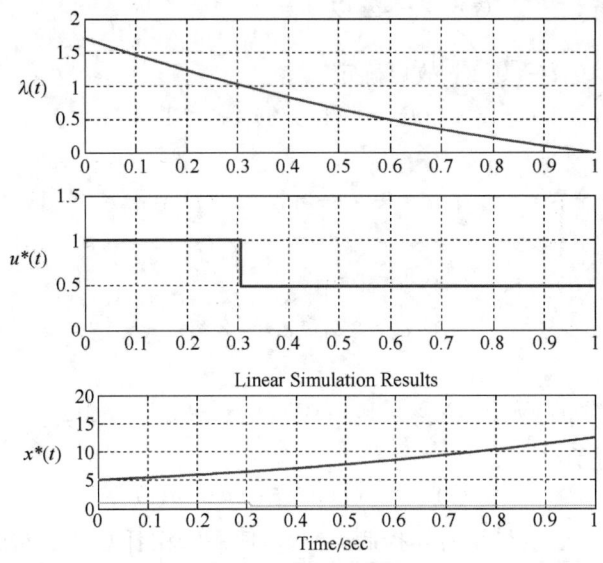

图 10-17-1 题 10-17 的最优解曲线(MATLAB)

10-18 设二阶系统

$$\dot{x}_1(t) = -x_1(t) + u(t), \quad x_1(0) = 1$$
$$\dot{x}_2(t) = x_1(t), \quad x_2(0) = 0$$

控制约束 $|u(t)| \leqslant 1$，当系统末端自由时，求最优控制 $u^*(t)$，使性能指标

$$J = 2x_1(1) + x_2(1)$$

取极小值，并求最优轨线 $x^*(t)$。

解 本题为定常系统，t_f 固定，末端自由，末值型指标，控制受约束的最优控制问题，可采用极小值原理求解。

由题意知，性能指标为末值型的，即

$$\varphi[x(t_f)] = 2x_1(1) + x_2(1)$$

令哈密顿函数

$$H = \lambda_1(-x_1 + u) + \lambda_2 x_1$$

协态方程

$$\dot{\lambda}_2 = -\frac{\partial H}{\partial x_2} = 0, \quad \lambda_2 = c_2$$

$$\dot{\lambda}_1 = -\frac{\partial H}{\partial x_1} = \lambda_1 - \lambda_2, \quad \lambda_1 = c_1 \mathrm{e}^t + c_2$$

横截条件

$$\lambda_1(1) = \frac{\partial \varphi}{\partial x_1(1)} = 2, \quad \lambda_2(1) = \frac{\partial \varphi}{\partial x_2(1)} = 1$$

求出 $c_1 = \mathrm{e}^{-1}, c_2 = 1$,则有

$$\lambda_1(t) = \mathrm{e}^{t-1} + 1, \quad \lambda_2(t) = 1$$

极值条件

$$u^*(t) = -\mathrm{sgn}(\lambda_1) = \begin{cases} -1 & \lambda_1 > 0 \\ 1, & \lambda_1 < 0 \end{cases}$$

因为 $\lambda_1(t) = \mathrm{e}^{t-1} + 1 > 0, t \in [0,1]$,故可确定

$$u^*(t) = -1, \quad 0 \leqslant t < 1$$

状态方程

$$\dot{x}_1 = -x_1 + u = -x_1 - 1, \quad x_1(t) = c_3 \mathrm{e}^{-t} - 1$$
$$\dot{x}_2 = x_1, \quad x_2(t) = -c_3 \mathrm{e}^{-t} - t + c_4$$

根据初始条件 $x_1(0) = 1, x_2(0) = 0$,求出

$$c_3 = 2, \quad c_4 = 2$$

故最优轨线为

$$x_1^*(t) = 2\mathrm{e}^{-t} - 1, \quad x_2^*(t) = -2\mathrm{e}^{-t} - t + 2$$

10-19 已知二阶系统

$$\dot{x}_1(t) = x_2(t), \quad \dot{x}_2(t) = u(t)$$

控制约束 $|u(t)| \leqslant 1$,试确定最小时间控制 $u^*(t)$,使系统由任意初态最快地转移到末端状态 $x_1(t_f) = 2, x_2(t_f) = 1$,要求写出开关曲线方程 γ 并画出 γ 曲线的图形。

解 本题为定常系统,积分型指标,末端固定,t_f 自由的时间最优控制问题。

由题意,可以验证状态可控,因而系统正常,故时间最优控制为 Bang-Bang 控制,可用极小值原理求解。令

$$H = 1 + \lambda_1 x_2 + \lambda_2 u$$

协态方程

$$\dot{\lambda}_1 = -\frac{\partial H}{\partial x_1} = 0, \quad \lambda_1(t) = c_1$$
$$\dot{\lambda}_2 = -\frac{\partial H}{\partial x_2} = -\lambda_1, \quad \lambda_2(t) = -c_1 t + c_2$$

若令 $u^*(t) = 1$,则状态方程为

$$\dot{x}_2(t) = 1, \quad x_2(t) = t + x_{20}$$
$$\dot{x}_1(t) = x_2 = t + x_{20}, \quad x_1(t) = \frac{1}{2}t^2 + x_{20}t + x_{10}$$

在解 $\{x_1(t), x_2(t)\}$ 中,消去 t,求解相应的最优轨线方程

$$x_1 = \frac{1}{2}x_2^2 + \left(x_{10} - \frac{1}{2}x_{20}^2\right)$$

上式表示一簇抛物线。由于 $x_2(t) = t + x_{20}$,故 $x_2(t)$ 随 t 的增加而增大。显然,满足末态要

求的最优轨线可表示为
$$\gamma_+ = \left\{ (x_1, x_2) \,\middle|\, x_1 = \frac{1}{2}x_2^2 + \frac{3}{2}, x_2 \leqslant 1 \right\}$$

若令 $u^*(t) = -1$,则状态方程为
$$\dot{x}_2(t) = -1, \qquad x_2(t) = -t + x_{20}$$
$$\dot{x}_1(t) = -t + x_{20}, \qquad x_1(t) = -\frac{1}{2}t^2 + x_{20}t + x_{10}$$

相应的最优轨线方程为
$$x_1 = -\frac{1}{2}x_2^2 + \left(x_{10} + \frac{1}{2}x_{20}^2\right)$$

同样表示一簇抛物线,满足末态要求的最优轨线可表示为
$$\gamma_- = \left\{ (x_1, x_2) \,\middle|\, x_1 = -\frac{1}{2}x_2^2 + \frac{5}{2}, x_2 \geqslant 1 \right\}$$

综上所述,开关曲线方程为 $\gamma = \gamma_+ \cup \gamma_-$。

最小时间控制
$$u^*(t) = \begin{cases} +1, & (x_1, x_2) \in \gamma_+ \cup R_+ \\ -1, & (x_1, x_2) \in \gamma_- \cup R_- \end{cases}$$

开关曲线 γ 如图 10-19-1 所示。

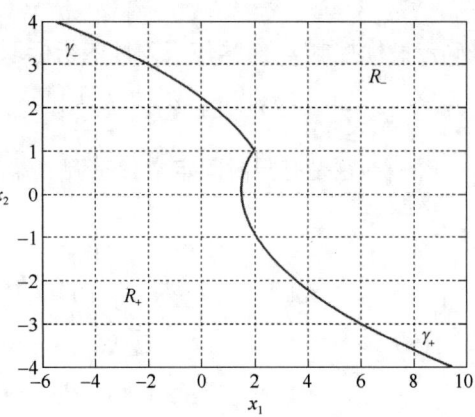

图 10-19-1　题 10-19 开关曲线图(MATLAB)

10-20　已知一阶系统
$$\dot{x}(t) = -\frac{1}{2}x(t) + u(t)$$

性能指标
$$J = \frac{1}{2}[10x^2(1)] + \frac{1}{2}\int_0^1 (2x^2 + u^2)\mathrm{d}t$$

求最优控制 $u^*(t)$。

解　根据性能指标的形式,可知本题是线性二次型问题,且是有限时间状态调节器问题。

由题意知
$$A = -\frac{1}{2}, \quad B = 1, \quad F = 10, \quad Q = 2, \quad R = 1$$

根据里卡蒂方程
$$-\dot{\boldsymbol{P}} = \boldsymbol{A}^{\mathrm{T}}\boldsymbol{P} + \boldsymbol{P}\boldsymbol{A} - \boldsymbol{P}\boldsymbol{B}\boldsymbol{R}^{-1}\boldsymbol{B}^{\mathrm{T}}\boldsymbol{P} + \boldsymbol{Q}, \quad \boldsymbol{P}(t_f) = \boldsymbol{F}$$

代入相应的 A、B、Q、R、F,有
$$\dot{P} = P^2 + P - 2 = (P-1)(P+2), \quad P(t_f) = 10$$

求解可得
$$\frac{\mathrm{d}P}{(P-1)(P+2)} = \mathrm{d}t, \quad \left(\frac{1}{P-1} - \frac{1}{P+2}\right) = 3\mathrm{d}t$$
$$\ln\frac{P-1}{P+2} = 3t + c_1, \quad \frac{P-1}{P+2} = c_2 \mathrm{e}^{3t}$$

因 $P(1)=10$,求出 $c_2=0.037$,于是

$$P(t) = \frac{1+0.074e^{3t}}{1-0.037e^{3t}}$$

故最优控制为

$$u^*(t) = -R^{-1}B^T Px = -\frac{1+0.074e^{3t}}{1-0.037e^{3t}}x(t)$$

10-21 已知二阶系统

$$\dot{x}_1(t) = x_2(t), \quad \dot{x}_2(t) = u(t)$$

试确定最优控制 $u^*(t)$,使下列性能指标取极小值:

$$J = \frac{1}{2}[x_1^2(3)+2x_2^2(3)] + \frac{1}{2}\int_0^3 [2x_1^2(t)+4x_2^2(t)+2x_1(t)x_2(t)+\frac{1}{2}u^2(t)]dt$$

解 本题是有限时间定常状态调节器问题。

由题意知

$$\boldsymbol{A} = \begin{bmatrix} 0 & 1 \\ 0 & 0 \end{bmatrix}, \quad \boldsymbol{b} = \begin{bmatrix} 0 \\ 1 \end{bmatrix}, \quad \boldsymbol{F} = \begin{bmatrix} 1 & 0 \\ 0 & 2 \end{bmatrix}, \quad r = \frac{1}{2}, \quad \boldsymbol{Q} = \begin{bmatrix} 2 & 1 \\ 1 & 4 \end{bmatrix}$$

里卡蒂方程

$$-\dot{\boldsymbol{P}} = \boldsymbol{A}^T\boldsymbol{P} + \boldsymbol{P}\boldsymbol{A} - \boldsymbol{P}\boldsymbol{b}r^{-1}\boldsymbol{b}^T\boldsymbol{P} + \boldsymbol{Q}, \quad \boldsymbol{P}(t_f) = \boldsymbol{F}$$

令 $\boldsymbol{P} = \begin{bmatrix} p_{11} & p_{12} \\ p_{21} & p_{22} \end{bmatrix}$,可得如下方程:

$$\dot{p}_{11} = 2(p_{12}^2 - 1), \qquad p_{11}(3) = 1$$
$$\dot{p}_{12} = -p_{11} + 2p_{12}p_{22} - 1, \quad p_{12}(3) = 0$$
$$\dot{p}_{22} = -2p_{12} + 2p_{22}^2 - 4, \qquad p_{22}(3) = 2$$

故

$$u^*(t) = -r^{-1}\boldsymbol{b}^T\boldsymbol{P}x = -2p_{12}x_1 - 2p_{22}x_2$$

其中 p_{12}、p_{22} 为里卡蒂方程的解。

稳态条件下,求得

$$\bar{\boldsymbol{P}} = \begin{bmatrix} 2\sqrt{3}-1 & 1 \\ 1 & \sqrt{3} \end{bmatrix}$$

则近似最优解为

$$\hat{u}(t) = -2x_1(t) - 2\sqrt{3}x_2(t)$$

其解曲线见图 10-21-1,而准确最优解曲线见图 10-21-2,两者基本一致。

10-22 设控制系统如图 10-13 所示,其中被控对象

$$G_0(s) = \frac{60}{(s+2)(s+3)}$$

试设计最优 PID 控制器 $G_c(s)$ 及前置滤波器 $G_p(s)$,使系统具有最优的 ITAE 性能,且调节时间小于 $0.8s(\Delta=2\%)$。

解 本题为最优 ITAE 指标系统设计。设计关键在于 $G_c(s)$ 及 $G_p(s)$ 的选取,应使闭环传递函数满足教材中表 10-4 的要求。在系统自然频率 ω_n 的选取中,除满足对系统 t_s 的要求外,其取值不宜过大,否则造成系统控制量要求过大,以至于无法实现。

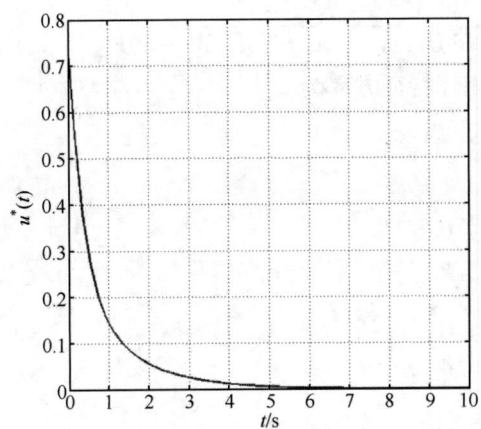

图 10-21-1 题 10-21 的近似最优解

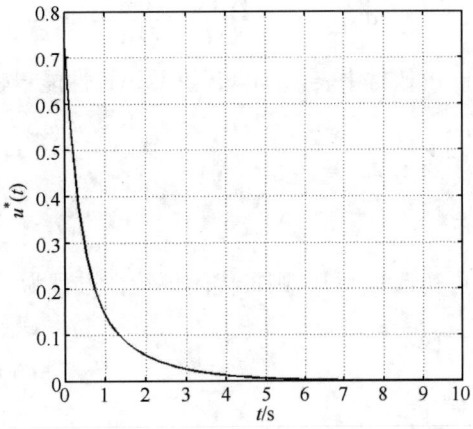

图 10-21-2 题 10-21 的准确最优解

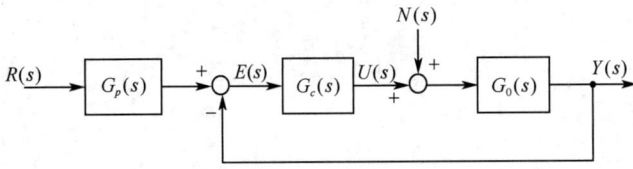

图 10-13 带有期望输入 $R(s)$ 和扰动输入 $N(s)$ 的反馈控制系统结构图

(1) 当 $G_c(s)=1$ 及 $G_p(s)=1$ 时的系统性能分析。由于系统开环传递函数

$$G_0(s) = \frac{60}{(s+2)(s+3)} = \frac{10}{(0.5s+1)(0.33s+1)}$$

系统为 0 型系统，静态位置误差系数

$$K_p = K = 10$$

在单位阶跃输入作用下，系统的稳态误差

$$e_{ss}(\infty) = \frac{1}{1+K_p} = 9.1\%$$

闭环传递函数

$$\Phi_1(s) = \frac{60}{s^2+5s+66} = \frac{60}{s^2+2\zeta\omega_n s+\omega_n^2}$$

可得

$$\omega_n = \sqrt{66} = 8.124, \quad \zeta = \frac{5}{2\omega_n} = 0.308$$

故系统动态性能可估算为

$$\sigma\% = 100e^{-\pi\zeta/\sqrt{1-\zeta^2}}\% = 36.2\%$$

$$t_s = \frac{4.4}{\zeta\omega_n} = 1.76\mathrm{s}(\Delta=2\%)$$

(2) 最优 PID 控制器设计。令 $G_p(s)=1$，由于

$$G_c(s) = \frac{K_3 s^2 + K_1 s + K_2}{s}$$

故闭环传递函数为

$$\Phi_2(s) = \frac{G_c(s)G_0(s)}{1+G_c(s)G_0(s)} = \frac{60(K_3 s^2 + K_1 s + K_2)}{s^3 + (5+60K_3)s^2 + (6+60K_1)s + 60K_2}$$

由教材中表 10-4 知,使 ITAE 性能最优的闭环特征方程为

$$s^3 + 1.75\omega_n s^2 + 2.15\omega_n^2 s + \omega_n^3 = 0$$

由于要求

$$t_s = \frac{4.4}{\zeta\omega_n} \leqslant 0.8$$

故可初选 $\omega_n = 10$,则最优闭环特征方程为

$$s^3 + 17.5s^2 + 215s + 1000 = 0$$

令

$$5 + 60K_3 = 17.5$$
$$6 + 60K_1 = 215$$
$$60K_2 = 1000$$

解出 $K_1 = 3.48, K_2 = 16.67, K_3 = 0.21$。相应得

$$\Phi_2(s) = \frac{12.6(s^2 + 16.57s + 79.38)}{s^3 + 17.5s^2 + 215s + 1000}$$

PID 控制器为

$$G_c(s) = 3.48 + \frac{16.67}{s} + 0.21s$$

(3) 前置滤波器设计

令

$$G_p(s) = \frac{79.38}{s^2 + 16.57s + 79.38}$$

则最优闭环传递函数

$$\Phi(s) = G_p(s)\Phi_2(s) = \frac{1000}{s^3 + 17.5s^2 + 215s + 1000}$$

应用 MATLAB 软件包,可得系统在不同情况下的性能指标,如下表所示。

控制器 系统性能	$G_c(s)=1$	PID 与 $G_p(s)=1$	PID 与 $G_p(s)$
$\sigma\%$	36.2%	30.5%	1.97%
$t_s(\Delta=2\%)$	1.8s	0.63s	0.75s
$e_{ss}(\infty)$	9.1%	0	0
$|n(t)/y(t)|_{max}$	100%	19.2%	24.5%

MATLAB 程序:exe1022.m

```
G0 = tf(60,[1,5,6]);
Gc = tf([0.21,3.48,16.67],[0,1,0]);
sys1 = tf(60,[1,5,66]);              % 建立 Gc(s)=1 时的闭环传递函数
sysn1 = feedback(G0,1);              % 建立 Gc(s)=1 时扰动系统传递函数
sys2 = tf([12.6,12.6*16.57,12.6*79.38],[1,17.5,215,1000]);  % 建立 PID 控制的闭环传递函数
sysn2 = G0/(1 + G0 * Gc);            % 建立 PID 控制的扰动系统传递函数
```

```
sys3 = tf(1000,[1,17.5,215,1000]);      % 建立 PID+G_p(s)控制的闭环传递函数
sysn3 = G0/(1+Gc*G0);                    % 建立 PID+G_p(s)控制的扰动系统传递函数
figure(1)
subplot(1,2,1);
step(sys1);                              % 绘制 G_c(s)=1 时的单位阶跃响应
grid;
subplot(1,2,2);
step(sysn1);                             % 绘制 G_c(s)=1 时的单位阶跃扰动响应
grid;
figure(2)
subplot(1,2,1);
step(sys2);                              % 绘制 PID 控制的单位阶跃响应
axis([0,1,0,1.4]);
grid;
subplot(1,2,2);
step(sysn2);                             % 绘制 PID 控制的单位阶跃扰动响应
axis([0,1.2,-0.1,0.3]);
grid;
figure(3)
subplot(1,2,1);
step(sys3);                              % 绘制 PID+G_p(s)控制的单位阶跃响应
axis([0,1,0,1.4]);
grid;
subplot(1,2,2);
step(sysn3);                             % 绘制 PID+G_p(s)控制的单位阶跃扰动响应
axis([0,1.2,-0.1,0.3]);
grid;
```

单位阶跃响应及单位阶跃扰动响应如图 10-22-1～图 10-22-3 所示。

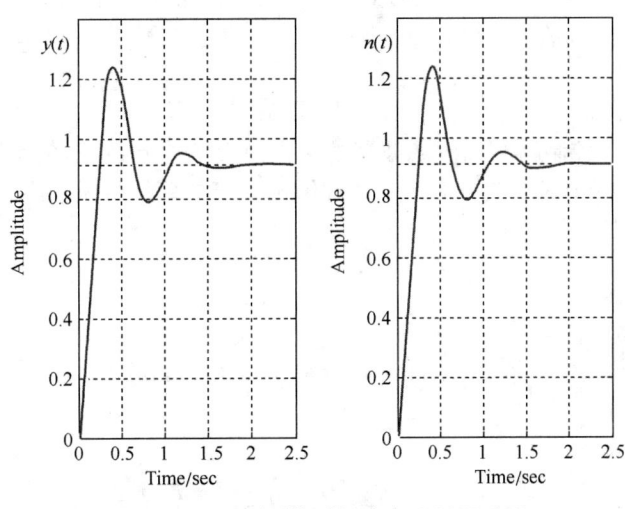

图 10-22-1　原系统时间响应(MATLAB)

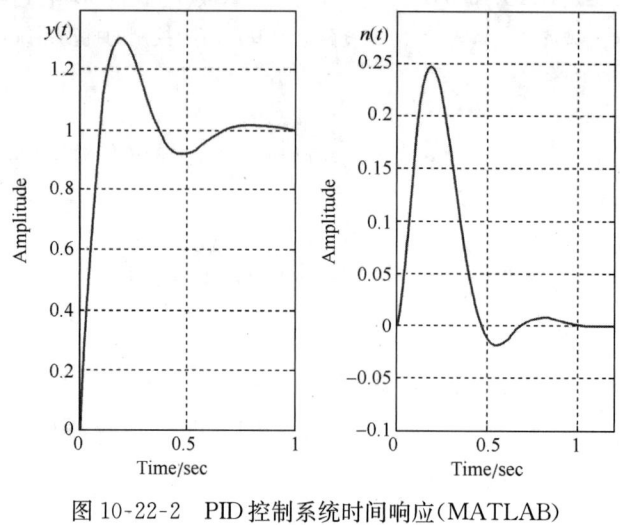

图 10-22-2　PID 控制系统时间响应（MATLAB）

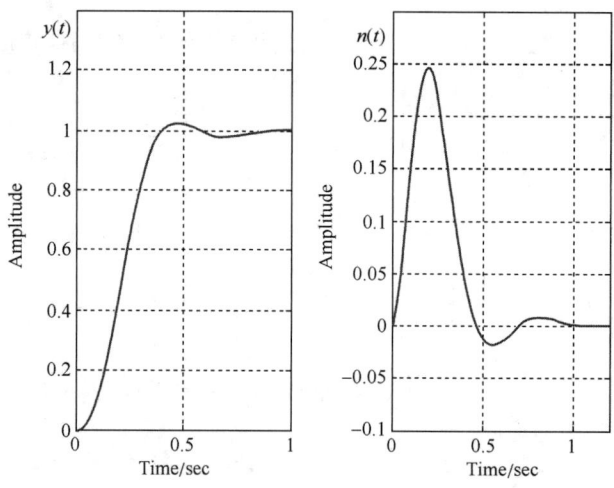

图 10-22-3　PID+$G_p(s)$ 控制系统时间响应（MATLAB）

10-23　设被控对象为

$$G_0(s) = \frac{10}{s^2}$$

试设计一个带有 PID 控制器和前置滤波器的单位负反馈控制系统，使系统的阶跃响应具有最优的 ITAE 指标，峰值时间为 0.8s 左右，并给出系统的单位阶跃响应曲线。

解　取 PID 控制器

$$G_c(s) = \frac{K_3 s^2 + K_1 s + K_2}{s}$$

则系统开环传递函数为

$$G_c(s)G_0(s) = \frac{10(K_3 s^2 + K_1 s + K_2)}{s^3}$$

相应的闭环传递函数

$$\Phi_1(s) = \frac{10(K_3 s^2 + K_1 s + K_2)}{s^3 + 10K_3 s^2 + 10K_1 s + 10K_2}$$

应用 ITAE 方法,希望闭环特征多项式为
$$D^*(s) = s^3 + 1.75\omega_n s^2 + 2.15\omega_n^2 s + \omega_n^3$$

由设计要求 $t_p=0.8$,根据图 10-12 所示的 ITAE 阶跃响应曲线可知,当 $n=3$ 时,$\omega_n t_p=4.3$。于是

$$\omega_n = \frac{4.3}{t_p} = 5.38$$

因而希望多项式为
$$D^*(s) = s^3 + 9.42s^2 + 62.23s + 155.72$$

令实际特征多项式与希望特征多项式的对应项系数相等,解出
$$K_1 = 6.22, \quad K_2 = 15.57, \quad K_3 = 0.94$$

选择前置滤波器
$$G_p(s) = \frac{15.57}{0.94s^2 + 6.22s + 15.57}$$

则具有 ITAE 最优指标的闭环系统为
$$\Phi(s) = G_p(s)\Phi_1(s)$$
$$= \frac{155.7}{s^3 + 9.425s^2 + 62.23s + 155.72}$$

系统的单位阶跃响应如图 10-23-1 所示,测得
$$\sigma\% = 2\%, \quad t_p = 0.855\text{s}, \quad t_s = 0.668\text{s}(\Delta = 2\%)$$

MATLAB 程序:exe1023.m
```
sys = tf(155.7,[1,9.425,62.23,
155.72]);     %建立闭环传递函数
step(sys);
axis([0,2,0,1.2]);
grid;
```

10-24 在太阳黑子活动的高峰期,NASA 会把 γ 射线图像设备(GRID)系于高空飞行的气球上,以从事长时间的观测实验。GRID 设备能拍摄更准确的 X 射线的强度图,也可以拍摄 γ 射线强度图。这些信息有利于在下一次太阳活动高峰期,对太阳中的高能现象进行研究。装配在气球上的

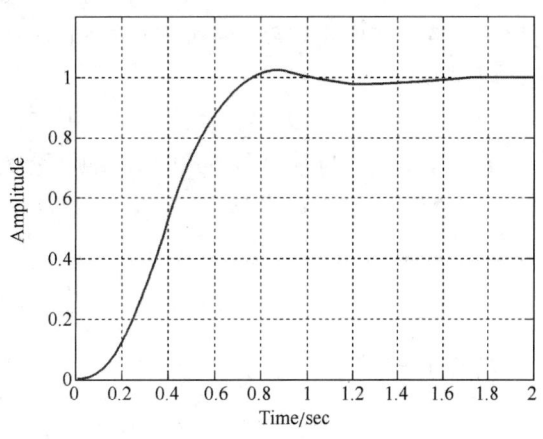

图 10-23-1 ITAE 最优系统的单位阶跃响应(MATLAB)

GRID 如图 10-22(a)所示,其主要组成部分是:直径为 5.2m 的吊舱,GRID 有效载荷,高空气球和连接气球与吊舱的缆绳。GRID 设备指向控制系统如图 10-22(b)所示。其中,扭矩电机负责驱动圆桶式吊舱装置。要求设计 PID 控制器 $G_c(s)$ 及前置滤波器 $G_p(s)$,使系统在阶跃输入作用下的稳态跟踪误差为零,并具有 ITAE 优化性能。

解 令前置滤波器 $G_p(s)=1$,取 PID 控制器
$$G_c(s) = \frac{K_3 s^2 + K_1 s + K_2}{s}$$

则开环传递函数

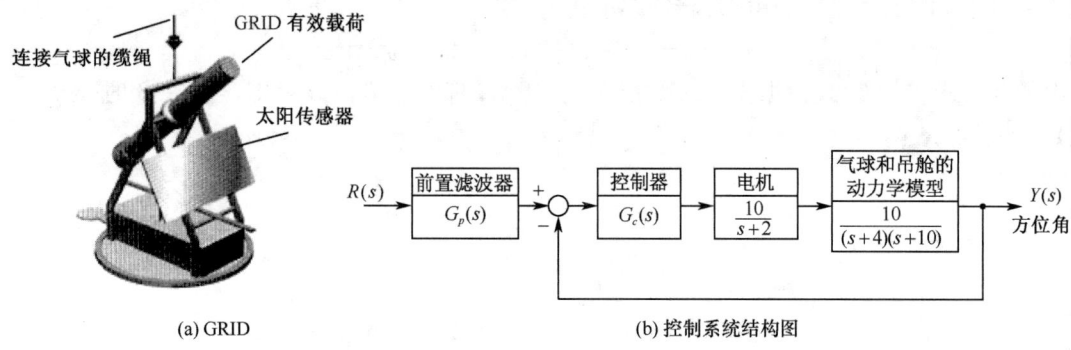

(a) GRID (b) 控制系统结构图

图 10-22 GRID 设备的指向控制系统

$$G_c(s)G_0(s) = \frac{100(K_3s^2 + K_1s + K_2)}{s(s+2)(s+4)(s+10)}$$

相应的闭环传递函数

$$\Phi_1(s) = \frac{G_c(s)G_0(s)}{1+G_c(s)G_0(s)} = \frac{100(K_3s^2 + K_1s + K_2)}{s^4 + 16s^3 + (68+100K_3)s^2 + (80+100K_1)s + 100K_2}$$

闭环特征多项式

$$D(s) = s^4 + 16s^3 + (68+100K_3)s^2 + (80+100K_1)s + 100K_2$$

应用 ITAE 方法,由表 10-4 知,希望闭环特征多项式为

$$D^*(s) = s^4 + 2.1\omega_n s^3 + 3.4\omega_n^2 s^2 + 2.7\omega_n^3 s + \omega_n^4$$

对比闭环特征多项式与希望特征多项式知,应有 $2.1\omega_n = 16$,求出 $\omega_n = 7.62$。于是,希望特征多项式为

$$D^*(s) = s^4 + 16s^3 + 197.4s^2 + 1194.6s + 3371$$

令实际多项式与希望多项式的对应项系数相等,解出

$$K_1 = 11.15, \quad K_2 = 33.71, \quad K_3 = 1.29$$

得 PID 控制器

$$G_c(s) = \frac{1.29(s^2 + 8.64s + 26.13)}{s}$$

取前置滤波器

$$G_p(s) = \frac{26.13}{s^2 + 8.64s + 26.13}$$

于是,具有 ITAE 性能的闭环系统传递函数

$$\Phi(s) = G_p(s)\Phi_1(s) = \frac{3370.8}{s^4 + 16s^3 + 197.4s^2 + 1194.6s + 3371}$$

系统的单位阶跃响应曲线如图 10-24-1 所示。测得系统的性能为

$$e_{ss}(\infty) = 0, \quad \sigma\% = 5\%, \quad t_s = 2\text{s}$$

MATLAB 程序:exe1024.m

```
sys = tf(3370.8,[1,16,197.4,1194.6,3371]);    %建立闭环传递函数
step(sys);
axis([0,1.8,0,1.2]);
grid;
```

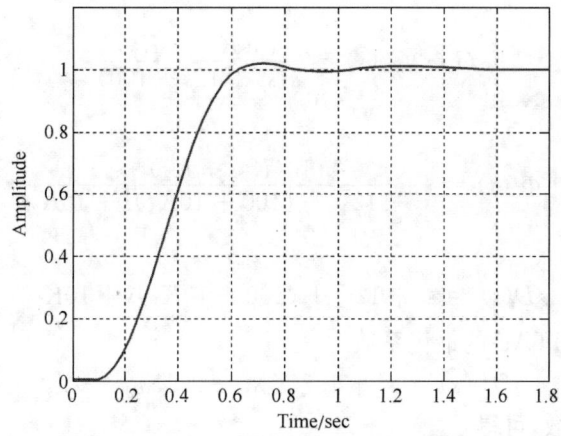

图 10-24-1 GRID 指向控制系统时间响应(MATLAB)

10-25 将控制原理应用于神经系统的研究已经有很长的历史,许多研究者描述了肌肉调节现象,指出这种现象源于肌腱的反馈活动。用来分析肌肉调节运动的理论基础是单输入单输出系统的控制理论。有人建议把肌肉的强度调节(力和长度的综合表现)现象等效为电机控制的试验结果。

图 10-23 的模型描述了人类站立时的平衡调节机制。对于丧失自主站立能力的下身残疾的伤残人士,需要安装图 10-23 所示的站立和腿关节人工控制系统。设计要求:

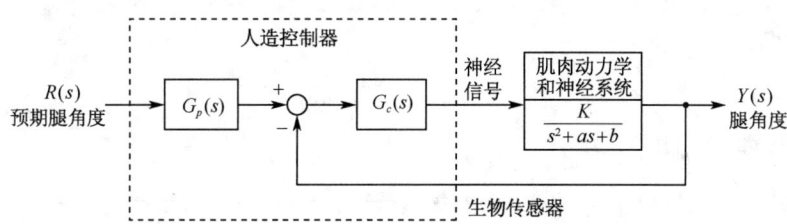

图 10-23 站立和腿关节的人工控制系统结构图

(1) 若肌肉-神经系统的参数标称值为 $K=10, a=12, b=100$,试用 ITAE 优化法设计 PI 控制器 $G_c(s)$ 和前置滤波器 $G_p(s)$,使人工控制系统阶跃响应的 $\sigma\% < 10\%$, $e_{ss}(\infty) < 5\%$, $t_s < 2s (\Delta = 2\%)$;

(2) 当人疲乏时,肌肉-神经系统的参数变化为 $K=15, a=8, b=144$,试沿用在(1)中得到的 PI 控制器和前置滤波器,检验系统的鲁棒性能,绘出系统参数变化前后的单位阶跃响应曲线。

解 本题按如下步骤求解:

(1) ITAE 优化设计。已知被控对象标称传递函数

$$G_0(s) = \frac{K}{s^2 + as + b} = \frac{10}{s^2 + 12s + 100}$$

选用 PI 控制器

$$G_c(s) = \frac{K_1 s + K_2}{s}$$

因而开环传递函数

$$G_c(s)G_0(s) = \frac{10(K_1 s + K_2)}{s(s^2 + 12s + 100)}$$

相应闭环传递函数

$$\Phi_1(s) = \frac{10(K_1 s + K_2)}{s^3 + 12s^2 + (100 + 10K_1)s + 10K_2}$$

实际特征多项式为

$$D(s) = s^3 + 12s^2 + (100 + 10K_1)s + 10K_2$$

而希望特征多项式为 ITAE 的最优系数

$$D^*(s) = s^3 + 1.75\omega_n s^2 + 2.15\omega_n^2 s + \omega_n^3$$

比较两特征多项式系数,可得

$$1.75\omega_n = 12$$
$$2.15\omega_n^2 = 100 + 10K_1$$
$$\omega_n^3 = 10K_2$$

解出 $\quad \omega_n = 6.86, \quad K_1 = 0.12, \quad K_2 = 32.28$

因而

$$G_c(s) = \frac{0.12(s + 269)}{s}$$

$$\Phi_1(s) = \frac{1.2(s + 269)}{s^3 + 12s^2 + 101.2s + 322.8}$$

选前置滤波器

$$G_p(s) = \frac{269}{s + 269}$$

得具有 ITAE 性能的闭环系统

$$\Phi(s) = G_p(s)\Phi_1(s) = \frac{322.8}{s^3 + 12s^2 + 101.2s + 322.8}$$

由图 10-25-1 知,系统性能为 $e_{ss}(\infty) = 0, \sigma\% = 2\%, t_p = 0.634s, t_s = 0.523s(\Delta = 2\%)$,全部满足设计指标要求。

(2) 系统鲁棒性检验。当肌肉-神经系统发生参数摄动,其传递函数变为 $G_1(s) = \frac{15}{s^2 + 8s + 144}$ 时,仍采用原有的控制器

$$G_c(s) = \frac{0.12(s + 269)}{s}$$

和原前置滤波器

$$G_p(s) = \frac{269}{s + 269}$$

则系统开环传递函数

$$G_c(s)G_1(s) = \frac{1.8(s + 269)}{s(s^2 + 8s + 144)}$$

闭环传递函数

$$\Phi_1(s) = \frac{1.8(s + 269)}{s^3 + 8s^2 + 145.8s + 484.2}$$

$$\Phi(s) = G_p(s)\Phi_1(s) = \frac{484.2}{s^3 + 8s^2 + 145.8s + 484.2}$$

显然,此时系统已不再是 ITAE 优化系统。

当 $R(s) = \frac{1}{s}$ 时,摄动系统输出

$$Y(s) = \Phi(s)R(s) = \frac{484.2}{s(s+3.73)(s+2.14 \pm j11.19)}$$
$$= \frac{1}{s} - \frac{1.016}{s+3.73} + \frac{0.016(s-232.5)}{(s+2.14)^2 + 11.19^2}$$

系统的单位阶跃响应

$$y(t) = 1 - 1.016e^{-3.73t} + 0.336e^{-2.14t}\sin(11.19t + 177.27°)$$

标称系统和非标称系统的单位阶跃响应曲线分别如图 10-25-1、图 10-25-2 所示。仿真表明:参数摄动后,系统的性能仍然满足设计指标要求,系统具有较好的鲁棒性,并可测得

$$\sigma\% = 1\%, \quad t_p = 0.935\text{s}, \quad t_s = 0.837\text{s} \ (\Delta = 2\%)$$

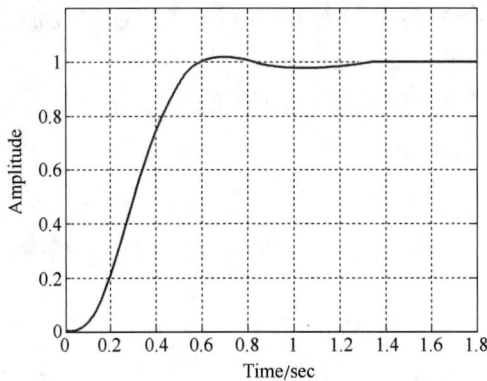

图 10-25-1 关节控制(标称)系统的单位阶跃响应(MATLAB)

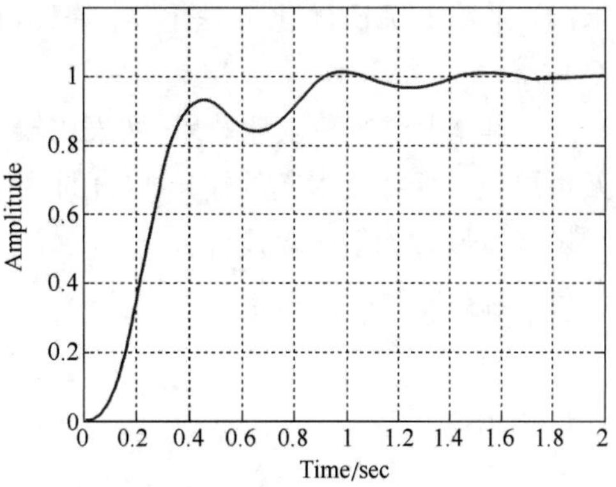

图 10-25-2 关节控制摄动(非标称)系统的单位阶跃响应(MATLAB)

MATLAB 程序:exe1025.m

```
sys1 = tf(322.8,[1,12,101.2,322.8]);   %建立标称系统闭环传递函数
sys2 = tf(484.2,[1,8,145.8,484.2]);    %建立摄动系统闭环传递函数
figure(1)
step(sys1);
axis([0,1.8,0,1.2]);
grid;
figure(2)
step(sys2);
axis([0,2,0,1.2]);
grid;
```

10-26 空间机器人的机械臂及其控制框图如图 10-24 所示。已知电机与机械臂构成的手臂传递函数为

$$G_0(s) = \frac{10}{s(s+10)}$$

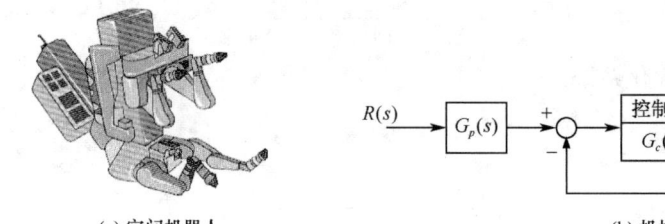

(a) 空间机器人 (b) 机械臂控制框图

图 10-24 空间机器人的机械臂控制系统

设计要求：

(1) 当 $G_c(s)=K$ 时，确定 K 的合适取值，使系统阶跃响应的超调量 $\sigma\%=4.5\%$；

(2) 采用 ITAE 优化方法，并选取 $\omega_n=10$，设计合适的 PD 控制器 $G_c(s)$，确定对应的前置滤波器 $G_p(s)$；

(3) 采用 ITAE 优化方法，设计合适的 PI 控制器 $G_c(s)$ 和相应的前置滤波器 $G_p(s)$；

(4) 采用 ITAE 优化方法和 $\omega_n=10$，设计合适的 PID 控制器 $G_c(s)$ 和前置滤波器 $G_p(s)$；

(5) 对比上述每种设计效果，列表比较系统对单位阶跃输入响应的 $\sigma\%$, t_p, $t_s(\Delta=2\%)$ 以及由单位阶跃扰动引起的输出 $y(t)$ 的最大值和稳态值。

解 本题按如下步骤设计：

(1) 增益控制。控制器

$$G_c(s)=K$$

开环传递函数

$$G_c(s)G_0(s)=\frac{10K}{s(s+10)}$$

闭环传递函数

$$\Phi(s)=\frac{10K}{s^2+10s+10K}=\frac{\omega_n^2}{s^2+2\zeta\omega_n s+\omega_n^2}$$

可得

$$\omega_n=\sqrt{10K},\quad \zeta=\frac{10}{2\sqrt{10K}}$$

由于

$$\sigma\%=100\mathrm{e}^{-\pi\zeta/\sqrt{1-\zeta^2}}\%$$

所以

$$\zeta=\frac{1}{\sqrt{1+\left(\frac{\pi}{\ln\sigma}\right)^2}}$$

根据对超调量要求 $\sigma\%=4.5\%$，即 $\sigma=0.045$，可以算得 $\zeta=0.7$，从而得

$$\omega_n=\frac{10}{2\zeta}=7.14,\quad K=\frac{\omega_n^2}{10}=5.1$$

估算出

$$t_p=\frac{\pi}{\omega_n\sqrt{1-\zeta^2}}=0.62\mathrm{s},\quad t_s=\frac{4.4}{\zeta\omega_n}=0.88\mathrm{s}$$

系统在扰动作用下的闭环传递函数

$$\Phi_n(s) = \frac{Y(s)}{N(s)} = \frac{G_0(s)}{1+KG_0(s)} = \frac{10}{s^2+10s+51}$$

(2) PD 优化控制。控制器

$$G_c(s) = K_1 + K_3 s$$

开环传递函数

$$G_c(s)G_0(s) = \frac{10(K_1+K_3 s)}{s(s+10)}$$

闭环传递函数

$$\Phi_1(s) = \frac{G_c(s)G_0(s)}{1+G_c(s)G_0(s)} = \frac{10(K_1+K_3 s)}{s^2+10(1+K_3)s+10K_1}$$

系统特征多项式为

$$D(s) = s^2 + 10(1+K_3)s + 10K_1$$

令其与 ITAE 的优化系数多项式

$$D^*(s) = s^2 + 1.4\omega_n s + \omega_n^2$$

相等,其中 $\omega_n=10$ 为要求值,解出 $K_1=10, K_3=0.4$。于是

$$G_c(s) = 10 + 0.4s, \quad \Phi_1(s) = \frac{4(s+25)}{s^2+14s+100}$$

为了使闭环系统成为 ITAE 优化系统,选择前置滤波器

$$G_p(s) = \frac{25}{s+25}$$

则闭环传递函数为

$$\Phi(s) = G_p(s)\Phi_1(s) = \frac{100}{s^2+14s+100}$$

系统在扰动作用下的闭环传递函数

$$\Phi_n(s) = \frac{G_0(s)}{1+G_c(s)G_0(s)} = \frac{10}{s^2+14s+100}$$

(3) PI 优化控制。控制器

$$G_c(s) = K_1 + \frac{K_2}{s}$$

开环传递函数

$$G_c(s)G_0(s) = \frac{10(K_1 s+K_2)}{s^2(s+10)}$$

闭环传递函数

$$\Phi_1(s) = \frac{10(K_1 s+K_2)}{s^3+10s^2+10K_1 s+10K_2}$$

系统特征多项式为

$$D(s) = s^3 + 10s^2 + 10K_1 s + 10K_2$$

而希望特征多项式为 ITAE 的优化系数多项式

$$D^*(s) = s^3 + 1.75\omega_n s^2 + 2.15\omega_n^2 s + \omega_n^3$$

比较两个特征多项式，可得
$$1.75\omega_n = 10$$
$$2.15\omega_n^2 = 10K_1$$
$$\omega_n^3 = 10K_2$$

解出 $\omega_n = 5.71$, $K_1 = 7.01$, $K_2 = 18.62$

于是
$$G_c(s) = 7.01 + \frac{18.62}{s}$$

$$\Phi_1(s) = \frac{70.1(s+2.656)}{s^3 + 10s^2 + 70.1s + 186.2}$$

选择前置滤波器
$$G_p(s) = \frac{2.656}{s+2.656}$$

得具有 ITAE 优化性能的闭环系统
$$\Phi(s) = G_p(s)\Phi_1(s) = \frac{186.2}{s^3 + 10s^2 + 70.1s + 186.2}$$

系统在扰动作用下的闭环传递函数
$$\Phi_n(s) = \frac{G_0(s)}{1 + G_c(s)G_0(s)} = \frac{10s}{s^3 + 10s^2 + 70.1s + 186.2}$$

(4) PID 优化控制。控制器
$$G_c(s) = \frac{K_3 s^2 + K_1 s + K_2}{s}$$

开环传递函数
$$G_c(s)G_0(s) = \frac{10(K_3 s^2 + K_1 s + K_2)}{s^2(s+10)}$$

闭环传递函数
$$\Phi_1(s) = \frac{10(K_3 s^2 + K_1 s + K_2)}{s^3 + 10(1+K_3)s^2 + 10K_1 s + 10K_2}$$

系统特征多项式为
$$D(s) = s^3 + 10(1+K_3)s^2 + 10K_1 s + 10K_2$$

而希望特征多项式为 ITAE 的优化系数多项式
$$D^*(s) = s^3 + 1.75\omega_n s^2 + 2.15\omega_n^2 s + \omega_n^3$$

因要求 $\omega_n = 10$，故希望特征多项式为
$$D^*(s) = s^3 + 17.5s^2 + 215s + 1000$$

令系统特征多项式与希望特征多项式对应项系数相等，有
$$10(1+K_3) = 17.5$$
$$10K_1 = 215$$
$$10K_2 = 1000$$

解出 $K_1 = 21.5$, $K_2 = 100$, $K_3 = 0.75$

于是
$$G_c(s) = 21.5 + \frac{100}{s} + 0.75s$$

$$\Phi_1(s) = \frac{7.5(s^2 + 28.67s + 133.33)}{s^3 + 17.5s^2 + 215s + 1000}$$

选择前置滤波器
$$G_p(s) = \frac{133.33}{s^2 + 28.67s + 133.33}$$

得到具有 ITAE 优化性能的闭环系统
$$\Phi(s) = G_p(s)\Phi_1(s) = \frac{1000}{s^3 + 17.5s^2 + 215s + 1000}$$

系统在扰动作用下的闭环传递函数
$$\Phi_n(s) = \frac{G_0(s)}{1 + G_c(s)G_0(s)} = \frac{10s}{s^3 + 17.5s^2 + 215s + 1000}$$

(5) 设计效果比较。对于上述各设计方案,系统在单位阶跃输入或单位阶跃扰动作用下的输出,分别为
$$Y(s) = \Phi(s)R(s)$$
或
$$Y(s) = \Phi_n(s)N(s)$$
其中,$R(s) = \frac{1}{s}$,$N(s) = \frac{1}{s}$。然后对 $Y(s)$ 进行拉氏变换,得到相应的 $y(t)$。

1) 增益控制。当 $r(t) = 1(t)$ 作用时
$$y(t) = 1 - \frac{1}{\sqrt{1-\zeta^2}}e^{-\zeta\omega_n t}\sin(\omega_n\sqrt{1-\zeta^2}\,t + \arccos\zeta) = 1 - 1.4e^{-5t}\sin(5.1t + 45.6°)$$

当 $n(t) = 1(t)$ 作用时
$$Y(s) = \Phi_n(s)N(s) = \frac{10}{s(s^2 + 10s + 51)} = \frac{0.196}{s} - \frac{0.196(s+10)}{(s+5)^2 + 5.1^2}$$
$$y(t) = 0.196 - 0.274e^{-5t}\sin(5.1t + 45.6°)$$

2) PD 控制。闭环特征方程
$$D(s) = s^2 + 14s + 100 = s^2 + 2\zeta\omega_n s + \omega_n^2 = 0$$
可知:$\omega_n = 10$, $\zeta = 0.7$。当 $r(t) = 1(t)$ 作用时
$$y(t) = 1 - \frac{1}{\sqrt{1-\zeta^2}}e^{-\zeta\omega_n t}\sin(\omega_n\sqrt{1-\zeta^2}\,t + \arccos\zeta) = 1 - 1.4e^{-7t}\sin(7.14t + 45.6°)$$

当 $n(t) = 1(t)$ 作用时
$$Y(s) = \Phi_n(s)N(s) = \frac{10}{s(s^2 + 14s + 100)} = \frac{0.1}{s} - \frac{0.1(s+14)}{(s+7)^2 + 7.14^2}$$
$$y(t) = 0.1 - 0.14e^{-7t}\sin(7.14t + 45.7°)$$

3) PI 控制。当 $r(t) = 1(t)$ 作用时
$$Y(s) = \frac{186.2}{s(s^3 + 10s^2 + 70.1s + 186.2)} = \frac{186.2}{s(s+4.04)(s^2 + 5.96s + 46.09)}$$
$$= \frac{1}{s} - \frac{1.2}{s+4.04} + \frac{0.2(s-18.35)}{(s+2.98)^2 + 6.1^2}$$

可得
$$y(t) = 1 - 1.2\mathrm{e}^{-4.04t} + 0.727\mathrm{e}^{-2.98t}\sin(6.1t + 164°)$$

当 $n(t)=1(t)$ 作用时
$$Y(s) = \frac{10}{s^3 + 10s^2 + 70.1s + 186.2} = \frac{10}{(s+4.04)(s^2+5.96s+46.09)}$$
$$= \frac{0.26}{s+4.04} + \frac{0.26(s+1.88)}{(s+2.98)^2 + 6.1^2}$$

可得
$$y(t) = 0.26\mathrm{e}^{-4.04t} - 0.264\mathrm{e}^{-2.98t}\sin(6.1t + 100.2°)$$

4) PID 控制。当 $r(t)=1(t)$ 作用时
$$Y(s) = \frac{1000}{s(s^3+17.5s^2+215s+1000)} = \frac{1000}{s(s+7.08)(s^2+10.42s+141.24)}$$
$$= \frac{1}{s} - \frac{1.2}{s+7.08} + \frac{0.2(s-32.15)}{(s+5.21)^2 + 10.68^2}$$

可得
$$y(t) = 1 - 1.2\mathrm{e}^{-7.08t} + 0.728\mathrm{e}^{-5.21t}\sin(10.68t + 164°)$$

当 $n(t)=1(t)$ 作用时
$$Y(s) = \Phi_n(s)N(s) = \frac{10}{(s+7.08)(s^2+10.42s+141.24)}$$
$$= \frac{0.85}{s+7.08} - \frac{0.085(s+3.329)}{(s+5.21)^2 + 10.68^2}$$

可得
$$y(t) = 0.085\mathrm{e}^{-7.08t} - 0.086\mathrm{e}^{-5.21t}\sin(10.68t + 100°)$$

应用 MATLAB 软件包,可得各种情况下的时间响应曲线以及相应的性能指标,如下表所示。

控制器	单位阶跃输入时的系统的性能				单位阶跃扰动影响	
$G_c(s)$	$e_{ss}(\infty)$	$\sigma\%$	t_p	$t_s(\Delta=2\%)$	$\max|y(t)|$	$y_{ss}(\infty)$
K	0	4.59%	0.618s	0.837s	0.205	0.196
PD	0	4.6%	0.442s	0.598s	0.105	0.10
PI	0	1.99%	0.819s	1.32s	0.126	0.00
PID	0	1.97%	0.468s	0.754s	0.041	0.00

(6) MATLAB 仿真。

1) 增益控制。控制器 $G_c(s)=5.1$。

①输入为单位阶跃响应情况。单位阶跃响应时对应的 MATLAB 程序(exe1026a.m)为

```
sys1 = tf([5.1],[1]);           %Gc(s)
sys2 = tf([10],[1 10 0]);       %G(s)
syse = series(sys1,sys2);
sysh = tf([1],[1]);
sysf = feedback(syse,sysh)      %建立闭环系统传递函数
step(sysf)                      %绘制阶跃响应曲线
```

由上述程序得到的仿真曲线如图 10-26-1 所示。此时对应的超调量 $\sigma\%=4.59\%$,峰值时

间 $t_p=0.618$s，调节时间 $t_s=0.837$s。

②单位阶跃扰动作用。系统在扰动作用下的闭环传递函数为 $\Phi_n(s)=\dfrac{G_0(s)}{1+G_c(s)G_0(s)}$，单位阶跃扰动作用下对应的 MATLAB 程序（exe1026b.m）为

```
sys1 = tf([5.1],[1]);           % Gc(s)
sys2 = tf([10],[1 10 0]);       % G(s)
sysf = feedback(sys2,sys1)      % 建立闭环系统传递函数
step([10],[1 10 51])            % 绘制阶跃响应曲线
```

由上述程序得到的仿真曲线如图 10-26-2 所示。此时对应 $\max|y(t)|=0.205$，$y_{ss}=0.196$。

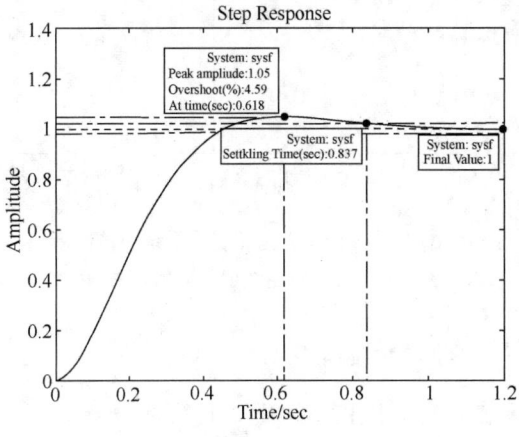

图 10-26-1　增益控制下系统单位阶跃输入响应曲线（MATLAB）

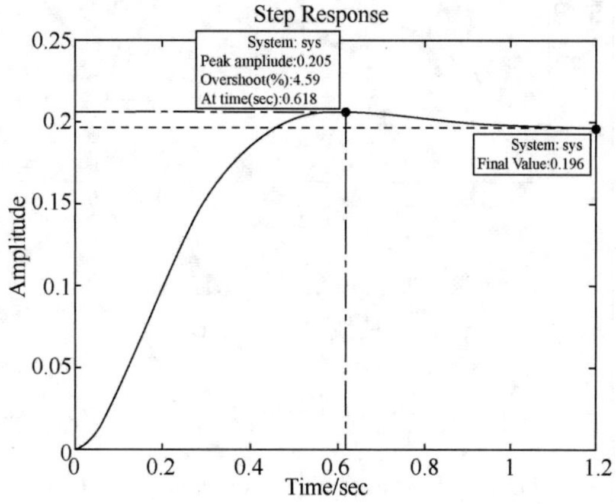

图 10-26-2　增益控制下系统单位阶跃扰动响应曲线（MATLAB）

2) PD 优化控制。控制器 $G_c(s)=10+0.4s$，前置滤波器 $G_p(s)=\dfrac{25}{s+25}$。

①输入为单位阶跃响应情况下。单位阶跃响应时对应的 MATLAB 程序（exe1026c.m）为

```
sys1 = tf([0.4 10],[1]);        % Gc(s)
sys2 = tf([10],[1 10 0]);       % G(s)
syse = series(sys1,sys2);
sysh = tf([1],[1]);
sysf = feedback(syse,sysh)
sysp = tf([25],[1 25]);
sys = series(sysp,sysf)         % 建立闭环系统传递函数
step(sys)                       % 绘制阶跃响应曲线
```

由上述程序得到的仿真曲线如图 10-26-3 所示。此时对应的超调量 $\sigma\%=4.6\%$，峰值时间 $t_p=0.442$s，调节时间 $t_s=0.598$s。

②单位阶跃扰动作用。系统在扰动作用下的闭环传递函数为 $\Phi_n(s)=\dfrac{G_0(s)}{1+G_c(s)G_0(s)}$，单位阶跃扰动作用下对应的 MATLAB 程序（exe1026d.m）为

```
sys1 = tf([0.4 10],[1]);        % Gc(s)
```

```
sys2 = tf([10],[1 10 0]);           %G(s)
sysf = feedback(sys2,sys1)          %建立扰动系统闭环传递函数
step([10],[1 14 100])               %绘制扰动阶跃响应曲线
```

由上述程序得到的仿真曲线如图 10-26-4 所示。此时对应 $\max|y(t)|=0.105, y_{ss}=0.10$。

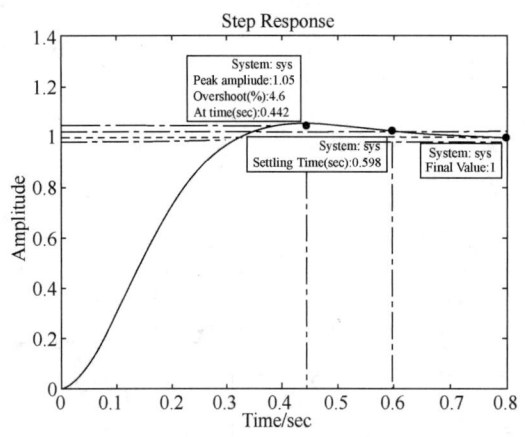

图 10-26-3　PD 优化控制下系统单位阶跃输入响应曲线(MATLAB)

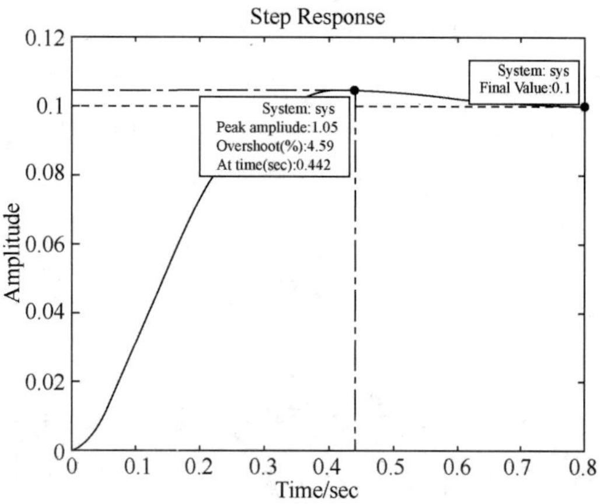

图 10-26-4　PD 优化控制下系统单位阶跃扰动的响应曲线(MATLAB)

3) PI 优化控制。控制器 $G_c(s)=7.01+\dfrac{18.62}{s}$，前置滤波器 $G_p(s)=\dfrac{2.656}{s+2.656}$。

①输入为单位阶跃响应情况下。单位阶跃响应时对应的 MATLAB 程序(exe1026e.m)为

```
sys1 = tf([7.01 18.62],[1 0]);      %Gc(s)
sys2 = tf([10],[1 10 0]);           %G(s)
syse = series(sys1,sys2);
sysh = tf([1],[1]);
sysf = feedback(syse,sysh)
sysp = tf([2.656],[1 2.656]);
sys = series(sysp,sysf)             %建立 PI 优化控制的闭环传递函数
step(sys)                           %绘制 PI 控制单位阶跃响应曲线
```

由上述程序得到的仿真曲线如图 10-26-5 所示。此时对应的超调量 $\sigma\%=1.99\%$，峰值时间 $t_p=0.819s$，调节时间 $t_s=1.32s$。

②单位阶跃扰动作用。系统在扰动作用下的闭环传递函数为 $\varPhi_n(s)=\dfrac{G_0(s)}{1+G_c(s)G_0(s)}$，单位阶跃扰动作用下对应的 MATLAB 程序(exe1026f.m)为

```
sys1 = tf([7.01 18.62],[1 0]);      %Gc(s)
sys2 = tf([10],[1 10 0]);           %G(s)
sysf = feedback(sys2,sys1)          %建立扰动系统闭环传递函数
step([10 0],[1 10 70.1 186.2])      %绘制扰动阶跃响应曲线
```

由上述程序得到的仿真曲线如图 10-26-6 所示。此时对应的 $\max|y(t)|=0.126, y_{ss}=0.00$。

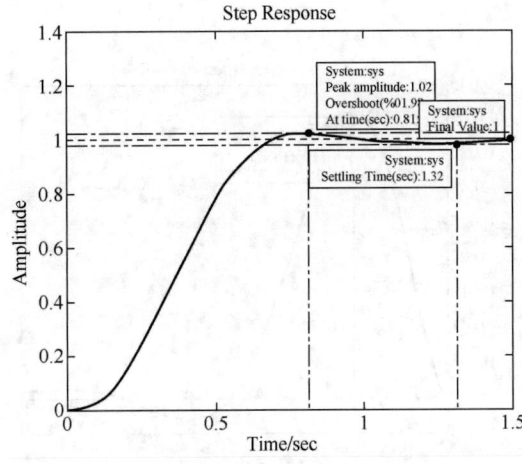

图 10-26-5　PI 优化控制下系统单位阶跃输入响应曲线(MATLAB)

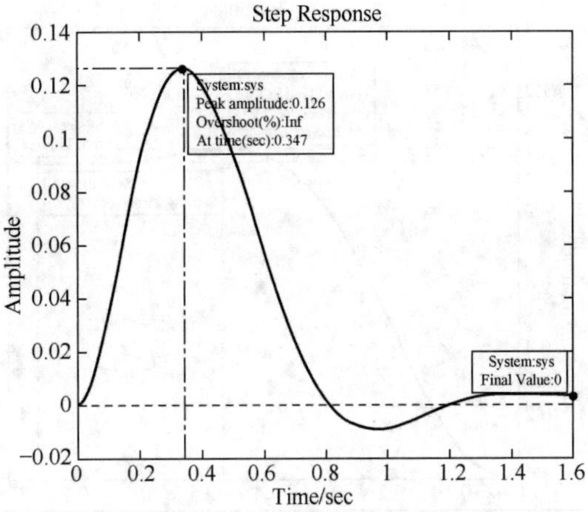

图 10-26-6　PI 优化控制下系统单位阶跃扰动的响应曲线(MATLAB)

4) PID 优化控制。控制器 $G_c(s) = 21.5 + \dfrac{100}{s} + 0.75s$,前置滤波器 $G_p(s) = \dfrac{133.33}{s^2 + 28.67s + 133.33}$。

①输入为单位阶跃响应情况。

单位阶跃响应时对应的 MATLAB 程序:exe1026g.m

sys1 = tf([0.75 21.5 100],[1 0]);

sys2 = tf([10],[1 10 0]);

syse = series(sys1,sys2);

sysh = tf([1],[1]);

sysf = feedback(syse,sysh)

sysp = tf([133.33],[1 28.67 133.33]);

sys = series(sysp,sysf)　　　　　%建立 PID 优化控制系统的闭环传递函数

step(sys)　　　　　　　　　　　　%绘制 PID 优化控制系统的单位阶跃响应曲线

由上述程序得到的仿真曲线如图 10-26-7 所示。此时对应的超调量 $\sigma\% = 1.97\%$,峰值时间 $t_p = 0.468s$,调节时间 $t_s = 0.754s$。

②单位阶跃扰动作用。系统在扰动作用下的闭环传递函数为 $\Phi_n(s) = \dfrac{G_0(s)}{1 + G_c(s)G_0(s)}$。

单位阶跃扰动作用下对应的 MATLAB 程序(exe1026h.m):

sys1 = tf([0.75 21.5 100],[1 0]);

sys2 = tf([10],[1 10 0]);

sysf = feedback(sys2,sys1)　　　　%建立扰动系统闭环传递函数

step([10 0],[1 17.5 215 1000])　　%绘制扰动单位阶跃响应曲线

由上述程序得到的仿真曲线如图 10-26-8 所示。此时对应的 $\max|y(t)| = 0.041$,$y_{ss} = 0.00$。

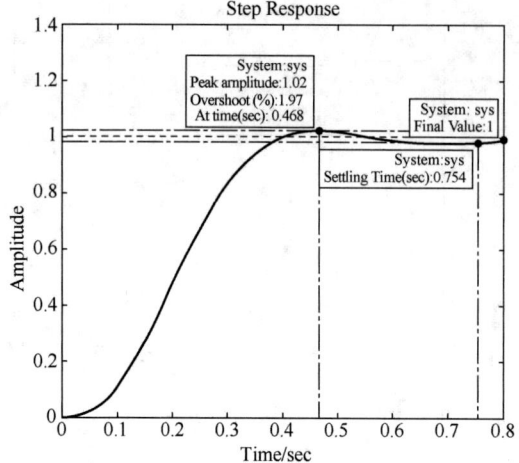

图 10-26-7 PID 优化控制下系统单位阶跃输入响应曲线(MATLAB)

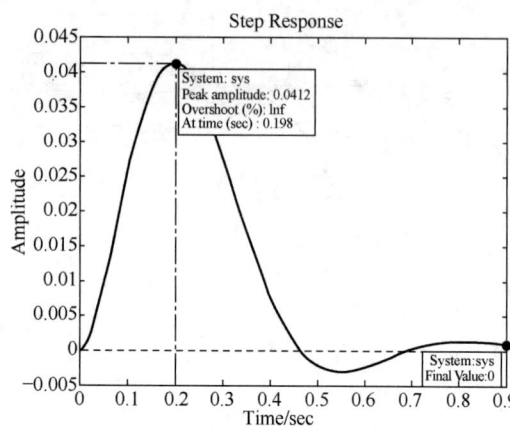

图 10-26-8 PID 优化控制下系统单位阶跃扰动的响应曲线(MATLAB)

参 考 文 献

胡寿松,2003. 自动控制原理习题集. 2 版. 北京:科学出版社
胡寿松,2013. 自动控制原理. 6 版. 北京:科学出版社
胡寿松,王执铨,胡维礼,2005. 最优控制理论与系统. 2 版. 北京:科学出版社
项国波,1986. ITAE 最佳控制. 北京:机械工业出版社
薛定宇,2000. 反馈控制系统设计与分析——MATLAB 语言应用. 北京:清华大学出版社
Dorf R C, Bishop R H, 2002. Modern Control Systems. 9th ed. Pearson Education